수학의 시작 개념원리

미적분 I

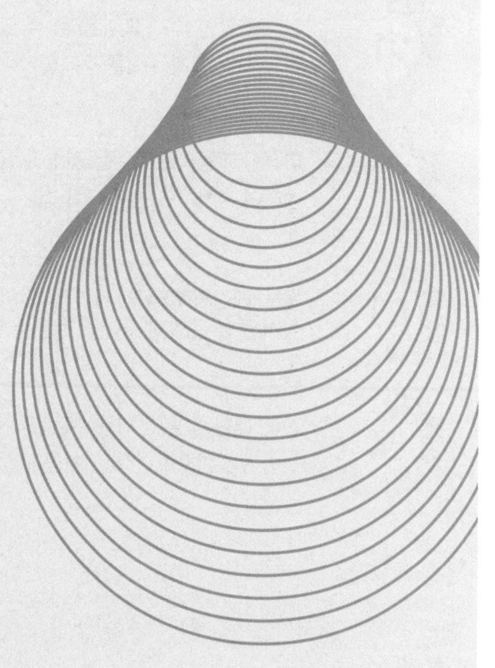

많은 학생들은
왜 개념원리로 공부할까요?

정확한 개념과 원리의 이해, 확실한 개념 학습 노하우가
개념원리에 있기 때문입니다.

개념원리 **수학의 특징**

01 하나를 알면 10개, 20개를 풀 수 있고 어려운 수학에 흥미를
갖게 하여 쉽게 수학을 정복할 수 있습니다.

02 나선식 교육법으로 쉬운 것부터 어려운 것까지 체계적으로 구
성하여 혼자서도 충분히 학습할 수 있습니다.

03 문제 해결의 **KEY** Point 부터 틀리기 쉬운 부분까지 꼼꼼히
짚어 주어 문제 해결력을 키울 수 있습니다.

04 전국 내신 기출 문제와 수능, 평가원, 교육청 기출 문제를 엄선
하여 수록함으로써 어떤 시험도 철저히 대비할 수 있습니다.

이홍섭 지음

수학 필독서 5,500만 부 돌파!

개념원리 인강

수학의 시작 개념원리

미적분 I

개념원리 수학연구소

수학 점수 제대로 올리는 방법

방법 1 · 개념원리 X RPM 조합으로 공부하기

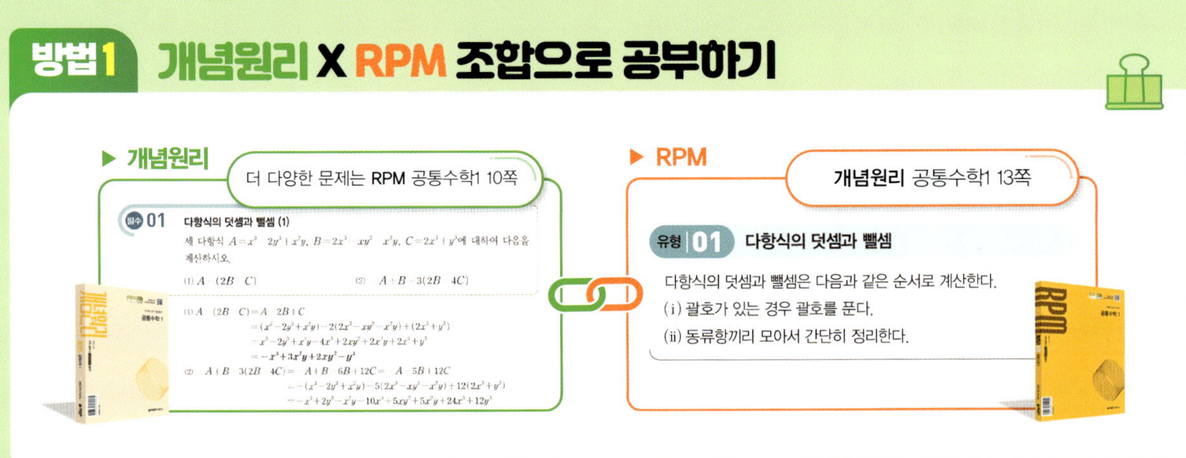

개념원리 와 RPM 에 있는 링크를 통해 개념과 유형의 학습 효율 최대화!

방법 2 · RPM 전 문항 무료 강의 활용하기

RPM 전 문항 무료 강의는 2022 개정부터 적용됩니다.

RPM 무료 해설 강의로 모든 유형을 확실하게!

학생 모두가 수학을 쉽게 배울 수 있는 환경이 조성될 때까지
개념원리의 노력은 계속됩니다.

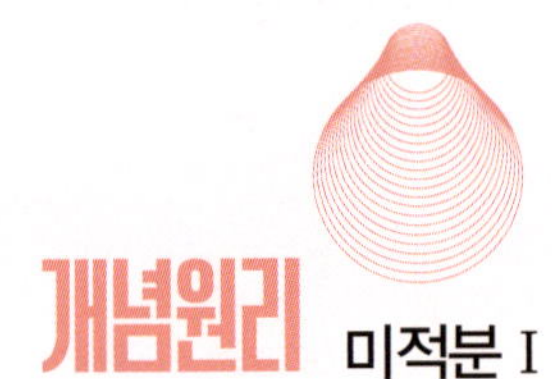

개념원리 미적분 I

발행일	2025년 3월 1일 (1판 2쇄)
기획 및 집필	이홍섭, 개념원리 수학연구소
콘텐츠 개발 총괄	한소영
콘텐츠 개발 책임	이선옥, 모규리, 김현진, 오영석, 오지애, 오서희
사업 책임	정현호
마케팅 책임	권가민, 이미혜
제작/유통 책임	이건호
영업 책임	정현호
디자인	(주)이츠북스
펴낸이	고사무열
펴낸곳	(주)개념원리
등록번호	제 22-2381호
주소	서울시 강남구 테헤란로 8길 37, 7층(한동빌딩) 06239
고객센터	1644-1248

수학을 어떻게 하면
잘할 수 있을까요?

문제를 많이 풀어 보면 될까요?
개념과 공식을 단순히 암기하면 될까요?
두 방법 모두 수학 성적을 올리는 데 도움이 되겠지만,
근본적인 해결책은 아닙니다.

수학은 개념과 원리를 이해하고, 이를 적용하여 문제를 해결하면서
사고력을 키우는 과목입니다.
어렵고 복잡해 보이는 문제도, 새로운 유형의 문제도
핵심 개념을 파악하고, 하나하나 연결 지어 생각해 보면
결국, 답을 찾을 수 있기 때문입니다.

개념원리 수학은 단순 암기식 풀이가 아니라 학생들의 눈높이에 맞춰 **개념과 원리를
이해하기 쉽게 설명**하고, **개념을 문제에 적용하면서 쉬운 문제부터 차근차근 단계별로
학습해 스스로 사고하는 능력을 기를 수 있도록 구성**하였습니다.
이러한 개념원리만의 특별한 학습법으로 문제를 하나하나 풀어나가다 보면, 수학적 사고에
기반한 창의적인 문제 해결력뿐만 아니라 수학에 대한 자신감 또한 키울 수 있습니다.

스스로 생각하는 방법을 알려주는 개념원리 수학으로
개념을 차근차근 다져가면서
제대로 된 수학 개념 학습을 시작하세요!

구성과 특징

> 개념원리 수학은 개념원리만의 교수법과 짜임새 있는 구성으로
> 단순 암기식 문제 풀이가 아닌 사고력, 응용력, 추리력을 기르고,
> 생각하는 방법까지 깨우칠 수 있습니다.

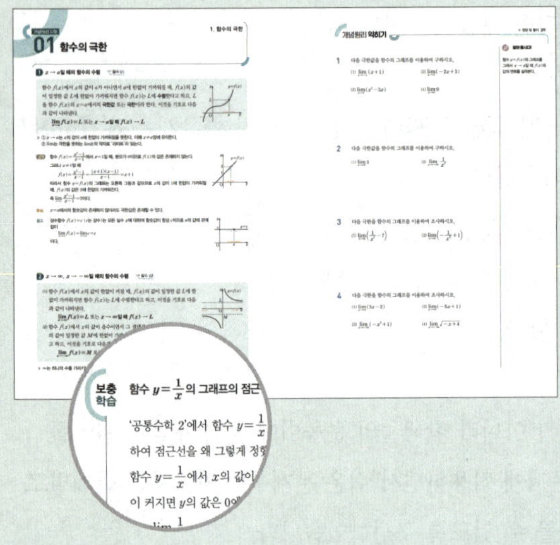

01 개념원리 이해

각 단원의 주요 개념을 일목요연하게 정리하고, 그 원리를 이해하기 쉽게 설명하였으므로 충분한 개념 학습을 할 수 있습니다.

- **보충 학습** 심화 개념, 혼동하기 쉬운 개념, 문제에 자주 활용되는 개념을 학습할 수 있습니다.
- **확인하기** 개념과 공식에 대한 설명 또는 증명을 자세히 다루어 깊이 있는 학습을 할 수 있습니다.

개념원리 익히기

개념과 공식을 바로 확인할 수 있는 기본 문제로 구성하여 개념을 정확히 이해했는지 확인할 수 있습니다.

- **알아둡시다!** 문제에 이용되는 개념, 공식을 다시 한번 확인하며 개념을 탄탄히 다질 수 있습니다.

02 필수 / 발전

반드시 알아야 하는 중요 문제는 '필수' 문제로, 그중 어려운 문제는 '발전' 문제로 구성하였습니다.

- **KEY Point** 문제를 해결하기 위한 핵심 개념이나 해결 전략을 확인하고 정리할 수 있습니다.

확인체크

필수, 발전 문제와 유사한 문제를 풀어 봄으로써 해당 문제를 확실하게 이해할 수 있습니다.

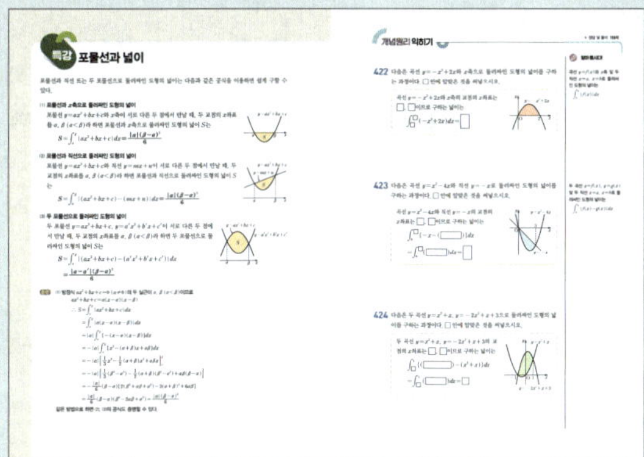

03 특강

내신 심화 개념 또는 교육과정 외의 개념이라도 실전에 도움이 되는 개념을 선별 제시하였습니다.
또 이전에 학습한 개념 중 해당 단원과 연계된 개념을 총정리함으로써 앞으로 학습할 개념에 대한 이해도를 높일 수 있습니다.

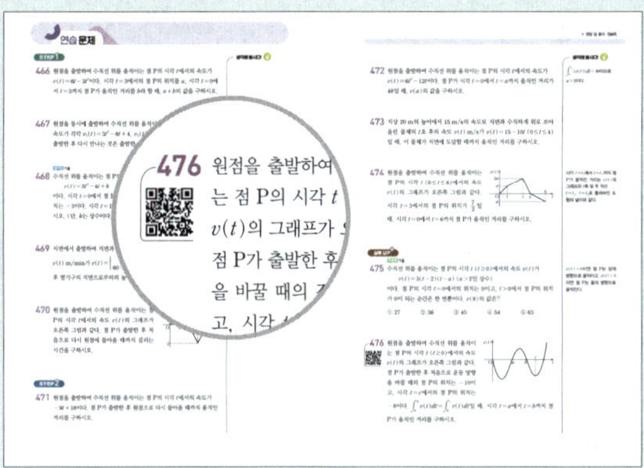

04 연습문제

단원에서 꼭 알아야 하는 중요 문제와 학교 시험에 자주 출제되는 문제를 **STEP 1**, **STEP 2**, **실력 UP⁺**의 수준별 3단계로 구성하여 단계적으로 실력을 키울 수 있습니다. 또 최신 경향의 수능, 평가원·교육청 모의고사 기출 문제를 엄선, 수록하여 문제 해결력도 기를 수 있습니다.

QR 동영상 ▶ 무료 해설 강의를 이용하면 고난도 문제를 이해하는 데 도움이 됩니다.

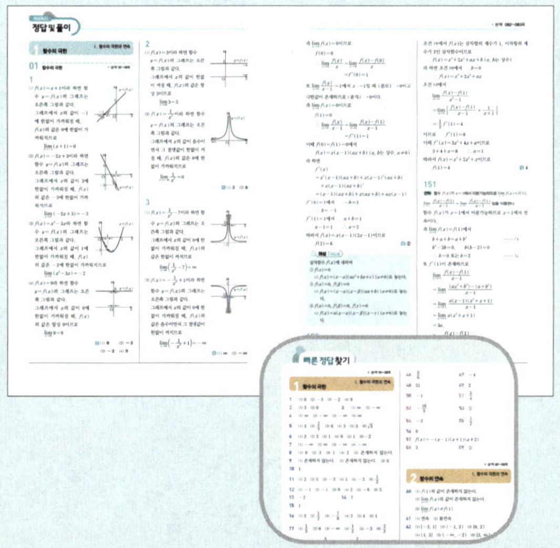

05 정답 및 풀이

누구나 이해할 수 있도록 풀이 과정을 쉽게 풀어 설명하였고, 사고력을 기를 수 있도록 다른 풀이를 충분히 제시하였습니다. 또 연습문제의 '전략'을 활용하면 문제 해결의 실마리를 찾을 수 있습니다.

개념 노트 문제 해결의 핵심 개념을 확인하여 문제 속에 내포된 개념을 이해할 수 있습니다.

해설 Focus 실전에 도움이 되는 활용 방법을 구체적으로 설명하였습니다.

빠른 정답 찾기

본책 뒤에 제시된 '빠른 정답 찾기'를 이용하면 정답을 빠르게 확인하고 채점할 수 있습니다.

차례

I 함수의 극한과 연속

 미분

차례

III 적분

I / 함수의 극한과 연속

이 단원에서는

함수 $y=f(x)$에서 x의 값이 어떤 값에 한없이 가까워지거나 한없이 커지거나 한없이 작아질 때, $f(x)$의 값의 변화를 관찰합니다. 특히 $f(x)$의 값이 특정한 값에 한없이 가까워지는 경우에 주목하여 이와 관련된 다양한 문제를 풀어 봅니다.

01 함수의 극한

1 $x \to a$일 때의 함수의 수렴　🔗 필수 **01**

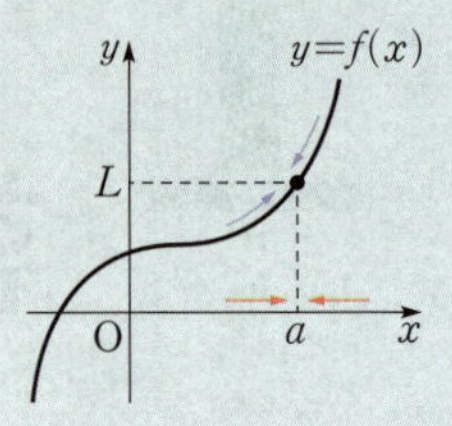

함수 $f(x)$에서 x의 값이 a가 아니면서 a에 한없이 가까워질 때, $f(x)$의 값이 일정한 값 L에 한없이 가까워지면 함수 $f(x)$는 L에 **수렴**한다고 하고, L을 함수 $f(x)$의 $x=a$에서의 **극한값** 또는 **극한**이라 한다. 이것을 기호로 다음과 같이 나타낸다.

$$\lim_{x \to a} f(x) = L \quad \text{또는} \quad x \to a\text{일 때 } f(x) \to L$$

▸ ① $x \to a$는 x의 값이 a에 한없이 가까워짐을 뜻한다. 이때 $x \neq a$임에 유의한다.
　② $\lim$는 극한을 뜻하는 limit의 약자로 '리미트'라 읽는다.

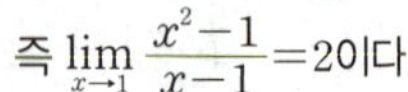

설명　함수 $f(x) = \dfrac{x^2-1}{x-1}$에서 $x=1$일 때, 분모가 0이므로 $f(1)$의 값은 존재하지 않는다.

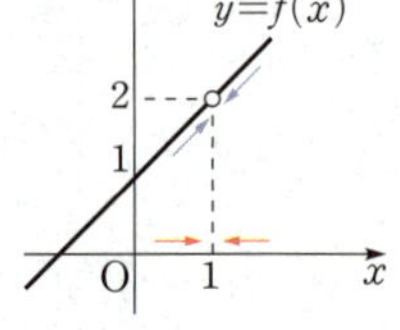

그러나 $x \neq 1$일 때

$$f(x) = \frac{x^2-1}{x-1} = \frac{(x+1)(x-1)}{x-1} = x+1$$

따라서 함수 $y=f(x)$의 그래프는 오른쪽 그림과 같으므로 x의 값이 1에 한없이 가까워질 때, $f(x)$의 값은 2에 한없이 가까워진다.

즉 $\displaystyle\lim_{x \to 1} \frac{x^2-1}{x-1} = 2$이다.

주의　$x=a$에서의 함숫값이 존재하지 않더라도 극한값은 존재할 수 있다.

참고　상수함수 $f(x)=c$ (c는 상수)는 모든 실수 x에 대하여 함숫값이 항상 c이므로 a의 값에 관계없이

$$\lim_{x \to a} f(x) = \lim_{x \to a} c = c$$

이다.

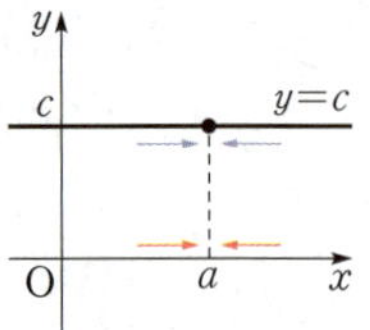

2 $x \to \infty,\ x \to -\infty$일 때의 함수의 수렴　🔗 필수 **02**

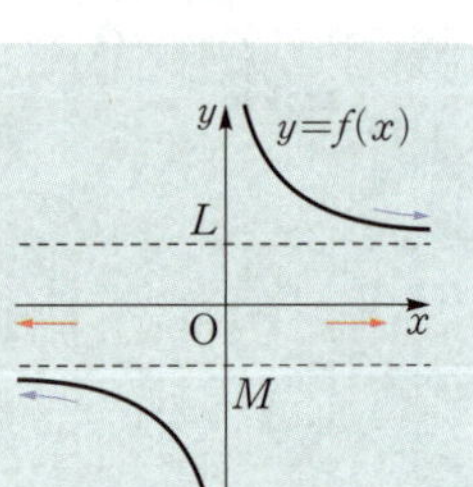

(1) 함수 $f(x)$에서 x의 값이 한없이 커질 때, $f(x)$의 값이 일정한 값 L에 한없이 가까워지면 함수 $f(x)$는 L에 수렴한다고 하고, 이것을 기호로 다음과 같이 나타낸다.

$$\lim_{x \to \infty} f(x) = L \quad \text{또는} \quad x \to \infty\text{일 때 } f(x) \to L$$

(2) 함수 $f(x)$에서 x의 값이 음수이면서 그 절댓값이 한없이 커질 때, $f(x)$의 값이 일정한 값 M에 한없이 가까워지면 함수 $f(x)$는 M에 수렴한다고 하고, 이것을 기호로 다음과 같이 나타낸다.

$$\lim_{x \to -\infty} f(x) = M \quad \text{또는} \quad x \to -\infty\text{일 때 } f(x) \to M$$

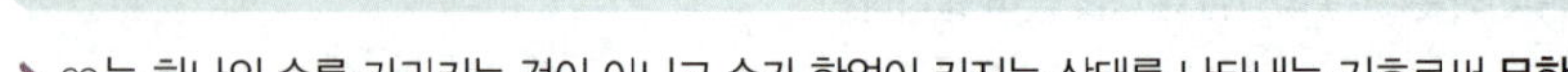

▸ ∞는 하나의 수를 가리키는 것이 아니고 수가 한없이 커지는 상태를 나타내는 기호로써 **무한대**라 읽는다.

설명 함수 $f(x)=\dfrac{1}{x}$의 그래프에서 x의 값이 한없이 커지면 $f(x)$의 값은 0에 한없이 가까워지므로

$$\lim_{x \to \infty} \frac{1}{x}=0$$

또 x의 값이 음수이면서 그 절댓값이 한없이 커질 때에도 $f(x)$의 값은 0에 한없이 가까워지므로

$$\lim_{x \to -\infty} \frac{1}{x}=0$$

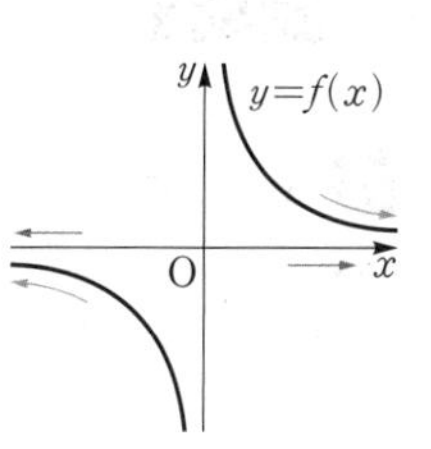

❸ $x \to a$일 때의 함수의 발산   ∽ 필수 03

함수 $f(x)$에서 x의 값이 a가 아니면서 a에 한없이 가까워질 때, $f(x)$가 어느 값으로도 수렴하지 않으면 $f(x)$는 **발산**한다고 한다.

(1) **양의 무한대로 발산**

함수 $f(x)$에서 x의 값이 a가 아니면서 a에 한없이 가까워질 때, $f(x)$의 값이 한없이 커지면 함수 $f(x)$는 양의 무한대로 발산한다고 하고, 이것을 기호로 다음과 같이 나타낸다.

$$\lim_{x \to a} f(x)=\infty \quad \text{또는} \quad x \to a일 \text{ 때 } f(x) \to \infty$$

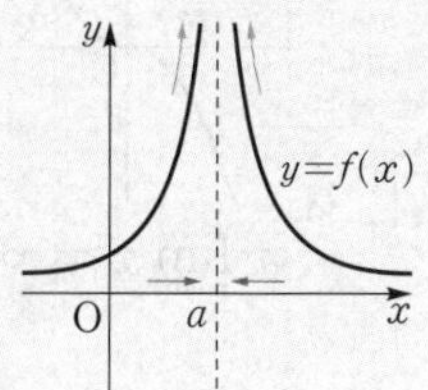

(2) **음의 무한대로 발산**

함수 $f(x)$에서 x의 값이 a가 아니면서 a에 한없이 가까워질 때, $f(x)$의 값이 음수이면서 그 절댓값이 한없이 커지면 함수 $f(x)$는 음의 무한대로 발산한다고 하고, 이것을 기호로 다음과 같이 나타낸다.

$$\lim_{x \to a} f(x)=-\infty \quad \text{또는} \quad x \to a일 \text{ 때 } f(x) \to -\infty$$

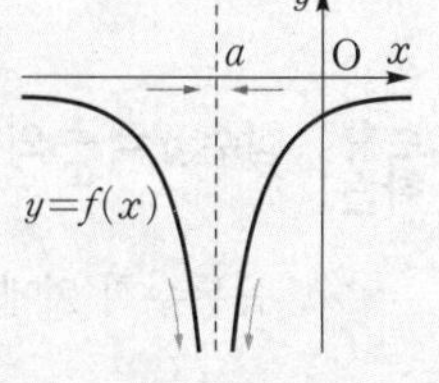

▶ $\lim\limits_{x \to a} f(x)=\infty$ 또는 $\lim\limits_{x \to a} f(x)=-\infty$는 $x=a$에서의 극한값이 ∞ 또는 $-\infty$라는 뜻이 아니다. 이때는 $x=a$에서의 극한값이 존재하지 않는다고 한다.

설명 함수 $f(x)=\dfrac{1}{x^2}$의 그래프에서 x의 값이 0에 한없이 가까워지면 $f(x)$의 값은 한없이 커지므로

$$\lim_{x \to 0} \frac{1}{x^2}=\infty$$

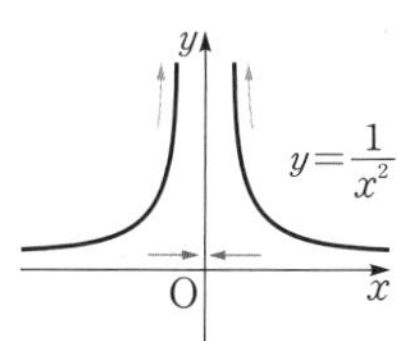

또 함수 $f(x)=-\dfrac{1}{x^2}$의 그래프에서 x의 값이 0에 한없이 가까워지면 $f(x)$의 값은 음수이면서 그 절댓값이 한없이 커지므로

$$\lim_{x \to 0} \left(-\frac{1}{x^2}\right)=-\infty$$

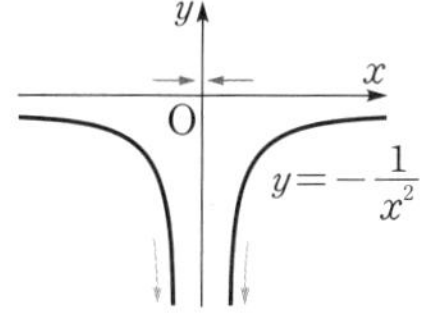

4 $x \to \infty$, $x \to -\infty$일 때의 함수의 발산 　　필수 04

함수 $f(x)$에서 $x \to \infty$ 또는 $x \to -\infty$일 때, $f(x)$의 값이 양의 무한대 또는 음의 무한대로 발산하는 것을 기호로 다음과 같이 나타낸다.

$$\lim_{x \to \infty} f(x) = \infty, \quad \lim_{x \to \infty} f(x) = -\infty, \quad \lim_{x \to -\infty} f(x) = \infty, \quad \lim_{x \to -\infty} f(x) = -\infty$$

설명 함수 $f(x) = x^2$의 그래프에서 x의 값이 한없이 커지거나 음수이면서 그 절댓값이 한없이 커지면 $f(x)$의 값은 한없이 커지므로

$$\lim_{x \to \infty} x^2 = \infty, \quad \lim_{x \to -\infty} x^2 = \infty$$

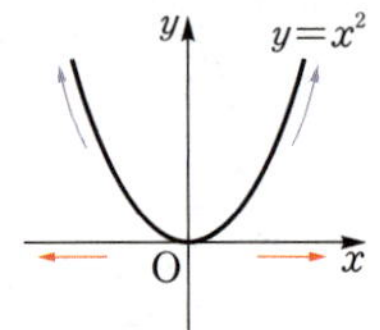

또 함수 $f(x) = -x^2$의 그래프에서 x의 값이 한없이 커지거나 음수이면서 그 절댓값이 한없이 커지면 $f(x)$의 값은 음수이면서 그 절댓값이 한없이 커지므로

$$\lim_{x \to \infty} (-x^2) = -\infty, \quad \lim_{x \to -\infty} (-x^2) = -\infty$$

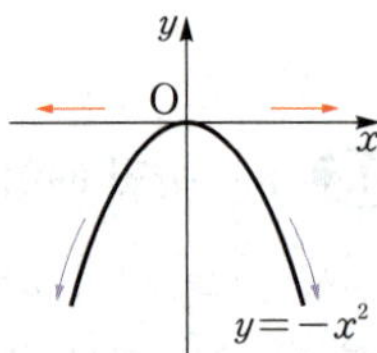

보기 ▶ (1)

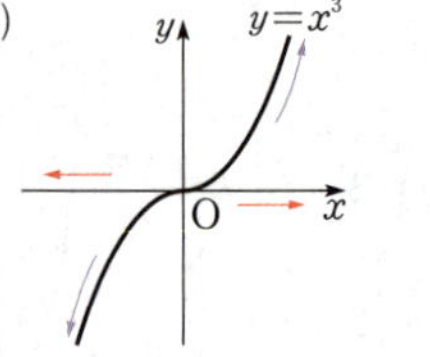

$$\Rightarrow \lim_{x \to \infty} x^3 = \infty, \quad \lim_{x \to -\infty} x^3 = -\infty$$

(2) $y = -x^3$

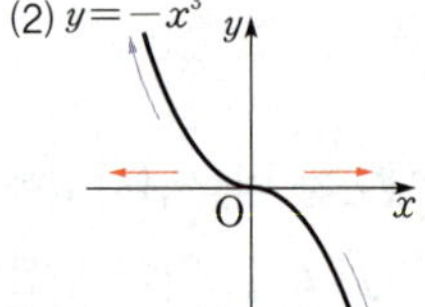

$$\Rightarrow \lim_{x \to \infty} (-x^3) = -\infty, \quad \lim_{x \to -\infty} (-x^3) = \infty$$

보충학습 함수 $y = \dfrac{1}{x}$의 그래프의 점근선

'공통수학 2'에서 함수 $y = \dfrac{1}{x}$의 그래프의 점근선은 x축과 y축임을 배웠다. 함수의 극한을 이용하여 점근선을 왜 그렇게 정했는지 알아보자.

함수 $y = \dfrac{1}{x}$에서 x의 값이 한없이 커지거나 음수이면서 그 절댓값이 한없이 커지면 y의 값은 0에 한없이 가까워진다. 즉

$$\lim_{x \to \infty} \frac{1}{x} = 0, \quad \lim_{x \to -\infty} \frac{1}{x} = 0$$

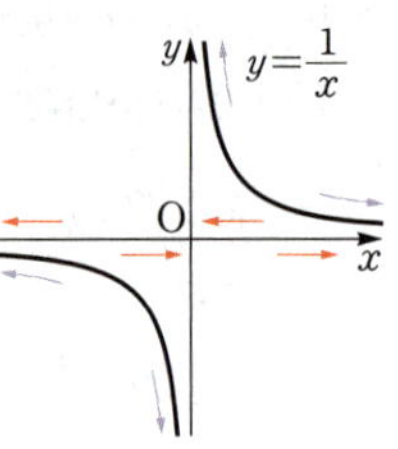

이므로 $x \to \infty$ 또는 $x \to -\infty$일 때, $y = \dfrac{1}{x}$의 그래프는 x축에 한없이 가까워진다.

따라서 x축은 점근선이다.

같은 방법으로 하면 $y = \dfrac{1}{x}$에서 x의 값이 0에 한없이 가까워지면 y의 값은 한없이 커지거나 음수이면서 그 절댓값이 한없이 커지므로 y축은 점근선이다.

개념원리 익히기

알아둡시다!

함수 $y=f(x)$의 그래프를 그려서 $x \rightarrow a$일 때 $f(x)$의 값의 변화를 살펴본다.

---

1 다음 극한값을 함수의 그래프를 이용하여 구하시오.

(1) $\displaystyle\lim_{x \to -1}(x+1)$ (2) $\displaystyle\lim_{x \to 3}(-2x+3)$

(3) $\displaystyle\lim_{x \to 1}(x^2-3x)$ (4) $\displaystyle\lim_{x \to 0}9$

2 다음 극한값을 함수의 그래프를 이용하여 구하시오.

(1) $\displaystyle\lim_{x \to \infty}3$ (2) $\displaystyle\lim_{x \to -\infty}\frac{1}{x^2}$

3 다음 극한을 함수의 그래프를 이용하여 조사하시오.

(1) $\displaystyle\lim_{x \to 0}\left(\frac{1}{x^2}-7\right)$ (2) $\displaystyle\lim_{x \to 0}\left(-\frac{1}{x^2}+1\right)$

4 다음 극한을 함수의 그래프를 이용하여 조사하시오.

(1) $\displaystyle\lim_{x \to \infty}(3x-2)$ (2) $\displaystyle\lim_{x \to \infty}(-5x+1)$

(3) $\displaystyle\lim_{x \to -\infty}(-x^2+1)$ (4) $\displaystyle\lim_{x \to -\infty}\sqrt{-x+4}$

필수 **01** $x \to a$일 때의 함수의 수렴

다음 극한값을 함수의 그래프를 이용하여 구하시오.

(1) $\displaystyle\lim_{x \to 2}\left(\dfrac{2}{x}-3\right)$ (2) $\displaystyle\lim_{x \to -3}\dfrac{x^2+x-6}{x+3}$ (3) $\displaystyle\lim_{x \to 1}\sqrt{2x-1}$

풀이

(1) $f(x)=\dfrac{2}{x}-3$이라 하면 함수 $y=f(x)$의 그래프는 오른쪽 그림과 같다.

그래프에서 x의 값이 2에 한없이 가까워질 때, $f(x)$의 값은 -2에 한없이 가까워지므로

$$\lim_{x \to 2}\left(\dfrac{2}{x}-3\right)=-2$$

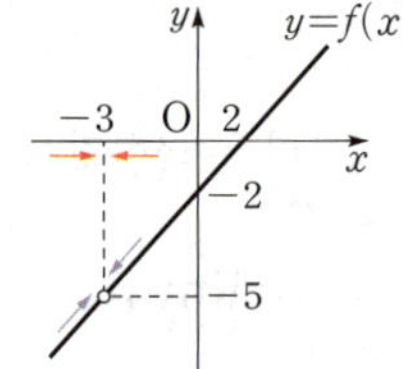

(2) $f(x)=\dfrac{x^2+x-6}{x+3}=\dfrac{(x+3)(x-2)}{x+3}$라 하면 $x \neq -3$일 때

$$f(x)=x-2$$

이므로 함수 $y=f(x)$의 그래프는 오른쪽 그림과 같다.

그래프에서 x의 값이 -3에 한없이 가까워질 때, $f(x)$의 값은 -5에 한없이 가까워지므로

$$\lim_{x \to -3}\dfrac{x^2+x-6}{x+3}=-5$$

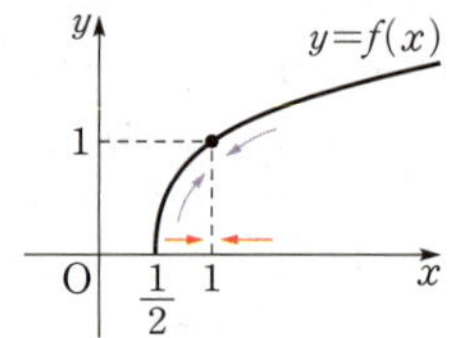

(3) $f(x)=\sqrt{2x-1}$이라 하면 함수 $y=f(x)$의 그래프는 오른쪽 그림과 같다.

그래프에서 x의 값이 1에 한없이 가까워질 때, $f(x)$의 값은 1에 한없이 가까워지므로

$$\lim_{x \to 1}\sqrt{2x-1}=1$$

KEY Point

- 함수 $f(x)$에서 x의 값이 a가 아니면서 a에 한없이 가까워질 때, $f(x)$가 일정한 값 L에 한없이 가까워지면

$$\lim_{x \to a}f(x)=L \quad \leftarrow \text{함수 } f(x)\text{는 } L\text{에 수렴한다.}$$

로 나타내고, L을 함수 $f(x)$의 $x=a$에서의 극한값이라 한다.

● 정답 및 풀이 **3**쪽

확인체크 5 다음 극한값을 함수의 그래프를 이용하여 구하시오.

(1) $\displaystyle\lim_{x \to 3}\dfrac{x}{x-2}$ (2) $\displaystyle\lim_{x \to 0}\dfrac{x^2+2x}{3x}$ (3) $\displaystyle\lim_{x \to 3}\dfrac{x^2-9}{x-3}$

(4) $\displaystyle\lim_{x \to 1}\dfrac{x^3-1}{x-1}$ (5) $\displaystyle\lim_{x \to 1}\sqrt{3x+6}$ (6) $\displaystyle\lim_{x \to -2}\sqrt{-x+3}$

필수 **02** $x \to \infty$, $x \to -\infty$일 때의 함수의 수렴

다음 극한값을 함수의 그래프를 이용하여 구하시오.

(1) $\displaystyle\lim_{x \to \infty} \frac{1}{x+5}$

(2) $\displaystyle\lim_{x \to \infty} \frac{1}{|x-1|}$

(3) $\displaystyle\lim_{x \to -\infty} \left(\frac{3}{x} - 1 \right)$

(4) $\displaystyle\lim_{x \to -\infty} \left(3 - \frac{1}{x^2} \right)$

풀이

(1) $f(x) = \dfrac{1}{x+5}$이라 하면 함수 $y = f(x)$의 그래프는 오른쪽 그림과 같다.

그래프에서 x의 값이 한없이 커질 때, $f(x)$의 값은 0에 한없이 가까워지므로

$$\lim_{x \to \infty} \frac{1}{x+5} = \mathbf{0}$$

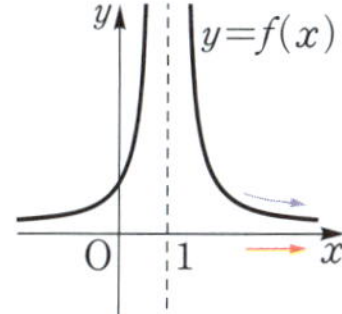

(2) $f(x) = \dfrac{1}{|x-1|}$이라 하면 함수 $y = f(x)$의 그래프는 오른쪽 그림과 같다.

그래프에서 x의 값이 한없이 커질 때, $f(x)$의 값은 0에 한없이 가까워지므로

$$\lim_{x \to \infty} \frac{1}{|x-1|} = \mathbf{0}$$

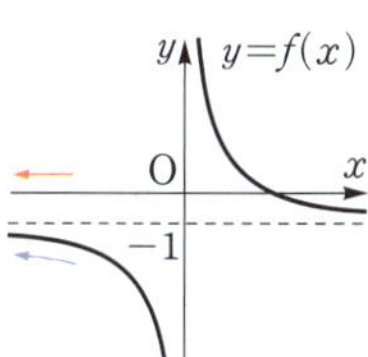

(3) $f(x) = \dfrac{3}{x} - 1$이라 하면 함수 $y = f(x)$의 그래프는 오른쪽 그림과 같다.

그래프에서 x의 값이 음수이면서 그 절댓값이 한없이 커질 때, $f(x)$의 값은 -1에 한없이 가까워지므로

$$\lim_{x \to -\infty} \left(\frac{3}{x} - 1 \right) = \mathbf{-1}$$

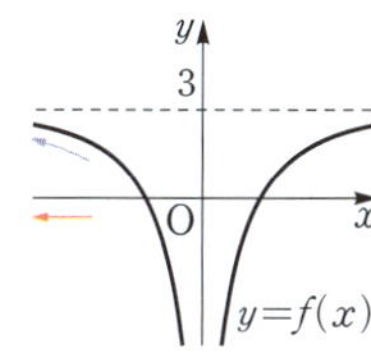

(4) $f(x) = 3 - \dfrac{1}{x^2}$이라 하면 함수 $y = f(x)$의 그래프는 오른쪽 그림과 같다.

그래프에서 x의 값이 음수이면서 그 절댓값이 한없이 커질 때, $f(x)$의 값은 3에 한없이 가까워지므로

$$\lim_{x \to -\infty} \left(3 - \frac{1}{x^2} \right) = \mathbf{3}$$

KEY Point

- $x \to \infty$일 때, $f(x)$의 값이 L에 한없이 가까워진다. $\Rightarrow \displaystyle\lim_{x \to \infty} f(x) = L$
- $x \to -\infty$일 때, $f(x)$의 값이 M에 한없이 가까워진다. $\Rightarrow \displaystyle\lim_{x \to -\infty} f(x) = M$

● 정답 및 풀이 **4**쪽

 확인체크 **6** 다음 극한값을 함수의 그래프를 이용하여 구하시오.

(1) $\displaystyle\lim_{x \to \infty} \left(2 - \frac{1}{x} \right)$

(2) $\displaystyle\lim_{x \to \infty} \frac{3x}{x+1}$

(3) $\displaystyle\lim_{x \to \infty} \left(\frac{1}{|x-2|} + 1 \right)$

(4) $\displaystyle\lim_{x \to -\infty} \frac{1}{x-3}$

(5) $\displaystyle\lim_{x \to -\infty} \left(1 + \frac{1}{x^2} \right)$

(6) $\displaystyle\lim_{x \to -\infty} \left\{ \frac{1}{(x-3)^2} - 2 \right\}$

● 더 다양한 문제는 **RPM** 미적분 I 7쪽

필수 03 $x \to a$**일 때의 함수의 발산**

다음 극한을 함수의 그래프를 이용하여 조사하시오.

(1) $\displaystyle\lim_{x \to -1}\left\{-\dfrac{1}{(x+1)^2}\right\}$ (2) $\displaystyle\lim_{x \to 0}\dfrac{1}{|x|}$

풀이   (1) $f(x) = -\dfrac{1}{(x+1)^2}$ 이라 하면 함수 $y = f(x)$의 그래프는 오른쪽

그림과 같다.

그래프에서 x의 값이 -1에 한없이 가까워질 때, $f(x)$의 값은 음수이면서 그 절댓값이 한없이 커지므로

$$\lim_{x \to -1}\left\{-\dfrac{1}{(x+1)^2}\right\} = -\infty$$

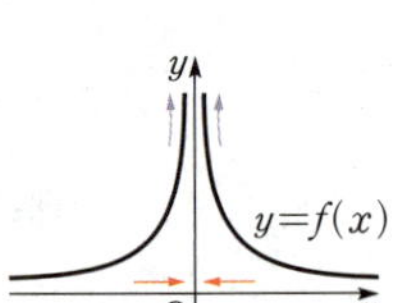

(2) $f(x) = \dfrac{1}{|x|}$ 이라 하면 함수 $y = f(x)$의 그래프는 오른쪽 그림과

같다.

그래프에서 x의 값이 0에 한없이 가까워질 때, $f(x)$의 값은 한없이 커지므로 $\displaystyle\lim_{x \to 0}\dfrac{1}{|x|} = \infty$

● 더 다양한 문제는 **RPM** 미적분 I 7쪽

필수 04 $x \to \infty$**,** $x \to -\infty$**일 때의 함수의 발산**

다음 극한을 함수의 그래프를 이용하여 조사하시오.

(1) $\displaystyle\lim_{x \to -\infty}(x^2+2)$ (2) $\displaystyle\lim_{x \to \infty}(-\sqrt{5+x})$

풀이   (1) $f(x) = x^2+2$라 하면 함수 $y = f(x)$의 그래프는 오른쪽 그림과 같다.

그래프에서 x의 값이 음수이면서 그 절댓값이 한없이 커질 때, $f(x)$의 값은 한없이 커지므로

$$\lim_{x \to -\infty}(x^2+2) = \infty$$

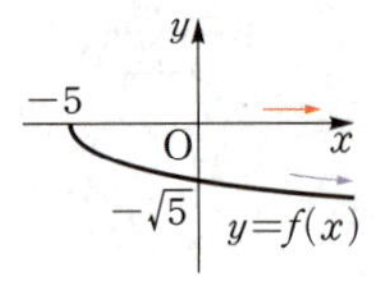

(2) $f(x) = -\sqrt{5+x}$라 하면 함수 $y = f(x)$의 그래프는 오른쪽 그림과 같다.

그래프에서 x의 값이 한없이 커질 때, $f(x)$의 값은 음수이면서 그 절댓값이 한없이 커지므로

$$\lim_{x \to \infty}(-\sqrt{5+x}) = -\infty$$

● 정답 및 풀이 **5쪽**

 **7**   다음 극한을 함수의 그래프를 이용하여 조사하시오.

(1) $\displaystyle\lim_{x \to 2}\left\{3-\dfrac{1}{(x-2)^2}\right\}$ (2) $\displaystyle\lim_{x \to -3}\dfrac{1}{|x+3|}$

(3) $\displaystyle\lim_{x \to \infty}(5-x^2)$ (4) $\displaystyle\lim_{x \to -\infty}(-\sqrt{3-x})$

02 우극한과 좌극한

1 우극한과 좌극한　　⊚ 필수 05, 06

(1) **우극한**: x의 값이 a보다 크면서 a에 한없이 가까워지는 것을 기호로

$x \to a+$ 와 같이 나타낸다. 이때 함수 $f(x)$의 값이 일정한 값 L에 한없이

가까워지면 L을 함수 $f(x)$의 $x=a$에서의 **우극한**이라 하고, 이것을 기호로

$$\lim_{x \to a+} f(x) = L$$

과 같이 나타낸다.

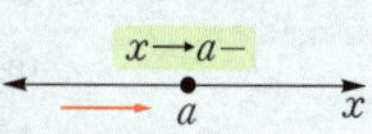

(2) **좌극한**: x의 값이 a보다 작으면서 a에 한없이 가까워지는 것을 기호로

$x \to a-$ 와 같이 나타낸다. 이때 함수 $f(x)$의 값이 일정한 값 M에 한없이

가까워지면 M을 함수 $f(x)$의 $x=a$에서의 **좌극한**이라 하고, 이것을 기호로

$$\lim_{x \to a-} f(x) = M$$

과 같이 나타낸다.

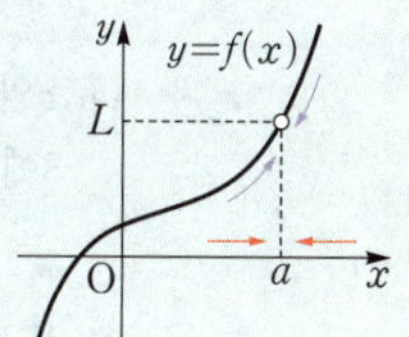

(3) 함수 $f(x)$의 $x=a$에서의 우극한과 좌극한이 모두 존재하고 그 값이 L로

같으면 극한값 $\lim\limits_{x \to a} f(x)$가 존재한다. 또 그 역도 성립하므로

$$\lim_{x \to a} f(x) = L \iff \lim_{x \to a+} f(x) = \lim_{x \to a-} f(x) = L$$

이다.

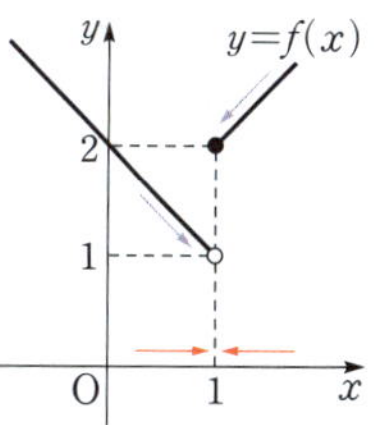

▶ 함수 $f(x)$의 $x=a$에서의 우극한과 좌극한이 모두 존재하더라도 그 값이 서로 같지 않으면, 즉 $\lim\limits_{x \to a+} f(x) \neq \lim\limits_{x \to a-} f(x)$이
면 극한값 $\lim\limits_{x \to a} f(x)$는 존재하지 않는다.

설명 함수 $f(x) = \begin{cases} x+1 & (x \geq 1) \\ -x+2 & (x < 1) \end{cases}$ 에서 x의 값이 1보다 크면서 1에 한없이 가까워질 때,

$f(x)$의 값은 2에 한없이 가까워진다.

또 x의 값이 1보다 작으면서 1에 한없이 가까워질 때, $f(x)$의 값은 1에 한없이 가까워진다.

즉 $\lim\limits_{x \to 1+} f(x) = 2$, $\lim\limits_{x \to 1-} f(x) = 1$이므로

$$\lim_{x \to 1+} f(x) \neq \lim_{x \to 1-} f(x)$$

따라서 극한값 $\lim\limits_{x \to 1} f(x)$는 존재하지 않는다.

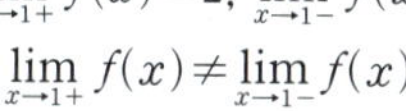

보충 학습　**합성함수의 극한**

두 함수 $f(x)$, $g(x)$에 대하여 $\lim\limits_{x \to a+} g(f(x))$의 값은 $f(x)=t$로 치환한 후 다음을 이용하여

구한다.

① $x \to a+$일 때 $t \to b+$이면　　$\lim\limits_{x \to a+} g(f(x)) = \lim\limits_{t \to b+} g(t)$

② $x \to a+$일 때 $t \to b-$이면　　$\lim\limits_{x \to a+} g(f(x)) = \lim\limits_{t \to b-} g(t)$

③ $x \to a+$일 때 $t = b$이면　　$\lim\limits_{x \to a+} g(f(x)) = g(b)$

● 더 다양한 문제는 **RPM** 미적분 I 10쪽

필수 05 그래프에서 우극한과 좌극한

함수 $y=f(x)$의 그래프가 오른쪽 그림과 같을 때, 다음 극한을 조사하시오.

(1) $\lim\limits_{x \to 2+} f(x)$　　(2) $\lim\limits_{x \to 2-} f(x)$　　(3) $\lim\limits_{x \to 2} f(x)$

(4) $\lim\limits_{x \to 0+} f(x)$　　(5) $\lim\limits_{x \to 0-} f(x)$　　(6) $\lim\limits_{x \to 0} f(x)$

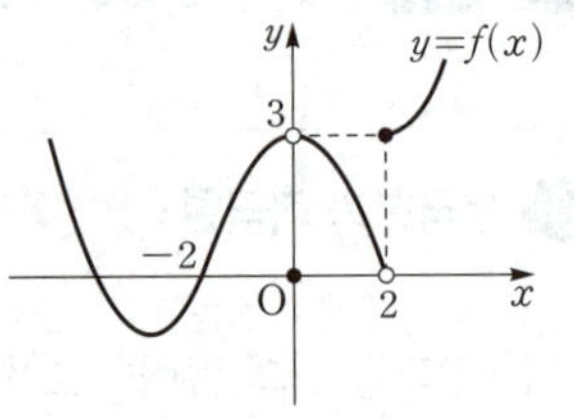

풀이

(1) x의 값이 2보다 크면서 2에 한없이 가까워질 때, $f(x)$의 값은 3에 한없이 가까워지므로

$$\lim_{x \to 2+} f(x) = 3$$

(2) x의 값이 2보다 작으면서 2에 한없이 가까워질 때, $f(x)$의 값은 0에 한없이 가까워지므로

$$\lim_{x \to 2-} f(x) = 0$$

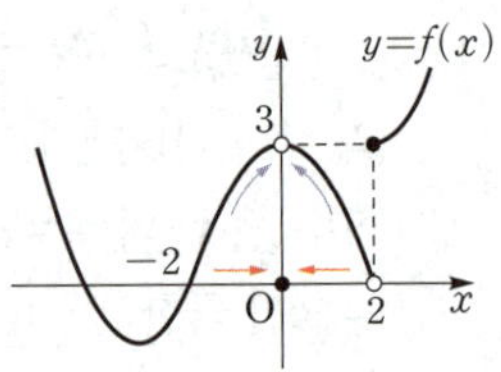

(3) $\lim\limits_{x \to 2+} f(x) \neq \lim\limits_{x \to 2-} f(x)$이므로 $\lim\limits_{x \to 2} f(x)$의 값은 **존재하지 않는다.**

(4) x의 값이 0보다 크면서 0에 한없이 가까워질 때, $f(x)$의 값은 3에 한없이 가까워지므로

$$\lim_{x \to 0+} f(x) = 3$$

(5) x의 값이 0보다 작으면서 0에 한없이 가까워질 때, $f(x)$의 값은 3에 한없이 가까워지므로

$$\lim_{x \to 0-} f(x) = 3$$

(6) $\lim\limits_{x \to 0+} f(x) = \lim\limits_{x \to 0-} f(x) = 3$이므로　　$\lim\limits_{x \to 0} f(x) = 3$

KEY Point

• 함수 $f(x)$의 $x=a$에서의 우극한과 좌극한이 모두 존재하고 그 값이 같을 때에만 함수 $f(x)$의 $x=a$에서의 극한값이 존재한다.

$$\Rightarrow \lim_{x \to a+} f(x) = \lim_{x \to a-} f(x) = L \iff \lim_{x \to a} f(x) = L$$

● 정답 및 풀이 5쪽

확인체크 8 함수 $y=f(x)$의 그래프가 오른쪽 그림과 같을 때, 다음 극한을 조사하시오.

(1) $\lim\limits_{x \to 3+} f(x)$　　(2) $\lim\limits_{x \to 4-} f(x)$　　(3) $\lim\limits_{x \to 1} f(x)$

(4) $\lim\limits_{x \to 2} f(x)$　　(5) $\lim\limits_{x \to -1} f(x)$

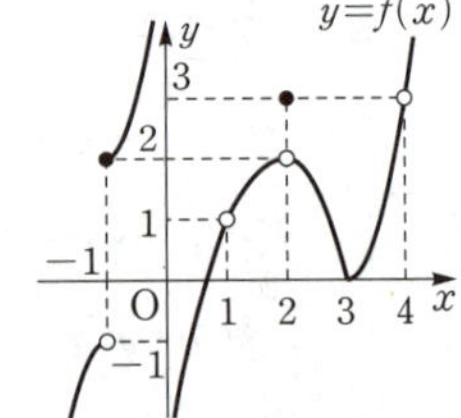

필수 06 우극한과 좌극한

다음 극한을 조사하시오. (단, $[x]$는 x보다 크지 않은 최대의 정수이다.)

(1) $\displaystyle\lim_{x \to 2} \frac{1}{x-2}$　　(2) $\displaystyle\lim_{x \to 1+} \frac{x^2-1}{|x-1|}$　　(3) $\displaystyle\lim_{x \to 2-} \frac{x^2-2x}{|x-2|}$　　(4) $\displaystyle\lim_{x \to 0} [x+1]$

풀이　(1) $y = \dfrac{1}{x-2}$의 그래프는 오른쪽 그림과 같으므로

$$\lim_{x \to 2+} \frac{1}{x-2} = \infty, \ \lim_{x \to 2-} \frac{1}{x-2} = -\infty$$

따라서 $\displaystyle\lim_{x \to 2} \dfrac{1}{x-2}$의 값은 **존재하지 않는다.**

(2) $x \to 1+$일 때, $x > 1$이므로　　$|x-1| = x-1$

$$\therefore \lim_{x \to 1+} \frac{x^2-1}{|x-1|} = \lim_{x \to 1+} \frac{(x+1)(x-1)}{x-1} = \lim_{x \to 1+} (x+1) = \mathbf{2}$$

(3) $x \to 2-$일 때, $x < 2$이므로　　$|x-2| = -(x-2)$

$$\therefore \lim_{x \to 2-} \frac{x^2-2x}{|x-2|} = \lim_{x \to 2-} \frac{x(x-2)}{-(x-2)} = \lim_{x \to 2-} (-x) = \mathbf{-2}$$

(4) $0 < x < 1$일 때, $1 < x+1 < 2$이므로　　$[x+1] = 1$

$$\therefore \lim_{x \to 0+} [x+1] = 1$$

$-1 < x < 0$일 때, $0 < x+1 < 1$이므로　　$[x+1] = 0$

$$\therefore \lim_{x \to 0-} [x+1] = 0$$

따라서 $\displaystyle\lim_{x \to 0+} [x+1] \neq \lim_{x \to 0-} [x+1]$이므로 $\displaystyle\lim_{x \to 0} [x+1]$의 값은 **존재하지 않는다.**

참고　가우스 기호를 포함한 함수의 극한

실수 x보다 크지 않은 최대의 정수를 $[x]$라 할 때, 정수 n에 대하여

① $x \to n+$이면 $n \leq x < n+1$이므로　　$\displaystyle\lim_{x \to n+} [x] = n$

② $x \to n-$이면 $n-1 \leq x < n$이므로　　$\displaystyle\lim_{x \to n-} [x] = n-1$

KEY Point

> • 다항함수가 아닌 유리함수, 절댓값 기호를 포함한 함수, 가우스 기호를 포함한 함수의 극한
> ⇨ 우극한과 좌극한을 따로 구한다.

● 정답 및 풀이 **6**쪽

확인체크 9　다음 극한을 조사하시오. (단, $[x]$는 x보다 크지 않은 최대의 정수이다.)

(1) $\displaystyle\lim_{x \to -2} \frac{x-2}{x+2}$　　　　(2) $\displaystyle\lim_{x \to -1} \frac{x^2+x}{|x+1|}$　　　　(3) $\displaystyle\lim_{x \to -1+} \frac{[x+1]}{x+1}$

10　함수 $f(x) = \begin{cases} x-1 & (x \geq 1) \\ -x+k & (x < 1) \end{cases}$에 대하여 $\displaystyle\lim_{x \to 1} f(x)$의 값이 존재하도록 하는 상수 k의 값을 구하시오.

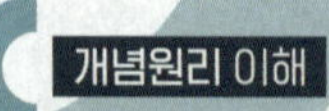

개념원리 이해

03 함수의 극한에 대한 성질

1 함수의 극한에 대한 성질   필수 07

두 함수 $f(x)$, $g(x)$에서 $\lim\limits_{x \to a} f(x) = L$, $\lim\limits_{x \to a} g(x) = M$ (L, M은 실수)일 때

(1) $\lim\limits_{x \to a} kf(x) = k \lim\limits_{x \to a} f(x) = kL$ (단, k는 상수이다.)

(2) $\lim\limits_{x \to a} \{ f(x) \pm g(x) \} = \lim\limits_{x \to a} f(x) \pm \lim\limits_{x \to a} g(x) = L \pm M$ (복호동순)

(3) $\lim\limits_{x \to a} f(x)g(x) = \lim\limits_{x \to a} f(x) \times \lim\limits_{x \to a} g(x) = LM$

(4) $\lim\limits_{x \to a} \dfrac{f(x)}{g(x)} = \dfrac{\lim\limits_{x \to a} f(x)}{\lim\limits_{x \to a} g(x)} = \dfrac{L}{M}$ (단, $M \neq 0$)

▶ 위의 성질은 $x \to a+$, $x \to a-$, $x \to \infty$, $x \to -\infty$일 때에도 모두 성립한다.

보기 ▶
(1) $\lim\limits_{x \to 2} 2x^2 = 2 \lim\limits_{x \to 2} x^2 = 2 \times 4 = 8$

(2) $\lim\limits_{x \to 1} (3x^2 - x + 2) = 3 \lim\limits_{x \to 1} x^2 - \lim\limits_{x \to 1} x + \lim\limits_{x \to 1} 2 = 3 \times 1 - 1 + 2 = 4$

(3) $\lim\limits_{x \to 1} (x+1)(3x-1) = \lim\limits_{x \to 1} (x+1) \times \lim\limits_{x \to 1} (3x-1)$

$\qquad = (\lim\limits_{x \to 1} x + \lim\limits_{x \to 1} 1) \times (3 \lim\limits_{x \to 1} x - \lim\limits_{x \to 1} 1)$

$\qquad = (1+1) \times (3 \times 1 - 1) = 4$

(4) $\lim\limits_{x \to 2} \dfrac{2x-1}{x+2} = \dfrac{\lim\limits_{x \to 2} (2x-1)}{\lim\limits_{x \to 2} (x+2)} = \dfrac{2 \lim\limits_{x \to 2} x - \lim\limits_{x \to 2} 1}{\lim\limits_{x \to 2} x + \lim\limits_{x \to 2} 2}$

$\qquad = \dfrac{2 \times 2 - 1}{2 + 2} = \dfrac{3}{4}$

주의   함수의 극한에 대한 성질은 함수의 극한값이 존재하는 경우에만 성립한다.

2 함수의 극한값

(1) **다항함수의 극한값**

$f(x)$가 다항함수일 때

$$\lim_{x \to a} f(x) = f(a)$$
대입

예제 ▶ 다음 극한값을 구하시오.

(1) $\lim\limits_{x \to 1} (x^3 - 3x^2 + 2)$ (2) $\lim\limits_{x \to 3} \dfrac{x^2}{x+2}$

풀이
(1) $\lim\limits_{x \to 1} (x^3 - 3x^2 + 2) = 1^3 - 3 \times 1^2 + 2 = 0$

(2) $\lim\limits_{x \to 3} \dfrac{x^2}{x+2} = \dfrac{\lim\limits_{x \to 3} x^2}{\lim\limits_{x \to 3} (x+2)} = \dfrac{3^2}{3+2} = \dfrac{9}{5}$

(2) $\dfrac{0}{0}$ 꼴의 극한   필수 09

① 유리식인 경우 ⇨ 분모, 분자를 각각 **인수분해**한 후 약분한다.
② 무리식인 경우 ⇨ 근호 ($\sqrt{\ \ }$)가 있는 쪽을 **유리화**한 후 약분한다.

예제 ▶ $\displaystyle\lim_{x\to 2}\dfrac{x^2-4}{x-2}$의 값을 구하시오.

풀이 $\displaystyle\lim_{x\to 2}(x-2)=0$, $\displaystyle\lim_{x\to 2}(x^2-4)=0$에서 $\dfrac{0}{0}$ 꼴이므로 분자를 인수분해한 후 약분하여 극한값을 구한다.

$$\Rightarrow \lim_{x\to 2}\frac{x^2-4}{x-2}=\lim_{x\to 2}\frac{(x-2)(x+2)}{x-2}=\lim_{x\to 2}(x+2)=4$$

(3) $\dfrac{\infty}{\infty}$ 꼴의 극한   필수 10

분모의 최고차항으로 분모, 분자를 각각 나눈 다음 $\displaystyle\lim_{x\to\infty}\dfrac{k}{x^p}=0$ (k는 상수, p는 양수)임을 이용한다.

① (분자의 차수) < (분모의 차수) ⇨ 극한값은 0이다.
② (분자의 차수) = (분모의 차수) ⇨ 극한값은 분모, 분자의 최고차항의 계수의 비와 같다.
③ (분자의 차수) > (분모의 차수) ⇨ 발산한다.

예제 ▶ $\displaystyle\lim_{x\to\infty}\dfrac{x^2-x+2}{2x^2+3}$의 값을 구하시오.

풀이 $\displaystyle\lim_{x\to\infty}(2x^2+3)=\infty$, $\displaystyle\lim_{x\to\infty}(x^2-x+2)=\infty$에서 $\dfrac{\infty}{\infty}$ 꼴이므로 분모의 최고차항인 x^2으로 분모, 분자를 각각 나누어 극한값을 구한다.

$$\Rightarrow \lim_{x\to\infty}\frac{x^2-x+2}{2x^2+3}=\lim_{x\to\infty}\frac{1-\dfrac{1}{x}+\dfrac{2}{x^2}}{2+\dfrac{3}{x^2}}=\frac{1-0+0}{2+0}=\frac{1}{2} \quad \leftarrow \lim_{x\to\infty}\frac{1}{x}=\lim_{x\to\infty}\frac{2}{x^2}=\lim_{x\to\infty}\frac{3}{x^2}=0$$

(4) $\infty-\infty$ **꼴의 극한**   필수 11

① 다항식인 경우 ⇨ 최고차항으로 묶는다.
② 무리식인 경우 ⇨ 분모를 1로 보고 분자를 유리화한다.

(5) $\infty\times 0$ **꼴의 극한**   필수 12

① 분모, 분자가 다항식인 경우 ⇨ 통분하거나 인수분해한다.
② 분모 또는 분자가 무리식인 경우 ⇨ 근호 ($\sqrt{\ \ }$)가 있는 쪽을 유리화한다.

▶ $\dfrac{0}{0}$ 꼴과 $\infty\times 0$ 꼴에서 0은 숫자 0이 아니라 0에 한없이 가까워지는 것을 의미한다.

● 정답 및 풀이 **6**쪽

 **알아둡시다!**

11 두 함수 $f(x)$, $g(x)$에 대하여 $\lim\limits_{x\to1}f(x)=3$, $\lim\limits_{x\to1}g(x)=-1$일 때, 다음 극한값을 구하시오.

(1) $\lim\limits_{x\to1}\{f(x)+g(x)\}$

(2) $\lim\limits_{x\to1}\{f(x)-2g(x)\}$

(3) $\lim\limits_{x\to1}f(x)g(x)$

(4) $\lim\limits_{x\to1}\{g(x)\}^2$

(5) $\lim\limits_{x\to1}\dfrac{f(x)}{g(x)}$

(6) $\lim\limits_{x\to1}\dfrac{2f(x)+3g(x)}{\{f(x)\}^2}$

$\lim\limits_{x\to a}f(x)=\alpha$,
$\lim\limits_{x\to a}g(x)=\beta$일 때
① $\lim\limits_{x\to a}kf(x)=k\alpha$
② $\lim\limits_{x\to a}\{f(x)\pm g(x)\}$
$\quad=\alpha\pm\beta$ (복호동순)
③ $\lim\limits_{x\to a}f(x)g(x)=\alpha\beta$
④ $\lim\limits_{x\to a}\dfrac{f(x)}{g(x)}=\dfrac{\alpha}{\beta}$
$\qquad$ (단, $\beta\neq0$)

12 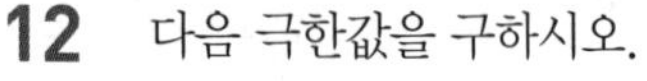다음 극한값을 구하시오.

(1) $\lim\limits_{x\to-1}x^3$

(2) $\lim\limits_{x\to0}(x^2-1)$

(3) $\lim\limits_{x\to2}(x^3+x^2-3)$

(4) $\lim\limits_{x\to-2}x(2x+3)$

(5) $\lim\limits_{x\to1}(x-2)(x^2+5)$

(6) $\lim\limits_{x\to3}\dfrac{x^2-2x+7}{5-x}$

$f(x)$가 다항함수일 때
$\quad\lim\limits_{x\to a}f(x)=f(a)$

필수 07 함수의 극한에 대한 성질

함수 $f(x)$에 대하여 $\lim\limits_{x\to 0}\dfrac{f(x)}{x}=2$일 때, $\lim\limits_{x\to 0}\dfrac{2x^2+5f(x)}{3x^2-f(x)}$의 값을 구하시오.

풀이 주어진 식의 분모, 분자를 각각 x로 나누면

$$\lim_{x\to 0}\frac{2x^2+5f(x)}{3x^2-f(x)}=\lim_{x\to 0}\frac{2x+\dfrac{5f(x)}{x}}{3x-\dfrac{f(x)}{x}}=\frac{2\lim\limits_{x\to 0}x+5\lim\limits_{x\to 0}\dfrac{f(x)}{x}}{3\lim\limits_{x\to 0}x-\lim\limits_{x\to 0}\dfrac{f(x)}{x}}=\frac{0+5\times 2}{0-2}=-5$$

필수 08 치환을 이용한 함수의 극한

함수 $f(x)$에 대하여 $\lim\limits_{x\to 1}f(x-1)=2$일 때, $\lim\limits_{x\to 0}\dfrac{2f(x)+1}{3f(x)-1}$의 값을 구하시오.

풀이 $x-1=t$로 놓으면 $x\to 1$일 때 $t\to 0$이므로

$$\lim_{x\to 1}f(x-1)=\lim_{t\to 0}f(t)=2 \qquad \therefore \lim_{x\to 0}f(x)=2$$

$$\therefore \lim_{x\to 0}\frac{2f(x)+1}{3f(x)-1}=\frac{2\lim\limits_{x\to 0}f(x)+\lim\limits_{x\to 0}1}{3\lim\limits_{x\to 0}f(x)-\lim\limits_{x\to 0}1}=\frac{2\times 2+1}{3\times 2-1}=1$$

KEY Point

• $x-a=t$로 놓으면 $x\to a$일 때 $t\to 0$

 **확인체크**

13 두 함수 $f(x)$, $g(x)$에 대하여 $\lim\limits_{x\to 2}f(x)=\alpha$, $\lim\limits_{x\to 2}g(x)=\beta$ (α, β는 실수)라 할 때
$$\lim_{x\to 2}\{f(x)+g(x)\}=2, \quad \lim_{x\to 2}f(x)g(x)=-8$$
이다. 이때 $\lim\limits_{x\to 2}\dfrac{2f(x)+4}{g(x)-4}$의 값을 구하시오. (단, $\alpha>\beta$)

14 함수 $f(x)$에 대하여 $\lim\limits_{x\to 0}\dfrac{f(x)}{x^2}=a$이고 $\lim\limits_{x\to 0}\dfrac{x^2+3f(x)}{3x^2-2f(x)}=-2$일 때, 상수 a의 값을 구하시오.

15 함수 $f(x)$에 대하여 $\lim\limits_{x\to a}\dfrac{f(x-a)}{x-a}=1$일 때, $\lim\limits_{x\to 0}\dfrac{x+2f(x)}{2x^2+3f(x)}$의 값을 구하시오.

(단, a는 상수이다.)

필수 **09** $\dfrac{0}{0}$ 꼴의 극한

다음 극한값을 구하시오.

(1) $\displaystyle\lim_{x\to 3}\dfrac{x^3-27}{x-3}$　　　(2) $\displaystyle\lim_{x\to 1}\dfrac{x^3+x-2}{x^2-1}$　　　(3) $\displaystyle\lim_{x\to 0}\dfrac{\sqrt{4+x}-2}{2x}$

설명 주어진 식에 $x=a$를 대입했을 때, (분모)$=0$, (분자)$=0$이면 분모, 분자는 모두 $x-a$를 인수로 갖는다.

풀이

(1) (주어진 식) $=\displaystyle\lim_{x\to 3}\dfrac{(x-3)(x^2+3x+9)}{x-3}=\lim_{x\to 3}(x^2+3x+9)$
$=3^2+3\times 3+9=\mathbf{27}$

(2) (주어진 식) $=\displaystyle\lim_{x\to 1}\dfrac{(x-1)(x^2+x+2)}{(x-1)(x+1)}=\lim_{x\to 1}\dfrac{x^2+x+2}{x+1}$
$=\dfrac{1^2+1+2}{1+1}=\mathbf{2}$

$$\begin{array}{c|rrrr}
1 & 1 & 0 & 1 & -2 \\
  &   & 1 & 1 & 2 \\
\hline
  & 1 & 1 & 2 & 0
\end{array}$$

(3) (주어진 식) $=\displaystyle\lim_{x\to 0}\dfrac{(\sqrt{4+x}-2)(\sqrt{4+x}+2)}{2x(\sqrt{4+x}+2)}=\lim_{x\to 0}\dfrac{x}{2x(\sqrt{4+x}+2)}$
$=\displaystyle\lim_{x\to 0}\dfrac{1}{2(\sqrt{4+x}+2)}=\dfrac{1}{2(\sqrt{4}+2)}=\mathbf{\dfrac{1}{8}}$

KEY Point

• $\dfrac{0}{0}$ 꼴의 극한

① 유리식인 경우 ⇨ 분모, 분자를 각각 인수분해한 다음 약분한다.

② 무리식인 경우 ⇨ $\sqrt{}$ 가 있는 쪽을 유리화한 다음 약분한다.

● 정답 및 풀이 7쪽

확인체크 **16** 다음 극한값을 구하시오.

(1) $\displaystyle\lim_{x\to 0}\dfrac{6x+5x^2}{2x-3x^2}$　　　(2) $\displaystyle\lim_{x\to 1}\dfrac{2x^2-3x+1}{x^2-1}$　　　(3) $\displaystyle\lim_{x\to -3}\dfrac{2x^2+5x-3}{x^3+3x^2-x-3}$

(4) $\displaystyle\lim_{x\to 0}\dfrac{x}{\sqrt{x+1}-1}$　　　(5) $\displaystyle\lim_{x\to 1}\dfrac{x^2-1}{\sqrt{x}-1}$　　　(6) $\displaystyle\lim_{x\to 2}\dfrac{\sqrt{x+2}-2}{x-\sqrt{3x-2}}$

 **10** $\dfrac{\infty}{\infty}$ 꼴의 극한

다음 극한을 조사하시오.

(1) $\displaystyle\lim_{x\to\infty}\dfrac{2x^2+4x+1}{3x^2-2}$
(2) $\displaystyle\lim_{x\to\infty}\dfrac{x+3}{2x^2+4}$
(3) $\displaystyle\lim_{x\to\infty}\dfrac{2x^3-3x}{x-1}$

(4) $\displaystyle\lim_{x\to\infty}\dfrac{x}{\sqrt{1+x^2}-1}$
(5) $\displaystyle\lim_{x\to-\infty}\dfrac{4x}{\sqrt{2+x^2}-3}$

풀이 (1) 주어진 식의 분모, 분자를 각각 x^2으로 나누면

$$(\text{주어진 식})=\lim_{x\to\infty}\dfrac{2+\dfrac{4}{x}+\dfrac{1}{x^2}}{3-\dfrac{2}{x^2}}=\dfrac{2}{3}$$

(2) 주어진 식의 분모, 분자를 각각 x^2으로 나누면

$$(\text{주어진 식})=\lim_{x\to\infty}\dfrac{\dfrac{1}{x}+\dfrac{3}{x^2}}{2+\dfrac{4}{x^2}}=0$$

(3) 주어진 식의 분모, 분자를 각각 x로 나누면

$$(\text{주어진 식})=\lim_{x\to\infty}\dfrac{2x^2-3}{1-\dfrac{1}{x}}=\infty$$

(4) 주어진 식의 분모, 분자를 각각 x로 나누면

$$(\text{주어진 식})=\lim_{x\to\infty}\dfrac{1}{\sqrt{\dfrac{1}{x^2}+1}-\dfrac{1}{x}}$$

$\leftarrow \dfrac{\sqrt{1+x^2}-1}{x}=\sqrt{\dfrac{1+x^2}{x^2}}-\dfrac{1}{x}=\sqrt{\dfrac{1}{x^2}+1}-\dfrac{1}{x}$

$$=1$$

(5) $x=-t$로 놓으면 $x\to-\infty$일 때 $t\to\infty$이므로

$$(\text{주어진 식})=\lim_{t\to\infty}\dfrac{-4t}{\sqrt{2+t^2}-3}=\lim_{t\to\infty}\dfrac{-4}{\sqrt{\dfrac{2}{t^2}+1}-\dfrac{3}{t}}=-4$$

● $\dfrac{\infty}{\infty}$ 꼴의 극한

⇨ 분모의 최고차항으로 분모, 분자를 각각 나눈다.

● 정답 및 풀이 **8**쪽

 **17** 다음 극한을 조사하시오.

(1) $\displaystyle\lim_{x\to\infty}\dfrac{x^2-2x+3}{3x^2+2}$
(2) $\displaystyle\lim_{x\to\infty}\dfrac{5x-7}{4x^2-3x+2}$
(3) $\displaystyle\lim_{x\to\infty}\dfrac{x^2}{2-x}$

(4) $\displaystyle\lim_{x\to\infty}\dfrac{x-1}{\sqrt{x^2+5x+3}+x}$
(5) $\displaystyle\lim_{x\to-\infty}\dfrac{3x-1}{\sqrt{x^2-2x}}$
(6) $\displaystyle\lim_{x\to-\infty}\dfrac{1-2x}{\sqrt{4x^2+1}+\sqrt{x^2-1}}$

 **11** $\infty - \infty$ **꼴의 극한**

다음 극한을 조사하시오.

(1) $\displaystyle\lim_{x\to\infty}(2x^2-3x+4)$

(2) $\displaystyle\lim_{x\to\infty}(\sqrt{x+1}-\sqrt{x})$

 **설명**
(1) 최고차항으로 묶어 $\infty \times c$ (c는 상수) 꼴로 변형한다.

(2) 분모를 1로 보고 분자를 유리화한다.

풀이
(1) 주어진 식의 최고차항인 x^2으로 묶으면

$$(\text{주어진 식})=\lim_{x\to\infty}x^2\left(2-\frac{3}{x}+\frac{4}{x^2}\right)=\infty$$

(2) 주어진 식의 분모를 1로 보고 분자를 유리화하면

$$(\text{주어진 식})=\lim_{x\to\infty}\frac{(\sqrt{x+1}-\sqrt{x})(\sqrt{x+1}+\sqrt{x})}{\sqrt{x+1}+\sqrt{x}}$$

$$=\lim_{x\to\infty}\frac{1}{\sqrt{x+1}+\sqrt{x}}=0$$

 **KEY Point**

- $\infty - \infty$ 꼴의 극한
  ① 다항식인 경우 ⇨ 최고차항으로 묶는다.
  ② 무리식인 경우 ⇨ 분모를 1로 보고 분자를 유리화한다.

● 정답 및 풀이 **8**쪽

 **18** 다음 극한을 조사하시오.

(1) $\displaystyle\lim_{x\to-\infty}(-x^2-2x+4)$

(2) $\displaystyle\lim_{x\to\infty}(\sqrt{4x^2+3x-1}-2x)$

(3) $\displaystyle\lim_{x\to\infty}\sqrt{x}(\sqrt{x-1}-\sqrt{x+1})$

(4) $\displaystyle\lim_{x\to-\infty}(\sqrt{x^2-7x+10}+x)$

 **12** ∞×0 꼴의 극한

다음 극한값을 구하시오.

(1) $\lim\limits_{x \to 0} \dfrac{1}{x}\left(\dfrac{1}{x+1}-1\right)$

(2) $\lim\limits_{x \to \infty} x\left(\dfrac{\sqrt{x-1}}{\sqrt{x+1}}-1\right)$

설명 (1) 괄호 안을 통분하여 약분한다.

(2) 괄호 안을 통분하고 유리화한다.

풀이

(1) (주어진 식)$= \lim\limits_{x \to 0}\left\{\dfrac{1}{x}\times\dfrac{1-(x+1)}{x+1}\right\}$

$= \lim\limits_{x \to 0}\left(\dfrac{1}{x}\times\dfrac{-x}{x+1}\right)$

$= \lim\limits_{x \to 0}\left(-\dfrac{1}{x+1}\right)$

$= -1$

(2) (주어진 식)$= \lim\limits_{x \to \infty}\dfrac{x(\sqrt{x-1}-\sqrt{x+1})}{\sqrt{x+1}}$

$= \lim\limits_{x \to \infty}\dfrac{x(\sqrt{x-1}-\sqrt{x+1})(\sqrt{x-1}+\sqrt{x+1})}{\sqrt{x+1}(\sqrt{x-1}+\sqrt{x+1})}$

$= \lim\limits_{x \to \infty}\dfrac{-2x}{\sqrt{x^2-1}+x+1} \quad \leftarrow \dfrac{\infty}{\infty}\ \text{꼴}$

$= \lim\limits_{x \to \infty}\dfrac{-2}{\sqrt{1-\dfrac{1}{x^2}}+1+\dfrac{1}{x}}$

$= -1$

 **KEY Point**

• ∞×0 꼴의 극한

⇨ 통분 또는 유리화하여 $\dfrac{\infty}{\infty}$, $\dfrac{0}{0}$, $\infty \times c$, $\dfrac{c}{\infty}$ (c는 상수) 꼴로 변형한다.

● 정답 및 풀이 **9**쪽

 **19** 다음 극한값을 구하시오.

(1) $\lim\limits_{x \to 0}\dfrac{1}{x}\left\{1-\dfrac{1}{(x+1)^2}\right\}$

(2) $\lim\limits_{x \to 0}\dfrac{1}{x}\left(\dfrac{1}{\sqrt{3-x}}-\dfrac{1}{\sqrt{3}}\right)$

(3) $\lim\limits_{x \to \infty} x\left(\dfrac{1}{2}-\dfrac{\sqrt{x}}{\sqrt{4x+3}}\right)$

(4) $\lim\limits_{x \to -\infty} x^2\left(\dfrac{1}{3}+\dfrac{x}{\sqrt{9x^2+3}}\right)$

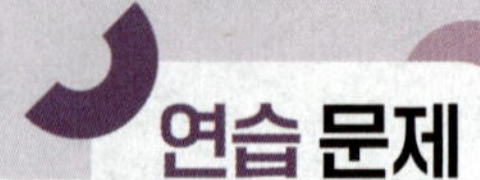

20 다음 중 극한값이 존재하는 것은?

① $\lim\limits_{x \to 0} \dfrac{1}{x}$ ② $\lim\limits_{x \to 1} \dfrac{x-2}{x-1}$ ③ $\lim\limits_{x \to 0} \dfrac{x}{|x|}$

④ $\lim\limits_{x \to \infty} \sqrt{x-1}$ ⑤ $\lim\limits_{x \to -\infty} \dfrac{3}{x^2}$

21 함수 $f(x) = \begin{cases} x^2 & (x<1) \\ \dfrac{3}{2} & (x=1) \\ x+1 & (x>1) \end{cases}$ 에 대하여 $\lim\limits_{x \to 1+} f(x) = a$, $\lim\limits_{x \to 1-} f(x) = b$

라 할 때, $a-b$의 값을 구하시오.

22 함수 $f(x) = \begin{cases} -(x-2)^2+k & (x>1) \\ 3x+5 & (x \le 1) \end{cases}$ 에 대하여 $\lim\limits_{x \to 1} f(x)$의 값이

존재할 때, $f(4)$의 값을 구하시오. (단, k는 상수이다.)

$\lim\limits_{x \to 1} f(x)$의 값이 존재하면
$$\lim\limits_{x \to 1+} f(x) = \lim\limits_{x \to 1-} f(x)$$

23 함수 $f(x)$에 대하여 $\lim\limits_{x \to 0} \dfrac{f(x)}{x} = a$이고 $\lim\limits_{x \to 0} \dfrac{10x^2-9x+f(x)}{2x^2+3x-f(x)} = 5$

일 때, 상수 a의 값을 구하시오.

24 다항함수 $f(x)$가 $\lim\limits_{x \to 1} \dfrac{(x-1)f(x)}{x^2-1} = 5$를 만족시킬 때, $f(1)$의 값을

구하시오.

$f(x)$가 다항함수이면
$$\lim\limits_{x \to 1} f(x) = f(1)$$

25 함수 $f(x) = \dfrac{\sqrt{x^2+4x+7}-2}{x+3}$에 대하여 $\lim\limits_{x \to \infty} f(x) = \alpha$,

$\lim\limits_{x \to -3} f(x) = \beta$라 할 때, $\alpha+\beta$의 값을 구하시오.

26 다음 중 옳지 <u>않은</u> 것은?

① $\lim\limits_{x \to \infty} \dfrac{3x+2}{x-5} = 3$

② $\lim\limits_{x \to -\infty} \dfrac{x+1}{\sqrt{x^2+x}-x} = -\dfrac{1}{2}$

③ $\lim\limits_{x \to 2} \dfrac{\sqrt{x+2}-2}{x-2} = \dfrac{1}{4}$

④ $\lim\limits_{x \to \infty}(\sqrt{x}-\sqrt{x-1}) = 0$

⑤ $\lim\limits_{x \to -\infty} \dfrac{x+3|x|+1}{2x-4|x|+1} = -2$

STEP 2

27 다음 중 극한값이 가장 큰 것은?

(단, $[x]$는 x보다 크지 않은 최대의 정수이다.)

① $\lim\limits_{x \to 0-} \dfrac{x}{[x]}$

② $\lim\limits_{x \to 0+} \dfrac{[x]}{x}$

③ $\lim\limits_{x \to 0-} \dfrac{[x-1]}{x-1}$

④ $\lim\limits_{x \to 0+} \dfrac{x+1}{[x+1]}$

⑤ $\lim\limits_{x \to 3+} \dfrac{[x-3]}{x-3}$

$x \to 0+$이면
$0 < x < 1$
$x \to 0-$이면
$-1 < x < 0$

28 두 함수 $y=f(x)$, $y=g(x)$의 그래프가 오른쪽 그림과 같을 때, 극한 $\lim\limits_{x \to 2} f(x)g(x)$를 조사하시오.

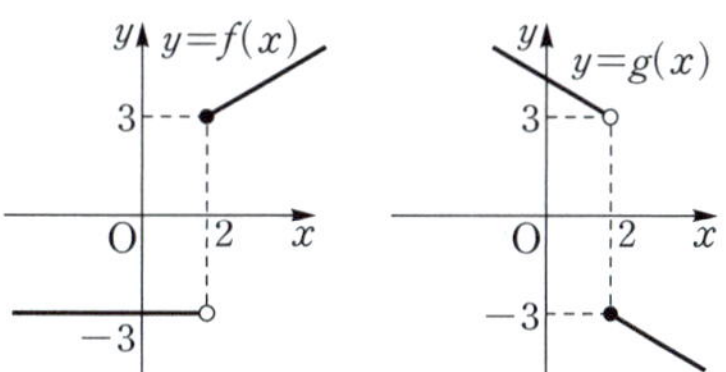

$\lim\limits_{x \to a+} f(x)g(x)$
$= \lim\limits_{x \to a+} f(x) \times \lim\limits_{x \to a+} g(x)$
$\lim\limits_{x \to a-} f(x)g(x)$
$= \lim\limits_{x \to a-} f(x) \times \lim\limits_{x \to a-} g(x)$

29 두 함수 $f(x)$, $g(x)$에 대하여 옳은 것만을 보기에서 있는 대로 고르시오. (단, a는 상수이다.)

> **보기**
>
> ㄱ. $\lim\limits_{x \to a} f(x)$와 $\lim\limits_{x \to a}\{f(x)+g(x)\}$의 값이 모두 존재하면 $\lim\limits_{x \to a} g(x)$의 값도 존재한다.
>
> ㄴ. $\lim\limits_{x \to a} f(x)$와 $\lim\limits_{x \to a} f(x)g(x)$의 값이 모두 존재하면 $\lim\limits_{x \to a} g(x)$의 값도 존재한다.
>
> ㄷ. $\lim\limits_{x \to a} f(x)$와 $\lim\limits_{x \to a} \dfrac{g(x)}{f(x)}$의 값이 모두 존재하면 $\lim\limits_{x \to a} g(x)$의 값도 존재한다.

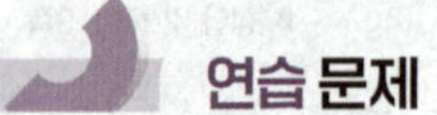

생각해 봅시다! 💡

30 함수 $f(x)$에 대하여 $\lim\limits_{x \to 0} \dfrac{f(x)}{x} = 3$일 때, $\lim\limits_{x \to 2} \dfrac{f(x-2)}{x^2-4}$의 값을 구하시오.

31 두 함수 $f(x) = x^2$, $g(x) = 2x-1$에 대하여
$$\lim_{x \to 1} \frac{(f \circ g)(x) - (g \circ f)(x)}{(x^2-1)(x^3-1)}$$의 값을 구하시오.

32 $0 < a < 2$일 때, $\lim\limits_{x \to 2} \dfrac{|x^2-a|+a-4}{x-2}$의 값을 구하시오.

$f(x) > 0$이면
$\quad |f(x)| = f(x)$
$f(x) < 0$이면
$\quad |f(x)| = -f(x)$

33 $\lim\limits_{x \to a} \dfrac{x^3-a^3}{x^2-a^2} = 6$이고 $\lim\limits_{x \to \infty}(\sqrt{x^2+ax} - \sqrt{x^2+bx}) = 3$일 때, 상수 a, b에 대하여 $a+b$의 값을 구하시오.

34 함수 $y = f(x)$의 그래프가 그림과 같다.
$\lim\limits_{x \to 0+} f(x-1) + \lim\limits_{x \to 1+} f(f(x))$의 값은?

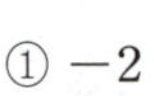

① -2 ② -1 ③ 0
④ 1 ⑤ 2

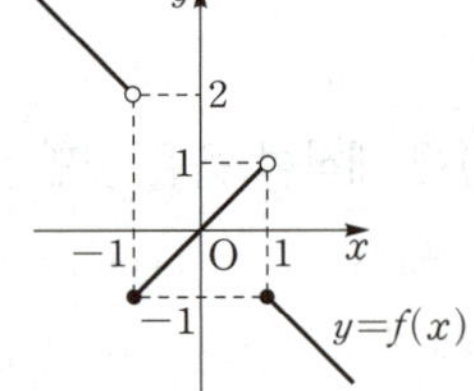

35 두 함수 $f(x)$, $g(x)$가
$$\lim_{x \to \infty} f(x) = \infty, \quad \lim_{x \to \infty}\{3f(x) - 2g(x)\} = 1$$
을 만족시킬 때, $\lim\limits_{x \to \infty} \dfrac{f(x) + 4g(x)}{-2f(x) + 6g(x)}$의 값을 구하시오.

$3f(x) - 2g(x) = h(x)$로 놓으면
$\quad 2g(x) = 3f(x) - h(x)$,
$\quad \lim\limits_{x \to \infty} h(x) = 1$

개념원리 이해

04 함수의 극한의 응용

1 미정계수의 결정   필수 13, 14

(1) 두 함수 $f(x)$, $g(x)$에 대하여 $\lim\limits_{x \to a} \dfrac{f(x)}{g(x)} = L$ (L은 실수)일 때

  ① $\lim\limits_{x \to a} g(x) = 0$이면 $\lim\limits_{x \to a} f(x) = 0$

  ② $L \neq 0$이고 $\lim\limits_{x \to a} f(x) = 0$이면 $\lim\limits_{x \to a} g(x) = 0$

(2) 두 다항함수 $f(x)$, $g(x)$에 대하여 $\lim\limits_{x \to \infty} \dfrac{f(x)}{g(x)} = L$ (L은 0이 아닌 실수)이면

  ($f(x)$의 차수) $=$ ($g(x)$의 차수)

이고, $L = \dfrac{(f(x)\text{의 최고차항의 계수})}{(g(x)\text{의 최고차항의 계수})}$ 이다.

설명   (1) ① $\lim\limits_{x \to a} \dfrac{f(x)}{g(x)} = L$ (L은 실수)이고 $\lim\limits_{x \to a} g(x) = 0$이면 함수의 극한에 대한 성질에 의하여

$$\lim_{x \to a} f(x) = \lim_{x \to a} \left\{ \frac{f(x)}{g(x)} \times g(x) \right\} = \lim_{x \to a} \frac{f(x)}{g(x)} \times \lim_{x \to a} g(x) = L \times 0 = 0$$

  ② $\lim\limits_{x \to a} \dfrac{f(x)}{g(x)} = L$ (L은 0이 아닌 실수)이고 $\lim\limits_{x \to a} f(x) = 0$이면 함수의 극한에 대한 성질에 의하여

$$\lim_{x \to a} g(x) = \lim_{x \to a} \left\{ f(x) \div \frac{f(x)}{g(x)} \right\} = \lim_{x \to a} f(x) \div \lim_{x \to a} \frac{f(x)}{g(x)} = \frac{0}{L} = 0$$

보기 ▶ $\lim\limits_{x \to 1} \dfrac{\sqrt{x+8} - k}{x-1} = \dfrac{1}{6}$ 이라 하면 $x \to 1$일 때 (분모) $\to 0$이고 극한값이 존재하므로 (분자) $\to 0$이다.

즉 $\lim\limits_{x \to 1} (\sqrt{x+8} - k) = 0$이므로 $3 - k = 0$ $\therefore k = 3$

2 함수의 극한의 대소 관계   필수 15

두 함수 $f(x)$, $g(x)$에 대하여 $\lim\limits_{x \to a} f(x) = L$, $\lim\limits_{x \to a} g(x) = M$ (L, M은 실수)일 때, a가 아니면서 a에 가까운 모든 실수 x에 대하여

(1) $f(x) \leq g(x)$이면 $L \leq M$

(2) 함수 $h(x)$에 대하여 $f(x) \leq h(x) \leq g(x)$이고 $L = M$이면 $\lim\limits_{x \to a} h(x) = L$

▶ 함수의 극한의 대소 관계는 $x \to a+$, $x \to a-$, $x \to \infty$, $x \to -\infty$일 때에도 모두 성립한다.

주의 a가 아니면서 a에 가까운 모든 실수 x에 대하여 $f(x) < g(x)$라고 해서 반드시 $\lim\limits_{x \to a} f(x) < \lim\limits_{x \to a} g(x)$인 것은 아니다.

예를 들어 $x \neq 0$일 때, $3x < x^2 + 3x$이지만 $\lim\limits_{x \to 0} 3x = \lim\limits_{x \to 0} (x^2 + 3x) = 0$이다.

● 더 다양한 문제는 **RPM** 미적분 I 15쪽

필수 **13**　미정계수의 결정

다음 등식이 성립하도록 하는 상수 a, b의 값을 구하시오.

(1) $\displaystyle\lim_{x\to1}\dfrac{\sqrt{a+x}-b}{x-1}=\dfrac{1}{4}$　　　　(2) $\displaystyle\lim_{x\to2}\dfrac{x-2}{x^2+ax+b}=\dfrac{1}{3}$

풀이　(1) $x\to1$일 때 (분모) $\to0$이고 극한값이 존재하므로 (분자) $\to0$이다.

즉 $\displaystyle\lim_{x\to1}(\sqrt{a+x}-b)=0$이므로　　$\sqrt{a+1}-b=0$　　∴ $b=\sqrt{a+1}$

이를 주어진 식의 좌변에 대입하면

$$\lim_{x\to1}\frac{\sqrt{a+x}-\sqrt{a+1}}{x-1}=\lim_{x\to1}\frac{(\sqrt{a+x}-\sqrt{a+1})(\sqrt{a+x}+\sqrt{a+1})}{(x-1)(\sqrt{a+x}+\sqrt{a+1})}$$

$$=\lim_{x\to1}\frac{x-1}{(x-1)(\sqrt{a+x}+\sqrt{a+1})}$$

$$=\lim_{x\to1}\frac{1}{\sqrt{a+x}+\sqrt{a+1}}=\frac{1}{2\sqrt{a+1}}$$

따라서 $\dfrac{1}{2\sqrt{a+1}}=\dfrac{1}{4}$이므로　　$\boldsymbol{a=3,\ b=2}$

(2) $x\to2$일 때 (분자) $\to0$이고 0이 아닌 극한값이 존재하므로 (분모) $\to0$이다.

즉 $\displaystyle\lim_{x\to2}(x^2+ax+b)=0$이므로　　$4+2a+b=0$　　∴ $b=-2a-4$

이를 주어진 식의 좌변에 대입하면

$$\lim_{x\to2}\frac{x-2}{x^2+ax-2a-4}=\lim_{x\to2}\frac{x-2}{(x-2)(x+2+a)}$$

$$=\lim_{x\to2}\frac{1}{x+2+a}=\frac{1}{4+a}$$

따라서 $\dfrac{1}{4+a}=\dfrac{1}{3}$이므로　　$\boldsymbol{a=-1,\ b=-2}$

- $\displaystyle\lim_{x\to a}\dfrac{f(x)}{g(x)}=L$ (L은 실수)이고

　① $x\to a$일 때 (분모) $\to0$이면　　(분자) $\to0$

　② $x\to a$일 때 (분자) $\to0$이면　　(분모) $\to0$ (단, $L\neq0$)

● 정답 및 풀이 **13**쪽

36　다음 등식이 성립하도록 하는 상수 a, b의 값을 구하시오.

(1) $\displaystyle\lim_{x\to2}\dfrac{x^2-a}{x-2}=b$　　　　(2) $\displaystyle\lim_{x\to-3}\dfrac{x+3}{\sqrt{2x+a}-1}=b$ (단, $b\neq0$)

37　다음 등식이 성립하도록 하는 상수 a, b의 값을 구하시오.

(1) $\displaystyle\lim_{x\to-1}\dfrac{x^2+ax+b}{x+1}=2$　　　　(2) $\displaystyle\lim_{x\to2}\dfrac{x-2}{a\sqrt{x-1}+b}=1$

 **14** **다항함수의 결정**

다항함수 $f(x)$가 $\lim\limits_{x \to \infty} \dfrac{f(x)}{2x^2+x+1}=1$, $\lim\limits_{x \to 2} \dfrac{f(x)}{x^2-x-2}=1$을 만족시킬 때, $f(0)$의 값을 구하시오.

풀이

(i) $\lim\limits_{x \to \infty} \dfrac{f(x)}{2x^2+x+1}=1$에서 $f(x)$는 이차항의 계수가 2인 이차함수이다.

(ii) $\lim\limits_{x \to 2} \dfrac{f(x)}{x^2-x-2}=\lim\limits_{x \to 2} \dfrac{f(x)}{(x-2)(x+1)}=1$에서 $x \to 2$일 때 (분모) $\to 0$이고 극한값이 존재하므로 (분자) $\to 0$이다.

즉 $\lim\limits_{x \to 2} f(x)=0$이므로　$f(2)=0$

(i), (ii)에서 $f(x)=2(x-2)(x+a)$ (a는 상수)라 하면

$$\lim_{x \to 2} \frac{f(x)}{(x-2)(x+1)}=\lim_{x \to 2} \frac{2(x-2)(x+a)}{(x-2)(x+1)}=\lim_{x \to 2} \frac{2(x+a)}{x+1}=\frac{4+2a}{3}$$

즉 $\dfrac{4+2a}{3}=1$이므로　$a=-\dfrac{1}{2}$

따라서 $f(x)=2(x-2)\left(x-\dfrac{1}{2}\right)$이므로　$f(0)=\mathbf{2}$

KEY Point

• 세 다항함수 $f(x)$, $g(x)$, $h(x)$에 대하여

① $\lim\limits_{x \to \infty} \dfrac{f(x)}{g(x)}=\alpha$ (α는 0이 아닌 실수) $\Rightarrow$ $f(x)$와 $g(x)$의 차수가 같다.

② $\lim\limits_{x \to a} \dfrac{f(x)}{h(x)}=\beta$ (β는 실수)이고 $h(a)=0$ $\Rightarrow$ $f(a)=0$

● 정답 및 풀이 **14쪽**

 **38** 다항함수 $f(x)$가 $\lim\limits_{x \to \infty} \dfrac{f(x)}{x^2+1}=2$, $\lim\limits_{x \to 1} \dfrac{f(x)}{x^2-1}=-1$을 만족시킬 때, $\lim\limits_{x \to 2} \dfrac{f(x)}{x-2}$의 값을 구하시오.

39 다항함수 $f(x)$가 $\lim\limits_{x \to \infty} \dfrac{f(x)-2x^3}{x^2}=2$, $\lim\limits_{x \to 0} \dfrac{f(x)}{x}=-3$을 만족시킬 때, $f(x)$를 구하시오.

필수 15 함수의 극한의 대소 관계

다음 물음에 답하시오.

(1) 함수 $f(x)$가 모든 실수 x에 대하여 $\dfrac{x^2+x-1}{3x^2+2} \le f(x) \le \dfrac{x^2+x+4}{3x^2+2}$를 만족시킬 때, $\displaystyle\lim_{x\to\infty} f(x)$의 값을 구하시오.

(2) 함수 $f(x)$가 모든 양의 실수 x에 대하여 $3x+1 < f(x) < 3x+4$를 만족시킬 때, $\displaystyle\lim_{x\to\infty} \dfrac{\{f(x)\}^2}{x^2+1}$의 값을 구하시오.

풀이

(1) $\displaystyle\lim_{x\to\infty} \dfrac{x^2+x-1}{3x^2+2} = \dfrac{1}{3}$, $\displaystyle\lim_{x\to\infty} \dfrac{x^2+x+4}{3x^2+2} = \dfrac{1}{3}$ 이므로 함수의 극한의 대소 관계에 의하여

$$\lim_{x\to\infty} f(x) = \frac{1}{3}$$

(2) $x>0$일 때, $3x+1 < f(x) < 3x+4$의 각 변을 제곱하면   ← 양수 A, B에 대하여

$$(3x+1)^2 < \{f(x)\}^2 < (3x+4)^2 \qquad A<B \Longleftrightarrow A^2<B^2$$

$x^2+1>0$이므로 각 변을 x^2+1로 나누면

$$\dfrac{(3x+1)^2}{x^2+1} < \dfrac{\{f(x)\}^2}{x^2+1} < \dfrac{(3x+4)^2}{x^2+1}$$

이때 $\displaystyle\lim_{x\to\infty} \dfrac{(3x+1)^2}{x^2+1} = 9$, $\displaystyle\lim_{x\to\infty} \dfrac{(3x+4)^2}{x^2+1} = 9$이므로 함수의 극한의 대소 관계에 의하여

$$\lim_{x\to\infty} \dfrac{\{f(x)\}^2}{x^2+1} = 9$$

KEY Point

- $f(x) \le h(x) \le g(x)$이고 $\displaystyle\lim_{x\to a} f(x) = \lim_{x\to a} g(x) = L$ (L은 실수)이면

$$\lim_{x\to a} h(x) = L$$

● 정답 및 풀이 **14**쪽

40 두 함수 $f(x)=2x+1$, $g(x)=x^2+2$와 함수 $h(x)$가 모든 실수 x에 대하여 $f(x) \le h(x) \le g(x)$를 만족시킬 때, $\displaystyle\lim_{x\to 1} h(x)$의 값을 구하시오.

41 함수 $f(x)$가 모든 양의 실수 x에 대하여 $\dfrac{5x+3}{x+2} \le f(x) \le \dfrac{5x^2-2x+7}{x^2}$을 만족시킬 때, $\displaystyle\lim_{x\to\infty} f(x)$의 값을 구하시오.

42 함수 $f(x)$가 모든 실수 x에 대하여 $2x+1 < f(x) < 2x+5$를 만족시킬 때, $\displaystyle\lim_{x\to\infty} \dfrac{\{f(x)\}^3}{x^3+1}$의 값을 구하시오.

필수 16 함수의 극한의 활용

오른쪽 그림과 같이 함수 $y=-ax^2+a$의 그래프와 x축으로
둘러싸인 부분에 정사각형이 내접하고 있다. 이 정사각형의 넓
이를 $S(a)$라 할 때, $\lim\limits_{a\to\infty}S(a)$의 값을 구하시오. (단, $a>0$)

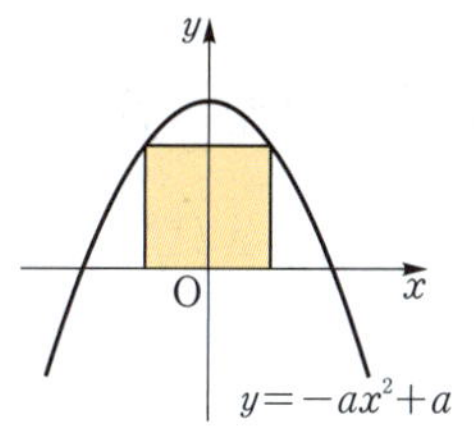

풀이

함수 $y=-ax^2+a$의 그래프와 정사각형이 제1사분면에서 만나는 점의 좌표를
$(t,\ -at^2+a)\ (t>0)$라 하면 정사각형의 가로, 세로의 길이는 서로 같으므로

$$2t=-at^2+a,\qquad at^2+2t-a=0$$

$$\therefore t=\frac{-1+\sqrt{1+a^2}}{a}\ (\because t>0)$$

따라서 정사각형의 넓이 $S(a)$는

$$S(a)=(2t)^2=\left(2\times\frac{-1+\sqrt{1+a^2}}{a}\right)^2$$

$$=4\times\frac{1-2\sqrt{1+a^2}+1+a^2}{a^2}=\frac{4a^2+8-8\sqrt{1+a^2}}{a^2}$$

$$\therefore \lim_{a\to\infty}S(a)=\lim_{a\to\infty}\frac{4a^2+8-8\sqrt{1+a^2}}{a^2}=\lim_{a\to\infty}\left(4+\frac{8}{a^2}-8\sqrt{\frac{1}{a^4}+\frac{1}{a^2}}\right)=4$$

KEY Point

• 구하는 선분의 길이 또는 점의 좌표를 식으로 나타낸 후 극한의 성질을 이용하여 극한값을 구한다.

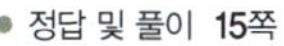
• 정답 및 풀이 **15쪽**

43 좌표평면 위의 두 점 $O(0,\ 0)$, $P(3t-1,\ 4t+1)$ 사이의 거리를 $d(t)$라 할 때,
$\lim\limits_{t\to\infty}\{d(t)-5t\}$의 값을 구하시오.

44 오른쪽 그림과 같이 함수 $y=x^2$의 그래프 위의 점 $P(t,\ t^2)\ (t\neq0)$
에 대하여 점 P를 지나고 직선 OP와 수직인 직선의 x절편을 $f(t)$
라 할 때, $\lim\limits_{t\to0}\dfrac{f(t)}{t}$의 값을 구하시오. (단, O는 원점이다.)

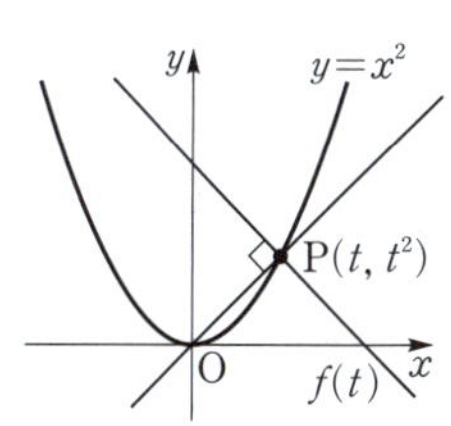

STEP 1 

45 다항함수 $f(x)$가 $\lim\limits_{x \to 1} \dfrac{f(x)+1}{x-1}=9$를 만족시킬 때,

$\lim\limits_{x \to 1} \dfrac{\{f(x)\}^2+f(x)}{x^3-1}$의 값을 구하시오.

46 $\lim\limits_{x \to -3} \dfrac{\sqrt{x^2-x-3}+ax}{x+3}=b$가 성립하도록 하는 상수 a, b에 대하여

$a+b$의 값을 구하시오.

47 함수 $f(x)=x^2+ax+b$에 대하여 $\lim\limits_{x \to 0} \dfrac{f(x)}{x}=4$가 성립할 때, 함

수 $f(x)$의 최솟값을 구하시오. (단, a, b는 상수이다.)

48 다항함수 $f(x)$가

$$\lim_{x \to \infty} \frac{f(x)}{2x^2-x+3}=1,\ \lim_{x \to -2} \frac{f(x)}{x^2+3x+2}=-1$$

을 만족시킬 때, $f(1)$의 값을 구하시오.

$\dfrac{\infty}{\infty}$ 꼴의 극한에서 0이 아닌 극한값이 존재하면
   (분모의 차수)
   $=$(분자의 차수)
이고 극한값은 분모, 분자의 최고차항의 계수의 비와 같다.

49 다항함수 $f(x)$가 $\lim\limits_{x \to \infty} \dfrac{f(x)-3x^2}{x}=a$, $\lim\limits_{x \to 0} \dfrac{f(x)}{x}=2$를 만족시킬

때, 상수 a의 값을 구하시오. (단, $a \neq 0$)

50 함수 $f(x)$가 $x \geq 1$인 모든 실수 x에 대하여

$$\frac{1+5x-3x^2}{3x^2} \leq f(x) \leq \frac{2-x}{x}$$

를 만족시킬 때, $\lim\limits_{x \to \infty} f(x)$의 값을 구하시오.

$f(x) \leq h(x) \leq g(x)$이고
$\lim\limits_{x \to a} f(x)=\lim\limits_{x \to a} g(x)=L$
이면
   $\lim\limits_{x \to a} h(x)=L$

51 $\displaystyle\lim_{x \to 1} \frac{1}{x-1}\left(\frac{x^2}{x+1}+a\right)=b$일 때, 상수 a, b에 대하여 $b-a$의 값을 구하시오.

52 $\displaystyle\lim_{x \to \infty} \frac{f(x)}{2x-\sqrt{x^2+3}}=2$, $\displaystyle\lim_{x \to 2} \frac{f(x)}{x^2+x-6}=p$를 만족시키는 다항함수 $f(x)$에 대하여 $f(p)$의 값을 구하시오. (단, p는 실수이다.)

수능 기출

53 상수항과 계수가 모두 정수인 두 다항함수 $f(x)$, $g(x)$가 다음 조건을 만족시킬 때, $f(2)$의 최댓값은?

> (가) $\displaystyle\lim_{x \to \infty} \frac{f(x)g(x)}{x^3}=2$　　(나) $\displaystyle\lim_{x \to 0} \frac{f(x)g(x)}{x^2}=-4$

① 4　　② 6　　③ 8　　④ 10　　⑤ 12

54 함수 $f(x)$가 모든 실수 x에 대하여
$$2x^3-6x^2+4x \le f(x) \le x^4-2x^3+1$$
을 만족시킬 때, $\displaystyle\lim_{x \to 1} \frac{f(x)}{x-1}$의 값을 구하시오.

55 오른쪽 그림과 같이 $\overline{AB}=\overline{AC}$, $\overline{BC}=a$인 이등변삼각형 ABC의 꼭짓점 A에서 $\overline{BC}$에 내린 수선의 발을 H라 하면 $\overline{AH}=1$이다. 삼각형 ABC의 내접원의 반지름의 길이를 r라 할 때, $\displaystyle\lim_{a \to \infty} r$의 값을 구하시오.

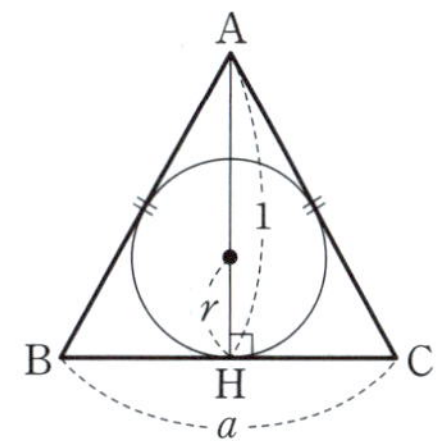

연습 문제

실력 UP⁺

56 $\lim\limits_{x \to -\infty} (\sqrt{x^2+3ax+2} - \sqrt{ax^2+ax+1}) = b$일 때, 상수 a, b에 대하여 $a+b$의 값을 구하시오.

$\infty - \infty$ 꼴의 극한에서 $\sqrt{\ }$가 있는 경우에는 분모를 1로 보고 분자를 유리화한다.

57 $\lim\limits_{x \to 1} \dfrac{f(x)}{x-1} = -6$, $\lim\limits_{x \to -1} \dfrac{f(x)}{x+1} = 2$를 만족시키는 차수가 가장 낮은 다항함수 $f(x)$를 구하시오.

$f(x)$
$= (x-1)(x+1)g(x)$

58 함수 $f(x)$가 다음 조건을 만족시킬 때, $\lim\limits_{x \to \infty} \dfrac{f(x)}{x^2}$의 값을 구하시오.

(단, a는 상수이다.)

> (개) 모든 실수 x에 대하여 $ax^2 - 2 \leq f(x) \leq ax^2 + 2$가 성립한다.
> (내) $\lim\limits_{x \to \infty} \dfrac{(2x^2+1)f(x)}{x^4+2} = 4$

교육청 기출

59 곡선 $y = x^2 - 4$ 위의 점 $\mathrm{P}(t, t^2-4)$에서 원 $x^2+y^2=4$에 그은 두 접선의 접점을 각각 A, B라 하자. 삼각형 OAB의 넓이를 $S(t)$, 삼각형 PBA의 넓이를 $T(t)$라 할 때,

$$\lim_{t \to 2+} \frac{T(t)}{(t-2)S(t)} + \lim_{t \to \infty} \frac{T(t)}{(t^4-2)S(t)}$$

의 값은? (단, O는 원점이고, $t > 2$이다.)

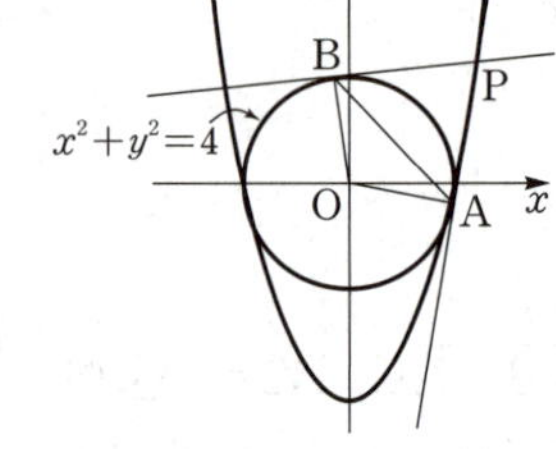

① 1 ② $\dfrac{5}{4}$ ③ $\dfrac{3}{2}$ ④ $\dfrac{7}{4}$ ⑤ 2

I. 함수의 극한과 연속

1 함수의 극한

2 함수의 연속

이 단원에서는

함수의 극한을 이용하여 함수의 연속을 정의하고, 연속함수의 성질에 대하여 학습합니다. 또 연속함수에서 성립하는 최대·최소 정리와 사잇값 정리를 이해하고, 관련된 문제를 풀어 봅니다.

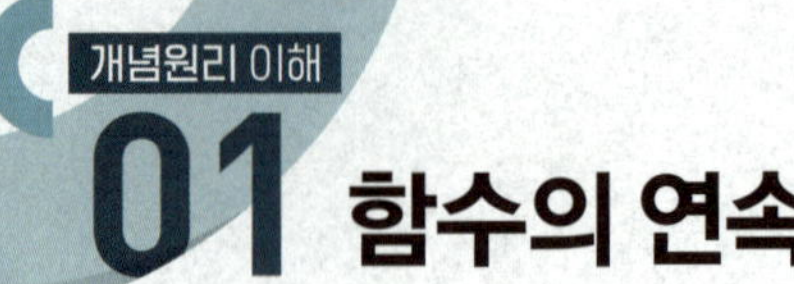

01 함수의 연속

1 함수의 연속과 불연속 ⟳ 필수 01~03

(1) 함수의 연속

함수 $f(x)$가 실수 a에 대하여 다음 세 조건을 모두 만족시킬 때, 함수 $f(x)$는 $x=a$에서 **연속**이라 한다.

(ⅰ) 함수 $f(x)$가 $x=a$에서 정의되어 있다.

   즉 **함숫값 $f(a)$가 존재**한다.　　← 함숫값 존재

(ⅱ) **극한값 $\lim\limits_{x \to a} f(x)$가 존재**한다.　← 극한값 존재

(ⅲ) $\lim\limits_{x \to a} f(x) = f(a)$　　　　　← (극한값)=(함숫값)

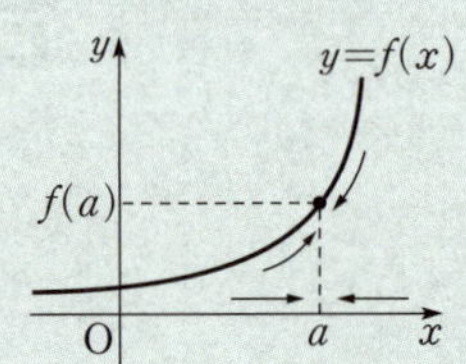

(2) 함수의 불연속

함수 $f(x)$가 $x=a$에서 연속이 아닐 때, 즉 함수 $f(x)$가 위의 세 조건 중 어느 하나라도 만족시키지 않을 때, 함수 $f(x)$는 $x=a$에서 **불연속**이라 한다.

설명　(2) 함수 $f(x)$가 $x=a$에서 불연속인 경우는 다음과 같다.

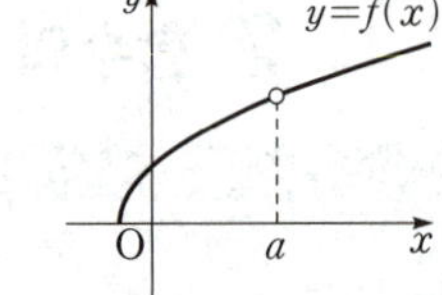
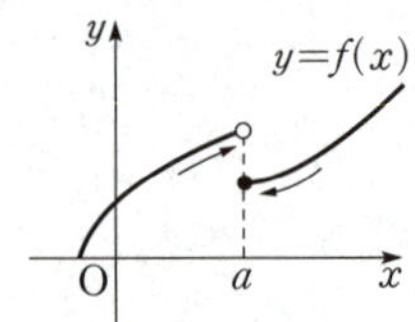
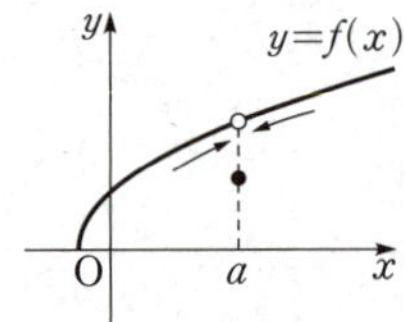

(ⅰ) ⇨ 함수 $f(x)$가 $x=a$에서 정의되지 않는다.
⟺ $f(a)$의 값이 존재하지 않는다.

(ⅱ) ⇨ $\lim\limits_{x \to a} f(x)$의 값이 존재하지 않는다.
⟺ $\lim\limits_{x \to a+} f(x) \neq \lim\limits_{x \to a-} f(x)$

(ⅲ) ⇨ $x=a$에서의 극한값과 함숫값이 다르다.
⟺ $\lim\limits_{x \to a} f(x) \neq f(a)$

참고　그래프에서 연속·불연속의 의미
① $x=a$에서 연속 ⇨ $x=a$에서 그래프가 이어져 있다.
② $x=a$에서 불연속 ⇨ $x=a$에서 그래프가 끊어져 있다.

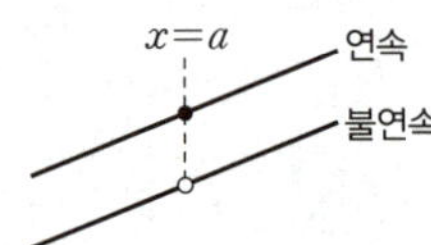

예제 ▶　다음 함수 $f(x)$가 $x=1$에서 연속인지 불연속인지 조사하시오.

(1) $f(x) = x+2$　　　　　　　　　　(2) $f(x) = \dfrac{1}{x-1}$

풀이　(1) (ⅰ) $f(1)=3$으로 함숫값이 존재한다.

   (ⅱ) $\lim\limits_{x \to 1} f(x) = 3$으로 극한값이 존재한다.

   (ⅲ) $\lim\limits_{x \to 1} f(x) = f(1) = 3$

   이상에서 함수 $f(x)$는 $x=1$에서 연속이다.

  (2) $x=1$일 때, 분모가 0이므로 함숫값 $f(1)$이 존재하지 않는다.

   따라서 함수 $f(x)$는 $x=1$에서 불연속이다.

2 구간

두 실수 a, b $(a<b)$에 대하여 집합

$$\{x\,|\,a\leq x\leq b\},\ \{x\,|\,a<x<b\},\ \{x\,|\,a\leq x<b\},\ \{x\,|\,a<x\leq b\}$$

를 각각 **구간**이라 하고, 이들을 각각 기호로

$$[a,\,b],\ (a,\,b),\ [a,\,b),\ (a,\,b]$$

와 같이 나타낸다.

이때 $[a,\,b]$를 **닫힌구간**, $(a,\,b)$를 **열린구간**, $[a,\,b)$와 $(a,\,b]$를 **반닫힌구간** 또는 **반열린구간**이라 한다.

또 실수 a에 대하여 집합

$$\{x\,|\,x\leq a\},\ \{x\,|\,x<a\},\ \{x\,|\,x\geq a\},\ \{x\,|\,x>a\}$$

도 각각 구간이고, 이들을 각각 기호로

$$(-\infty,\,a],\ (-\infty,\,a),\ [a,\,\infty),\ (a,\,\infty)$$

와 같이 나타낸다.

특히 실수 전체의 집합도 하나의 구간이고 기호 $(-\infty,\,\infty)$로 나타낸다.

> 각 구간을 수직선 위에 나타내면 다음과 같다.

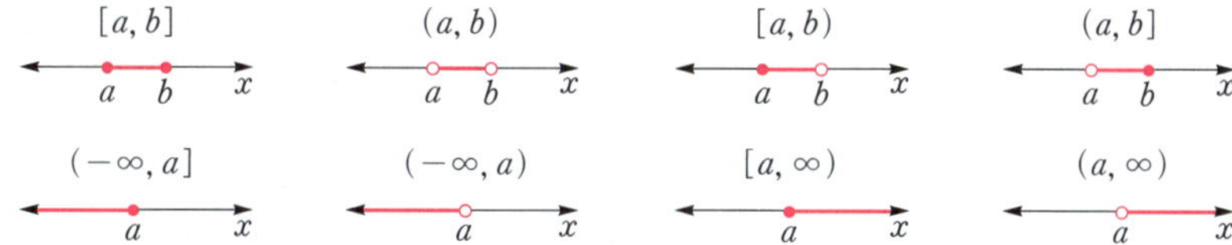

보기 ▶ 함수 $f(x)=\sqrt{x+2}$의 정의역은 $\{x\,|\,x\geq-2\}$이고, 이를 구간의 기호로 나타내면 $[-2,\,\infty)$이다.

3 연속함수

함수 $f(x)$가 어떤 구간에 속하는 모든 실수 x에 대하여 연속일 때, $f(x)$는 그 구간에서 연속이라 하고, 어떤 구간에서 연속인 함수를 그 구간에서 **연속함수**라 한다.

(1) **다항함수**: 구간 $(-\infty,\,\infty)$에서 연속이다.

(2) **함수 $y=\dfrac{g(x)}{f(x)}$**: (분모)$\neq0$, 즉 $f(x)\neq0$인 구간에서 연속이다. ← $f(x)=0$인 x에서 불연속

(3) **함수 $y=\sqrt{f(x)}$**: $f(x)\geq0$인 구간에서 연속이다. ← $f(x)<0$인 구간에서 불연속

> 어떤 구간에서 연속인 함수의 그래프는 그 구간에서 이어져 있다.

참고 함수 $f(x)$가
 (i) 열린구간 $(a,\,b)$에서 연속이고
 (ii) $\lim\limits_{x\to a+}f(x)=f(a)$, $\lim\limits_{x\to b-}f(x)=f(b)$
  일 때, 함수 $f(x)$는 닫힌구간 $[a,\,b]$에서 연속이라 한다.

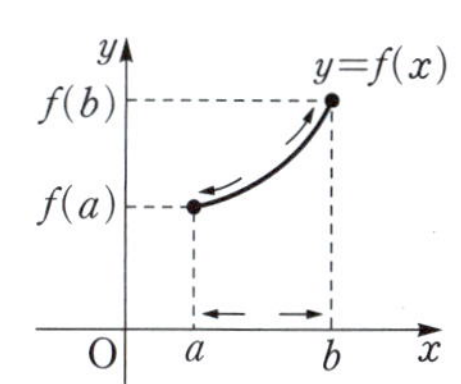

개념원리 익히기

60 다음 함수가 $x=1$에서 불연속인 이유를 설명하시오.

(1) 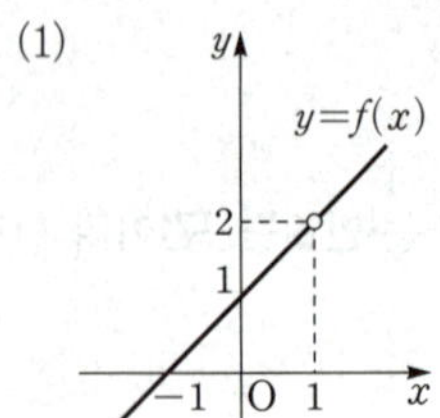
(2) 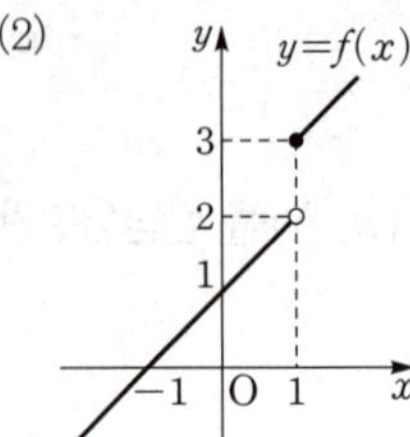
(3) 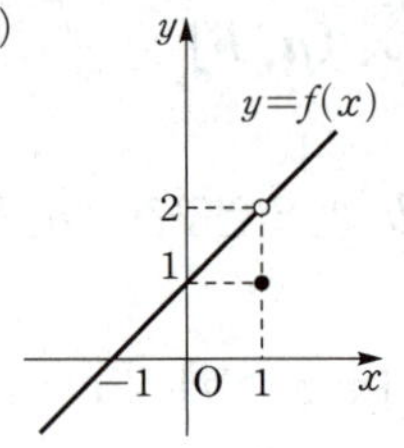

61 다음 함수가 $x=2$에서 연속인지 불연속인지 조사하시오.

(1) $f(x)=x-2$

(2) $f(x)=\dfrac{1}{x-2}$

함수 $f(x)$가 $x=a$에서 연속이려면
(i) $f(a)$가 존재
(ii) $\lim\limits_{x \to a} f(x)$가 존재
(iii) $\lim\limits_{x \to a} f(x)=f(a)$
를 모두 만족시켜야 한다.

62 다음 집합을 구간의 기호로 나타내시오.

(1) $\{x \mid -2 \leq x \leq 1\}$

(2) $\{x \mid -1 < x < 2\}$

(3) $\{x \mid 0 \leq x < 2\}$

(4) $\{x \mid 1 < x \leq 3\}$

(5) $\{x \mid x < -2\}$

(6) $\{x \mid x \geq 3\}$

63 다음 함수의 정의역을 구간의 기호로 나타내시오.

(1) $f(x)=x^2+x$

(2) $f(x)=\sqrt{x-1}$

● 더 다양한 문제는 **RPM** 미적분Ⅰ 26쪽

필수 **01** 함수의 연속과 불연속

다음 함수가 $x=1$에서 연속인지 불연속인지 조사하시오.

(1) $f(x)=\begin{cases} 2x^2-1 & (x\geq 1) \\ x & (x<1) \end{cases}$

(2) $f(x)=\begin{cases} \dfrac{x^2+2x-3}{x-1} & (x\neq 1) \\ 2 & (x=1) \end{cases}$

풀이

(1) (i) $f(1)=1$

(ii) $\displaystyle\lim_{x\to 1+}f(x)=\lim_{x\to 1+}(2x^2-1)=1$, $\displaystyle\lim_{x\to 1-}f(x)=\lim_{x\to 1-}x=1$이므로

$$\lim_{x\to 1}f(x)=1$$

(i), (ii)에서 $\displaystyle\lim_{x\to 1}f(x)=f(1)$

따라서 함수 $f(x)$는 $x=1$에서 **연속**이다.

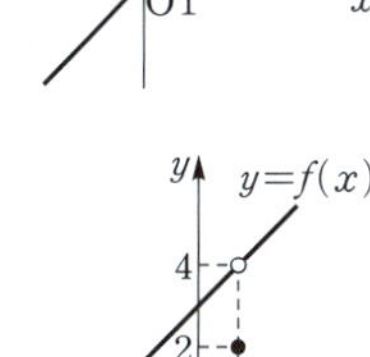

(2) (i) $f(1)=2$

(ii) $\displaystyle\lim_{x\to 1}f(x)=\lim_{x\to 1}\frac{x^2+2x-3}{x-1}=\lim_{x\to 1}\frac{(x-1)(x+3)}{x-1}$

$$=\lim_{x\to 1}(x+3)=4$$

(i), (ii)에서 $\displaystyle\lim_{x\to 1}f(x)\neq f(1)$

따라서 함수 $f(x)$는 $x=1$에서 **불연속**이다.

KEY Point

- 함수 $f(x)$가 $x=a$에서 연속

$\Rightarrow \displaystyle\lim_{x\to a}f(x)=f(a)=k$ (단, k는 실수이다.)

● 정답 및 풀이 **19**쪽

 **64** 다음 함수가 $x=2$에서 연속인지 불연속인지 조사하시오.

(1) $f(x)=|x-2|$

(2) $f(x)=\dfrac{x^2+x-6}{x-2}$

(3) $f(x)=\begin{cases} \dfrac{x^2-3x+2}{x-2} & (x\neq 2) \\ 1 & (x=2) \end{cases}$

(4) $f(x)=\begin{cases} \sqrt{x-2} & (x\geq 2) \\ -1 & (x<2) \end{cases}$

필수 02 함수의 그래프와 연속 (1)

열린구간 $(-1, 4)$에서 정의된 함수 $y=f(x)$의 그래프가 오른쪽 그림과 같다. 이 구간에서 극한값이 존재하지 않는 x의 개수를 a, 불연속인 x의 개수를 b라 할 때, $a+b$의 값을 구하시오.

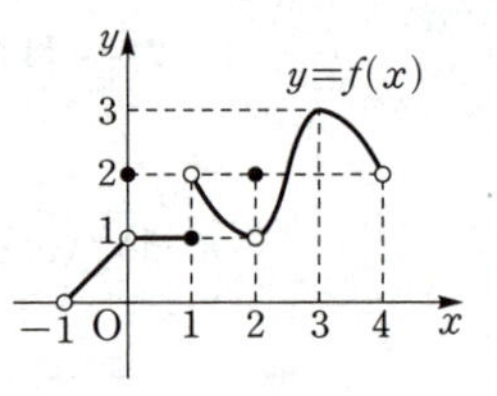

설명 $x=0$, $x=1$, $x=2$에서 함수 $f(x)$의 연속성을 조사한다.

풀이 (i) $f(0)=2$, $\lim\limits_{x\to 0} f(x)=1$이므로　$\lim\limits_{x\to 0} f(x) \neq f(0)$

따라서 $f(x)$는 $x=0$에서 불연속이다.

(ii) $\lim\limits_{x\to 1+} f(x)=2$, $\lim\limits_{x\to 1-} f(x)=1$이므로　$\lim\limits_{x\to 1+} f(x) \neq \lim\limits_{x\to 1-} f(x)$

따라서 $\lim\limits_{x\to 1} f(x)$의 값이 존재하지 않으므로 $f(x)$는 $x=1$에서 불연속이다.

(iii) $f(2)=2$, $\lim\limits_{x\to 2} f(x)=1$이므로　$\lim\limits_{x\to 2} f(x) \neq f(2)$

따라서 $f(x)$는 $x=2$에서 불연속이다.

이상에서 $x=1$에서 극한값이 존재하지 않고, $x=0$, $x=1$, $x=2$에서 불연속이므로

$$a=1, \ b=3 \qquad \therefore a+b=\mathbf{4}$$

KEY Point

• 함수 $y=f(x)$의 그래프가 $x=a$인 점에서 끊어져 있으면 $f(x)$는 $x=a$에서 불연속이다.

● 정답 및 풀이 **20**쪽

65 열린구간 $(0, 4)$에서 정의된 함수 $y=f(x)$의 그래프가 오른쪽 그림과 같다. 이 구간에서 극한값이 존재하지 않는 x의 개수를 a, 불연속인 x의 개수를 b라 할 때, ab의 값을 구하시오.

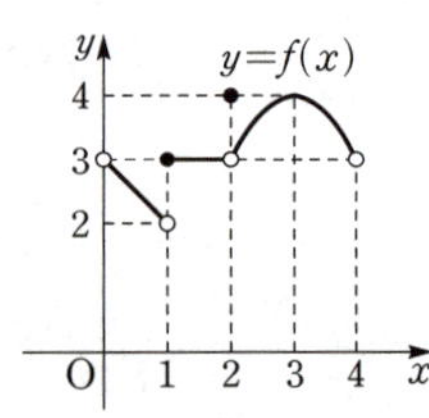

필수 03 **함수의 그래프와 연속 (2)**

두 함수 $y=f(x)$, $y=g(x)$의 그래프가 다음 그림과 같을 때, $x=2$에서 연속인 함수만을 보기에서 있는 대로 고르시오.

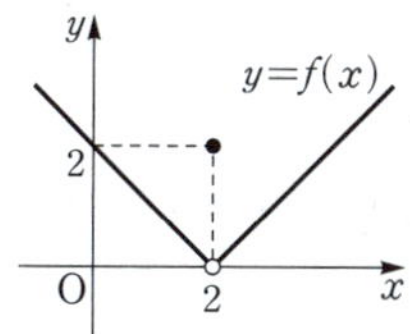
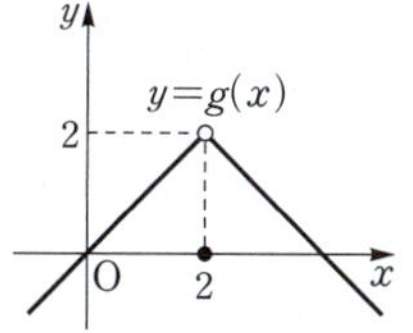

> **보기**
>
> ㄱ. $f(x)g(x)$ ㄴ. $g(f(x))$ ㄷ. $f(g(x))$

풀이

ㄱ. (i) $f(2)g(2)=2\times 0=0$

(ii) $\displaystyle\lim_{x\to 2} f(x)g(x)=\lim_{x\to 2} f(x)\times\lim_{x\to 2} g(x)=0\times 2=0$

(i), (ii)에서 $\displaystyle\lim_{x\to 2} f(x)g(x)=f(2)g(2)$이므로 함수 $f(x)g(x)$는 $x=2$에서 연속이다.

ㄴ. (i) $g(f(2))=g(2)=0$

(ii) $f(x)=t$로 놓으면 $x\to 2$일 때 $t\to 0+$이므로

$$\lim_{x\to 2} g(f(x))=\lim_{t\to 0+} g(t)=0$$

(i), (ii)에서 $\displaystyle\lim_{x\to 2} g(f(x))=g(f(2))$이므로 함수 $g(f(x))$는 $x=2$에서 연속이다.

ㄷ. (i) $f(g(2))=f(0)=2$

(ii) $g(x)=s$로 놓으면 $x\to 2$일 때 $s\to 2-$이므로

$$\lim_{x\to 2} f(g(x))=\lim_{s\to 2-} f(s)=0$$

(i), (ii)에서 $\displaystyle\lim_{x\to 2} f(g(x))\neq f(g(2))$이므로 함수 $f(g(x))$는 $x=2$에서 불연속이다.

이상에서 $x=2$에서 연속인 함수는 ㄱ, ㄴ이다.

● 정답 및 풀이 **20쪽**

확인체크 66 두 함수 $y=f(x)$, $y=g(x)$의 그래프가 다음 그림과 같을 때, $x=0$에서 연속인 함수만을 보기에서 있는 대로 고르시오.

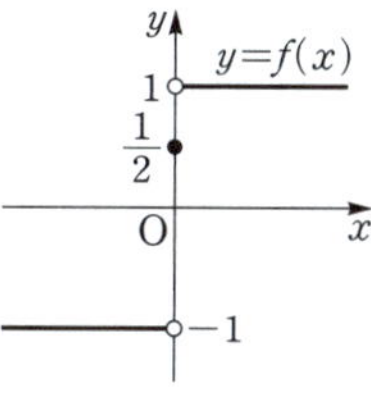
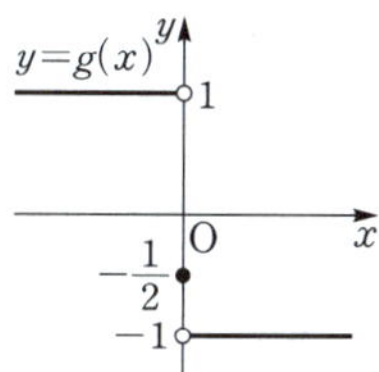

> **보기**
>
> ㄱ. $f(x)+g(x)$ ㄴ. $f(x)g(x)$ ㄷ. $g(f(x))$ ㄹ. $f(g(x))$

필수 **04** 함수가 연속일 조건

함수 $f(x)=\begin{cases} \dfrac{x^2+ax+b}{x+2} & (x\neq-2) \\ 5 & (x=-2) \end{cases}$ 가 $x=-2$에서 연속이 되도록 하는 상수 a, b

의 값을 구하시오.

풀이 함수 $f(x)$가 $x=-2$에서 연속이려면 $\displaystyle\lim_{x\to-2}f(x)=f(-2)$이어야 하므로

$$\lim_{x\to-2}\frac{x^2+ax+b}{x+2}=5 \qquad \cdots\cdots \ \bigcirc$$

$x\to-2$일 때 (분모) $\to 0$이고 극한값이 존재하므로 (분자) $\to 0$이다.

즉 $\displaystyle\lim_{x\to-2}(x^2+ax+b)=0$이므로

$$4-2a+b=0 \qquad \therefore b=2a-4 \qquad \cdots\cdots \ \bigcirc$$

$\bigcirc$을 $\bigcirc$의 좌변에 대입하면

$$\lim_{x\to-2}\frac{x^2+ax+2a-4}{x+2}=\lim_{x\to-2}\frac{(x+2)(x-2+a)}{x+2}$$
$$=\lim_{x\to-2}(x-2+a)=-4+a$$

따라서 $-4+a=5$이므로 $\quad\boldsymbol{a=9}$

$a=9$를 $\bigcirc$에 대입하면 $\quad\boldsymbol{b=14}$

KEY Point

- 함수 $f(x)=\begin{cases} g(x) & (x\neq a) \\ k & (x=a) \end{cases}$ 가 $x=a$에서 연속이려면

$$\lim_{x\to a}g(x)=k$$

● 정답 및 풀이 **20**쪽

67 함수 $f(x)=\begin{cases} \dfrac{x^2+2ax+3}{x+1} & (x\neq-1) \\ b & (x=-1) \end{cases}$ 가 $x=-1$에서 연속이 되도록 하는 상수 a, b에

대하여 $a+b$의 값을 구하시오.

68 함수 $f(x)=\begin{cases} \dfrac{a\sqrt{x^2+8}-b}{x-1} & (x\neq1) \\ \dfrac{a-1}{2} & (x=1) \end{cases}$ 이 모든 실수 x에서 연속이 되도록 하는 상수 a, b에

대하여 $b-a$의 값을 구하시오.

● 더 다양한 문제는 **RPM** 미적분 I 29쪽

 필수 **05** $(x-a)f(x)=g(x)$ 꼴의 함수의 연속

모든 실수 x에서 연속인 함수 $f(x)$가
$$(x-2)f(x)=x^2+ax-12$$
를 만족시킬 때, 상수 a의 값과 $f(2)$의 값을 구하시오.

풀이 $x \neq 2$일 때, $f(x)=\dfrac{x^2+ax-12}{x-2}$

함수 $f(x)$가 모든 실수 x에서 연속이므로 $x=2$에서도 연속이다.

$$\therefore f(2)=\lim_{x\to 2}f(x)=\lim_{x\to 2}\frac{x^2+ax-12}{x-2}$$

$x \to 2$일 때 (분모) $\to 0$이고 극한값이 존재하므로 (분자) $\to 0$이다.

즉 $\lim\limits_{x\to 2}(x^2+ax-12)=0$이므로

$$4+2a-12=0 \qquad \therefore a=4$$

$$\therefore f(2)=\lim_{x\to 2}\frac{x^2+4x-12}{x-2}$$
$$=\lim_{x\to 2}\frac{(x-2)(x+6)}{x-2}$$
$$=\lim_{x\to 2}(x+6)=8$$

> **KEY Point**
>
> • 모든 실수 x에서 연속인 두 함수 $f(x)$, $g(x)$가 $(x-a)f(x)=g(x)$를 만족시키면
>
> $$f(a)=\lim_{x\to a}\frac{g(x)}{x-a}$$

● 정답 및 풀이 **21**쪽

 **확인체크 69** $x \geq -15$인 모든 실수 x에서 연속인 함수 $f(x)$가
$$(x-1)f(x)=\sqrt{x+15}-4$$
를 만족시킬 때, $f(1)$의 값을 구하시오.

70 모든 실수 x에서 연속인 함수 $f(x)$가
$$(x^2-x-2)f(x)=x^4+ax+b$$
를 만족시킬 때, $f(2)$의 값을 구하시오. (단, a, b는 상수이다.)

STEP 1

생각해 봅시다! 💡

71 다음 중 $x=0$에서 불연속인 함수는?

(단, $[x]$는 x보다 크지 않은 최대의 정수이다.)

① $f(x)=x|x|$ 　　　　② $f(x)=x[x]$

③ $f(x)=\begin{cases} \dfrac{|x|}{x} & (x\neq 0) \\ 1 & (x=0) \end{cases}$ 　　④ $f(x)=\begin{cases} x^2+1 & (x\neq 0) \\ 1 & (x=0) \end{cases}$

⑤ $f(x)=\begin{cases} \dfrac{x^2-3x}{x^2-x} & (x\neq 0) \\ 3 & (x=0) \end{cases}$

> $-1<x<0$일 때
> 　$[x]=-1$
> $0<x<1$일 때
> 　$[x]=0$

72 실수 전체의 집합에서 연속인 함수 $f(x)$가 $\displaystyle\lim_{x\to 1}\dfrac{(x^3-1)f(x)}{x-1}=12$ 를 만족시킬 때, $f(1)$의 값을 구하시오.

> 함수 $f(x)$가 실수 전체의 집합에서 연속이다.
> ⇨ 모든 실수 a에 대하여
> 　$\displaystyle\lim_{x\to a}f(x)=f(a)$

73 함수 $f(x)=\begin{cases} x^3+bx+2 & (x>-1) \\ 2 & (x=-1) \\ -x^2+x+a & (x<-1) \end{cases}$가 모든 실수 x에서 연속이 되도록 하는 상수 a, b에 대하여 ab의 값을 구하시오.

> 함수 $f(x)$가 $x=-1$에서 연속이면 모든 실수 x에서 연속이다.

74 함수 $f(x)=\begin{cases} \dfrac{\sqrt{1+x}-\sqrt{1-x}}{x} & (x\neq 0) \\ a & (x=0) \end{cases}$가 $x=0$에서 연속이 되도록 하는 상수 a의 값을 구하시오.

75 함수 $f(x)=\begin{cases} -2x+a & (x\leq a) \\ ax-6 & (x>a) \end{cases}$가 실수 전체의 집합에서 연속이 되도록 하는 모든 상수 a의 값의 합은?

① -1　　② -2　　③ -3　　④ -4　　⑤ -5

함수 $f(x)$는 $x=-1$, $x=1$
에서 연속이다.

76 모든 실수 x에서 연속인 함수 $f(x)$가
$$(x^2-1)f(x)=x^4-2x^3-9x^2+2x+8$$
을 만족시킬 때, $f(-1)f(1)$의 값을 구하시오.

STEP 2

77 열린구간 $(-2, 2)$에서 정의된 함수
$y=f(x)$의 그래프가 오른쪽 그림과 같을 때,
열린구간 $(-2, 2)$에서 함수 $|f(x)|$가 불연
속인 x의 값을 모두 구하시오.

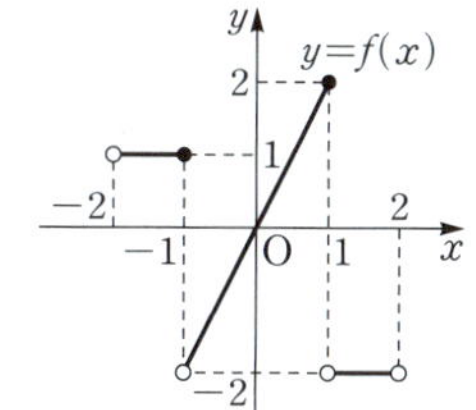

78 함수 $y=f(x)$의 그래프가 오른쪽 그림과 같을
때, 함수 $f(x)g(x)$가 $x=1$에서 연속이 되도록
하는 함수 $g(x)$만을 보기에서 있는 대로 고르시
오.

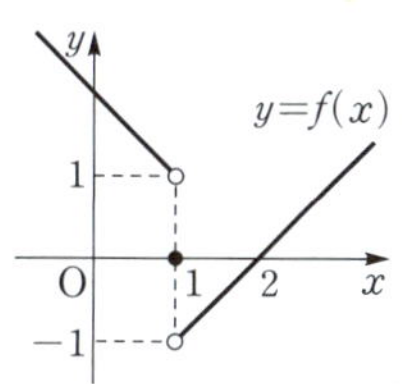

> **보기**
>
> ㄱ. $g(x)=x^2$ ㄴ. $g(x)=|x|-1$ ㄷ. $g(x)=|x-1|$

79 함수 $f(x)=\begin{cases} \dfrac{x^3+ax+b}{(x-1)^2} & (x\neq1) \\ c & (x=1) \end{cases}$ 가 $x=1$에서 연속이 되도록 하

는 상수 a, b, c에 대하여 abc의 값을 구하시오.

$\lim_{x\to1}f(x)=f(1)$이어야 한다.

80 함수 $f(x)=\begin{cases} ax+1 & (x\leq-1 \text{ 또는 } x\geq2) \\ x^2-2x+b & (-1<x<2) \end{cases}$ 가 구간

$(-\infty, \infty)$에서 연속이 되도록 하는 상수 a, b에 대하여 $2a+b$의 값
을 구하시오.

연습문제

81 모든 실수 x에서 연속인 함수 $f(x)$가 $(x+2)f(x)=ax^2-bx$, $f(-2)=2$를 만족시킬 때, 상수 a, b에 대하여 $a+b$의 값을 구하시오.

82 두 함수 $y=f(x)$, $y=g(x)$의 그래프가 오른쪽 그림과 같을 때, 옳은 것만을 보기에서 있는 대로 고르시오.

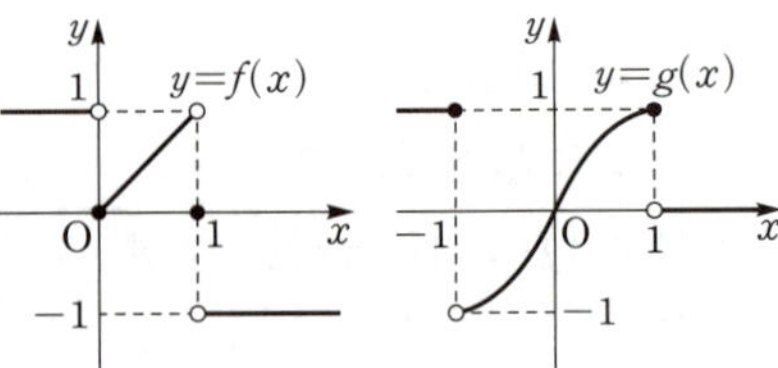

$\lim\limits_{x\to1+}f(x)=-1$
$\lim\limits_{x\to1-}f(x)=1$
$\lim\limits_{x\to1+}g(x)=0$
$\lim\limits_{x\to1-}g(x)=1$

보기

ㄱ. $\lim\limits_{x\to1-}f(g(x))=1$

ㄴ. 함수 $f(x)g(x)$는 $x=1$에서 불연속이다.

ㄷ. 함수 $g(f(x))$는 $x=0$에서 연속이다.

83 구간 $[0,4]$에서 $f(x)=\begin{cases} 2x-4 & (0\le x<2) \\ x^2+ax+b & (2\le x\le4) \end{cases}$ 로 정의되고, 모든 실수 x에 대하여 $f(x)=f(x+4)$를 만족시키는 함수 $f(x)$가 실수 전체의 집합에서 연속일 때, $f(11)$의 값을 구하시오.

$$(\text{단, } a, b\text{는 상수이다.})$$

교육청 기출

84 $a>2$인 상수 a에 대하여 함수 $f(x)$를 $f(x)=\begin{cases} x^2-4x+3 & (x\le2) \\ -x^2+ax & (x>2) \end{cases}$ 라 하자. 최고차항의 계수가 1인 삼차함수 $g(x)$에 대하여 실수 전체의 집합에서 연속인 함수 $h(x)$가 다음 조건을 만족시킬 때, $h(1)+h(3)$의 값은?

$h(1)=\lim\limits_{x\to1}\dfrac{g(x)}{f(x)}$

$h(a)=\lim\limits_{x\to a}\dfrac{g(x)}{f(x)}$

(가) $x\ne1$, $x\ne a$일 때, $h(x)=\dfrac{g(x)}{f(x)}$이다.

(나) $h(1)=h(a)$

① $-\dfrac{15}{6}$　② $-\dfrac{7}{3}$　③ $-\dfrac{13}{6}$　④ -2　⑤ $-\dfrac{11}{6}$

02 연속함수의 성질

1 연속함수의 성질   ∽ 필수 06

두 함수 $f(x)$, $g(x)$가 $x=a$에서 연속이면 다음 함수도 $x=a$에서 연속이다.

(1) $kf(x)$ (단, k는 상수이다.)

(2) $f(x)+g(x)$, $f(x)-g(x)$

(3) $f(x)g(x)$

(4) $\dfrac{f(x)}{g(x)}$ (단, $g(a)\neq0$)

설명 두 함수 $f(x)$, $g(x)$가 $x=a$에서 연속이면
$$\lim_{x\to a}f(x)=f(a),\ \lim_{x\to a}g(x)=g(a)$$
이므로 함수의 극한에 대한 성질에 의하여 다음이 성립한다.

(1) $\displaystyle\lim_{x\to a}kf(x)=k\lim_{x\to a}f(x)=kf(a)$ (단, k는 상수이다.)

(2) $\displaystyle\lim_{x\to a}\{f(x)+g(x)\}=\lim_{x\to a}f(x)+\lim_{x\to a}g(x)=f(a)+g(a)$

$\displaystyle\lim_{x\to a}\{f(x)-g(x)\}=\lim_{x\to a}f(x)-\lim_{x\to a}g(x)=f(a)-g(a)$

(3) $\displaystyle\lim_{x\to a}f(x)g(x)=\lim_{x\to a}f(x)\times\lim_{x\to a}g(x)=f(a)g(a)$

(4) $\displaystyle\lim_{x\to a}\dfrac{f(x)}{g(x)}=\dfrac{\lim_{x\to a}f(x)}{\lim_{x\to a}g(x)}=\dfrac{f(a)}{g(a)}$ (단, $g(a)\neq0$)

따라서 함수 $kf(x)$, $f(x)+g(x)$, $f(x)-g(x)$, $f(x)g(x)$, $\dfrac{f(x)}{g(x)}$는 모두 $x=a$에서 연속이다.

참고 함수 $y=x$는 모든 실수 x에서 연속이므로 연속함수의 성질 (3)에 의하여 함수
$$y=x^2,\ y=x^3,\ y=x^4,\ \cdots$$
도 모든 실수 x에서 연속이다.
또 상수함수도 모든 실수 x에서 연속이므로 연속함수의 성질 (1), (2)에 의하여 다항함수
$$y=a_nx^n+a_{n-1}x^{n-1}+\cdots+a_1x+a_0\ (a_0,\ a_1,\ \cdots,\ a_n\text{은 상수})$$
도 모든 실수 x에서 연속이다.

보기 ▶ ① 함수 $f(x)=x^3+2x+3$은 모든 실수에서 연속이다.

② 함수 $f(x)=\dfrac{x^2}{x-1}$은 $x\neq1$인 모든 실수에서 연속이다.

2 최대·최소 정리   ∽ 필수 07

함수 $f(x)$가 닫힌구간 $[a,\ b]$에서 연속이면 $f(x)$는 이 구간에서 반드시 최댓값과 최솟값을 갖는다.
이를 **최대·최소 정리**라 한다.

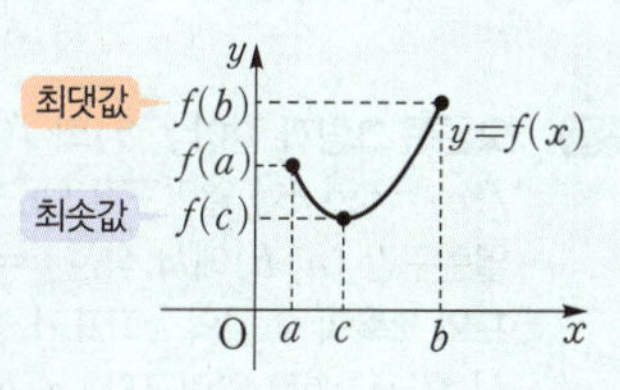

주의 ① 닫힌구간 $[a, b]$에서 연속인 함수는 그 구간에서 반드시 최댓값과 최솟값을 갖지만 닫힌구간이 아닌 경우, 즉 구간 $[a, b)$, $(a, b]$, (a, b)에서는 최댓값 또는 최솟값이 존재하지 않을 수도 있다.

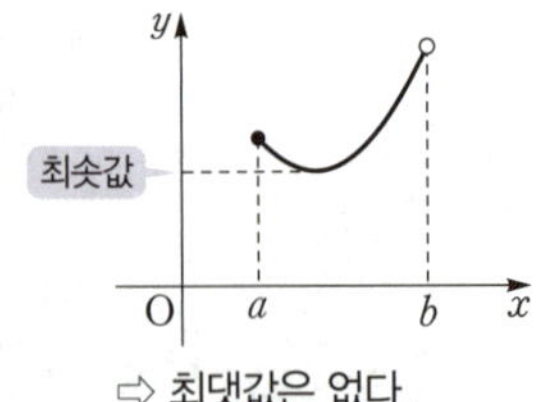

⇨ 최댓값은 없다.

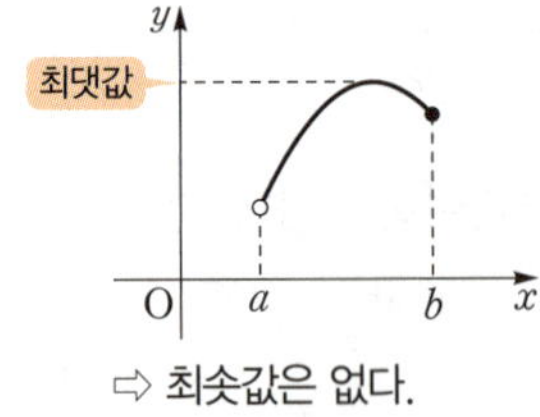

⇨ 최솟값은 없다.

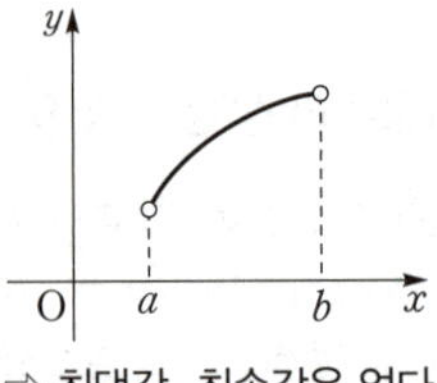

⇨ 최댓값, 최솟값은 없다.

② 함수 $f(x)$가 닫힌구간 $[a, b]$에서 정의되더라도 연속함수가 아닌 경우, 즉 오른쪽 그림과 같이 $x=c$에서 불연속일 때에는 최솟값은 있지만 최댓값은 없다.
따라서 닫힌구간 $[a, b]$에서 불연속인 함수는 최댓값 또는 최솟값이 존재하지 않을 수도 있다.

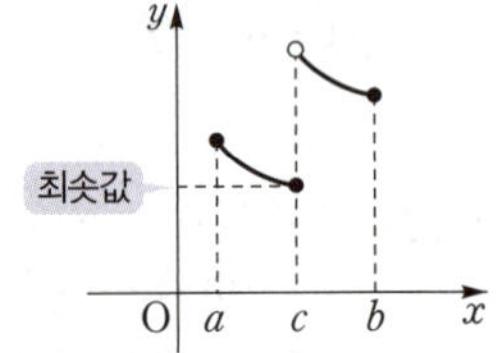

3 사잇값 정리

함수 $f(x)$가 닫힌구간 $[a, b]$에서 연속이고 $f(a) \neq f(b)$일 때, $f(a)$와 $f(b)$ 사이의 임의의 값 k에 대하여

$$f(c) = k$$

인 c가 열린구간 (a, b)에 적어도 하나 존재한다.
이를 **사잇값 정리**라 한다.

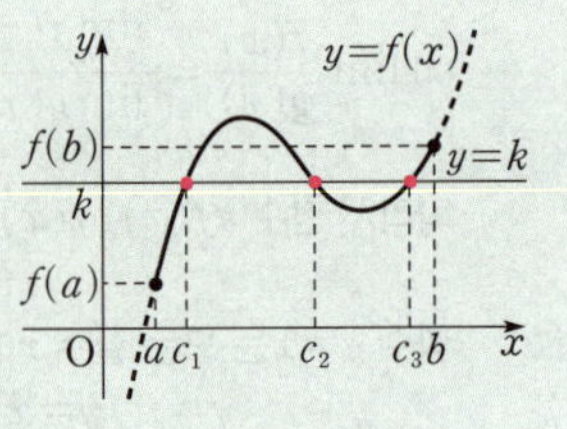

설명 오른쪽 그림과 같이 함수 $f(x)$가 닫힌구간 $[a, b]$에서 연속이고 $f(a) \neq f(b)$이면 $f(a)$와 $f(b)$ 사이의 임의의 값 k에 대하여 x축에 평행한 직선 $y=k$와 함수 $y=f(x)$의 그래프는 적어도 한 점에서 만난다.
즉 $f(c) = k$인 c가 열린구간 (a, b)에 적어도 하나 존재한다.

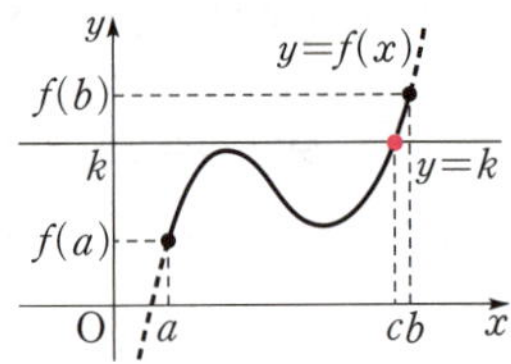

4 사잇값 정리의 활용   ↪ 필수 08, 09

함수 $f(x)$가 닫힌구간 $[a, b]$에서 연속이고 $f(a)$와 $f(b)$의 부호가 서로 다를 때, 즉

$$f(a)f(b) < 0$$

일 때, 방정식 $f(x) = 0$은 열린구간 (a, b)에서 적어도 하나의 실근을 갖는다.

설명 오른쪽 그림과 같이 $f(a)$와 $f(b)$의 부호가 서로 다를 때, 사잇값 정리에 의하여 $f(c) = 0$인 c가 열린구간 (a, b)에 적어도 하나 존재하므로 함수 $y=f(x)$의 그래프는 열린구간 (a, b)에서 직선 $y=0$, 즉 x축과 반드시 만난다. 이때 함수 $y=f(x)$의 그래프와 x축의 교점의 x좌표가 방정식 $f(x) = 0$의 실근이므로 $f(a)f(b) < 0$이면 방정식 $f(x) = 0$은 열린구간 (a, b)에서 적어도 하나의 실근을 가짐을 알 수 있다.

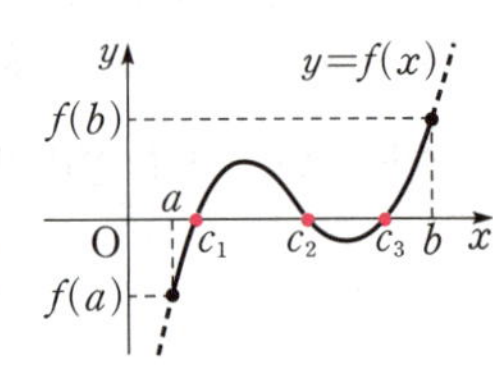

필수 06 연속함수의 성질

두 함수 $f(x)=x^2-3$, $g(x)=x^2-4x-5$에 대하여 다음 함수가 연속인 구간을 구하시오.

(1) $f(x)-3g(x)$　　(2) $f(x)g(x)$　　(3) $\dfrac{f(x)}{g(x)}$　　(4) $\dfrac{1}{f(x)-g(x)}$

풀이 두 함수 $f(x)=x^2-3$, $g(x)=x^2-4x-5$는 다항함수이므로 모든 실수 x에서 연속이다.

(1) 두 함수 $f(x)$, $3g(x)$는 모든 실수 x에서 연속이므로 함수 $f(x)-3g(x)$도 모든 실수, 즉 구간 $(-\infty,\ \infty)$에서 연속이다.

(2) 두 함수 $f(x)$, $g(x)$는 모든 실수 x에서 연속이므로 함수 $f(x)g(x)$도 모든 실수, 즉 구간 $(-\infty,\ \infty)$에서 연속이다.

(3) $\dfrac{f(x)}{g(x)}=\dfrac{x^2-3}{x^2-4x-5}=\dfrac{x^2-3}{(x+1)(x-5)}$

따라서 함수 $\dfrac{f(x)}{g(x)}$는 $(x+1)(x-5)\neq0$, 즉 $x\neq-1$, $x\neq5$인 모든 실수에서 연속이므로 구간 $(-\infty,\ -1),\ (-1,\ 5),\ (5,\ \infty)$에서 연속이다.

(4) $\dfrac{1}{f(x)-g(x)}=\dfrac{1}{x^2-3-(x^2-4x-5)}=\dfrac{1}{4x+2}$

따라서 함수 $\dfrac{1}{f(x)-g(x)}$은 $4x+2\neq0$, 즉 $x\neq-\dfrac{1}{2}$인 모든 실수에서 연속이므로 구간 $\left(-\infty,\ -\dfrac{1}{2}\right),\ \left(-\dfrac{1}{2},\ \infty\right)$에서 연속이다.

KEY Point

● 두 함수 $f(x)$, $g(x)$가 $x=a$에서 연속이면 다음 함수도 $x=a$에서 연속이다.
　① $kf(x)$ (단, k는 상수이다.)　　② $f(x)+g(x)$, $f(x)-g(x)$
　③ $f(x)g(x)$　　④ $\dfrac{f(x)}{g(x)}$ (단, $g(a)\neq0$)

● 정답 및 풀이 **27**쪽

85 두 함수 $f(x)$, $g(x)$가 $x=a$에서 연속일 때, $x=a$에서 항상 연속인 함수만을 보기에서 있는 대로 고르시오. (단, $f(x)$의 치역은 $g(x)$의 정의역에 포함된다.)

> **보기**
>
> ㄱ. $2f(x)+3g(x)$　　　　　　　　ㄴ. $f(x)+\dfrac{g(x)}{f(x)}$
>
> ㄷ. $\{f(x)\}^2$　　　　　　　　　　ㄹ. $g(f(x))$

필수 **07** 최대·최소 정리

주어진 구간에서 다음 함수 $f(x)$의 최댓값과 최솟값을 구하시오.

(1) $f(x)=-x^2+2x+3$ $[-2,\,2]$ (2) $f(x)=\dfrac{2}{x-2}$ $[3,\,5]$

풀이 (1) 함수 $f(x)=-x^2+2x+3$은 닫힌구간 $[-2,\,2]$에서 연속이므로 최
댓값과 최솟값을 갖는다.
구간 $[-2,\,2]$에서 함수 $y=f(x)$의 그래프는 오른쪽 그림과 같으므
로 $f(x)$는

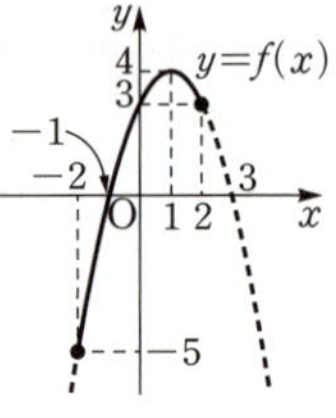

$\qquad x=1$에서 **최댓값 4**,
$\qquad x=-2$에서 **최솟값 -5**

를 갖는다.

(2) 함수 $f(x)=\dfrac{2}{x-2}$는 닫힌구간 $[3,\,5]$에서 연속이므로 최댓값과 최
솟값을 갖는다.
구간 $[3,\,5]$에서 함수 $y=f(x)$의 그래프는 오른쪽 그림과 같으므로
$f(x)$는

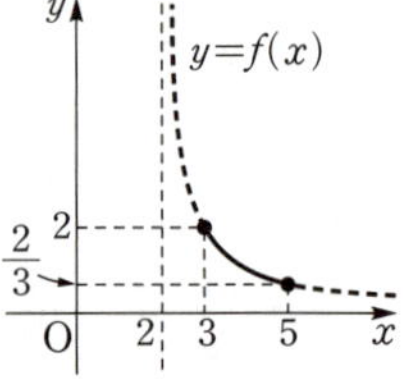

$\qquad x=3$에서 **최댓값 2**,
$\qquad x=5$에서 **최솟값 $\dfrac{2}{3}$**

를 갖는다.

● 함수 $f(x)$가 닫힌구간 $[a,\,b]$에서 연속이면 $f(x)$는 이 구간에서 반드시 **최댓값과 최솟값을**
갖는다.

● 정답 및 풀이 **27쪽**

86 주어진 구간에서 다음 함수 $f(x)$의 최댓값과 최솟값을 구하시오.

(1) $f(x)=|x|$ $[-1,\,3]$ (2) $f(x)=\sqrt{8-2x}$ $[-4,\,2]$

87 구간 $(0,\,6)$에서 정의된 함수 $y=f(x)$의 그래프가 오른쪽
그림과 같을 때, 옳은 것만을 보기에서 있는 대로 고르시오.

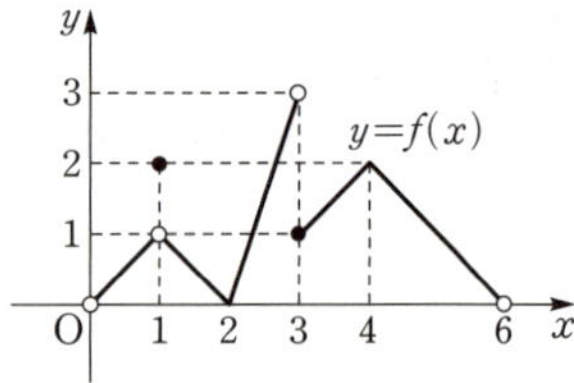

> **보기**
>
> ㄱ. 구간 $[1,\,2]$에서 함수 $f(x)$는 최댓값을 갖는다.
> ㄴ. 구간 $[2,\,3]$에서 함수 $f(x)$는 최댓값을 갖는다.
> ㄷ. 구간 $[3,\,5]$에서 함수 $f(x)$는 최솟값을 갖는다.

필수 08 **사잇값 정리 (1)**

방정식 $x^3-2x^2-1=0$이 열린구간 $(2, 3)$에서 적어도 하나의 실근을 가짐을 보이시오.

풀이 $f(x)=x^3-2x^2-1$이라 하면 함수 $f(x)$는 닫힌구간 $[2, 3]$에서 연속이고
$$f(2)=-1<0,\ f(3)=8>0$$
따라서 $f(2)f(3)<0$이므로 사잇값 정리에 의하여 방정식 $f(x)=0$은 열린구간 $(2, 3)$에서 적어도 하나의 실근을 갖는다.

필수 09 **사잇값 정리 (2)**

모든 실수 x에서 연속인 함수 $f(x)$에 대하여
$$f(-1)=2,\ f(0)=-5,\ f(1)=1,\ f(2)=-3$$
일 때, 방정식 $f(x)=0$은 열린구간 $(-1, 2)$에서 적어도 몇 개의 실근을 갖는지 구하시오.

풀이 함수 $f(x)$는 모든 실수 x에서 연속이므로 닫힌구간 $[-1, 2]$에서 연속이다.
이때
$$f(-1)f(0)<0,\ f(0)f(1)<0,\ f(1)f(2)<0$$
이므로 사잇값 정리에 의하여 방정식 $f(x)=0$은 열린구간 $(-1, 0)$, $(0, 1)$, $(1, 2)$에서 각각 적어도 하나의 실근을 갖는다.
따라서 방정식 $f(x)=0$은 열린구간 $(-1, 2)$에서 적어도 **3개**의 실근을 갖는다.

KEY Point

- 함수 $f(x)$가 닫힌구간 $[a, b]$에서 연속이고 $f(a)f(b)<0$이다.
  $\Rightarrow$ 방정식 $f(x)=0$은 열린구간 (a, b)에서 적어도 하나의 실근을 갖는다.

• 정답 및 풀이 **27**쪽

88 다음 방정식이 주어진 구간에서 적어도 하나의 실근을 가짐을 보이시오.

(1) $3x^3-2x^2+1=0$ $(-3, 3)$ (2) $x^4+x^3-9x+1=0$ $(1, 3)$

89 모든 실수 x에서 연속인 함수 $f(x)$에 대하여
$$f(-2)=-2,\ f(-1)=2,\ f(0)=4,\ f(1)=-1,\ f(2)=-3,\ f(3)=-1$$
일 때, 방정식 $f(x)=0$은 열린구간 $(-2, 3)$에서 적어도 몇 개의 실근을 갖는지 구하시오.

STEP 1

90 두 함수 $f(x)=x^2$, $g(x)=2x+3$에 대하여 함수

$h(x)=\dfrac{f(x)}{f(x)-g(x)}$가 연속인 구간을 구하시오.

91 구간 $[1,\ 3]$에서 함수 $f(x)=\dfrac{4x}{x+1}$의 최댓값을 M, 최솟값을 m이

라 할 때, $M+m$의 값을 구하시오.

92 방정식 $x^3+x-9=0$은 오직 하나의 실근 α를 갖는다. 다음 중 α가
존재하는 구간은?

① $(0,\ 1)$　　② $(1,\ 2)$　　③ $(2,\ 3)$　　④ $(3,\ 4)$　　⑤ $(4,\ 5)$

사잇값 정리를 이용한다.

STEP 2

93 두 함수 $f(x)=x^2-2x+4$, $g(x)=2x^2+ax+3$에 대하여 함수

$\dfrac{f(x)}{g(x)}$가 모든 실수 x에서 연속이 되도록 하는 정수 a의 개수를 구하

시오.

94 모든 실수 x에서 연속인 함수 $f(x)$에 대하여

$f(-2)=-1$, $f(-1)=-2$, $f(0)=1$, $f(1)=-2$, $f(2)=-\dfrac{1}{2}$

일 때, 방정식 $f(x)=x$는 열린구간 $(-2,\ 2)$에서 적어도 몇 개의 실
근을 갖는지 구하시오.

$f(x)=x$에서
　$f(x)-x=0$

실력 UP+

95 $\displaystyle\lim_{x\to1}\dfrac{f(x)}{x-1}=\dfrac{1}{2}$, $\displaystyle\lim_{x\to2}\dfrac{f(x)}{x-2}=\dfrac{1}{2}$을 만족시키는 다항함수 $f(x)$에 대

하여 닫힌구간 $[1,\ 2]$에서 방정식 $f(x)=0$이 적어도 3개의 실근을 가

짐을 보이시오.

$f(a)=0$이면 $x=a$는 방정
식 $f(x)=0$의 근이다.

II 미분

이 단원에서는

평균변화율의 극한값인 미분계수에 대하여 학습하고, 미분계수를 함숫값으로 하는 도함수와 미분가능한 함수에 대하여 학습합니다. 또 $y=x^n$의 도함수와 함수의 실수배, 합, 차, 곱의 미분법을 이용하여 다항함수의 도함수를 구하고 관련된 문제를 풀어 봅니다.

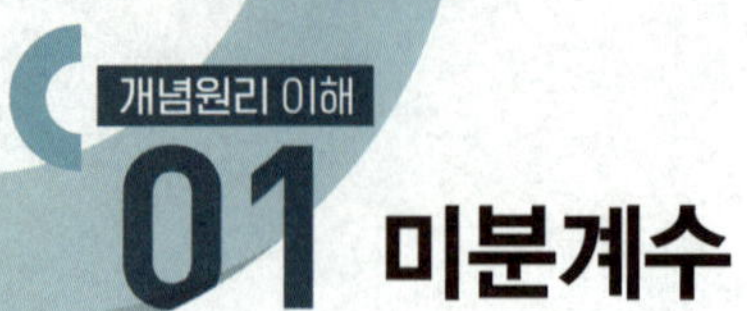

개념원리 이해

01 미분계수

① 평균변화율   필수 01

(1) **증분**

함수 $y=f(x)$에서 x의 값이 a에서 b까지 변할 때, y의 값은 $f(a)$에서 $f(b)$까지 변한다. 이때 x의 값의 변화량 $b-a$를 x의 **증분**, y의 값의 변화량 $f(b)-f(a)$를 y의 **증분**이라 하고, 이것을 기호로 각각 Δx, Δy와 같이 나타낸다. 즉

$$\Delta x=b-a, \quad \Delta y=f(b)-f(a)$$

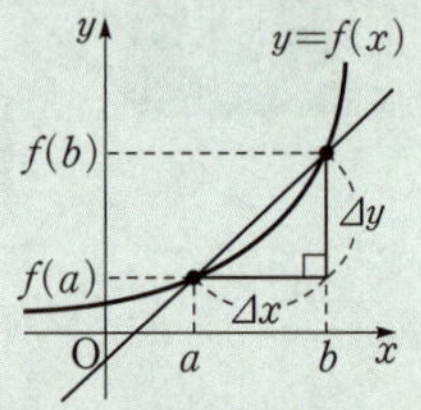

(2) **평균변화율**

함수 $y=f(x)$에서 x의 값이 a에서 b까지 변할 때의 **평균변화율**은

$$\frac{\Delta y}{\Delta x}=\frac{f(b)-f(a)}{b-a}=\frac{f(a+\Delta x)-f(a)}{\Delta x}$$

이때 평균변화율은 함수 $y=f(x)$의 그래프 위의 두 점 $(a, f(a))$, $(b, f(b))$를 지나는 직선의 기울기와 같다.

▶ Δ는 차를 뜻하는 영어 Difference의 첫 글자 D에 해당하는 그리스 문자로 '델타(delta)'라 읽는다.

보기 ▶ 함수 $f(x)=2x^2$에서 x의 값이 1에서 3까지 변할 때의 평균변화율은

$$\frac{\Delta y}{\Delta x}=\frac{f(3)-f(1)}{3-1}=\frac{18-2}{2}=8$$

② 미분계수   필수 01~03

(1) **미분계수**

함수 $y=f(x)$의 $x=a$에서의 **미분계수** 또는 **순간변화율**은

$$f'(a)=\lim_{\Delta x \to 0}\frac{f(a+\Delta x)-f(a)}{\Delta x}=\lim_{x \to a}\frac{f(x)-f(a)}{x-a}$$

(2) 함수 $f(x)$의 $x=a$에서의 미분계수 $f'(a)$가 존재할 때, 함수 $f(x)$는 $x=a$에서 **미분가능**하다고 한다.

▶ ① $f'(a)$는 'f 프라임(prime) a'라 읽는다.
　② 미분계수의 정의에서 Δx 대신 h를 사용하여

$$f'(a)=\lim_{h \to 0}\frac{f(a+h)-f(a)}{h}$$

　와 같이 나타내기도 한다.

설명 함수 $y=f(x)$에서 x의 값이 a에서 $a+\Delta x$까지 변할 때의 평균변화율은

$$\frac{\Delta y}{\Delta x}=\frac{f(a+\Delta x)-f(a)}{\Delta x}$$

이다. 여기서 $\Delta x \rightarrow 0$일 때 이 평균변화율의 극한값

$$\lim_{\Delta x \rightarrow 0}\frac{\Delta y}{\Delta x}=\lim_{\Delta x \rightarrow 0}\frac{f(a+\Delta x)-f(a)}{\Delta x}$$

가 존재하면 이 극한값을 함수 $y=f(x)$의 $x=a$에서의 미분계수 또는 순간변화율이라 하고, 기호로 $f'(a)$와 같이 나타낸다.

한편 $a+\Delta x=x$라 하면 $\Delta x=x-a$이고 $\Delta x \rightarrow 0$일 때 $x \rightarrow a$이므로

$$f'(a)=\lim_{\Delta x \rightarrow 0}\frac{f(a+\Delta x)-f(a)}{\Delta x}=\lim_{x \rightarrow a}\frac{f(x)-f(a)}{x-a}$$

와 같이 나타낼 수 있다.

또 함수 $f(x)$가 어떤 열린구간에 속하는 모든 x에서 미분가능하면 함수 $f(x)$는 그 구간에서 미분가능하다고 한다. 특히 함수 $f(x)$가 정의역에 속하는 모든 x에서 미분가능하면 함수 $f(x)$는 미분가능한 함수라 한다.

예제 ▶ 함수 $f(x)=x^2+7x$의 $x=1$에서의 미분계수를 구하시오.

풀이 **방법 1**
$$f'(1)=\lim_{\Delta x \rightarrow 0}\frac{f(1+\Delta x)-f(1)}{\Delta x}$$

$$=\lim_{\Delta x \rightarrow 0}\frac{\{(1+\Delta x)^2+7(1+\Delta x)\}-8}{\Delta x}$$

$$=\lim_{\Delta x \rightarrow 0}\frac{(\Delta x)^2+9\Delta x}{\Delta x}=\lim_{\Delta x \rightarrow 0}(\Delta x+9)=9$$

방법 2
$$f'(1)=\lim_{x \rightarrow 1}\frac{f(x)-f(1)}{x-1}=\lim_{x \rightarrow 1}\frac{(x^2+7x)-8}{x-1}$$

$$=\lim_{x \rightarrow 1}\frac{(x+8)(x-1)}{x-1}=\lim_{x \rightarrow 1}(x+8)=9$$

참고 **미분계수를 이용한 극한값의 계산**

(1) 분모가 1개의 항으로 이루어진 경우

$\lim_{\blacksquare \rightarrow 0}\dfrac{f(a+\blacksquare)-f(a)}{\blacksquare}$에서 $\blacksquare$가 모두 같아지도록 주어진 식을 변형한 후 $\lim_{h \rightarrow 0}\dfrac{f(a+h)-f(a)}{h}=f'(a)$임을 이용한다.

$$\Rightarrow \lim_{h \rightarrow 0}\frac{f(a+kh)-f(a)}{h}=\lim_{h \rightarrow 0}\frac{f(a+kh)-f(a)}{kh}\times k \quad \leftarrow h \rightarrow 0일 때 \;\; kh \rightarrow 0$$

$$=kf'(a)$$

(2) 분모가 2개의 항으로 이루어진 경우

$\lim_{\blacksquare \rightarrow \bullet}\dfrac{f(\blacksquare)-f(\bullet)}{\blacksquare-\bullet}$에서 $\blacksquare$는 $\blacksquare$끼리, $\bullet$는 $\bullet$끼리 서로 같아지도록 주어진 식을 변형한 후

$\lim_{x \rightarrow a}\dfrac{f(x)-f(a)}{x-a}=f'(a)$임을 이용한다.

$$\Rightarrow \lim_{x \rightarrow a}\frac{f(x)-f(a)}{x^2-a^2}=\lim_{x \rightarrow a}\left\{\frac{f(x)-f(a)}{x-a}\times\frac{1}{x+a}\right\}$$

$$=\lim_{x \rightarrow a}\frac{f(x)-f(a)}{x-a}\times\lim_{x \rightarrow a}\frac{1}{x+a}$$

$$=\frac{1}{2a}f'(a)$$

3 미분계수의 기하적 의미　필수 05

함수 $y=f(x)$가 $x=a$에서 미분가능할 때, $x=a$에서의 **미분계수 $f'(a)$는 곡선 $y=f(x)$ 위의 점 $(a,\ f(a))$에서의 접선의 기울기와 같다.**

설명　함수 $y=f(x)$에서 x의 값이 a에서 $a+\varDelta x$까지 변할 때의 평균변화율

$$\frac{\varDelta y}{\varDelta x}=\frac{f(a+\varDelta x)-f(a)}{\varDelta x}$$

는 곡선 $y=f(x)$ 위의 두 점 $\mathrm{P}(a,\ f(a))$, $\mathrm{Q}(a+\varDelta x,\ f(a+\varDelta x))$를 지나는 직선 PQ의 기울기와 같다.

여기서 $\varDelta x \to 0$이면 점 Q는 곡선 $y=f(x)$ 위를 움직이면서 점 P에 한없이 가까워지고, 직선 PQ는 점 P를 지나는 일정한 직선 PT에 한없이 가까워진다.

이때 직선 PT를 곡선 $y=f(x)$ 위의 점 P에서의 접선이라 하고, 점 P를 접점이라 한다.

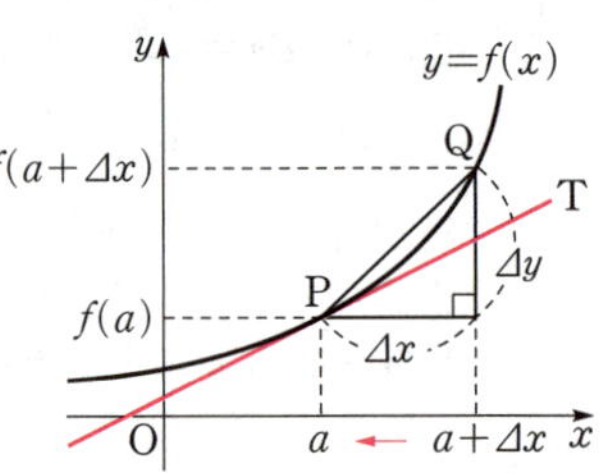

따라서 함수 $y=f(x)$의 $x=a$에서의 미분계수

$$f'(a)=\lim_{\varDelta x \to 0}\frac{f(a+\varDelta x)-f(a)}{\varDelta x}$$

는 곡선 $y=f(x)$ 위의 점 $\mathrm{P}(a,\ f(a))$에서의 접선의 기울기와 같다.

예제 ▶ 곡선 $y=x^2+2$ 위의 점 $(2,\ 6)$에서의 접선의 기울기를 구하시오.

풀이　$f(x)=x^2+2$라 하면 곡선 $y=f(x)$ 위의 점 $(2,\ 6)$에서의 접선의 기울기는 함수 $f(x)$의 $x=2$에서의 미분계수 $f'(2)$와 같으므로

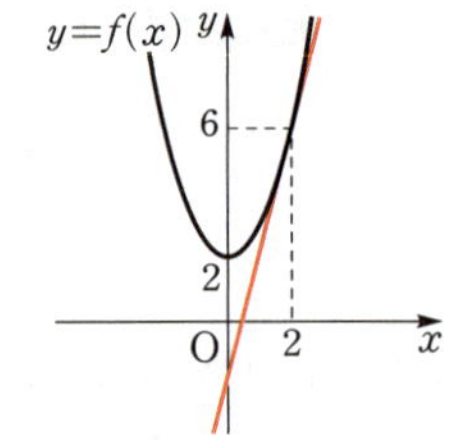

$$\begin{aligned}
f'(2)&=\lim_{\varDelta x \to 0}\frac{f(2+\varDelta x)-f(2)}{\varDelta x}\\
&=\lim_{\varDelta x \to 0}\frac{\{(2+\varDelta x)^2+2\}-6}{\varDelta x}\\
&=\lim_{\varDelta x \to 0}\frac{(\varDelta x)^2+4\varDelta x}{\varDelta x}\\
&=\lim_{\varDelta x \to 0}(\varDelta x+4)\\
&=4
\end{aligned}$$

참고　곡선 $y=f(x)$ 위의 점 $(a,\ f(a))$에서의 접선이 x축의 양의 방향과 이루는 각의 크기를 $\theta\ (0°\le\theta<90°)$라 하면

$$f'(a)=\tan\theta$$

필수 01 평균변화율과 미분계수

함수 $f(x)=x^3-1$에 대하여 x의 값이 1에서 4까지 변할 때의 평균변화율과 $x=a$에서의 미분계수가 같을 때, 양수 a의 값을 구하시오.

풀이 x의 값이 1에서 4까지 변할 때의 함수 $f(x)$의 평균변화율은

$$\frac{f(4)-f(1)}{4-1}=\frac{63-0}{3}=21$$

함수 $f(x)$의 $x=a$에서의 미분계수는

$$\begin{aligned}
f'(a)&=\lim_{\Delta x\to 0}\frac{f(a+\Delta x)-f(a)}{\Delta x}\\
&=\lim_{\Delta x\to 0}\frac{\{(a+\Delta x)^3-1\}-(a^3-1)}{\Delta x}\\
&=\lim_{\Delta x\to 0}\frac{3a^2\Delta x+3a(\Delta x)^2+(\Delta x)^3}{\Delta x}\\
&=\lim_{\Delta x\to 0}\{3a^2+3a\Delta x+(\Delta x)^2\}=3a^2
\end{aligned}$$

따라서 $3a^2=21$이므로 $a^2=7$

$$\therefore a=\sqrt{7}\ (\because a>0)$$

- 함수 $f(x)$에서 x의 값이 a에서 b까지 변할 때의 평균변화율

$$\Rightarrow \frac{\Delta y}{\Delta x}=\frac{f(b)-f(a)}{b-a}=\frac{f(a+\Delta x)-f(a)}{\Delta x}$$

- 함수 $f(x)$의 $x=a$에서의 미분계수

$$\Rightarrow f'(a)=\lim_{\Delta x\to 0}\frac{f(a+\Delta x)-f(a)}{\Delta x}=\lim_{x\to a}\frac{f(x)-f(a)}{x-a}$$

• 정답 및 풀이 **29쪽**

96 함수 $f(x)=x^2-\sqrt{a}\,x+4$에 대하여 x의 값이 2에서 4까지 변할 때의 평균변화율이 1일 때, 상수 a의 값을 구하시오.

97 함수 $f(x)=x^2+x+1$에 대하여 x의 값이 1에서 a까지 변할 때의 평균변화율과 $x=2$에서의 미분계수가 같을 때, 상수 a의 값을 구하시오.

필수 02 미분계수를 이용한 극한값의 계산; $\displaystyle\lim_{h\to 0}\dfrac{f(a+h)-f(a)}{h}$ 의 꼴

다항함수 $f(x)$에 대하여 $f'(a)=1$일 때, 다음 극한값을 구하시오.

(1) $\displaystyle\lim_{h\to 0}\dfrac{f(a+2h)-f(a)}{h}$

(2) $\displaystyle\lim_{h\to 0}\dfrac{f(a+h^3)-f(a)}{h}$

(3) $\displaystyle\lim_{h\to 0}\dfrac{f(a+3h)-f(a-2h)}{h}$

풀이

(1) (주어진 식) $=\displaystyle\lim_{h\to 0}\dfrac{f(a+2h)-f(a)}{2h}\times 2$ ← $h\to 0$일 때 $2h\to 0$

$\qquad =f'(a)\times 2=1\times 2=\mathbf{2}$

(2) (주어진 식) $=\displaystyle\lim_{h\to 0}\left\{\dfrac{f(a+h^3)-f(a)}{h^3}\times h^2\right\}=f'(a)\times 0=\mathbf{0}$

(3) (주어진 식) $=\displaystyle\lim_{h\to 0}\dfrac{f(a+3h)-f(a)-f(a-2h)+f(a)}{h}$

$\qquad =\displaystyle\lim_{h\to 0}\dfrac{f(a+3h)-f(a)}{h}-\lim_{h\to 0}\dfrac{f(a-2h)-f(a)}{h}$

$\qquad =\displaystyle\lim_{h\to 0}\dfrac{f(a+3h)-f(a)}{3h}\times 3-\lim_{h\to 0}\dfrac{f(a-2h)-f(a)}{-2h}\times(-2)$

$\qquad =f'(a)\times 3-f'(a)\times(-2)$

$\qquad =5f'(a)=5\times 1=\mathbf{5}$

KEY Point

- $\displaystyle\lim_{\blacksquare\to 0}\dfrac{f(a+\blacksquare)-f(a)}{\blacksquare}=f'(a)$ 를 이용할 수 있도록 주어진 식을 변형한다.

이때 $\blacksquare$ 가 모두 같아야 한다.

● 정답 및 풀이 29쪽

98 다항함수 $f(x)$에 대하여 $f'(a)=2$일 때, 다음 극한값을 구하시오.

(1) $\displaystyle\lim_{h\to 0}\dfrac{f(a-4h)-f(a)}{h}$

(2) $\displaystyle\lim_{h\to 0}\dfrac{f(a+h^2)-f(a)}{h}$

(3) $\displaystyle\lim_{h\to 0}\dfrac{f(a+h)-f(a-h)}{2h}$

(4) $\displaystyle\lim_{h\to 0}\dfrac{f(a+5h)-f(a+h)}{h}$

99 미분가능한 함수 $f(x)$에 대하여 $\displaystyle\lim_{h\to 0}\dfrac{f(1-2h)-f(1+h)}{h}=9$일 때, $f'(1)$의 값을 구하시오.

필수 **03** 미분계수를 이용한 극한값의 계산; $\lim\limits_{x \to a} \dfrac{f(x)-f(a)}{x-a}$ 의 꼴

다항함수 $f(x)$에 대하여 $f(1)=2$, $f'(1)=3$일 때, 다음 극한값을 구하시오.

(1) $\lim\limits_{x \to 1} \dfrac{f(x^3)-f(1)}{x-1}$　　(2) $\lim\limits_{x \to 1} \dfrac{x^2-1}{f(x)-f(1)}$　　(3) $\lim\limits_{x \to 1} \dfrac{x^2 f(1)-f(x^2)}{x-1}$

풀이

(1) (주어진 식) $=\lim\limits_{x \to 1}\left\{\dfrac{f(x^3)-f(1)}{x^3-1} \times (x^2+x+1)\right\}$　←　$x \to 1$일 때 $x^3 \to 1$

$=f'(1) \times 3 = 3 \times 3 = \mathbf{9}$

(2) (주어진 식) $=\lim\limits_{x \to 1}\left\{\dfrac{x-1}{f(x)-f(1)} \times (x+1)\right\}$

$=\lim\limits_{x \to 1}\left\{\dfrac{1}{\dfrac{f(x)-f(1)}{x-1}} \times (x+1)\right\}$

$=\dfrac{1}{f'(1)} \times 2 = \dfrac{1}{3} \times 2 = \mathbf{\dfrac{2}{3}}$

(3) (주어진 식) $=\lim\limits_{x \to 1}\dfrac{x^2 f(1)-f(1)-f(x^2)+f(1)}{x-1}$

$=\lim\limits_{x \to 1}\dfrac{(x^2-1)f(1)-\{f(x^2)-f(1)\}}{x-1}$

$=\lim\limits_{x \to 1}\dfrac{(x+1)(x-1)f(1)}{x-1}-\lim\limits_{x \to 1}\dfrac{f(x^2)-f(1)}{x-1}$

$=\lim\limits_{x \to 1}(x+1)f(1)-\lim\limits_{x \to 1}\left\{\dfrac{f(x^2)-f(1)}{x^2-1} \times (x+1)\right\}$

$=2f(1)-f'(1) \times 2 = 2 \times 2 - 3 \times 2 = \mathbf{-2}$

• $\lim\limits_{\bullet \to \bullet} \dfrac{f(\bullet)-f(\bullet)}{\bullet-\bullet}=f'(\bullet)$ 를 이용할 수 있도록 주어진 식을 변형한다.

이때 ■ 는 ■ 끼리, ● 는 ● 끼리 서로 같아야 한다.

• 정답 및 풀이 **30**쪽

100 다항함수 $f(x)$에 대하여 $f(2)=3$, $f'(2)=\dfrac{1}{2}$일 때, 다음 극한값을 구하시오.

(1) $\lim\limits_{x \to 2} \dfrac{f(x)-f(2)}{x^2-4}$　　(2) $\lim\limits_{x \to 2} \dfrac{x^3-8}{f(x)-f(2)}$　　(3) $\lim\limits_{x \to 2} \dfrac{2f(x)-xf(2)}{x-2}$

필수 04 관계식이 주어진 경우의 미분계수

미분가능한 함수 $f(x)$가 모든 실수 x, y에 대하여
$$f(x+y)=f(x)+f(y)$$
를 만족시키고 $f'(0)=4$일 때, $f'(2)$의 값을 구하시오.

풀이 $x=0$, $y=0$을 주어진 식에 대입하면

$$f(0)=f(0)+f(0) \qquad \therefore f(0)=0$$

$$\therefore f'(2)=\lim_{h\to 0}\frac{f(2+h)-f(2)}{h}$$

$$=\lim_{h\to 0}\frac{f(2)+f(h)-f(2)}{h}$$

$$=\lim_{h\to 0}\frac{f(h)}{h}=\lim_{h\to 0}\frac{f(h)-f(0)}{h}$$

$$=f'(0)=\mathbf{4}$$

• 미분가능한 함수 $f(x)$에 대하여 $f(x+y)$에 대한 관계식이 주어지면
$$f'(a)=\lim_{h\to 0}\frac{f(a+h)-f(a)}{h}$$
의 $f(a+h)$에 주어진 관계식을 대입하여 $f'(a)$의 값을 구한다.

● 정답 및 풀이 **30쪽**

101 미분가능한 함수 $f(x)$가 모든 실수 x, y에 대하여
$$f(x+y)=f(x)+f(y)+1$$
을 만족시키고 $f'(4)=1$일 때, $f'(0)$의 값을 구하시오.

102 미분가능한 함수 $f(x)$가 모든 실수 x, y에 대하여
$$f(x+y)=f(x)+f(y)+xy$$
를 만족시키고 $f'(1)=3$일 때, $f'(3)$의 값을 구하시오.

더 다양한 문제는 **RPM** 미적분 I **44쪽**

필수 05 미분계수의 기하적 의미

함수 $y=f(x)$의 그래프가 오른쪽 그림과 같을 때, 세 수

$$\frac{f(b)-f(a)}{b-a},\ f'(a),\ f'(b)$$

의 대소를 비교하시오.

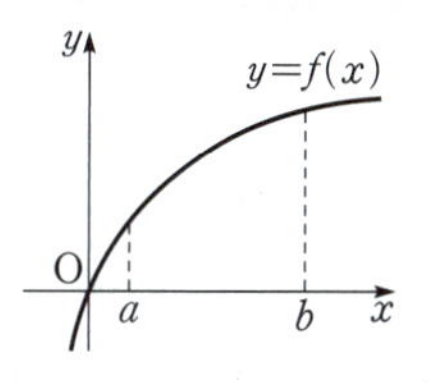

풀이 $\dfrac{f(b)-f(a)}{b-a}$ 는 두 점 $(a,\ f(a))$, $(b,\ f(b))$를 지나는 직선의 기울기
이다.

또 $f'(a)$는 점 $(a,\ f(a))$에서의 접선의 기울기이고, $f'(b)$는 점
$(b,\ f(b))$에서의 접선의 기울기이므로

$$f'(b)<\frac{f(b)-f(a)}{b-a}<f'(a)$$

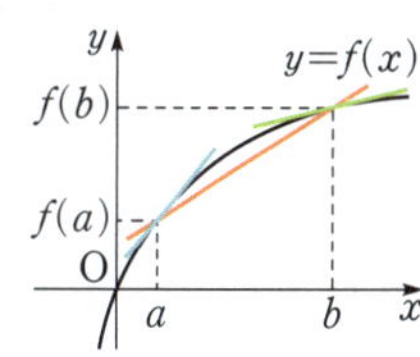

KEY Point

- 곡선 $y=f(x)$ 위의 점 $(a,\ f(a))$에서의 접선의 기울기는 함수 $f(x)$의 $x=a$에서의 미분계수
  $f'(a)$와 같다.

● 정답 및 풀이 **31쪽**

103 곡선 $y=f(x)$ 위의 점 $(2,\ f(2))$에서의 접선의 기울기가 10일 때, $\displaystyle\lim_{h\to 0}\frac{f(2+h)-f(2)}{5h}$
의 값을 구하시오.

104 미분가능한 함수 $y=f(x)$의 그래프가 오른쪽 그림과
같을 때, 다음 중 그 값이 가장 큰 것은?

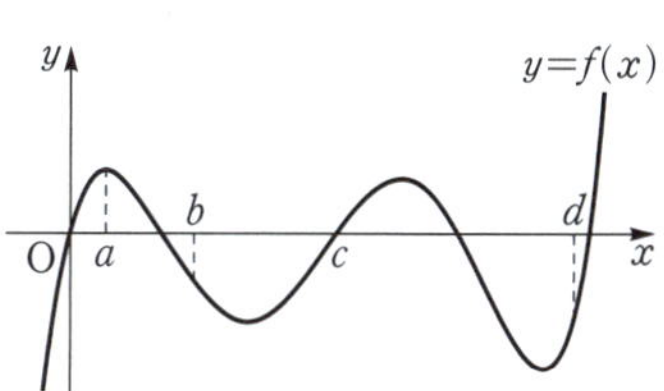

① $f'(a)$

② $f'(c)$

③ $f'(d)$

④ x의 값이 a에서 b까지 변할 때의 $f(x)$의 평균변화율

⑤ x의 값이 b에서 c까지 변할 때의 $f(x)$의 평균변화율

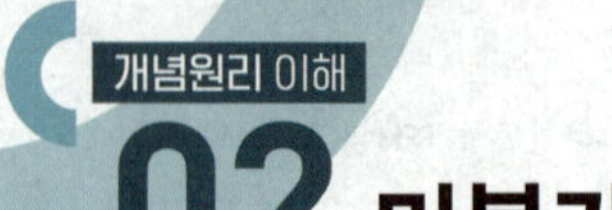

02 미분가능성과 연속성

1 미분가능성과 연속성   ⊙ 필수 06, 07

함수 $f(x)$가 $x=a$에서 미분가능하면 $f(x)$는 $x=a$에서 연속이다.
그러나 그 역은 성립하지 않는다.   ← 함수 $f(x)$가 $x=a$에서 연속이라고 해서
반드시 $x=a$에서 미분가능한 것은 아니다.

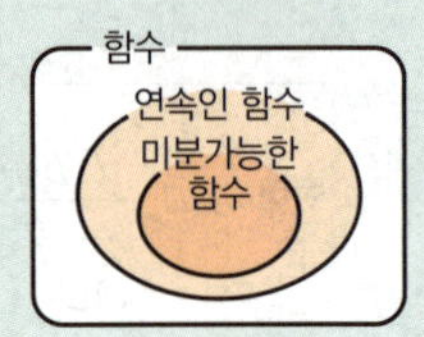

▶ 함수 $f(x)$가 $x=a$에서 미분가능함을 보이려면 $x=a$에서의 미분계수 $f'(a)=\lim\limits_{x \to a}\dfrac{f(x)-f(a)}{x-a}$가 존재함을 보이면 된다.

이때 극한값 $\lim\limits_{x \to a}\dfrac{f(x)-f(a)}{x-a}$가 존재하려면 $\lim\limits_{x \to a+}\dfrac{f(x)-f(a)}{x-a}=\lim\limits_{x \to a-}\dfrac{f(x)-f(a)}{x-a}$이어야 한다.

설명   함수 $f(x)$가 $x=a$에서 미분가능하면 $x=a$에서의 미분계수

$$f'(a)=\lim\limits_{x \to a}\dfrac{f(x)-f(a)}{x-a}$$

가 존재하므로

$$\lim\limits_{x \to a}\{f(x)-f(a)\}=\lim\limits_{x \to a}\left\{\dfrac{f(x)-f(a)}{x-a}\times(x-a)\right\}=\lim\limits_{x \to a}\dfrac{f(x)-f(a)}{x-a}\times\lim\limits_{x \to a}(x-a)=f'(a)\times 0=0$$

따라서 $\lim\limits_{x \to a}f(x)=f(a)$이므로 함수 $f(x)$는 $x=a$에서 연속이다.

예제 ▶   함수 $f(x)=|x|$의 $x=0$에서의 연속성과 미분가능성을 조사하시오.

풀이   (i) $f(0)=0$이고 $\lim\limits_{x \to 0}f(x)=\lim\limits_{x \to 0}|x|=0$이므로 $\lim\limits_{x \to 0}f(x)=f(0)$

따라서 함수 $f(x)$는 $x=0$에서 연속이다.

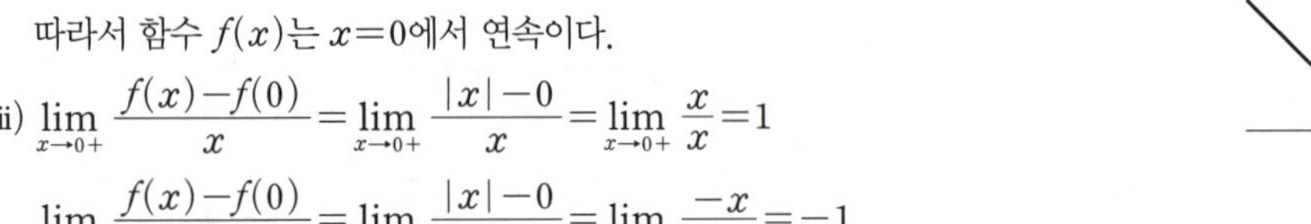

(ii) $\lim\limits_{x \to 0+}\dfrac{f(x)-f(0)}{x}=\lim\limits_{x \to 0+}\dfrac{|x|-0}{x}=\lim\limits_{x \to 0+}\dfrac{x}{x}=1$

$\lim\limits_{x \to 0-}\dfrac{f(x)-f(0)}{x}=\lim\limits_{x \to 0-}\dfrac{|x|-0}{x}=\lim\limits_{x \to 0-}\dfrac{-x}{x}=-1$

따라서 $f'(0)$의 값이 존재하지 않으므로 함수 $f(x)$는 $x=0$에서 미분가능하지 않다.

(i), (ii)에서 함수 $f(x)$는 $x=0$에서 연속이지만 미분가능하지 않다.

참고   **함수 $f(x)$가 $x=a$에서 미분가능하지 않은 경우**

(1) $x=a$에서 불연속인 경우

'함수 $f(x)$가 $x=a$에서 미분가능하면 $f(x)$는 $x=a$에서 연속이다.'가 참인 명제이므로 그 대우인

'함수 $f(x)$가 $x=a$에서 불연속이면 $f(x)$는 $x=a$에서 미분가능하지 않다.'

도 참이다.

(2) $x=a$에서 그래프가 꺾이는 경우

오른쪽 그림에서 함수 $f(x)$는 $x=a$에서 연속이지만

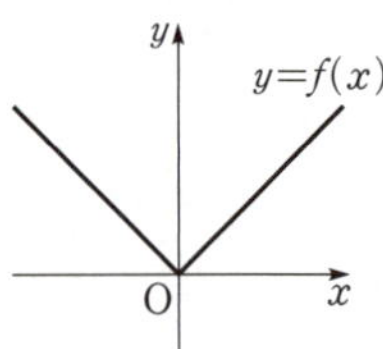

$$\lim\limits_{x \to a+}\dfrac{f(x)-f(a)}{x-a}>0,\ \lim\limits_{x \to a-}\dfrac{f(x)-f(a)}{x-a}<0$$

즉 $\lim\limits_{x \to a+}\dfrac{f(x)-f(a)}{x-a}\neq\lim\limits_{x \to a-}\dfrac{f(x)-f(a)}{x-a}$이므로 $x=a$에서 미분계수가 존재하지

않는다.

따라서 함수 $f(x)$는 $x=a$에서 미분가능하지 않다.

 **06 미분가능성과 연속성 (1)**

다음 함수의 $x=1$에서의 연속성과 미분가능성을 조사하시오.

(1) $f(x)=|x-1|$
(2) $f(x)=\begin{cases} x^2+x & (x\geq 1) \\ 3x-1 & (x<1) \end{cases}$

풀이 (1) (i) $f(1)=0$이고 $\displaystyle\lim_{x\to 1} f(x)=\lim_{x\to 1}|x-1|=0$이므로

$$\lim_{x\to 1} f(x)=f(1)$$

따라서 함수 $f(x)$는 $x=1$에서 연속이다.

(ii) $\displaystyle\lim_{x\to 1+}\frac{f(x)-f(1)}{x-1}=\lim_{x\to 1+}\frac{|x-1|}{x-1}=\lim_{x\to 1+}\frac{x-1}{x-1}=1$

$\displaystyle\lim_{x\to 1-}\frac{f(x)-f(1)}{x-1}=\lim_{x\to 1-}\frac{|x-1|}{x-1}=\lim_{x\to 1-}\frac{-(x-1)}{x-1}=-1$

따라서 $f'(1)$의 값이 존재하지 않으므로 함수 $f(x)$는 $x=1$에서 미분가능하지 않다.

(i), (ii)에서 함수 $f(x)$는 $x=1$에서 **연속이지만 미분가능하지 않다.**

(2) (i) $f(1)=2$이고

$$\lim_{x\to 1+} f(x)=\lim_{x\to 1+}(x^2+x)=2,$$
$$\lim_{x\to 1-} f(x)=\lim_{x\to 1-}(3x-1)=2$$

이므로 $\displaystyle\lim_{x\to 1} f(x)=2$

$$\therefore \lim_{x\to 1} f(x)=f(1)$$

따라서 함수 $f(x)$는 $x=1$에서 연속이다.

(ii) $\displaystyle\lim_{x\to 1+}\frac{f(x)-f(1)}{x-1}=\lim_{x\to 1+}\frac{x^2+x-2}{x-1}=\lim_{x\to 1+}\frac{(x+2)(x-1)}{x-1}=\lim_{x\to 1+}(x+2)=3$

$\displaystyle\lim_{x\to 1-}\frac{f(x)-f(1)}{x-1}=\lim_{x\to 1-}\frac{3x-1-2}{x-1}=\lim_{x\to 1-}\frac{3(x-1)}{x-1}=3$

따라서 $f'(1)=3$이므로 함수 $f(x)$는 $x=1$에서 미분가능하다.

(i), (ii)에서 함수 $f(x)$는 $x=1$에서 **연속이고 미분가능하다.**

함수 $f(x)$가 실수 a에 대하여

① $\displaystyle\lim_{x\to a} f(x)=f(a)$ ⇨ $x=a$에서 연속

② $\displaystyle\lim_{x\to a}\frac{f(x)-f(a)}{x-a}$가 존재 ⇨ $x=a$에서 미분가능

● 정답 및 풀이 **31**쪽

 **105** 다음 함수의 $x=-1$에서의 연속성과 미분가능성을 조사하시오.

(1) $f(x)=(x+1)|x+1|$
(2) $f(x)=|x^2-1|$
(3) $f(x)=\begin{cases} x^2 & (x\geq -1) \\ -x & (x<-1) \end{cases}$

필수 07 미분가능성과 연속성 (2)

함수 $y=f(x)$의 그래프가 오른쪽 그림과 같을 때, 구간 $(0, 4)$에서 다음을 구하시오.

(1) 함수 $f(x)$가 불연속인 x의 값

(2) 함수 $f(x)$가 미분가능하지 않은 x의 값

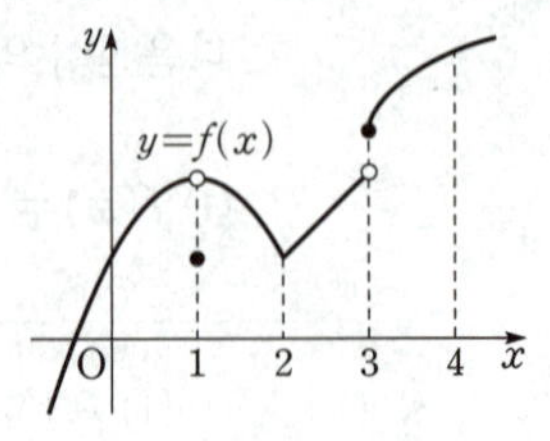

풀이

(1) $\lim\limits_{x \to 1} f(x) \neq f(1)$이므로 함수 $f(x)$는 $x=1$에서 불연속이다.

또 $\lim\limits_{x \to 3} f(x)$의 값이 존재하지 않으므로 함수 $f(x)$는 $x=3$에서 불연속이다.

따라서 함수 $f(x)$는 $x=1$, $x=3$에서 불연속이다.

(2) 함수 $f(x)$가 $x=1$, $x=3$에서 불연속이므로 함수 $f(x)$는 $x=1$, $x=3$에서 미분가능하지 않다.

또 $f'(2)$의 값이 존재하지 않으므로 함수 $f(x)$는 $x=2$에서 미분가능하지 않다.

따라서 함수 $f(x)$는 $x=1$, $x=2$, $x=3$에서 미분가능하지 않다.

참고

(2) $1<x<2$일 때, 접선의 기울기는 음수이므로

$$\lim_{x \to 2-} \frac{f(x)-f(2)}{x-2} < 0$$

$2<x<3$일 때, 접선의 기울기는 양수이므로

$$\lim_{x \to 2+} \frac{f(x)-f(2)}{x-2} > 0$$

따라서 $f'(2)$의 값이 존재하지 않는다.

KEY Point

- 함수 $f(x)$가 $x=a$에서 미분가능하지 않은 경우

① $x=a$에서 불연속인 경우

② $x=a$에서 그래프가 꺾이는 경우

● 정답 및 풀이 **32**쪽

 **106** $0<x<6$에서 정의된 함수 $y=f(x)$의 그래프가 오른쪽 그림과 같을 때, 다음 중 함수 $f(x)$에 대한 설명으로 옳지 <u>않은</u> 것은?

① $f'(3)>0$이다.

② $\lim\limits_{x \to 4} f(x)$의 값이 존재한다.

③ $f'(x)=0$인 x의 값은 1개이다.

④ 불연속인 x의 값은 2개이다.

⑤ 미분가능하지 않은 x의 값은 4개이다.

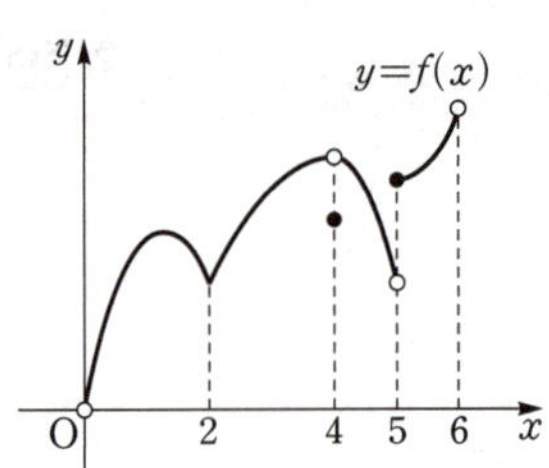

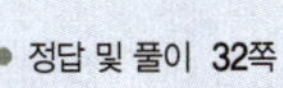

연습 문제

STEP 1

생각해 봅시다!

107 함수 $f(x)=x^3-2x+5$에 대하여 x의 값이 1에서 a까지 변할 때의 평균변화율이 19일 때, 상수 a의 값을 구하시오. (단, $a>1$)

108 미분가능한 함수 $f(x)$에 대하여 $\lim\limits_{h \to 0} \dfrac{f(h)-f(-2h)}{2h}=3$일 때, $f'(0)$의 값을 구하시오.

$$\lim_{h \to 0} \frac{f(a+h)-f(a)}{h} = f'(a)$$

교육청 기출

109 함수 $f(x)$에 대하여 $\lim\limits_{x \to 2} \dfrac{f(x)-f(2)}{x-2}=3$일 때, $\lim\limits_{h \to 0} \dfrac{f(2+h)-f(2-h)}{h}$의 값은?

① 0   ② 2   ③ 4   ④ 6   ⑤ 8

$$\lim_{x \to a} \frac{f(x)-f(a)}{x-a} = f'(a)$$

110 다항함수 $f(x)$에 대하여 $f(1)=1$, $f'(1)=2$일 때, $\lim\limits_{x \to 1} \dfrac{\{f(x)\}^2-1}{x^2-1}$의 값을 구하시오.

$$\frac{\{f(x)\}^2-1}{x^2-1} = \frac{\{f(x)-1\}\{f(x)+1\}}{(x-1)(x+1)}$$

111 다항함수 $f(x)$에 대하여 $f(2)=0$, $f'(2)=12$일 때, $\lim\limits_{x \to 2} \dfrac{f(x)}{x^2+2x-8}$의 값을 구하시오.

112 다음 중 $x=0$에서 연속이지만 미분가능하지 않은 함수는?

① $f(x)=2$ ② $f(x)=|x|^2$ ③ $f(x)=x^2-1$

④ $f(x)=|x|-x$ ⑤ $f(x)=\dfrac{|x|}{x}$

113 $-1<x<6$에서 정의된 함수 $y=f(x)$의 그래프가 오른쪽 그림과 같을 때, 함수 $f(x)$에 대한 설명으로 옳은 것만을 보기에서 있는 대로 고르시오.

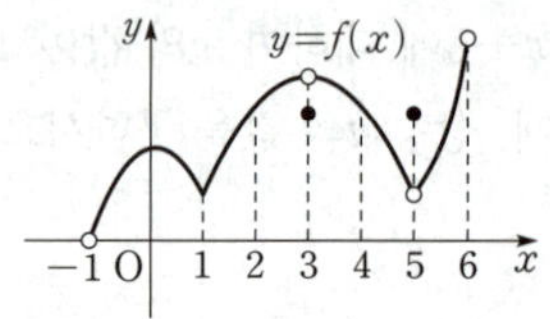

보기

ㄱ. $1<x<2$에서 $f'(x)>0$이다.

ㄴ. $\lim\limits_{x\to3} f(x)$의 값은 존재하지 않는다.

ㄷ. 불연속인 x의 값은 1개이다.

ㄹ. 미분가능하지 않은 x의 값은 3개이다.

STEP 2

114 함수 $f(x)=x^2-x+1$에 대하여 x의 값이 a에서 b까지 변할 때의 평균변화율과 $x=3$에서의 순간변화율이 같을 때, $a+b$의 값을 구하시오.

115 다항함수 $f(x)$가 모든 실수 x에 대하여
$$f(x-2)-f(-2)=x^3+15x^2+7x$$
를 만족시킬 때, $f'(-2)$의 값을 구하시오.

116 다항함수 $f(x)$에 대하여 $f(1)=1$, $f'(1)=3$일 때,
$$\lim_{x\to1}\frac{x^3f(1)-f(x^2)}{x-1}$$
의 값을 구하시오.

117 미분가능한 함수 $f(x)$가 $f(1)=0$, $\lim\limits_{x\to1}\dfrac{\{f(x)\}^2-2f(x)}{1-x}=10$을 만족시킬 때, $f'(1)$의 값을 구하시오.

118 다항함수 $f(x)$에 대하여 $\lim\limits_{x\to2}\dfrac{f(x-1)-8}{x^2-4}=3$일 때, $f(1)+f'(1)$의 값을 구하시오.

생각해 봅시다! 

$f(100+h)$
$=2f(100)f(h)$

119 미분가능한 함수 $f(x)$가 모든 실수 x, y에 대하여

$f(x+y)=2f(x)f(y)$를 만족시킨다. $f'(0)=4$일 때, $\dfrac{f'(100)}{f(100)}$의

값을 구하시오. (단, $f(x)\neq0$)

120 오른쪽 그림과 같이 곡선 $y=f(x)$와 직선

$y=g(x)$가 $x=a$인 점에서 접할 때,

$\displaystyle\lim_{x\to a}\dfrac{f(x)-g(x)}{x-a}$의 값을 구하시오.

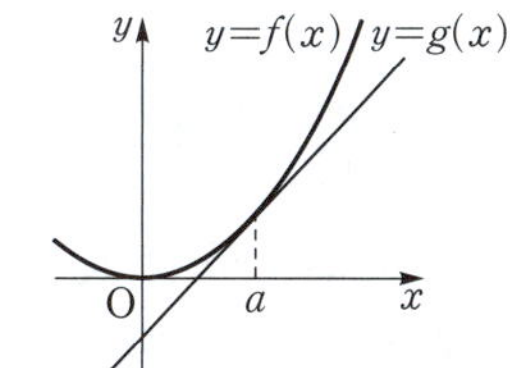

121 $x=0$에서 미분가능한 함수만을 보기에서 있는 대로 고르시오.

함수 $p(x)$가 $x=0$에서 미분가능하면

$$\lim_{x\to 0+}\dfrac{p(x)-p(0)}{x-0}$$
$$=\lim_{x\to 0-}\dfrac{p(x)-p(0)}{x-0}$$

> **보기**
>
> ㄱ. $f(x)=\begin{cases} 2x & (x\geq0) \\ -2x & (x<0) \end{cases}$ ㄴ. $g(x)=\begin{cases} (x+1)^2 & (x\geq0) \\ 2x+1 & (x<0) \end{cases}$
>
> ㄷ. $h(x)=\begin{cases} x^2+x+1 & (x\geq0) \\ -x^2+x-1 & (x<0) \end{cases}$

실력 UP⁺

교육청 기출

122 두 다항함수 $f(x)$, $g(x)$가 다음 조건을 만족시킨다.

> (가) $\displaystyle\lim_{x\to 1}\dfrac{f(x)-g(x)}{x-1}=5$
>
> (나) $\displaystyle\lim_{x\to 1}\dfrac{f(x)+g(x)-2f(1)}{x-1}=7$

두 실수 a, b에 대하여 $\displaystyle\lim_{x\to 1}\dfrac{f(x)-a}{x-1}=b\times g(1)$일 때, ab의 값은?

① 4　　　　② 5　　　　③ 6　　　　④ 7　　　　⑤ 8

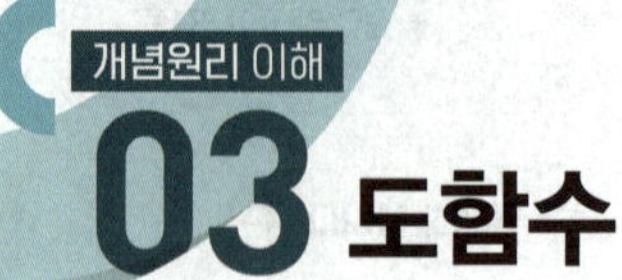

03 도함수

1 도함수

(1) 미분가능한 함수 $y=f(x)$의 정의역의 각 원소 x에 미분계수 $f'(x)$를 대응시키면 새로운 함수를 얻는다. 이 함수를 함수 $y=f(x)$의 **도함수**라 하고, 기호로

$$f'(x),\ y',\ \frac{dy}{dx},\ \frac{d}{dx}f(x)$$

와 같이 나타낸다. 즉

$$f'(x)=\lim_{\varDelta x\to 0}\frac{f(x+\varDelta x)-f(x)}{\varDelta x}$$

(2) 함수 $f(x)$에서 도함수 $f'(x)$를 구하는 것을 함수 $f(x)$를 x에 대하여 미분한다고 하고, 그 계산법을 **미분법**이라 한다.

$$f(x)\ \xrightarrow{\text{미분}}\ f'(x)$$

> ① $\dfrac{dy}{dx}$는 dy를 dx로 나눈다는 뜻이 아니라 y를 x에 대하여 미분한다는 것을 뜻하고 '디와이(dy) 디엑스(dx)'라 읽는다.
> ② 함수 $f(x)$의 $x=a$에서의 미분계수 $f'(a)$는 도함수 $f'(x)$에 $x=a$를 대입한 값이다.
> ③ $f'(x)=\lim\limits_{\varDelta x\to 0}\dfrac{f(x+\varDelta x)-f(x)}{\varDelta x}$에서 $\varDelta x$ 대신 h를 사용하여 $f'(x)=\lim\limits_{h\to 0}\dfrac{f(x+h)-f(x)}{h}$와 같이 나타낼 수도 있다.

2 함수 $y=x^n$과 상수함수의 도함수　🔗 필수 08, 09

(1) $y=x^n$ (n은 양의 정수) $\Rightarrow y'=nx^{n-1}$

(2) $y=c$ (c는 상수) $\Rightarrow y'=0$

> $x^0=1$이므로 $y=x$의 도함수는 　$y'=1\times x^0=1$

증명 확인하기 (1), (2) 참조

3 함수의 실수배, 합, 차의 미분법　🔗 필수 08, 09

두 함수 $f(x),\ g(x)$가 미분가능할 때

(1) $y=cf(x)$ (c는 상수) $\Rightarrow y'=cf'(x)$

(2) $y=f(x)+g(x) \Rightarrow y'=f'(x)+g'(x)$

(3) $y=f(x)-g(x) \Rightarrow y'=f'(x)-g'(x)$

> (2), (3)은 세 개 이상의 함수에서도 성립한다.

증명 확인하기 (3), (4) 참조

4 함수의 곱의 미분법 ⊂ 필수 08, 09

세 함수 $f(x)$, $g(x)$, $h(x)$가 미분가능할 때
(1) $y=f(x)g(x) \Rightarrow y'=f'(x)g(x)+f(x)g'(x)$
(2) $y=f(x)g(x)h(x) \Rightarrow y'=f'(x)g(x)h(x)+f(x)g'(x)h(x)+f(x)g(x)h'(x)$
(3) $y=\{f(x)\}^n$ (n은 양의 정수) $\Rightarrow y'=n\{f(x)\}^{n-1}\times f'(x)$

▶ 곱의 미분법은 4개 이상의 함수의 곱으로 이루어진 함수에서도 성립한다.

증명 확인하기 (5), (6), (7) 참조

5 미분법과 다항식의 나눗셈 ⊂ 필수 14

이차 이상의 다항식 $f(x)$를 $(x-a)^2$으로 나누었을 때의 나머지를 $R(x)$라 하면
$$f(a)=R(a), \quad f'(a)=R'(a)$$
특히 $f(x)$가 $(x-a)^2$으로 나누어떨어지면
$$f(a)=0, \quad f'(a)=0$$

설명 다항식 $f(x)$를 $(x-a)^2$으로 나누었을 때의 몫을 $Q(x)$라 하면
$$f(x)=(x-a)^2Q(x)+R(x) \qquad \cdots\cdots \text{㉠}$$
㉠의 양변을 x에 대하여 미분하면
$$f'(x)=2(x-a)Q(x)+(x-a)^2Q'(x)+R'(x) \qquad \cdots\cdots \text{㉡}$$
㉠, ㉡에 각각 $x=a$를 대입하면
$$f(a)=R(a), \quad f'(a)=R'(a)$$

확인하기

(1) $y=x^n$ (n은 양의 정수)일 때, $y'=nx^{n-1}$의 증명

➡ $y'=\lim\limits_{h\to 0}\dfrac{f(x+h)-f(x)}{h}=\lim\limits_{h\to 0}\dfrac{(x+h)^n-x^n}{h}$

$=\lim\limits_{h\to 0}\dfrac{\{(x+h)-x\}\{(x+h)^{n-1}+(x+h)^{n-2}x+\cdots+(x+h)x^{n-2}+x^{n-1}\}}{h}$

$=\lim\limits_{h\to 0}\{(x+h)^{n-1}+(x+h)^{n-2}x+\cdots+(x+h)x^{n-2}+x^{n-1}\}$

$=\underbrace{x^{n-1}+x^{n-1}+\cdots+x^{n-1}}_{n\text{개}}=nx^{n-1}$ $\quad a^n-b^n=(a-b)(a^{n-1}+a^{n-2}b+\cdots+ab^{n-2}+b^{n-1})$

(2) $y=c$ (c는 상수)일 때, $y'=0$의 증명

➡ $y'=\lim\limits_{h\to 0}\dfrac{f(x+h)-f(x)}{h}=\lim\limits_{h\to 0}\dfrac{c-c}{h}=0$

(3) $y=cf(x)$ (c는 상수)일 때, $y'=cf'(x)$의 증명

➡ $y'=\lim\limits_{h\to 0}\dfrac{cf(x+h)-cf(x)}{h}=c\lim\limits_{h\to 0}\dfrac{f(x+h)-f(x)}{h}=cf'(x)$

(4) $y=f(x)\pm g(x)$일 때, $y'=f'(x)\pm g'(x)$의 증명 (복호동순)

➡ $y=f(x)+g(x)$일 때

$$y'=\lim_{h\to 0}\frac{\{f(x+h)+g(x+h)\}-\{f(x)+g(x)\}}{h}$$

$$=\lim_{h\to 0}\frac{\{f(x+h)-f(x)\}+\{g(x+h)-g(x)\}}{h}$$

$$=\lim_{h\to 0}\frac{f(x+h)-f(x)}{h}+\lim_{h\to 0}\frac{g(x+h)-g(x)}{h}$$

$$=f'(x)+g'(x)$$

같은 방법으로 하면 $y=f(x)-g(x)$일 때

$$y'=f'(x)-g'(x)$$

(5) $y=f(x)g(x)$일 때, $y'=f'(x)g(x)+f(x)g'(x)$의 증명

➡ $$y'=\lim_{h\to 0}\frac{f(x+h)g(x+h)-f(x)g(x)}{h}$$

$$=\lim_{h\to 0}\frac{f(x+h)g(x+h)-f(x)g(x+h)+f(x)g(x+h)-f(x)g(x)}{h}$$

$$=\lim_{h\to 0}\frac{\{f(x+h)-f(x)\}g(x+h)+f(x)\{g(x+h)-g(x)\}}{h}$$

$$=\lim_{h\to 0}\frac{f(x+h)-f(x)}{h}\times\lim_{h\to 0}g(x+h)+f(x)\times\lim_{h\to 0}\frac{g(x+h)-g(x)}{h}$$

$$=f'(x)g(x)+f(x)g'(x)$$

(6) $y=f(x)g(x)h(x)$일 때,
　$y'=f'(x)g(x)h(x)+f(x)g'(x)h(x)+f(x)g(x)h'(x)$의 증명

➡ $$y'=\{f(x)g(x)\}'h(x)+\{f(x)g(x)\}h'(x)$$

$$=\{f'(x)g(x)+f(x)g'(x)\}h(x)+f(x)g(x)h'(x)$$

$$=f'(x)g(x)h(x)+f(x)g'(x)h(x)+f(x)g(x)h'(x)$$

(7) $y=\{f(x)\}^n$ (n은 양의 정수)일 때, $y'=n\{f(x)\}^{n-1}\times f'(x)$의 증명

➡ $$y'=n\{f(x)\}^{n-1}f'(x) \quad\cdots\cdots\ \bigcirc$$

(i) $n=1$일 때, $y=f(x)$이므로　　$y'=f'(x)$

따라서 ㉠이 성립한다.

(ii) $n=k$일 때, ㉠이 성립한다고 가정하면

$$y'=k\{f(x)\}^{k-1}f'(x)$$

$n=k+1$일 때, $y=\{f(x)\}^{k+1}=\{f(x)\}^k f(x)$이므로

$$y'=[\{f(x)\}^k]'f(x)+\{f(x)\}^k f'(x)$$

$$=k\{f(x)\}^{k-1}f'(x)f(x)+\{f(x)\}^k f'(x)$$

$$=k\{f(x)\}^k f'(x)+\{f(x)\}^k f'(x)$$

$$=(k+1)\{f(x)\}^k f'(x)$$

따라서 $n=k+1$일 때에도 ㉠이 성립한다.

(i), (ii)에서 모든 양의 정수 n에 대하여 ㉠이 성립한다.

 알아둡시다!

$$f'(x) = \lim_{\Delta x \to 0} \frac{f(x+\Delta x)-f(x)}{\Delta x}$$

123 도함수의 정의를 이용하여 다음 함수의 도함수를 구하시오.

　(1) $f(x)=3$

　(2) $f(x)=x-4$

　(3) $f(x)=2x^2+x$

124 다음 함수를 미분하시오.

　(1) $y=x^5$

　(2) $y=10$

　(3) $y=3x^8$

　(4) $y=-x^6$

　(5) $y=5x^2+1$

　(6) $y=4x^3-\dfrac{1}{2}x^2+3$

① $y=x^n \Rightarrow y'=nx^{n-1}$
② $y=c \Rightarrow y'=0$
③ $y=cf(x) \Rightarrow y'=cf'(x)$
④ $y=f(x)\pm g(x)$
　$\Rightarrow y'=f'(x)\pm g'(x)$
　（복호동순）

125 다음 함수를 미분하시오.

　(1) $y=(x+5)(2x-3)$

　(2) $y=(x^3+2)(x^2-1)$

　(3) $y=x(x+2)(x-1)$

　(4) $y=(x-3)(2x+1)(3x-2)$

　(5) $y=(-3x^2+2)^2$

　(6) $y=(2x-1)^3$

① $y=f(x)g(x)$
　$\Rightarrow y'=f'(x)g(x)$
　　　$+f(x)g'(x)$
② $y=f(x)g(x)h(x)$
　$\Rightarrow y'=f'(x)g(x)h(x)$
　　　$+f(x)g'(x)h(x)$
　　　$+f(x)g(x)h'(x)$

● 더 다양한 문제는 **RPM** 미적분 I 46쪽

필수 08 미분계수 구하기

함수 $f(x)=(x+2)(x^2-3x+4)$에 대하여 $f'(1)$의 값을 구하시오.

풀이
$$f'(x)=(x+2)'(x^2-3x+4)+(x+2)(x^2-3x+4)'$$
$$=1\times(x^2-3x+4)+(x+2)(2x-3)$$
$$=3x^2-2x-2$$
$$\therefore f'(1)=-1$$

● 더 다양한 문제는 **RPM** 미적분 I 46쪽

필수 09 미분계수를 이용하여 미정계수 구하기

함수 $f(x)=ax^3+bx+c$에 대하여 $f(1)=4$, $f'(0)=-1$, $f'(1)=5$일 때, $a+b-c$의 값을 구하시오. (단, a, b, c는 상수이다.)

풀이
$f(1)=4$에서 $a+b+c=4$ ······ ㉠
$f'(x)=3ax^2+b$이므로 $f'(0)=-1$에서 $b=-1$
$f'(1)=5$에서 $3a+b=5$ ······ ㉡
$b=-1$을 ㉡에 대입하면 $3a-1=5$ $\therefore a=2$
$a=2$, $b=-1$을 ㉠에 대입하면 $2-1+c=4$ $\therefore c=3$
$$\therefore a+b-c=2+(-1)-3=-2$$

● 정답 및 풀이 **37쪽**

126 함수 $f(x)=(x^5-2x)^3$에 대하여 $f'(-1)$의 값을 구하시오.

127 미분가능한 두 함수 $f(x)$, $g(x)$에 대하여 $f(x)=(x^2+1)g(x)$이다. $g(1)=-1$, $g'(1)=2$일 때, $f'(1)$의 값을 구하시오.

128 함수 $f(x)=(-x^2+2)(x-3)(x+a)$에 대하여 $f'(2)=20$일 때, 상수 a의 값을 구하시오.

129 함수 $f(x)=x^3+ax^2-3$에 대하여 $g(x)=(4-x^2)f(x)$일 때, $f'(1)=g'(1)$이다. 상수 a의 값을 구하시오.

필수 10 **미분계수를 이용하여 극한값 구하기**

함수 $f(x)=\dfrac{1}{4}x^3-\dfrac{2}{3}x^2+5$에 대하여 $\displaystyle\lim_{h\to 0}\dfrac{f(2+3h)-f(2+h)}{h}$ 의 값을 구하시오.

풀이

$$(주어진\ 식)=\lim_{h\to 0}\dfrac{f(2+3h)-f(2)-\{f(2+h)-f(2)\}}{h}$$

$$=\lim_{h\to 0}\dfrac{f(2+3h)-f(2)}{3h}\times 3-\lim_{h\to 0}\dfrac{f(2+h)-f(2)}{h}$$

$$=3f'(2)-f'(2)$$

$$=2f'(2)$$

이때 $f'(x)=\dfrac{3}{4}x^2-\dfrac{4}{3}x$이므로 $f'(2)=\dfrac{1}{3}$

따라서 구하는 값은

$$2f'(2)=2\times\dfrac{1}{3}=\dfrac{2}{3}$$

KEY Point

- 미분계수를 이용하여 함수 $f(x)$에 대한 극한값을 구할 때에는 다음과 같은 순서로 한다.

  (ⅰ) 미분계수의 정의를 이용하여 주어진 식을 $f'(a)$에 대한 식으로 변형한다.

  (ⅱ) 도함수 $f'(x)$를 구한다.

  (ⅲ) $f'(a)$의 값을 구하여 (ⅰ)의 식에 대입한다.

● 정답 및 풀이 **38**쪽

130 함수 $f(x)=x^4-2x^3+x+4$에 대하여 $\displaystyle\lim_{h\to 0}\dfrac{f(1+h)-f(1-h)}{h}$ 의 값을 구하시오.

131 함수 $f(x)=x^3-3x^2+4x+3$에 대하여 $\displaystyle\lim_{x\to 2}\dfrac{f(x)-f(2)}{x^3-8}$ 의 값을 구하시오.

필수 11 극한으로 주어진 미분계수를 이용하여 미정계수 구하기

함수 $f(x)=x^4+ax^2+bx$ 가

$$\lim_{x\to 2}\frac{f(x)-f(2)}{x-2}=14,\quad \lim_{x\to 1}\frac{f(x)-f(1)}{x^2-1}=-2$$

를 만족시킬 때, $f'(-1)$의 값을 구하시오. (단, a, b는 상수이다.)

풀이 $\displaystyle\lim_{x\to 2}\frac{f(x)-f(2)}{x-2}=14$에서 $f'(2)=14$

$\displaystyle\lim_{x\to 1}\frac{f(x)-f(1)}{x^2-1}=\lim_{x\to 1}\left\{\frac{f(x)-f(1)}{x-1}\times\frac{1}{x+1}\right\}=\frac{1}{2}f'(1)=-2$에서

$\qquad f'(1)=-4$

이때 $f'(x)=4x^3+2ax+b$이므로 $f'(2)=14$에서

$\qquad 32+4a+b=14 \qquad \therefore\ 4a+b=-18 \qquad \cdots\cdots\ \bigcirc$

$f'(1)=-4$에서

$\qquad 4+2a+b=-4 \qquad \therefore\ 2a+b=-8 \qquad \cdots\cdots\ \bigcirc$

$\bigcirc$, $\bigcirc$을 연립하여 풀면 $a=-5$, $b=2$

따라서 $f'(x)=4x^3-10x+2$이므로

$\qquad f'(-1)=8$

● 정답 및 풀이 **38**쪽

132 함수 $f(x)=x^3+ax^2+bx-b$에 대하여 $\displaystyle\lim_{x\to 1}\frac{f(x)}{x-1}=1$일 때, $a-b$의 값을 구하시오.

(단, a, b는 상수이다.)

133 함수 $f(x)=x^3+ax^2+bx+1$이

$$\lim_{h\to 0}\frac{f(1+h)-f(1)}{h}=4,\quad \lim_{h\to 0}\frac{f(-2-h)-f(-2)}{h}=-1$$

을 만족시킬 때, $f(1)$의 값을 구하시오. (단, a, b는 상수이다.)

 **12** 치환을 이용하여 극한값 구하기

$$\lim_{x \to 1} \frac{x^n + 2x - 3}{x - 1} = 12$$를 만족시키는 자연수 n의 값을 구하시오.

설명 $x^n + 2x - 3$의 일부를 $f(x)$로 치환하여 주어진 식을 $\lim_{x \to \blacktriangle} \dfrac{f(x) - f(\blacktriangle)}{x - \blacktriangle}$의 꼴로 변형한다.

풀이 $f(x) = x^n + 2x$라 하면 $f(1) = 3$

$$\therefore \lim_{x \to 1} \frac{x^n + 2x - 3}{x - 1} = \lim_{x \to 1} \frac{f(x) - f(1)}{x - 1} = f'(1)$$

이때 $f'(x) = nx^{n-1} + 2$이므로

$$f'(1) = n + 2$$

따라서 $n + 2 = 12$이므로 $n = \mathbf{10}$

참고 $x^n + 2x - 3$을 치환하여 풀 수도 있다.

$g(x) = x^n + 2x - 3$이라 하면 $g(1) = 0$이므로

$$\lim_{x \to 1} \frac{x^n + 2x - 3}{x - 1} = \lim_{x \to 1} \frac{g(x) - g(1)}{x - 1} = g'(1)$$

KEY Point

• 주어진 식의 일부를 $f(x)$로 놓고 미분계수의 정의를 이용할 수 있도록 식을 변형한다.

● 정답 및 풀이 **38**쪽

 **134** $\lim_{x \to 1} \dfrac{x^{10} + x - 2}{x - 1}$의 값을 구하시오.

135 $\lim_{x \to 2} \dfrac{x^n - x^3 - x - 6}{x - 2} = k$일 때, 자연수 n과 상수 k에 대하여 $n + k$의 값을 구하시오.

 **13** 미분가능할 조건

함수 $f(x)=\begin{cases} 3x^2+1 & (x\geq 1) \\ ax+b & (x<1) \end{cases}$ 가 $x=1$에서 미분가능할 때, 상수 a, b의 값을 구하시오.

풀이 함수 $f(x)$가 $x=1$에서 미분가능하므로 $x=1$에서 연속이다.

즉 $\lim\limits_{x\to 1} f(x)=f(1)$에서 $\quad a+b=4 \qquad \cdots\cdots$ ㉠

또 $f'(1)$이 존재하므로

$$\lim_{x\to 1+}\frac{f(x)-f(1)}{x-1}=\lim_{x\to 1+}\frac{(3x^2+1)-4}{x-1}=\lim_{x\to 1+}\frac{3(x+1)(x-1)}{x-1}$$
$$=\lim_{x\to 1+}3(x+1)=6,$$
$$\lim_{x\to 1-}\frac{f(x)-f(1)}{x-1}=\lim_{x\to 1-}\frac{(ax+b)-4}{x-1}=\lim_{x\to 1-}\frac{ax+b-(a+b)}{x-1} \quad (\because ㉠)$$
$$=\lim_{x\to 1-}\frac{a(x-1)}{x-1}=a$$

에서 $\quad a=6$

$a=6$을 ㉠에 대입하면 $\quad 6+b=4 \qquad \therefore b=-2$

다른 풀이 $g(x)=3x^2+1$, $h(x)=ax+b$라 하면 $\quad g'(x)=6x$, $h'(x)=a$

함수 $f(x)$가 $x=1$에서 연속이므로 $\quad g(1)=h(1) \qquad \therefore a+b=4 \qquad \cdots\cdots$ ㉡

함수 $f(x)$가 $x=1$에서 미분가능하므로 $\quad g'(1)=h'(1) \qquad \therefore a=6$

$a=6$을 ㉡에 대입하면 $\quad 6+b=4 \qquad \therefore b=-2$

 **KEY Point**

• 함수 $f(x)=\begin{cases} g(x) & (x\geq a) \\ h(x) & (x<a) \end{cases}$ 가 $x=a$에서 미분가능하면

(i) $x=a$에서 연속이므로 $\quad \lim\limits_{x\to a-}h(x)=g(a)$

(ii) $f'(a)$가 존재하므로 $\quad \lim\limits_{x\to a+}\dfrac{g(x)-g(a)}{x-a}=\lim\limits_{x\to a-}\dfrac{h(x)-h(a)}{x-a}$

● 정답 및 풀이 **39쪽**

 **136** 함수 $f(x)=\begin{cases} ax^2-2 & (x\geq 2) \\ x^2+6x+b & (x<2) \end{cases}$ 가 $x=2$에서 미분가능할 때, 상수 a, b의 값을 구하시오.

137 함수 $f(x)=\begin{cases} x^3+ax^2+bx & (x\geq 1) \\ 2x^2+1 & (x<1) \end{cases}$ 이 모든 실수 x에서 미분가능할 때, 상수 a, b에 대하여 ab의 값을 구하시오.

 필수 14 미분법과 다항식의 나눗셈

다음 물음에 답하시오.

(1) 다항식 x^3+ax^2+b가 $(x-2)^2$으로 나누어떨어지도록 하는 상수 a, b의 값을 구하시오.

(2) 다항식 $x^{10}-1$을 $(x-1)^2$으로 나누었을 때의 나머지를 구하시오.

풀이

(1) 다항식 x^3+ax^2+b를 $(x-2)^2$으로 나누었을 때의 몫을 $Q(x)$라 하면
$$x^3+ax^2+b=(x-2)^2Q(x) \qquad\qquad \cdots\cdots\ ㉠$$
㉠의 양변에 $x=2$를 대입하면 $8+4a+b=0$ $\therefore\ b=-4a-8$ $\quad \cdots\cdots\ ㉡$
㉠의 양변을 x에 대하여 미분하면
$$3x^2+2ax=2(x-2)Q(x)+(x-2)^2Q'(x)$$
양변에 $x=2$를 대입하면 $12+4a=0$ $\therefore\ \boldsymbol{a=-3}$
$a=-3$을 ㉡에 대입하면 $\boldsymbol{b=4}$

(2) 다항식 $x^{10}-1$을 $(x-1)^2$으로 나누었을 때의 몫을 $Q(x)$, 나머지를 $ax+b$ (a, b는 상수)라 하면
$$x^{10}-1=(x-1)^2Q(x)+ax+b \qquad\qquad \cdots\cdots\ ㉠$$
㉠의 양변에 $x=1$을 대입하면 $0=a+b$ $\therefore\ b=-a$ $\quad \cdots\cdots\ ㉡$
㉠의 양변을 x에 대하여 미분하면
$$10x^9=2(x-1)Q(x)+(x-1)^2Q'(x)+a$$
양변에 $x=1$을 대입하면 $a=10$
$a=10$을 ㉡에 대입하면 $b=-10$
따라서 구하는 나머지는 $\boldsymbol{10x-10}$

다른 풀이

(2) $f(x)=x^{10}-1$이라 하면 $f'(x)=10x^9$
$f(x)$를 $(x-1)^2$으로 나누었을 때의 나머지를 $R(x)=ax+b$ (a, b는 상수)라 하면
$R'(x)=a$이고
$$f(1)=R(1),\ f'(1)=R'(1)$$
$$a+b=0,\ a=10 \quad \therefore\ a=10,\ b=-10$$
따라서 구하는 나머지는 $10x-10$

 **KEY Point**

• 다항식 $f(x)$를 $(x-a)^2$으로 나누었을 때의 나머지를 $R(x)$라 하면
$$f(a)=R(a),\ f'(a)=R'(a)$$

● 정답 및 풀이 **40쪽**

 확인체크

138 다항식 $x^{20}-ax+b$가 $(x-1)^2$으로 나누어떨어질 때, 상수 a, b에 대하여 $a+b$의 값을 구하시오.

139 다항식 $x^{100}-2x^3+4$를 $(x+1)^2$으로 나누었을 때의 나머지를 구하시오.

81

생각해 봅시다!

$\lim\limits_{x \to a}\dfrac{f(x)-b}{x-a}=c$이면
$f(a)=b,\ f'(a)=c$

140 다항함수 $f(x)$가 $\lim\limits_{x \to 2}\dfrac{f(x)-5}{x-2}=7$을 만족시킬 때, 함수 $g(x)=xf(x)$에 대하여 $g'(2)$의 값을 구하시오.

141 곡선 $y=x^3+ax^2+bx$ 위의 점 $(1,\ -1)$에서의 접선의 기울기가 2일 때, 상수 $a,\ b$에 대하여 ab의 값을 구하시오.

곡선 $y=f(x)$ 위의 점 $(k,\ f(k))$에서의 접선의 기울기 $\Rightarrow f'(k)$

142 두 함수 $f(x)=x+x^2+x^3+x^4+x^5$, $g(x)=x^4+x^5+x^6+x^7+x^8$에 대하여 $\lim\limits_{h \to 0}\dfrac{f(1+2h)-g(1-h)}{3h}$의 값을 구하시오.

$f(1)=g(1)=5$임을 이용한다.

143 함수 $f(x)=x^3+ax^2+bx$가
$$\lim_{x \to 3}\frac{f(x)-f(3)}{x-3}=18,\ \lim_{x \to 1}\frac{x^3-1}{f(x)-f(1)}=-\frac{3}{2}$$
을 만족시킬 때, 상수 $a,\ b$에 대하여 $a+b$의 값을 구하시오.

144 $\lim\limits_{x \to -1}\dfrac{x^{10}+x^9+x^8+x^7+x^6-1}{x+1}$의 값을 구하시오.

교육청 기출
145 두 함수 $f(x)=|x+3|$, $g(x)=2x+a$에 대하여 함수 $f(x)g(x)$가 실수 전체의 집합에서 미분가능할 때, 상수 a의 값은?

① 2 　　② 4 　　③ 6 　　④ 8 　　⑤ 10

STEP 2

146 함수 $f(x)=(x-1)(x-2)(x-3)\times\cdots\times(x-7)$에 대하여 $\dfrac{f'(1)}{f'(5)}$의 값을 구하시오.

147 두 다항함수 $f(x)$, $g(x)$가 모든 실수 x에 대하여
$$f'(x)=g(x), \ \{f(x)+g(x)\}'=x^3+3x^2+4x+5$$
를 만족시킬 때, $g'(-1)$의 값을 구하시오.

148 함수 $f(x)=2x^4-3x+5$에 대하여 $\displaystyle\lim_{n\to\infty}n\left\{f\left(1+\dfrac{3}{n}\right)-f\left(1-\dfrac{2}{n}\right)\right\}$ 의 값을 구하시오.

평가원 기출

149 삼차함수 $f(x)$가
$$\lim_{x\to0}\dfrac{f(x)}{x}=\lim_{x\to1}\dfrac{f(x)}{x-1}=1$$
을 만족시킬 때, $f(2)$의 값은?

① 4 ② 6 ③ 8 ④ 10 ⑤ 12

150 다항함수 $f(x)$가 다음 조건을 만족시킬 때, $f(1)$의 값을 구하시오.

> (가) $\displaystyle\lim_{x\to\infty}\dfrac{f(x)-x^3}{x^2+2}=2$　　(나) $\displaystyle\lim_{x\to1}\dfrac{f(x)-f(1)}{x^2-1}=4$
> (다) $f(0)=0$

151 함수 $f(x)=\begin{cases} ax^3+b^2 & (x\geq1) \\ bx^2+ax+b & (x<1) \end{cases}$가 $x=1$에서 미분가능할 때, $\displaystyle\lim_{h\to0}\dfrac{f(1+2h)-f(1-h)}{h}$의 값을 구하시오.

(단, a, b는 상수이고 $a\neq0$이다.)

152 다항식 $x^{10}-ax+b$를 $(x+1)^2$으로 나누었을 때의 나머지가 $3x-2$ 일 때, 상수 a, b에 대하여 ab의 값을 구하시오.

실력 UP$^+$

수능 기출

153 두 다항함수 $f(x)$, $g(x)$가

$$\lim_{x \to 0} \frac{f(x)+g(x)}{x}=3, \quad \lim_{x \to 0} \frac{f(x)+3}{xg(x)}=2$$

를 만족시킨다. 함수 $h(x)=f(x)g(x)$에 대하여 $h'(0)$의 값은?

① 27　　② 30　　③ 33　　④ 36　　⑤ 39

---

154 상수항이 정수인 다항함수 $f(x)$가 모든 실수 x에 대하여

$$f'(x)\{f'(x)+2\}=8f(x)+12x^2-5$$

를 만족시킬 때, $f(x)$를 구하시오.

2 이상의 자연수 n에 대하여 $f(x)$가 n차 함수이면 $f'(x)$는 $(n-1)$차 함수이 다.

교육청 기출

155 $f(1)=-2$인 다항함수 $f(x)$에 대하여 일차함수 $g(x)$가 다음 조건 을 만족시킨다.

> (가) $\displaystyle\lim_{x \to 1} \frac{f(x)g(x)+4}{x-1}=8$　　(나) $g(0)=g'(0)$

$f'(1)$의 값은?

① 5　　② 6　　③ 7　　④ 8　　⑤ 9

---

156 다항식 $f(x)$는 $(x-1)^2$으로 나누어떨어지고, $x-2$로 나누었을 때의 나머지가 2이다. $f(x)$를 $(x-1)^2(x-2)$로 나누었을 때의 나머지를 $g(x)$라 할 때, $\displaystyle\lim_{h \to 0} \frac{g(2+2h)-g(2-h)}{h}$의 값을 구하시오.

$g(x)$는 $f(x)$를 삼차식으로 나누었을 때의 나머지이므로 이차 이하의 다항식이다.

II 미분

이 단원에서는

도함수를 이용하여 함수의 그래프의 접선의 방정식을 구하는 방법과 함수의 증가·감소, 극대·극소를 파악하는 방법을 배웁니다. 이를 이용하여 다항함수의 그래프를 그려 보고, 그래프를 이용하여 방정식과 부등식에 관한 문제를 풀어 봅니다. 마지막으로 수직선 위를 움직이는 점의 위치와 속도, 가속도 사이의 관계를 이해하고 관련된 문제를 풀어 봅니다.

01 접선의 방정식

1 접선의 방정식 ⟜ 필수 01

함수 $f(x)$가 $x=a$에서 미분가능할 때, 곡선 $y=f(x)$ 위의 점 $(a, f(a))$에서의 접선의 방정식은

$$y-f(a)=f'(a)(x-a)$$

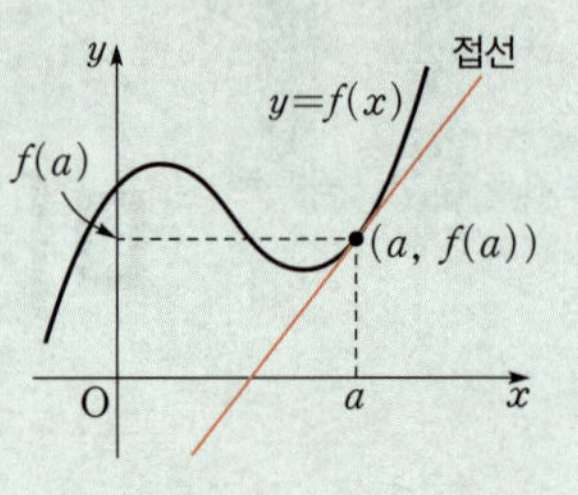

▶ ① 함수 $f(x)$가 $x=a$에서 미분가능할 때, 곡선 $y=f(x)$ 위의 점 $(a, f(a))$에서의 접선의 기울기는 $x=a$에서의 미분계수 $f'(a)$와 같다.
　② 점 (x_1, y_1)을 지나고 기울기가 m인 직선의 방정식은　　$y-y_1=m(x-x_1)$

2 접선의 방정식을 구하는 방법 ⟜ 필수 02~04

(1) 접점의 좌표가 주어진 경우

곡선 $y=f(x)$ 위의 점 $(a, f(a))$에서의 접선의 방정식은 다음과 같은 순서로 구한다.
(i) 접선의 기울기 $f'(a)$를 구한다.
(ii) $y-f(a)=f'(a)(x-a)$에 대입하여 접선의 방정식을 구한다.

예제 ▶ 곡선 $y=-x^2+4x$ 위의 점 $(1, 3)$에서의 접선의 방정식을 구하시오.

풀이　$f(x)=-x^2+4x$라 하면　　$f'(x)=-2x+4$
　　　곡선 $y=f(x)$ 위의 점 $(1, 3)$에서의 접선의 기울기는
　　　　　$f'(1)=2$
　　　따라서 구하는 접선의 방정식은
　　　　　$y-3=2(x-1)$　　∴ $y=2x+1$

(2) 기울기가 주어진 경우

곡선 $y=f(x)$에 접하고 기울기가 m인 직선의 방정식은 다음과 같은 순서로 구한다.
(i) 접점의 좌표를 $(t, f(t))$로 놓는다.
(ii) $f'(t)=m$임을 이용하여 t의 값을 구한다.
(iii) (ii)에서 구한 t의 값을 $y-f(t)=m(x-t)$에 대입하여 접선의 방정식을 구한다.

⑶ **곡선 밖의 한 점의 좌표가 주어진 경우**

> 곡선 $y=f(x)$ 밖의 점 $(x_1,\,y_1)$에서 곡선에 그은 접선의 방정식은 다음과 같은 순서로 구한다.
> (ⅰ) 접점의 좌표를 $(t,\,f(t))$로 놓는다.
> (ⅱ) 점 $(t,\,f(t))$에서의 접선의 방정식 $y-f(t)=f'(t)(x-t)$에 $x=x_1,\ y=y_1$을 대입하여 t의 값을 구한다.
> (ⅲ) (ⅱ)에서 구한 t의 값을 $y-f(t)=f'(t)(x-t)$에 대입하여 접선의 방정식을 구한다.

③ 접선에 수직인 직선의 방정식　🔗 필수 02

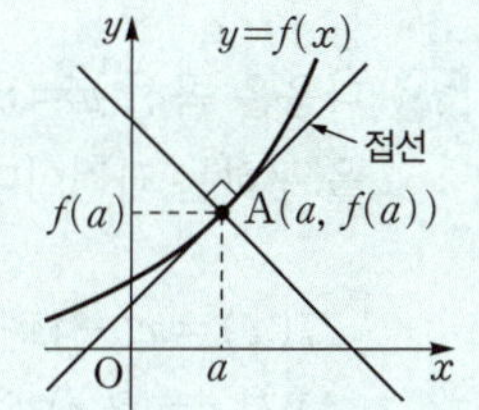

> 함수 $f(x)$가 $x=a$에서 미분가능할 때, 곡선 $y=f(x)$ 위의 점
> $\mathrm{A}(a,\,f(a))$에서의 접선에 수직인 직선의 기울기는
> $$-\frac{1}{f'(a)}\ (f'(a)\neq0)$$
> 이므로 접선에 수직이고 점 A를 지나는 직선의 방정식은
> $$y-f(a)=-\frac{1}{f'(a)}(x-a)$$

▶ 수직인 두 직선의 기울기의 곱은 -1이다.

예제 ▶ 곡선 $y=x^2-3$ 위의 점 $\mathrm{A}(1,\,-2)$에서의 접선에 수직이고 점 A를 지나는 직선의 방정식을 구하시오.

풀이　$f(x)=x^2-3$이라 하면　$f'(x)=2x$

점 $\mathrm{A}(1,\,-2)$에서의 접선의 기울기는 $f'(1)=2$이므로 접선에 수직인 직선의 기울기는 $-\dfrac{1}{2}$이다.

따라서 구하는 직선의 방정식은　$y-(-2)=-\dfrac{1}{2}(x-1)$　∴ $y=-\dfrac{1}{2}x-\dfrac{3}{2}$

④ 두 곡선에 동시에 접하는 직선　🔗 필수 06, 07

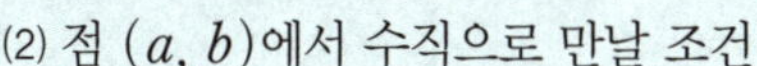

> 두 함수 $f(x)$, $g(x)$가 미분가능할 때, 두 곡선 $y=f(x)$, $y=g(x)$가
> ⑴ 점 $(a,\,b)$에서 접할 조건
> 　① $x=a$에서의 함숫값이 같다. ⇨ $f(a)=g(a)=b$
> 　② 점 $(a,\,b)$에서의 접선의 기울기가 같다. ⇨ $f'(a)=g'(a)$
>
> ⑵ 점 $(a,\,b)$에서 수직으로 만날 조건
> 　① $x=a$에서의 함숫값이 같다. ⇨ $f(a)=g(a)=b$
> 　② 점 $(a,\,b)$에서의 접선이 수직이다.
> 　　⇨ $f'(a)g'(a)=-1$

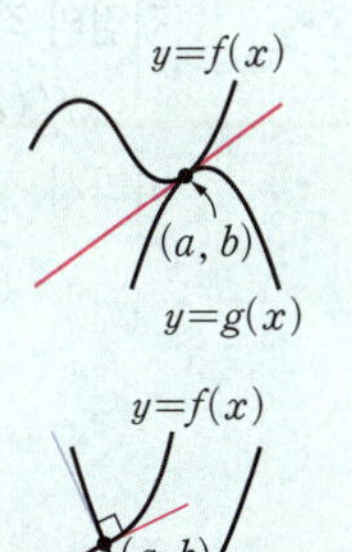

알아둡시다!

157 다음 곡선 위의 주어진 점에서의 접선의 기울기를 구하시오.

(1) $y=2x^2+4x-3$ (1, 3)

(2) $y=x^3-2x+1$ (2, 5)

곡선 $y=f(x)$ 위의 점 $(a, f(a))$에서의 접선의 기울기는 $f'(a)$이다.

158 다음은 곡선 $y=x^2-4x-1$ 위의 점 $(4, -1)$에서의 접선의 방정식을 구하는 과정이다. ☐ 안에 알맞은 것을 써넣으시오.

> $f(x)=x^2-4x-1$이라 하면 $f'(x)=$☐
> 곡선 $y=f(x)$ 위의 점 $(4, -1)$에서의 접선의 기울기는
> $f'(☐)=$☐
> 따라서 구하는 접선의 방정식은
> $y-(☐)=$☐$(x-$☐$)$ ∴ $y=$☐

곡선 $y=f(x)$ 위의 점 $(a, f(a))$에서의 접선의 방정식은
$$y-f(a)=f'(a)(x-a)$$

159 다음은 곡선 $y=3x^2+2x+1$에 접하고 기울기가 8인 직선의 방정식을 구하는 과정이다. ☐ 안에 알맞은 것을 써넣으시오.

> $f(x)=3x^2+2x+1$이라 하면 $f'(x)=$☐
> 접점의 좌표를 $(t, 3t^2+2t+1)$이라 하면 접선의 기울기가 8이므로
> $f'(t)=$☐$=8$ ∴ $t=1$
> 따라서 접점의 좌표는 $(1, ☐)$이므로 구하는 접선의 방정식은
> $y-☐=$☐$(x-$☐$)$ ∴ $y=$☐

필수 **01** 접선의 기울기

다음 물음에 답하시오.

(1) 곡선 $y=-x^3+ax^2-2x+b$ 위의 점 $(2, 1)$에서의 접선의 기울기가 -2일 때, 상수 a, b의 값을 구하시오.

(2) 곡선 $y=2x^3+ax^2+bx$ 위의 두 점 $(1, 3)$, $(2, c)$에서의 접선의 기울기가 같을 때, 상수 a, b, c의 값을 구하시오.

설명   곡선 $y=f(x)$ 위의 점 (a, b) $\Longleftrightarrow$ $f(a)=b$

풀이   (1) $f(x)=-x^3+ax^2-2x+b$라 하면 $f'(x)=-3x^2+2ax-2$

점 $(2, 1)$이 곡선 $y=f(x)$ 위의 점이므로 $f(2)=1$

즉 $-8+4a-4+b=1$에서 $b=-4a+13$ ······ ㉠

점 $(2, 1)$에서의 접선의 기울기가 -2이므로 $f'(2)=-2$

즉 $-12+4a-2=-2$에서 $4a=12$ $\therefore$ **$a=3$**

$a=3$을 ㉠에 대입하면   **$b=1$**

(2) $f(x)=2x^3+ax^2+bx$라 하면 $f'(x)=6x^2+2ax+b$

점 $(1, 3)$이 곡선 $y=f(x)$ 위의 점이므로 $f(1)=3$

즉 $2+a+b=3$에서 $b=-a+1$ ······ ㉠

곡선 $y=f(x)$ 위의 두 점 $(1, 3)$, $(2, c)$에서의 접선의 기울기가 같으므로

$$f'(1)=f'(2)$$

즉 $6+2a+b=24+4a+b$에서 $-2a=18$ $\therefore$ **$a=-9$**

$a=-9$를 ㉠에 대입하면   **$b=10$**

따라서 곡선 $y=2x^3-9x^2+10x$가 점 $(2, c)$를 지나므로

$$c=16-36+20=0$$

KEY Point

• 곡선 $y=f(x)$ 위의 점 (a, b)에서의 접선의 기울기가 m이다.
$\Rightarrow f(a)=b,\ f'(a)=m$

• 정답 및 풀이 **46**쪽

160 곡선 $y=x^3+ax^2+bx$가 점 $(1, 5)$를 지나고, 이 곡선 위의 x좌표가 -1인 점에서의 접선의 기울기가 1일 때, 상수 a, b의 값을 구하시오.

161 곡선 $y=2x^3+ax^2+bx+c$ 위의 두 점 $(-1, -11)$, $(2, 1)$에서의 접선이 평행할 때, 상수 a, b, c에 대하여 abc의 값을 구하시오.

 **02** ## 곡선 위의 점이 주어진 접선의 방정식

곡선 $y=x^3+2x^2+x-2$에 대하여 다음을 구하시오.

(1) 곡선 위의 점 $(1, 2)$에서의 접선의 방정식

(2) 곡선 위의 점 $(1, 2)$를 지나고 이 점에서의 접선에 수직인 직선의 방정식

설명 접점의 좌표가 주어지면 도함수를 이용하여 접선의 기울기를 구한다.

풀이 (1) $f(x)=x^3+2x^2+x-2$라 하면 $f'(x)=3x^2+4x+1$

곡선 $y=f(x)$ 위의 점 $(1, 2)$에서의 접선의 기울기는

$$f'(1)=8$$

따라서 구하는 접선의 방정식은

$$y-2=8(x-1) \qquad \therefore \boldsymbol{y=8x-6}$$

(2) 곡선 $y=f(x)$ 위의 점 $(1, 2)$에서의 접선의 기울기는 8이므로 점 $(1, 2)$에서의 접선에 수직인

직선의 기울기는 $-\dfrac{1}{8}$이다.

따라서 구하는 직선의 방정식은

$$y-2=-\frac{1}{8}(x-1) \qquad \therefore \boldsymbol{y=-\frac{1}{8}x+\frac{17}{8}}$$

KEY Point

• 곡선 $y=f(x)$ 위의 점 $(a, f(a))$에서의 접선의 방정식은 다음과 같은 순서로 구한다.

(i) 접선의 기울기 $f'(a)$를 구한다.

(ii) $y-f(a)=f'(a)(x-a)$에 대입하여 접선의 방정식을 구한다.

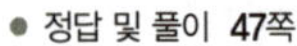
● 정답 및 풀이 **47**쪽

 **162** 곡선 $y=-3x^3-x^2+2x+1$ 위의 점 $(-1, 1)$에서의 접선의 방정식을 구하시오.

163 곡선 $y=x^3+ax^2+bx$ 위의 점 $(2, 4)$에서의 접선의 방정식이 $y=6x-8$일 때, 상수 a, b의 값을 구하시오.

164 곡선 $y=-x^3+ax-5$ 위의 점 $(1, -4)$를 지나고 이 점에서의 접선에 수직인 직선의 방정식이 $y=bx+c$일 때, 상수 a, b, c에 대하여 abc의 값을 구하시오.

90

 **03 기울기가 주어진 접선의 방정식**

다음을 구하시오.

(1) 곡선 $y=x^2-3x$에 접하고 직선 $y=3x+1$과 평행한 직선의 방정식
(2) 곡선 $y=x^3+3x^2+2$에 접하고 직선 $x+9y=3$에 수직인 직선의 방정식

설명   접선의 기울기가 주어지면 접점의 좌표를 구한다.

풀이   (1) $f(x)=x^2-3x$라 하면 $f'(x)=2x-3$

접점의 좌표를 $(t,\ t^2-3t)$라 하면 접선의 기울기가 3이므로

$$f'(t)=2t-3=3, \qquad 2t=6 \qquad \therefore\ t=3$$

따라서 접점의 좌표는 $(3,\ 0)$이므로 구하는 접선의 방정식은

$$y=3(x-3) \qquad \therefore\ \boldsymbol{y=3x-9}$$

(2) $f(x)=x^3+3x^2+2$라 하면 $f'(x)=3x^2+6x$

직선 $x+9y=3$, 즉 $y=-\dfrac{1}{9}x+\dfrac{1}{3}$에 수직인 직선의 기울기는 9이므로 접점의 좌표를

$(t,\ t^3+3t^2+2)$라 하면

$$f'(t)=3t^2+6t=9, \qquad t^2+2t-3=0$$

$$(t+3)(t-1)=0 \qquad \therefore\ t=-3 \text{ 또는 } t=1$$

따라서 접점의 좌표는 $(-3,\ 2)$, $(1,\ 6)$이므로 구하는 접선의 방정식은

$$y-2=9\{x-(-3)\},\ y-6=9(x-1) \qquad \therefore\ \boldsymbol{y=9x+29,\ y=9x-3}$$

• 곡선 $y=f(x)$에 접하고 기울기가 m인 직선의 방정식은 다음과 같은 순서로 구한다.
(ⅰ) 접점의 좌표를 $(t,\ f(t))$로 놓는다.
(ⅱ) $f'(t)=m$임을 이용하여 t의 값을 구한다.
(ⅲ) (ⅱ)에서 구한 t의 값을 $y-f(t)=m(x-t)$에 대입하여 접선의 방정식을 구한다.

• 정답 및 풀이 **47**쪽

 **165** 곡선 $y=x^2$에 접하고 x축의 양의 방향과 이루는 각의 크기가 $45°$인 직선의 방정식을 구하시오.

166 곡선 $y=-2x^2-4x+3$에 접하고 두 점 $(-1,\ 5)$, $(-3,\ -3)$을 지나는 직선과 평행한 직선의 방정식을 구하시오.

167 곡선 $y=x^3-11x+2$에 접하고 직선 $x-8y+3=0$에 수직인 직선의 방정식을 구하시오.

필수 **04** 곡선 밖의 점이 주어진 접선의 방정식

점 $(0, -4)$에서 곡선 $y=x^2-2x$에 그은 접선의 방정식을 구하시오.

설명 점 $(0, -4)$는 곡선 밖의 점이므로 접점의 좌표를 구한다.

풀이 $f(x)=x^2-2x$라 하면　　$f'(x)=2x-2$
접점의 좌표를 (t, t^2-2t)라 하면 이 점에서의 접선의 기울기는
$$f'(t)=2t-2$$
따라서 점 (t, t^2-2t)에서의 접선의 방정식은
$$y-(t^2-2t)=(2t-2)(x-t)$$
$$\therefore y=(2t-2)x-t^2 \quad \cdots\cdots \ \bigcirc$$
이 직선이 점 $(0, -4)$를 지나므로
$$-4=-t^2, \quad t^2=4 \quad \therefore t=-2 \ 또는 \ t=2$$
이것을 $\bigcirc$에 각각 대입하면 구하는 접선의 방정식은
$$\boldsymbol{y=-6x-4, \ y=2x-4}$$

참고 곡선 위의 점에서의 접선은 한 개 존재하지만 곡선 밖의 점에서 곡선에 그은 접선은 두 개 이상 존재할 수도 있다.

• 곡선 $y=f(x)$ 밖의 점 (x_1, y_1)에서 곡선에 그은 접선의 방정식은 다음과 같은 순서로 구한다.
　(i) 접점의 좌표를 $(t, f(t))$로 놓는다.
　(ii) 접선의 방정식 $y-f(t)=f'(t)(x-t)$에 $x=x_1$, $y=y_1$을 대입하여 t의 값을 구한다.
　(iii) (ii)에서 구한 t의 값을 $y-f(t)=f'(t)(x-t)$에 대입하여 접선의 방정식을 구한다.

● 정답 및 풀이 **48**쪽

168 주어진 점에서 다음 곡선에 그은 접선의 방정식을 구하시오.

(1) $y=-x^2+2x+3$　$(2, 4)$　　　　　(2) $y=x^3-2x$　$(0, 2)$

169 점 $(1, -6)$에서 곡선 $y=x^3-2$에 그은 접선이 점 $(k, 30)$을 지날 때, k의 값을 구하시오.

170 원점 O에서 곡선 $y=\dfrac{1}{4}x^4+3$에 그은 접선의 접점을 P라 할 때, 선분 OP의 길이를 구하시오.

필수 **05** 곡선과 직선이 접할 때 미정계수의 결정

곡선 $y=2x^3+ax+1$과 직선 $y=7x-3$이 접할 때, 상수 a의 값을 구하시오.

풀이 $f(x)=2x^3+ax+1$이라 하면 $f'(x)=6x^2+a$

접점의 좌표를 $(t,\ 2t^3+at+1)$이라 하면 이 점에서의 접선의 기울기는 $f'(t)=6t^2+a$이므로 접선의 방정식은

$$y-(2t^3+at+1)=(6t^2+a)(x-t) \qquad \therefore y=(6t^2+a)x-4t^3+1$$

이 직선이 직선 $y=7x-3$과 일치해야 하므로

$$6t^2+a=7 \qquad \cdots\cdots ㉠$$
$$-4t^3+1=-3 \qquad \cdots\cdots ㉡$$

㉡에서 $t^3=1$ $\therefore t=1$

$t=1$을 ㉠에 대입하면

$$6+a=7 \qquad \therefore a=\mathbf{1}$$

다른 풀이 곡선과 직선의 접점의 x좌표를 t라 하면

$$2t^3+at+1=7t-3 \qquad \cdots\cdots ㉢$$

또 접선의 기울기가 7이므로

$$6t^2+a=7 \qquad \therefore a=7-6t^2 \qquad \cdots\cdots ㉣$$

㉣을 ㉢에 대입하면 $2t^3+(7-6t^2)t+1=7t-3$

$$t^3=1 \qquad \therefore t=1$$

$t=1$을 ㉣에 대입하면 $a=1$

- 곡선 $y=f(x)$와 직선 $y=g(x)$가 접하는 경우에는 다음과 같은 순서로 미정계수를 구한다.
  - (ⅰ) 접점의 좌표를 $(t,\ f(t))$로 놓고 접선의 방정식을 구한다.
  - (ⅱ) (ⅰ)에서 구한 접선의 방정식이 $y=g(x)$와 일치함을 이용하여 t의 값을 구한다.
  - (ⅲ) (ⅱ)에서 구한 t의 값을 $y=f(x)$ 또는 $y=g(x)$에 대입하여 미정계수를 구한다.

• 정답 및 풀이 **49**쪽

171 직선 $y=ax+2$가 곡선 $y=x^3$에 접하도록 하는 상수 a의 값을 구하시오.

172 직선 $y=5x$가 곡선 $y=x^3-ax+2$에 접할 때, 접점의 x좌표를 t라 하자. 이때 $a+t$의 값을 구하시오. (단, a는 상수이다.)

필수 **06** 두 곡선이 접하는 경우

두 곡선 $y=x^2+ax+b$, $y=-x^3+c$가 점 $(1, -2)$에서 접할 때, 다음을 구하시오.

(단, a, b, c는 상수이다.)

(1) a, b, c의 값   (2) 점 $(1, -2)$에서의 접선의 방정식

풀이   (1) $f(x)=x^2+ax+b$, $g(x)=-x^3+c$라 하면

$$f'(x)=2x+a, \quad g'(x)=-3x^2$$

두 곡선 $y=f(x)$, $y=g(x)$가 모두 점 $(1, -2)$를 지나므로

$f(1)=-2$에서 $1+a+b=-2$ $\therefore b=-a-3$ …… ㉠

$g(1)=-2$에서 $-1+c=-2$ $\therefore \boldsymbol{c=-1}$

두 곡선의 접점 $(1, -2)$에서의 접선의 기울기가 같으므로 $f'(1)=g'(1)$

즉 $2+a=-3$에서 $\boldsymbol{a=-5}$

$a=-5$를 ㉠에 대입하면 $\boldsymbol{b=2}$

(2) 점 $(1, -2)$에서의 접선의 기울기는 $f'(1)=g'(1)=-3$이므로 공통인 접선의 방정식은

$$y-(-2)=-3(x-1) \quad \therefore \boldsymbol{y=-3x+1}$$

KEY Point

• 두 곡선 $y=f(x)$, $y=g(x)$가 점 (a, b)에서 접하면

① $x=a$에서의 함숫값이 같다. ⇨ $f(a)=g(a)=b$

② 점 (a, b)에서의 접선의 기울기가 같다. ⇨ $f'(a)=g'(a)$

● 정답 및 풀이 **50쪽**

173 두 곡선 $y=x^3+ax$, $y=bx^2+c$가 곡선 위의 점 $(-1, 0)$에서 공통인 접선을 가질 때, 상수 a, b, c에 대하여 abc의 값을 구하시오.

174 두 곡선 $y=x^3-7x-4$, $y=2x^2$이 한 점에서 공통인 접선을 가질 때, 공통인 접선의 방정식을 구하시오.

175 두 곡선 $y=x^3+ax+3$, $y=x^2+2$가 한 점에서 접할 때, 상수 a의 값을 구하시오.

필수 **07** 두 곡선이 수직으로 만나는 경우

두 곡선 $y=x^3$, $y=ax^2+bx$가 점 $(1,\ 1)$에서 만나고, 이 점에서의 두 곡선의 접선이 서로 수직일 때, 상수 $a,\ b$의 값을 구하시오.

설명 두 직선이 서로 수직이면 두 직선의 기울기의 곱은 -1이다.

풀이 $f(x)=x^3$, $g(x)=ax^2+bx$라 하면

$$f'(x)=3x^2,\ g'(x)=2ax+b$$

곡선 $y=g(x)$가 점 $(1,\ 1)$을 지나므로 $g(1)=1$

$$\therefore\ a+b=1 \qquad \cdots\cdots \text{㉠}$$

두 곡선 위의 점 $(1,\ 1)$에서의 접선이 서로 수직이므로 두 접선의 기울기의 곱은 -1이다.

즉 $f'(1)g'(1)=-1$이므로

$$3(2a+b)=-1 \qquad \therefore\ 2a+b=-\frac{1}{3} \qquad \cdots\cdots \text{㉡}$$

㉠, ㉡을 연립하여 풀면 $a=-\dfrac{4}{3},\ b=\dfrac{7}{3}$

KEY Point

• 두 곡선 $y=f(x)$, $y=g(x)$가 점 $(a,\ b)$에서 수직으로 만나면
① $x=a$에서의 함숫값이 같다. $\Rightarrow f(a)=g(a)=b$
② 점 $(a,\ b)$에서의 접선이 수직이다. $\Rightarrow f'(a)g'(a)=-1$

● 정답 및 풀이 **50쪽**

176 두 곡선 $y=-x^3+1$, $y=-x^2+ax+b$가 점 $(-1,\ 2)$에서 만나고, 이 점에서의 두 곡선의 접선이 서로 수직일 때, 상수 $a,\ b$에 대하여 $9ab$의 값을 구하시오.

177 두 곡선 $y=x^2-1$, $y=ax^2\ (a\neq 0)$의 교점에서 두 곡선에 각각 그은 접선이 서로 수직일 때, 상수 a의 값을 구하시오.

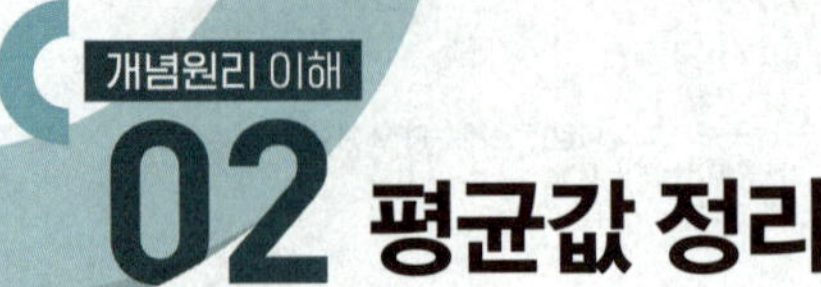

02 평균값 정리

1 롤의 정리 　ℭ 필수 08

> 함수 $f(x)$가 닫힌구간 $[a, b]$에서 연속이고 열린구간 (a, b)에서
> 미분가능할 때, $f(a)=f(b)$이면
> $$f'(c)=0$$
> 인 c가 열린구간 (a, b)에 적어도 하나 존재한다.
> 이를 **롤의 정리**라 한다.

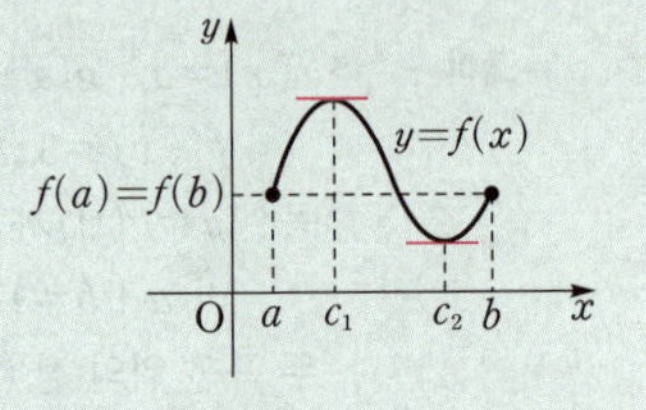

▶ 롤(Rolle)은 프랑스의 수학자이다.

증명 (i) 함수 $f(x)$가 상수함수인 경우

$f(x)=k$ (k는 상수)라 하면 열린구간 (a, b)에 속하는 모든 c에 대하여

$$f'(c)=\lim_{h\to 0}\frac{f(c+h)-f(c)}{h}=\lim_{h\to 0}\frac{k-k}{h}=0$$

(ii) 함수 $f(x)$가 상수함수가 아닌 경우

함수 $f(x)$가 닫힌구간 $[a, b]$에서 연속이므로 최대·최소 정리에 의하여 $f(x)$는 이 구간에서 최댓값과 최솟값을
갖는다.

이때 $f(a)=f(b)$이므로 $f(x)$는 열린구간 (a, b)에 속하는 $x=c$에서 최댓값 또는 최솟값을 갖는다.

함수 $f(x)$가 $x=c$에서 최댓값 $f(c)$를 가질 때,
$a<c+h<b$를 만족시키는 임의의 h에 대하여

$$f(c+h)\le f(c), \ \ \text{즉} \ f(c+h)-f(c)\le 0$$

이므로

$$\lim_{h\to 0+}\frac{f(c+h)-f(c)}{h}\le 0,$$

$$\lim_{h\to 0-}\frac{f(c+h)-f(c)}{h}\ge 0$$

그런데 함수 $f(x)$는 $x=c$에서 미분가능하므로

$$0\le \lim_{h\to 0-}\frac{f(c+h)-f(c)}{h}=\lim_{h\to 0+}\frac{f(c+h)-f(c)}{h}\le 0$$

$$\therefore f'(c)=\lim_{h\to 0}\frac{f(c+h)-f(c)}{h}=0$$

같은 방법으로 하면 함수 $f(x)$가 $x=c$에서 최솟값 $f(c)$를 가질 때, $f'(c)=0$임을 보일 수 있다.

(i), (ii)에 의하여 $f'(c)=0$인 c가 열린구간 (a, b)에 존재한다.

참고 　롤의 정리는 함수 $f(x)$가 닫힌구간 $[a, b]$에서 연속이고 열린구간 (a, b)에서 미분가능할 때, $f(a)=f(b)$이면 x축
과 평행한 접선을 갖는 점이 열린구간 (a, b)에 적어도 하나 존재함을 의미한다.

주의 　함수 $f(x)$가 열린구간 (a, b)에서 미분가능하지 않으면 롤의 정리가 성립하지 않는다.
예를 들어 함수 $f(x)=|x|$는 닫힌구간 $[-1, 1]$에서 연속이고 $f(-1)=f(1)=1$이지만
$x=0$에서 미분가능하지 않으므로 롤의 정리의 가정을 만족시키지 않는다.
이때 $f'(c)=0$인 c가 열린구간 $(-1, 1)$에 존재하지 않음을 확인할 수 있다.

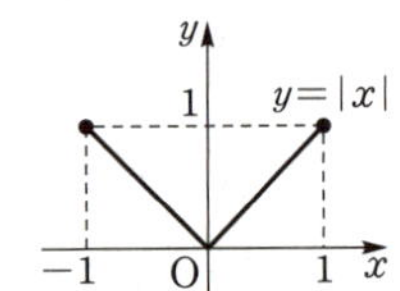

❷ 평균값 정리   🔗 필수 **09**

> 함수 $f(x)$가 닫힌구간 $[a, b]$에서 연속이고 열린구간 (a, b)에서 미분
> 가능할 때,
> $$\frac{f(b)-f(a)}{b-a}=f'(c)$$
> 인 c가 열린구간 (a, b)에 적어도 하나 존재한다.
> 이를 **평균값 정리**라 한다.

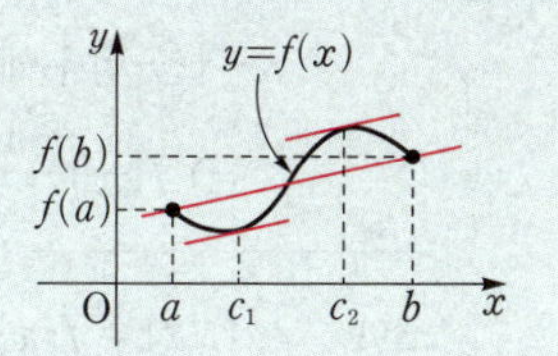

> ❯ 평균값 정리에서 $f(a)=f(b)$인 경우가 롤의 정리이다.

증명   곡선 $y=f(x)$ 위의 두 점 $(a, f(a))$, $(b, f(b))$를 지나는 직선의 방정식을 $y=g(x)$라 하면
$$g(x)=\frac{f(b)-f(a)}{b-a}(x-a)+f(a) \qquad \therefore g'(x)=\frac{f(b)-f(a)}{b-a}$$
이때 $h(x)=f(x)-g(x)$라 하면 함수 $h(x)$는 닫힌구간 $[a, b]$에서 연속이고 열린구간 (a, b)에서 미분가능하며
$h(a)=h(b)=0$이다.
즉 롤의 정리에 의하여
$$h'(c)=f'(c)-g'(c)=f'(c)-\frac{f(b)-f(a)}{b-a}=0$$
인 c가 열린구간 (a, b)에 적어도 하나 존재한다.
따라서 $\dfrac{f(b)-f(a)}{b-a}=f'(c)$인 c가 열린구간 (a, b)에 적어도 하나 존재한다.

참고   평균값 정리는 함수 $f(x)$가 닫힌구간 $[a, b]$에서 연속이고 열린구간 (a, b)에서 미분가능할 때, 곡선 $y=f(x)$ 위의
두 점 $(a, f(a))$, $(b, f(b))$를 지나는 직선에 평행한 접선을 갖는 점이 열린구간 (a, b)에 적어도 하나 존재함을 의
미한다.

보충 학습   **평균값 정리의 변형**

평균값 정리
$$\frac{f(b)-f(a)}{b-a}=f'(c)\ (a<c<b) \qquad \cdots\cdots \ ㉠$$
의 양변에 $b-a$를 곱하면
$$f(b)-f(a)=(b-a)f'(c) \qquad \therefore f(b)=f(a)+(b-a)f'(c)$$
이때 $b-a=h$로 놓으면 $b=a+h$이므로
$$f(a+h)=f(a)+hf'(c)$$
그런데 $a<c<b$이므로 $0<\theta<1$인 θ에 대하여
$$c=a+\theta(b-a)=a+\theta h$$
인 θ가 존재한다.
따라서 ㉠을 $f(a+h)=f(a)+hf'(a+\theta h)\ (0<\theta<1)$로 나타낼 수 있다.

필수 08 롤의 정리

다음 함수에 대하여 주어진 구간에서 롤의 정리를 만족시키는 실수 c의 값을 구하시오.

(1) $f(x)=4x-x^2$ $[1,\ 3]$　　　　　　　(2) $f(x)=x^3-3x-2$ $[-1,\ 2]$

풀이　(1) 함수 $f(x)=4x-x^2$은 닫힌구간 $[1,\ 3]$에서 연속이고 열린구간 $(1,\ 3)$에서 미분가능하며
$f(1)=f(3)=3$이므로 롤의 정리에 의하여 $f'(c)=0$인 c가 열린구간 $(1,\ 3)$에 적어도 하나
존재한다.
이때 $f'(x)=4-2x$이므로 $f'(c)=0$에서
$$4-2c=0　　\therefore c=2$$

(2) 함수 $f(x)=x^3-3x-2$는 닫힌구간 $[-1,\ 2]$에서 연속이고 열린구간 $(-1,\ 2)$에서 미분가능
하며 $f(-1)=f(2)=0$이므로 롤의 정리에 의하여 $f'(c)=0$인 c가 열린구간 $(-1,\ 2)$에 적
어도 하나 존재한다.
이때 $f'(x)=3x^2-3$이므로 $f'(c)=0$에서
$$3c^2-3=0,　　c^2=1$$
$$\therefore c=1 \ (\because -1<c<2)$$

● 정답 및 풀이 **51**쪽

178 다음 함수에 대하여 주어진 구간에서 롤의 정리를 만족시키는 실수 c의 값을 구하시오.

(1) $f(x)=x^2-6x$ $[1,\ 5]$

(2) $f(x)=-x^2+2x+4$ $[0,\ 2]$

(3) $f(x)=x^3-x^2-5x-3$ $[-1,\ 3]$

179 함수 $f(x)=\dfrac{1}{3}x^3+x^2-3x+2$에 대하여 닫힌구간 $[-a,\ a]$에서 롤의 정리를 만족시키
는 실수 c가 존재할 때, $a+c$의 값을 구하시오. (단, a는 자연수이다.)

필수 **09** 평균값 정리

다음 함수에 대하여 주어진 구간에서 평균값 정리를 만족시키는 실수 c의 값을 구하시오.

(1) $f(x)=3x^2+2x+1$ $[-1, 1]$ (2) $f(x)=x^3+2x$ $[0, 3]$

풀이

(1) 함수 $f(x)=3x^2+2x+1$은 닫힌구간 $[-1, 1]$에서 연속이고 열린구간 $(-1, 1)$에서 미분가능하므로 평균값 정리에 의하여

$$\frac{f(1)-f(-1)}{1-(-1)}=f'(c)$$

인 c가 열린구간 $(-1, 1)$에 적어도 하나 존재한다.

이때 $f'(x)=6x+2$이므로

$$\frac{6-2}{2}=6c+2, \qquad 6c=0 \qquad \therefore c=\mathbf{0}$$

(2) 함수 $f(x)=x^3+2x$는 닫힌구간 $[0, 3]$에서 연속이고 열린구간 $(0, 3)$에서 미분가능하므로 평균값 정리에 의하여

$$\frac{f(3)-f(0)}{3-0}=f'(c)$$

인 c가 열린구간 $(0, 3)$에 적어도 하나 존재한다.

이때 $f'(x)=3x^2+2$이므로

$$\frac{33-0}{3}=3c^2+2, \qquad c^2=3 \qquad \therefore c=\sqrt{3} \ (\because 0<c<3)$$

● 정답 및 풀이 **51**쪽

180 다음 함수에 대하여 주어진 구간에서 평균값 정리를 만족시키는 실수 c의 값을 구하시오.

(1) $f(x)=x^2-4x+3$ $[2, 4]$ (2) $f(x)=-x^3+x$ $[0, 2]$

181 함수 $f(x)=\dfrac{1}{3}x^3-x^2+1$에 대하여 닫힌구간 $[0, 3]$에서 평균값 정리를 만족시키는 실수 c의 개수를 구하시오.

182 함수 $f(x)=2x^2-4x+3$에 대하여 닫힌구간 $[-2, a]$에서 평균값 정리를 만족시키는 실수 c의 값이 $-\dfrac{1}{2}$일 때, a의 값을 구하시오. $\left(\text{단}, a>-\dfrac{1}{2}\right)$

STEP 1

교육청 기출

183 함수 $f(x)=x^3-3x$에서 x의 값이 1에서 4까지 변할 때의 평균변화율과 곡선 $y=f(x)$ 위의 점 $(k, f(k))$에서의 접선의 기울기가 서로 같을 때, 양수 k의 값은?

① $\sqrt{3}$ ② 2 ③ $\sqrt{5}$ ④ $\sqrt{6}$ ⑤ $\sqrt{7}$

184 곡선 $y=x^3+3x^2+ax-1$ 위의 점에서의 접선의 기울기의 최솟값이 5일 때, 상수 a의 값을 구하시오.

185 곡선 $y=x^3+kx^2-(2k-1)x+k+3$이 실수 k의 값에 관계없이 항상 점 P를 지날 때, 점 P에서의 접선의 방정식을 구하시오.

186 곡선 $y=x^3+ax^2-a-1$ 위의 점 $(1, 0)$에서의 접선이 이 곡선과 점 $(2, k)$에서 다시 만날 때, k의 값을 구하시오. (단, a는 상수이다.)

187 곡선 $y=2x^3-ax+b$ 위의 점 $(1, 6)$에서의 접선과 수직인 직선의 기울기가 $-\dfrac{1}{3}$일 때, 상수 a, b에 대하여 ab의 값을 구하시오.

188 곡선 $y=-x^2+1$에 접하고 직선 $2x-y+3=0$에 평행한 직선의 방정식을 구하시오.

189 함수 $f(x)=x^3+ax$에 대하여 점 $(0, 2)$에서 곡선 $y=f(x)$에 그은 접선의 기울기가 5일 때, $f(a)$의 값을 구하시오. (단, a는 상수이다.)

생각해 봅시다!

190 두 곡선 $y=x^3+ax^2$, $y=-x^2+4$가 점 $(t,\ -t^2+4)$에서 접할 때, 상수 a, t에 대하여 $a+t$의 값을 구하시오.

> 생각해 봅시다!
>
> 두 곡선이 접하면 두 곡선은 그 접점에서 공통인 접선을 갖는다.

191 함수 $f(x)=-x^2+kx$에 대하여 닫힌구간 $[1,\ 3]$에서 롤의 정리를 만족시키는 실수를 c_1, 닫힌구간 $[1,\ 5]$에서 평균값 정리를 만족시키는 실수를 c_2라 할 때, c_1c_2의 값을 구하시오. (단, k는 상수이다.)

STEP 2

192 곡선 $y=x^4$ 위의 점 $(a,\ a^4)$에서의 접선과 y축의 교점의 좌표를 $(0,\ h(a))$라 할 때, $\displaystyle\lim_{a\to\infty}\frac{h(\sqrt{a^2+a}\,)-h(a)}{a^3}$의 값을 구하시오.

193 다항함수 $f(x)$에 대하여 $\displaystyle\lim_{x\to 2}\frac{f(x^3)}{x-2}=24$일 때, 곡선 $y=f(x)$ 위의 점 $(8,\ f(8))$에서의 접선의 방정식을 구하시오.

> $\displaystyle\lim_{x\to a}\frac{f(x)}{g(x)}=\alpha$ (α는 실수) 이고 $\displaystyle\lim_{x\to a}g(x)=0$이면 $\displaystyle\lim_{x\to a}f(x)=0$이다.

194 곡선 $y=-x^3+3x^2-x+1$에 접하고 기울기가 -1인 두 직선 사이의 거리를 구하시오.

> (평행한 두 직선 사이의 거리)
> =(직선 위의 한 점과 다른 직선 사이의 거리)

195 오른쪽 그림과 같이 원점 O에서 곡선 $y=x^4-2x^2+8$에 그은 두 접선의 접점을 각각 P, P′이라 할 때, 삼각형 OPP′의 넓이를 구하시오.

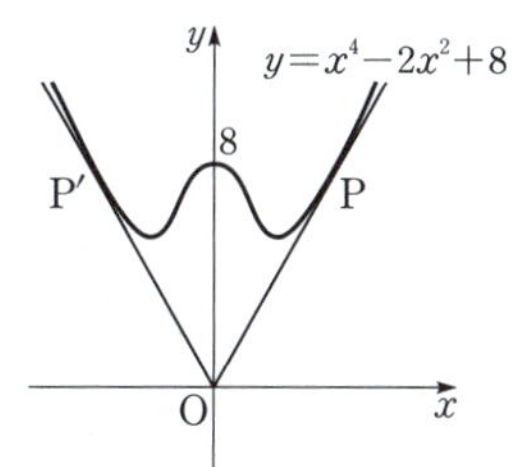

101

연습 문제

수능 기출

196 삼차함수 $f(x)$에 대하여 곡선 $y=f(x)$ 위의 점 $(0, 0)$에서의 접선과 곡선 $y=xf(x)$ 위의 점 $(1, 2)$에서의 접선이 일치할 때, $f'(2)$의 값은?

① -18　　② -17　　③ -16　　④ -15　　⑤ -14

197 두 곡선 $y=x^3-3x^2-8x-4$, $y=3x^2+7x+4$가 점 P에서 접할 때, 점 P에서의 접선과 수직이고 점 P를 지나는 직선의 방정식을 구하시오.

수직인 두 직선의 기울기의 곱은 -1이다.

실력 UP⁺

198 오른쪽 그림과 같은 곡선

$y=\dfrac{1}{3}x^3-6x \ (x>0)$ 위를 움직이는 점 P와 직선 $3x-y-20=0$ 사이의 거리가 최소가 되게 하는 곡선 위의 점 P에서의 접선과 x축 및 y축으로 둘러싸인 도형의 넓이를 구하시오.

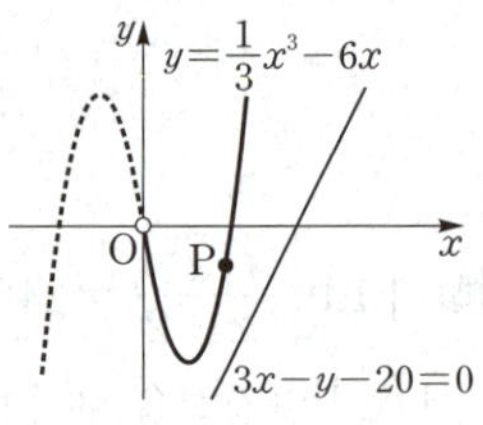

199 곡선 $y=x^3-3x^2+2x$를 x축의 방향으로 a만큼, y축의 방향으로 b만큼 평행이동하여 직선 $y=-x+2$에 접하도록 할 때, $a+b$의 값을 구하시오.

직선 $y=-x+2$와 평행한 접선의 방정식을 구한 후 곡선을 평행이동한만큼 접선을 평행이동한다.

200 실수 전체의 집합에서 미분가능한 함수 $f(x)$가 $\lim\limits_{x\to\infty} f'(x)=2$를 만족시킬 때, $\lim\limits_{x\to\infty}\{f(x+3)-f(x-1)\}$의 값을 평균값 정리를 이용하여 구하시오.

102

03 함수의 증가와 감소

1 함수의 증가와 감소

> 함수 $f(x)$가 어떤 구간에 속하는 임의의 두 실수 x_1, x_2에 대하여
> (1) $x_1 < x_2$일 때, $f(x_1) < f(x_2)$이면 $f(x)$는 그 구간에서 **증가**한다고 한다.
> (2) $x_1 < x_2$일 때, $f(x_1) > f(x_2)$이면 $f(x)$는 그 구간에서 **감소**한다고 한다.

설명

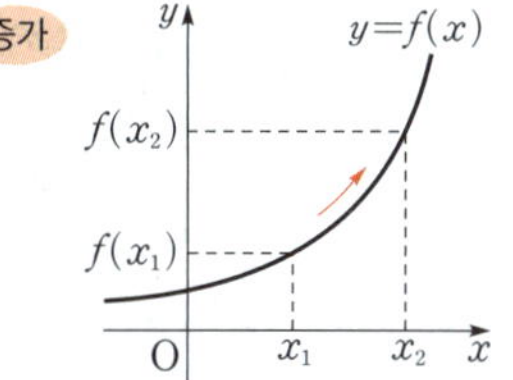

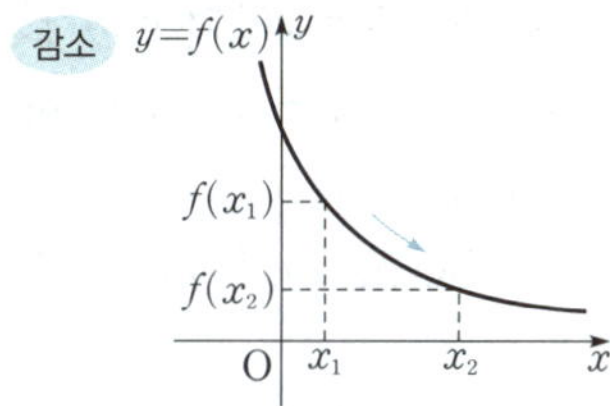

함수 $y=f(x)$가 어떤 구간의 모든 x에 대하여 x의 값이 커질수록 y의 값도 커지면 그 구간에서 증가, x의 값이 커질수록 y의 값은 작아지면 그 구간에서 감소한다고 한다.

보기 ▶ 함수 $f(x)=x^2$과 $0 \le x_1 < x_2$인 임의의 두 실수 x_1, x_2에 대하여

$$f(x_1)-f(x_2)=x_1{}^2-x_2{}^2=(x_1+x_2)(x_1-x_2)<0$$
$$\therefore\ f(x_1)<f(x_2)$$

따라서 함수 $f(x)=x^2$은 구간 $[0, \infty)$에서 증가한다.
같은 방법으로 하면 함수 $f(x)=x^2$은 구간 $(-\infty, 0]$에서 감소함을 알 수 있다.

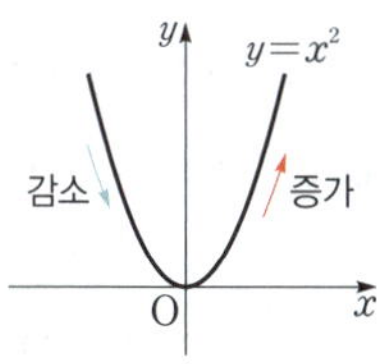

2 함수의 증가와 감소의 판정 ∽ 필수 10

> 함수 $f(x)$가 어떤 열린구간에서 미분가능할 때 그 구간의 모든 x에 대하여
> (1) $f'(x)>0$이면 $f(x)$는 그 구간에서 **증가**한다.
> (2) $f'(x)<0$이면 $f(x)$는 그 구간에서 **감소**한다.

▶ 일반적으로 위의 역은 성립하지 않는다.
예를 들어 함수 $f(x)=x^3$은 구간 $(-\infty, \infty)$에서 증가하지만 $f'(x)=3x^2$이므로 $f'(0)=0$이다.

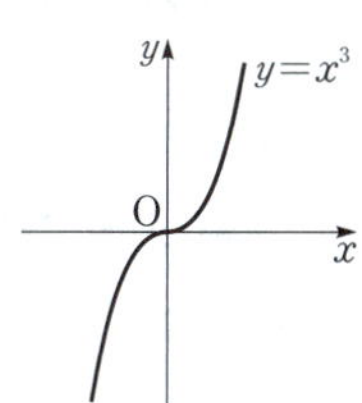

설명 함수 $f(x)$가 열린구간 (a, b)에서 미분가능하면 열린구간 (a, b)에 속하는 임의의 두 수 x_1, x_2 $(x_1<x_2)$에 대하여 닫힌구간 $[x_1, x_2]$에서 평균값 정리가 성립하므로 $\dfrac{f(x_2)-f(x_1)}{x_2-x_1}=f'(c)$인 c가 열린구간 (x_1, x_2)에 적어도 하나 존재한다.

이때 $f'(x)$의 부호에 따라 두 가지 경우로 나누면 다음과 같다.

(ⅰ) 열린구간 (a, b)에 속하는 모든 x에 대하여 $f'(x)>0$일 때

$$\frac{f(x_2)-f(x_1)}{x_2-x_1}=f'(c)>0 \text{이고 } x_2-x_1>0\text{이므로}$$

$$f(x_2)-f(x_1)>0 \qquad \therefore f(x_1)<f(x_2)$$

따라서 함수 $f(x)$는 열린구간 (a, b)에서 증가한다.

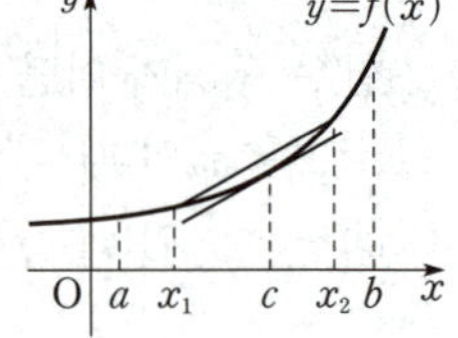

(ⅱ) 열린구간 (a, b)에 속하는 모든 x에 대하여 $f'(x)<0$일 때

$$\frac{f(x_2)-f(x_1)}{x_2-x_1}=f'(c)<0 \text{이고 } x_2-x_1>0\text{이므로}$$

$$f(x_2)-f(x_1)<0 \qquad \therefore f(x_1)>f(x_2)$$

따라서 함수 $f(x)$는 열린구간 (a, b)에서 감소한다.

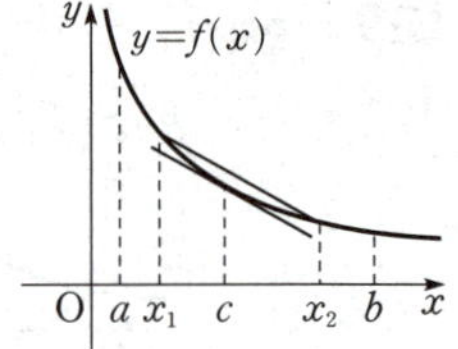

참고 함수 $f(x)$가 닫힌구간 $[a, b]$에서 연속이고 열린구간 (a, b)에서 미분가능할 때, 열린구간 (a, b)에서
① $f'(x)>0$이면 $f(x)$는 닫힌구간 $[a, b]$에서 증가한다.
② $f'(x)<0$이면 $f(x)$는 닫힌구간 $[a, b]$에서 감소한다.

예제 ▶ 함수 $f(x)=x^3+6x^2+9x+2$의 증가와 감소를 조사하시오.

풀이 $f(x)=x^3+6x^2+9x+2$에서

$$f'(x)=3x^2+12x+9=3(x+3)(x+1)$$

$f'(x)=0$에서 $\quad x=-3$ 또는 $x=-1$

함수 $f(x)$의 증가와 감소를 표로 나타내면 다음과 같다.

x	$\cdots$	-3	$\cdots$	-1	$\cdots$
$f'(x)$	$+$	0	$-$	0	$+$
$f(x)$	$\nearrow$	2	$\searrow$	-2	$\nearrow$

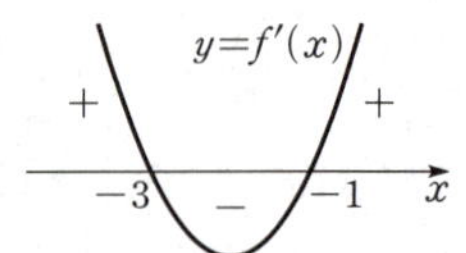

따라서 함수 $f(x)$는 구간 $(-\infty, -3]$, $[-1, \infty)$에서 증가하고, 구간 $[-3, -1]$에서 감소한다.

▶ 위의 표에서 $\nearrow$는 함수 $f(x)$의 증가, $\searrow$는 함수 $f(x)$의 감소를 나타낸다.

❸ 함수가 증가 또는 감소하기 위한 조건 ✑ 필수 11, 12

함수 $f(x)$가 어떤 열린구간에서 미분가능하고, 그 구간에서
(1) $f(x)$가 **증가**하면 그 구간의 모든 x에 대하여 $f'(x)\geq0$이다.
(2) $f(x)$가 **감소**하면 그 구간의 모든 x에 대하여 $f'(x)\leq0$이다.

 10 함수의 증가와 감소

다음 함수의 증가와 감소를 조사하시오.

(1) $f(x)=x^3-3x$ (2) $f(x)=x^4-4x^3+2$

풀이 (1) $f(x)=x^3-3x$에서 $f'(x)=3x^2-3=3(x+1)(x-1)$

$f'(x)=0$에서 $x=-1$ 또는 $x=1$

함수 $f(x)$의 증가와 감소를 표로 나타내면 다음과 같다.

x	$\cdots$	-1	$\cdots$	1	$\cdots$
$f'(x)$	$+$	0	$-$	0	$+$
$f(x)$	$\nearrow$	2	$\searrow$	-2	$\nearrow$

따라서 함수 $f(x)$는 **구간 $(-\infty,\ -1]$, $[1,\ \infty)$에서 증가**하고, **구간 $[-1,\ 1]$에서 감소**한다.

(2) $f(x)=x^4-4x^3+2$에서 $f'(x)=4x^3-12x^2=4x^2(x-3)$

$f'(x)=0$에서 $x=0$ 또는 $x=3$

함수 $f(x)$의 증가와 감소를 표로 나타내면 다음과 같다.

x	$\cdots$	0	$\cdots$	3	$\cdots$
$f'(x)$	$-$	0	$-$	0	$+$
$f(x)$	$\searrow$	2	$\searrow$	-25	$\nearrow$

따라서 함수 $f(x)$는 **구간 $[3,\ \infty)$에서 증가**하고, **구간 $(-\infty,\ 3]$에서 감소**한다.

- 어떤 열린구간에서 미분가능한 함수 $f(x)$의 증가와 감소는 $f'(x)$의 부호를 조사하여 판정한다.
  ① $f'(x)>0$이면 $f(x)$는 그 구간에서 증가한다.
  ② $f'(x)<0$이면 $f(x)$는 그 구간에서 감소한다.

● 정답 및 풀이 **57쪽**

 **201** 다음 함수의 증가와 감소를 조사하시오.

(1) $f(x)=2x^3-3x^2-36x+1$ (2) $f(x)=-x^4+2x^2+2$

202 함수 $f(x)=-x^3-3x^2+9x+5$가 증가하는 구간이 $[\alpha,\ \beta]$일 때, $\beta-\alpha$의 값을 구하시오.

203 함수 $f(x)=4x^3+ax^2-bx+1$이 $x\leq-1$ 또는 $x\geq2$에서 증가하고, $-1\leq x\leq2$에서 감소할 때, 상수 a, b에 대하여 $a+b$의 값을 구하시오.

 **11** **실수 전체의 집합에서 함수가 증가(또는 감소)하기 위한 조건**

함수 $f(x)=x^3-ax^2+ax$가 실수 전체의 집합에서 증가하도록 하는 실수 a의 값의 범위를 구하시오.

풀이

$f(x)=x^3-ax^2+ax$에서 $f'(x)=3x^2-2ax+a$

함수 $f(x)$가 실수 전체의 집합에서 증가하려면 모든 실수 x에 대하여 $f'(x)\geq 0$이어야 한다.

따라서 이차방정식 $f'(x)=0$의 판별식을 D라 하면

$$\frac{D}{4}=(-a)^2-3a\leq 0$$

$$a^2-3a\leq 0, \quad a(a-3)\leq 0 \quad \therefore \ \mathbf{0\leq a\leq 3}$$

 **12** **주어진 구간에서 함수가 증가(또는 감소)하기 위한 조건**

함수 $f(x)=x^3-3x^2+ax+1$이 구간 $[0, 3]$에서 감소하도록 하는 실수 a의 값의 범위를 구하시오.

풀이

$f(x)=x^3-3x^2+ax+1$에서 $f'(x)=3x^2-6x+a$

함수 $f(x)$가 구간 $[0, 3]$에서 감소하려면 $0\leq x\leq 3$에서 $f'(x)\leq 0$이어야 하므로 오른쪽 그림에서

$$f'(0)=a\leq 0 \qquad \cdots\cdots ㉠$$
$$f'(3)=a+9\leq 0 \quad \therefore \ a\leq -9 \quad \cdots\cdots ㉡$$

㉠, ㉡에서 $\mathbf{a\leq -9}$

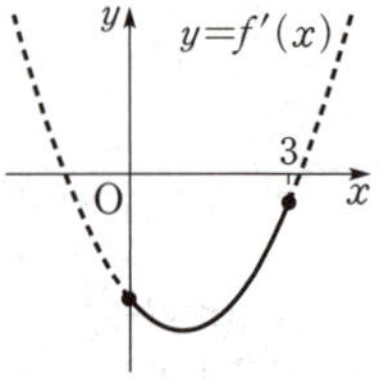

● 정답 및 풀이 **57쪽**

 **204** 다음을 구하시오.

(1) 함수 $f(x)=\dfrac{1}{3}x^3+ax^2+(5a-4)x+2$가 구간 $(-\infty, \infty)$에서 증가하도록 하는 실수 a의 값의 범위

(2) 함수 $f(x)=-x^3+ax^2-12x-1$이 실수 전체의 집합에서 감소하도록 하는 실수 a의 값의 범위

205 함수 $f(x)=\dfrac{1}{3}x^3+2x^2+ax$가 구간 $[-1, 1]$에서 증가하도록 하는 실수 a의 최솟값을 구하시오.

STEP **1**

생각해 봅시다! 💡

206 함수 $f(x)=2x^3+ax^2+bx-1$이 감소하는 구간이 $[1, 5]$일 때, 실수 a, b에 대하여 $a+b$의 값을 구하시오.

수능 기출

207 함수 $f(x)=x^3+ax^2-(a^2-8a)x+3$이 실수 전체의 집합에서 증가하도록 하는 실수 a의 최댓값을 구하시오.

208 함수 $f(x)=x^3+6x^2+ax-2$와 구간 $[-3, 1]$에 속하는 임의의 두 실수 x_1, x_2에 대하여 $x_1<x_2$이면 $f(x_1)>f(x_2)$가 성립할 때, 실수 a의 값의 범위를 구하시오.

$x_1<x_2$일 때 $f(x_1)>f(x_2)$이면 함수 $f(x)$는 감소한다.

STEP **2**

209 미분가능한 함수 $y=f(x)$의 도함수 $y=f'(x)$의 그래프가 오른쪽 그림과 같을 때, 보기에서 옳은 것만을 있는 대로 고르시오.

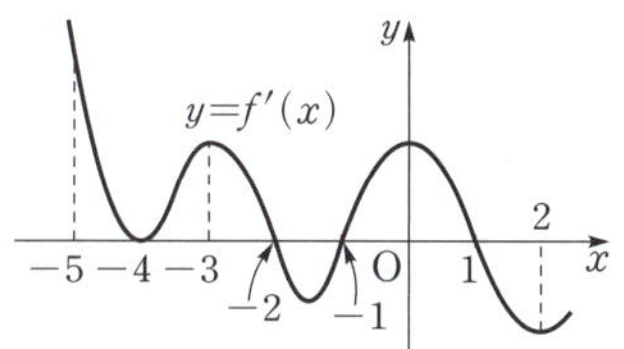

보기

ㄱ. 함수 $f(x)$는 구간 $(-5, -4)$에서 감소한다.
ㄴ. 함수 $f(x)$는 구간 $(-2, -1)$에서 감소한다.
ㄷ. 함수 $f(x)$는 구간 $(0, 1)$에서 증가한다.

210 실수 전체의 집합에서 정의된 함수 $f(x)=-x^3+kx^2-3kx-2$의 역함수가 존재하기 위한 정수 k의 개수를 구하시오.

역함수가 존재하려면 일대일대응이어야 한다.

실력 UP⁺

211 함수 $f(x)=-x^3+(a-2)x^2-ax$에 대하여 곡선 $y=f(x)$ 위의 점 $(t, f(t))$에서의 접선의 y절편을 $g(t)$라 하자. 함수 $g(t)$가 구간 $[-3, 0]$에서 감소하도록 하는 실수 a의 최댓값을 구하시오.

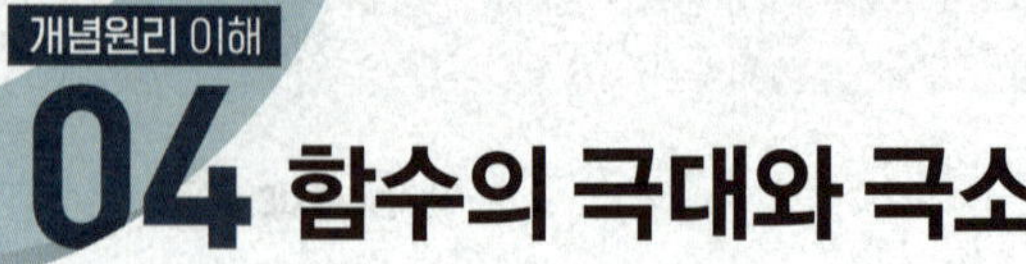

04 함수의 극대와 극소

1 함수의 극대와 극소

함수 $f(x)$에서 $x=a$를 포함하는 어떤 열린구간에 속하는 모든 x에 대하여

(1) $f(x) \le f(a)$일 때, 함수 $f(x)$는 $x=a$에서 **극대**라 하고, $f(a)$를 **극댓값**이라 한다.

(2) $f(x) \ge f(a)$일 때, 함수 $f(x)$는 $x=a$에서 **극소**라 하고, $f(a)$를 **극솟값**이라 한다.

이때 극댓값과 극솟값을 통틀어 **극값**이라 한다.

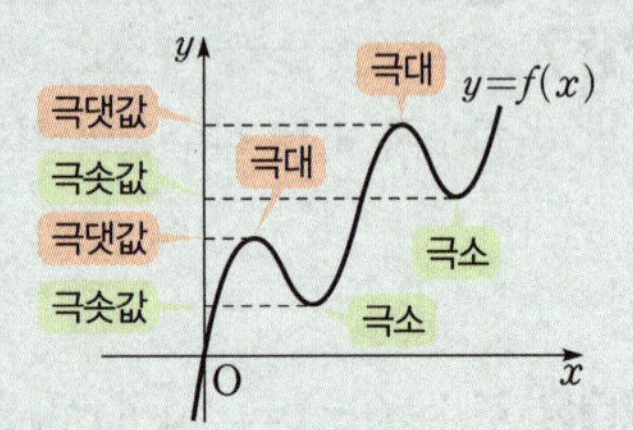

> ① 극댓값이 극솟값보다 반드시 큰 것은 아니다.
> ② 하나의 함수에서 여러 개의 극값이 존재할 수 있다.
> ③ 상수함수는 모든 실수 x에서 극댓값과 극솟값을 갖는다.

보기 ▶ 오른쪽 그림에서 함수 $f(x)$는

$x=1$에서 극댓값 3, $x=3$에서 극솟값 -1

을 갖는다.

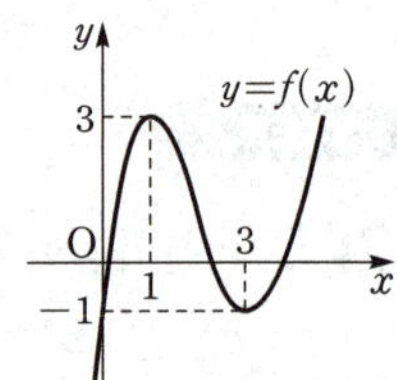

2 극값과 미분계수   ↺ 필수 13~15

미분가능한 함수 $f(x)$가 $x=a$에서 극값을 가지면 $f'(a)=0$이다.

> 위의 역은 성립하지 않는다. 즉 $f'(a)=0$이라고 해서 함수 $f(x)$가 $x=a$에서 반드시 극값을 갖는 것은 아니다.
> 예를 들어 함수 $f(x)=x^3$에 대하여 $f'(x)=3x^2$이므로 $f'(0)=0$이지만 $f(x)$는 $x=0$에서 극값을 갖지 않는다.

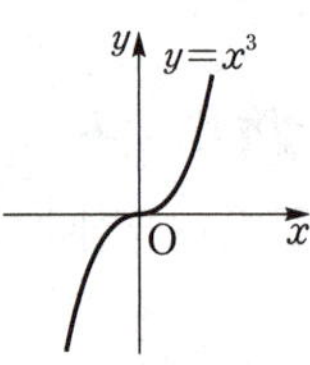

증명 ▶ 미분가능한 함수 $f(x)$가 $x=a$에서 극댓값을 가지면 절댓값이 충분히 작은 실수 $h\ (h \ne 0)$에 대하여

$f(a+h) \le f(a)$, 즉 $f(a+h)-f(a) \le 0$이므로

$$\lim_{h \to 0+} \frac{f(a+h)-f(a)}{h} \le 0, \quad \lim_{h \to 0-} \frac{f(a+h)-f(a)}{h} \ge 0$$

이때 함수 $f(x)$가 $x=a$에서 미분가능하므로

$$0 \le \lim_{h \to 0-} \frac{f(a+h)-f(a)}{h} = \lim_{h \to 0+} \frac{f(a+h)-f(a)}{h} \le 0$$

$$\therefore f'(a) = \lim_{h \to 0} \frac{f(a+h)-f(a)}{h} = 0$$

같은 방법으로 하면 함수 $f(x)$가 $x=a$에서 극솟값을 가질 때에도 $f'(a)=0$임을 알 수 있다.

주의 함수 $f(x)$가 $x=a$에서 극값을 갖는다고 해서 $f'(a)$가 반드시 존재하는 것은 아니다. 예를 들어 함수 $f(x)=|x|$는 $x=0$에서 극솟값을 갖지만 $f'(0)$은 존재하지 않는다.

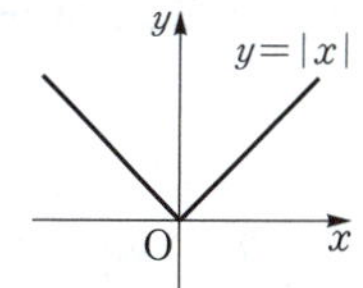

❸ 함수의 극대와 극소의 판정 ⌣ 필수 13~16

미분가능한 함수 $f(x)$에 대하여 $f'(a)=0$이고, $x=a$의 좌우에서 $f'(x)$의 부호가
(1) **양($+$)**에서 **음($-$)**으로 바뀌면 $f(x)$는 $x=a$에서 **극대**이고, **극댓값 $f(a)$**를 갖는다.
(2) **음($-$)**에서 **양($+$)**으로 바뀌면 $f(x)$는 $x=a$에서 **극소**이고, **극솟값 $f(a)$**를 갖는다.

▶ 미분가능한 함수 $f(x)$의 극값을 구할 때에는 $f'(x)=0$인 x의 값을 구하고, 그 값의 좌우에서 $f'(x)$의 부호를 조사한다.

설명 미분가능한 함수 $f(x)$에 대하여 $f'(a)=0$이고, $x=a$의 좌우에서 $f'(x)$의 부호가

(1) 양($+$)에서 음($-$)으로 바뀌면 $f(x)$는 $x=a$의 좌우에서 증가하다가 감소하므로 $f(x)$는 $x=a$에서 극대이다.

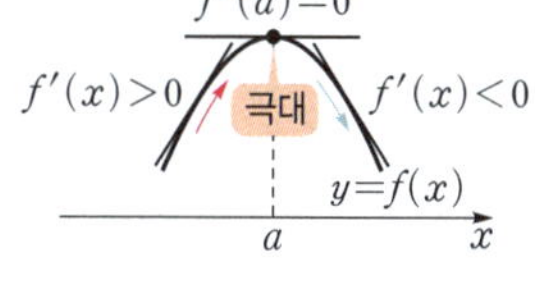

x	$\cdots$	a	$\cdots$
$f'(x)$	$+$	0	$-$
$f(x)$	↗	극대	↘

(2) 음($-$)에서 양($+$)으로 바뀌면 $f(x)$는 $x=a$의 좌우에서 감소하다가 증가하므로 $f(x)$는 $x=a$에서 극소이다.

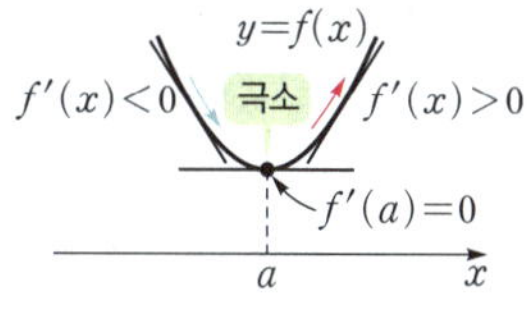

x	$\cdots$	a	$\cdots$
$f'(x)$	$-$	0	$+$
$f(x)$	↘	극소	↗

예제 ▶ 함수 $f(x)=x^3-3x+1$의 극값을 구하시오.

풀이 $f(x)=x^3-3x+1$에서

$$f'(x)=3x^2-3=3(x+1)(x-1)$$

$f'(x)=0$에서 $x=-1$ 또는 $x=1$

함수 $f(x)$의 증가와 감소를 표로 나타내면 다음과 같다.

x	$\cdots$	-1	$\cdots$	1	$\cdots$
$f'(x)$	$+$	0	$-$	0	$+$
$f(x)$	↗	3	↘	-1	↗

따라서 함수 $f(x)$는

$x=-1$에서 극댓값 3, $x=1$에서 극솟값 -1

을 갖는다.

212 다음은 함수 $f(x)=2x^3-6x^2+3$의 극값을 구하는 과정이다. □ 안에 알맞은 것을 써넣으시오.

> $f(x)=2x^3-6x^2+3$에서　　$f'(x)=\Box x^2-12x$
>
> $f'(x)=0$에서　　$x=0$ 또는 $x=\Box$
>
> 함수 $f(x)$의 증가와 감소를 표로 나타내면 다음과 같다.
>
> | x | $\cdots$ | 0 | $\cdots$ | $\Box$ | $\cdots$ |
> |---|---|---|---|---|---|
> | $f'(x)$ | $+$ | 0 | $-$ | 0 | $+$ |
> | $f(x)$ | ↗ | 3 | ↘ | $\Box$ | ↗ |
>
> 따라서 함수 $f(x)$는
>
> 　　$x=0$에서 극댓값 3, $x=\Box$에서 극솟값 $\Box$
>
> 를 갖는다.

213 다음은 함수 $f(x)=-x^4+2x^2-3$의 극값을 구하는 과정이다. □ 안에 알맞은 것을 써넣으시오.

> $f(x)=-x^4+2x^2-3$에서　　$f'(x)=\Box x^3+\Box x$
>
> $f'(x)=0$에서　　$x=-1$ 또는 $x=\Box$ 또는 $x=1$
>
> 함수 $f(x)$의 증가와 감소를 표로 나타내면 다음과 같다.
>
> | x | $\cdots$ | -1 | $\cdots$ | $\Box$ | $\cdots$ | 1 | $\cdots$ |
> |---|---|---|---|---|---|---|---|
> | $f'(x)$ | $+$ | 0 | $\Box$ | 0 | $+$ | 0 | $-$ |
> | $f(x)$ | ↗ | -2 | ↘ | $\Box$ | ↗ | -2 | ↘ |
>
> 따라서 함수 $f(x)$는
>
> 　　$x=-1$, $x=1$에서 극댓값 -2, $x=\Box$에서 극솟값 $\Box$
>
> 을 갖는다.

필수 **13** 삼차함수의 극값

다음 함수의 극값을 구하시오.

(1) $f(x)=x^3-3x^2-9x+2$ (2) $f(x)=-x^3+6x^2-9x+3$

설명 $f'(x)=0$을 만족시키는 x의 값의 좌우에서 $f'(x)$의 부호를 조사한다.

풀이 (1) $f(x)=x^3-3x^2-9x+2$에서 $f'(x)=3x^2-6x-9=3(x+1)(x-3)$

$f'(x)=0$에서 $x=-1$ 또는 $x=3$

함수 $f(x)$의 증가와 감소를 표로 나타내면 오른쪽과 같다.

따라서 함수 $f(x)$는

$x=-1$에서 **극댓값 7**,

$x=3$에서 **극솟값 -25**

를 갖는다.

x	$\cdots$	-1	$\cdots$	3	$\cdots$
$f'(x)$	$+$	0	$-$	0	$+$
$f(x)$	$\nearrow$	7	$\searrow$	-25	$\nearrow$

(2) $f(x)=-x^3+6x^2-9x+3$에서 $f'(x)=-3x^2+12x-9=-3(x-1)(x-3)$

$f'(x)=0$에서 $x=1$ 또는 $x=3$

함수 $f(x)$의 증가와 감소를 표로 나타내면 오른쪽과 같다.

따라서 함수 $f(x)$는

$x=1$에서 **극솟값 -1**,

$x=3$에서 **극댓값 3**

을 갖는다.

x	$\cdots$	1	$\cdots$	3	$\cdots$
$f'(x)$	$-$	0	$+$	0	$-$
$f(x)$	$\searrow$	-1	$\nearrow$	3	$\searrow$

KEY Point

- 다항함수 $f(x)$의 극값은 다음과 같은 순서로 구한다.

  (i) $f'(x)=0$을 만족시키는 x의 값을 모두 구한다.

  (ii) (i)에서 구한 x의 값의 좌우에서 $f'(x)$의 부호를 조사하여 함수 $f(x)$의 증가와 감소를 표로 나타낸다.

  (iii) $f'(x)$의 부호가 양에서 음으로 바뀌면 극대, 음에서 양으로 바뀌면 극소이다.

● 정답 및 풀이 **60쪽**

214 다음 함수의 극값을 구하시오.

(1) $f(x)=x^2(3-x)$ (2) $f(x)=2x^3+3x^2-12x-4$

215 함수 $f(x)=-2x^3+15x^2-24x-2$의 극댓값과 극솟값의 차를 구하시오.

 **14** ### 사차함수의 극값

다음 함수의 극값을 구하시오.

(1) $f(x)=x^4-6x^2-8x+10$ (2) $f(x)=3x^4+4x^3-12x^2+15$

풀이

(1) $f(x)=x^4-6x^2-8x+10$에서

$$f'(x)=4x^3-12x-8=4(x+1)^2(x-2)$$

$f'(x)=0$에서 $x=-1$ 또는 $x=2$

함수 $f(x)$의 증가와 감소를 표로 나타내면 오른쪽과 같다.

따라서 함수 $f(x)$는

$x=2$에서 **극솟값 -14**

를 갖는다.

x	$\cdots$	-1	$\cdots$	2	$\cdots$
$f'(x)$	$-$	0	$-$	0	$+$
$f(x)$	$\searrow$	13	$\searrow$	-14	$\nearrow$

(2) $f(x)=3x^4+4x^3-12x^2+15$에서

$$f'(x)=12x^3+12x^2-24x=12x(x+2)(x-1)$$

$f'(x)=0$에서 $x=-2$ 또는 $x=0$ 또는 $x=1$

함수 $f(x)$의 증가와 감소를 표로 나타내면 다음과 같다.

x	$\cdots$	-2	$\cdots$	0	$\cdots$	1	$\cdots$
$f'(x)$	$-$	0	$+$	0	$-$	0	$+$
$f(x)$	$\searrow$	-17	$\nearrow$	15	$\searrow$	10	$\nearrow$

따라서 함수 $f(x)$는

$x=-2$에서 **극솟값 -17**, $x=0$에서 **극댓값 15**, $x=1$에서 **극솟값 10**

을 갖는다.

참고

(1) $f'(-1)=0$이지만 $x=-1$의 좌우에서 $f'(x)$의 부호가 바뀌지 않으므로 $f(x)$는 $x=-1$에서 극값을 갖지 않는다.

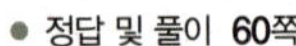 ● 정답 및 풀이 **60**쪽

 **216** 다음 함수의 극값을 구하시오.

(1) $f(x)=3x^4+16x^3+18x^2+5$ (2) $f(x)=-x^4+4x^3-13$

217 함수 $f(x)=-3x^4+8x^3+6x^2-24x$가 $x=a$에서 극솟값 b를 가질 때, $a+b$의 값을 구하시오.

112

필수 **15** 함수의 극값을 이용한 미정계수의 결정

다음 물음에 답하시오.

(1) 함수 $f(x) = -x^3 + ax^2 + bx + 11$이 $x=2$에서 극솟값 -21을 가질 때, 상수 a, b의 값을 구하시오.

(2) 함수 $f(x) = x^3 + ax^2 + bx + c$가 $x=1$과 $x=3$에서 극값을 갖고 $f(x)$의 극솟값이 -2일 때, 극댓값을 구하시오. (단, a, b, c는 상수이다.)

풀이

(1) $f(x) = -x^3 + ax^2 + bx + 11$에서　　$f'(x) = -3x^2 + 2ax + b$

함수 $f(x)$가 $x=2$에서 극솟값 -21을 가지므로

$$f'(2) = 0, \ f(2) = -21$$

$f'(2) = 0$에서　　$-12 + 4a + b = 0$　　$\therefore 4a + b = 12$　　…… ㉠

$f(2) = -21$에서　　$-8 + 4a + 2b + 11 = -21$　　$\therefore 2a + b = -12$　　…… ㉡

㉠, ㉡을 연립하여 풀면　　$\boldsymbol{a = 12, \ b = -36}$

(2) $f(x) = x^3 + ax^2 + bx + c$에서　　$f'(x) = 3x^2 + 2ax + b$

함수 $f(x)$가 $x=1$과 $x=3$에서 극값을 가지므로　　$f'(1) = 0, \ f'(3) = 0$

$f'(1) = 0$에서　　$3 + 2a + b = 0$　　$\therefore 2a + b = -3$　　…… ㉠

$f'(3) = 0$에서　　$27 + 6a + b = 0$　　$\therefore 6a + b = -27$　　…… ㉡

㉠, ㉡을 연립하여 풀면　　$a = -6, \ b = 9$

$$\therefore f(x) = x^3 - 6x^2 + 9x + c, \ f'(x) = 3x^2 - 12x + 9 = 3(x-1)(x-3)$$

$f'(x) = 0$에서　　$x=1$ 또는 $x=3$

함수 $f(x)$의 증가와 감소를 표로 나타내면 오른쪽과 같다.

따라서 함수 $f(x)$는 $x=3$에서 극솟값 c를 가지므로　　$c = -2$

또 $x=1$에서 극댓값 $4+c$를 가지므로 구하는 값은

$$4 + (-2) = \boldsymbol{2}$$

x	$\cdots$	1	$\cdots$	3	$\cdots$
$f'(x)$	$+$	0	$-$	0	$+$
$f(x)$	$\nearrow$	$4+c$	$\searrow$	c	$\nearrow$

KEY Point

• 미분가능한 함수 $f(x)$가 $x=\alpha$에서 극값 β를 갖는다. $\Rightarrow f'(\alpha) = 0, \ f(\alpha) = \beta$

• 정답 및 풀이 **61**쪽

218 함수 $f(x) = ax^3 + bx^2 + 3bx + 2 \ (a>0)$가 $x=-1$에서 극댓값, $x=3$에서 극솟값을 갖고 극댓값과 극솟값의 차가 32일 때, 상수 a, b에 대하여 ab의 값을 구하시오.

219 함수 $f(x) = x^3 + ax^2 - 24x + b$가 $x=c$에서 극솟값 2, $x=-4$에서 극댓값 d를 가질 때, $a+b+c+d$의 값을 구하시오. (단, a, b는 상수이다.)

필수 **16** 도함수의 그래프와 함수의 극값

미분가능한 함수 $y=f(x)$의 도함수 $y=f'(x)$의
그래프가 오른쪽 그림과 같을 때, 다음을 구하시오.

(1) 함수 $f(x)$가 극댓값을 갖는 x의 값
(2) 함수 $f(x)$가 극솟값을 갖는 x의 값

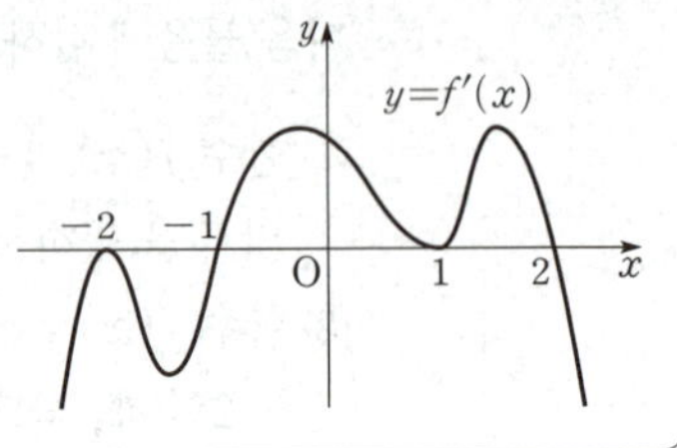

설명 함수 $y=f'(x)$의 그래프가 x축과 만나는 점의 좌우에서 $f'(x)$의 부호를 조사한다.

풀이 함수 $y=f'(x)$의 그래프가 x축과 만나는 점의 x좌표는
$$-2,\ -1,\ 1,\ 2$$
(1) $x=2$의 좌우에서 $f'(x)$의 부호가 양에서 음으로 바뀌므로 함수 $f(x)$는 $x=2$에서 극댓값을
갖는다.
(2) $x=-1$의 좌우에서 $f'(x)$의 부호가 음에서 양으로 바뀌므로 함수 $f(x)$는 $x=-1$에서 극솟
값을 갖는다.

참고 $x=-2$, $x=1$의 좌우에서 $f'(x)$의 부호가 바뀌지 않으므로 $f(x)$는 $x=-2$, $x=1$에서 극값을
갖지 않는다.

KEY Point

- 미분가능한 함수 $f(x)$에 대하여 $f'(a)=0$이고, $x=a$의 좌우에
서 $f'(x)$의 부호가
① 양$(+)$에서 음$(-)$으로 바뀌면 $f(x)$는
  $x=a$에서 극대
② 음$(-)$에서 양$(+)$으로 바뀌면 $f(x)$는
  $x=a$에서 극소

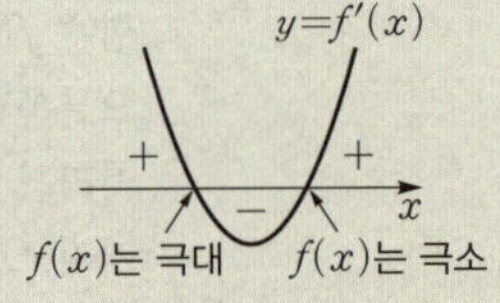

● 정답 및 풀이 **62**쪽

확인체크 220 미분가능한 함수 $y=f(x)$의 도함수 $y=f'(x)$의 그래프가 오
른쪽 그림과 같다. 구간 (a, b)에서 함수 $f(x)$가 극댓값을 갖는
x의 개수를 m, 극솟값을 갖는 x의 개수를 n이라 할 때, $m-n$
의 값을 구하시오.

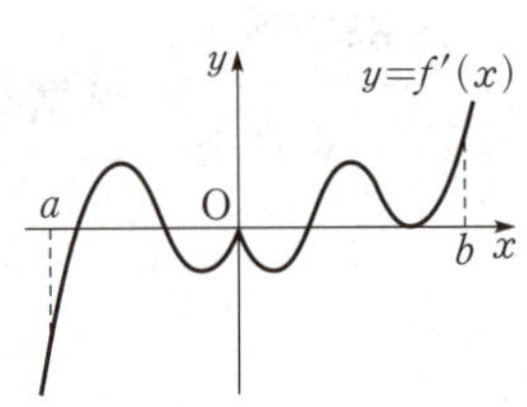

221 함수 $f(x)=2x^3+ax^2+bx+c$의 도함수 $y=f'(x)$의 그래프
가 오른쪽 그림과 같다. 함수 $f(x)$의 극솟값이 -12일 때,
$f(-1)$의 값을 구하시오. (단, a, b, c는 상수이다.)

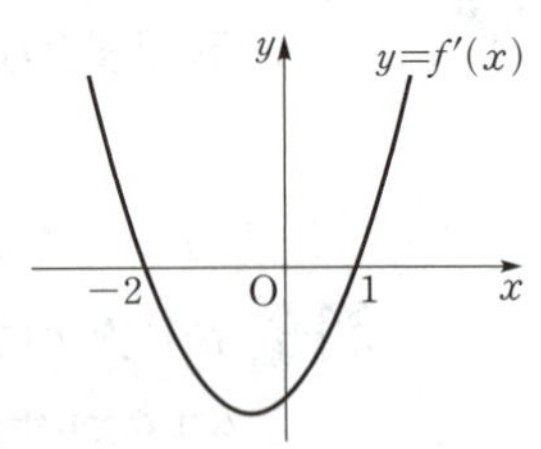

연습 문제

STEP 1

222 함수 $f(x)=-2x^3-6x^2+9$가 $x=a$에서 극솟값 b를 가질 때, $a+b$의 값을 구하시오.

223 함수 $f(x)=-x^4+4x^3+2x^2-12x+3$의 극댓값을 M, 극솟값을 m이라 할 때, $M-m$의 값을 구하시오.

평가원 기출

224 함수 $f(x)=x^4+ax^2+b$는 $x=1$에서 극소이다. 함수 $f(x)$의 극댓값이 4일 때, $a+b$의 값을 구하시오. (단, a와 b는 상수이다.)

225 함수 $f(x)=x^3+ax^2+bx+100$이 $x=-6$에서 극값을 갖고, 곡선 $y=f(x)$ 위의 점 $(-3, f(-3))$에서의 접선의 기울기가 9일 때, 상수 a, b에 대하여 $a+b$의 값을 구하시오.

226 함수 $f(x)=x^3+3x^2-9x+a$의 극댓값과 극솟값의 절댓값이 같을 때, 상수 a의 값을 구하시오.

극댓값과 극솟값의 절댓값이 같다.
⇨ (극댓값)＋(극솟값)＝0

227 함수 $f(x)=x^3-\dfrac{3}{2}ax^2-6a^2x$의 극댓값과 극솟값의 차가 $\dfrac{1}{2}$일 때, 양수 a의 값을 구하시오.

삼차함수에서
(극댓값)＞(극솟값)

228 미분가능한 함수 $y=f(x)$의 도함수 $y=f'(x)$의 그래프가 오른쪽 그림과 같다. 구간 $(-5,\ 5)$에서 함수 $f(x)$가 극댓값을 갖는 모든 x의 값의 합을 α, 극솟값을 갖는 모든 x의 값의 합을 β라 할 때, $\alpha-\beta$의 값을 구하시오.

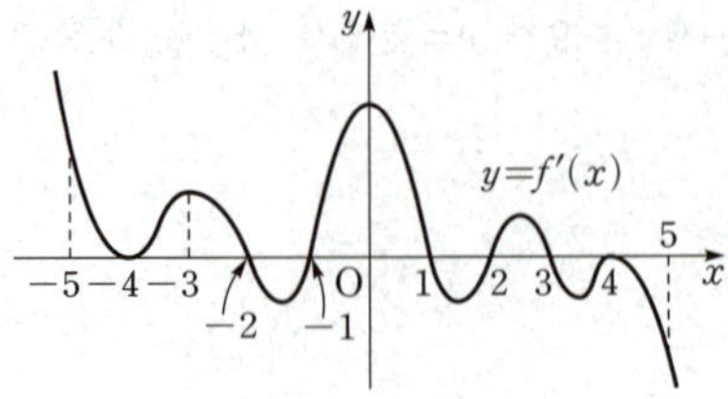

함수 $y=f'(x)$의 그래프가 x축과 만나는 점의 좌우에서 $f'(x)$의 부호를 조사한다.

229 함수 $f(x)=x^3+ax^2+bx+c$의 도함수 $y=f'(x)$의 그래프가 오른쪽 그림과 같고 $f(x)$의 극댓값이 5일 때, 극솟값을 구하시오. (단, $a,\ b,\ c$는 상수이다.)

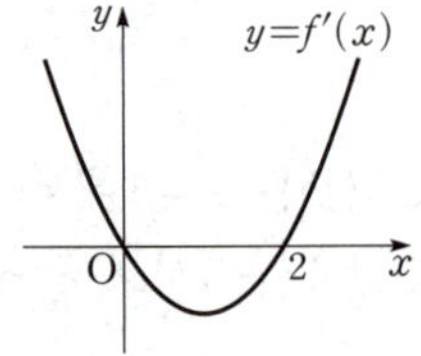

$f'(0)=0,\ f'(2)=0$

230 함수 $f(x)=\dfrac{3}{4}x^4-6x^2$에 대하여 $y=f(x)$의 그래프에서 극대 또는 극소가 되는 세 점을 꼭짓점으로 하는 삼각형의 넓이를 구하시오.

231 함수 $f(x)=x^3-3ax^2+3(a^2-1)x$의 극댓값이 4이고 $f(-2)>0$일 때, $f(-1)$의 값은? (단, a는 상수이다.)

① 1 ② 2 ③ 3 ④ 4 ⑤ 5

232 함수 $f(x)=x^3+ax^2+bx+c$의 그래프 위의 점 $(1,\ f(1))$에서의 접선의 방정식이 $y=6x-1$이고, $f(x)$는 $x=-1$에서 극댓값을 가질 때, $f(3)$의 값을 구하시오. (단, $a,\ b,\ c$는 상수이다.)

곡선 $y=f(x)$ 위의 점 $(1,\ f(1))$에서의 접선의 방정식은
$$y-f(1)=f'(1)(x-1)$$

233 삼차함수 $f(x)$가 $x=1$에서 극솟값 -3을 갖고 $\lim\limits_{x \to 0} \dfrac{f(x)}{x}=-2$를 만족시킬 때, $f(-1)$의 값을 구하시오.

미분가능한 함수 $f(x)$가 $x=a$에서 극값 b를 갖는다.
$\Rightarrow f'(a)=0,\ f(a)=b$

234 미분가능한 함수 $y=f(x)$의 도함수 $y=f'(x)$의 그래프가 오른쪽 그림과 같을 때, 보기에서 옳은 것만을 있는 대로 고르시오.

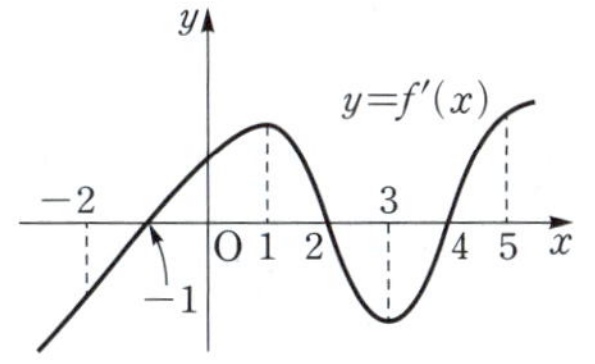

$f'(x)>0 \Rightarrow f(x)$가 증가
$f'(x)<0 \Rightarrow f(x)$가 감소

> **보기**
>
> ㄱ. 함수 $f(x)$는 구간 $(-1,\ 2)$에서 감소한다.
> ㄴ. 함수 $f(x)$는 구간 $(2,\ 4)$에서 증가한다.
> ㄷ. 함수 $f(x)$는 $x=1$에서 극대이다.
> ㄹ. 구간 $(-2,\ 5)$에서 함수 $f(x)$가 극값을 갖는 x의 개수는 3이다.

235 최고차항의 계수가 1인 삼차함수 $f(x)$가 다음 조건을 만족시킬 때, $f(x)$의 극댓값을 구하시오.

조건 ㈐의 식에 $x=-2$를 대입하면
$$f'(1)=f'(-3)$$

> ㈎ 함수 $f(x)$는 $x=1$에서 극소이다.
> ㈏ 곡선 $y=f(x)$는 원점을 지난다.
> ㈐ 모든 실수 x에 대하여 $f'(-1-x)=f'(-1+x)$가 성립한다.

교육청 기출

236 함수 $f(x)=x^3-6x^2+ax+10$에 대하여 함수
$$g(x)=\begin{cases} b-f(x) & (x<3) \\ f(x) & (x\geq 3) \end{cases}$$
이 실수 전체의 집합에서 미분가능할 때, 함수 $g(x)$의 극솟값을 구하시오. (단, a, b는 상수이다.)

$\lim\limits_{x \to 3+} g(x)=\lim\limits_{x \to 3-} g(x)$
$\qquad\qquad =g(3),$
$\lim\limits_{x \to 3+} \dfrac{g(x)-g(3)}{x-3}$
$=\lim\limits_{x \to 3-} \dfrac{g(x)-g(3)}{x-3}$

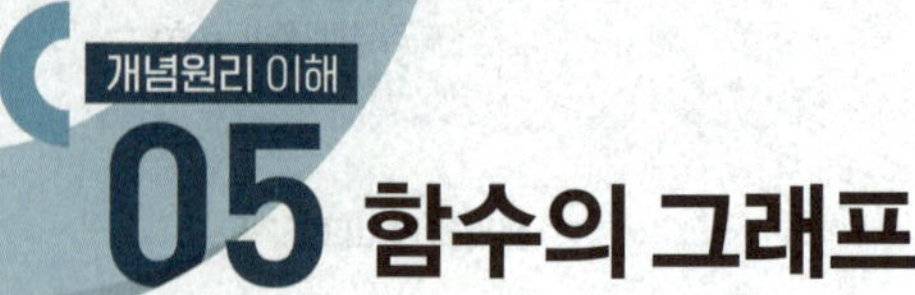

05 함수의 그래프

1 함수의 그래프 ☞ 필수 17

미분가능한 함수 $y=f(x)$의 그래프의 개형은 다음과 같은 순서로 그린다.

> (ⅰ) $f'(x)=0$인 x의 값을 구한다.
> (ⅱ) (ⅰ)에서 구한 x의 값의 좌우에서 $f'(x)$의 부호를 조사하여 함수 $f(x)$의 증가와 감소를 표로 나타내고 극값을 구한다.
> (ⅲ) 함수 $y=f(x)$의 그래프와 x축 및 y축의 교점의 좌표를 구한다.
> (ⅳ) 함수 $y=f(x)$의 그래프의 개형을 그린다.

❯ 함수 $y=f(x)$의 그래프와 x축의 교점의 좌표를 구하기 어려운 경우에는 생략할 수 있다.

보기 ▶ 함수 $f(x)=2x^3+9x^2+12x+2$에 대하여

$$f'(x)=6x^2+18x+12=6(x+2)(x+1)$$

$f'(x)=0$에서 $x=-2$ 또는 $x=-1$

함수 $f(x)$의 증가와 감소를 표로 나타내면 다음과 같다.

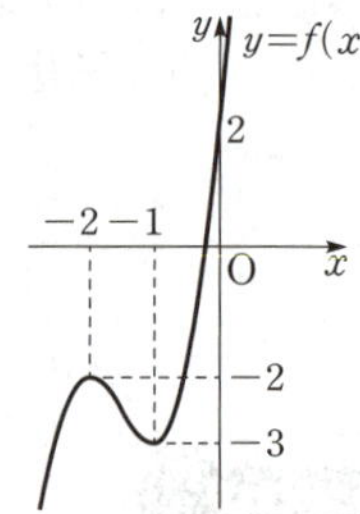

x	$\cdots$	-2	$\cdots$	-1	$\cdots$
$f'(x)$	$+$	0	$-$	0	$+$
$f(x)$	$\nearrow$	-2	$\searrow$	-3	$\nearrow$

또 $f(0)=2$이므로 함수 $y=f(x)$의 그래프는 오른쪽 그림과 같다.

2 함수의 그래프의 개형과 도함수의 관계 ☞ 필수 18, 발전 20

⑴ 삼차함수 $f(x)=ax^3+bx^2+cx+d$ $(a>0)$의 그래프의 개형을 그려 보면 다음과 같다.

$f'(x)=0$이 서로 다른 두 실근 α, β를 갖는 경우	$f'(x)=0$이 중근 α를 갖는 경우	$f'(x)=0$이 서로 다른 두 허근을 갖는 경우

삼차함수 $f(x)$의 극값과 도함수 $f'(x)$의 관계를 정리하면 다음과 같다.

① 삼차함수 $f(x)$가 극값을 갖는다.   ← 극댓값과 극솟값을 모두 갖는다.
　　⟺ 이차방정식 $f'(x)=0$이 서로 다른 두 실근을 갖는다.
　　⟺ 이차방정식 $f'(x)=0$의 판별식을 D라 하면 $D>0$이다.
② 삼차함수 $f(x)$가 극값을 갖지 않는다.   ← 극댓값과 극솟값을 모두 갖지 않는다.
　　⟺ 이차방정식 $f'(x)=0$이 중근을 갖거나 서로 다른 두 허근을 갖는다.
　　⟺ 이차방정식 $f'(x)=0$의 판별식을 D라 하면 $D\leq0$이다.

(2) 사차함수 $f(x)=ax^4+bx^3+cx^2+dx+e\ (a>0)$의 그래프의 개형을 그려 보면 다음과 같다.

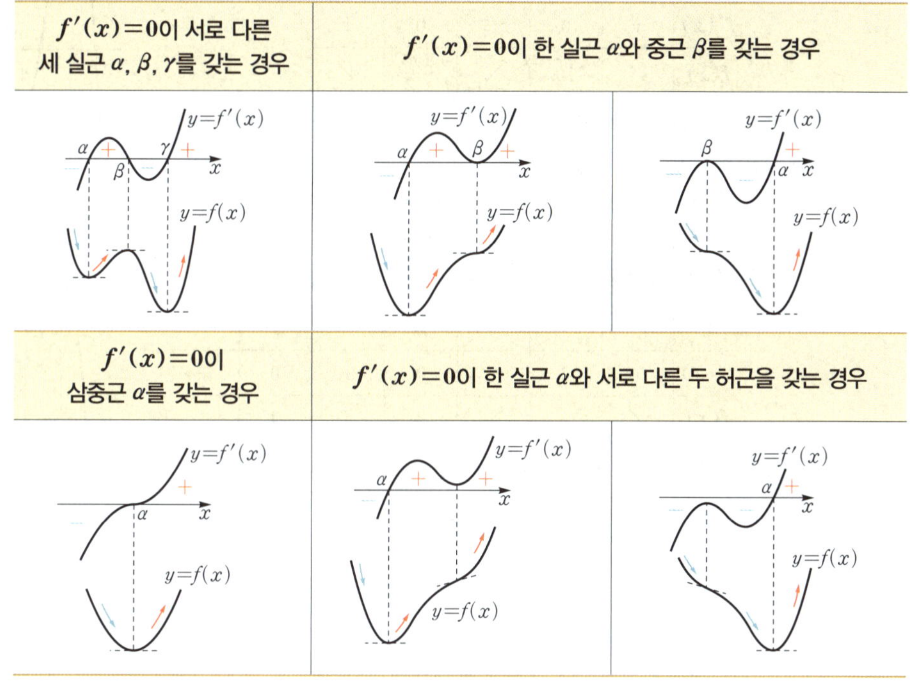

사차함수 $f(x)$의 극값과 도함수 $f'(x)$의 관계를 정리하면 다음과 같다.

(i) 최고차항의 계수가 양수일 때   ← 항상 극솟값을 갖는다.
　ⓐ 사차함수 $f(x)$가 극댓값을 갖는다.   ← 극댓값과 극솟값을 모두 갖는다.
　　⟺ 삼차방정식 $f'(x)=0$이 서로 다른 세 실근을 갖는다.
　ⓑ 사차함수 $f(x)$가 극댓값을 갖지 않는다.   ← 극솟값만을 갖는다.
　　⟺ 삼차방정식 $f'(x)=0$이 중근 또는 허근을 갖는다.
(ii) 최고차항의 계수가 음수일 때   ← 항상 극댓값을 갖는다.
　ⓐ 사차함수 $f(x)$가 극솟값을 갖는다.   ← 극댓값과 극솟값을 모두 갖는다.
　　⟺ 삼차방정식 $f'(x)=0$이 서로 다른 세 실근을 갖는다.
　ⓑ 사차함수 $f(x)$가 극솟값을 갖지 않는다.   ← 극댓값만을 갖는다.
　　⟺ 삼차방정식 $f'(x)=0$이 중근 또는 허근을 갖는다.

 **17** **함수의 그래프**

다음 함수의 그래프를 그리시오.

(1) $f(x)=x^3+\dfrac{15}{2}x^2+12x+2$ (2) $f(x)=-x^4+2x^2+3$

풀이 (1) $f(x)=x^3+\dfrac{15}{2}x^2+12x+2$에서

$$f'(x)=3x^2+15x+12=3(x+4)(x+1)$$

$f'(x)=0$에서 $x=-4$ 또는 $x=-1$

함수 $f(x)$의 증가와 감소를 표로 나타내면 다음과 같다.

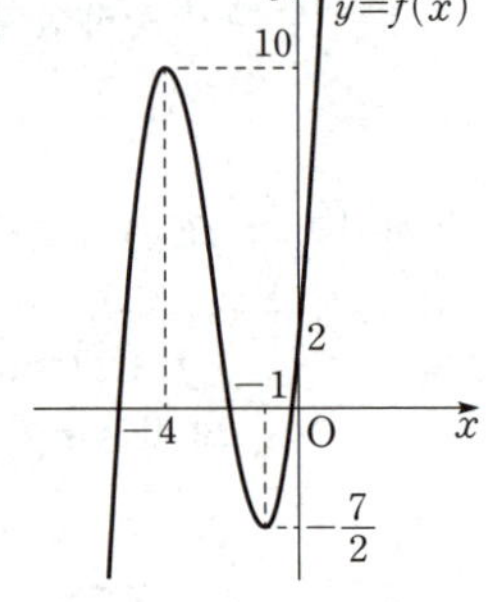

x	$\cdots$	-4	$\cdots$	-1	$\cdots$
$f'(x)$	$+$	0	$-$	0	$+$
$f(x)$	$\nearrow$	10	$\searrow$	$-\dfrac{7}{2}$	$\nearrow$

이때 $f(0)=2$이므로 함수 $y=f(x)$의 그래프는 오른쪽 그림과 같다.

(2) $f(x)=-x^4+2x^2+3$에서

$$f'(x)=-4x^3+4x=-4x(x+1)(x-1)$$

$f'(x)=0$에서 $x=-1$ 또는 $x=0$ 또는 $x=1$

함수 $f(x)$의 증가와 감소를 표로 나타내면 다음과 같다.

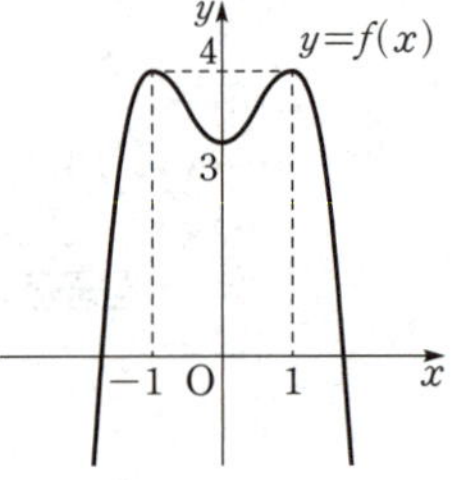

x	$\cdots$	-1	$\cdots$	0	$\cdots$	1	$\cdots$
$f'(x)$	$+$	0	$-$	0	$+$	0	$-$
$f(x)$	$\nearrow$	4	$\searrow$	3	$\nearrow$	4	$\searrow$

따라서 함수 $y=f(x)$의 그래프는 오른쪽 그림과 같다.

● 정답 및 풀이 **66**쪽

 **237** 다음 함수의 그래프를 그리시오.

(1) $f(x)=-x^3+6x^2-12x+4$ (2) $f(x)=2x^3-3x^2+2$

(3) $f(x)=x^4-4x^3+4x^2+1$ (4) $f(x)=-3x^4-8x^3-6x^2+2$

필수 **18** 삼차함수가 극값을 가질 조건

다음 물음에 답하시오.

(1) 삼차함수 $f(x)=ax^3+6x^2+(15-3a)x+1$이 극값을 갖도록 하는 실수 a의 값의 범위를 구하시오.

(2) 함수 $f(x)=x^3+kx^2-3kx+2$가 극값을 갖지 않도록 하는 실수 k의 값의 범위를 구하시오.

설명 방정식 $f'(x)=0$의 실근의 개수를 조사한다.

풀이 (1) $f(x)$가 삼차함수이므로　　　$a \ne 0$　　　　　$\cdots\cdots$ ㉠

$f(x)=ax^3+6x^2+(15-3a)x+1$에서　　　$f'(x)=3ax^2+12x+15-3a$

함수 $f(x)$가 극값을 가지려면 이차방정식 $f'(x)=0$이 서로 다른 두 실근을 가져야 하므로 판별식을 D라 하면

$$\frac{D}{4}=6^2-3a(15-3a)>0, \qquad a^2-5a+4>0$$

$$(a-1)(a-4)>0 \quad \therefore\ a<1 \text{ 또는 } a>4 \qquad \cdots\cdots ㉡$$

㉠, ㉡에서　　　$\boldsymbol{a<0 \text{ 또는 } 0<a<1 \text{ 또는 } a>4}$

(2) $f(x)=x^3+kx^2-3kx+2$에서　　　$f'(x)=3x^2+2kx-3k$

함수 $f(x)$가 극값을 갖지 않으려면 이차방정식 $f'(x)=0$이 중근을 갖거나 허근을 가져야 하므로 판별식을 D라 하면

$$\frac{D}{4}=k^2-3\times(-3k)\le 0, \qquad k^2+9k\le 0$$

$$k(k+9)\le 0 \quad \therefore\ \boldsymbol{-9\le k\le 0}$$

KEY Point

• 삼차함수 $f(x)$의 도함수 $f'(x)$에 대하여 이차방정식 $f'(x)=0$의 판별식을 D라 하면
① $f(x)$가 극값을 가질 조건 ⇨ $D>0$　　← $f'(x)=0$이 서로 다른 두 실근을 가짐
② $f(x)$가 극값을 갖지 않을 조건 ⇨ $D\le 0$　　← $f'(x)=0$이 중근 또는 허근을 가짐

● 정답 및 풀이 **67**쪽

238 함수 $f(x)=x^3+kx^2+3x+2$가 극값을 갖도록 하는 실수 k의 값의 범위를 구하시오.

239 함수 $f(x)=x^3-\dfrac{3}{2}(a-1)x^2-3ax+2$가 극값을 갖지 않도록 하는 상수 a의 값을 구하시오.

 **필수 19** **주어진 구간에서 삼차함수가 극값을 가질 조건**

다음 물음에 답하시오.

(1) 함수 $f(x)=-x^3+a^2x^2-ax$가 $0<x<1$에서 극솟값을 갖고, $x>1$에서 극댓값을 갖도록 하는 실수 a의 값의 범위를 구하시오.

(2) 함수 $f(x)=x^3+3kx^2-(3k+1)x-2$가 $-1<x<1$에서 극댓값과 극솟값을 모두 갖도록 하는 실수 k의 값의 범위를 구하시오.

풀이 (1) $f(x)=-x^3+a^2x^2-ax$에서 $f'(x)=-3x^2+2a^2x-a$

함수 $f(x)$가 $0<x<1$에서 극솟값을 갖고, $x>1$에서 극댓값을 가지려면 이차방정식 $f'(x)=0$이 $0<x<1$, $x>1$에서 각각 하나의 실근을 가져야 하므로 $y=f'(x)$의 그래프가 오른쪽 그림과 같아야 한다.

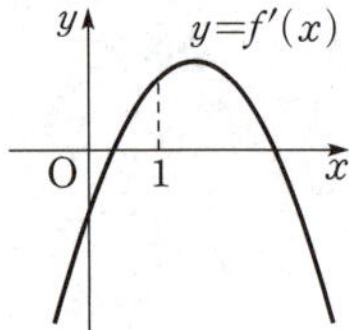

(i) $f'(0)=-a<0$에서 $a>0$

(ii) $f'(1)=-3+2a^2-a>0$에서 $(a+1)(2a-3)>0$

$$\therefore a<-1 \text{ 또는 } a>\frac{3}{2}$$

(i), (ii)에서 $a>\dfrac{3}{2}$

(2) $f(x)=x^3+3kx^2-(3k+1)x-2$에서 $f'(x)=3x^2+6kx-3k-1$

함수 $f(x)$가 $-1<x<1$에서 극댓값과 극솟값을 모두 가지려면 이차방정식 $f'(x)=0$이 $-1<x<1$에서 서로 다른 두 실근을 가져야 하므로 $y=f'(x)$의 그래프가 오른쪽 그림과 같아야 한다.

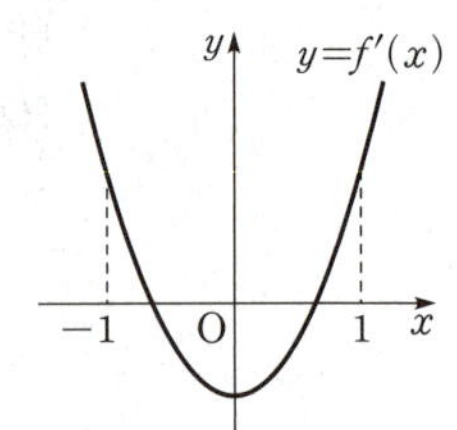

(i) 이차방정식 $f'(x)=0$의 판별식을 D라 하면

$$\frac{D}{4}=(3k)^2-3(-3k-1)>0$$

$$\therefore 9k^2+9k+3=9\left(k+\frac{1}{2}\right)^2+\frac{3}{4}>0$$

따라서 모든 실수 k에 대하여 항상 성립한다.

(ii) 이차함수 $y=f'(x)$의 그래프의 축의 방정식이 $x=-k$이므로

$$-1<-k<1 \quad \therefore -1<k<1$$

(iii) $f'(-1)=3-6k-3k-1>0$에서 $k<\dfrac{2}{9}$

(iv) $f'(1)=3+6k-3k-1>0$에서 $k>-\dfrac{2}{3}$

이상에서 $-\dfrac{2}{3}<k<\dfrac{2}{9}$

● 정답 및 풀이 **68**쪽

 **240** 함수 $f(x)=x^3+2ax^2-4a^2x$가 $-1<x<1$에서 극댓값을 갖고, $x>1$에서 극솟값을 갖도록 하는 실수 a의 값의 범위를 구하시오.

241 함수 $f(x)=x^3+ax^2+(a-1)x$가 $-2<x<2$에서 극댓값과 극솟값을 모두 갖도록 하는 정수 a의 개수를 구하시오.

발전 **20** 사차함수가 극값을 가질 조건

함수 $f(x)=x^4-4x^3+2ax^2$에 대하여 다음을 구하시오.

(1) $f(x)$가 극댓값을 갖도록 하는 실수 a의 값의 범위

(2) $f(x)$가 극값을 하나만 갖도록 하는 실수 a의 값의 범위

풀이　$f(x)=x^4-4x^3+2ax^2$에서　$f'(x)=4x^3-12x^2+4ax=4x(x^2-3x+a)$

$f'(x)=0$에서　$x=0$ 또는 $x^2-3x+a=0$

(1) 최고차항의 계수가 양수인 사차함수 $f(x)$가 극댓값을 가지려면 삼차방정식 $f'(x)=0$이 서로 다른 세 실근을 가져야 하므로 이차방정식 $x^2-3x+a=0$이 0이 아닌 서로 다른 두 실근을 가져야 한다.

$x=0$이 $x^2-3x+a=0$의 근이 아니므로　$a\neq0$　……　㉠

이차방정식 $x^2-3x+a=0$의 판별식을 D라 하면

$$D=(-3)^2-4a>0 \quad \therefore a<\frac{9}{4} \qquad\qquad …… ㉡$$

㉠, ㉡에서　$a<0$ 또는 $0<a<\dfrac{9}{4}$

(2) 함수 $f(x)$가 극값을 하나만 가지려면 삼차방정식 $f'(x)=0$이 한 실근과 두 허근을 갖거나 중근과 다른 한 실근을 갖거나 삼중근을 가져야 한다.

(ⅰ) $f'(x)=0$이 한 실근과 두 허근을 갖는 경우

이차방정식 $x^2-3x+a=0$이 허근을 가져야 하므로 판별식을 D라 하면

$$D=(-3)^2-4a<0 \quad \therefore a>\frac{9}{4}$$

(ⅱ) $f'(x)=0$이 중근과 다른 한 실근을 갖는 경우

이차방정식 $x^2-3x+a=0$이 $x=0$을 근으로 갖거나 0이 아닌 실수를 중근으로 가져야 한다.

ⓐ 이차방정식 $x^2-3x+a=0$이 $x=0$을 근으로 가질 때

$a=0$

ⓑ 이차방정식 $x^2-3x+a=0$이 0이 아닌 실수를 중근으로 가질 때, 판별식을 D라 하면

$$D=(-3)^2-4a=0 \quad \therefore a=\frac{9}{4}$$

(ⅰ), (ⅱ)에서　$a=0$ 또는 $a\geq\dfrac{9}{4}$

참고　(2) 이차방정식 $x^2-3x+a=0$이 $x=0$을 중근으로 가질 수 없으므로 삼차방정식 $f'(x)=0$은 삼중근을 가질 수 없다.

● 정답 및 풀이 **68**쪽

242 함수 $f(x)=-x^4+8x^3+2ax^2$이 극솟값을 갖도록 하는 실수 a의 값의 범위를 구하시오.

243 함수 $f(x)=x^4+2(a-1)x^2+4ax$가 극댓값을 갖지 않도록 하는 실수 a의 값의 범위를 구하시오.

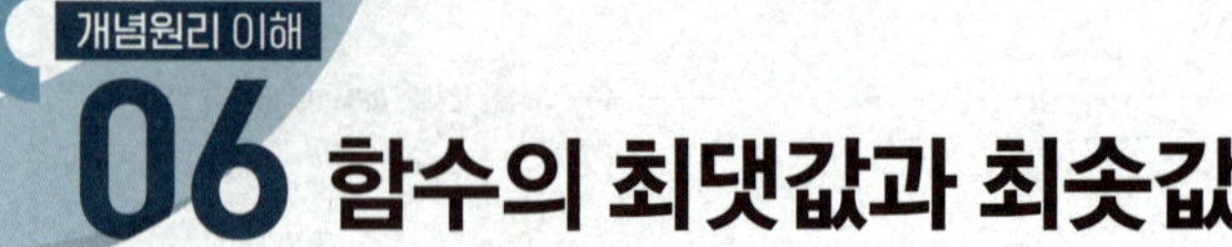

06 함수의 최댓값과 최솟값

1 함수의 최댓값과 최솟값 　🔗 필수 21, 22

> 닫힌구간 $[a, b]$에서 함수 $f(x)$가 연속일 때,
> 　이 구간에서의 $f(x)$의 **극값**과 구간의 양 끝 점에서의 함숫값 $f(a)$, $f(b)$
> 중에서 가장 큰 값이 최댓값, 가장 작은 값이 최솟값이다.

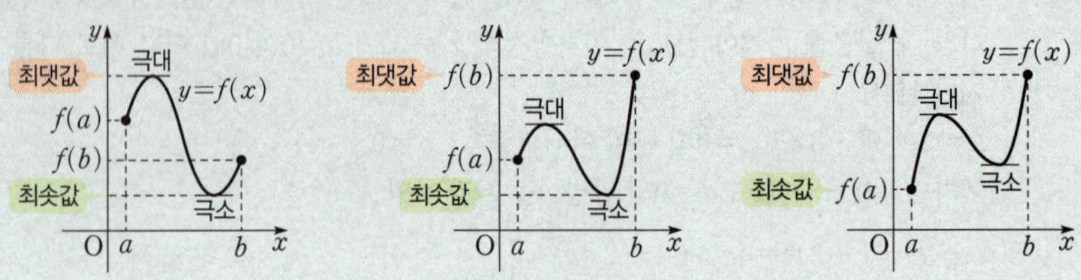

❯ 함수 $f(x)$가 닫힌구간 $[a, b]$에서 연속이면 $f(x)$는 이 구간에서 반드시 최댓값과 최솟값을 갖는다.

예제 ▶ 구간 $[1, 3]$에서 함수 $f(x)=2x^3-9x^2+12x-2$의 최댓값과 최솟값을 구하시오.

풀이　$f(x)=2x^3-9x^2+12x-2$에서

$$f'(x)=6x^2-18x+12=6(x-1)(x-2)$$

$f'(x)=0$에서　$x=1$ 또는 $x=2$

구간 $[1, 3]$에서 함수 $f(x)$의 증가와 감소를 표로 나타내면 다음과 같다.

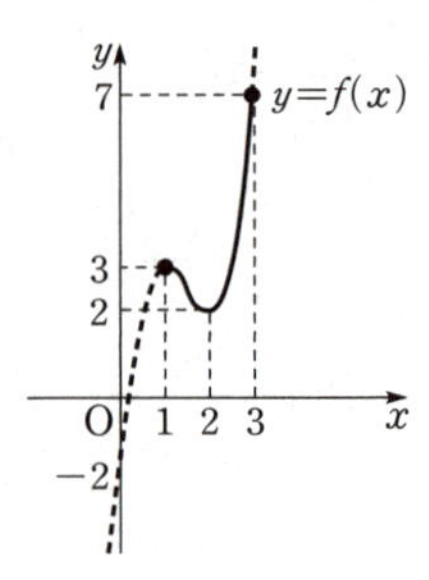

x	1	$\cdots$	2	$\cdots$	3
$f'(x)$		$-$	0	$+$	
$f(x)$	3	$\searrow$	2	$\nearrow$	7

따라서 $f(x)$는 $x=3$에서 최댓값 7, $x=2$에서 최솟값 2를 갖는다.

2 극값이 오직 하나 존재할 때의 함수의 최댓값과 최솟값

> 닫힌구간 $[a, b]$에서 함수 $f(x)$가 연속이고 극값이 오직 하나 존재할 때
> (1) 극값이 극댓값인 경우
> 　⇨ (최댓값)$=$(극댓값)이고 $f(a)$와 $f(b)$ 중 작은 값이 최솟값이다.
> (2) 극값이 극솟값인 경우
> 　⇨ (최솟값)$=$(극솟값)이고 $f(a)$와 $f(b)$ 중 큰 값이 최댓값이다.

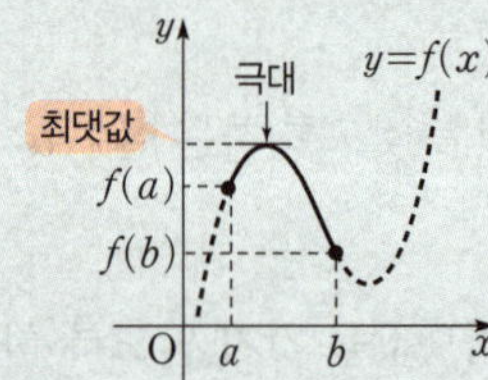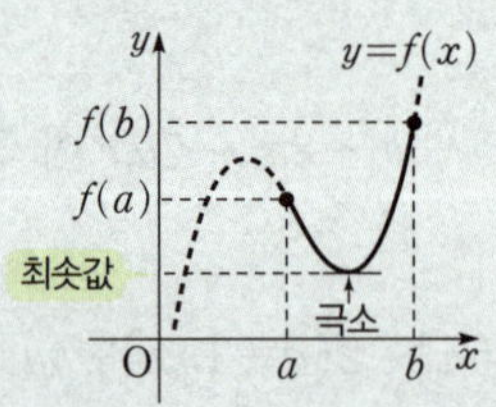

필수 21 함수의 최댓값과 최솟값

주어진 구간에서 다음 함수의 최댓값과 최솟값을 구하시오.

(1) $f(x)=2x^3-3x^2-12x+4$ $[-2,\ 4]$

(2) $f(x)=3x^4-12x^3+12x^2-2$ $\left[\dfrac{1}{2},\ 2\right]$

설명 주어진 구간에서의 $f(x)$의 극값과 구간의 양 끝 점에서의 함숫값을 구한다.

풀이 (1) $f(x)=2x^3-3x^2-12x+4$에서 $f'(x)=6x^2-6x-12=6(x+1)(x-2)$

$f'(x)=0$에서 $x=-1$ 또는 $x=2$

구간 $[-2,\ 4]$에서 함수 $f(x)$의 증가와 감소를 표로 나타내면 다음과 같다.

x	-2	$\cdots$	-1	$\cdots$	2	$\cdots$	4
$f'(x)$		$+$	0	$-$	0	$+$	
$f(x)$	0	$\nearrow$	11	$\searrow$	-16	$\nearrow$	36

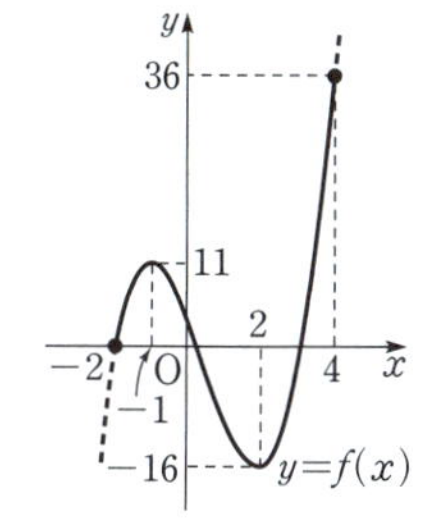

따라서 $f(x)$는 $x=4$에서 **최댓값 36**, $x=2$에서 **최솟값 -16**을 갖는다.

(2) $f(x)=3x^4-12x^3+12x^2-2$에서 $f'(x)=12x^3-36x^2+24x=12x(x-1)(x-2)$

$f'(x)=0$에서 $x=0$ 또는 $x=1$ 또는 $x=2$

구간 $\left[\dfrac{1}{2},\ 2\right]$에서 함수 $f(x)$의 증가와 감소를 표로 나타내면 다음과 같다.

x	$\dfrac{1}{2}$	$\cdots$	1	$\cdots$	2
$f'(x)$		$+$	0	$-$	
$f(x)$	$-\dfrac{5}{16}$	$\nearrow$	1	$\searrow$	-2

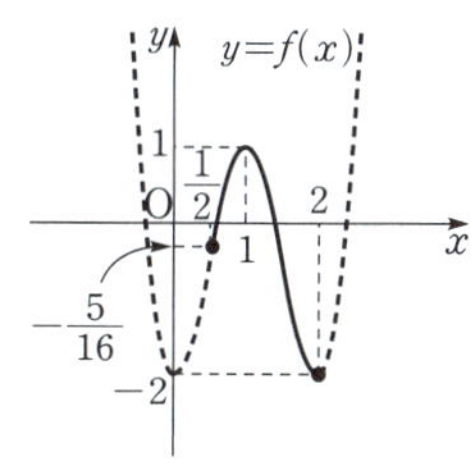

따라서 $f(x)$는 $x=1$에서 **최댓값 1**, $x=2$에서 **최솟값 -2**를 갖는다.

KEY Point

- 닫힌구간 $[a,\ b]$에서 함수 $f(x)$의
  ① 최댓값 ⇨ 극댓값, $f(a)$, $f(b)$ 중 가장 큰 값
  ② 최솟값 ⇨ 극솟값, $f(a)$, $f(b)$ 중 가장 작은 값

• 정답 및 풀이 **69쪽**

 **244** 주어진 구간에서 다음 함수의 최댓값과 최솟값을 구하시오.

(1) $f(x)=x^3-3x^2-9x+1$ $[-2,\ 2]$ (2) $f(x)=-2x^3+6x^2-5$ $[-1,\ 3]$

(3) $f(x)=x^4+4x^3-16x$ $[-3,\ 2]$ (4) $f(x)=-x^4+2x^2$ $[-2,\ 1]$

 **22** **함수의 최대·최소를 이용한 미정계수의 결정**

구간 $[-1, 2]$에서 함수 $f(x)=ax^3-6ax^2+b$의 최댓값이 3, 최솟값이 -29일 때, 상수 a, b에 대하여 $a+b$의 값을 구하시오. (단, $a>0$)

설명 함수의 최댓값과 최솟값을 미정계수를 포함한 식으로 나타내어 주어진 값과 비교한다.

풀이 $f(x)=ax^3-6ax^2+b$에서
$$f'(x)=3ax^2-12ax=3ax(x-4)$$
$f'(x)=0$에서 $x=0$ 또는 $x=4$

이때 $a>0$이므로 구간 $[-1, 2]$에서 함수 $f(x)$의 증가와 감소를 표로 나타내면 다음과 같다.

x	-1	$\cdots$	0	$\cdots$	2
$f'(x)$		$+$	0	$-$	
$f(x)$	$-7a+b$	↗	b	↘	$-16a+b$

따라서 $f(x)$는 $x=0$에서 최댓값 b, $x=2$에서 최솟값 $-16a+b$를 가지므로
$$b=3, \quad -16a+b=-29 \quad \therefore a=2, b=3$$
$$\therefore a+b=5$$

● 정답 및 풀이 **69**쪽

 **245** 구간 $[0, 2]$에서 함수 $f(x)=-2x^3+3x^2+a$의 최솟값이 -5일 때, 최댓값을 구하시오. (단, a는 상수이다.)

246 구간 $[-2, 1]$에서 함수 $f(x)=x^3-3x^2+a$의 최댓값과 최솟값의 합이 -10일 때, 상수 a의 값을 구하시오.

247 구간 $[1, 4]$에서 함수 $f(x)=ax^4-4ax^3+b$의 최댓값이 3, 최솟값이 -6일 때, 상수 a, b에 대하여 ab의 값을 구하시오. (단, $a<0$)

필수 23 최대·최소의 활용; 실생활

인터넷 쇼핑몰에서 어떤 원피스 x벌을 판매할 때 생기는 이익이
$(-x^3+144x^2+1200x-200)$원이라 한다. 이 원피스를 판매한 이익이 최대가 되려면 이 원피스를 몇 벌 판매해야 하는가? (단, $0<x<150$)

① 84벌　　　② 96벌　　　③ 100벌　　　④ 120벌　　　⑤ 136벌

풀이　원피스 x벌을 판매할 때 생기는 이익을 $f(x)$원이라 하면

$$f(x)=-x^3+144x^2+1200x-200$$
$$\therefore f'(x)=-3x^2+288x+1200$$
$$=-3(x+4)(x-100)$$

$f'(x)=0$에서　　$x=100$ ($\because 0<x<150$)

$0<x<150$에서 함수 $f(x)$의 증가와 감소를 표로 나타내면 다음과 같다.

x	0	$\cdots$	100	$\cdots$	150
$f'(x)$		+	0	−	
$f(x)$		↗	극대	↘	

따라서 $f(x)$는 $x=100$에서 극대이면서 최대이므로 원피스를 판매한 이익이 최대가 되려면 원피스를 ③ **100벌** 판매해야 한다.

KEY Point

- 닫힌구간 $[a, b]$에서 함수 $f(x)$가 연속이고 극값이 오직 하나 존재할 때
  ① 극값이 극댓값인 경우 ⇨ (최댓값)=(극댓값)
  ② 극값이 극솟값인 경우 ⇨ (최솟값)=(극솟값)

• 정답 및 풀이 70쪽

 **248** A 회사의 주식을 구입하여 t년 후에 주식을 팔 때, 생기는 순이익은

$$f(t)=-\frac{1}{4}t^4-\frac{1}{3}t^3+2t^2+4t \text{ (만 원)}$$

라 한다. 순이익이 최대가 되려면 A 회사의 주식을 구입하여 몇 년 후에 팔아야 하는지 구하시오. (단, $0<t<3$)

필수 24 최대·최소의 활용; 길이, 넓이

오른쪽 그림과 같이 곡선 $y=-2x^2+12$와 x축으로 둘러싸인 도형에 내접하고, 한 변이 x축 위에 있는 직사각형 ABCD의 넓이의 최댓값을 구하시오.

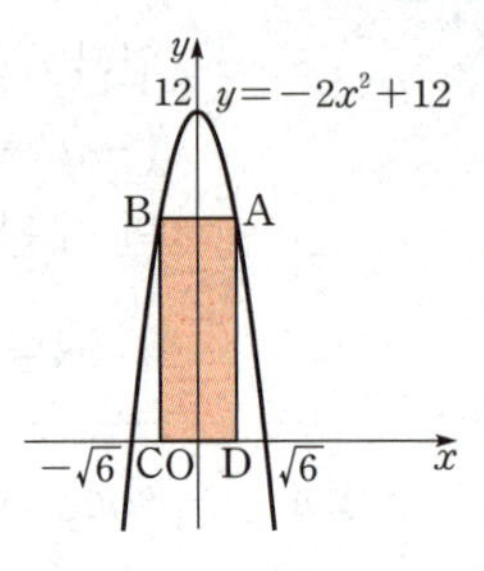

풀이 점 A의 x좌표를 t $(0<t<\sqrt{6})$라 하면 $A(t,\ -2t^2+12)$
$\overline{CD}=2t$, $\overline{AD}=-2t^2+12$이므로 직사각형 ABCD의 넓이를 $f(t)$라 하면
$$f(t)=2t(-2t^2+12)=-4t^3+24t$$
$$\therefore f'(t)=-12t^2+24=-12(t+\sqrt{2})(t-\sqrt{2})$$
$f'(t)=0$에서 $t=\sqrt{2}$ $(\because 0<t<\sqrt{6})$
$0<t<\sqrt{6}$에서 함수 $f(t)$의 증가와 감소를 표로 나타내면 다음과 같다.

t	0	$\cdots$	$\sqrt{2}$	$\cdots$	$\sqrt{6}$
$f'(t)$		$+$	0	$-$	
$f(t)$		$\nearrow$	$16\sqrt{2}$	$\searrow$	

따라서 $f(t)$는 $t=\sqrt{2}$에서 극대이면서 최대이므로 직사각형 ABCD의 넓이의 최댓값은 $\mathbf{16\sqrt{2}}$이다.

● 정답 및 풀이 **70**쪽

 **249** 오른쪽 그림과 같이 곡선 $y=9-x^2$과 x축의 두 교점을 각각 A, B라 할 때, 곡선 $y=9-x^2$과 x축으로 둘러싸인 도형에 내접하는 사다리꼴 ABCD의 넓이의 최댓값을 구하시오.

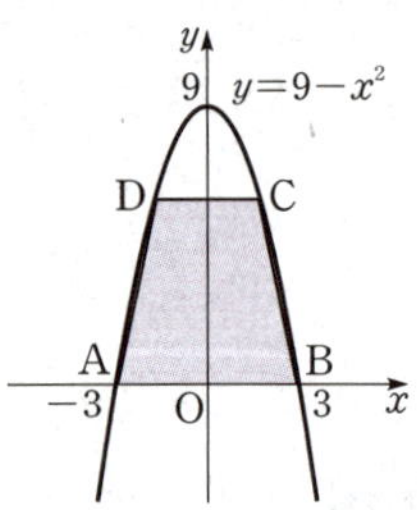

250 곡선 $y=x^2$ 위를 움직이는 점 A와 점 B$(3,\ 0)$에 대하여 선분 AB의 길이의 최솟값을 구하시오.

필수 **25**   최대·최소의 활용; 부피

오른쪽 그림과 같이 가로의 길이가 16, 세로의 길이가 6인 직사각형 모양의 종이의 네 모퉁이에서 한 변의 길이가 x인 정사각형을 잘라 내고 남은 부분으로 뚜껑이 없는 직육면체를 만들 때, 이 직육면체의 부피가 최대가 되도록 하는 x의 값을 구하시오.

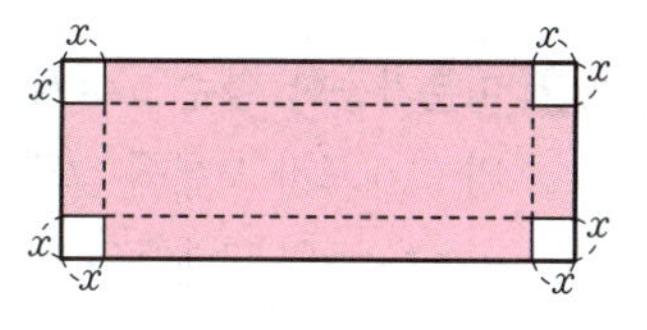

풀이 $x>0$, $16-2x>0$, $6-2x>0$이므로

$0<x<3$

직육면체의 부피를 $V(x)$라 하면

$$V(x)=x(16-2x)(6-2x)=4x^3-44x^2+96x$$
$$\therefore V'(x)=12x^2-88x+96=4(3x-4)(x-6)$$

$V'(x)=0$에서 $x=\dfrac{4}{3}$ $(\because 0<x<3)$

$0<x<3$에서 함수 $V(x)$의 증가와 감소를 표로 나타내면 다음과 같다.

x	0	$\cdots$	$\dfrac{4}{3}$	$\cdots$	3
$V'(x)$		$+$	0	$-$	
$V(x)$		$\nearrow$	극대	$\searrow$	

따라서 $V(x)$는 $x=\dfrac{4}{3}$에서 극대이면서 최대이므로 직육면체의 부피가 최대가 되도록 하는 x의 값은 $\dfrac{4}{3}$이다.

• 정답 및 풀이 **71**쪽

251 오른쪽 그림과 같이 밑면의 반지름의 길이가 1, 높이가 3인 원뿔에 원기둥이 내접할 때, 원기둥의 부피의 최댓값을 구하시오.

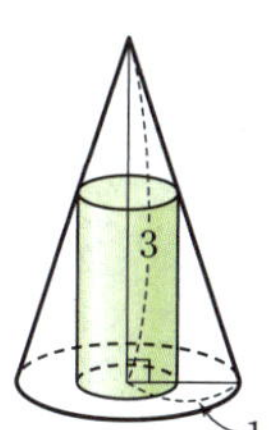

252 미분가능한 함수 $y=f(x)$의 도함수 $y=f'(x)$의 그래프가 오른쪽 그림과 같을 때, 다음 중 $y=f(x)$의 그래프의 개형이 될 수 있는 것은?

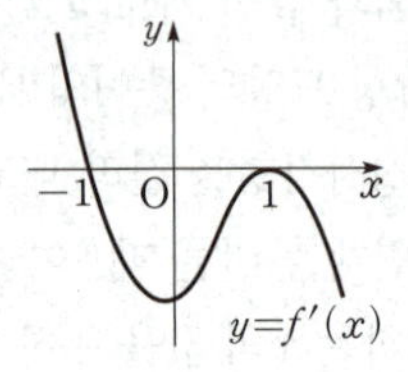

① 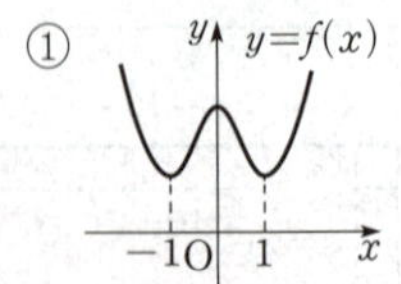

② 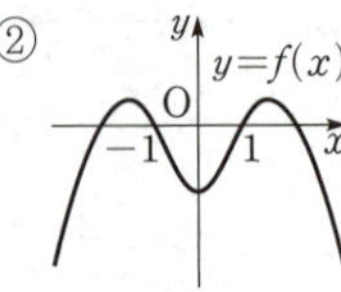

③ 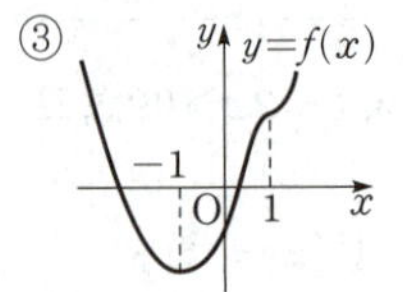

④ 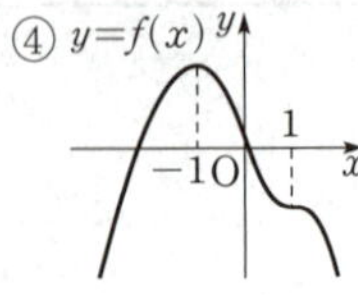

⑤ 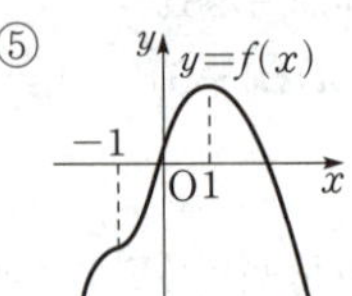

253 두 함수 $f(x)=x^3+ax^2+3x+1$, $g(x)=x^3+ax^2-3ax+2$에 대하여 $f(x)$는 극값을 갖고, $g(x)$는 극값을 갖지 않도록 하는 정수 a의 개수를 구하시오.

254 함수 $f(x)=x^3+(k-3)x^2+(2-k)x-3$이 $0<x<1$에서 극댓값, $1<x<2$에서 극솟값을 갖도록 하는 실수 k의 값의 범위를 구하시오.

255 구간 $[0,\ 4]$에서 함수 $f(x)=x^3-3x^2-3$의 최댓값을 M, 최솟값을 m이라 할 때, $M-m$의 값을 구하시오.

256 구간 $[-1,\ 3]$에서 함수 $f(x)=ax^3-3ax+2b$의 최댓값이 22, 최솟값이 2일 때, 상수 a, b에 대하여 ab의 값을 구하시오. (단, $a>0$)

$f'(a)=0$이고 $x=a$의 좌우에서 $f'(x)$의 부호가 $+$에서 $-$로 바뀌면 $f(x)$는 $x=a$에서 극대, $-$에서 $+$로 바뀌면 $f(x)$는 $x=a$에서 극소이다.

이차방정식 $f'(x)=0$이 $0<x<1$, $1<x<2$에서 각각 하나의 실근을 가져야 한다.

257 함수 $f(x)=x^4-4a^3x+1$의 최솟값이 -47일 때, 상수 a의 값을 구하시오. (단, $a>0$)

258 두 점 $\mathrm{A}(5,\ -1)$, $\mathrm{B}(9,\ 1)$과 곡선 $y=x^2+2$ 위의 점 P에 대하여 $\overline{\mathrm{AP}}^2+\overline{\mathrm{BP}}^2$의 최솟값을 구하시오.

STEP 2

259 함수 $f(x)=-x^3+mx^2+nx$의 그래프가 원점 이외의 점에서 x축과 접하고 $f(x)$의 극솟값이 -4일 때, 상수 m, n에 대하여 mn의 값을 구하시오.

260 함수 $f(x)=-3x^4+4ax^3-6(a+3)x^2-1$이 극솟값을 갖지 않도록 하는 모든 정수 a의 값의 합을 구하시오.

261 함수 $f(x)=x^3-3x$에 대하여 보기에서 옳은 것만을 있는 대로 고르시오.

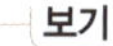

> **보기**
>
> ㄱ. $f(x)$는 극댓값과 극솟값을 갖는다.
> ㄴ. $x\geq2$이면 $f(x)\geq2$이다.
> ㄷ. $|x|\leq2$이면 $|f(x)|\leq2$이다.

262 하루에 A 제품 x개를 생산하는 데 드는 비용이 $f(x)=x^3-60x^2+1200x+5000$(원)이고, 생산된 제품은 개당 1200원에 그날 모두 판매된다고 할 때, 이익을 최대로 하기 위해 하루에 생산해야 할 A 제품의 개수를 구하시오.

연습 문제

263 오른쪽 그림과 같이 한 변의 길이가 15인 정삼각형 모양의 종이의 세 모퉁이에서 합동인 사각형을 잘라 내고 남은 부분으로 뚜껑이 없는 삼각기둥 모양의 상자를 만들 때, 상자의 부피가 최대가 되도록 하는 x의 값을 구하시오.

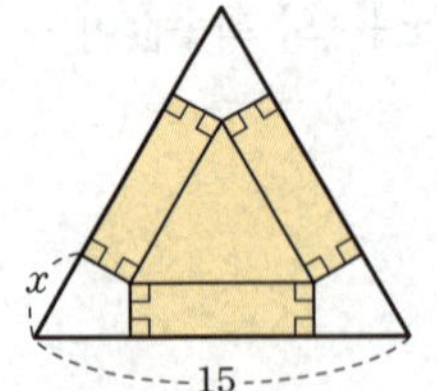

생각해 봅시다!

(기둥의 부피)
$=$(밑넓이)$\times$(높이)

실력 **UP**⁺

264 $x^2+3y^2=9$를 만족시키는 실수 x, y에 대하여 x^2+xy^2의 최솟값을 구하시오.

교육청 기출

265 두 함수
$$f(x)=x^2+2x+k, \quad g(x)=2x^3-9x^2+12x-2$$
에 대하여 함수 $(g\circ f)(x)$의 최솟값이 2가 되도록 하는 실수 k의 최솟값은?

① 1 ② $\dfrac{9}{8}$ ③ $\dfrac{5}{4}$ ④ $\dfrac{11}{8}$ ⑤ $\dfrac{3}{2}$

$f(x)=t$로 치환하여 t의 값의 범위에서 $g(t)$의 최솟값을 구한다.

교육청 기출

266 $0<a<6$인 실수 a에 대하여 원점에서 곡선 $y=x(x-a)(x-6)$에 그은 두 접선의 기울기의 곱의 최솟값은?

① -54 ② -51 ③ -48 ④ -45 ⑤ -42

---

267 반지름의 길이가 3인 구에 내접하는 원뿔의 부피의 최댓값을 구하시오.

07 방정식과 부등식에의 활용

1 방정식의 실근의 개수　⟜ 필수 26, 27

(1) **방정식 $f(x)=0$의 실근의 개수**

방정식 $f(x)=0$의 실근은 함수 $y=f(x)$의 그래프와 x축의 교점의 x좌표와 같다.

⇨ 방정식 $f(x)=0$의 서로 다른 실근의 개수는 함수 $y=f(x)$의 그래프와 x축의 교점의 개수와 같다.

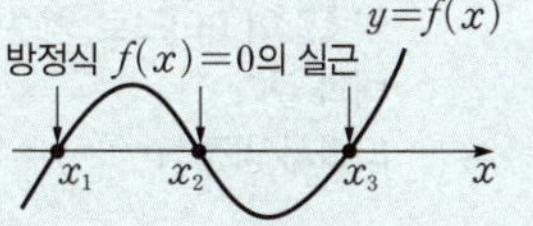

(2) **방정식 $f(x)=g(x)$의 실근의 개수**

방정식 $f(x)=g(x)$의 실근은 두 함수 $y=f(x)$, $y=g(x)$의 그래프의 교점의 x좌표와 같다.

⇨ 방정식 $f(x)=g(x)$의 서로 다른 실근의 개수는 두 함수 $y=f(x)$, $y=g(x)$의 그래프의 교점의 개수와 같다.

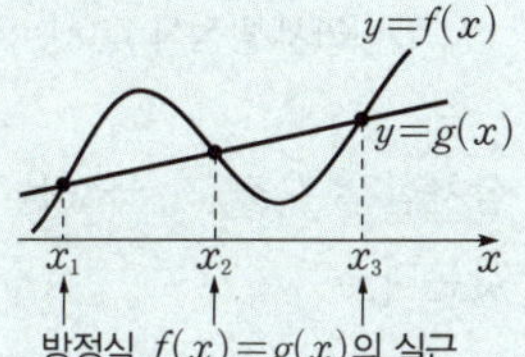

▸ ① 방정식 $f(x)=0$이 실근을 갖지 않는다. ⇨ 함수 $y=f(x)$의 그래프는 x축과 만나지 않는다.
　② 방정식 $f(x)=g(x)$에서 $f(x)-g(x)=0$이므로 방정식 $f(x)=g(x)$의 서로 다른 실근의 개수는 함수 $y=f(x)-g(x)$의 그래프와 x축의 교점의 개수와 같다.

2 삼차방정식의 근의 판별　⟜ 필수 26, 28

(1) 삼차함수 $f(x)$가 극값을 가질 때, 삼차방정식 $f(x)=0$의 실근의 개수는 다음과 같이 판별할 수 있다.

① (극댓값)×(극솟값)<0 ⟺ 서로 다른 세 실근을 갖는다.
② (극댓값)×(극솟값)$=0$ ⟺ 중근과 다른 한 실근 (서로 다른 두 실근)을 갖는다.
③ (극댓값)×(극솟값)>0 ⟺ 한 실근과 두 허근을 갖는다.

▸ 삼차함수 $f(x)$가 극값을 갖는다. ⟺ 이차방정식 $f'(x)=0$이 서로 다른 두 실근을 갖는다.

설명 최고차항의 계수가 a $(a>0)$인 삼차함수 $f(x)$의 도함수 $f'(x)$에 대하여 이차방정식 $f'(x)=0$이 서로 다른 두 실근 α, β $(\alpha<\beta)$를 가질 때, $f(x)$의 증가와 감소를 표로 나타내면 다음과 같다.

x	$\cdots$	α	$\cdots$	β	$\cdots$
$f'(x)$		$+$	0	$-$	0	$+$
$f(x)$	↗	극대	↘	극소	↗

따라서 함수 $f(x)$는 $x=\alpha$에서 극대, $x=\beta$에서 극소이다.

① (극댓값)×(극솟값)<0, 즉 $f(\alpha)f(\beta)<0$이면 극댓값과 극솟값의 부호가 다르므로 함수 $y=f(x)$의 그래프의 개형은 오른쪽 그림과 같다.
따라서 방정식 $f(x)=0$은 서로 다른 세 실근을 갖는다.

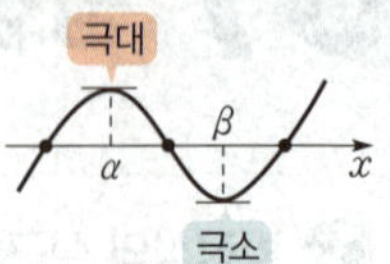

② (극댓값)×(극솟값)=0, 즉 $f(\alpha)f(\beta)=0$이면 극댓값 또는 극솟값이 0이므로 함수 $y=f(x)$의 그래프의 개형은 오른쪽 그림과 같다.
따라서 방정식 $f(x)=0$은 중근과 다른 한 실근을 갖는다.

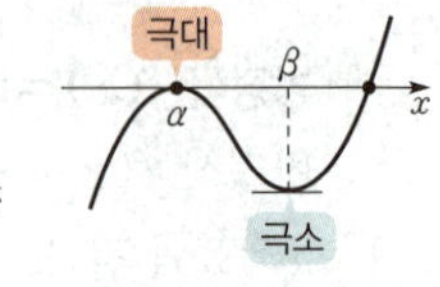

③ (극댓값)×(극솟값)>0, 즉 $f(\alpha)f(\beta)>0$이면 극댓값과 극솟값의 부호가 같으므로 함수 $y=f(x)$의 그래프의 개형은 오른쪽 그림과 같다.
따라서 방정식 $f(x)=0$은 한 실근과 두 허근을 갖는다.

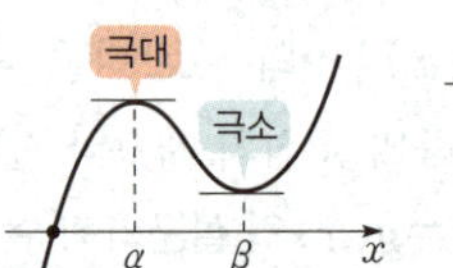
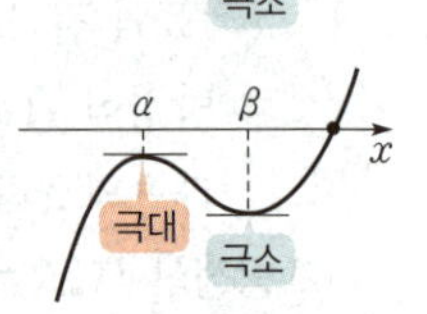

(2) 삼차함수 $f(x)$가 극값을 갖지 않을 때, 삼차방정식 $f(x)=0$은 삼중근을 갖거나 한 실근과 두 허근을 갖는다.

① 삼중근을 갖는 경우　　　　　　② 한 실근과 두 허근을 갖는 경우

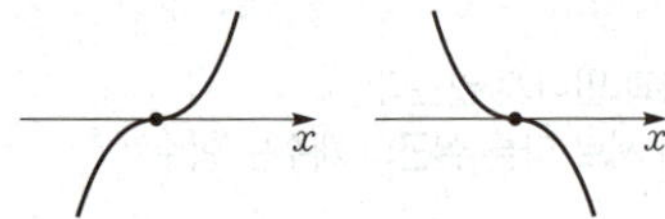
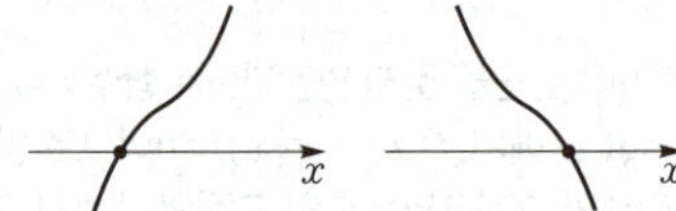

▶ 삼차함수 $f(x)$가 극값을 갖지 않는다. $\Longleftrightarrow$ 이차방정식 $f'(x)=0$이 중근을 갖거나 서로 다른 두 허근을 갖는다.

예제 ▶ 방정식 $x^3-3x^2+1=0$의 서로 다른 실근의 개수를 구하시오.

풀이　$f(x)=x^3-3x^2+1$이라 하면
$$f'(x)=3x^2-6x=3x(x-2)$$
$f'(x)=0$에서　$x=0$ 또는 $x=2$

방법 1 함수 $f(x)$의 증가와 감소를 표로 나타내면 다음과 같다.

x	$\cdots$	0	$\cdots$	2	$\cdots$
$f'(x)$	$+$	0	$-$	0	$+$
$f(x)$	$\nearrow$	1	$\searrow$	-3	$\nearrow$

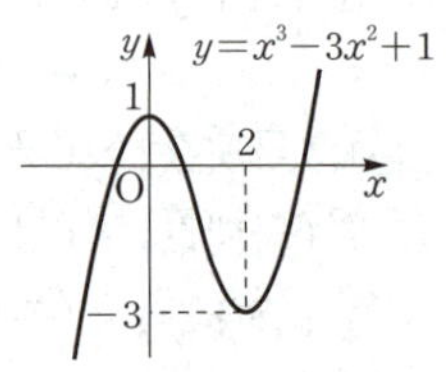

따라서 함수 $y=f(x)$의 그래프는 오른쪽 그림과 같이 x축과 세 점에서 만나므로 방정식 $f(x)=0$, 즉 $x^3-3x^2+1=0$의 서로 다른 실근의 개수는 3이다.

방법 2 함수 $f(x)$는 $x=0$, $x=2$에서 극값을 갖고
$$f(0)=1,\ f(2)=-3$$
따라서 $f(0)f(2)=-3<0$이므로 방정식 $f(x)=0$, 즉 $x^3-3x^2+1=0$의 서로 다른 실근의 개수는 3이다.

134

❸ 부등식에의 활용 〰 필수 **30, 31**

⑴ 모든 실수 x에 대하여 부등식 $f(x) \geq 0$ 또는 부등식 $f(x) \leq 0$이 성립함은 다음과 같이 증명한다.

> ① 모든 실수 x에 대하여 부등식 $f(x) \geq 0$이 성립한다.
>   ⇨ 함수 $f(x)$에 대하여 $(f(x)$의 최솟값$) \geq 0$임을 보인다.
> ② 모든 실수 x에 대하여 부등식 $f(x) \leq 0$이 성립한다.
>   ⇨ 함수 $f(x)$에 대하여 $(f(x)$의 최댓값$) \leq 0$임을 보인다.

▶ 모든 실수 x에 대하여 부등식 $f(x) \geq g(x)$가 성립함을 증명할 때에는 $h(x) = f(x) - g(x)$로 놓고, 함수 $h(x)$에 대하여 $(h(x)$의 최솟값$) \geq 0$임을 보이면 된다.

참고 모든 실수 x에 대하여
① 부등식 $f(x) > 0$이 성립한다. ⇨ 함수 $f(x)$에 대하여 $(f(x)$의 최솟값$) > 0$임을 보인다.
② 부등식 $f(x) < 0$이 성립한다. ⇨ 함수 $f(x)$에 대하여 $(f(x)$의 최댓값$) < 0$임을 보인다.

예제 ▶ 모든 실수 x에 대하여 부등식 $x^4 - 4x + 3 \geq 0$이 성립함을 보이시오.

풀이 $f(x) = x^4 - 4x + 3$이라 하면
$$f'(x) = 4x^3 - 4 = 4(x-1)(x^2+x+1)$$
$f'(x) = 0$에서 $x = 1$ $(\because x^2 + x + 1 > 0)$
함수 $f(x)$의 증가와 감소를 표로 나타내면 오른쪽과 같다.
따라서 $f(x)$는 $x = 1$에서 최솟값 0을 가지므로 모든 실수 x에 대하여
$$f(x) \geq 0, \ \text{즉} \ x^4 - 4x + 3 \geq 0$$
이 성립한다.

x	$\cdots$	1	$\cdots$
$f'(x)$	$-$	0	$+$
$f(x)$	$\searrow$	0	$\nearrow$

⑵ 주어진 구간에서 부등식 $f(x) \geq 0$ 또는 부등식 $f(x) \leq 0$이 성립함은 다음과 같이 증명한다.

> ① $x \geq a$에서 부등식 $f(x) \geq 0$이 성립한다.
>   ⇨ 함수 $f(x)$에 대하여 $x \geq a$에서 $(f(x)$의 최솟값$) \geq 0$임을 보인다.
> ② $x \geq a$에서 부등식 $f(x) \leq 0$이 성립한다.
>   ⇨ 함수 $f(x)$에 대하여 $x \geq a$에서 $(f(x)$의 최댓값$) \leq 0$임을 보인다.

▶ $x \geq a$에서 부등식 $f(x) \geq g(x)$가 성립함을 증명할 때에는 $h(x) = f(x) - g(x)$로 놓고, 함수 $h(x)$에 대하여 $x \geq a$에서 $(h(x)$의 최솟값$) \geq 0$임을 보이면 된다.

참고 미분가능한 함수 $f(x)$에 대하여 $f(a) \geq 0$이고, $x > a$인 모든 실수 x에 대하여
$f'(x) \geq 0$이면
⇨ $x \geq a$에서 $f(x)$는 증가하거나 일정하다.
⇨ $x \geq a$에서 $f(x)$의 최솟값이 $f(a)$이다.
⇨ $x \geq a$에서 $f(x) \geq f(a) \geq 0$
⇨ $x \geq a$에서 부등식 $f(x) \geq 0$이 성립한다.
또 $f(a) \leq 0$이고, $x > a$인 모든 실수 x에 대하여 $f'(x) \leq 0$이면 $x \geq a$에서 부등식 $f(x) \leq 0$이 성립한다.

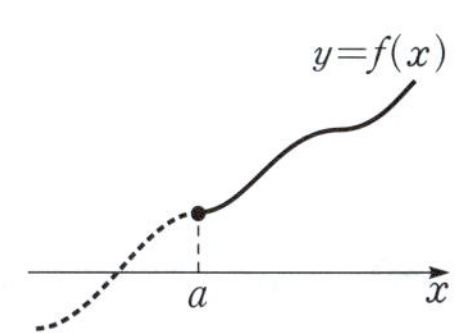

 필수 26 방정식의 실근의 개수

방정식 $x^3+3x^2-3=0$의 서로 다른 실근의 개수를 구하시오.

설명　함수 $y=x^3+3x^2-3$의 그래프와 x축의 교점의 개수를 조사한다.

풀이　$f(x)=x^3+3x^2-3$이라 하면

$$f'(x)=3x^2+6x=3x(x+2)$$

$f'(x)=0$에서　$x=-2$ 또는 $x=0$　$\cdots\cdots$ ㉠

함수 $f(x)$의 증가와 감소를 표로 나타내면 다음과 같다.

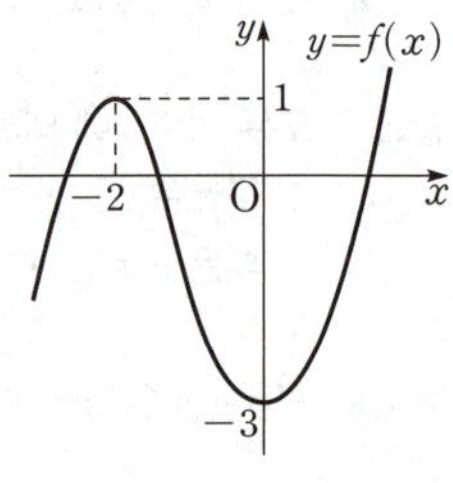

x	$\cdots$	-2	$\cdots$	0	$\cdots$
$f'(x)$	$+$	0	$-$	0	$+$
$f(x)$	$\nearrow$	1	$\searrow$	-3	$\nearrow$

따라서 함수 $y=f(x)$의 그래프는 오른쪽 그림과 같이 x축과 세 점에서 만나므로 방정식 $f(x)=0$, 즉 $x^3+3x^2-3=0$의 서로 다른 실근의 개수는 **3**이다.

다른 풀이　㉠에서 함수 $f(x)$는 $x=-2$, $x=0$에서 극값을 갖고

$$f(-2)=1,\ f(0)=-3$$

따라서 $f(-2)f(0)=-3<0$이므로 방정식 $f(x)=0$, 즉 $x^3+3x^2-3=0$의 서로 다른 실근의 개수는 3이다.

- 방정식 $f(x)=0$의 서로 다른 실근의 개수
  ⇨ 함수 $y=f(x)$의 그래프와 x축의 교점의 개수와 같다.

● 정답 및 풀이 **77**쪽

 **268** 다음 방정식의 서로 다른 실근의 개수를 구하시오.

(1) $x^3-6x^2+9x-5=0$

(2) $2x^4-4x^2+1=0$

(3) $2x^3-x^2-4x=2x^2+8x-15$

(4) $2x^4+3x^3=x^4-x^3-5$

 **27** **방정식의 근의 판별; 그래프**

방정식 $2x^3-3x^2-12x-k=0$의 근이 다음과 같도록 하는 실수 k의 값 또는 범위를 구하시오.

(1) 서로 다른 세 실근   (2) 서로 다른 두 실근   (3) 한 개의 실근

 방정식 $2x^3-3x^2-12x-k=0$, 즉 $2x^3-3x^2-12x=k$의 서로 다른 실근의 개수는 $y=2x^3-3x^2-12x$ 의 그래프와 직선 $y=k$의 교점의 개수와 같다.

풀이 $2x^3-3x^2-12x-k=0$에서 $2x^3-3x^2-12x=k$

$f(x)=2x^3-3x^2-12x$라 하면 $f'(x)=6x^2-6x-12=6(x+1)(x-2)$

$f'(x)=0$에서 $x=-1$ 또는 $x=2$

함수 $f(x)$의 증가와 감소를 표로 나타내면 다음과 같다.

x	$\cdots$	-1	$\cdots$	2	$\cdots$
$f'(x)$	$+$	0	$-$	0	$+$
$f(x)$	$\nearrow$	7	$\searrow$	-20	$\nearrow$

따라서 함수 $y=f(x)$의 그래프는 오른쪽 그림과 같다.

(1) 직선 $y=k$와 세 점에서 만나도록 하는 k의 값의 범위는

     $-20 < k < 7$

(2) 직선 $y=k$와 두 점에서 만나도록 하는 k의 값은

     $k=-20$ 또는 $k=7$

(3) 직선 $y=k$와 한 점에서 만나도록 하는 k의 값의 범위는

     $k<-20$ 또는 $k>7$

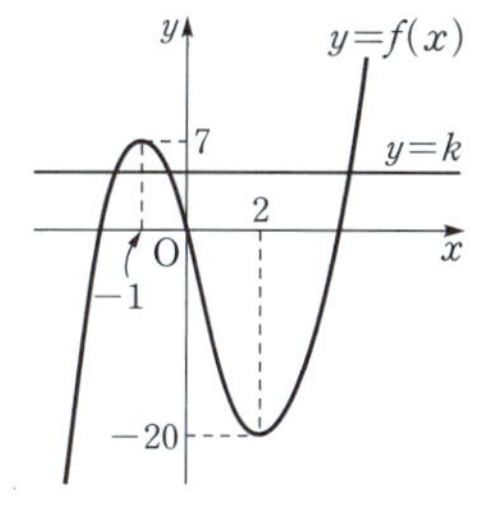

• 정답 및 풀이 **78**쪽

 **269** 방정식 $x^3-3x=k$의 근이 다음과 같도록 하는 실수 k의 값 또는 범위를 구하시오.

(1) 서로 다른 세 실근   (2) 서로 다른 두 실근   (3) 한 개의 실근

270 방정식 $3x^4-4x^3-12x^2+15-k=0$의 근이 다음과 같도록 하는 실수 k의 값 또는 범위를 구하시오.

(1) 서로 다른 네 실근   (2) 서로 다른 세 실근

(3) 서로 다른 두 실근   (4) 한 개의 실근

271 곡선 $y=x^3-10x-4$와 직선 $y=2x+a$에 대하여 다음 물음에 답하시오.

(1) 곡선과 직선이 서로 다른 세 점에서 만날 때, 실수 a의 값의 범위를 구하시오.

(2) 곡선과 직선이 접할 때, 실수 a의 값을 구하시오.

 **28** ## 삼차방정식의 근의 판별; 극값

방정식 $x^3+3x^2-9x+k=0$의 근이 다음과 같도록 하는 실수 k의 값의 범위를 구하시오.

(1) 서로 다른 세 실근 (2) 한 실근과 두 허근

풀이 $f(x)=x^3+3x^2-9x+k$라 하면 $f'(x)=3x^2+6x-9=3(x+3)(x-1)$

$f'(x)=0$에서 $x=-3$ 또는 $x=1$

따라서 함수 $f(x)$는 $x=-3$, $x=1$에서 극값을 갖는다.

(1) 방정식 $f(x)=0$이 서로 다른 세 실근을 가지려면 (극댓값)$\times$(극솟값)<0이어야 하므로

$\qquad f(-3)f(1)<0$, $(k+27)(k-5)<0$ $\therefore$ $-27<k<5$

(2) 방정식 $f(x)=0$이 한 실근과 두 허근을 가지려면 (극댓값)$\times$(극솟값)>0이어야 하므로

$\qquad f(-3)f(1)>0$, $(k+27)(k-5)>0$ $\therefore$ $k<-27$ 또는 $k>5$

다른 풀이 $x^3+3x^2-9x+k=0$에서 $-x^3-3x^2+9x=k$

$g(x)=-x^3-3x^2+9x$라 하면 주어진 방정식의 서로 다른 실근의 개수는 $y=g(x)$의 그래프와 직선 $y=k$의 교점의 개수와 같다.

$g'(x)=-3x^2-6x+9=-3(x+3)(x-1)$이므로 $g'(x)=0$에서 $x=-3$ 또는 $x=1$

함수 $g(x)$의 증가와 감소를 표로 나타내면 다음과 같다.

x	$\cdots$	-3	$\cdots$	1	$\cdots$
$g'(x)$	$-$	0	$+$	0	$-$
$g(x)$	$\searrow$	-27	$\nearrow$	5	$\searrow$

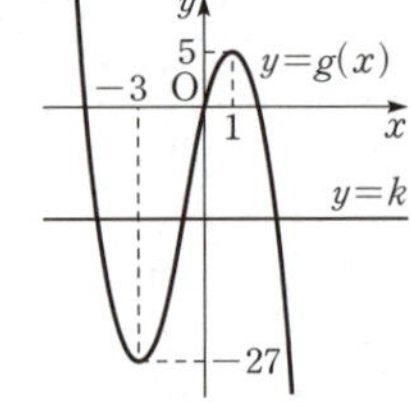

따라서 함수 $y=g(x)$의 그래프는 오른쪽 그림과 같다.

(1) 직선 $y=k$와 세 점에서 만나도록 하는 k의 값의 범위는

$\qquad -27<k<5$

(2) 직선 $y=k$와 한 점에서 만나도록 하는 k의 값의 범위는

$\qquad k<-27$ 또는 $k>5$

 **KEY Point**

• 삼차함수 $f(x)$가 극값을 가질 때, 방정식 $f(x)=0$이

① 서로 다른 세 실근을 갖는다. $\iff$ (극댓값)$\times$(극솟값)<0

② 중근과 다른 한 실근 (서로 다른 두 실근)을 갖는다. $\iff$ (극댓값)$\times$(극솟값)$=0$

③ 한 실근과 두 허근을 갖는다. $\iff$ (극댓값)$\times$(극솟값)>0

• 정답 및 풀이 **79**쪽

 **272** 방정식 $2x^3-3x^2+a=0$의 근이 다음과 같도록 하는 실수 a의 값의 범위를 구하시오.

(1) 서로 다른 세 실근 (2) 한 실근과 두 허근

273 방정식 $16x^3-12x^2-24x-k=0$이 중근과 다른 한 실근을 갖도록 하는 모든 실수 k의 값의 합을 구하시오.

필수 **29** 방정식의 근의 분리

방정식 $x^3 - \dfrac{3}{2}x^2 - 6x - k = 0$의 근이 다음과 같도록 하는 실수 k의 값의 범위를 구하시오.

(1) 서로 다른 두 개의 양의 실근과 한 개의 음의 실근

(2) 한 개의 양의 실근과 두 개의 허근

설명 ① 방정식 $f(x) = k$가 양의 실근을 갖는다. ➡ 곡선 $y = f(x)$와 직선 $y = k$의 교점의 x좌표가 양수
② 방정식 $f(x) = k$가 음의 실근을 갖는다. ➡ 곡선 $y = f(x)$와 직선 $y = k$의 교점의 x좌표가 음수

풀이 $x^3 - \dfrac{3}{2}x^2 - 6x - k = 0$에서 $x^3 - \dfrac{3}{2}x^2 - 6x = k$

$f(x) = x^3 - \dfrac{3}{2}x^2 - 6x$라 하면 $f'(x) = 3x^2 - 3x - 6 = 3(x+1)(x-2)$

$f'(x) = 0$에서 $x = -1$ 또는 $x = 2$

함수 $f(x)$의 증가와 감소를 표로 나타내면 다음과 같다.

x	$\cdots$	-1	$\cdots$	2	$\cdots$
$f'(x)$	$+$	0	$-$	0	$+$
$f(x)$	$\nearrow$	$\dfrac{7}{2}$	$\searrow$	-10	$\nearrow$

따라서 함수 $y = f(x)$의 그래프는 오른쪽 그림과 같다.

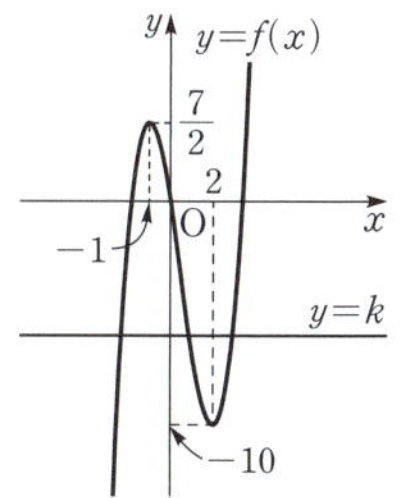

(1) 직선 $y = k$와 교점의 x좌표가 두 개는 양수, 한 개는 음수이어야 하므로
$$-10 < k < 0$$

(2) 직선 $y = k$와 교점이 1개이고 그 교점의 x좌표가 양수이어야 하므로
$$k > \dfrac{7}{2}$$

• 정답 및 풀이 **80**쪽

274 방정식 $x^3 - 3x^2 - 9x + k = 0$의 근이 다음과 같도록 하는 실수 k의 값 또는 범위를 구하시오.

(1) 중근과 다른 한 음의 실근

(2) 서로 다른 두 개의 양의 실근과 한 개의 음의 실근

(3) 서로 다른 두 개의 음의 실근과 한 개의 양의 실근

(4) 한 개의 양의 실근과 두 개의 허근

275 두 함수 $f(x) = 2x^3 - 5x^2 - 3x$, $g(x) = x^3 - 3x^2 + x - a$에 대하여 방정식 $f(x) = g(x)$가 서로 다른 두 개의 양의 실근과 한 개의 음의 실근을 갖도록 하는 정수 a의 개수를 구하시오.

필수 **30** 모든 실수 x에 대하여 성립하는 부등식

다음 물음에 답하시오.

(1) 모든 실수 x에 대하여 부등식 $x^4-32x+a\geq0$이 성립하도록 하는 실수 a의 값의 범위를 구하시오.

(2) 두 함수 $f(x)=3x^4-6x^3+5x^2+a$, $g(x)=2x^3-x^2+10$에 대하여 부등식 $f(x)\geq g(x)$가 항상 성립하도록 하는 실수 a의 값의 범위를 구하시오.

풀이

(1) $f(x)=x^4-32x+a$라 하면 $f'(x)=4x^3-32=4(x-2)(x^2+2x+4)$

$f'(x)=0$에서 $x=2$ $(\because x^2+2x+4>0)$

함수 $f(x)$의 증가와 감소를 표로 나타내면 오른쪽과 같다.

따라서 함수 $f(x)$는 $x=2$에서 최솟값 $a-48$을 가지므로

모든 실수 x에 대하여 $f(x)\geq0$이 성립하려면

$a-48\geq0$

$\therefore a\geq48$

x	$\cdots$	2	$\cdots$
$f'(x)$	$-$	0	$+$
$f(x)$	$\searrow$	$a-48$	$\nearrow$

(2) 부등식 $f(x)\geq g(x)$가 항상 성립하려면 모든 실수 x에 대하여 $f(x)-g(x)\geq0$이어야 한다.

$h(x)=f(x)-g(x)$라 하면 $h(x)=3x^4-8x^3+6x^2+a-10$

$\therefore h'(x)=12x^3-24x^2+12x=12x(x-1)^2$

$h'(x)=0$에서 $x=0$ 또는 $x=1$

함수 $h(x)$의 증가와 감소를 표로 나타내면 오른쪽과 같다.

따라서 함수 $h(x)$는 $x=0$에서 최솟값 $a-10$을 가지므로 모든 실수 x에 대하여 $h(x)\geq0$이 성립하려면

$a-10\geq0$ $\therefore a\geq10$

x	$\cdots$	0	$\cdots$	1	$\cdots$
$h'(x)$	$-$	0	$+$	0	$+$
$h(x)$	$\searrow$	$a-10$	$\nearrow$	$a-9$	$\nearrow$

KEY Point

• 모든 실수 x에 대하여 부등식 $f(x)\geq0$이 성립한다.

⇨ ($f(x)$의 최솟값)≥0임을 보인다.

● 정답 및 풀이 **80**쪽

확인체크 276 모든 실수 x에 대하여 부등식 $x^4-2x^2+a\geq0$이 성립하도록 하는 실수 a의 값의 범위를 구하시오.

277 두 함수 $f(x)=x^4-\dfrac{1}{3}x^3+k$, $g(x)=5x^3-6x^2$에 대하여 $y=f(x)$의 그래프가 $y=g(x)$의 그래프보다 항상 위쪽에 있도록 하는 실수 k의 값의 범위를 구하시오.

필수 31 주어진 구간에서 성립하는 부등식

다음 물음에 답하시오.

(1) $x \geq 0$일 때, 부등식 $x^3 - 3x^2 + a \geq 0$이 성립하도록 하는 실수 a의 값의 범위를 구하시오.

(2) 두 함수 $f(x) = x^3 - x^2 - x + 1$, $g(x) = -x^2 + 2x + a$에 대하여 구간 $[0, 2]$에서 부등식 $f(x) \geq g(x)$가 성립하도록 하는 실수 a의 값의 범위를 구하시오.

풀이

(1) $f(x) = x^3 - 3x^2 + a$라 하면 $f'(x) = 3x^2 - 6x = 3x(x-2)$

$f'(x) = 0$에서 $x = 0$ 또는 $x = 2$

$x \geq 0$일 때, 함수 $f(x)$의 증가와 감소를 표로 나타내면 오른쪽과 같다.

따라서 $x \geq 0$일 때, 함수 $f(x)$는 $x = 2$에서 최솟값 $a - 4$를 가지므로 부등식 $f(x) \geq 0$이 성립하려면

$a - 4 \geq 0$ $\therefore \boldsymbol{a \geq 4}$

x	0	$\cdots$	2	$\cdots$
$f'(x)$		$-$	0	$+$
$f(x)$	a	$\searrow$	$a-4$	$\nearrow$

(2) $f(x) \geq g(x)$에서 $f(x) - g(x) \geq 0$

$h(x) = f(x) - g(x)$라 하면 $h(x) = x^3 - 3x + 1 - a$

$\therefore h'(x) = 3x^2 - 3 = 3(x+1)(x-1)$

$h'(x) = 0$에서 $x = -1$ 또는 $x = 1$

$0 \leq x \leq 2$일 때, 함수 $h(x)$의 증가와 감소를 표로 나타내면 오른쪽과 같다.

따라서 $0 \leq x \leq 2$일 때, 함수 $h(x)$는 $x = 1$에서 최솟값 $-1-a$를 가지므로 부등식 $h(x) \geq 0$이 성립하려면

$-1 - a \geq 0$ $\therefore \boldsymbol{a \leq -1}$

x	0	$\cdots$	1	$\cdots$	2
$h'(x)$		$-$	0	$+$	
$h(x)$	$1-a$	$\searrow$	$-1-a$	$\nearrow$	$3-a$

● 정답 및 풀이 **81쪽**

278 $x > 1$일 때, 부등식 $x^3 + 9x + a > 6x^2 + 6$이 성립하도록 하는 실수 a의 값의 범위를 구하시오.

279 두 함수 $f(x) = 5x^3 - 10x^2 + k$, $g(x) = 5x^2 + 2$에 대하여 $0 < x < 3$일 때, 부등식 $f(x) \geq g(x)$가 성립하도록 하는 실수 k의 최솟값을 구하시오.

280 $-2 < x < 2$일 때, 부등식 $x^3 - 12x + a > 0$이 성립하도록 하는 실수 a의 최솟값을 구하시오.

STEP 1

281 두 함수 $f(x)=x^4+4x^3-4x^2+3$, $g(x)=-x^4+4x^2-2$에 대하여 방정식 $f(x)=2g(x)$의 서로 다른 실근의 개수를 구하시오.

282 두 곡선 $y=x^3-2x^2-6x+2$, $y=x^2+3x+a$가 서로 다른 세 점에서 만나도록 하는 정수 a의 최댓값을 구하시오.

283 방정식 $x^3-27x-a=0$이 한 개의 음의 실근과 서로 다른 두 개의 양의 실근을 갖도록 하는 정수 a의 개수를 구하시오.

284 모든 실수 x에 대하여 부등식 $x^4+3x^3+k \geq -x^3+16x$가 성립하도록 하는 실수 k의 최솟값을 구하시오.

모든 실수 x에 대하여 부등식 $f(x) \geq 0$이 성립하려면 $(f(x)$의 최솟값$) \geq 0$

평가원 기출

285 두 함수
$$f(x)=x^3-x+6, \ g(x)=x^2+a$$
가 있다. $x \geq 0$인 모든 실수 x에 대하여 부등식
$$f(x) \geq g(x)$$
가 성립할 때, 실수 a의 최댓값은?

① 1　　　② 2　　　③ 3　　　④ 4　　　⑤ 5

286 $0<x<1$일 때, 부등식 $4x^3-2x^2-4x+3>x^2+2x+a$가 성립하도록 하는 실수 a의 값의 범위를 구하시오.

함수 $f(x)$에 대하여 어떤 구간에서 $f'(x)<0$이면 $f(x)$는 이 구간에서 감소함을 이용한다.

STEP 2

287 미분가능한 함수 $y=f(x)$의 도함수 $y=f'(x)$의 그래프가 오른쪽 그림과 같다. $f(a)=-2$, $f(b)=2$, $f(c)=1$일 때, 방정식 $2f(x)-3=0$의 서로 다른 실근의 개수를 구하시오.

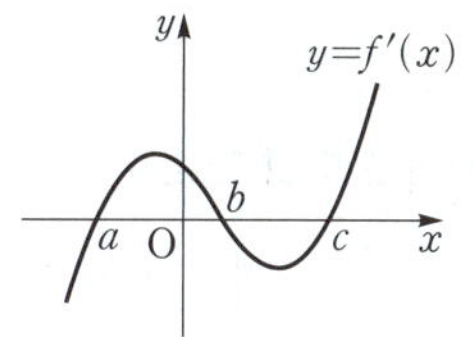

288 두 함수 $f(x)=3x^3-x^2-3x$, $g(x)=x^3-4x^2+9x+a$에 대하여 방정식 $f(x)=g(x)$의 서로 다른 양의 실근의 개수를 $N(a)$라 할 때, $N(a)=2$를 만족시키는 정수 a의 개수를 구하시오.

교육청 기출

289 자연수 a에 대하여 두 함수
$$f(x)=-x^4-2x^3-x^2,\ g(x)=3x^2+a$$
가 있다. 다음을 만족시키는 a의 값을 구하시오.

> 모든 실수 x에 대하여 부등식
> $$f(x)\le 12x+k\le g(x)$$
> 를 만족시키는 자연수 k의 개수는 3이다.

실력 UP⁺

290 최고차항의 계수가 3인 삼차함수 $f(x)$가 다음 조건을 만족시킬 때, $f(-3)$의 값을 구하시오.

> (가) 모든 실수 x에 대하여 $f(-x)=-f(x)$이다.
> (나) 방정식 $|f(x)|=6$의 서로 다른 실근의 개수가 4이다.

291 함수 $f(x)=2x^3-6ax-3a$가 극값을 갖고, 방정식 $f(x)=0$이 오직 한 개의 실근을 갖도록 하는 실수 a의 값의 범위를 구하시오.

생각해 봅시다!

$2f(x)-3=0$에서
$$f(x)=\frac{3}{2}$$

$N(a)=2$
⇨ 서로 다른 양의 실근이 2개

삼차함수 $f(x)$가 극값을 갖는다.
⟺ 이차방정식 $f'(x)=0$
이 서로 다른 두 실근을 갖는다.

143

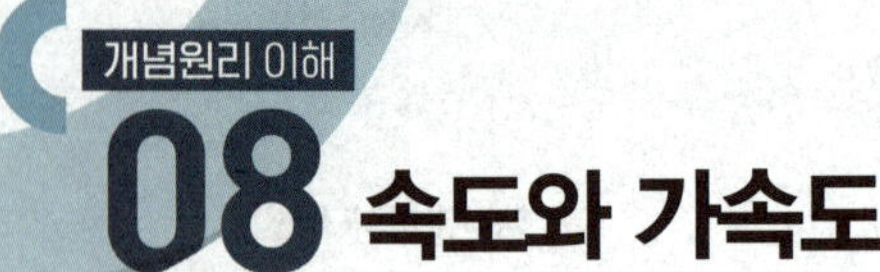

08 속도와 가속도

❶ 수직선 위를 움직이는 점의 속도와 가속도 ⌒필수 32

수직선 위를 움직이는 점 P의 시각 t에서의 위치를 x라 하면 x는 t에 대한 함수이므로 $x=f(t)$와 같이 나타낼 수 있다.

(1) **평균 속도**

시각이 t에서 $t+\Delta t$까지 변할 때, 점 P의 평균 속도는

$$\frac{\Delta x}{\Delta t}=\frac{f(t+\Delta t)-f(t)}{\Delta t} \quad \leftarrow \text{함수 } x=f(t)\text{의 평균변화율}$$

(2) **속도**

시각 t에서의 점 P의 위치 x의 순간변화율을 시각 t에서의 점 P의 속도라 하고, 보통 v로 나타낸다. 즉 속도 v는

$$v=\lim_{\Delta t \to 0}\frac{\Delta x}{\Delta t}=\lim_{\Delta t \to 0}\frac{f(t+\Delta t)-f(t)}{\Delta t}=\frac{dx}{dt}=f'(t)$$

(3) **가속도**

시각 t에서의 점 P의 속도 v의 순간변화율을 시각 t에서의 점 P의 가속도라 하고, 보통 a로 나타낸다. 즉 가속도 a는

$$a=\lim_{\Delta t \to 0}\frac{\Delta v}{\Delta t}=\frac{dv}{dt}$$

▶ ① $(\text{평균 속도})=\dfrac{(\text{위치의 변화량})}{(\text{시간의 변화량})}$

② 속도 v의 절댓값 $|v|$를 시각 t에서의 점 P의 속도의 크기 또는 속력이라 하고, $|a|$를 가속도의 크기라 한다.

예제 ▶ 수직선 위를 움직이는 점 P의 시각 t에서의 위치 x가 $x=t^3-t^2-2t$일 때, $t=3$에서의 점 P의 속도와 가속도를 구하시오.

풀이 시각 t에서의 점 P의 속도를 v, 가속도를 a라 하면

$$v=\frac{dx}{dt}=3t^2-2t-2, \; a=\frac{dv}{dt}=6t-2$$

따라서 시각 $t=3$에서의 점 P의 속도는 $27-6-2=19$, 가속도는 $18-2=16$이다.

참고 수직선 위를 움직이는 점 P의 속도 v의 부호는 운동 방향을 의미한다.
① $v>0$이면 점 P는 양의 방향으로 움직인다.
② $v=0$이면 점 P는 운동 방향을 바꾸거나 정지한다.
③ $v<0$이면 점 P는 음의 방향으로 움직인다.

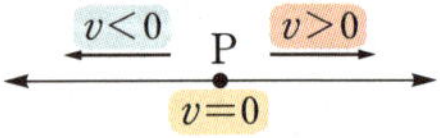

2 **시각에 대한 길이, 넓이, 부피의 변화율** 필수 35~37

어떤 물체의 시각 t에서의 길이가 l, 넓이가 S, 부피가 V이고 시간이 Δt만큼 경과하는 동안 길이,
넓이, 부피가 각각 Δl, ΔS, ΔV만큼 변할 때

(1) 시각 t에서의 길이 l의 변화율은

$$\lim_{\Delta t \to 0} \frac{\Delta l}{\Delta t} = \frac{dl}{dt}$$

(2) 시각 t에서의 넓이 S의 변화율은

$$\lim_{\Delta t \to 0} \frac{\Delta S}{\Delta t} = \frac{dS}{dt}$$

(3) 시각 t에서의 부피 V의 변화율은

$$\lim_{\Delta t \to 0} \frac{\Delta V}{\Delta t} = \frac{dV}{dt}$$

> 시각 t에서의 변화율은 $\Delta t \to 0$일 때의 평균변화율의 극한값, 즉 순간변화율을 뜻한다.

예제 ▶ 한 모서리의 길이가 3 cm인 정육면체의 각 모서리의 길이가 매초 1 cm씩 길어질 때, 정육면체의 한 모
서리의 길이의 변화율, 겉넓이의 변화율, 부피의 변화율을 구하시오.

풀이 t초 후의 정육면체의 한 모서리의 길이를 l cm, 겉넓이를 S cm², 부피를 V cm³라 하면

$$l = 3 + t,$$
$$S = 6(3+t)^2 = 6t^2 + 36t + 54,$$
$$V = (3+t)^3 = t^3 + 9t^2 + 27t + 27$$

따라서 길이 l의 변화율은

$$\frac{dl}{dt} = (3+t)' = 1 \, (\text{cm/s})$$

겉넓이 S의 변화율은

$$\frac{dS}{dt} = (6t^2 + 36t + 54)' = 12t + 36 \, (\text{cm}^2/\text{s})$$

부피 V의 변화율은

$$\frac{dV}{dt} = (t^3 + 9t^2 + 27t + 27)' = 3t^2 + 18t + 27 \, (\text{cm}^3/\text{s})$$

필수 32 수직선 위를 움직이는 점의 속도와 가속도

수직선 위를 움직이는 점 P의 시각 t에서의 위치 x가 $x=t^3-3t^2$일 때, 다음을 구하시오.

(1) $t=3$에서의 점 P의 속도와 가속도

(2) 점 P가 운동 방향을 바꿀 때의 위치

설명 (2) 점 P가 운동 방향을 바꿀 때의 속도는 **0**이다.

풀이 (1) 시각 t에서의 점 P의 속도를 v, 가속도를 a라 하면

$$v=\frac{dx}{dt}=3t^2-6t,\ a=\frac{dv}{dt}=6t-6$$

따라서 $t=3$에서의 점 P의 **속도**는 $27-18=\mathbf{9}$

가속도는 $18-6=\mathbf{12}$

(2) 점 P가 운동 방향을 바꿀 때의 속도는 0이므로 $v=0$에서

$$3t^2-6t=0,\qquad t(t-2)=0$$
$$\therefore t=2\ (\because t>0)$$

따라서 $t=2$에서의 점 P의 위치는

$$8-12=\mathbf{-4}$$

KEY Point

• 수직선 위를 움직이는 점 P의 시각 t에서의 위치 x가 $x=f(t)$일 때, 시각 t에서의 점 P의

① 속도 $v=\dfrac{dx}{dt}=f'(t)$　　　　② 가속도 $a=\dfrac{dv}{dt}$

● 정답 및 풀이 **85쪽**

292 수직선 위를 움직이는 점 P의 시각 t에서의 위치 x가 $x=2t^3-9t^2+12t$이다. 점 P의 속도가 72일 때의 점 P의 가속도를 구하시오.

293 수직선 위를 움직이는 점 P의 시각 t에서의 위치 x가 $x=\dfrac{1}{3}t^3-\dfrac{7}{2}t^2+6t$이다. 점 P가 운동 방향을 두 번째로 바꿀 때의 위치와 가속도를 각각 구하시오.

• 더 다양한 문제는 **RPM** 미적분 I 87쪽

 **33** **위로 던진 물체의 위치와 속도**

지상 25 m의 높이에서 20 m/s의 속도로 지면과 수직하게 위로 던진 돌의 t초 후의 높이를 x m라 하면 $x=25+20t-5t^2$인 관계가 성립한다고 한다. 다음을 구하시오.

(1) 돌을 던지고 3초 후의 돌의 속도와 가속도

(2) 돌이 최고 높이에 도달할 때까지 걸린 시간

(3) 돌의 최고 높이

(4) 돌이 지면에 떨어지는 순간의 속도

설명 (2) 위로 던진 물체가 최고 높이에 도달하면 운동 방향이 바뀌므로 이때의 속도는 0이다.

풀이 t초 후의 돌의 속도를 v, 가속도를 a라 하면

$$v=\frac{dx}{dt}=20-10t\,(\mathrm{m/s}),\ a=\frac{dv}{dt}=-10\,(\mathrm{m/s^2})$$

(1) 3초 후의 돌의 **속도**는　　　$20-30=\mathbf{-10\,(m/s)}$

　　가속도는　　　$\mathbf{-10\,(m/s^2)}$

(2) 돌이 최고 높이에 도달하는 순간의 속도는 0이므로 $v=0$에서

　　　$20-10t=0$　　　$\therefore t=2$

　　따라서 돌이 최고 높이에 도달할 때까지 걸린 시간은 **2초**이다.

(3) (2)에서 돌이 최고 높이에 도달하는 것은 2초 후이므로 돌의 최고 높이는

　　　$25+40-20=\mathbf{45\,(m)}$

(4) 돌이 지면에 떨어지는 순간의 높이는 0이므로 $x=0$에서

　　　$25+20t-5t^2=0$,　　　$(t+1)(t-5)=0$

　　　$\therefore t=5\ (\because t>0)$

　　따라서 5초 후의 돌의 속도는　　　$20-50=\mathbf{-30\,(m/s)}$

● 정답 및 풀이 **85쪽**

 **294** 지면에서 20 m/s의 속도로 지면과 수직하게 쏘아 올린 물로켓의 t초 후의 높이를 x m라 하면 $x=20t-5t^2$인 관계가 성립한다고 한다. 물로켓이 지면에 떨어질 때의 속도를 구하시오.

295 지상 40 m의 높이에서 50 m/s의 속도로 지면과 수직하게 위로 던진 공의 t초 후의 높이를 x m라 하면 $x=40+50t-at^2$인 관계가 성립한다고 한다. 공이 최고 높이에 도달하는 데 걸린 시간이 5초일 때, 공이 도달하는 최고 높이를 구하시오. (단, a는 상수이다.)

● 더 다양한 문제는 **RPM** 미적분Ⅰ 87, 89쪽

필수 **34** 위치, 속도의 그래프의 해석

원점을 출발하여 수직선 위를 움직이는 점 P의 시각 t에서의 속도 $v(t)$의 그래프가 오른쪽 그림과 같을 때, 보기에서 옳은 것만을 있는 대로 고르시오.

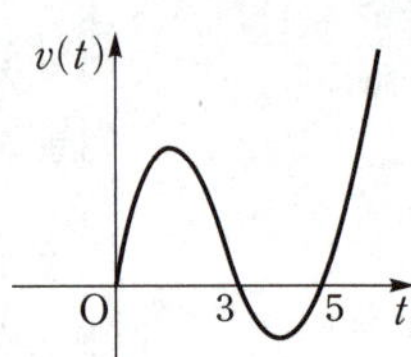

> **보기**
>
> ㄱ. $t=3$일 때, 점 P는 운동 방향을 바꾼다.
> ㄴ. $t=2$일 때, 점 P는 양의 방향으로 움직인다.
> ㄷ. $t=5$일 때, 점 P의 가속도는 0이다.

 **설명** 가속도는 속도의 순간변화율이므로 $t=a$에서의 가속도는 $v(t)$의 그래프 위의 $t=a$인 점에서의 접선의 기울기와 같다.

풀이 ㄱ. $t=3$에서 점 P의 속도가 0이고, 속도가 양($+$)에서 음($-$)으로 바뀌므로 점 P의 운동 방향이 바뀐다. (참)

ㄴ. $v(2)>0$이므로 $t=2$에서 점 P는 양의 방향으로 움직인다. (참)

ㄷ. 속도 $v(t)$의 그래프 위의 점 $(5, 0)$에서의 접선의 기울기가 양수이므로 $t=5$에서의 점 P의 가속도는 양수이다. (거짓)

이상에서 옳은 것은 ㄱ, ㄴ이다.

● 정답 및 풀이 **86**쪽

 **296** 수직선 위를 움직이는 점 P의 시각 t $(0 \le t \le 10)$에서의 속도 $v(t)$의 그래프가 오른쪽 그림과 같을 때, 점 P의 운동 방향은 몇 번 바뀌는지 구하시오.

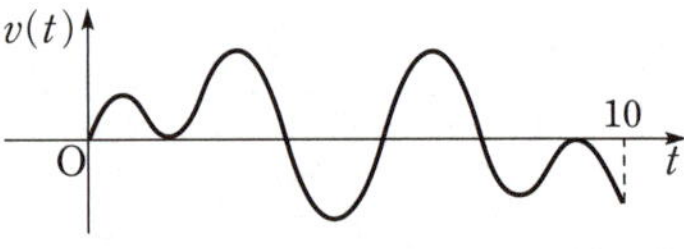

297 수직선 위를 움직이는 점 P의 시각 t에서의 위치 $x(t)$의 그래프가 오른쪽 그림과 같을 때, 보기에서 옳은 것만을 있는 대로 고르시오.

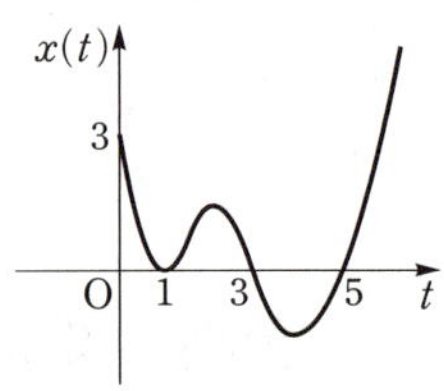

> **보기**
>
> ㄱ. $t=3$일 때, 점 P는 운동 방향을 바꾼다.
> ㄴ. $t=5$일 때, 점 P의 속도는 0이다.
> ㄷ. $0<t<5$에서 점 P는 세 번 멈춘다.

148

필수 35 시각에 대한 길이의 변화율

오른쪽 그림과 같이 키가 1.5 m인 지원이가 3 m
높이의 가로등 바로 밑에서 출발하여 일직선으로
매초 2 m의 일정한 속도로 걸어갈 때, 다음을 구하
시오.

(1) 지원이의 그림자의 머리끝이 움직이는 속도

(2) 지원이의 그림자의 길이의 변화율

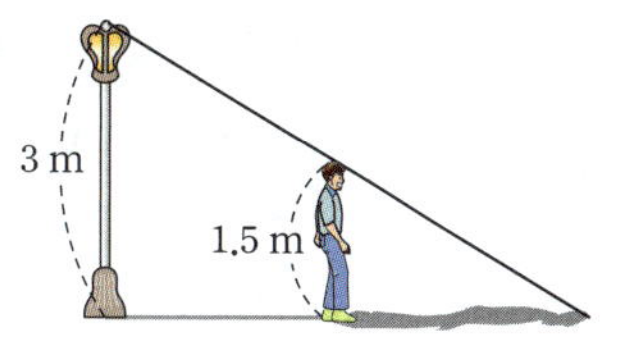

설명 (1) 삼각형의 닮음을 이용하여 가로등 바로 밑에서부터 그림자의 머리끝까지의 거리를 시간 t에 대한 식으로 나타
낸 후 미분하여 속도를 구한다.

(2) 그림자의 길이를 시간 t에 대한 식으로 나타낸 후 미분하여 길이의 변화율을 구한다.

풀이 (1) 지원이가 t초 동안 움직인 거리는 $2t$ m

이때 t초 후의 가로등 바로 밑에서부터 지원이의 그림자의 머
리끝까지의 거리를 x m라 하면 오른쪽 그림에서
$\triangle POC \backsim \triangle ABC$ (AA 닮음)이므로

$$3 : 1.5 = x : (x-2t), \qquad 1.5x = 3(x-2t)$$
$$1.5x = 6t \qquad \therefore \ x = 4t$$

따라서 그림자의 머리끝이 움직이는 속도는 $\dfrac{dx}{dt} = 4\,(\text{m/s})$

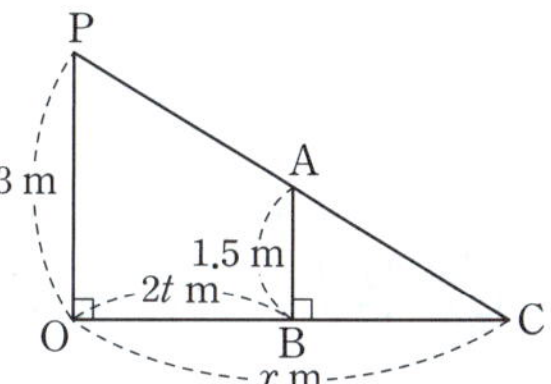

(2) t초 후의 그림자의 길이를 l m라 하면

$$l = \overline{BC} = \overline{OC} - \overline{OB} = x - 2t = 4t - 2t = 2t$$

따라서 그림자의 길이의 변화율은 $\dfrac{dl}{dt} = 2\,(\text{m/s})$

• 정답 및 풀이 **86**쪽

 **298** 한 변의 길이가 10 cm인 정삼각형의 각 변의 길이가 매초 6 cm씩 길어질 때, 이 정삼각형
의 높이의 변화율을 구하시오.

299 키가 1.6 m인 민지가 4 m 높이의 가로등 바로 밑에서 출발하여
일직선으로 매초 1.8 m의 일정한 속도로 걸어갈 때, 다음을 구하
시오.

(1) 민지의 그림자의 머리끝이 움직이는 속도

(2) 민지의 그림자의 길이의 변화율

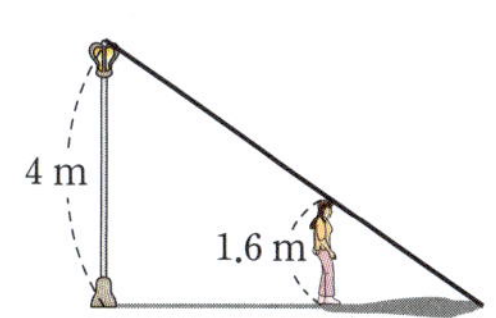

● 더 다양한 문제는 RPM 미적분 I 88쪽

필수 36 시각에 대한 넓이의 변화율

잔잔한 호수에 돌을 던지면 동심원 모양의 원이 생긴다. 가장 바깥쪽 원의 반지름의 길이가 매초 20 cm씩 늘어날 때, 돌을 던지고 나서 3초 후의 가장 바깥쪽 원의 넓이의 변화율을 구하시오.

풀이 가장 바깥쪽 원의 반지름의 길이가 1초마다 20 cm씩 늘어나므로 t초 후의 가장 바깥쪽 원의 반지름의 길이는 $20t$ cm

t초 후의 가장 바깥쪽 원의 넓이를 S cm²라 하면

$$S=\pi \times (20t)^2 = 400\pi t^2 \qquad \therefore \ \frac{dS}{dt}=800\pi t \ (\mathrm{cm^2/s})$$

따라서 3초 후의 가장 바깥쪽 원의 넓이의 변화율은 $800\pi \times 3 = \mathbf{2400\pi \ (cm^2/s)}$

● 더 다양한 문제는 RPM 미적분 I 89쪽

필수 37 시각에 대한 부피의 변화율

반지름의 길이가 2 cm인 구 모양의 풍선에 공기를 넣어서 반지름의 길이가 매초 1 cm씩 늘어나고 있다. 풍선의 반지름의 길이가 6 cm가 되었을 때, 풍선의 부피의 변화율을 구하시오. (단, 풍선은 구 모양을 유지한다.)

풀이 풍선에 공기를 넣기 시작하고 t초 후의 풍선의 반지름의 길이는 $(2+t)$ cm

t초 후의 풍선의 부피를 V cm³라 하면

$$V=\frac{4}{3}\pi(2+t)^3 \qquad \therefore \ \frac{dV}{dt}=\frac{4}{3}\pi \times 3(2+t)^2=4\pi(t+2)^2 \ (\mathrm{cm^3/s})$$

한편 풍선의 반지름의 길이가 6 cm가 되는 순간의 시각은 $2+t=6$에서 $t=4$

따라서 4초 후의 풍선의 부피의 변화율은 $4\pi \times 6^2 = \mathbf{144\pi \ (cm^3/s)}$

● 정답 및 풀이 86쪽

300 가로의 길이가 9 cm, 세로의 길이가 4 cm인 직사각형이 있다. 이 직사각형의 가로의 길이가 매초 0.2 cm, 세로의 길이가 매초 0.3 cm씩 늘어날 때, 직사각형이 정사각형이 되는 순간의 직사각형의 넓이의 변화율을 구하시오.

301 밑면의 반지름의 길이가 20 cm, 높이가 5 cm인 원기둥이 있다. 이 원기둥의 밑면의 반지름의 길이가 매초 0.2 cm씩 줄어들고, 높이는 매초 0.5 cm씩 늘어난다고 할 때, 10초 후의 원기둥의 부피의 변화율을 구하시오.

150

STEP 1

302 원점을 출발하여 수직선 위를 움직이는 점 P의 시각 t에서의 위치 x가 $x=t^3-7t^2+12t$일 때, 점 P가 마지막으로 원점을 지날 때의 속도를 구하시오.

교육청 기출

303 수직선 위를 움직이는 점 P의 시각 t $(t>0)$에서의 위치 $x(t)$가

$$x(t)=\frac{3}{2}t^4-8t^3+15t^2-12t$$

이다. 점 P의 운동 방향이 바뀌는 순간 점 P의 가속도를 구하시오.

점 P가 운동 방향을 바꿀 때의 속도는 0이다.

304 높이가 20 m인 건물의 옥상에서 10 m/s의 속도로 지면과 수직하게 위로 쏘아 올린 장난감 로켓의 t초 후의 높이를 x m라 하면 $x=20+10t-5t^2$인 관계가 성립한다고 한다. 장난감 로켓이 최고 높이에 도달할 때까지 걸린 시간을 α초, 그때의 높이를 β m라 할 때, $\alpha+\beta$의 값을 구하시오.

로켓이 최고 높이에 도달하면 운동 방향이 바뀌므로 이때의 속도는 0이다.

305 원점을 출발하여 수직선 위를 움직이는 점 P의 시각 t $(t\geq0)$에서의 속도 $v(t)$의 그래프가 오른쪽 그림과 같을 때, 보기에서 옳은 것만을 있는 대로 고르시오.

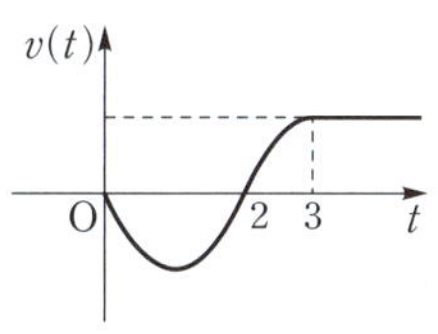

보기

ㄱ. $2<t<3$에서 점 P는 양의 방향으로 움직인다.
ㄴ. $t=1$일 때와 $t=3$일 때의 점 P의 운동 방향이 서로 반대이다.
ㄷ. $t=4$일 때, 점 P의 가속도는 0이다.

STEP 2

306 수직선 위를 움직이는 점 P의 시각 t에서의 위치 x가 $x=\frac{1}{3}t^3-4t^2+10t$일 때, $0\leq t\leq5$에서 점 P의 속력의 최댓값을 구하시오.

(속력)=(속도의 크기)
$=|속도|$

151

생각해 봅시다! 

307 [수능] 기출

수직선 위를 움직이는 두 점 P, Q의 시각 t $(t \geq 0)$에서의 위치 x_1, x_2가

$$x_1 = t^3 - 2t^2 + 3t, \ x_2 = t^2 + 12t$$

이다. 두 점 P, Q의 속도가 같아지는 순간 두 점 P, Q 사이의 거리를 구하시오.

308 직선 도로를 달리는 어떤 자동차의 운전자가 90 m 앞의 정지선을 발견하고 브레이크를 밟았다. 브레이크를 밟은 후 t초 동안 달린 거리를 x m라 하면 $x = 36t - at^2$인 관계가 성립할 때, 자동차가 정지선을 넘지 않고 멈추기 위한 양수 a의 최솟값을 구하시오.

309 수직선 위를 움직이는 점 P의 시각 t $(t \geq 0)$에서의 위치 x가

$$x = t^3 - 8t^2 + at - 1$$

일 때, 점 P의 운동 방향이 한 번도 바뀌지 않도록 하는 자연수 a의 최솟값을 구하시오.

실력 UP⁺

310 오른쪽 그림과 같이 반지름의 길이가 5인 반구 모양의 물탱크에 물을 넣는다. 수면의 높이가 매분 1씩 올라갈 때, 물을 넣기 시작한 지 2분 후의 수면의 넓이의 변화율을 구하시오.

t분 후의 수면의 넓이를 t에 대한 식으로 나타낸다.

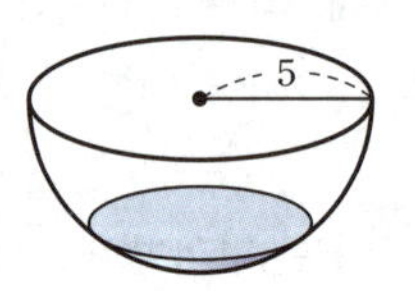

311 오른쪽 그림과 같이 밑면의 반지름의 길이가 6 cm, 높이가 24 cm인 원뿔 모양의 그릇이 있다. 이 그릇에 수면의 높이가 매초 2 cm씩 올라가도록 물을 넣을 때, 수면의 높이가 8 cm가 되는 순간의 물의 부피의 변화율은 $k\pi$ cm³/s이다. 상수 k의 값을 구하시오.

밑면의 반지름의 길이가 r, 높이가 h인 원뿔의 부피는
$$\frac{1}{3}\pi r^2 h$$

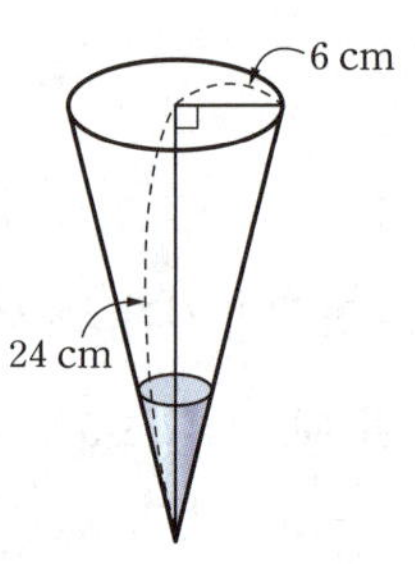

Ⅲ 적분

1 부정적분

↓

2 정적분

↓

3 정적분의 활용

이 단원에서는

미분의 역연산으로써 부정적분을 이해하고, 다항함수의 미분법과 함수의 실수배, 합, 차
의 부정적분을 이용하여 다항함수의 부정적분을 구하는 방법을 학습합니다.

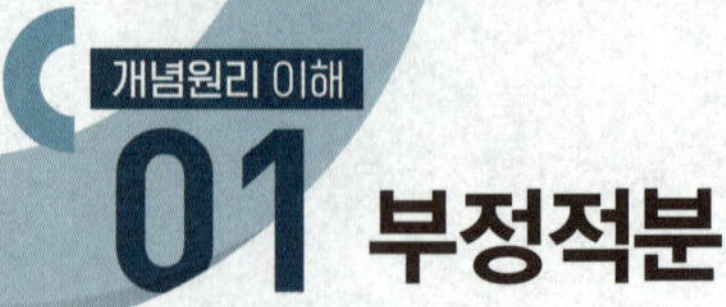

01 부정적분

1 부정적분 ∽ 필수 01

> (1) 함수 $F(x)$의 도함수가 $f(x)$일 때, 즉 $F'(x)=f(x)$일 때 $F(x)$를 $f(x)$의 **부정적분** 또는 원시함수라 하고, 기호로
> $$\int f(x)dx$$
> 와 같이 나타낸다.
>
> (2) 함수 $f(x)$의 한 부정적분을 $F(x)$라 하면
> $$\int f(x)dx=F(x)+C \ (C는 \ 상수)$$
> 와 같이 나타낼 수 있다. 이때 C를 **적분상수**, x를 **적분변수**, 함수 $f(x)$를 **피적분함수**라 한다.
>
> (3) 함수 $f(x)$의 부정적분을 구하는 것을 $f(x)$를 적분한다고 하고, 그 계산법을 **적분법**이라 한다.

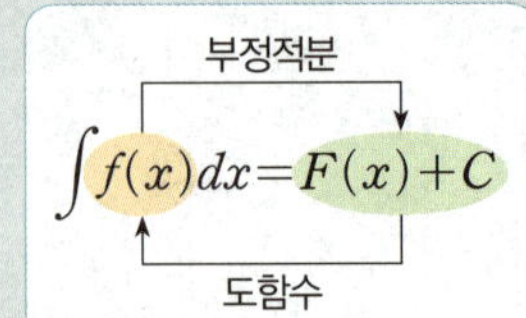

▶ ① '부정'은 어느 하나로 정할 수 없다는 뜻이다.

② $\int f(x)dx$를 '$f(x)$의 부정적분' 또는 '인티그럴(integral) $f(x)dx$'라 읽는다.

③ '$F(x)$는 함수 $f(x)$의 한 부정적분이다.'와 '$f(x)$는 함수 $F(x)$의 도함수이다.'는 서로 같은 표현이다. 즉 부정적분은 미분의 역연산이다.

④ $\int f(x)dx$에서 dx는 x에 대하여 적분한다는 뜻이므로 x 이외의 문자는 모두 상수로 생각한다.

설명 (2) $(x^2)'=2x$, $(x^2+1)'=2x$, $(x^2-2)'=2x$이므로 함수 x^2, x^2+1, x^2-2는 모두 함수 $2x$의 부정적분이다.
이처럼 함수 $2x$의 부정적분은 여러 개가 존재하고 상수항만 다르므로 함수 $2x$의 모든 부정적분을
x^2+C (C는 상수)와 같이 나타낼 수 있다.
일반적으로 함수 $f(x)$의 한 부정적분을 $F(x)$라 하면 함수 $f(x)$의 부정적분은
  $F(x)+C$ (C는 상수)
와 같이 나타낼 수 있다. 이를 도함수의 성질을 이용하여 확인해 보자.
두 함수 $F(x)$, $G(x)$가 모두 $f(x)$의 부정적분이라 하면
  $F'(x)=f(x)$, $G'(x)=f(x)$
이므로
  $\{G(x)-F(x)\}'=G'(x)-F'(x)=f(x)-f(x)=0$
이때 도함수가 0인 함수는 상수함수이므로 그 상수를 C라 하면
  $G(x)-F(x)=C$, 즉 $G(x)=F(x)+C$
따라서 함수 $f(x)$의 한 부정적분을 $F(x)$라 하면 $f(x)$의 모든 부정적분은
  $F(x)+C$ (C는 상수)
와 같이 나타낼 수 있다. 즉
  $\int f(x)dx=F(x)+C$ (C는 적분상수)
이다.

보기 ▶ (1) $(5x)'=5$이므로 $\displaystyle\int 5\,dx=5x+C$

　　　 (2) $(x^4)'=4x^3$이므로 $\displaystyle\int 4x^3\,dx=x^4+C$

2 부정적분과 미분의 관계　🔗 필수 02

(1) $\dfrac{d}{dx}\left\{\displaystyle\int f(x)dx\right\}=f(x)$

(2) $\displaystyle\int\left\{\dfrac{d}{dx}f(x)\right\}dx=f(x)+C$ (단, C는 적분상수이다.)

▶ $f(x)\xrightarrow{\text{적분}하고\ 미분하면} f(x)$

　 $f(x)\xrightarrow{\text{미분}하고\ \text{적분}하면} f(x)+C$ (단, C는 적분상수이다.)

설명 (1) $f(x)$의 한 부정적분을 $F(x)$라 하면
$$\int f(x)dx=F(x)+C\ (\text{단, } C\text{는 적분상수이다.})$$
양변을 x에 대하여 미분하면
$$\frac{d}{dx}\left\{\int f(x)dx\right\}=\frac{d}{dx}\{F(x)+C\}$$
$$=\frac{d}{dx}F(x)=f(x)$$

(2) $\displaystyle\int\left\{\dfrac{d}{dx}f(x)\right\}dx=g(x)$로 놓고 양변을 x에 대하여 미분하면
$$\frac{d}{dx}f(x)=\frac{d}{dx}g(x)$$
$$\therefore\ \frac{d}{dx}\{g(x)-f(x)\}=0$$
따라서 $g(x)-f(x)=C$ (C는 상수)라 하면
$$g(x)=f(x)+C$$
$$\therefore\ \int\left\{\frac{d}{dx}f(x)\right\}dx=f(x)+C\ (\text{단, } C\text{는 적분상수이다.})$$

보기 ▶ (1) $\dfrac{d}{dx}\left\{\displaystyle\int(x^3+3x^2)dx\right\}=x^3+3x^2$

　　　 (2) $\displaystyle\int\left\{\dfrac{d}{dx}(x^3+3x^2)\right\}dx=x^3+3x^2+C$

주의　$\dfrac{d}{dx}\left\{\displaystyle\int f(x)dx\right\}\neq\displaystyle\int\left\{\dfrac{d}{dx}f(x)\right\}dx$

$F'(x)=f(x)$일 때 $F(x)$를 $f(x)$의 부정적분이라 한다.

312 함수 $5x^4$의 부정적분인 것만을 보기에서 있는 대로 고르시오.

> **보기**
>
> ㄱ. x^5 ㄴ. $-x^5$
>
> ㄷ. x^5+100 ㄹ. x^5+x

313 다음 부정적분을 구하시오.

$F'(x)=f(x)$일 때
$$\int f(x)dx=F(x)+C$$
(단, C는 적분상수이다.)

(1) $\displaystyle\int 7\,dx$ (2) $\displaystyle\int 6x\,dx$

(3) $\displaystyle\int 3x^2\,dx$ (4) $\displaystyle\int (-4x^3)\,dx$

314 다음 등식을 만족시키는 함수 $f(x)$를 구하시오.

(단, C는 적분상수이다.)

(1) $\displaystyle\int f(x)dx=2x+C$

(2) $\displaystyle\int f(x)dx=3x^2+x+C$

(3) $\displaystyle\int f(x)dx=4x^3-5x^2+11x+C$

315 다음을 계산하시오.

① $\dfrac{d}{dx}\left\{\displaystyle\int f(x)dx\right\}$
$=f(x)$

② $\displaystyle\int\left\{\dfrac{d}{dx}f(x)\right\}dx$
$=f(x)+C$
(단, C는 적분상수이다.)

(1) $\dfrac{d}{dx}\left\{\displaystyle\int (5x^2+x)dx\right\}$

(2) $\displaystyle\int\left\{\dfrac{d}{dx}(5x^2+x)\right\}dx$

필수 01 **부정적분의 정의**

다음 물음에 답하시오.

(1) 등식 $\int (6x^2+6x+a)dx=bx^3+cx^2+6x+C$를 만족시키는 상수 a, b, c에 대하여 $a+b+c$의 값을 구하시오. (단, C는 적분상수이다.)

(2) 등식 $\int (x-1)f(x)dx=x^3-2x^2+x+C$를 만족시키는 다항함수 $f(x)$를 구하시오. (단, C는 적분상수이다.)

풀이

(1) $6x^2+6x+a=(bx^3+cx^2+6x+C)'=3bx^2+2cx+6$

즉 $6=3b$, $6=2c$, $a=6$이므로

$a=6$, $b=2$, $c=3$ ∴ $a+b+c=\mathbf{11}$

(2) $(x-1)f(x)=(x^3-2x^2+x+C)'=3x^2-4x+1=(3x-1)(x-1)$

∴ $f(x)=\mathbf{3x-1}$

KEY Point

• $\int f(x)dx=F(x)+C$ (C는 적분상수)이면 $F'(x)=f(x)$

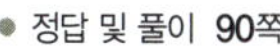
• 정답 및 풀이 **90**쪽

확인 체크

316 함수 $8x^3+ax^2-2x+1$의 부정적분 중 하나가 $bx^4+2x^3+cx^2+x$일 때, 상수 a, b, c에 대하여 abc의 값을 구하시오.

317 다항함수 $f(x)$에 대하여 $\int \left(\dfrac{1}{2}x-1\right)f(x)dx=\dfrac{1}{3}x^3-\dfrac{1}{4}x^2-3x+C$일 때, $f(2)$의 값을 구하시오. (단, C는 적분상수이다.)

318 두 함수 $f(x)=x^2+1$, $g(x)=x^3-2$에 대하여 $\int h(x)dx=f(x)g(x)$를 만족시키는 함수 $h(x)$를 구하시오.

 **02** **부정적분과 미분의 관계**

다음 물음에 답하시오.

(1) 다항함수 $f(x)$에 대하여 $\dfrac{d}{dx}\left\{\displaystyle\int xf(x)dx\right\}=5x^2-2x$일 때, $f(2)$의 값을 구하시오.

(2) 함수 $f(x)=\displaystyle\int\left\{\dfrac{d}{dx}(x^3-3x^2+2x)\right\}dx$에 대하여 $f(0)=1$일 때, $f(1)$의 값을 구하시오.

풀이

(1) $\dfrac{d}{dx}\left\{\displaystyle\int xf(x)dx\right\}=5x^2-2x$에서

$$xf(x)=5x^2-2x=x(5x-2)$$

따라서 $f(x)=5x-2$이므로

$$f(2)=\mathbf{8}$$

(2) $f(x)=\displaystyle\int\left\{\dfrac{d}{dx}(x^3-3x^2+2x)\right\}dx=x^3-3x^2+2x+C$

이때 $f(0)=1$이므로　$C=1$

따라서 $f(x)=x^3-3x^2+2x+1$이므로

$$f(1)=\mathbf{1}$$

KEY Point

- $\dfrac{d}{dx}\left\{\displaystyle\int f(x)dx\right\}=f(x)$ （그대로）

- $\displaystyle\int\left\{\dfrac{d}{dx}f(x)\right\}dx=f(x)+C$ （단, C는 적분상수이다.） （그대로）＋（적분상수）

● 정답 및 풀이 **90**쪽

 **319** 모든 실수 x에 대하여 $\dfrac{d}{dx}\displaystyle\int(x^2+ax-1)dx=bx^2+2x+c$가 성립할 때, 상수 a, b, c에 대하여 $a+b+c$의 값을 구하시오.

320 함수 $f(x)=\displaystyle\int\left\{\dfrac{d}{dx}(x^2+6x)\right\}dx$의 최솟값이 -4일 때, $f(2)$의 값을 구하시오.

필수 03 **부정적분과 미분의 관계를 이용하여 함수 구하기**

두 다항함수 $f(x)$, $g(x)$가

$$\frac{d}{dx}\{f(x)+g(x)\}=3, \quad \frac{d}{dx}\{f(x)-g(x)\}=4x$$

를 만족시키고 $f(0)=1$, $g(0)=-2$일 때, $f(2)+g(4)$의 값을 구하시오.

풀이 $\dfrac{d}{dx}\{f(x)+g(x)\}=3$에서

$$\int\left[\frac{d}{dx}\{f(x)+g(x)\}\right]dx=\int 3\,dx \qquad \therefore f(x)+g(x)=3x+C_1$$

양변에 $x=0$을 대입하면 $\qquad C_1=f(0)+g(0)=-1$

$$\therefore f(x)+g(x)=3x-1 \qquad \cdots\cdots \text{㉠}$$

$\dfrac{d}{dx}\{f(x)-g(x)\}=4x$에서

$$\int\left[\frac{d}{dx}\{f(x)-g(x)\}\right]dx=\int 4x\,dx \qquad \therefore f(x)-g(x)=2x^2+C_2$$

양변에 $x=0$을 대입하면 $\qquad C_2=f(0)-g(0)=3$

$$\therefore f(x)-g(x)=2x^2+3 \qquad \cdots\cdots \text{㉡}$$

㉠$+$㉡을 하면 $\qquad 2f(x)=2x^2+3x+2 \qquad \therefore f(x)=x^2+\dfrac{3}{2}x+1$

㉠$-$㉡을 하면 $\qquad 2g(x)=-2x^2+3x-4 \qquad \therefore g(x)=-x^2+\dfrac{3}{2}x-2$

$$\therefore f(2)+g(4)=8+(-12)=\mathbf{-4}$$

KEY Point

- 함수 $f(x)$에 대하여 $\dfrac{d}{dx}f(x)=g(x)$의 꼴이 주어지면 양변을 적분한다.

$$\Rightarrow \int\left\{\frac{d}{dx}f(x)\right\}dx=\int g(x)\,dx, \text{ 즉 } f(x)=\int g(x)\,dx$$

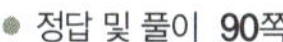

• 정답 및 풀이 **90**쪽

321 두 다항함수 $f(x)$, $g(x)$가 $f(x)+g(x)=x^2-x-1$, $\dfrac{d}{dx}\{f(x)-g(x)\}=-5$를 만족
시키고 $f(1)=0$일 때, $f(3)+g(-1)$의 값을 구하시오.

322 두 일차함수 $f(x)$, $g(x)$가

$$\frac{d}{dx}\{f(x)+g(x)\}=2, \quad \frac{d}{dx}\{f(x)g(x)\}=2x$$

를 만족시키고 $f(0)=3$, $g(0)=-3$일 때, $f(4)-g(3)$의 값을 구하시오.

02 부정적분의 계산

1 함수 $y=x^n$의 부정적분   ☞ 필수 04, 05

> n이 0 또는 양의 정수일 때
>
> $$\int x^n\,dx=\frac{1}{n+1}x^{n+1}+C \ (\text{단, } C\text{는 적분상수이다.})$$

설명 부정적분의 정의를 이용하면 다음과 같다.

$$\left(\frac{1}{2}x^2\right)'=x\text{이므로} \qquad \int x\,dx=\frac{1}{2}x^2+C$$

$$\left(\frac{1}{3}x^3\right)'=x^2\text{이므로} \qquad \int x^2\,dx=\frac{1}{3}x^3+C$$

$$\left(\frac{1}{4}x^4\right)'=x^3\text{이므로} \qquad \int x^3\,dx=\frac{1}{4}x^4+C$$

즉 n이 양의 정수일 때, $\left(\frac{1}{n+1}x^{n+1}\right)'=x^n$이므로

$$\int x^n\,dx=\frac{1}{n+1}x^{n+1}+C \ (C\text{는 적분상수})$$

이다. 또 $n=0$이면 $x^0=1$이고, $(x)'=1$에서 $\int 1\,dx=x+C$이므로

$$\int x^0\,dx=\int 1\,dx=\frac{1}{0+1}x^{0+1}+C$$

가 성립한다.

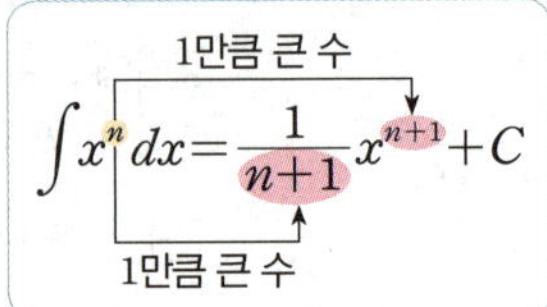

참고 $\int 1\,dx$는 간단히 $\int dx$로 나타내기도 한다.

보기 ▶ (1) $\int x^2\,dx=\dfrac{1}{2+1}x^{2+1}+C=\dfrac{1}{3}x^3+C$ (2) $\int x^7\,dx=\dfrac{1}{7+1}x^{7+1}+C=\dfrac{1}{8}x^8+C$

2 함수의 실수배, 합, 차의 부정적분   ☞ 필수 04, 05

> 두 함수 $f(x)$, $g(x)$가 부정적분을 가질 때
>
> (1) $\int kf(x)\,dx=k\int f(x)\,dx$ (단, k는 0이 아닌 실수이다.)
>
> (2) $\int\{f(x)+g(x)\}\,dx=\int f(x)\,dx+\int g(x)\,dx$
>
> (3) $\int\{f(x)-g(x)\}\,dx=\int f(x)\,dx-\int g(x)\,dx$

> ❯ (2), (3)은 세 개 이상의 함수에 대해서도 성립한다.

설명 두 함수 $f(x)$, $g(x)$의 한 부정적분을 각각 $F(x)$, $G(x)$라 하면

$$\int f(x)\,dx=F(x)+C_1, \ \int g(x)\,dx=G(x)+C_2 \ (C_1,\ C_2\text{는 적분상수})$$

이고 $F'(x)=f(x)$, $G'(x)=g(x)$이므로 다음이 성립한다.

(1) 0이 아닌 실수 k에 대하여 $\{kF(x)\}'=kF'(x)=kf(x)$이므로

$$\int kf(x)dx=kF(x)+C \ (C\text{는 적분상수}),$$

$$k\int f(x)dx=k\{F(x)+C_1\}=kF(x)+kC_1$$

이때 C, C_1은 임의의 상수이므로 $\quad \int kf(x)dx=k\int f(x)dx$

(2) $\{F(x)+G(x)\}'=F'(x)+G'(x)=f(x)+g(x)$이므로

$$\int\{f(x)+g(x)\}dx=F(x)+G(x)+C \ (C\text{는 적분상수}),$$

$$\int f(x)dx+\int g(x)dx=\{F(x)+C_1\}+\{G(x)+C_2\}=F(x)+G(x)+(C_1+C_2)$$

이때 C, C_1, C_2는 임의의 상수이므로 $\quad \int\{f(x)+g(x)\}dx=\int f(x)dx+\int g(x)dx$

(3) (2)와 같은 방법으로 하면 $\quad \int\{f(x)-g(x)\}dx=\int f(x)dx-\int g(x)dx$

보기 ▶ (1) $\displaystyle\int 3x^2\,dx=3\int x^2\,dx=3\times\frac{1}{3}x^3+C=x^3+C$

(2) $\displaystyle\int(2x^2-4x+1)dx=2\int x^2\,dx-4\int x\,dx+\int 1\,dx=2\left(\frac{1}{3}x^3+C_1\right)-4\left(\frac{1}{2}x^2+C_2\right)+(x+C_3)$

$\displaystyle\qquad=\frac{2}{3}x^3-2x^2+x+C \quad$ ← 적분상수가 여러 개 있을 때에는 이들을 묶어서
하나의 적분상수 C로 나타낸다.

주의 ① $\displaystyle\int f(x)g(x)dx\neq\int f(x)dx\times\int g(x)dx \qquad$ ② $\displaystyle\int\frac{g(x)}{f(x)}dx\neq\frac{\displaystyle\int g(x)dx}{\displaystyle\int f(x)dx}$

보충 학습 **함수 $y=(ax+b)^n$의 부정적분**

n이 양의 정수이고 $a \ (a\neq 0)$, b가 상수일 때, 함수 $y=(ax+b)^n$의 부정적분 $\displaystyle\int(ax+b)^n\,dx$는
$(ax+b)^n$을 전개하여 구할 수 있다. 그런데 $(ax+b)^n$을 전개하는 과정이 복잡한 경우에는
$\{(ax+b)^{n+1}\}'=(n+1)(ax+b)^n\times a$에서

$$\left\{\frac{1}{n+1}(ax+b)^{n+1}\times\frac{1}{a}\right\}'=(ax+b)^n$$

임을 이용하여

$$\int(ax+b)^n\,dx=\frac{1}{n+1}(ax+b)^{n+1}\times\frac{1}{a}+C \ (C\text{는 적분상수})$$

와 같이 간단히 구할 수도 있다.

예를 들어 $\displaystyle\int(2x+1)^3\,dx$는 $(2x+1)^3$을 전개하여 구하면

$$\int(2x+1)^3\,dx=\int(8x^3+12x^2+6x+1)dx=2x^4+4x^3+3x^2+x+C_1$$

이고, $\displaystyle\left\{\frac{1}{4}(2x+1)^4\times\frac{1}{2}\right\}'=(2x+1)^3$임을 이용하여 구하면

$$\int(2x+1)^3\,dx=\frac{1}{4}(2x+1)^4\times\frac{1}{2}+C_2=\underline{\frac{1}{8}(2x+1)^4}+C_2$$

$$\Big\lfloor\ 2x^4+4x^3+3x^2+x+\frac{1}{8}$$

이다.

 **알아둡시다!**

n이 0 또는 양의 정수일 때
$$\int x^n\,dx$$
$$=\frac{1}{n+1}x^{n+1}+C$$
(단, C는 적분상수이다.)

323 다음 부정적분을 구하시오.

(1) $\displaystyle\int x^5\,dx$ 　　　(2) $\displaystyle\int x^{12}\,dx$

324 다음 부정적분을 구하시오.

(1) $\displaystyle\int (-x+4)\,dx$

(2) $\displaystyle\int (3x^2+7)\,dx$

(3) $\displaystyle\int (-x^3+x+2)\,dx$

(4) $\displaystyle\int (x^7+4x^2-1)\,dx$

① $\displaystyle\int kf(x)\,dx$
$\quad=k\displaystyle\int f(x)\,dx$
② $\displaystyle\int \{f(x)\pm g(x)\}\,dx$
$\quad=\displaystyle\int f(x)\,dx\pm\int g(x)\,dx$
(복호동순)

325 다음 부정적분을 구하시오.

(1) $\displaystyle\int (x+2)(2-x)\,dx$

(2) $\displaystyle\int (x+1)^2\,dx$

(3) $\displaystyle\int (3t-1)(2t+3)\,dt$

326 다음 부정적분을 구하시오.

(1) $\displaystyle\int (x^2-4x+1)\,dx+\int (x^2+4x-1)\,dx$

(2) $\displaystyle\int (2x^3+3x^2-5x)\,dx-\int (2x^3-x^2+3x)\,dx$

필수 **04** 부정적분 구하기 (1)

다음 부정적분을 구하시오.

(1) $\displaystyle\int \frac{x^3-1}{x-1}\,dx$ (2) $\displaystyle\int (x^2-tx+t^2)\,dx$

(3) $\displaystyle\int (x+5)^2\,dx+\int (x-5)^2\,dx$ (4) $\displaystyle\int \frac{x^2}{x+3}\,dx-9\int \frac{1}{x+3}\,dx$

설명 (1) 피적분함수의 분자를 인수분해하여 간단히 한다.

(2) x 이외의 문자는 상수로 생각한다.

(3), (4) $\displaystyle\int f(x)\,dx\pm\int g(x)\,dx=\int \{f(x)\pm g(x)\}\,dx$ (복호동순)임을 이용하여 간단히 한다.

풀이 (1) $\displaystyle\int \frac{x^3-1}{x-1}\,dx=\int \frac{(x-1)(x^2+x+1)}{x-1}\,dx=\int (x^2+x+1)\,dx=\frac{1}{3}x^3+\frac{1}{2}x^2+x+C$

(2) $\displaystyle\int (x^2-tx+t^2)\,dx=\int x^2\,dx-t\int x\,dx+t^2\int dx=\frac{1}{3}x^3-\frac{t}{2}x^2+t^2x+C$

(3) $\displaystyle\int (x+5)^2\,dx+\int (x-5)^2\,dx=\int \{(x+5)^2+(x-5)^2\}\,dx=\int (2x^2+50)\,dx$

$$=\frac{2}{3}x^3+50x+C$$

(4) $\displaystyle\int \frac{x^2}{x+3}\,dx-9\int \frac{1}{x+3}\,dx=\int \left(\frac{x^2}{x+3}-\frac{9}{x+3}\right)dx=\int \frac{x^2-9}{x+3}\,dx$

$$=\int \frac{(x+3)(x-3)}{x+3}\,dx=\int (x-3)\,dx$$

$$=\frac{1}{2}x^2-3x+C$$

KEY Point   • 피적분함수가 복잡한 경우 ⇨ 전개, 인수분해 등을 이용하여 간단히 한 후 부정적분을 구한다.

● 정답 및 풀이 **92**쪽

327 다음 부정적분을 구하시오.

(1) $\displaystyle\int \frac{x^4+x^2+1}{x^2+x+1}\,dx$ (2) $\displaystyle\int (x-y)^2\,dx$

(3) $\displaystyle\int \left(\frac{x}{2}+2\right)^2\,dx-\int \left(\frac{x}{2}-2\right)^2\,dx$ (4) $\displaystyle\int \frac{x^3-3x}{x+2}\,dx+\int \frac{3x+8}{x+2}\,dx$

필수 05 부정적분 구하기(2)

다음 물음에 답하시오.

(1) 함수 $f(x)=\int (x-1)(x^2+x+1)dx-\int x(x-1)^2\,dx$에 대하여 $f(0)=0$일 때, $f(-1)$의 값을 구하시오.

(2) 함수 $f(x)=\int \dfrac{x^3-8}{x^2+2x+4}dx+\int \dfrac{x^3+8}{x^2-2x+4}dx$에 대하여 $f(-1)=3$일 때, $f(2)$의 값을 구하시오.

풀이

(1) $f(x)=\int (x-1)(x^2+x+1)dx-\int x(x-1)^2\,dx$

$=\int (x^3-1)dx-\int (x^3-2x^2+x)dx=\int \{x^3-1-(x^3-2x^2+x)\}dx$

$=\int (2x^2-x-1)dx=\dfrac{2}{3}x^3-\dfrac{1}{2}x^2-x+C$

이때 $f(0)=0$이므로　$C=0$

따라서 $f(x)=\dfrac{2}{3}x^3-\dfrac{1}{2}x^2-x$이므로　$f(-1)=-\dfrac{1}{6}$

(2) $f(x)=\int \dfrac{x^3-8}{x^2+2x+4}dx+\int \dfrac{x^3+8}{x^2-2x+4}dx$

$=\int \dfrac{(x-2)(x^2+2x+4)}{x^2+2x+4}dx+\int \dfrac{(x+2)(x^2-2x+4)}{x^2-2x+4}dx$

$=\int (x-2)dx+\int (x+2)dx=\int (x-2+x+2)dx$

$=\int 2x\,dx=x^2+C$

이때 $f(-1)=3$이므로　$1+C=3$　$\therefore C=2$

따라서 $f(x)=x^2+2$이므로　$f(2)=\mathbf{6}$

● 정답 및 풀이 **92쪽**

328 함수 $f(x)=\int (10x^9+9x^8+8x^7+\cdots+2x+1)dx$에 대하여 $f(0)=1$일 때, $f(1)$의 값을 구하시오.

329 함수 $f(x)=\int \dfrac{x^4}{x^2+2}dx-\int \dfrac{4}{x^2+2}dx$에 대하여 $f(1)=2$일 때, $f(k)=5$를 만족시키는 정수 k의 값을 구하시오.

필수 06  **도함수가 주어질 때 함수 구하기**

함수 $f(x)$에 대하여 $f'(x)=3x^2-4x$이고 $f(1)=-1$일 때, $f(3)$의 값을 구하시오.

설명 $f(x)=\int f'(x)dx$임을 이용하여 $f(x)$를 적분상수를 포함한 식으로 나타낸다.

풀이 $f(x)=\int f'(x)dx=\int(3x^2-4x)dx=x^3-2x^2+C$

이때 $f(1)=-1$이므로　　$1-2+C=-1$　　$\therefore C=0$

따라서 $f(x)=x^3-2x^2$이므로　　$f(3)=\mathbf{9}$

● 더 다양한 문제는 **RPM** 미적분 I 100쪽

필수 07 **접선의 기울기와 부정적분**

점 $(0,\ 2)$를 지나는 곡선 $y=f(x)$ 위의 임의의 점 $(x,\ f(x))$에서의 접선의 기울기가 $6x^2-10x$일 때, 함수 $f(x)$를 구하시오.

설명 곡선 $y=f(x)$ 위의 임의의 점 $(x,\ f(x))$에서의 접선의 기울기는 $f'(x)$임을 이용한다.

풀이 $f'(x)=6x^2-10x$이므로

$$f(x)=\int f'(x)dx=\int(6x^2-10x)dx=2x^3-5x^2+C$$

곡선 $y=f(x)$가 점 $(0,\ 2)$를 지나므로　　$f(0)=C=2$

　　$\therefore f(x)=2x^3-5x^2+2$

● 정답 및 풀이 **93**쪽

 **330** 함수 $f(x)$에 대하여 $f'(x)=-6x^2+12x-1$이고 $f(-1)=6$일 때, 방정식 $f(x)=0$의 모든 근의 곱을 구하시오.

331 '함수 $f(x)$를 적분하시오.'라는 문제를 잘못 보고 $f(x)$를 미분하였더니 $9x^2-2x+1$이었다. $f(0)=2$일 때, $\int f(x)dx$를 구하시오.

332 함수 $f(x)$의 최솟값이 1이고 곡선 $y=f(x)$ 위의 임의의 점 $(x,\ f(x))$에서의 접선의 기울기가 $6x-6$일 때, $f(-1)$의 값을 구하시오.

필수 08 **함수와 그 부정적분의 관계식이 주어질 때 함수 구하기**

다항함수 $f(x)$의 한 부정적분 $F(x)$에 대하여 $F(x)=xf(x)-2x^3+x^2$이 성립한다. $f(0)=1$일 때, $f(x)$를 구하시오.

풀이　　$F(x)=xf(x)-2x^3+x^2$의 양변을 x에 대하여 미분하면

$\qquad F'(x)=f(x)+xf'(x)-6x^2+2x$

이때 $F'(x)=f(x)$이므로 $\quad f(x)=f(x)+xf'(x)-6x^2+2x, \quad xf'(x)=6x^2-2x$

$\qquad \therefore f'(x)=6x-2 \quad \therefore f(x)=\int f'(x)dx=\int (6x-2)dx=3x^2-2x+C$

$f(0)=1$이므로 $\quad C=1 \quad \therefore \boldsymbol{f(x)=3x^2-2x+1}$

필수 09 **함수의 연속과 부정적분**

모든 실수 x에서 연속인 함수 $f(x)$에 대하여 $f'(x)=\begin{cases} 4x & (x>1) \\ 3x^2 & (x<1) \end{cases}$ 이고 $f(2)=5$일 때, $f(-2)$의 값을 구하시오.

설명　　함수 $f(x)$에 대하여 $f'(x)=\begin{cases} g(x) & (x>a) \\ h(x) & (x<a) \end{cases}$ 이고, $f(x)$가 $x=a$에서 연속이면

① $f(x)=\begin{cases} \int g(x)dx & (x>a) \\ \int h(x)dx & (x<a) \end{cases}$ ② $\displaystyle\lim_{x\to a+}f(x)=\lim_{x\to a-}f(x)=f(a)$

풀이　　$f'(x)=\begin{cases} 4x & (x>1) \\ 3x^2 & (x<1) \end{cases}$ 이므로 $\quad f(x)=\begin{cases} 2x^2+C_1 & (x>1) \\ x^3+C_2 & (x<1) \end{cases}$

이때 $f(2)=5$이므로 $\quad 8+C_1=5 \quad \therefore C_1=-3$

한편 함수 $f(x)$가 모든 실수 x에서 연속이므로 $x=1$에서도 연속이다.

즉 $\displaystyle\lim_{x\to 1+}f(x)=\lim_{x\to 1-}f(x)=f(1)$에서 $\quad 2-3=1+C_2 \quad \therefore C_2=-2$

따라서 $f(x)=\begin{cases} 2x^2-3 & (x\geq 1) \\ x^3-2 & (x\leq 1) \end{cases}$ 이므로 $\quad f(-2)=\boldsymbol{-10}$

● 정답 및 풀이 **93**쪽

333 다항함수 $f(x)$에 대하여 $\int f(x)dx=f(x)+xf(x)-2x^4+4x^2$이 성립하고 $f(1)=-\dfrac{1}{3}$일 때, $f(x)$를 구하시오.

334 모든 실수 x에서 연속인 함수 $f(x)$에 대하여 $f'(x)=\begin{cases} 3x^2-1 & (x>-1) \\ 2x+1 & (x<-1) \end{cases}$ 이고 $f(0)=2$일 때, $f(-3)+f(1)$의 값을 구하시오.

166

필수 **10** 미분계수와 부정적분

함수 $f(x)=\int(x-3)(x^2+3x+9)dx$에 대하여 $\displaystyle\lim_{h\to0}\dfrac{f(2+h)-f(2-h)}{h}$의 값을 구하시오.

풀이 $f(x)=\int(x-3)(x^2+3x+9)dx$의 양변을 x에 대하여 미분하면

$$f'(x)=(x-3)(x^2+3x+9)=x^3-27$$

$$\therefore \lim_{h\to0}\frac{f(2+h)-f(2-h)}{h}=\lim_{h\to0}\frac{f(2+h)-f(2)-\{f(2-h)-f(2)\}}{h}$$

$$=\lim_{h\to0}\frac{f(2+h)-f(2)}{h}+\lim_{h\to0}\frac{f(2-h)-f(2)}{-h}$$

$$=f'(2)+f'(2)=2f'(2)$$

$$=2\times(-19)=\mathbf{-38}$$

KEY Point

- 함수 $f(x)$에 대하여

$$f'(a)=\lim_{h\to0}\frac{f(a+h)-f(a)}{h}=\lim_{x\to a}\frac{f(x)-f(a)}{x-a}$$

● 정답 및 풀이 **94**쪽

335 함수 $f(x)=\int(5x^2+2x-1)dx$에 대하여 $\displaystyle\lim_{x\to1}\dfrac{f(x)-f(1)}{x^2-1}$의 값을 구하시오.

336 함수 $f(x)=\int(6x^2-4x+k)dx$에 대하여 $f(0)=1$, $\displaystyle\lim_{h\to0}\dfrac{f(1+h)-f(1)}{h}=4$일 때, $f(1)$의 값을 구하시오. (단, k는 상수이다.)

 **11** **극값과 부정적분**

함수 $f(x)$에 대하여 $f'(x)=x^2+2x-3$이고 $f(x)$의 극댓값이 9일 때, 극솟값을 구하시오.

풀이 $f'(x)=x^2+2x-3=(x+3)(x-1)$이므로 $f'(x)=0$에서

$x=-3$ 또는 $x=1$

x	$\cdots$	-3	$\cdots$	1	$\cdots$
$f'(x)$	$+$	0	$-$	0	$+$
$f(x)$	$\nearrow$	극대	$\searrow$	극소	$\nearrow$

따라서 $f(x)$는 $x=-3$에서 극댓값을 가지므로

$f(-3)=9$

이때 $f(x)=\int f'(x)dx=\int (x^2+2x-3)dx=\dfrac{1}{3}x^3+x^2-3x+C$이므로

$f(-3)=-9+9+9+C=9$ $\quad\therefore C=0$

즉 $f(x)=\dfrac{1}{3}x^3+x^2-3x$이고, $f(x)$는 $x=1$에서 극소이므로 구하는 극솟값은

$f(1)=-\dfrac{5}{3}$

- 미분가능한 함수 $f(x)$에 대하여 $f'(a)=0$이고 $x=a$의 좌우에서
  ① $f'(x)$의 부호가 $+$에서 $-$로 바뀐다.
    ⇨ $f(x)$는 $x=a$에서 극댓값 $f(a)$를 갖는다.
  ② $f'(x)$의 부호가 $-$에서 $+$로 바뀐다.
    ⇨ $f(x)$는 $x=a$에서 극솟값 $f(a)$를 갖는다.

● 정답 및 풀이 **94**쪽

 **337** 함수 $f(x)=\int (3x^2+ax-24)dx$가 $x=4$에서 극솟값 -72를 가질 때, $f(x)$의 극댓값을 구하시오. (단, a는 상수이다.)

338 함수 $f(x)$에 대하여 $f'(x)=k(x^2-4)$이고 $f(x)$의 극댓값이 20, 극솟값이 -12일 때, 상수 k의 값을 구하시오. (단, $k<0$)

발전 **12** 관계식을 만족시키는 함수 구하기

다항함수 $f(x)$가 임의의 실수 x, y에 대하여
$$f(x+y)=f(x)+f(y)+xy-2$$
를 만족시키고 $f'(0)=1$일 때, $f(2)$의 값을 구하시오.

풀이 $f(x+y)=f(x)+f(y)+xy-2$의 양변에 $x=0$, $y=0$을 대입하면
$$f(0)=f(0)+f(0)-2 \qquad \therefore f(0)=2$$
$f'(0)=1$이므로
$$f'(0)=\lim_{h\to 0}\frac{f(0+h)-f(0)}{h}=\lim_{h\to 0}\frac{f(0)+f(h)-2-f(0)}{h}$$
$$=\lim_{h\to 0}\frac{f(h)-2}{h}=1$$
도함수의 정의에 의하여
$$f'(x)=\lim_{h\to 0}\frac{f(x+h)-f(x)}{h}=\lim_{h\to 0}\frac{f(x)+f(h)+xh-2-f(x)}{h}$$
$$=x+\lim_{h\to 0}\frac{f(h)-2}{h}=x+1$$
$$\therefore f(x)=\int f'(x)dx=\int (x+1)dx=\frac{1}{2}x^2+x+C$$
이때 $f(0)=2$이므로 $\qquad C=2$
따라서 $f(x)=\frac{1}{2}x^2+x+2$이므로 $\qquad f(2)=\mathbf{6}$

- $f(x+y)=f(x)+f(y)+$ ■의 꼴의 식이 주어지면 함수 $f(x)$는 다음과 같은 순서로 구한다.

  (i) $x=0$, $y=0$을 대입하여 $f(0)$의 값을 구한다.

  (ii) $f'(x)=\lim_{h\to 0}\dfrac{f(x+h)-f(x)}{h}$ 임을 이용하여 $f'(x)$를 구한다.

  (iii) $f'(x)$의 부정적분을 구한 후 $f(0)$의 값을 이용하여 적분상수를 구한다.

● 정답 및 풀이 **95**쪽

339 미분가능한 함수 $f(x)$가 임의의 실수 x, y에 대하여
$$f(x+y)=f(x)+f(y)+xy(x+y)$$
를 만족시키고 $f'(0)=6$일 때, $f(x)$를 구하시오.

340 미분가능한 함수 $f(x)$가 임의의 실수 x, y에 대하여
$$f(x+y)=f(x)+f(y)+2xy$$
를 만족시키고 $f'(1)=3$일 때, $f(-2)$의 값을 구하시오.

STEP 1

341 함수 $F(x)=2x^3+ax^2+bx$가 함수 $f(x)$의 부정적분이고 $f(0)=-3$, $f'(1)=0$일 때, 상수 a, b에 대하여 ab의 값을 구하시오.

342 함수 $f(x)=2x^2-x$에 대하여 두 함수 $g(x)$, $h(x)$를
$$g(x)=\int\left\{\frac{d}{dx}f(x)\right\}dx,\quad h(x)=\frac{d}{dx}\left\{\int f(x)dx\right\}$$
라 하자. $g(1)=2$일 때, $g(2)-h(-1)$의 값을 구하시오.

$$\int\left\{\frac{d}{dx}f(x)\right\}dx=f(x)+C$$
$$\frac{d}{dx}\left\{\int f(x)dx\right\}=f(x)$$

343 함수 $f(x)=\int(\sqrt{x}+3)^2dx+\int(\sqrt{x}-3)^2dx$에 대하여 $f(0)=-10$일 때, $f(2)$의 값을 구하시오.

344 함수 $f(x)$에 대하여 $f'(x)=6x^2+5$이고 $y=f(x)$의 그래프가 점 $(-2, 0)$을 지날 때, $f(1)$의 값을 구하시오.

345 다항함수 $f(x)$의 도함수 $f'(x)$가
$$\int(2x-1)f'(x)dx=2x^3+\frac{1}{2}x^2-2x+3$$
을 만족시키고 $f(-1)=\frac{1}{2}$일 때, $f(2)$의 값을 구하시오.

346 함수 $f(x)$에 대하여 $f'(x)=12x^2-4x+a$이고 다항식 $f(x)$가 x^2-3x+2로 나누어떨어질 때, 상수 a의 값을 구하시오.

다항식 $f(x)$가 $x-a$로 나누어떨어진다.
$\Rightarrow f(a)=0$

347 함수 $f(x)=2x^2-3$의 한 부정적분을 $F(x)$라 할 때, $\displaystyle\lim_{x\to 1}\frac{F(x^2)-F(1)}{x-1}$의 값을 구하시오.

348 함수 $f(x)$에 대하여 $\displaystyle\lim_{h\to 0}\dfrac{f(x+2h)-f(x-h)}{h}=12x-3$이고 $f(1)=2$일 때, $f(x)$를 구하시오.

349 함수 $f(x)$에 대하여 $f'(x)=8x+k$이고 $\displaystyle\lim_{x\to 2}\dfrac{f(x)}{x-2}=1$일 때, $f(1)$의 값을 구하시오. (단, k는 상수이다.)

생각해 봅시다!

$\displaystyle\lim_{x\to a}\dfrac{f(x)}{x-a}=b$이면
$$f(a)=0,\ f'(a)=b$$

350 함수 $f(x)$의 도함수 $f'(x)$는 이차함수이고 $y=f'(x)$의 그래프는 오른쪽 그림과 같다. $f(x)$의 극댓값이 1, 극솟값이 -1일 때, $f(x)$를 구하시오.

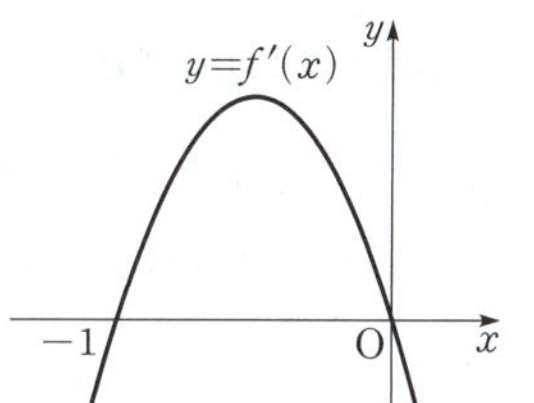

$f'(x)=ax(x+1)\,(a<0)$
로 놓는다.

STEP 2

351 함수 $f(x)=x^{100}+x^{99}+x^{98}+\cdots+x$에 대하여
$$F(x)=\int\left[\dfrac{d}{dx}\int\left\{\dfrac{d}{dx}f(x)\right\}dx\right]dx$$
이고 $F(0)=10$일 때, $F(1)$의 값을 구하시오.

352 두 다항함수 $f(x),\,g(x)$에 대하여 $f(0)=2,\,g(0)=-1$이고
$$\dfrac{d}{dx}\{f(x)+g(x)\}=2x+1,\quad \dfrac{d}{dx}\{f(x)g(x)\}=3x^2-2x+2$$
가 성립할 때, $f(2)+g(3)$의 값을 구하시오.

$\dfrac{d}{dx}p(x)=q(x)$의 양변을 x에 대하여 적분하면
$$p(x)=\int q(x)\,dx$$

353 함수 $f(x)$에 대하여 $f'(x)=x+\dfrac{1}{2}x^2+\dfrac{1}{3}x^3+\cdots+\dfrac{1}{n}x^n$이고 $f(0)=0,\,f(1)=\dfrac{9}{10}$일 때, 자연수 n의 값을 구하시오.

$\dfrac{1}{k(k+1)}=\dfrac{1}{k}-\dfrac{1}{k+1}$

연습 문제

354 다항함수 $f(x)$의 한 부정적분 $F(x)$가 모든 실수 x에 대하여

$$F(x)=(x+2)f(x)-x^3+12x$$

를 만족시킨다. $F(0)=30$일 때, $f(2)$의 값을 구하시오.

355 실수 전체의 집합에서 미분가능한 함수 $F(x)$의 도함수 $f(x)$가

$$f(x)=\begin{cases} -2x & (x<0) \\ k(2x-x^2) & (x\geq0) \end{cases}$$

이다. $F(2)-F(-3)=21$일 때, 상수 k의 값을 구하시오.

356 삼차함수 $y=f(x)$의 그래프 위의 임의의 점 $(x,\ f(x))$에서의 접선의 기울기가 ax^2-3x-6이고, $f(x)$가 $x=-1$에서 극댓값 $\dfrac{11}{2}$을 갖는다. 이때 $f(x)$의 극솟값을 구하시오. (단, a는 상수이다.)

함수 $f(x)$가 $x=a$에서 극값 k를 갖는다.
$\Rightarrow f'(a)=0,\ f(a)=k$

357 다항함수 $f(x)$가 임의의 실수 x, y에 대하여

$$f(x+y)=f(x)+f(y)-3xy+1$$

을 만족시키고 $f'(2)=-4$일 때, 함수 $f(x)$의 최댓값을 구하시오.

실력 **UP**

358 두 다항함수 $f(x)$, $g(x)$가

$$f(x)=\int xg(x)dx,\quad \frac{d}{dx}\{f(x)-g(x)\}=2x^3+5x$$

를 만족시킬 때, $g(1)$의 값을 구하시오.

359 최고차항의 계수가 1인 삼차함수 $f(x)$에 대하여 $f(0)=0$, $f(k)=0$, $f'(k)=0$이고 함수 $g(x)$가 다음 조건을 만족시킬 때, $g\left(\dfrac{k}{4}\right)$의 값을 구하시오. (단, k는 양수이다.)

$\{xf(x)\}'=f(x)+xf'(x)$

(가) $g'(x)=f(x)+xf'(x)$
(나) $g(x)$의 극댓값은 16이고 극솟값은 0이다.

Ⅲ 적분

이 단원에서는

함수의 그래프와 x축 사이의 넓이를 이용하여 정적분을 정의하고, 부정적분과 정적분의 관계를 이용하여 다항함수의 정적분을 구해 봅니다. 또 이를 이용하여 정적분으로 정의된 함수에 관한 다양한 문제를 풀어 봅니다.

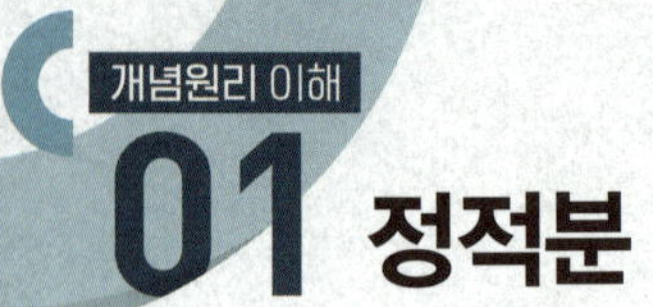

01 정적분

1 정적분의 정의

함수 $f(x)$가 닫힌구간 $[a, b]$에서 연속일 때, $f(x)$의 a에서 b까지의 **정적분**을 기호로

$$\int_a^b f(x)dx$$

와 같이 나타내고 다음과 같이 정의한다.

(1) **닫힌구간 $[a, b]$에서 $f(x) \geq 0$인 경우**

곡선 $y=f(x)$와 x축 및 두 직선 $x=a$, $x=b$로 둘러싸인 도형의 넓이를 S라 하면

$$\int_a^b f(x)dx=S$$

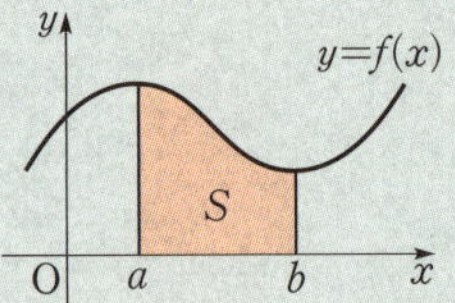

(2) **닫힌구간 $[a, b]$에서 $f(x) \leq 0$인 경우**

곡선 $y=f(x)$와 x축 및 두 직선 $x=a$, $x=b$로 둘러싸인 도형의 넓이를 S라 하면

$$\int_a^b f(x)dx=-S$$

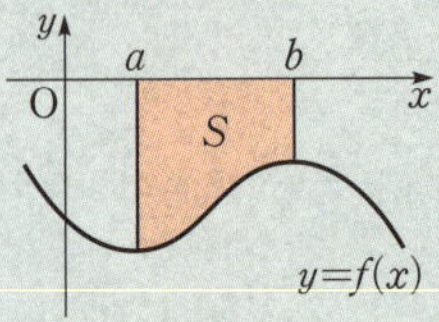

(3) **닫힌구간 $[a, b]$에서 $f(x) \geq 0$인 부분과 $f(x) \leq 0$인 부분이 모두 있는 경우**

곡선 $y=f(x)$와 x축 및 두 직선 $x=a$, $x=b$로 둘러싸인 도형에서 $f(x) \geq 0$인 부분의 넓이를 S_1, $f(x) \leq 0$인 부분의 넓이를 S_2라 하면

$$\int_a^b f(x)dx=S_1-S_2$$

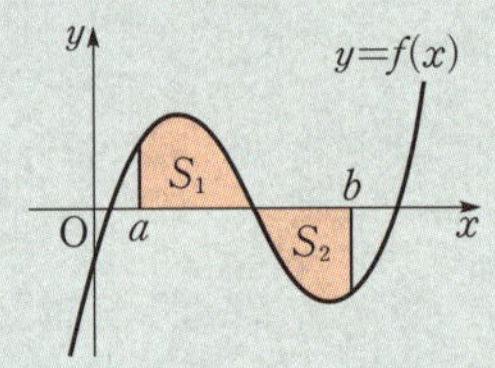

이때 정적분 $\int_a^b f(x)dx$의 값을 구하는 것을 함수 $f(x)$를 a에서 b까지 **적분한다**고 하고, a를 **아래끝**, b를 **위끝**, 닫힌구간 $[a, b]$를 **적분 구간**이라 한다.

▶ ① 부정적분 $\int f(x)dx$는 x에 대한 함수이고, 정적분 $\int_a^b f(x)dx$는 상수이다.

② 정적분 $\int_a^b f(x)dx$에서 적분변수를 x 대신 다른 문자를 사용해도 그 값은 변하지 않는다. 즉

$$\int_a^b f(x)dx=\int_a^b f(t)dt=\int_a^b f(y)dy$$

보기 ▶ $\int_1^5 (x+1)dx$의 값은 직선 $y=x+1$과 x축 및 두 직선 $x=1$, $x=5$로 둘러싸인 도형의 넓이와 같으므로

$$\int_1^5 (x+1)dx=\frac{1}{2} \times (2+6) \times 4=16$$

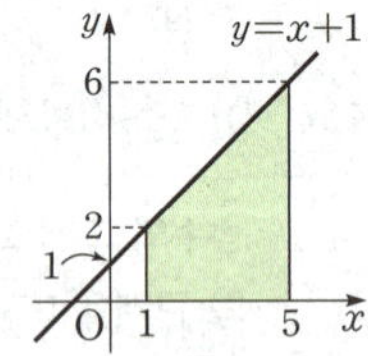

2 $a \geq b$일 때, 정적분 $\displaystyle\int_a^b f(x)dx$의 정의

함수 $f(x)$가 두 실수 a, b를 포함하는 구간에서 연속이고 $a \geq b$일 때, $f(x)$의 a에서 b까지의 정적분은 다음과 같이 정의한다.

(1) $a = b$일 때, $\displaystyle\int_a^a f(x)dx = 0$

(2) $a > b$일 때, $\displaystyle\int_a^b f(x)dx = -\int_b^a f(x)dx$

보기 ▶ (1) $\displaystyle\int_3^3 x^2\,dx = 0$ (2) $\displaystyle\int_5^1 (x+1)\,dx = -\int_1^5 (x+1)\,dx = -16$

3 적분과 미분의 관계

함수 $f(t)$가 실수 a를 포함하는 열린구간에서 연속일 때, 이 구간에 속하는 임의의 실수 x에 대하여

$$\frac{d}{dx}\int_a^x f(t)\,dt = f(x)$$

증명 확인하기 (1) 참조

4 부정적분과 정적분의 관계   ∞ 필수 01, 02

함수 $f(x)$가 두 실수 a, b를 포함하는 열린구간에서 연속일 때, $f(x)$의 한 부정적분을 $F(x)$라 하면 $\displaystyle\int_a^b f(x)dx = F(b) - F(a)$이다. 이때 $F(b) - F(a)$를 기호로 $\Big[F(x)\Big]_a^b$와 같이 나타낸다. 즉

$$\int_a^b f(x)dx = \Big[F(x)\Big]_a^b = F(b) - F(a)$$

이고, 이것을 **미적분의 기본정리**라 한다.

▶ ① 미적분의 기본정리는 a, b의 대소에 관계없이 항상 성립한다.

② $\Big[F(x) + C\Big]_a^b = \{F(b) + C\} - \{F(a) + C\} = F(b) - F(a) = \Big[F(x)\Big]_a^b$

이므로 정적분의 계산에서 적분상수 C는 고려하지 않는다.

증명 확인하기 (2) 참조

보기 ▶ $\displaystyle\int_1^2 3x^2\,dx = \Big[x^3\Big]_1^2 = 2^3 - 1^3 = 7$

5 **정적분의 성질** ﾐ 필수 03

두 함수 $f(x)$, $g(x)$가 세 실수 a, b, c를 포함하는 구간에서 연속일 때

(1) $\displaystyle\int_a^b kf(x)dx=k\int_a^b f(x)dx$ (단, k는 실수이다.)

(2) $\displaystyle\int_a^b \{f(x)\pm g(x)\}dx=\int_a^b f(x)dx\pm\int_a^b g(x)dx$ (복호동순)

(3) $\displaystyle\int_a^c f(x)dx+\int_c^b f(x)dx=\int_a^b f(x)dx$

▶ ① (2)는 세 개 이상의 함수에 대해서도 성립한다.
② (3)은 a, b, c의 대소에 관계없이 항상 성립한다.

증명 두 함수 $f(x)$, $g(x)$가 세 실수 a, b, c를 포함하는 구간에서 연속일 때, $f(x)$, $g(x)$의 한 부정적분을 각각 $F(x)$, $G(x)$라 하면 $F'(x)=f(x)$, $G'(x)=g(x)$이므로 다음이 성립한다.
(1) 실수 k에 대하여 $\{kF(x)\}'=kF'(x)=kf(x)$이므로
$$\int_a^b kf(x)dx=\Big[kF(x)\Big]_a^b=kF(b)-kF(a)=k\{F(b)-F(a)\}=k\int_a^b f(x)dx$$
(2) $\{F(x)+G(x)\}'=F'(x)+G'(x)=f(x)+g(x)$이므로
$$\int_a^b \{f(x)+g(x)\}dx=\Big[F(x)+G(x)\Big]_a^b=\{F(b)+G(b)\}-\{F(a)+G(a)\}$$
$$=\{F(b)-F(a)\}+\{G(b)-G(a)\}=\int_a^b f(x)dx+\int_a^b g(x)dx$$

같은 방법으로 하면 $\displaystyle\int_a^b \{f(x)-g(x)\}dx=\int_a^b f(x)dx-\int_a^b g(x)dx$

(3) $\displaystyle\int_a^c f(x)dx+\int_c^b f(x)dx=\Big[F(x)\Big]_a^c+\Big[F(x)\Big]_c^b=\{F(c)-F(a)\}+\{F(b)-F(c)\}$
$$=F(b)-F(a)=\int_a^b f(x)dx$$

6 **구간에 따라 다르게 정의된 함수의 정적분** ﾐ 필수 04, 05

함수 $f(x)=\begin{cases} g(x) & (x\leq c) \\ h(x) & (x\geq c) \end{cases}$ 가 닫힌구간 $[a,\,b]$에서 연속이고 $a<c<b$일 때

$$\int_a^b f(x)dx=\int_a^c g(x)dx+\int_c^b h(x)dx$$

참고 절댓값 기호를 포함한 함수의 정적분은 절댓값 기호 안의 식의 값이 0이 되게 하는 x의 값을 기준으로 구간을 나누어 구한다.
⇨ 함수 $y=|f(x)|$의 그래프가 오른쪽 그림과 같을 때,
$$|f(x)|=\begin{cases} -f(x) & (x\leq c) \\ f(x) & (x\geq c) \end{cases}$$ 이므로
$$\int_a^b |f(x)|dx=\int_a^c \{-f(x)\}dx+\int_c^b f(x)dx$$

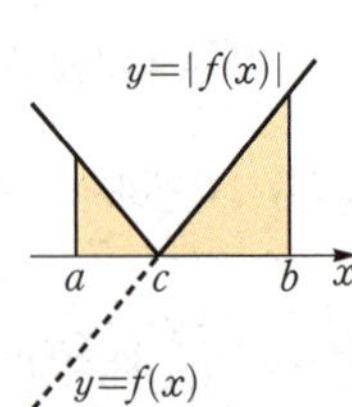

(1) 적분과 미분의 관계

함수 $f(t)$가 실수 a를 포함하는 열린구간에서 연속이고 $f(t) \geq 0$이라 하자.

그 구간에 속하는 임의의 실수 x $(x \geq a)$에 대하여 오른쪽 그림과
같이 곡선 $y = f(t)$와 t축 및 두 직선 $t = a$, $t = x$로 둘러싸인 부분
의 넓이를 $S(x)$라 하면

$$S(x) = \int_a^x f(t)\,dt \qquad \cdots\cdots \text{㉠}$$

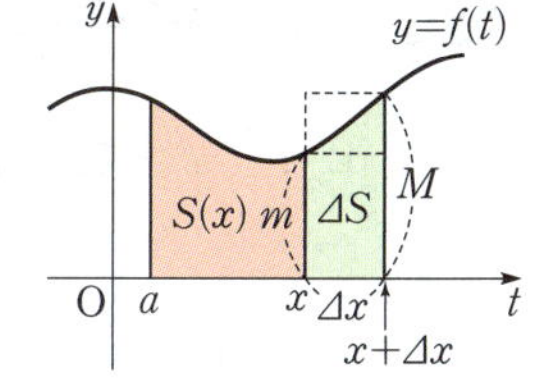

이때 x의 증분 Δx $(\Delta x > 0)$에 대한 $S(x)$의 증분을 ΔS라 하면

$\Delta S = S(x + \Delta x) - S(x)$이고, 닫힌구간 $[x, x + \Delta x]$에서 함수 $f(t)$가 연속이라 하면 $f(t)$
는 이 구간에서 최댓값과 최솟값을 갖는다.

그 최댓값과 최솟값을 각각 M, m이라 하면

$$m\Delta x \leq \Delta S \leq M\Delta x, \text{ 즉 } m \leq \frac{\Delta S}{\Delta x} \leq M \qquad \leftarrow \Delta x < 0 \text{이면 } M\Delta x \leq \Delta S \leq m\Delta x \text{이므로}$$
$$m \leq \frac{\Delta S}{\Delta x} \leq M$$

$$\therefore \lim_{\Delta x \to 0} m \leq \lim_{\Delta x \to 0} \frac{\Delta S}{\Delta x} \leq \lim_{\Delta x \to 0} M$$

이때 $\displaystyle\lim_{\Delta x \to 0} m = \lim_{\Delta x \to 0} M = f(x)$이므로 함수의 극한의 대소 관계에 의하여

$$\lim_{\Delta x \to 0} \frac{\Delta S}{\Delta x} = f(x)$$

도함수의 정의에 의하여

$$\lim_{\Delta x \to 0} \frac{\Delta S}{\Delta x} = \lim_{\Delta x \to 0} \frac{S(x + \Delta x) - S(x)}{\Delta x} = \frac{d}{dx}S(x)$$

이므로 $\quad \dfrac{d}{dx}S(x) = f(x)$

따라서 ㉠의 양변을 x에 대하여 미분하면

$$\frac{d}{dx}\int_a^x f(t)\,dt = \frac{d}{dx}S(x) = f(x)$$

이 관계는 $f(t) < 0$이어도 성립한다.

(2) 부정적분과 정적분의 관계

함수 $f(x)$가 두 실수 a, b를 포함하는 열린구간에서 연속일 때, 이 구간에 속하는 임의의 실수
x에 대하여 $S(x) = \displaystyle\int_a^x f(t)\,dt$라 하면 $S'(x) = f(x)$이므로 $S(x)$는 $f(x)$의 한 부정적분이다.

이때 $f(x)$의 또 다른 부정적분을 $F(x)$라 하면

$$S(x) = F(x) + C \text{ (단, } C\text{는 적분상수이다.)} \qquad \cdots\cdots \text{㉠}$$

그런데 $S(a) = \displaystyle\int_a^a f(t)\,dt = 0$이므로 ㉠에 $x = a$를 대입하면

$$0 = F(a) + C \qquad \therefore C = -F(a)$$

이것을 ㉠에 대입하면

$$S(x) = F(x) - F(a) \qquad \therefore \int_a^x f(t)\,dt = F(x) - F(a)$$

$x = b$를 대입하고 적분변수 t를 x로 바꾸면

$$\int_a^b f(x)\,dx = F(b) - F(a)$$

 **알아둡시다!**

함수 $f(x)$의 한 부정적분을 $F(x)$라 하면
$$\int_a^b f(x)dx = \Big[F(x)\Big]_a^b = F(b)-F(a)$$

360 다음 정적분의 값을 구하시오.

(1) $\displaystyle\int_2^2 (x^3-6x)dx$

(2) $\displaystyle\int_0^1 4x\,dx$

(3) $\displaystyle\int_{-1}^2 (2x+3)dx$

(4) $\displaystyle\int_2^4 (-3x^2+1)dx$

(5) $\displaystyle\int_{-2}^0 (t^2+2t-1)dt$

(6) $\displaystyle\int_0^{-1} (-2x^2+4x)dx$

(7) $\displaystyle\int_3^1 (3y^2-y+1)dy$

361 다음 정적분의 값을 구하시오.

(1) $\displaystyle\int_1^2 5(4x^3-2x)dx$

(2) $\displaystyle\int_0^1 (x^2+2)dx+\int_0^1 (-x^2+2)dx$

(3) $\displaystyle\int_{-2}^1 (x^3-2x+5)dx-\int_{-2}^1 (x^3+2x+4)dx$

(4) $\displaystyle\int_1^2 (2x-1)dx+\int_2^3 (2x-1)dx$

(5) $\displaystyle\int_0^1 (3x^2-2x+4)dx-\int_2^1 (3x^2-2x+4)dx$

① $\displaystyle\int_a^b kf(x)dx = k\int_a^b f(x)dx$

② $\displaystyle\int_a^b \{f(x)\pm g(x)\}dx = \int_a^b f(x)dx \pm \int_a^b g(x)dx$ (복호동순)

③ $\displaystyle\int_a^c f(x)dx+\int_c^b f(x)dx = \int_a^b f(x)dx$

필수 01 미적분의 기본정리

다음 정적분의 값을 구하시오.

(1) $\displaystyle\int_{-1}^{2} x(x^2-2)dx$

(2) $\displaystyle\int_{3}^{2} \frac{t^2-1}{t-1} dt$

(3) $\displaystyle\int_{3}^{3} (t^3+3t+4)dt - \int_{1}^{0} (2x+1)(x-2)dx$

풀이

(1) $\displaystyle\int_{-1}^{2} x(x^2-2)dx = \int_{-1}^{2} (x^3-2x)dx = \left[\frac{1}{4}x^4 - x^2 \right]_{-1}^{2}$

$\displaystyle = (4-4) - \left(\frac{1}{4} - 1 \right) = \frac{3}{4}$

(2) $\displaystyle\int_{3}^{2} \frac{t^2-1}{t-1} dt = \int_{3}^{2} \frac{(t+1)(t-1)}{t-1} dt = \int_{3}^{2} (t+1)dt$

$\displaystyle = \left[\frac{1}{2}t^2 + t \right]_{3}^{2} = (2+2) - \left(\frac{9}{2} + 3 \right) = -\frac{7}{2}$

(3) $\displaystyle\int_{3}^{3} (t^3+3t+4)dt - \int_{1}^{0} (2x+1)(x-2)dx = 0 + \int_{0}^{1} (2x+1)(x-2)dx$

$\displaystyle = \int_{0}^{1} (2x^2-3x-2)dx$

$\displaystyle = \left[\frac{2}{3}x^3 - \frac{3}{2}x^2 - 2x \right]_{0}^{1}$

$\displaystyle = \frac{2}{3} - \frac{3}{2} - 2 = -\frac{17}{6}$

KEY Point

- 함수 $f(x)$의 한 부정적분을 $F(x)$라 하면

$$\int_{a}^{b} f(x)dx = \left[F(x) \right]_{a}^{b} = F(b) - F(a)$$

● 정답 및 풀이 **102**쪽

362 다음 정적분의 값을 구하시오.

(1) $\displaystyle\int_{-1}^{1} (x+1)^2 dx$

(2) $\displaystyle\int_{-1}^{-3} (3y+1)(3y-1)dy$

(3) $\displaystyle\int_{1}^{0} \frac{x^3+1}{x+1} dx$

(4) $\displaystyle\int_{0}^{2} (x-1)(x+1)(x^2+1)dx$

363 함수 $f(x)=x^2+4x$에 대하여 정적분 $\displaystyle\int_{0}^{1} x^2 f(x)dx$의 값을 구하시오.

필수 02 **미적분의 기본정리를 이용하여 미정계수 구하기**

다음 물음에 답하시오.

(1) $\displaystyle\int_{k}^{0}(2x+1)dx=\dfrac{1}{4}$ 일 때, 상수 k의 값을 구하시오.

(2) $\displaystyle\int_{-1}^{3}(3x^2+4kx-1)dx>8$을 만족시키는 정수 k의 최솟값을 구하시오.

설명 정적분 $\displaystyle\int_{a}^{b}f(x)dx$의 값을 미정계수를 포함한 식으로 나타낸 후 문제의 조건에 맞게 식을 세운다.

풀이 (1) $\displaystyle\int_{k}^{0}(2x+1)dx=\Big[x^2+x\Big]_{k}^{0}=0-(k^2+k)=-k^2-k$

따라서 $-k^2-k=\dfrac{1}{4}$ 이므로 $\quad 4k^2+4k+1=0$

$\qquad (2k+1)^2=0 \quad \therefore k=-\dfrac{1}{2}$

(2) $\displaystyle\int_{-1}^{3}(3x^2+4kx-1)dx=\Big[x^3+2kx^2-x\Big]_{-1}^{3}$

$\qquad\qquad\qquad\qquad =(27+18k-3)-(-1+2k+1)$

$\qquad\qquad\qquad\qquad =16k+24$

즉 $16k+24>8$에서 $\quad k>-1$

따라서 정수 k의 최솟값은 **0**이다.

● 정답 및 풀이 **102**쪽

364 $\displaystyle\int_{-1}^{k}(6x+k)dx=15$일 때, 양수 k의 값을 구하시오.

365 함수 $y=f(x)$의 그래프 위의 임의의 점 $(x,\ f(x))$에서의 접선의 기울기가 $-2x+5$이고 $\displaystyle\int_{-2}^{2}f(x)dx=0$일 때, 함수 $f(x)$를 구하시오.

366 정적분 $\displaystyle\int_{1}^{k}(-4x+2)dx$의 값이 최대가 되도록 하는 상수 k의 값을 a, 그때의 정적분의 값을 b라 할 때, $a+b$의 값을 구하시오.

필수 **03** 정적분의 계산

다음 정적분의 값을 구하시오.

(1) $\displaystyle\int_1^2 (2x^2+6x)\,dx-2\int_1^2 (x^2-3x-2)\,dx$

(2) $\displaystyle\int_0^2 (2x^2-x+1)\,dx+\int_2^0 (y^2-y)\,dy$

(3) $\displaystyle\int_{-1}^0 (x^3+2x-1)\,dx+\int_0^1 (x^3+2x-1)\,dx+\int_1^2 (x^3+2x-1)\,dx$

풀이

(1) (주어진 식)$=\displaystyle\int_1^2 (2x^2+6x)\,dx-\int_1^2 2(x^2-3x-2)\,dx=\int_1^2 \{2x^2+6x-2(x^2-3x-2)\}\,dx$

$\displaystyle=\int_1^2 (12x+4)\,dx=\Big[6x^2+4x\Big]_1^2=(24+8)-(6+4)=\mathbf{22}$

(2) (주어진 식)$=\displaystyle\int_0^2 (2x^2-x+1)\,dx-\int_0^2 (y^2-y)\,dy=\int_0^2 (2x^2-x+1)\,dx-\int_0^2 (x^2-x)\,dx$

$\displaystyle=\int_0^2 \{2x^2-x+1-(x^2-x)\}\,dx=\int_0^2 (x^2+1)\,dx$

$\displaystyle=\Big[\frac{1}{3}x^3+x\Big]_0^2=\frac{8}{3}+2=\mathbf{\frac{14}{3}}$

(3) (주어진 식)$=\displaystyle\int_{-1}^1 (x^3+2x-1)\,dx+\int_1^2 (x^3+2x-1)\,dx=\int_{-1}^2 (x^3+2x-1)\,dx$

$\displaystyle=\Big[\frac{1}{4}x^4+x^2-x\Big]_{-1}^2=(4+4-2)-\Big(\frac{1}{4}+1+1\Big)=\mathbf{\frac{15}{4}}$

KEY Point

- 적분 구간이 같다. $\Rightarrow \displaystyle\int_a^b f(x)\,dx\pm\int_a^b g(x)\,dx=\int_a^b \{f(x)\pm g(x)\}\,dx$ (복호동순)

- 피적분함수가 같다. $\Rightarrow \displaystyle\int_a^c f(x)\,dx+\int_c^b f(x)\,dx=\int_a^b f(x)\,dx$

● 정답 및 풀이 **103**쪽

확인체크 **367** 다음 정적분의 값을 구하시오.

(1) $\displaystyle\int_{-2}^1 (x+1)(x^2-x+1)\,dx-\int_1^{-2} (x-1)(x^2+x+1)\,dx$

(2) $\displaystyle\int_0^1 \frac{8}{t-2}\,dt+\int_1^0 \frac{y^3}{y-2}\,dy$

(3) $\displaystyle\int_2^4 (x^2-4x)\,dx-\int_3^4 (x^2-4x)\,dx+\int_1^2 (x^2-4x)\,dx$

● 더 다양한 문제는 **RPM** 미적분 I 112쪽

필수 04 구간에 따라 다르게 정의된 함수의 정적분

함수 $f(x)=\begin{cases} x^2+1 & (x\leq 0) \\ 1-5x & (x\geq 0) \end{cases}$ 에 대하여 정적분 $\displaystyle\int_{-1}^{2} f(x)dx$의 값을 구하시오.

설명 $x\leq 0$일 때와 $x\geq 0$일 때의 함수식이 다르므로 $x=0$을 기준으로 구간을 나누어

$$\int_{-1}^{2} f(x)dx=\int_{-1}^{0} f(x)dx+\int_{0}^{2} f(x)dx$$임을 이용한다.

풀이

$$\int_{-1}^{2} f(x)dx=\int_{-1}^{0} f(x)dx+\int_{0}^{2} f(x)dx$$
$$=\int_{-1}^{0} (x^2+1)dx+\int_{0}^{2} (1-5x)dx$$
$$=\left[\frac{1}{3}x^3+x\right]_{-1}^{0}+\left[x-\frac{5}{2}x^2\right]_{0}^{2}$$
$$=\frac{4}{3}+(-8)=-\frac{20}{3}$$

KEY Point

• 함수 $f(x)=\begin{cases} g(x) & (x\leq c) \\ h(x) & (x\geq c) \end{cases}$ 가 닫힌구간 $[a, b]$에서 연속이고 $a<c<b$일 때

$$\int_{a}^{b} f(x)dx=\int_{a}^{c} g(x)dx+\int_{c}^{b} h(x)dx$$

● 정답 및 풀이 103쪽

368 함수 $f(x)=\begin{cases} x^2 & (x\leq 1) \\ -2x+3 & (x\geq 1) \end{cases}$ 에 대하여 정적분 $\displaystyle\int_{0}^{2} xf(x)dx$의 값을 구하시오.

369 함수 $f(x)=\begin{cases} x+1 & (x\leq 0) \\ x^2-2x+1 & (x\geq 0) \end{cases}$ 에 대하여 $\displaystyle\int_{-1}^{a} f(x)dx=\frac{7}{2}$ 을 만족시키는 양수 a의 값을 구하시오.

182

필수 05 **절댓값 기호를 포함한 함수의 정적분**

다음 정적분의 값을 구하시오.

(1) $\displaystyle\int_0^3 |x-1|\,dx$ (2) $\displaystyle\int_{-1}^3 |x(x-2)|\,dx$

풀이

(1) $|x-1| = \begin{cases} -x+1 & (x\leq 1) \\ x-1 & (x\geq 1) \end{cases}$ 이므로

$$\int_0^3 |x-1|\,dx = \int_0^1 (-x+1)\,dx + \int_1^3 (x-1)\,dx$$
$$= \left[-\frac{1}{2}x^2 + x\right]_0^1 + \left[\frac{1}{2}x^2 - x\right]_1^3 = \frac{1}{2} + 2 = \frac{5}{2}$$

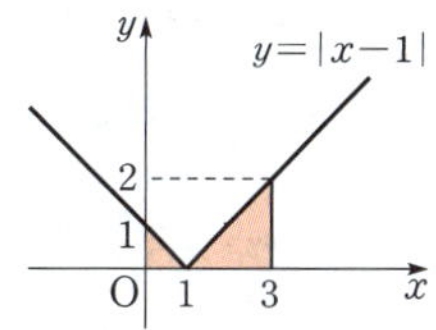

(2) $|x(x-2)| = \begin{cases} x^2-2x & (x\leq 0 \ \text{또는} \ x\geq 2) \\ -x^2+2x & (0\leq x\leq 2) \end{cases}$ 이므로

$$\int_{-1}^3 |x(x-2)|\,dx$$
$$= \int_{-1}^0 (x^2-2x)\,dx + \int_0^2 (-x^2+2x)\,dx + \int_2^3 (x^2-2x)\,dx$$
$$= \left[\frac{1}{3}x^3 - x^2\right]_{-1}^0 + \left[-\frac{1}{3}x^3 + x^2\right]_0^2 + \left[\frac{1}{3}x^3 - x^2\right]_2^3$$
$$= \frac{4}{3} + \frac{4}{3} + \frac{4}{3} = 4$$

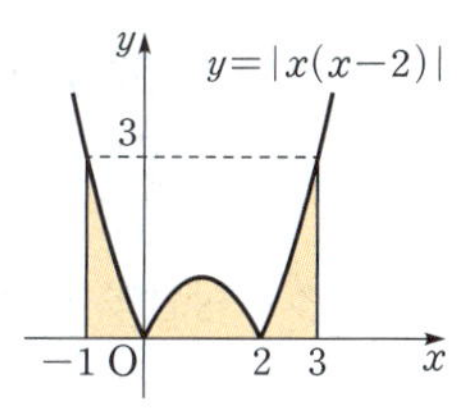

다른 풀이 (1) $\displaystyle\int_0^3 |x-1|\,dx$의 값은 위의 그림에서 색칠한 부분의 넓이와 같으므로

$$\frac{1}{2}\times 1 \times 1 + \frac{1}{2}\times 2 \times 2 = \frac{1}{2} + 2 = \frac{5}{2}$$

KEY Point

• 절댓값 기호를 포함한 함수의 정적분은 절댓값 기호 안의 식의 값이 **0**이 되게 하는 x의 값을 기준으로 구간을 나누어 구한다.

• 정답 및 풀이 **104**쪽

확인체크 370 다음 정적분의 값을 구하시오.

(1) $\displaystyle\int_{-2}^0 |2x+3|\,dx$ (2) $\displaystyle\int_0^2 |x^2+x-2|\,dx$

(3) $\displaystyle\int_{-2}^1 (|x|+x+1)^2\,dx$ (4) $\displaystyle\int_0^4 (|x-2|+|x-3|)\,dx$

371 등식 $\displaystyle\int_0^a |x^2-1|\,dx = \frac{56}{3}$ 을 만족시키는 상수 a의 값을 구하시오. (단, $a>1$)

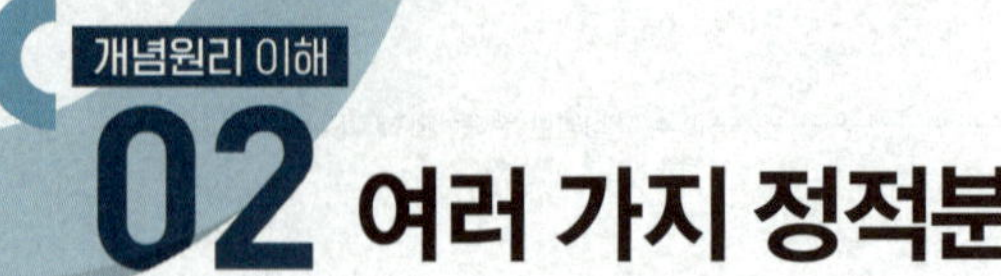

02 여러 가지 정적분

① 우함수와 기함수의 정적분   필수 06, 07

(1) n이 자연수일 때, 위끝과 아래끝의 절댓값이 같고 부호가 다른 정적분 $\int_{-a}^{a} x^n \, dx$에 대하여 다음이 성립한다.

① n이 짝수일 때, $\displaystyle\int_{-a}^{a} x^n \, dx = 2\int_{0}^{a} x^n \, dx$

② n이 홀수일 때, $\displaystyle\int_{-a}^{a} x^n \, dx = 0$

(2) ① 다항함수 $f(x)$가 짝수 차수의 항 또는 상수항의 합으로만 이루어져 있으면, 즉 우함수이면

$$\int_{-a}^{a} f(x)\,dx = 2\int_{0}^{a} f(x)\,dx$$

② 다항함수 $f(x)$가 홀수 차수의 항의 합으로만 이루어져 있으면, 즉 기함수이면

$$\int_{-a}^{a} f(x)\,dx = 0$$

▶ 정의역에 속하는 모든 실수 x에 대하여 $f(-x)=f(x)$인 함수 $f(x)$를 우함수라 하고, $f(-x)=-f(x)$인 함수 $f(x)$를 기함수라 한다. 우함수의 그래프는 y축에 대하여 대칭이고, 기함수의 그래프는 원점에 대하여 대칭이다.

설명 (1) ① n이 짝수일 때, 함수 $y=x^n$의 그래프는 y축에 대하여 대칭이므로 오른쪽 그림에서 색칠한 두 부분의 넓이가 같다.

따라서 $\displaystyle\int_{-a}^{0} x^n \, dx = \int_{0}^{a} x^n \, dx$이므로

$$\int_{-a}^{a} x^n \, dx = \int_{-a}^{0} x^n \, dx + \int_{0}^{a} x^n \, dx$$
$$= \int_{0}^{a} x^n \, dx + \int_{0}^{a} x^n \, dx = 2\int_{0}^{a} x^n \, dx$$

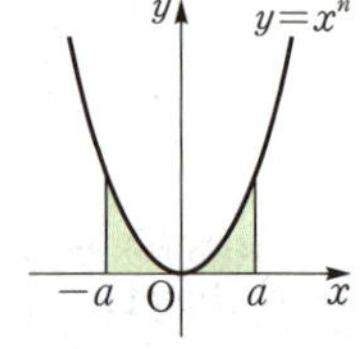

② n이 홀수일 때, 함수 $y=x^n$의 그래프는 원점에 대하여 대칭이므로 오른쪽 그림에서 색칠한 두 부분의 넓이가 같다.

따라서 $\displaystyle\int_{-a}^{0} x^n \, dx = -\int_{0}^{a} x^n \, dx$이므로

$$\int_{-a}^{a} x^n \, dx = \int_{-a}^{0} x^n \, dx + \int_{0}^{a} x^n \, dx$$
$$= -\int_{0}^{a} x^n \, dx + \int_{0}^{a} x^n \, dx = 0$$

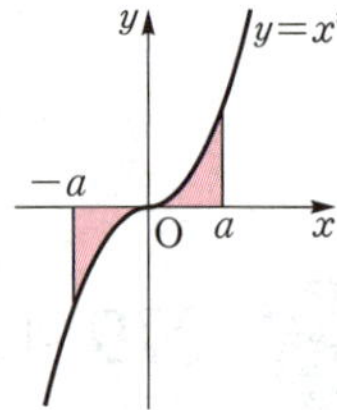

보기 ▶ $\displaystyle\int_{-1}^{1} (x^3+x^2+x+1)\,dx = \int_{-1}^{1} \underset{\text{기함수}}{(x^3+x)}\,dx + \int_{-1}^{1} \underset{\text{우함수}}{(x^2+1)}\,dx$

$$= 0 + 2\int_{0}^{1} (x^2+1)\,dx$$
$$= 2\left[\frac{1}{3}x^3+x\right]_{0}^{1} = 2 \times \frac{4}{3} = \frac{8}{3}$$

참고 일반적으로 우함수와 기함수에 대하여 다음이 성립한다.

(우함수)±(우함수)=(우함수), (기함수)±(기함수)=(기함수),

(우함수)×(우함수)=(우함수), (기함수)×(기함수)=(우함수), (우함수)×(기함수)=(기함수)

이때 (우함수)±(기함수)는 우함수도 기함수도 아님에 주의한다.

2 주기함수의 정적분 발전 08

연속함수 $f(x)$가 정의역에 속하는 모든 실수 x에 대하여

$$f(x+p)=f(x) \ (p는 \ 0이 \ 아닌 \ 상수)$$

이면 다음이 성립한다.

(1) $\displaystyle\int_a^b f(x)dx=\int_{a+p}^{b+p} f(x)dx=\int_{a+2p}^{b+2p} f(x)dx=\cdots=\int_{a+np}^{b+np} f(x)dx$ (단, n은 정수이다.)

(2) $\displaystyle\int_a^{a+p} f(x)dx=\int_b^{b+p} f(x)dx$

(3) $\displaystyle\int_a^{a+np} f(x)dx=n\int_0^p f(x)dx$ (단, n은 정수이다.)

▶ 함수 $f(x)$의 정의역에 속하는 모든 실수 x에 대하여 $f(x+p)=f(x)$를 만족시키는 0이 아닌 상수 p가 존재할 때, $f(x)$를 주기함수라 하고, 상수 p 중에서 최소인 양수를 그 함수의 주기라 한다.

설명 연속함수 $f(x)$가 정의역에 속하는 모든 실수 x에 대하여

$$f(x+p)=f(x) \ (p는 \ 0이 \ 아닌 \ 상수)$$

를 만족시킬 때, $f(x)$의 주기를 p라 하면 $y=f(x)$의 그래프는 오른쪽 그림과 같이 일정한 모양이 반복해서 나타난다.

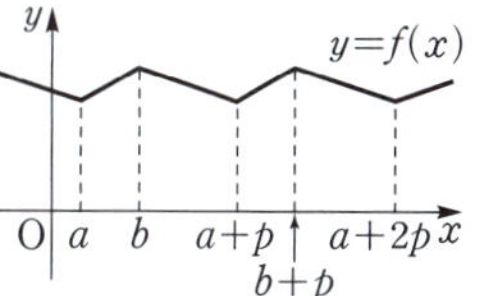

(1) 닫힌구간 $[a, b]$에서의 $y=f(x)$의 그래프는 이 구간을 주기 p만큼 평행이동한 닫힌구간 $[a+p, b+p]$에서의 $y=f(x)$의 그래프와 동일하므로

$$\int_a^b f(x)dx=\int_{a+p}^{b+p} f(x)dx$$

같은 방법으로 하면 정수 n에 대하여

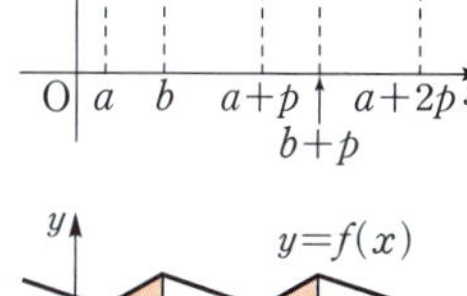

$$\int_a^b f(x)dx=\int_{a+p}^{b+p} f(x)dx=\int_{a+2p}^{b+2p} f(x)dx=\cdots=\int_{a+np}^{b+np} f(x)dx$$

가 성립한다.

(2) $\displaystyle\int_a^b f(x)dx=\int_{a+p}^{b+p} f(x)dx$이므로

$$\int_a^{a+p} f(x)dx=\int_a^b f(x)dx+\int_b^{a+p} f(x)dx$$

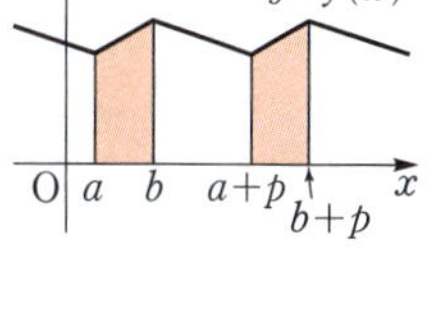

$$=\int_b^{a+p} f(x)dx+\int_{a+p}^{b+p} f(x)dx=\int_b^{b+p} f(x)dx$$

즉 한 주기에 해당하는 구간에서의 정적분의 값은 항상 일정하다.

(3) $\displaystyle\int_a^{a+np} f(x)dx=\int_a^{a+p} f(x)dx+\int_{a+p}^{a+2p} f(x)dx+\cdots+\int_{a+(n-1)p}^{a+np} f(x)dx$

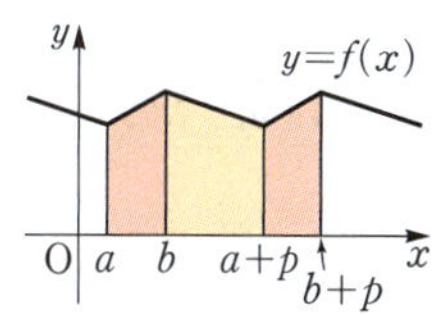

$$=n\int_a^{a+p} f(x)dx=n\int_0^p f(x)dx$$

 **06** **우함수와 기함수의 정적분; 피적분함수가 주어진 경우**

정적분 $\displaystyle\int_{-1}^{1}(x^7+5x^5-4x^3+3x^2-7x+2)dx$의 값을 구하시오.

설명 위끝과 아래끝의 절댓값이 같고 부호가 다르므로 피적분함수를 우함수, 기함수로 나누어 계산한다.

풀이
$$(\text{주어진 식})=\int_{-1}^{1}\underbrace{(x^7+5x^5-4x^3-7x)}_{\text{기함수}}dx+\int_{-1}^{1}\underbrace{(3x^2+2)}_{\text{우함수}}dx$$
$$=0+2\int_{0}^{1}(3x^2+2)dx=2\Big[x^3+2x\Big]_0^1=2\times 3=\mathbf{6}$$

 **07** **우함수와 기함수의 정적분; 피적분함수가 주어지지 않은 경우**

두 연속함수 $f(x)$, $g(x)$가 모든 실수 x에 대하여 $f(x)=f(-x)$, $g(-x)=-g(x)$ 를 만족시킨다. $\displaystyle\int_{0}^{2}f(x)dx=3$, $\displaystyle\int_{0}^{2}g(x)dx=4$일 때, 정적분 $\displaystyle\int_{-2}^{2}\{f(x)+g(x)\}dx$ 의 값을 구하시오.

풀이 $f(x)=f(-x)$에서 $f(x)$는 우함수이고, $g(-x)=-g(x)$에서 $g(x)$는 기함수이다.
$$\therefore \int_{-2}^{2}\{f(x)+g(x)\}dx=\int_{-2}^{2}f(x)dx+\int_{-2}^{2}g(x)dx$$
$$=2\int_{0}^{2}f(x)dx+0=2\times 3=\mathbf{6}$$

> **KEY Point**
>
> • $f(-x)=f(x)\Rightarrow f(x)$는 우함수 $\Rightarrow \displaystyle\int_{-a}^{a}f(x)dx=2\int_{0}^{a}f(x)dx$
>
> • $f(-x)=-f(x)\Rightarrow f(x)$는 기함수 $\Rightarrow \displaystyle\int_{-a}^{a}f(x)dx=0$

● 정답 및 풀이 **104쪽**

 **372** 정적분 $\displaystyle\int_{-2}^{2}(5x^4-2x^3+6x^2-3x-1)dx$의 값을 구하시오.

373 연속함수 $f(x)$가 모든 실수 x에 대하여 $f(-x)=f(x)$를 만족시킨다. $\displaystyle\int_{-3}^{3}f(x)dx=8$일 때, 정적분 $\displaystyle\int_{0}^{3}f(x)dx+\int_{-3}^{3}xf(x)dx$의 값을 구하시오.

발전 **08** 주기함수의 정적분

연속함수 $f(x)$가 모든 실수 x에 대하여 $f(x)=f(x+2)$를 만족시키고 $-1 \leq x \leq 1$ 에서 $f(x)=-x^2+2$일 때, 정적분 $\int_{-1}^{5} f(x)dx$의 값을 구하시오.

풀이 모든 실수 x에 대하여 $f(x)=f(x+2)$이므로

$$\int_{-1}^{1} f(x)dx = \int_{1}^{3} f(x)dx = \int_{3}^{5} f(x)dx$$

$$\therefore \int_{-1}^{5} f(x)dx = \int_{-1}^{1} f(x)dx + \int_{1}^{3} f(x)dx + \int_{3}^{5} f(x)dx$$

$$= 3\int_{-1}^{1} f(x)dx$$

$$= 3\int_{-1}^{1} (-x^2+2)dx$$

$$= 3\left[-\frac{1}{3}x^3 + 2x \right]_{-1}^{1} = 3 \times \frac{10}{3} = \mathbf{10}$$

다른 풀이 $f(-x)=-(-x)^2+2=-x^2+2=f(x)$이므로 $f(x)$는 우함수이다.

$$\therefore \int_{-1}^{5} f(x)dx = 3\int_{-1}^{1} f(x)dx = 6\int_{0}^{1} f(x)dx = 6\int_{0}^{1} (-x^2+2)dx$$

$$= 6\left[-\frac{1}{3}x^3 + 2x \right]_{0}^{1} = 6 \times \frac{5}{3} = 10$$

KEY Point

- 함수 $f(x)$가 정의역에 속하는 모든 실수 x에 대하여 $f(x+p)=f(x)$를 만족시킨다.

$$\Rightarrow \int_{a}^{b} f(x)dx = \int_{a+np}^{b+np} f(x)dx \ (\text{단, } n\text{은 정수이다.})$$

● 정답 및 풀이 **105**쪽

374 연속함수 $f(x)$가 모든 실수 x에 대하여 $f(x+3)=f(x)$, $\int_{1}^{4} f(x)dx=5$를 만족시킬 때, 정적분 $\int_{1}^{10} f(x)dx$의 값을 구하시오.

375 연속함수 $f(x)$가 모든 실수 x에 대하여 $f(x+4)=f(x)$를 만족시키고

$$f(x)=\begin{cases} x^2 & (0 \leq x \leq 2) \\ -2x+8 & (2 \leq x \leq 4) \end{cases}$$

일 때, 정적분 $\int_{0}^{16} f(x)dx$의 값을 구하시오.

연습 문제

생각해 봅시다!

376 함수 $f(x)=ax^3+bx+3$이 $\displaystyle\lim_{x\to 1}\dfrac{f(x)}{x-1}=1$을 만족시킬 때, 정적분 $\displaystyle\int_0^1 f(x)\,dx$의 값을 구하시오. (단, a, b는 상수이다.)

$\displaystyle\lim_{x\to p}\dfrac{f(x)}{x-p}=q$이면
$f(p)=0,\ f'(p)=q$

수능 기출

377 삼차함수 $f(x)$가 모든 실수 x에 대하여
$$xf(x)-f(x)=3x^4-3x$$
를 만족시킬 때, $\displaystyle\int_{-2}^2 f(x)\,dx$의 값은?

① 12　　② 16　　③ 20　　④ 24　　⑤ 28

378 함수 $f(x)=6x^2+2ax$가 $\displaystyle\int_0^1 f(x)\,dx=f(1)$을 만족시킬 때, 상수 a의 값을 구하시오.

379 정적분 $\displaystyle\int_{-1}^0 \dfrac{y^3}{y-1}\,dy-\int_{-1}^0 \dfrac{1}{x-1}\,dx-\int_1^0 (x^2+x+1)\,dx$의 값을 구하시오.

$\displaystyle\int_a^c f(x)\,dx+\int_c^b f(x)\,dx$
$=\displaystyle\int_a^b f(x)\,dx$

380 함수 $f(x)=\begin{cases}3x^2-4x+a & (x\le 1)\\ 2x+3 & (x>1)\end{cases}$ 이 모든 실수 x에서 연속일 때, $\displaystyle\int_{-1}^3 f(x)\,dx$의 값을 구하시오. (단, a는 상수이다.)

함수 $f(x)$가 $x=1$에서 연속
이다.
$\Rightarrow \displaystyle\lim_{x\to 1+}f(x)=\lim_{x\to 1-}f(x)$
$=f(1)$

교육청 기출

381 $\displaystyle\int_{-3}^2 (2x^3+6|x|)\,dx-\int_{-3}^{-2}(2x^3-6x)\,dx$의 값을 구하시오.

382 다항함수 $f(x)$가 모든 실수 x에 대하여 $f(-x)=f(x)$를 만족시키고 $\displaystyle\int_0^2 f(x)dx=\dfrac{1}{4}$일 때, 정적분 $\displaystyle\int_{-2}^2 (3x^3-2x+6)f(x)dx$의 값을 구하시오.

생각해 봅시다! 

모든 실수 x에 대하여 $f(-x)=f(x)$이면 $f(x)$는 우함수이다.

STEP 2

383 최고차항의 계수가 1인 삼차함수 $f(x)$가
$$\int_1^2 f'(x)dx=\int_1^3 f'(x)dx=0$$
을 만족시킬 때, $f'(2)$의 값을 구하시오.

$$\int_a^b f'(x)dx=\Big[f(x)\Big]_a^b$$
$$=f(b)-f(a)$$

384 이차함수 $f(x)$에 대하여 $f(0)=1$이고
$$\int_{-1}^1 f(x)dx=\int_0^1 f(x)dx=\int_{-1}^0 f(x)dx$$
일 때, $f(3)$의 값을 구하시오.

$$\int_{-1}^1 f(x)dx$$
$$=\int_{-1}^0 f(x)dx+\int_0^1 f(x)dx$$

385 일차함수 $f(x)$가 $\displaystyle\int_{-1}^1 xf(x)dx=2$, $\displaystyle\int_{-1}^1 x^2 f(x)dx=-2$를 만족시킬 때, $f(-2)$의 값을 구하시오.

386 $0\le a\le 1$일 때, 정적분 $\displaystyle\int_0^1 x|x-a|dx$의 값이 최소가 되도록 하는 상수 a의 값을 구하시오.

387 연속함수 $f(x)$가 모든 실수 x에 대하여
$$f(-x)=f(x),\ f(x)=f(x+4),\ \int_0^2 f(x)dx=16$$
을 만족시킬 때, 정적분 $\displaystyle\int_{-4}^8 f(x)dx$의 값을 구하시오.

연습 문제

생각해 봅시다! 💡

함수 $f(x)$가 실수 전체의 집합에서 미분가능하므로 $x=1$에서 연속이고 미분가능하다.

[수능] 기출

388 실수 전체의 집합에서 미분가능한 함수 $f(x)$가 다음 조건을 만족시킨다.

> (개) 닫힌구간 $[0,\ 1]$에서 $f(x)=x$이다.
> (내) 어떤 상수 a, b에 대하여 구간 $[0,\ \infty)$에서
> $\quad f(x+1)-xf(x)=ax+b$이다.

$60 \times \displaystyle\int_1^2 f(x)dx$의 값을 구하시오.

389 함수 $f(x)=x^3+ax^2+(2a-3)x+1$이 극값을 갖지 않을 때, 정적분 $\displaystyle\int_1^2 \frac{f(x)}{x}dx+\int_2^1 \frac{1}{x}dx$의 값을 구하시오. (단, a는 상수이다.)

390 실수 전체의 집합에서 연속인 두 함수 $f(x)$, $g(x)$가 모든 실수 x에 대하여 다음 조건을 만족시킬 때, $\displaystyle\int_0^4 f(x)dx$의 값을 구하시오.

> (개) $f(x) \geq g(x)$
> (내) $f(x)+g(x)=x^2+2x-1$
> (대) $f(x)g(x)=(x^2-2)(2x+1)$

$y=-f(x+1)+1$의 그래프는 $y=f(x)$의 그래프를 x축에 대하여 대칭이동한 후 x축의 방향으로 -1만큼, y축의 방향으로 1만큼 평행이동한 것이다.

[평가원] 기출

391 닫힌구간 $[0,\ 1]$에서 연속인 함수 $f(x)$가

$$f(0)=0,\ f(1)=1,\ \int_0^1 f(x)dx=\frac{1}{6}$$

을 만족시킨다. 실수 전체의 집합에서 정의된 함수 $g(x)$가 다음 조건을 만족시킬 때, $\displaystyle\int_{-3}^2 g(x)dx$의 값은?

> (개) $g(x)=\begin{cases} -f(x+1)+1 & (-1<x<0) \\ f(x) & (0\leq x\leq 1) \end{cases}$
> (내) 모든 실수 x에 대하여 $g(x+2)=g(x)$이다.

① $\dfrac{5}{2}$ ② $\dfrac{17}{6}$ ③ $\dfrac{19}{6}$ ④ $\dfrac{7}{2}$ ⑤ $\dfrac{23}{6}$

03 정적분으로 정의된 함수

1 정적분으로 정의된 함수의 미분

(1) $\dfrac{d}{dx}\displaystyle\int_a^x f(t)dt=f(x)$ (단, a는 상수이다.)

(2) $\dfrac{d}{dx}\displaystyle\int_x^{x+a} f(t)dt=f(x+a)-f(x)$ (단, a는 상수이다.)

▶ 정적분의 위끝과 아래끝이 모두 상수이면 정적분의 결과도 상수이지만 위끝 또는 아래끝에 변수가 있으면 정적분의 결과는 그 변수에 대한 함수이다. 즉 $\displaystyle\int_a^x f(t)dt$, $\displaystyle\int_x^{x+a} f(t)dt$는 모두 x에 대한 함수이다.

증명 (2) $f(t)$의 한 부정적분을 $F(t)$라 하면 $\displaystyle\int_x^{x+a} f(t)dt=\Big[F(t)\Big]_x^{x+a}=F(x+a)-F(x)$

$\therefore \dfrac{d}{dx}\displaystyle\int_x^{x+a} f(t)dt=\dfrac{d}{dx}\{F(x+a)-F(x)\}=f(x+a)-f(x)$

2 정적분을 포함한 등식에서 함수 구하기 ◎ 필수 09~11

(1) $f(x)=g(x)+\displaystyle\int_a^b f(t)dt$ (a, b는 상수)와 같이 적분 구간이 상수인 경우

⇨ $\displaystyle\int_a^b f(t)dt=k$ (k는 상수)로 놓으면 $f(x)=g(x)+k$

따라서 $\displaystyle\int_a^b f(t)dt=\displaystyle\int_a^b \{g(t)+k\}dt=k$이므로 이를 만족시키는 k의 값을 구한다.

(2) $\displaystyle\int_a^x f(t)dt=g(x)$ (a는 상수)와 같이 적분 구간에 변수 x가 있는 경우

⇨ 양변을 x에 대하여 미분하고 $\displaystyle\int_a^a f(t)dt=g(a)=0$임을 이용한다.

(3) $\displaystyle\int_a^x (x-t)f(t)dt=g(x)$ (a는 상수)와 같이 적분 구간과 피적분함수에 변수 x가 있는 경우

⇨ $\displaystyle\int_a^x (x-t)f(t)dt=x\displaystyle\int_a^x f(t)dt-\displaystyle\int_a^x tf(t)dt$로 변형한 후 양변을 x에 대하여 미분한다.

3 정적분으로 정의된 함수의 극한 ◎ 필수 14

(1) $\displaystyle\lim_{x\to a}\dfrac{1}{x-a}\displaystyle\int_a^x f(t)dt=f(a)$

(2) $\displaystyle\lim_{x\to 0}\dfrac{1}{x}\displaystyle\int_a^{x+a} f(t)dt=f(a)$

증명 함수 $f(t)$의 한 부정적분을 $F(t)$라 하면 $F'(t)=f(t)$이므로

(1) $\displaystyle\lim_{x\to a}\dfrac{1}{x-a}\displaystyle\int_a^x f(t)dt=\lim_{x\to a}\dfrac{\Big[F(t)\Big]_a^x}{x-a}=\lim_{x\to a}\dfrac{F(x)-F(a)}{x-a}=F'(a)=f(a)$

(2) $\displaystyle\lim_{x\to 0}\dfrac{1}{x}\displaystyle\int_a^{x+a} f(t)dt=\lim_{x\to 0}\dfrac{\Big[F(t)\Big]_a^{x+a}}{x}=\lim_{x\to 0}\dfrac{F(x+a)-F(a)}{x}=F'(a)=f(a)$

알아둡시다!

① $\dfrac{d}{dx}\displaystyle\int_a^x f(t)\,dt = f(x)$

② $\dfrac{d}{dx}\displaystyle\int_x^{x+a} f(t)\,dt$
$= f(x+a) - f(x)$

392 다음을 구하시오.

(1) $\dfrac{d}{dx}\displaystyle\int_0^x (t^2+2)\,dt$

(2) $\dfrac{d}{dx}\displaystyle\int_2^x (5t^3-3t^2)\,dt$

(3) $\dfrac{d}{dx}\displaystyle\int_x^{x+1} (-t+5)\,dt$

(4) $\dfrac{d}{dx}\displaystyle\int_x^{x+2} (t^2-2t+1)\,dt$

393 모든 실수 x에 대하여 다음 등식이 성립할 때, $f(x)$를 구하시오.

(1) $\displaystyle\int_1^x f(t)\,dt = 2x^2-5x+3$

(2) $\displaystyle\int_{-1}^x f(t)\,dt = -x^2+3x+4$

(3) $\displaystyle\int_2^x f(t)\,dt = 3x^3-6x-12$

(4) $\displaystyle\int_3^x f(t)\,dt = (x+1)(x-3)$

394 다음 극한값을 구하시오.

(1) $\displaystyle\lim_{x\to 1} \dfrac{1}{x-1}\int_1^x (3t+6)\,dt$

(2) $\displaystyle\lim_{h\to 0} \dfrac{1}{h}\int_0^h (2x^2-3)\,dx$

① $\displaystyle\lim_{x\to a} \dfrac{1}{x-a}\int_a^x f(t)\,dt$
$= f(a)$

② $\displaystyle\lim_{x\to 0} \dfrac{1}{x}\int_a^{x+a} f(t)\,dt$
$= f(a)$

필수 **09** 적분 구간이 상수인 경우

다음 등식을 만족시키는 함수 $f(x)$를 구하시오.

(1) $f(x)=x^3-3x^2+4\displaystyle\int_0^1 f(t)dt$ 　　　(2) $f(x)=x^2+\displaystyle\int_0^2 (x-t)f(t)dt$

풀이

(1) $\displaystyle\int_0^1 f(t)dt=k$ (k는 상수)로 놓으면 　　$f(x)=x^3-3x^2+4k$

따라서 $k=\displaystyle\int_0^1 f(t)dt=\int_0^1 (t^3-3t^2+4k)dt=\left[\frac{1}{4}t^4-t^3+4kt\right]_0^1=4k-\frac{3}{4}$ 이므로

$3k=\dfrac{3}{4}$ 　　$\therefore k=\dfrac{1}{4}$ 　　$\therefore \boldsymbol{f(x)=x^3-3x^2+1}$

(2) $f(x)=x^2+\displaystyle\int_0^2 (x-t)f(t)dt=x^2+x\int_0^2 f(t)dt-\int_0^2 tf(t)dt$

이때 $\displaystyle\int_0^2 f(t)dt=a$, $\int_0^2 tf(t)dt=b$ (a, b는 상수)로 놓으면

$f(x)=x^2+ax-b$

따라서 $a=\displaystyle\int_0^2 f(t)dt=\int_0^2 (t^2+at-b)dt=\left[\frac{1}{3}t^3+\frac{a}{2}t^2-bt\right]_0^2=\frac{8}{3}+2a-2b$ 이므로

$a-2b=-\dfrac{8}{3}$ 　　······ ㉠

또 $b=\displaystyle\int_0^2 tf(t)dt=\int_0^2 (t^3+at^2-bt)dt=\left[\frac{1}{4}t^4+\frac{a}{3}t^3-\frac{b}{2}t^2\right]_0^2=4+\frac{8}{3}a-2b$ 이므로

$8a-9b=-12$ 　　······ ㉡

㉠, ㉡을 연립하여 풀면 　　$a=0$, $b=\dfrac{4}{3}$ 　　$\therefore \boldsymbol{f(x)=x^2-\dfrac{4}{3}}$

$\bullet\ \boldsymbol{f(x)=g(x)+\displaystyle\int_a^b f(t)dt}$

$\Rightarrow \displaystyle\int_a^b \boldsymbol{f(t)dt=k}$ ($\boldsymbol{k}$는 상수)로 놓고 $\boldsymbol{f(x)=g(x)+k}$임을 이용한다.

● 정답 및 풀이 **111쪽**

395 다음 등식을 만족시키는 함수 $f(x)$를 구하시오.

(1) $f(x)=-2x^2+3x+\displaystyle\int_0^1 tf(t)dt$

(2) $f(x)=x^2+\displaystyle\int_0^2 (3x+1)f(t)dt$

(3) $f(x)=3x^2+\displaystyle\int_0^1 (2x-t)f(t)dt$

● 더 다양한 문제는 **RPM** 미적분 I 114쪽

필수 10 적분 구간에 변수가 있는 경우

다음 물음에 답하시오.

(1) 함수 $f(x)$가 모든 실수 x에 대하여 $\displaystyle\int_1^x f(t)\,dt = x^4 + x^3 - 2ax$를 만족시킬 때, $f(1)$의 값을 구하시오. (단, a는 상수이다.)

(2) 다항함수 $f(x)$가 모든 실수 x에 대하여 $xf(x) = \dfrac{2}{3}x^3 + \displaystyle\int_3^x f(t)\,dt$를 만족시킬 때, $f(2)$의 값을 구하시오.

풀이

(1) 주어진 등식의 양변을 x에 대하여 미분하면
$$f(x) = 4x^3 + 3x^2 - 2a$$
주어진 등식의 양변에 $x=1$을 대입하면 $\quad 0 = 1 + 1 - 2a \quad \leftarrow \displaystyle\int_1^1 f(t)\,dt = 0$
$$\therefore a = 1$$
따라서 $f(x) = 4x^3 + 3x^2 - 2$이므로 $\quad f(1) = \mathbf{5}$

(2) 주어진 등식의 양변을 x에 대하여 미분하면
$$f(x) + xf'(x) = 2x^2 + f(x), \qquad xf'(x) = 2x^2 \quad \therefore f'(x) = 2x$$
$$\therefore f(x) = \int f'(x)\,dx = \int 2x\,dx = x^2 + C \quad \cdots\cdots \ \bigcirc$$
주어진 등식의 양변에 $x=3$을 대입하면
$$3f(3) = 18 \quad \therefore f(3) = 6$$
이때 $\bigcirc$에 $x=3$을 대입하면 $\quad f(3) = 9 + C$
$$6 = 9 + C \quad \therefore C = -3$$
따라서 $f(x) = x^2 - 3$이므로 $\quad f(2) = \mathbf{1}$

KEY Point

- $\displaystyle\int_a^x f(t)\,dt = g(x)$

  $\Rightarrow$ 양변을 x에 대하여 미분하고 $g(a) = 0$임을 이용한다.

● 정답 및 풀이 111쪽

396 함수 $f(x)$가 모든 실수 x에 대하여 $\displaystyle\int_a^x f(t)\,dt = x^2 - 3x - 10$을 만족시킬 때, $f(a)$의 값을 구하시오. (단, $a < 0$)

397 다항함수 $f(x)$가 모든 실수 x에 대하여 $x^2 f(x) = \dfrac{2}{3}x^6 - \dfrac{1}{2}x^4 + 2\displaystyle\int_1^x t f(t)\,dt$를 만족시킬 때, $f(-1)$의 값을 구하시오.

 필수 **11** 적분 구간과 피적분함수에 변수가 있는 경우

함수 $f(x)$가 모든 실수 x에 대하여 $\displaystyle\int_{-1}^{x}(x-t)f(t)dt=x^3+ax^2+5x+2$를 만족시킬 때, $f(-1)$의 값을 구하시오. (단, a는 상수이다.)

풀이 주어진 등식에서

$$x\int_{-1}^{x}f(t)dt-\int_{-1}^{x}tf(t)dt=x^3+ax^2+5x+2$$

양변을 x에 대하여 미분하면

$$\int_{-1}^{x}f(t)dt+xf(x)-xf(x)=3x^2+2ax+5$$

$$\therefore \int_{-1}^{x}f(t)dt=3x^2+2ax+5$$

양변을 다시 x에 대하여 미분하면

$$f(x)=6x+2a$$

한편 주어진 등식의 양변에 $x=-1$을 대입하면

$$0=-1+a-5+2 \qquad \therefore a=4$$

따라서 $f(x)=6x+8$이므로 $\qquad f(-1)=\mathbf{2}$

KEY Point

- $\displaystyle\int_{a}^{x}(x-t)f(t)dt=g(x)$

$\Rightarrow \displaystyle\int_{a}^{x}(x-t)f(t)dt=x\int_{a}^{x}f(t)dt-\int_{a}^{x}tf(t)dt$로 변형한 후 양변을 x에 대하여 미분한다.

● 정답 및 풀이 **112**쪽

 확인 체크 **398** 함수 $f(x)$가 모든 실수 x에 대하여 $\displaystyle\int_{1}^{x}(x-t)f(t)dt=x^4-3x^2+2x$를 만족시킬 때, $f(0)$의 값을 구하시오.

399 함수 $f(x)$가 모든 실수 x에 대하여 $\displaystyle\int_{1}^{x}(x-t)f(t)dt=x^3+ax^2+bx$를 만족시킬 때, 상수 a, b에 대하여 $f(ab)$의 값을 구하시오.

필수 12 정적분으로 정의된 함수의 극대·극소

함수 $f(x)=\displaystyle\int_x^{x+1}(t^3-t)dt$의 극댓값을 M, 극솟값을 m이라 할 때, $M-m$의 값을 구하시오.

풀이 $f(x)=\displaystyle\int_x^{x+1}(t^3-t)dt$의 양변을 x에 대하여 미분하면

$$f'(x)=\{(x+1)^3-(x+1)\}-(x^3-x)=3x^2+3x=3x(x+1)$$

$f'(x)=0$에서 $x=-1$ 또는 $x=0$

x	$\cdots$	-1	$\cdots$	0	$\cdots$
$f'(x)$	$+$	0	$-$	0	$+$
$f(x)$	$\nearrow$	극대	$\searrow$	극소	$\nearrow$

따라서 함수 $f(x)$는 $x=-1$에서 극대이므로

$$M=f(-1)=\int_{-1}^{0}(t^3-t)dt=\left[\frac{1}{4}t^4-\frac{1}{2}t^2\right]_{-1}^{0}=\frac{1}{4}$$

또 $x=0$에서 극소이므로

$$m=f(0)=\int_{0}^{1}(t^3-t)dt=\left[\frac{1}{4}t^4-\frac{1}{2}t^2\right]_{0}^{1}=-\frac{1}{4}$$

$$\therefore M-m=\frac{1}{2}$$

KEY Point

- $f(x)=\displaystyle\int_a^x g(t)dt$ (a는 상수)의 극댓값과 극솟값

  $\Rightarrow f'(x)=g(x)=0$을 만족시키는 x의 값을 이용하여 $f(x)$의 극댓값과 극솟값을 구한다.

● 정답 및 풀이 112쪽

 **400** 함수 $f(x)=\displaystyle\int_{-3}^{x}(t^2+t+k)dt$가 $x=-3$에서 극댓값을 가질 때, $f(x)$의 극솟값을 구하시오. (단, k는 상수이다.)

401 최댓값이 1인 이차함수 $y=f(x)$의 그래프가 오른쪽 그림과 같을 때, $F(x)=\displaystyle\int_1^x f(t)dt$를 만족시키는 함수 $F(x)$의 극댓값을 구하시오.

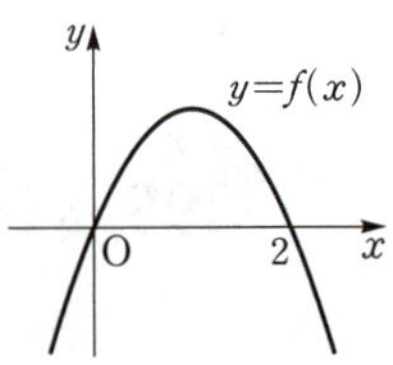

196

필수 13 정적분으로 정의된 함수의 최대·최소

구간 $[0, 2]$에서 함수 $f(x)=\displaystyle\int_0^x (-t^2-t+2)dt$의 최댓값과 최솟값을 구하시오.

풀이

$f(x)=\displaystyle\int_0^x (-t^2-t+2)dt$의 양변을 x에 대하여 미분하면

$$f'(x)=-x^2-x+2=-(x+2)(x-1)$$

$f'(x)=0$에서 $\quad x=1 \ (\because 0\leq x\leq 2)$

x	0	$\cdots$	1	$\cdots$	2
$f'(x)$		$+$	0	$-$	
$f(x)$		$\nearrow$	극대	$\searrow$	

이때

$$f(0)=0,$$

$$f(1)=\int_0^1 (-t^2-t+2)dt=\left[-\frac{1}{3}t^3-\frac{1}{2}t^2+2t\right]_0^1=\frac{7}{6},$$

$$f(2)=\int_0^2 (-t^2-t+2)dt=\left[-\frac{1}{3}t^3-\frac{1}{2}t^2+2t\right]_0^2=-\frac{2}{3}$$

이므로 구간 $[0, 2]$에서 함수 $f(x)$의 **최댓값은 $\dfrac{7}{6}$, 최솟값은 $-\dfrac{2}{3}$**이다.

KEY Point

- $f(x)=\displaystyle\int_a^x g(t)dt$ (a는 상수)의 최댓값과 최솟값

  ⇨ $f'(x)=g(x)$임을 이용하여 주어진 구간에서 $f(x)$의 극값과 구간의 양 끝 점에서의 함숫값을 구하고 최댓값과 최솟값을 찾는다.

● 정답 및 풀이 **113**쪽

402 $0\leq x\leq 3$에서 함수 $f(x)=\displaystyle\int_0^x (t-1)(t-5)dt$의 최댓값을 구하시오.

403 $-2\leq x\leq 1$에서 함수 $f(x)=\displaystyle\int_x^{x+1} (2t^2+2t)dt$의 최댓값을 M, 최솟값을 m이라 할 때, $M-m$의 값을 구하시오.

● 더 다양한 문제는 **RPM** 미적분Ⅰ 116쪽

필수 14 정적분으로 정의된 함수의 극한

다음 물음에 답하시오.

(1) $f(x)=2x^3-4x^2+3x+1$일 때, $\displaystyle\lim_{x\to 2}\frac{1}{x-2}\int_x^2 f(t)dt$의 값을 구하시오.

(2) $\displaystyle\lim_{h\to 0}\frac{1}{h}\int_1^{1+2h}(x^2+x+1)dx$의 값을 구하시오.

풀이

(1) $f(x)$의 한 부정적분을 $F(x)$라 하면

$$\lim_{x\to 2}\frac{1}{x-2}\int_x^2 f(t)dt=\lim_{x\to 2}\frac{\Big[F(t)\Big]_x^2}{x-2}=\lim_{x\to 2}\frac{F(2)-F(x)}{x-2}$$
$$=-\lim_{x\to 2}\frac{F(x)-F(2)}{x-2}$$
$$=-F'(2)=-f(2)=\boldsymbol{-7}$$

(2) $f(x)=x^2+x+1$로 놓고 $f(x)$의 한 부정적분을 $F(x)$라 하면

$$\lim_{h\to 0}\frac{1}{h}\int_1^{1+2h}(x^2+x+1)dx=\lim_{h\to 0}\frac{1}{h}\int_1^{1+2h}f(x)dx=\lim_{h\to 0}\frac{\Big[F(x)\Big]_1^{1+2h}}{h}$$
$$=\lim_{h\to 0}\frac{F(1+2h)-F(1)}{h}$$
$$=\lim_{h\to 0}\frac{F(1+2h)-F(1)}{2h}\times 2$$
$$=2F'(1)=2f(1)=2\times 3=\boldsymbol{6}$$

KEY Point

● 정적분으로 정의된 함수의 극한

⇨ 피적분함수 $f(x)$의 한 부정적분을 $F(x)$로 놓고 미분계수의 정의와 $F'(x)=f(x)$임을 이용한다.

● 정답 및 풀이 **113쪽**

404 다음 극한값을 구하시오.

(1) $\displaystyle\lim_{x\to 1}\frac{1}{x-1}\int_1^{x^2}(2t^2+3t-1)dt$

(2) $\displaystyle\lim_{h\to 0}\frac{1}{h}\int_{2-h}^{2+h}(3x^2-x+1)dx$

405 $\displaystyle\lim_{h\to 0}\frac{1}{h}\int_{-1}^{-1+h}(ax-x^2)dx=-3$을 만족시키는 상수 a의 값을 구하시오.

연습 문제

STEP 1

생각해 봅시다! 

406 함수 $f(x)$에 대하여 $f(x)=\dfrac{12}{7}x^2-2x\displaystyle\int_1^2 f(t)dt+\left\{\displaystyle\int_1^2 f(t)dt\right\}^2$ 일 때, $f(7)$의 값을 구하시오.

$\displaystyle\int_1^2 f(t)dt$는 상수임을 이용한다.

407 함수 $f(x)$가 모든 실수 x에 대하여

$$\int_2^x f(t)dt=x^3-3ax^2+5ax-a^2$$ 을 만족시킬 때, $f(x)$의 최솟값을 구하시오. (단, a는 $a>0$인 상수이다.)

408 함수 $f(x)$가 모든 실수 x에 대하여

$$\int_0^x f(t)dt=2x^3-x^2-4x\int_0^1 f(t)dt$$ 를 만족시킬 때, $f(-1)$의 값을 구하시오.

평가원 기출

409 함수 $f(x)=-x^2-4x+a$에 대하여 함수 $g(x)=\displaystyle\int_0^x f(t)dt$가 닫힌구간 $[0, 1]$에서 증가하도록 하는 실수 a의 최솟값을 구하시오.

함수 $g(x)$가 어떤 구간에서 증가한다.
⇨ 이 구간에서
$$g'(x)\geq 0$$

410 다항함수 $f(x)$가 모든 실수 x에 대하여

$$\int_1^x (x-t)f'(t)dt=2x^4+x^3-11x+8$$ 을 만족시키고 $f(1)=2$일 때, 함수 $f(x)$를 구하시오.

$$\int_1^x (x-t)f'(t)dt$$
$$=x\int_1^x f'(t)dt$$
$$\quad -\int_1^x tf'(t)dt$$

411 함수 $f(x)=\displaystyle\int_{-3}^x (3t^2-6t-9)dt$의 극댓값과 극솟값을 구하시오.

412 $\displaystyle\lim_{x\to 0}\frac{1}{x}\int_{-2-x}^{-2+x}|t^2-9|\,dt$의 값을 구하시오.

STEP 2

413 함수 $f(x)$의 한 부정적분 $g(x)$가 다음 조건을 만족시킬 때, $g(1)$의 값을 구하시오.

> (가) $f(x)=2x+\displaystyle\int_0^2 f(t)\,dt$ (나) $g(0)-\displaystyle\int_0^2 g(t)\,dt=\dfrac{1}{3}$

함수 $f(x)$의 한 부정적분이 $g(x)$이다.
$\Rightarrow g(x)=\displaystyle\int f(x)\,dx$

414 함수 $f(x)$가 모든 실수 x에 대하여
$$\int_0^x f(t)\,dt=\frac{8}{3}x^3-3x^2+4x\int_0^2 tf(t)\,dt$$
를 만족시킬 때, $f(2)$의 값을 구하시오.

평가원 기출

415 다항함수 $f(x)$가 모든 실수 x에 대하여
$$xf(x)=2x^3+ax^2+3a+\int_1^x f(t)\,dt$$
를 만족시킨다. $f(1)=\displaystyle\int_0^1 f(t)\,dt$일 때, $a+f(3)$의 값은?

(단, a는 상수이다.)

① 5   ② 6   ③ 7   ④ 8   ⑤ 9

416 함수 $f(x)=\displaystyle\int_0^x (t^2+at+b)\,dt$가 $x=3$에서 극솟값 0을 가질 때, $f(x)$의 극댓값을 구하시오. (단, a, b는 상수이다.)

함수 $f(x)$가 $x=\alpha$에서 극값 β를 가지면
$f'(\alpha)=0$, $f(\alpha)=\beta$

417 이차함수 $y=f(x)$의 그래프가 오른쪽 그림과 같을 때, 함수 $g(x)=\displaystyle\int_{x-1}^{x} f(t)\,dt$는 $x=\alpha$에서 최솟값을 갖는다. 이때 α의 값을 구하시오.

$f(x)=a(x+1)(x-3)$ $(a>0)$으로 놓는다.

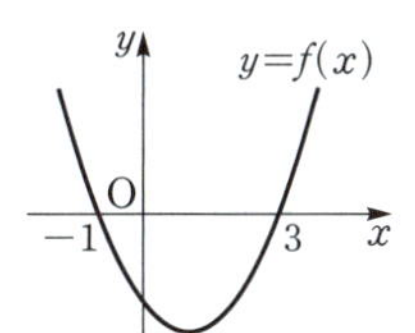

418 함수 $f(x)$가 모든 실수 x에 대하여 $\displaystyle\int_{0}^{x} f(t)\,dt=\dfrac{1}{3}x^3+kx$를 만족시키고 $f(1)=4$일 때, $\displaystyle\lim_{x\to-3}\dfrac{1}{x^2-9}\int_{-3}^{x} t^2 f(t)\,dt$의 값을 구하시오. (단, k는 상수이다.)

실력 UP⁺

평가원 기출

419 두 다항함수 $f(x)$, $g(x)$에 대하여 $f(x)$의 한 부정적분을 $F(x)$라 하고 $g(x)$의 한 부정적분을 $G(x)$라 할 때, 이 함수들은 모두 실수 x에 대하여 다음 조건을 만족시킨다.

> (가) $\displaystyle\int_{1}^{x} f(t)\,dt=xf(x)-2x^2-1$
> (나) $f(x)G(x)+F(x)g(x)=8x^3+3x^2+1$

$\displaystyle\int_{1}^{3} g(x)\,dx$의 값을 구하시오.

$f(x)G(x)+F(x)g(x)$ $=\{F(x)G(x)\}'$

420 함수 $f(x)=-x^3+\dfrac{3}{2}x^2+6x-k$에 대하여 함수 $G(x)=\displaystyle\int_{1}^{x} f(t)\,dt$가 극솟값을 갖도록 하는 정수 k의 최댓값을 M, 최솟값을 m이라 할 때, $\dfrac{M}{m}$의 값을 구하시오.

$G(x)=\displaystyle\int_{1}^{x} f(t)\,dt$의 양변을 x에 대하여 미분하면 $G'(x)=f(x)$이므로 $G(x)$는 사차함수이다.

교육청 기출

421 다항함수 $f(x)$가 $\displaystyle\lim_{x\to 2}\dfrac{1}{x-2}\int_{1}^{x}(x-t)f(t)\,dt=3$을 만족시킬 때, $\displaystyle\int_{1}^{2}(4x+1)f(x)\,dx$의 값은?

$G(x)=\displaystyle\int_{1}^{x}(x-t)f(t)\,dt$로 놓고 $G(2)$, $G'(2)$의 값을 구한다.

① 15   ② 18   ③ 21   ④ 24   ⑤ 27

공감
한 스푼

너의
능력을
믿어라
너는
반드시
해낸다

Ⅲ 적분

이 단원에서는

정적분을 이용하여 함수의 그래프와 x축 또는 두 함수의 그래프로 둘러싸인 도형의 넓이를 구해 봅니다. 또 속도와 거리의 관계를 이해하고 관련된 문제를 풀어 봅니다.

01 정적분과 넓이

1 곡선과 x축 사이의 넓이 · 필수 01, 02

함수 $f(x)$가 닫힌구간 $[a, b]$에서 연속일 때, 곡선 $y=f(x)$와 x축 및 두 직선 $x=a$, $x=b$로 둘러싸인 도형의 넓이 S는

$$S=\int_a^b |f(x)|\,dx$$

> ① 곡선과 x축 및 두 직선 $x=a$, $x=b$로 둘러싸인 도형의 넓이를 구할 때에는 닫힌구간 $[a, b]$에서 생각한다.
> ② 닫힌구간 $[a, b]$에서 $f(x)$의 값이 양수인 경우와 음수인 경우가 모두 있을 때에는 $f(x)$의 값이 양수인 구간과 음수인 구간으로 나누어 넓이를 구한다.

설명 함수 $f(x)$가 닫힌구간 $[a, b]$에서 연속일 때, 곡선 $y=f(x)$와 x축 및 두 직선 $x=a$, $x=b$로 둘러싸인 도형의 넓이 S를 구해 보자.

(1) 닫힌구간 $[a, b]$에서 $f(x) \geq 0$일 때
정적분의 정의에 의하여
$$S=\int_a^b f(x)dx=\int_a^b |f(x)|\,dx$$

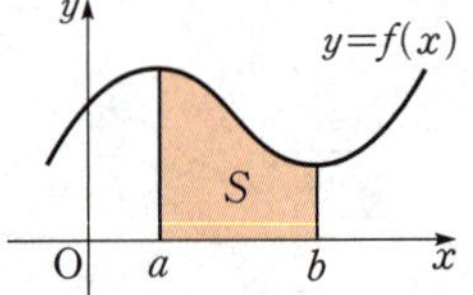

(2) 닫힌구간 $[a, b]$에서 $f(x) \leq 0$일 때
정적분의 정의에 의하여
$$S=-\int_a^b f(x)dx=\int_a^b \{-f(x)\}dx$$
$$=\int_a^b |f(x)|\,dx$$

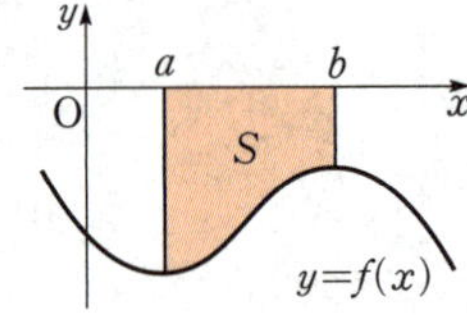

(3) 닫힌구간 $[a, c]$에서 $f(x) \geq 0$이고 닫힌구간 $[c, b]$에서 $f(x) \leq 0$일 때
오른쪽 그림에서
$$S=S_1+S_2$$
$$=\int_a^c f(x)dx+\left\{-\int_c^b f(x)dx\right\}$$
$$=\int_a^c f(x)dx+\int_c^b \{-f(x)\}dx$$
$$=\int_a^c |f(x)|\,dx+\int_c^b |f(x)|\,dx$$
$$=\int_a^b |f(x)|\,dx$$

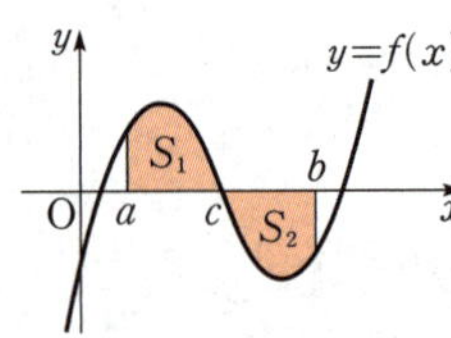

2 두 곡선 사이의 넓이 🔗 필수 03, 04

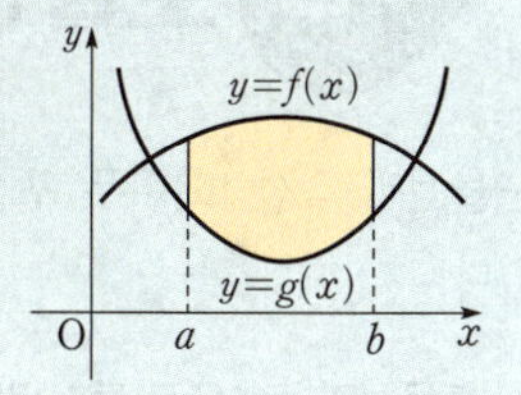

두 함수 $f(x)$, $g(x)$가 닫힌구간 $[a, b]$에서 연속일 때, 두 곡선
$y=f(x)$, $y=g(x)$ 및 두 직선 $x=a$, $x=b$로 둘러싸인 도형의 넓이 S는

$$S=\int_a^b |f(x)-g(x)|\,dx$$

> ① $S=\int_a^b \{(\text{위쪽 그래프의 식})-(\text{아래쪽 그래프의 식})\}\,dx$
> ② 닫힌구간 $[a, b]$에서 두 함수 $f(x)$, $g(x)$의 대소가 바뀔 때에는 $f(x)-g(x)$의 값이 양수인 구간과 음수인 구간으로 나누어 넓이를 구한다.

설명 두 함수 $f(x)$, $g(x)$가 닫힌구간 $[a, b]$에서 연속일 때, 두 곡선 $y=f(x)$, $y=g(x)$ 및 두 직선 $x=a$, $x=b$로 둘러싸인 도형의 넓이 S를 구해 보자.

(1) (i) 닫힌구간 $[a, b]$에서 $f(x) \geq g(x) \geq 0$일 때
S는 곡선 $y=f(x)$와 x축 및 두 직선 $x=a$, $x=b$로 둘러싸인 도형의 넓이에서 곡선 $y=g(x)$와 x축 및 두 직선 $x=a$, $x=b$로 둘러싸인 도형의 넓이를 뺀 것과 같으므로

$$S=\int_a^b f(x)\,dx-\int_a^b g(x)\,dx$$
$$=\int_a^b \{f(x)-g(x)\}\,dx=\int_a^b |f(x)-g(x)|\,dx$$

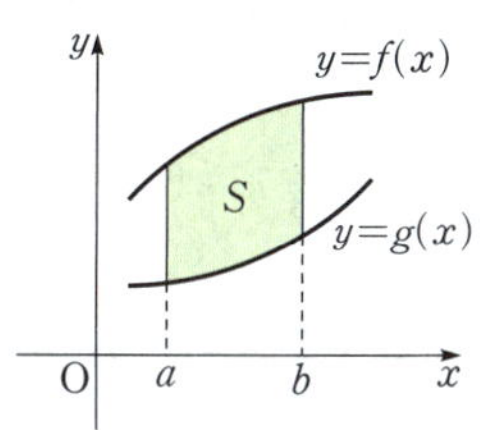

(ii) 닫힌구간 $[a, b]$에서 $f(x) \geq g(x)$이고 $g(x)$의 값이 음수인 경우가 있을 때
두 곡선 $y=f(x)$, $y=g(x)$를 y축의 양의 방향으로 m만큼 평행이동하여 $f(x)+m \geq g(x)+m \geq 0$이 되도록 하자.
이때 두 곡선을 평행이동하여도 도형의 넓이는 변하지 않으므로 S는 두 곡선 $y=f(x)+m$, $y=g(x)+m$ 및 두 직선 $x=a$, $x=b$로 둘러싸인 도형의 넓이와 같다.

$$\therefore S=\int_a^b \{f(x)+m\}\,dx-\int_a^b \{g(x)+m\}\,dx$$
$$=\int_a^b [\{f(x)+m\}-\{g(x)+m\}]\,dx$$
$$=\int_a^b \{f(x)-g(x)\}\,dx=\int_a^b |f(x)-g(x)|\,dx$$

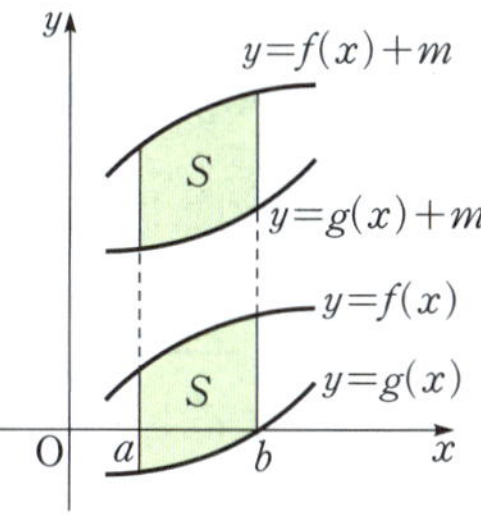

(i), (ii)에서 $f(x) \geq g(x)$이면 $S=\int_a^b |f(x)-g(x)|\,dx$가 성립한다.

(2) 닫힌구간 $[a, c]$에서 $f(x) \geq g(x)$이고 닫힌구간 $[c, b]$에서 $f(x) \leq g(x)$일 때 오른쪽 그림에서
$$S=S_1+S_2$$
$$=\int_a^c \{f(x)-g(x)\}\,dx+\int_c^b \{g(x)-f(x)\}\,dx$$
$$=\int_a^c |f(x)-g(x)|\,dx+\int_c^b |f(x)-g(x)|\,dx$$
$$=\int_a^b |f(x)-g(x)|\,dx$$

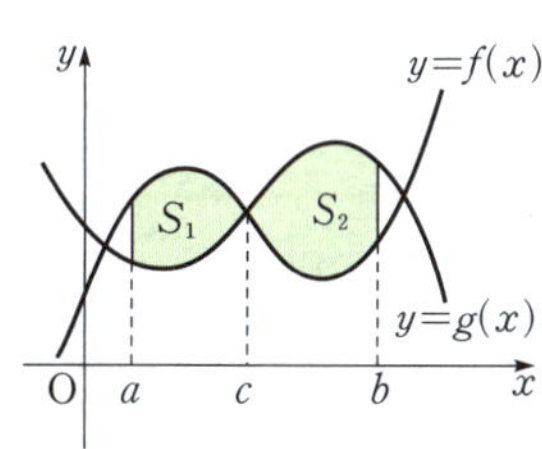

205

포물선과 넓이

포물선과 직선 또는 두 포물선으로 둘러싸인 도형의 넓이는 다음과 같은 공식을 이용하면 쉽게 구할 수 있다.

(1) 포물선과 x축으로 둘러싸인 도형의 넓이

포물선 $y=ax^2+bx+c$와 x축이 서로 다른 두 점에서 만날 때, 두 교점의 x좌표를 α, $\beta\ (\alpha<\beta)$라 하면 포물선과 x축으로 둘러싸인 도형의 넓이 S는

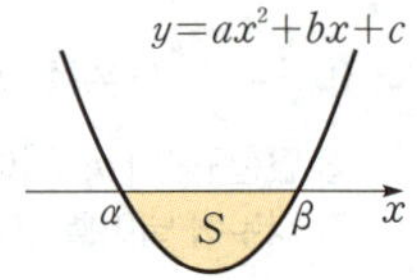

$$S=\int_{\alpha}^{\beta}|ax^2+bx+c|\,dx=\frac{|a|(\beta-\alpha)^3}{6}$$

(2) 포물선과 직선으로 둘러싸인 도형의 넓이

포물선 $y=ax^2+bx+c$와 직선 $y=mx+n$이 서로 다른 두 점에서 만날 때, 두 교점의 x좌표를 α, $\beta\ (\alpha<\beta)$라 하면 포물선과 직선으로 둘러싸인 도형의 넓이 S는

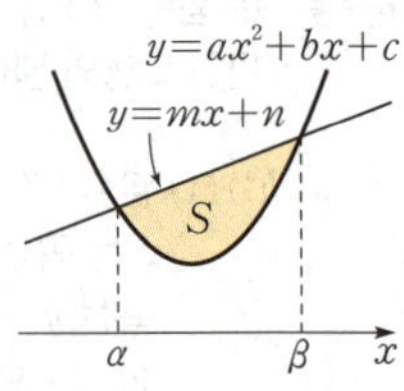

$$S=\int_{\alpha}^{\beta}|(ax^2+bx+c)-(mx+n)|\,dx=\frac{|a|(\beta-\alpha)^3}{6}$$

(3) 두 포물선으로 둘러싸인 도형의 넓이

두 포물선 $y=ax^2+bx+c$, $y=a'x^2+b'x+c'$이 서로 다른 두 점에서 만날 때, 두 교점의 x좌표를 α, $\beta\ (\alpha<\beta)$라 하면 두 포물선으로 둘러싸인 도형의 넓이 S는

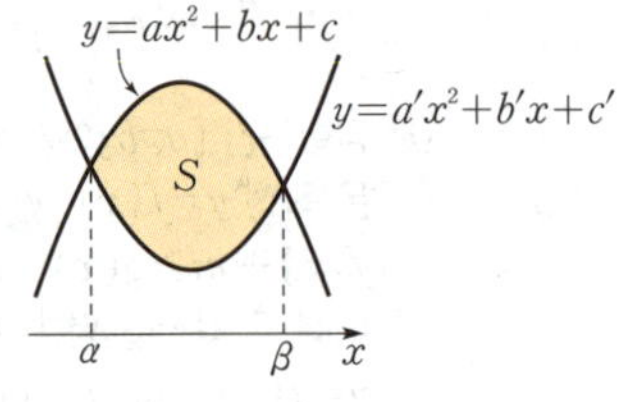

$$S=\int_{\alpha}^{\beta}|(ax^2+bx+c)-(a'x^2+b'x+c')|\,dx$$

$$=\frac{|a-a'|(\beta-\alpha)^3}{6}$$

증명 (1) 방정식 $ax^2+bx+c=0\ (a\neq0)$의 두 실근이 α, $\beta\ (\alpha<\beta)$이므로

$$ax^2+bx+c=a(x-\alpha)(x-\beta)$$

$$\therefore\ S=\int_{\alpha}^{\beta}|ax^2+bx+c|\,dx$$

$$=\int_{\alpha}^{\beta}|a(x-\alpha)(x-\beta)|\,dx$$

$$=|a|\int_{\alpha}^{\beta}\{-(x-\alpha)(x-\beta)\}\,dx$$

$$=-|a|\int_{\alpha}^{\beta}\{x^2-(\alpha+\beta)x+\alpha\beta\}\,dx$$

$$=-|a|\left[\frac{1}{3}x^3-\frac{1}{2}(\alpha+\beta)x^2+\alpha\beta x\right]_{\alpha}^{\beta}$$

$$=-|a|\left\{\frac{1}{3}(\beta^3-\alpha^3)-\frac{1}{2}(\alpha+\beta)(\beta^2-\alpha^2)+\alpha\beta(\beta-\alpha)\right\}$$

$$=-\frac{|a|}{6}(\beta-\alpha)\{2(\beta^2+\alpha\beta+\alpha^2)-3(\alpha+\beta)^2+6\alpha\beta\}$$

$$=\frac{|a|}{6}(\beta-\alpha)(\beta^2-2\alpha\beta+\alpha^2)=\frac{|a|(\beta-\alpha)^3}{6}$$

같은 방법으로 하면 (2), (3)의 공식도 증명할 수 있다.

● 정답 및 풀이 119쪽

422 다음은 곡선 $y=-x^2+2x$와 x축으로 둘러싸인 도형의 넓이를 구하는 과정이다. $\square$ 안에 알맞은 것을 써넣으시오.

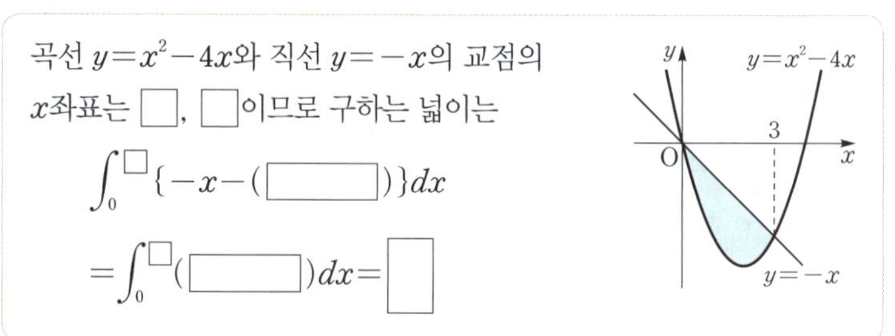

곡선 $y=-x^2+2x$와 x축의 교점의 x좌표는 $\square$, $\square$이므로 구하는 넓이는
$$\int_{\square}^{\square}(-x^2+2x)dx=\boxed{}$$

423 다음은 곡선 $y=x^2-4x$와 직선 $y=-x$로 둘러싸인 도형의 넓이를 구하는 과정이다. $\square$ 안에 알맞은 것을 써넣으시오.

곡선 $y=x^2-4x$와 직선 $y=-x$의 교점의 x좌표는 $\square$, $\square$이므로 구하는 넓이는
$$\int_0^{\square}\{-x-(\boxed{})\}dx$$
$$=\int_0^{\square}(\boxed{})dx=\boxed{}$$

424 다음은 두 곡선 $y=x^2+x$, $y=-2x^2+x+3$으로 둘러싸인 도형의 넓이를 구하는 과정이다. $\square$ 안에 알맞은 것을 써넣으시오.

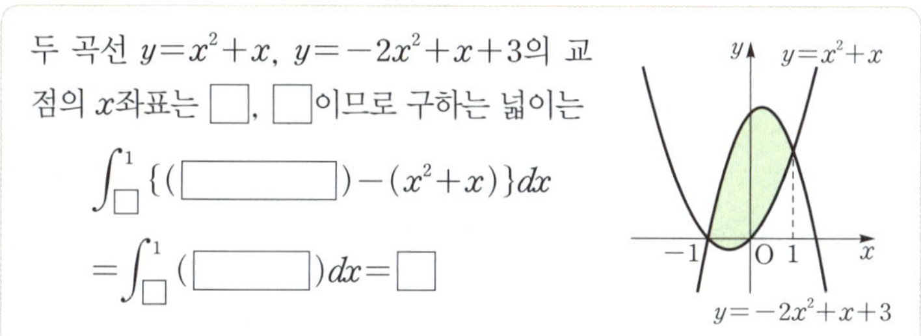

두 곡선 $y=x^2+x$, $y=-2x^2+x+3$의 교점의 x좌표는 $\square$, $\square$이므로 구하는 넓이는
$$\int_{\square}^{1}\{(\boxed{})-(x^2+x)\}dx$$
$$=\int_{\square}^{1}(\boxed{})dx=\boxed{}$$

필수 **01** 곡선과 x축 사이의 넓이 (1)

다음 곡선과 x축으로 둘러싸인 도형의 넓이를 구하시오.

(1) $y=x^2-2x-3$ (2) $y=x^3-4x^2+3x$

풀이 (1) 곡선 $y=x^2-2x-3$과 x축의 교점의 x좌표는 $x^2-2x-3=0$에서

$$(x+1)(x-3)=0 \qquad \therefore x=-1 \text{ 또는 } x=3$$

이때 $-1 \leq x \leq 3$에서 $y \leq 0$이므로 구하는 넓이는

$$-\int_{-1}^{3}(x^2-2x-3)dx=-\left[\frac{1}{3}x^3-x^2-3x\right]_{-1}^{3}$$
$$=\frac{32}{3}$$

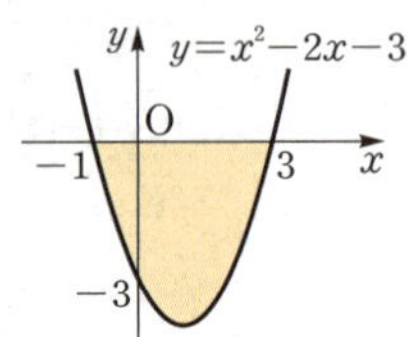

(2) 곡선 $y=x^3-4x^2+3x$와 x축의 교점의 x좌표는 $x^3-4x^2+3x=0$에서

$$x(x-1)(x-3)=0 \qquad \therefore x=0 \text{ 또는 } x=1 \text{ 또는 } x=3$$

이때 $0 \leq x \leq 1$에서 $y \geq 0$, $1 \leq x \leq 3$에서 $y \leq 0$이므로 구하는 넓이는

$$\int_{0}^{1}(x^3-4x^2+3x)dx-\int_{1}^{3}(x^3-4x^2+3x)dx$$
$$=\left[\frac{1}{4}x^4-\frac{4}{3}x^3+\frac{3}{2}x^2\right]_{0}^{1}-\left[\frac{1}{4}x^4-\frac{4}{3}x^3+\frac{3}{2}x^2\right]_{1}^{3}$$
$$=\frac{5}{12}-\left(-\frac{8}{3}\right)=\frac{37}{12}$$

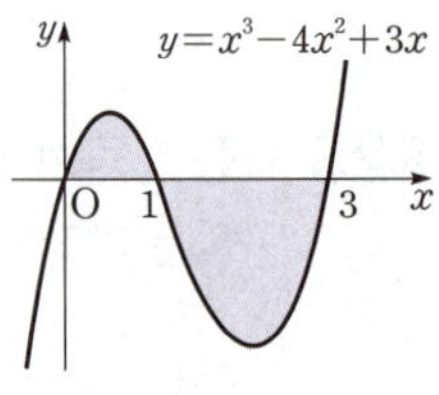

다른 풀이 (1) 공식을 이용하면 구하는 넓이는 $\dfrac{|1| \times \{3-(-1)\}^3}{6}=\dfrac{32}{3}$

KEY Point

- 곡선 $y=f(x)$와 x축으로 둘러싸인 도형의 넓이는 다음과 같은 순서로 구한다.
  (ⅰ) 곡선과 x축의 교점의 x좌표를 구한 후 곡선 $y=f(x)$를 그린다.
  (ⅱ) $y \geq 0$인 구간과 $y \leq 0$인 구간으로 나누어 $|f(x)|$의 정적분의 값을 구한다.

● 정답 및 풀이 **119**쪽

425 다음 곡선과 x축으로 둘러싸인 도형의 넓이를 구하시오.

(1) $y=x^2+2x-8$ (2) $y=-x^3-3x^2+x+3$

426 곡선 $y=-x^2+kx \ (k<0)$와 x축으로 둘러싸인 도형의 넓이가 36일 때, 상수 k의 값을 구하시오.

208

필수 02 **곡선과 x축 사이의 넓이 (2)**

오른쪽 그림과 같이 곡선 $y=x^2-6x+5$와 x축 및 두 직선
$x=3$, $x=6$으로 둘러싸인 도형의 넓이를 구하시오.

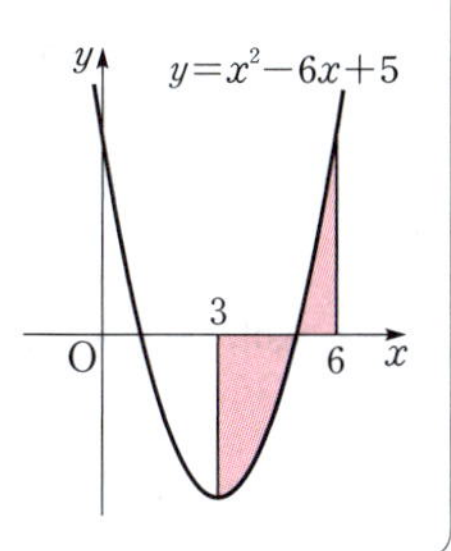

풀이 곡선 $y=x^2-6x+5$와 x축의 교점의 x좌표는 $x^2-6x+5=0$에서
$(x-1)(x-5)=0$ $\therefore x=1$ 또는 $x=5$
이때 $3\leq x\leq 5$에서 $y\leq 0$, $5\leq x\leq 6$에서 $y\geq 0$이므로 구하는 넓이는

$$-\int_3^5 (x^2-6x+5)dx+\int_5^6 (x^2-6x+5)dx$$

$$=-\left[\frac{1}{3}x^3-3x^2+5x\right]_3^5+\left[\frac{1}{3}x^3-3x^2+5x\right]_5^6$$

$$=-\left(-\frac{16}{3}\right)+\frac{7}{3}$$

$$=\frac{23}{3}$$

● 정답 및 풀이 120쪽

427 오른쪽 그림과 같이 곡선 $y=-2x^2+x+1$과 x축 및 직선
$x=-1$로 둘러싸인 도형의 넓이를 구하시오.

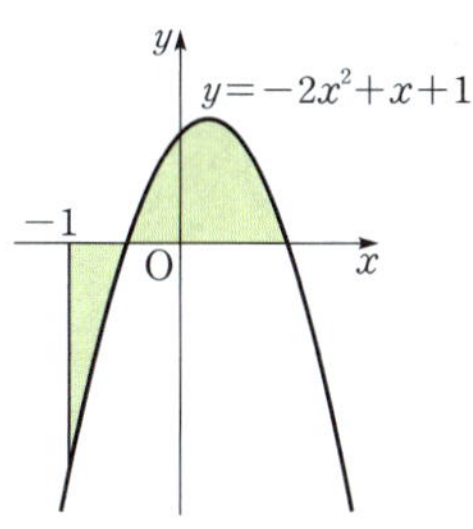

428 구간 $[a, 2]$에서 곡선 $y=x^2-3x$와 x축 및 두 직선 $x=a$, $x=2$로 둘러싸인 도형의 넓이
가 $\dfrac{31}{6}$일 때, a의 값을 구하시오. (단, $a<0$)

 **03** **곡선과 직선 사이의 넓이**

다음 곡선과 직선으로 둘러싸인 도형의 넓이를 구하시오.

(1) $y=x^2-1$, $y=-x+1$　　　　　(2) $y=x^3-3x^2+3x$, $y=x$

풀이 (1) 곡선 $y=x^2-1$과 직선 $y=-x+1$의 교점의 x좌표는 $x^2-1=-x+1$에서

$$x^2+x-2=0, \quad (x+2)(x-1)=0 \quad \therefore x=-2 \text{ 또는 } x=1$$

이때 $-2 \leq x \leq 1$에서 $x^2-1 \leq -x+1$이므로 구하는 넓이는

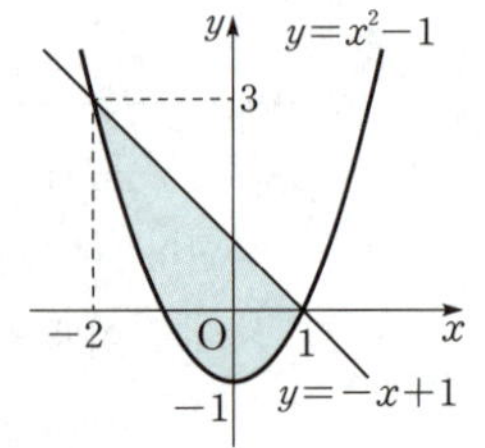

$$\int_{-2}^{1}\{-x+1-(x^2-1)\}dx=\int_{-2}^{1}(-x^2-x+2)dx$$
$$=\left[-\frac{1}{3}x^3-\frac{1}{2}x^2+2x\right]_{-2}^{1}$$
$$=\frac{9}{2}$$

(2) 곡선 $y=x^3-3x^2+3x$와 직선 $y=x$의 교점의 x좌표는 $x^3-3x^2+3x=x$에서

$$x^3-3x^2+2x=0, \quad x(x-1)(x-2)=0 \quad \therefore x=0 \text{ 또는 } x=1 \text{ 또는 } x=2$$

이때 $0 \leq x \leq 1$에서 $x^3-3x^2+3x \geq x$, $1 \leq x \leq 2$에서

$x^3-3x^2+3x \leq x$이므로 구하는 넓이는

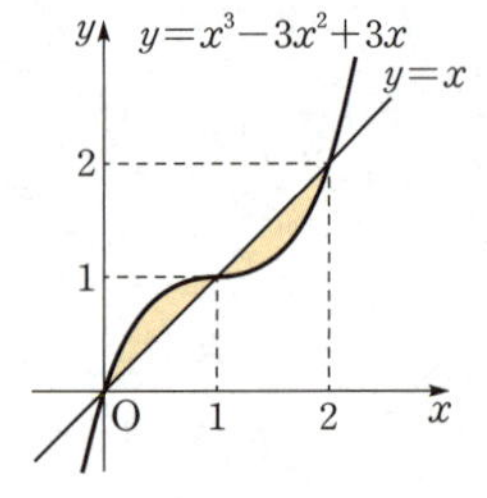

$$\int_{0}^{1}(x^3-3x^2+3x-x)dx+\int_{1}^{2}\{x-(x^3-3x^2+3x)\}dx$$
$$=\int_{0}^{1}(x^3-3x^2+2x)dx+\int_{1}^{2}(-x^3+3x^2-2x)dx$$
$$=\left[\frac{1}{4}x^4-x^3+x^2\right]_{0}^{1}+\left[-\frac{1}{4}x^4+x^3-x^2\right]_{1}^{2}$$
$$=\frac{1}{4}+\frac{1}{4}=\frac{1}{2}$$

다른 풀이 (1) 공식을 이용하면 구하는 넓이는 　$\dfrac{|1|\times\{1-(-2)\}^3}{6}=\dfrac{9}{2}$

Point

● **곡선과 직선으로 둘러싸인 도형의 넓이**

⇨ 곡선과 직선의 교점의 x좌표를 이용하여 적분 구간을 정한 다음
　{(위쪽 그래프의 식) − (아래쪽 그래프의 식)}의 정적분의 값을 구한다.

● 정답 및 풀이 **121**쪽

 **429** 다음 곡선과 직선으로 둘러싸인 도형의 넓이를 구하시오.

(1) $y=-2x^2+x+4$, $y=x+2$　　　　　(2) $y=x^3-5x$, $y=-x$

430 곡선 $y=x^2-2x$와 직선 $y=ax$로 둘러싸인 도형의 넓이가 $\dfrac{9}{2}$일 때, 양수 a의 값을 구하시오.

필수 **04** 두 곡선 사이의 넓이

다음 두 곡선으로 둘러싸인 도형의 넓이를 구하시오.

(1) $y=x^2-2,\ y=-x^2+2x+2$ (2) $y=x^3+2x^2-2,\ y=-x^2+2$

풀이 (1) 두 곡선 $y=x^2-2,\ y=-x^2+2x+2$의 교점의 x좌표는 $x^2-2=-x^2+2x+2$에서

$$x^2-x-2=0, \quad (x+1)(x-2)=0$$
$$\therefore x=-1 \ \text{또는} \ x=2$$

이때 $-1\le x\le 2$에서 $x^2-2\le -x^2+2x+2$이므로 구하는 넓이는

$$\int_{-1}^{2}\{-x^2+2x+2-(x^2-2)\}dx$$
$$=\int_{-1}^{2}(-2x^2+2x+4)dx$$
$$=\left[-\frac{2}{3}x^3+x^2+4x\right]_{-1}^{2}=\mathbf{9}$$

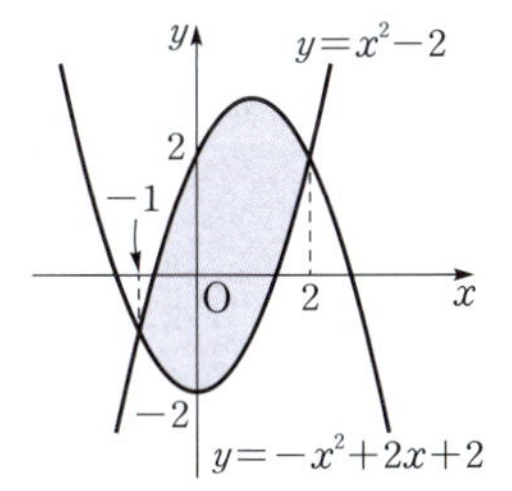

(2) 두 곡선 $y=x^3+2x^2-2,\ y=-x^2+2$의 교점의 x좌표는 $x^3+2x^2-2=-x^2+2$에서

$$x^3+3x^2-4=0, \quad (x+2)^2(x-1)=0$$
$$\therefore x=-2 \ \text{또는} \ x=1$$

이때 $-2\le x\le 1$에서 $x^3+2x^2-2\le -x^2+2$이므로 구하는 넓이는

$$\int_{-2}^{1}\{-x^2+2-(x^3+2x^2-2)\}dx$$
$$=\int_{-2}^{1}(-x^3-3x^2+4)dx$$
$$=\left[-\frac{1}{4}x^4-x^3+4x\right]_{-2}^{1}=\mathbf{\frac{27}{4}}$$

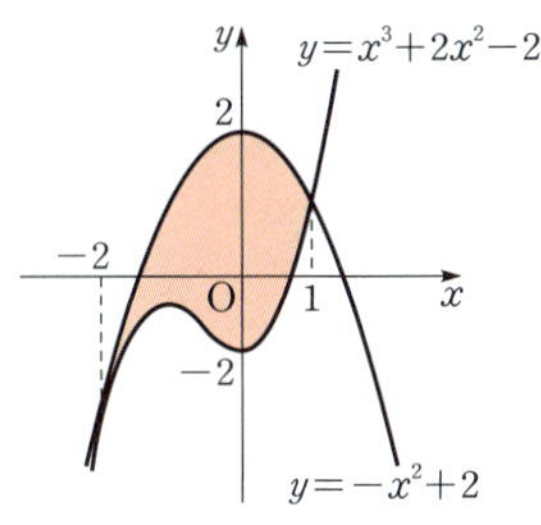

다른 풀이 (1) 공식을 이용하면 구하는 넓이는 $\dfrac{|1-(-1)|\times\{2-(-1)\}^3}{6}=9$

• 정답 및 풀이 121쪽

431 다음 두 곡선으로 둘러싸인 도형의 넓이를 구하시오.

(1) $y=x^3,\ y=3x^2-4$ (2) $y=x^3-3x^2-x+3,\ y=x^2-2x-3$

432 두 함수 $f(x)=-x^2+2x$, $g(x)=\begin{cases} x^2-x & (x\le 1) \\ x^2-3x+2 & (x\ge 1) \end{cases}$의 그래프로 둘러싸인 도형의 넓이를 구하시오.

211

필수 05 곡선과 접선으로 둘러싸인 도형의 넓이

곡선 $y=x^3+2$와 이 곡선 위의 점 $(1, 3)$에서의 접선으로 둘러싸인 도형의 넓이를 구하시오.

풀이 $f(x)=x^3+2$로 놓으면 $f'(x)=3x^2$

$$\therefore f'(1)=3$$

따라서 점 $(1, 3)$에서의 접선의 방정식은

$$y-3=3(x-1) \qquad \therefore y=3x$$

곡선 $y=x^3+2$와 직선 $y=3x$의 교점의 x좌표는 $x^3+2=3x$에서

$$x^3-3x+2=0, \qquad (x+2)(x-1)^2=0$$

$$\therefore x=-2 \text{ 또는 } x=1$$

따라서 오른쪽 그림에서 구하는 넓이는

$$\int_{-2}^{1}(x^3+2-3x)dx=\left[\frac{1}{4}x^4-\frac{3}{2}x^2+2x\right]_{-2}^{1}$$

$$=\frac{27}{4}$$

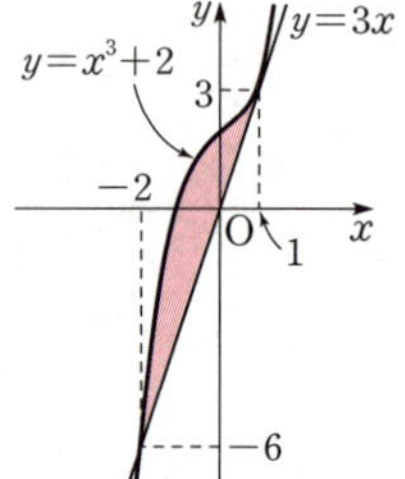

• 곡선 $y=f(x)$ 위의 점 $(a, f(a))$에서의 접선의 방정식은

$$y-f(a)=f'(a)(x-a)$$

● 정답 및 풀이 **122**쪽

433 곡선 $y=x^2-1$과 이 곡선 위의 점 $(2, 3)$에서의 접선 및 y축으로 둘러싸인 도형의 넓이를 구하시오.

434 곡선 $y=x^3-3x^2+x+4$와 이 곡선 위의 점 $(0, 4)$에서의 접선으로 둘러싸인 도형의 넓이를 구하시오.

필수 06  **절댓값 기호를 포함한 함수의 그래프와 넓이**

곡선 $y=|x^2-1|$과 직선 $y=1$로 둘러싸인 도형의 넓이를 구하시오.

설명 $y=|f(x)|$의 그래프 ⇨ $y=f(x)$의 그래프에서 $y<0$인 부분을 x축에 대하여 대칭이동한다.

풀이
$$y=|x^2-1|=\begin{cases} x^2-1 & (x\leq -1 \text{ 또는 } x\geq 1) \\ -x^2+1 & (-1\leq x\leq 1) \end{cases}$$

곡선 $y=|x^2-1|$과 직선 $y=1$의 교점의 x좌표는

(i) $x\leq -1$ 또는 $x\geq 1$일 때

$x^2-1=1$에서 $x^2=2$

$\therefore x=-\sqrt{2}$ 또는 $x=\sqrt{2}$

(ii) $-1\leq x\leq 1$일 때

$-x^2+1=1$에서 $x^2=0$ $\therefore x=0$

이때 곡선 $y=|x^2-1|$과 직선 $y=1$은 y축에 대하여 대칭이므로 구하는 넓이는

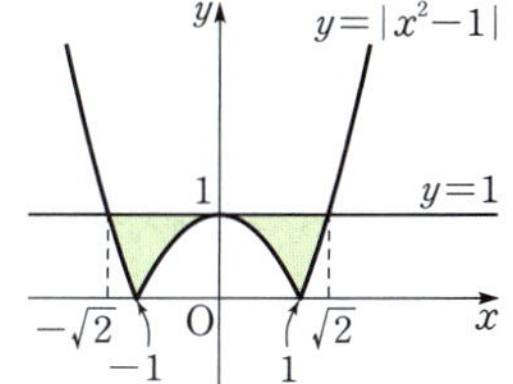

$$2\left[\int_0^1 \{1-(-x^2+1)\}dx+\int_1^{\sqrt{2}}\{1-(x^2-1)\}dx\right]$$
$$=2\left\{\int_0^1 x^2\,dx+\int_1^{\sqrt{2}}(-x^2+2)dx\right\}$$
$$=2\left(\left[\frac{1}{3}x^3\right]_0^1+\left[-\frac{1}{3}x^3+2x\right]_1^{\sqrt{2}}\right)$$
$$=2\times\left\{\frac{1}{3}+\left(\frac{4\sqrt{2}}{3}-\frac{5}{3}\right)\right\}=\frac{8}{3}(\sqrt{2}-1)$$

KEY Point

• 절댓값 기호를 포함한 함수의 그래프와 직선으로 둘러싸인 도형의 넓이

⇨ 절댓값 기호 안의 식의 값이 0이 되게 하는 x의 값을 기준으로 구간을 나누어 정적분의 값을 구한다.

• 정답 및 풀이 **123**쪽

 **435** 오른쪽 그림과 같이 곡선 $y=|3x^2+3x|$와 x축 및 직선 $x=-2$로 둘러싸인 도형의 넓이를 구하시오.

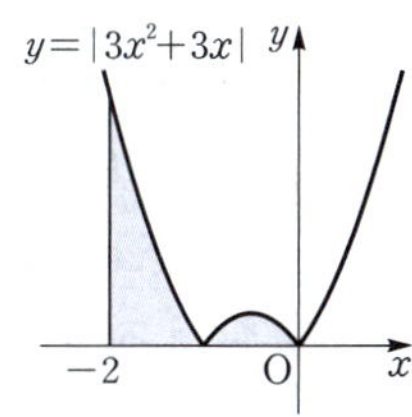

436 곡선 $y=|x^2-x|$와 직선 $y=x+3$으로 둘러싸인 도형의 넓이를 구하시오.

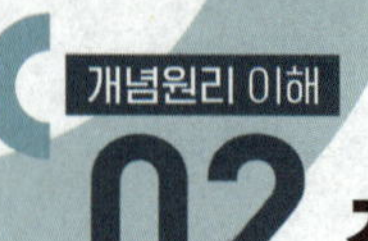

02 정적분과 넓이의 활용

1 두 도형의 넓이가 같은 경우　필수 07

(1) 오른쪽 그림과 같이 곡선 $y=f(x)$와 x축으로 둘러싸인 두 도형의
넓이를 각각 S_1, S_2라 할 때, $S_1=S_2$이면

$$\int_a^b f(x)dx=0$$

(2) 오른쪽 그림과 같이 두 곡선 $y=f(x)$, $y=g(x)$로 둘러싸인 두
도형의 넓이를 각각 S_1, S_2라 할 때, $S_1=S_2$이면

$$\int_a^b \{f(x)-g(x)\}dx=0$$

설명　(1) $S_1=S_2$에서 $\displaystyle\int_a^c f(x)dx=-\int_c^b f(x)dx$이므로

$$\int_a^c f(x)dx+\int_c^b f(x)dx=0$$

$$\therefore \int_a^b f(x)dx=0$$

2 역함수의 그래프와 넓이　발전 10

함수 $y=f(x)$와 그 역함수 $y=g(x)$의 그래프가 직선 $y=x$에 대하여 대칭임을 이용하여 다음과 같이 넓이를 구할 수 있다.

(1) **함수와 그 역함수의 그래프로 둘러싸인 도형의 넓이**

오른쪽 그림과 같이 함수 $y=f(x)$와 그 역함수 $y=g(x)$의 그래프로 둘러싸인 도형의 넓이 S는 곡선 $y=f(x)$와 직선 $y=x$로 둘러싸인 도형의 넓이의 2배이다. 즉

$$S=\int_a^b |f(x)-g(x)|\,dx=2\int_a^b |x-f(x)|\,dx$$

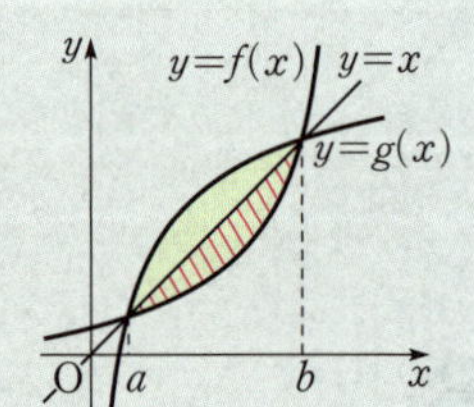

(2) **역함수의 그래프와 좌표축으로 둘러싸인 도형의 넓이**

오른쪽 그림과 같이 함수 $y=f(x)$의 역함수 $y=g(x)$의 그래프와 x축 및 직선 $x=a$로 둘러싸인 도형의 넓이를 A, 함수 $y=f(x)$의 그래프와 y축 및 직선 $y=a$로 둘러싸인 도형의 넓이를 B, 함수 $y=f(x)$의 그래프와 x축, y축 및 직선 $x=b$로 둘러싸인 도형의 넓이를 C라 하면

$$A=B=ab-C=ab-\int_0^b f(x)dx$$

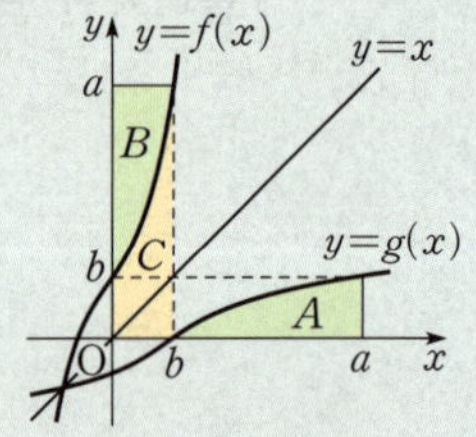

214

필수 07 **두 도형의 넓이가 같은 경우**

곡선 $y=x(x-1)(x-k)$와 x축으로 둘러싸인 두 도형의 넓이가 같을 때, 상수 k의 값을 구하시오. (단, $k>1$)

풀이 곡선 $y=x(x-1)(x-k)$와 x축의 교점의 x좌표는 $x(x-1)(x-k)=0$에서

$$x=0 \text{ 또는 } x=1 \text{ 또는 } x=k$$

오른쪽 그림에서 색칠한 두 도형의 넓이가 같으므로

$$\int_0^k x(x-1)(x-k)dx=0$$

$$\int_0^k \{x^3-(k+1)x^2+kx\}dx=0$$

$$\left[\frac{1}{4}x^4-\frac{k+1}{3}x^3+\frac{1}{2}kx^2\right]_0^k=0$$

$$\frac{1}{4}k^4-\frac{(k+1)k^3}{3}+\frac{1}{2}k^3=0, \quad k^3(k-2)=0$$

$$\therefore k=2 \ (\because k>1)$$

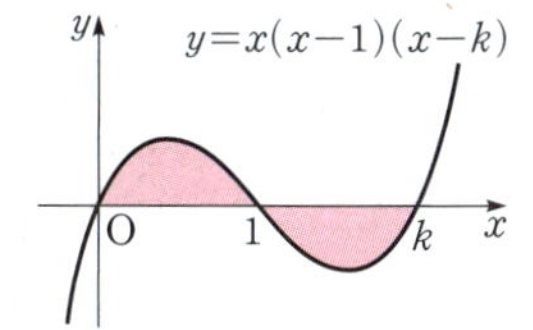

KEY Point

• 오른쪽 그림에서 $S_1=S_2$이면

$$\int_a^b f(x)dx=0$$

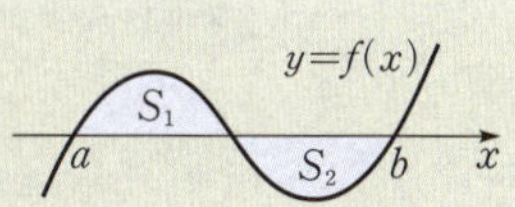

● 정답 및 풀이 **124쪽**

437 오른쪽 그림과 같이 곡선 $y=\dfrac{1}{2}x^2+x$와 x축 및 직선 $x=k$로 둘러싸인 두 도형의 넓이가 같을 때, 양수 k의 값을 구하시오.

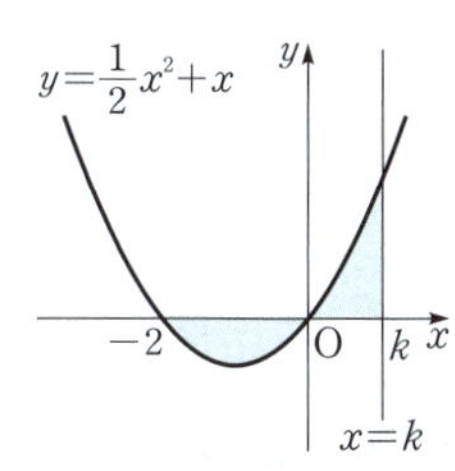

438 오른쪽 그림과 같이 두 곡선 $y=x^2(x-3)$, $y=ax(x-3)$으로 둘러싸인 두 도형의 넓이가 같을 때, 상수 a의 값을 구하시오. (단, $0<a<3$)

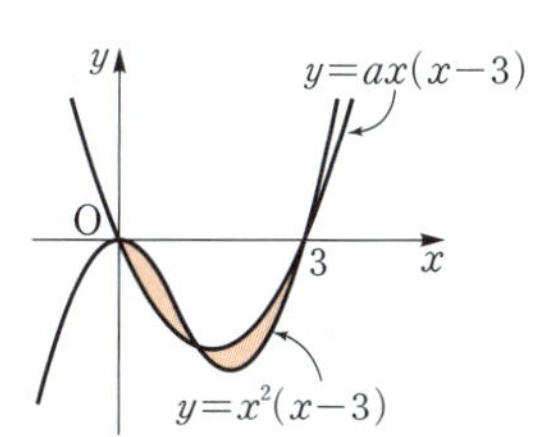

 **08** 넓이를 이등분하는 경우

곡선 $y=-x^2+4x$와 x축으로 둘러싸인 도형의 넓이가 직선 $y=ax$에 의하여 이등분될 때, 상수 a의 값을 구하시오.

풀이 곡선 $y=-x^2+4x$와 x축으로 둘러싸인 도형의 넓이를 S라 하면

$$S=\int_0^4 (-x^2+4x)\,dx=\left[-\frac{1}{3}x^3+2x^2\right]_0^4=\frac{32}{3}$$

곡선 $y=-x^2+4x$와 직선 $y=ax$의 교점의 x좌표는

$-x^2+4x=ax$에서

$$x^2+(a-4)x=0, \qquad x(x+a-4)=0$$

$$\therefore x=0 \ 또는 \ x=4-a$$

따라서 곡선 $y=-x^2+4x$와 직선 $y=ax$로 둘러싸인 도형의 넓이를 S_1이라 하면

$$S_1=\int_0^{4-a}(-x^2+4x-ax)\,dx$$

$$=\left[-\frac{1}{3}x^3+\frac{4-a}{2}x^2\right]_0^{4-a}=\frac{1}{6}(4-a)^3$$

이때 $S=2S_1$이므로 $\quad \dfrac{32}{3}=2\times\dfrac{1}{6}(4-a)^3$

$$(4-a)^3=32, \qquad 4-a=2\sqrt[3]{4} \qquad \therefore a=4-2\sqrt[3]{4}$$

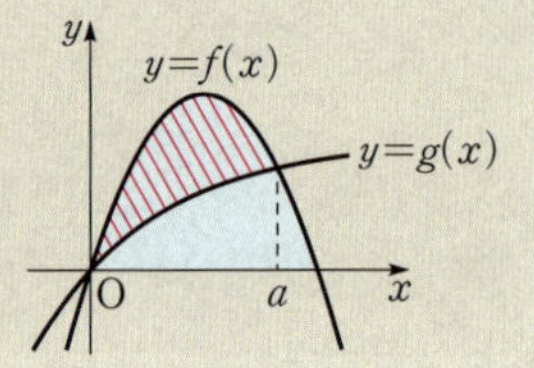

KEY Point

• 곡선 $y=f(x)$와 x축으로 둘러싸인 도형의 넓이 S가
  곡선 $y=g(x)$에 의하여 이등분되면

  $$S=2\int_0^a |f(x)-g(x)|\,dx$$

● 정답 및 풀이 **124**쪽

 **439** 곡선 $y=-x^2+2x$와 x축으로 둘러싸인 도형의 넓이가 곡선 $y=ax^2$에 의하여 이등분될 때, 상수 a의 값을 구하시오.

440 곡선 $y=x^2-3x$와 직선 $y=ax$로 둘러싸인 도형의 넓이가 x축에 의하여 이등분될 때, 양수 a의 값을 구하시오.

필수 09 **넓이의 최솟값**

곡선 $y=x(x-2)(x-a)$와 x축으로 둘러싸인 도형의 넓이가 최소가 되도록 하는 상수 a의 값을 구하시오. (단, $0<a<2$)

풀이 곡선 $y=x(x-2)(x-a)$와 x축의 교점의 x좌표는 $x(x-2)(x-a)=0$에서
$$x=0 \text{ 또는 } x=a \text{ 또는 } x=2$$
따라서 곡선 $y=x(x-2)(x-a)$와 x축으로 둘러싸인 도형의 넓이를 $S(a)$라 하면

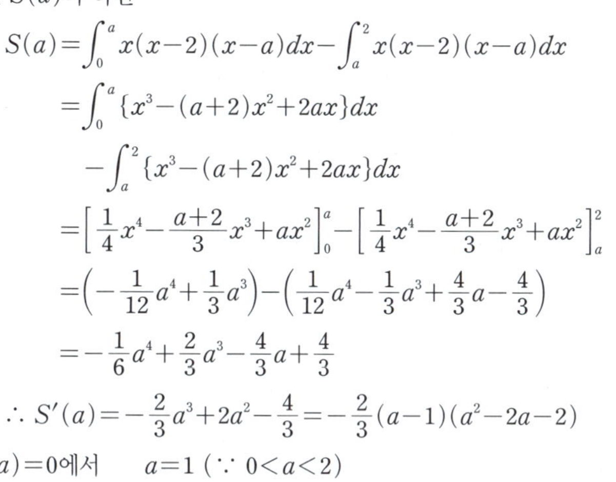

$$S(a)=\int_0^a x(x-2)(x-a)dx-\int_a^2 x(x-2)(x-a)dx$$
$$=\int_0^a \{x^3-(a+2)x^2+2ax\}dx$$
$$\quad -\int_a^2 \{x^3-(a+2)x^2+2ax\}dx$$
$$=\left[\frac{1}{4}x^4-\frac{a+2}{3}x^3+ax^2\right]_0^a-\left[\frac{1}{4}x^4-\frac{a+2}{3}x^3+ax^2\right]_a^2$$
$$=\left(-\frac{1}{12}a^4+\frac{1}{3}a^3\right)-\left(\frac{1}{12}a^4-\frac{1}{3}a^3+\frac{4}{3}a-\frac{4}{3}\right)$$
$$=-\frac{1}{6}a^4+\frac{2}{3}a^3-\frac{4}{3}a+\frac{4}{3}$$
$$\therefore S'(a)=-\frac{2}{3}a^3+2a^2-\frac{4}{3}=-\frac{2}{3}(a-1)(a^2-2a-2)$$

$S'(a)=0$에서　$a=1$ $(\because 0<a<2)$

a	0	$\cdots$	1	$\cdots$	2
$S'(a)$		$-$	0	$+$	
$S(a)$		$\searrow$	극소	$\nearrow$	

따라서 $S(a)$는 $a=\mathbf{1}$일 때 극소이면서 최소이다.

● 정답 및 풀이 **125**쪽

확인체크 **441** 두 곡선 $y=2kx^2$, $y=-\dfrac{1}{2k}x^2$과 직선 $x=3$으로 둘러싸인 도형의 넓이의 최솟값을 구하시오. (단, $k>0$)

442 곡선 $y=x^2+2$와 이 곡선 위의 점 (a, a^2+2)에서의 접선 및 두 직선 $x=0$, $x=2$로 둘러싸인 도형의 넓이의 최솟값을 구하시오. (단, $0<a<2$)

 발전 10 역함수의 그래프와 넓이

다음 물음에 답하시오.

(1) 함수 $f(x)=\dfrac{1}{2}x^2 \ (x\geq 0)$의 역함수를 $g(x)$라 할 때, 두 곡선 $y=f(x)$와 $y=g(x)$로 둘러싸인 도형의 넓이를 구하시오.

(2) 함수 $f(x)=x^3+2x+1$의 역함수를 $g(x)$라 할 때, $\displaystyle\int_0^1 f(x)dx+\int_1^4 g(x)dx$의 값을 구하시오.

설명 $g(x)$가 함수 $f(x)$의 역함수이면 두 곡선 $y=f(x)$와 $y=g(x)$는 직선 $y=x$에 대하여 대칭이다.

풀이 (1) 두 곡선 $y=f(x)$와 $y=g(x)$는 직선 $y=x$에 대하여 대칭이므로 두 곡선으로 둘러싸인 도형의 넓이는 곡선 $y=f(x)$와 직선 $y=x$로 둘러싸인 도형의 넓이의 2배와 같다.

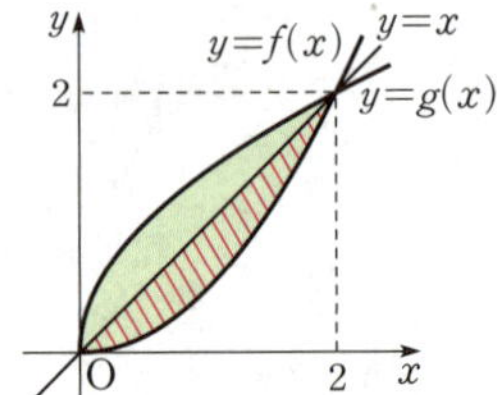

곡선 $y=f(x)$와 직선 $y=x$의 교점의 x좌표는 $\dfrac{1}{2}x^2=x$에서
$$x^2-2x=0, \qquad x(x-2)=0 \qquad \therefore x=0 \ \text{또는} \ x=2$$
따라서 구하는 넓이는
$$2\int_0^2\left(x-\frac{1}{2}x^2\right)dx=2\left[\frac{1}{2}x^2-\frac{1}{6}x^3\right]_0^2=2\times\frac{2}{3}=\frac{4}{3}$$

(2) $f(x)=x^3+2x+1$에서 $f'(x)=3x^2+2>0$

따라서 함수 $f(x)$는 실수 전체의 집합에서 증가하고 $f(0)=1$, $f(1)=4$이므로 곡선 $y=f(x)$는 두 점 $(0, 1)$, $(1, 4)$를 지난다. 이때 두 곡선 $y=f(x)$와 $y=g(x)$는 직선 $y=x$에 대하여 대칭이므로 오른쪽 그림에서

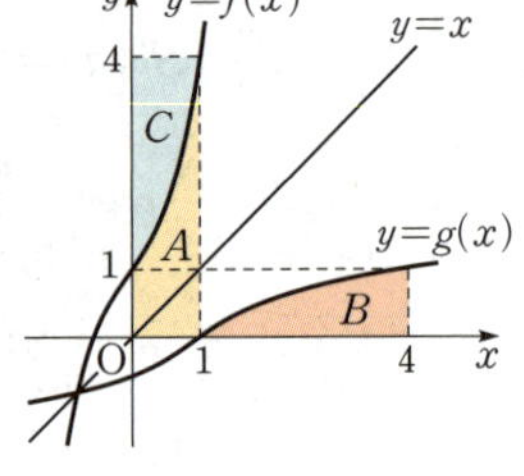

$$(B\text{의 넓이})=(C\text{의 넓이})$$
$$\therefore \int_0^1 f(x)dx+\int_1^4 g(x)dx=(A\text{의 넓이})+(B\text{의 넓이})$$
$$=(A\text{의 넓이})+(C\text{의 넓이})$$
$$=1\times 4=4$$

● 정답 및 풀이 125쪽

확인 체크 **443** 함수 $f(x)=2x^3+x^2+x$의 역함수를 $g(x)$라 할 때, 두 곡선 $y=f(x)$와 $y=g(x)$로 둘러싸인 도형의 넓이를 구하시오.

444 함수 $f(x)=x^3+3$의 역함수를 $g(x)$라 할 때, $\displaystyle\int_0^2 f(x)dx+\int_{f(0)}^{f(2)} g(x)dx$의 값을 구하시오.

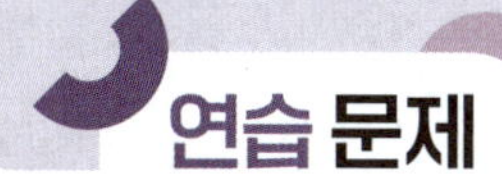

연습 문제

STEP 1

445 곡선 $y=x^3+x^2-2x$와 x축으로 둘러싸인 도형의 넓이를 구하시오.

446 곡선 $y=x^3-1$과 x축 및 두 직선 $x=-2$, $x=2$로 둘러싸인 도형의 넓이를 구하시오.

447 곡선 $y=x(x-3)^2$과 직선 $y=x$로 둘러싸인 도형의 넓이를 구하시오.

448 두 곡선 $y=x^2$, $y=-x^2+1$로 둘러싸인 도형의 넓이를 구하시오.

449 곡선 $y=x^3+3x^2-x-3$과 이 곡선 위의 점 $(-3, 0)$에서의 접선으로 둘러싸인 도형의 넓이를 구하시오.

450 함수 $y=x^2-|x|-2$의 그래프와 x축으로 둘러싸인 도형의 넓이를 구하시오.

수능 기출

451 곡선 $y=x^2-5x$와 직선 $y=x$로 둘러싸인 부분의 넓이를 직선 $x=k$가 이등분할 때, 상수 k의 값은?

① 3 ② $\dfrac{13}{4}$ ③ $\dfrac{7}{2}$ ④ $\dfrac{15}{4}$ ⑤ 4

STEP 2

평가원 기출

452 양수 k에 대하여 함수 $f(x)$는
$$f(x)=kx(x-2)(x-3)$$
이다. 곡선 $y=f(x)$와 x축이 원점 O와 두 점 P, Q$(\overline{OP}<\overline{OQ})$에서 만난다. 곡선 $y=f(x)$와 선분 OP로 둘러싸인 영역을 A, 곡선 $y=f(x)$와 선분 PQ로 둘러싸인 영역을 B라 하자. (A의 넓이)$-$(B의 넓이)$=3$일 때, k의 값은?

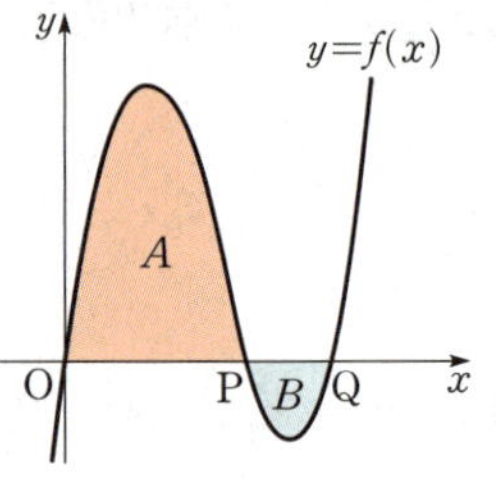

① $\dfrac{7}{6}$ ② $\dfrac{4}{3}$ ③ $\dfrac{3}{2}$ ④ $\dfrac{5}{3}$ ⑤ $\dfrac{11}{6}$

453 오른쪽 그림은 삼차함수 $y=f(x)$의 그래프이다. 곡선 $y=f(x)$와 x축으로 둘러싸인 도형의 넓이가 4일 때, $f(-2)$의 값을 구하시오.

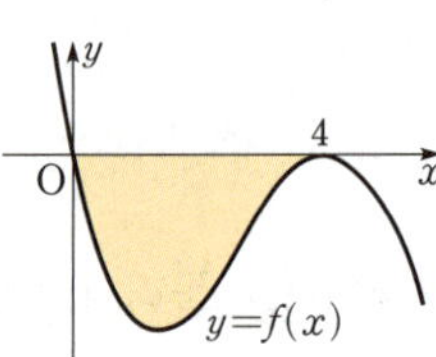

454 곡선 $y=f(x)$는 곡선 $y=x^2$을 x축에 대하여 대칭이동한 후 x축의 방향으로 -1만큼, y축의 방향으로 5만큼 평행이동한 것이다. 두 곡선 $y=x^2$과 $y=f(x)$로 둘러싸인 도형의 넓이를 구하시오.

455 곡선 $y=2x^2+3$과 점 $(1, -3)$에서 이 곡선에 그은 두 접선으로 둘러싸인 도형의 넓이를 구하시오.

456 오른쪽 그림과 같이 곡선 $y=x^2-6x+a$와 x축, y축으로 둘러싸인 도형의 넓이를 A, 이 곡선과 x축으로 둘러싸인 도형의 넓이를 B라 할 때, $A:B=1:2$이다. 이때 상수 a의 값을 구하시오. (단, $0<a<9$)

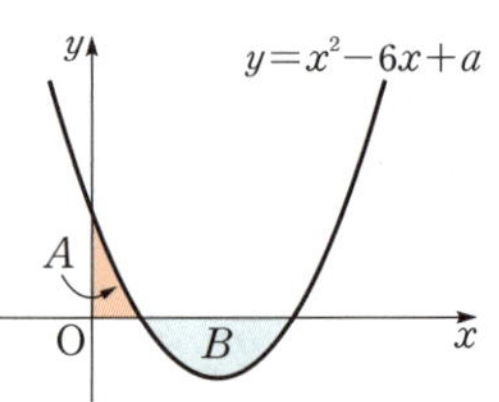

457 오른쪽 그림과 같이 곡선 $y=\dfrac{1}{4}x^2$과 직선 $y=1$로 둘러싸인 도형의 넓이가 곡선 $y=kx^2$에 의하여 삼등분될 때, 상수 k의 값을 구하시오.

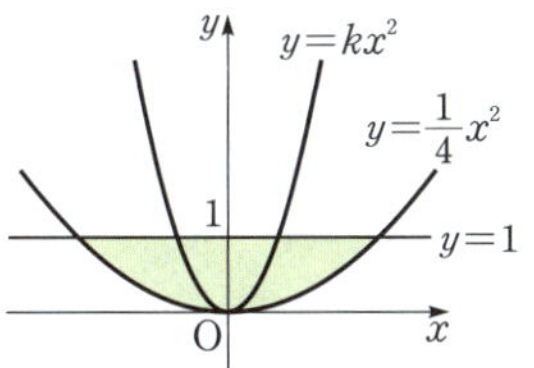

458 오른쪽 그림은 함수 $y=f(x)$와 그 역함수 $y=g(x)$의 그래프이다. 두 그래프가 두 점 $(1, 1)$, $(3, 3)$에서 만나고 $\displaystyle\int_1^3 f(x)dx=\dfrac{11}{2}$일 때, 두 곡선 $y=f(x)$와 $y=g(x)$로 둘러싸인 도형의 넓이를 구하시오.

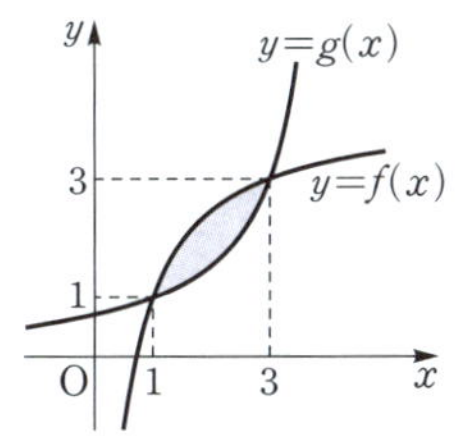

함수 $y=f(x)$의 그래프와 그 역함수 $y=g(x)$의 그래프는 직선 $y=x$에 대하여 대칭이다.

실력 UP

평가원 기출

459 상수 $k\ (k<0)$에 대하여 두 함수
$$f(x)=x^3+x^2-x,\ g(x)=4|x|+k$$
의 그래프가 만나는 점의 개수가 2일 때, 두 함수의 그래프로 둘러싸인 부분의 넓이를 S라 하자. $30\times S$의 값을 구하시오.

두 함수 $y=f(x)$, $y=g(x)$의 그래프가 $x=\alpha$인 점에서 접한다.
$\Rightarrow f(\alpha)=g(\alpha)$,
$\quad f'(\alpha)=g'(\alpha)$

460  곡선 $y=x^2-x-2$와 직선 $y=ax$로 둘러싸인 도형의 넓이가 최소가 되도록 하는 상수 a의 값을 구하시오.

461 함수 $f(x)=x^3+x-1$에 대하여 곡선 $y=f(x)$가 오른쪽 그림과 같다. 함수 $f(x)$의 역함수를 $g(x)$라 할 때, 정적분 $\displaystyle\int_1^9 g(x)dx$의 값을 구하시오.

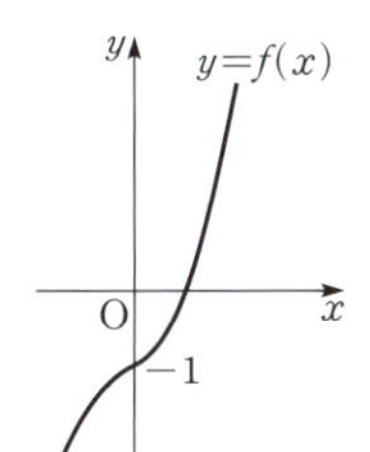

역함수 $y=g(x)$의 그래프를 그려 본다.

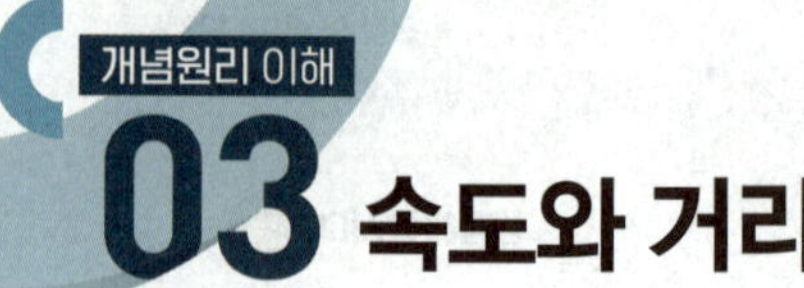

03 속도와 거리

1 수직선 위를 움직이는 점의 위치와 움직인 거리 ☞ 필수 11~13

수직선 위를 움직이는 점 P의 시각 t에서의 속도가 $v(t)$이고 시각 $t=a$에서의 위치가 x_0일 때

(1) 시각 t에서의 점 P의 위치 x는

$$x = x_0 + \int_a^t v(t)\,dt$$

(2) 시각 $t=a$에서 $t=b$까지 점 P의 위치의 변화량은

$$\int_a^b v(t)\,dt$$

(3) 시각 $t=a$에서 $t=b$까지 점 P가 움직인 거리 s는

$$s = \int_a^b |v(t)|\,dt$$

▶ ① $v(t) > 0$이면 점 P는 양의 방향으로 움직이고, $v(t) < 0$이면 점 P는 음의 방향으로 움직인다.
② 위치의 함수를 미분하면 속도의 함수가 되므로 속도의 함수를 적분하면 위치의 함수가 된다.

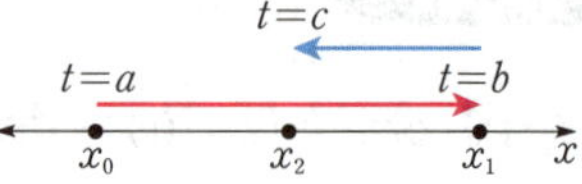

③ 위치의 변화량은 단순히 마지막 위치에서 처음 위치를 뺀 값이고, 움직인 거리는 운동 방향에 관계없이 실제로 이동한 거리의 총합을 나타낸다.
즉 오른쪽 그림과 같이 수직선 위를 움직인 점 P에 대하여
$t=a$에서 $t=c$까지 점 P의 위치의 변화량 ⇨ $x_2 - x_0$
$t=a$에서 $t=c$까지 점 P가 움직인 거리 ⇨ $|x_1 - x_0| + |x_2 - x_1|$

설명　수직선 위를 움직이는 점 P의 시각 t에서의 속도를 $v(t)$, 시각 $t=a$에서의 위치를 x_0이라 하자.

점 P의 시각 t에서의 위치를 $x = f(t)$라 하면 $v(t) = \dfrac{dx}{dt} = f'(t)$이므로 $f(t)$는 $v(t)$의 한 부정적분이다.

(1) 시각 $t=a$에서의 위치가 x_0이면 $f(a) = x_0$이므로

$$\int_a^t v(t)\,dt = \Big[\, f(t) \,\Big]_a^t = f(t) - f(a) \quad \cdots\cdots \text{㉠}$$
$$= f(t) - x_0$$
$$\therefore\ x = f(t) = x_0 + \int_a^t v(t)\,dt$$

(2) 시각 $t=a$에서 $t=b$까지 점 P의 위치의 변화량은 $f(b) - f(a)$이고, ㉠에 $t=b$를 대입하면

$$f(b) - f(a) = \int_a^b v(t)\,dt$$

(3) $y = v(t)$의 그래프가 오른쪽 그림과 같을 때, $a \leq t \leq c$에서 $v(t) \geq 0$이므로 점 P는 양의 방향으로 움직이고 $c \leq t \leq b$에서 $v(t) \leq 0$이므로 점 P는 음의 방향으로 움직인다.

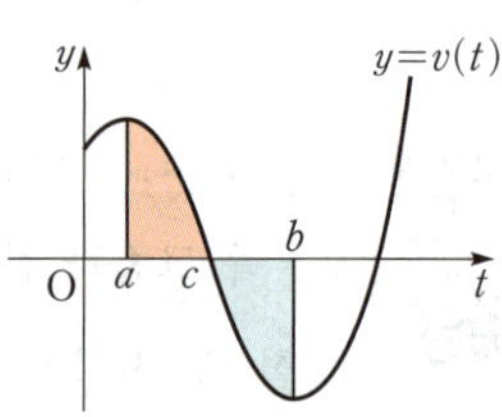

따라서 $t=a$에서 $t=b$까지 점 P가 움직인 거리는

$$\{f(c) - f(a)\} - \{f(b) - f(c)\} = \int_a^c v(t)\,dt - \int_c^b v(t)\,dt$$
$$= \int_a^c |v(t)|\,dt + \int_c^b |v(t)|\,dt$$
$$= \int_a^b |v(t)|\,dt$$

 **11** **수직선 위를 움직이는 점의 위치와 움직인 거리**

좌표가 1인 점을 출발하여 수직선 위를 움직이는 점 P의 시각 t에서의 속도가
$v(t)=6t^2-18t+12$일 때, 다음을 구하시오.

(1) 시각 $t=2$에서의 점 P의 위치

(2) 시각 $t=1$에서 $t=3$까지 점 P의 위치의 변화량

(3) 시각 $t=1$에서 $t=3$까지 점 P가 움직인 거리

풀이 (1) 시각 $t=2$에서의 점 P의 위치는

$$1+\int_0^2 (6t^2-18t+12)dt=1+\left[2t^3-9t^2+12t\right]_0^2=1+4=\mathbf{5}$$

(2) 시각 $t=1$에서 $t=3$까지 점 P의 위치의 변화량은

$$\int_1^3 (6t^2-18t+12)dt=\left[2t^3-9t^2+12t\right]_1^3=\mathbf{4}$$

(3) 시각 $t=1$에서 $t=3$까지 점 P가 움직인 거리는

$$\int_1^3 |6t^2-18t+12|\,dt$$
$$=\int_1^2 (-6t^2+18t-12)dt+\int_2^3 (6t^2-18t+12)dt \quad \leftarrow \begin{array}{l} 1\leq t\leq 2\text{에서} \quad v(t)\leq 0 \\ 2\leq t\leq 3\text{에서} \quad v(t)\geq 0 \end{array}$$
$$=\left[-2t^3+9t^2-12t\right]_1^2+\left[2t^3-9t^2+12t\right]_2^3$$
$$=1+5=\mathbf{6}$$

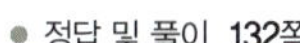
● 정답 및 풀이 **132**쪽

 **462** 원점을 출발하여 수직선 위를 움직이는 점 P의 시각 t에서의 속도가 $v(t)=-t^2-t+6$일
때, 다음을 구하시오.

(1) 점 P가 운동 방향을 바꿀 때의 위치

(2) 시각 $t=0$에서 $t=3$까지 점 P의 위치의 변화량

(3) 시각 $t=0$에서 $t=3$까지 점 P가 움직인 거리

463 철도 위를 24 m/s의 속도로 달리고 있는 어떤 열차가 제동을 건 후 t초가 지났을 때의 속도
가 $v(t)=24-2t$ (m/s)이다. 이 열차가 제동을 건 후로부터 정지할 때까지 달린 거리를
구하시오.

223

 **12** **위로 던진 물체의 위치와 움직인 거리**

지상 35 m의 높이에서 속도 30 m/s로 지면과 수직하게 위로 쏘아 올린 물체의 t초 후의 속도를 $v(t)$ m/s라 하면 $v(t)=30-10t\ (0\le t\le 7)$이다. 다음을 구하시오.

(1) 물체를 쏘아 올린 지 5초 후의 물체의 지상으로부터의 높이

(2) 물체가 최고 높이에 도달했을 때 지상으로부터의 높이

(3) 물체를 쏘아 올린 후 5초 동안 물체가 움직인 거리

설명 (2) 위로 쏘아 올린 물체가 최고 높이에 도달했을 때의 속도는 0이다.

풀이 (1) 물체를 쏘아 올린 지 5초 후의 물체의 지상으로부터의 높이는

$$35+\int_0^5 (30-10t)\,dt=35+\left[30t-5t^2\right]_0^5$$
$$=35+25=\mathbf{60\,(m)}$$

(2) 물체가 최고 높이에 도달했을 때의 속도는 0이므로 $v(t)=30-10t=0$에서

$$t=3$$

따라서 $t=3$일 때 최고 높이에 도달하므로 구하는 높이는

$$35+\int_0^3 (30-10t)\,dt=35+\left[30t-5t^2\right]_0^3$$
$$=35+45=\mathbf{80\,(m)}$$

(3) 물체를 쏘아 올린 후 5초 동안 물체가 움직인 거리는

$$\int_0^5 |30-10t|\,dt=\int_0^3 (30-10t)\,dt+\int_3^5 (-30+10t)\,dt$$
$$=\left[30t-5t^2\right]_0^3+\left[-30t+5t^2\right]_3^5$$
$$=45+20=\mathbf{65\,(m)}$$

● 정답 및 풀이 133쪽

 **464** 지상에서 속도 60 m/s로 지면과 수직하게 위로 던진 공의 t초 후의 속도를 $v(t)$ m/s라 하면 $v(t)=-10t+60\ (0\le t\le 12)$이다. 다음을 구하시오.

(1) 공이 최고 높이에 도달했을 때 지상으로부터의 높이

(2) 공을 던진 후 8초 동안 공이 움직인 거리

(3) 공이 땅에 떨어질 때의 속도

필수 **13** 그래프에서의 위치와 움직인 거리

원점을 출발하여 수직선 위를 움직이는 점 P의 시각 $t\ (0 \le t \le 6)$에서의 속도 $v(t)$의 그래프가 오른쪽 그림과 같을 때, 다음을 구하시오.

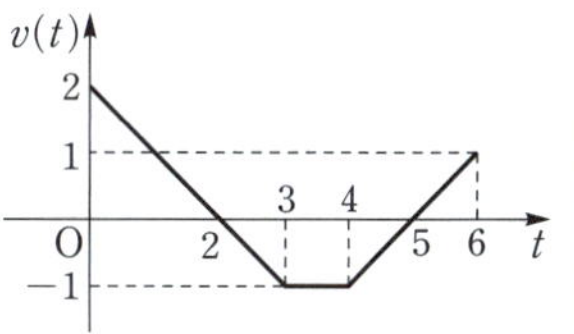

(1) 시각 $t=6$에서의 점 P의 위치

(2) 점 P가 출발한 후 두 번째로 운동 방향을 바꿀 때까지 움직인 거리

설명 $v(t)$의 정적분의 값이 위치의 변화량이고 $|v(t)|$의 정적분의 값이 움직인 거리이다.

이때 정적분의 값은 $v(t)$의 그래프와 t축 사이의 넓이, 즉 삼각형 또는 사각형의 넓이를 이용하여 구할 수 있다.

풀이 (1) 시각 $t=6$에서의 점 P의 위치는

$$0 + \int_0^6 v(t)dt = \int_0^2 v(t)dt + \int_2^5 v(t)dt + \int_5^6 v(t)dt$$

$$= \frac{1}{2} \times 2 \times 2 - \frac{1}{2} \times (3+1) \times 1 + \frac{1}{2} \times 1 \times 1 = \frac{1}{2}$$

(2) 운동 방향이 바뀌는 순간의 속도는 0이므로 $v(t)=0$에서 $t=2$ 또는 $t=5$

따라서 점 P는 시각 $t=5$에서 두 번째로 운동 방향을 바꾸므로 구하는 거리는

$$\int_0^5 |v(t)|dt = \int_0^2 v(t)dt - \int_2^5 v(t)dt = \frac{1}{2} \times 2 \times 2 + \frac{1}{2} \times (3+1) \times 1 = 4$$

KEY Point

- 수직선 위를 움직이는 점 P의 시각 t에서의 속도 $v(t)$의 그래프에서
① 위치의 변화량은 $v(t)$의 정적분의 값이므로 $v(t) \ge 0$인 구간과 $v(t) \le 0$인 구간으로 나누어 구한다.
② 움직인 거리는 $v(t)$의 그래프와 t축으로 둘러싸인 도형의 넓이이다.

● 정답 및 풀이 **133**쪽

465 원점을 출발하여 수직선 위를 움직이는 점 P의 시각 $t\ (0 \le t \le 5)$에서의 속도 $v(t)$의 그래프가 오른쪽 그림과 같을 때, 다음을 구하시오.

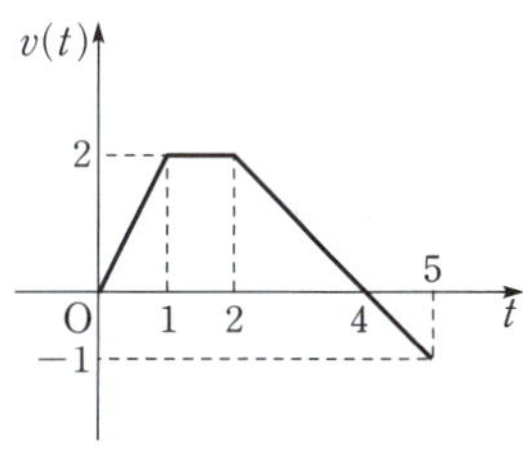

(1) 시각 $t=5$에서의 점 P의 위치

(2) 점 P가 출발한 후 운동 방향을 바꿀 때까지 움직인 거리

(3) 시각 $t=0$에서 $t=5$까지 점 P가 움직인 거리

466 원점을 출발하여 수직선 위를 움직이는 점 P의 시각 t에서의 속도가 $v(t)=6t-3t^2$이다. 시각 $t=3$에서의 점 P의 위치를 a, 시각 $t=0$에서 $t=3$까지 점 P가 움직인 거리를 b라 할 때, $a+b$의 값을 구하시오.

467 원점을 동시에 출발하여 수직선 위를 움직이는 두 점 P, Q의 t초 후의 속도가 각각 $v_1(t)=3t^2-8t+4$, $v_2(t)=12-8t$이다. 두 점 P, Q가 출발한 후 다시 만나는 것은 출발한 지 몇 초 후인지 구하시오.

평가원 기출

468 수직선 위를 움직이는 점 P의 시각 t $(t\geq0)$에서의 속도 $v(t)$가
$$v(t)=3t^2-4t+k$$
이다. 시각 $t=0$에서 점 P의 위치는 0이고, 시각 $t=1$에서 점 P의 위치는 -3이다. 시각 $t=1$에서 $t=3$까지 점 P의 위치의 변화량을 구하시오. (단, k는 상수이다.)

469 지면에서 출발하여 지면과 수직으로 움직이는 열기구의 t분 후의 속도 $v(t)$ m/min가 $v(t)=\begin{cases} t & (0\leq t\leq20) \\ 60-2t & (20\leq t\leq40) \end{cases}$ 일 때, 출발한 지 35분 후 열기구의 지면으로부터의 높이를 구하시오.

470 원점을 출발하여 수직선 위를 움직이는 점 P의 시각 t초에서의 속도 $v(t)$의 그래프가 오른쪽 그림과 같다. 점 P가 출발한 후 처음으로 다시 원점에 돌아올 때까지 걸리는 시간을 구하시오.

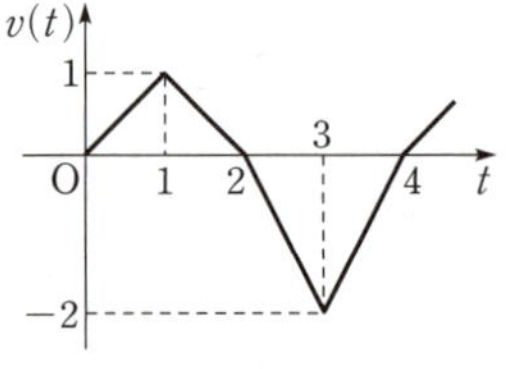

471 원점을 출발하여 수직선 위를 움직이는 점 P의 시각 t에서의 속도가 $-9t+18$이다. 점 P가 출발한 후 원점으로 다시 돌아올 때까지 움직인 거리를 구하시오.

472 원점을 출발하여 수직선 위를 움직이는 점 P의 시각 t에서의 속도가 $v(t) = 6t^2 - 12t$이다. 점 P가 시각 $t=0$에서 $t=a$까지 움직인 거리가 48일 때, $v(a)$의 값을 구하시오.

473 지상 20 m의 높이에서 15 m/s의 속도로 지면과 수직하게 위로 쏘아 올린 물체의 t초 후의 속도 $v(t)$ m/s가 $v(t) = 15 - 10t \ (0 \le t \le 4)$ 일 때, 이 물체가 지면에 도달할 때까지 움직인 거리를 구하시오.

474 원점을 출발하여 수직선 위를 움직이는 점 P의 시각 $t \ (0 \le t \le 6)$에서의 속도 $v(t)$의 그래프가 오른쪽 그림과 같다. 시각 $t=3$에서의 점 P의 위치가 $\dfrac{7}{2}$일 때, 시각 $t=0$에서 $t=6$까지 점 P가 움직인 거리를 구하시오.

실력 UP⁺

교육청 기출

475 수직선 위를 움직이는 점 P의 시각 $t \ (t \ge 0)$에서의 속도 $v(t)$가
$$v(t) = 3(t-2)(t-a) \ (a>2인 \ 상수)$$
이다. 점 P의 시각 $t=0$에서의 위치는 0이고, $t>0$에서 점 P의 위치가 0이 되는 순간은 한 번뿐이다. $v(8)$의 값은?

① 27　　　② 36　　　③ 45　　　④ 54　　　⑤ 63

476  원점을 출발하여 수직선 위를 움직이는 점 P의 시각 $t \ (t \ge 0)$에서의 속도 $v(t)$의 그래프가 오른쪽 그림과 같다. 점 P가 출발한 후 처음으로 운동 방향을 바꿀 때의 점 P의 위치는 -10이고, 시각 $t=c$에서의 점 P의 위치는 -8이다. $\int_0^b v(t)\,dt = \int_b^c v(t)\,dt$일 때, 시각 $t=a$에서 $t=b$까지 점 P가 움직인 거리를 구하시오.

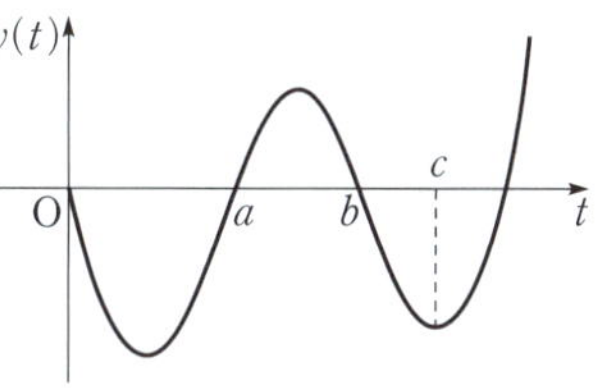

● 본책 10~38쪽

1 함수의 극한
I. 함수의 극한과 연속

1 (1) 0　(2) -3　(3) -2　(4) 9

2 (1) 3　(2) 0　　　**3** (1) ∞　(2) $-\infty$

4 (1) ∞　(2) $-\infty$　(3) $-\infty$　(4) ∞

5 (1) 3　(2) $\dfrac{2}{3}$　(3) 6　(4) 3　(5) 3　(6) $\sqrt{5}$

6 (1) 2　(2) 3　(3) 1　(4) 0　(5) 1　(6) -2

7 (1) $-\infty$　(2) ∞　(3) $-\infty$　(4) $-\infty$

8 (1) 0　(2) 3　(3) 1　(4) 2　(5) 존재하지 않는다.

9 (1) 존재하지 않는다.　(2) 존재하지 않는다.　(3) 0

10 1

11 (1) 2　(2) 5　(3) -3　(4) 1　(5) -3　(6) $\dfrac{1}{3}$

12 (1) -1　(2) -1　(3) 9　(4) 2　(5) -6　(6) 5

13 -2　　　　**14** 7

15 1

16 (1) 3　(2) $\dfrac{1}{2}$　(3) $-\dfrac{7}{8}$　(4) 2　(5) 4　(6) 1

17 (1) $\dfrac{1}{3}$　(2) 0　(3) $-\infty$　(4) $\dfrac{1}{2}$　(5) -3　(6) $\dfrac{2}{3}$

18 (1) $-\infty$　(2) $\dfrac{3}{4}$　(3) -1　(4) $\dfrac{7}{2}$

19 (1) 2　(2) $\dfrac{1}{3}$　(3) $\dfrac{3}{16}$　(4) $\dfrac{1}{18}$

20 ⑤　　　　**21** 1

22 5　　　　**23** 4

24 10　　　　**25** $\dfrac{1}{2}$

26 ⑤　　　　**27** ③

28 -9　　　　**29** ㄱ, ㄷ

30 $\dfrac{3}{4}$　　　　**31** $\dfrac{1}{3}$

32 4　　　　**33** 2

34 ④　　　　**35** 1

36 (1) $a=4$, $b=4$　(2) $a=7$, $b=1$

37 (1) $a=4$, $b=3$　(2) $a=2$, $b=-2$

38 2　　　　**39** $f(x)=2x^3+2x^2-3x$

40 3　　　　**41** 5

42 8　　　　**43** $\dfrac{1}{5}$

44 1　　　　**45** -3

46 $\dfrac{5}{6}$　　　　**47** -4

48 21　　　　**49** 2

50 -1　　　　**51** $\dfrac{5}{4}$

52 $-\dfrac{16}{5}$　　　　**53** ③

54 -2　　　　**55** $\dfrac{1}{2}$

56 0

57 $f(x)=-(x-1)(x+1)(x+2)$

58 2　　　　**59** ②

● 본책 40~56쪽

2 함수의 연속
I. 함수의 극한과 연속

60 (1) $f(1)$의 값이 존재하지 않는다.

　　(2) $\lim\limits_{x\to 1} f(x)$의 값이 존재하지 않는다.

　　(3) $\lim\limits_{x\to 1} f(x)\neq f(1)$

61 (1) 연속　(2) 불연속

62 (1) $[-2,\,1]$　(2) $(-1,\,2)$　(3) $[0,\,2)$

　　(4) $(1,\,3]$　(5) $(-\infty,\,-2)$　(6) $[3,\,\infty)$

63 (1) $(-\infty,\,\infty)$　(2) $[1,\,\infty)$

64 (1) 연속　(2) 불연속　(3) 연속　(4) 불연속

65 2　　　　**66** ㄱ

67 4　　　　**68** 6

69 $\dfrac{1}{8}$　　　　**70** 9

71 ③　　　　**72** 4

73 -4　　　　**74** 1

75 ①　　　　**76** 45

77 -1　　　　**78** ㄴ, ㄷ

79 -18　　　　**80** -3

81 1　　　　**82** ㄱ, ㄴ

83 -3　　　　**84** ③

85 ㄱ, ㄷ

86 (1) 최댓값: 3, 최솟값: 0　(2) 최댓값: 4, 최솟값: 2

87 ㄱ, ㄷ　　　　**88** 풀이 27쪽

89 2개

90 $(-\infty,\,-1)$, $(-1,\,3)$, $(3,\,\infty)$

91 5　　　　**92** ②

93 9　　　　**94** 3개

95 풀이 29쪽

1 미분계수와 도함수
Ⅱ. 미분

96 25 **97** 3

98 (1) -8 (2) 0 (3) 2 (4) 8

99 -3 **100** (1) $\dfrac{1}{8}$ (2) 24 (3) -2

101 1 **102** 5

103 2 **104** ③

105 (1) 연속이고 미분가능하다.
(2) 연속이지만 미분가능하지 않다.
(3) 연속이지만 미분가능하지 않다.

106 ⑤ **107** 4

108 2 **109** ④

110 2 **111** 2

112 ④ **113** ㄱ, ㄹ

114 6 **115** 7

116 -3 **117** 5

118 20 **119** 8

120 0 **121** ㄴ

122 ③

123 (1) $f'(x)=0$ (2) $f'(x)=1$ (3) $f'(x)=4x+1$

124 (1) $y'=5x^4$ (2) $y'=0$ (3) $y'=24x^7$
(4) $y'=-6x^5$ (5) $y'=10x$ (6) $y'=12x^2-x$

125 (1) $y'=4x+7$ (2) $y'=5x^4-3x^2+4x$
(3) $y'=3x^2+2x-2$ (4) $y'=18x^2-38x+1$
(5) $y'=-12x(-3x^2+2)$ (6) $y'=6(2x-1)^2$

126 9 **127** 2

128 7 **129** -5

130 -2 **131** $\dfrac{1}{3}$

132 -1 **133** 1

134 11 **135** 23

136 $a=\dfrac{5}{2}, b=-8$ **137** -3

138 39 **139** $-106x-99$

140 19 **141** -3

142 20 **143** -4

144 -8 **145** ③

146 15 **147** 7

148 25 **149** ②

150 4 **151** 18

152 -91 **153** ①

154 $f(x)=3x^2-3x+1$ **155** ①

156 12

2 도함수의 활용
Ⅱ. 미분

157 (1) 8 (2) 10

158 $2x-4$, 4, 4, -1, 4, 4, $4x-17$

159 $6x+2$, $6t+2$, 6, 6, 8, 1, $8x-2$

160 $a=2, b=2$ **161** 15

162 $y=-5x-4$ **163** $a=-2, b=2$

164 -10 **165** $y=x-\dfrac{1}{4}$

166 $y=4x+11$ **167** $y=-8x+4$, $y=-8x$

168 (1) $y=4$, $y=-4x+12$ (2) $y=x+2$

169 4 **170** $3\sqrt{2}$

171 3 **172** -1

173 1 **174** $y=-4x-2$

175 -1 **176** -20

177 $-\dfrac{1}{3}$ **178** (1) 3 (2) 1 (3) $\dfrac{5}{3}$

179 4 **180** (1) 3 (2) $\dfrac{2\sqrt{3}}{3}$

181 1 **182** 1

183 ⑤ **184** 8

185 $y=4x+1$ **186** -5

187 21 **188** $y=2x+2$

189 12 **190** 0

191 6 **192** -6

193 $y=2x-16$ **194** $2\sqrt{2}$

195 $8\sqrt{2}$ **196** ⑤

197 $y=-x-1$ **198** 54

199 1 **200** 8

201 (1) 구간 $(-\infty, -2]$, $[3, \infty)$에서 증가,
구간 $[-2, 3]$에서 감소
(2) 구간 $(-\infty, -1]$, $[0, 1]$에서 증가,
구간 $[-1, 0]$, $[1, \infty)$에서 감소

202 4 **203** 18

204 (1) $1 \leq a \leq 4$　(2) $-6 \leq a \leq 6$

205 3　　　**206** 12

207 6　　　**208** $a \leq -15$

209 ㄴ, ㄷ　　**210** 10

211 -7　　**212** 6, 2, 2, -5, 2, -5

213 -4, 4, 0, 0, $-$, -3, 0, -3

214 (1) 극댓값: 4, 극솟값: 0

　　(2) 극댓값: 16, 극솟값: -11

215 27

216 (1) 극댓값: 10, 극솟값: -22, 5　(2) 극댓값: 14

217 -12　　**218** -3

219 145　　**220** -1

221 8　　　**222** -1

223 16　　　**224** 2

225 87　　　**226** -11

227 $\dfrac{1}{3}$　　**228** 1

229 1　　　**230** 24

231 ②　　　**232** 43

233 -7　　**234** ㄹ

235 27　　　**236** 6

237 (1)

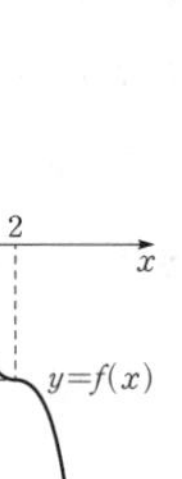

(2)

(3)

(4)

238 $k < -3$ 또는 $k > 3$　**239** -1

240 $-\dfrac{3}{2} < a < -\dfrac{1}{2}$　**241** 6

242 $-9 < a < 0$ 또는 $a > 0$

243 $a = -2$ 또는 $a \geq \dfrac{1}{4}$

244 (1) 최댓값: 6, 최솟값: -21

　　(2) 최댓값: 3, 최솟값: -5

　　(3) 최댓값: 21, 최솟값: -11

　　(4) 최댓값: 1, 최솟값: -8

245 0　　　**246** 5

247 2　　　**248** 2년

249 32　　　**250** $\sqrt{5}$

251 $\dfrac{4}{9}\pi$　　**252** ④

253 6　　　**254** $-\dfrac{2}{3} < k < 1$

255 20　　　**256** 2

257 2　　　**258** 100

259 -54　　**260** 15

261 ㄱ, ㄴ, ㄷ　**262** 40

263 $\dfrac{5}{2}$　　**264** $-\dfrac{5}{3}$

265 ⑤　　　**266** ③

267 $\dfrac{32}{3}\pi$

268 (1) 1　(2) 4　(3) 3　(4) 2

269 (1) $-2 < k < 2$　(2) $k = -2$ 또는 $k = 2$

　　(3) $k < -2$ 또는 $k > 2$

270 (1) $10 < k < 15$　(2) $k = 10$ 또는 $k = 15$

　　(3) $-17 < k < 10$ 또는 $k > 15$　(4) $k = -17$

271 (1) $-20 < a < 12$　(2) $a = -20$ 또는 $a = 12$

272 (1) $0 < a < 1$　(2) $a < 0$ 또는 $a > 1$

273 -13

274 (1) $k = 27$　(2) $0 < k < 27$　(3) $-5 < k < 0$

　　(4) $k < -5$

275 7　　　**276** $a \geq 1$

277 $k > 9$　　**278** $a > 6$

279 22　　　**280** 16

281 2　　　**282** 6

283 53　　　**284** 11

285 ⑤　　　**286** $a \leq -2$

287 4　　　**288** 6

289 34　　　**290** -54

291 $0 < a < \dfrac{9}{16}$　**292** 42

293 위치: -18, 가속도: 5

294 -20 m/s　　**295** 165 m

296 3번　　　**297** ㄷ

298 $3\sqrt{3}$ cm/s

299 (1) 3 m/s　(2) 1.2 m/s

300 9.5 cm^2/s　　**301** 90π cm^3/s

302 4　　　**303** 6

304 26

305 ㄱ, ㄴ, ㄷ

306 10

307 27

308 $\dfrac{18}{5}$

309 22

310 6π

311 8

● 본책 154~172쪽

1 부정적분

Ⅲ. 적분

312 ㄱ, ㄷ

313 (1) $7x+C$ (2) $3x^2+C$ (3) x^3+C (4) $-x^4+C$

314 (1) $f(x)=2$ (2) $f(x)=6x+1$
(3) $f(x)=12x^2-10x+11$

315 (1) $5x^2+x$ (2) $5x^2+x+C$

316 -12

317 7

318 $h(x)=5x^4+3x^2-4x$

319 2

320 21

321 -7

322 7

323 (1) $\dfrac{1}{6}x^6+C$ (2) $\dfrac{1}{13}x^{13}+C$

324 (1) $-\dfrac{1}{2}x^2+4x+C$ (2) x^3+7x+C
(3) $-\dfrac{1}{4}x^4+\dfrac{1}{2}x^2+2x+C$
(4) $\dfrac{1}{8}x^8+\dfrac{4}{3}x^3-x+C$

325 (1) $-\dfrac{1}{3}x^3+4x+C$ (2) $\dfrac{1}{3}x^3+x^2+x+C$
(3) $2t^3+\dfrac{7}{2}t^2-3t+C$

326 (1) $\dfrac{2}{3}x^3+C$ (2) $\dfrac{4}{3}x^3-4x^2+C$

327 (1) $\dfrac{1}{3}x^3-\dfrac{1}{2}x^2+x+C$
(2) $\dfrac{1}{3}x^3-x^2y+xy^2+C$ (3) $2x^2+C$
(4) $\dfrac{1}{3}x^3-x^2+4x+C$

328 11

329 -2

330 $-\dfrac{3}{2}$

331 $\dfrac{3}{4}x^4-\dfrac{1}{3}x^3+\dfrac{1}{2}x^2+2x+C$

332 13

333 $f(x)=\dfrac{8}{3}x^3-4x^2+1$

334 10

335 3

336 3

337 36

338 -3

339 $f(x)=\dfrac{1}{3}x^3+6x$

340 2

341 18

342 4

343 30

344 33

345 11

346 -22

347 -2

348 $f(x)=2x^2-x+1$ **349** 3

350 $f(x)=-4x^3-6x^2+1$

351 110

352 8

353 9

354 9

355 9

356 -8

357 $-\dfrac{1}{3}$

358 11

359 9

● 본책 174~201쪽

2 정적분

Ⅲ. 적분

360 (1) 0   (2) 2   (3) 12   (4) -54 (5) $-\dfrac{10}{3}$ (6) $\dfrac{8}{3}$
(7) -24

361 (1) 60   (2) 4   (3) 9   (4) 6   (5) 12

362 (1) $\dfrac{8}{3}$ (2) -76 (3) $-\dfrac{5}{6}$ (4) $\dfrac{22}{5}$

363 $\dfrac{6}{5}$

364 2

365 $f(x)=-x^2+5x+\dfrac{4}{3}$

366 1

367 (1) $-\dfrac{15}{2}$ (2) $-\dfrac{16}{3}$ (3) $-\dfrac{22}{3}$

368 $\dfrac{1}{12}$

369 3

370 (1) $\dfrac{5}{2}$ (2) 3   (3) $\dfrac{19}{3}$ (4) 9

371 4

372 92

373 4

374 15

375 $\dfrac{80}{3}$

376 1

377 ②

378 -4

379 $\dfrac{8}{3}$

380 28

381 24

382 3

383 -1

384 -26

385 -9

386 $\dfrac{\sqrt{2}}{2}$

387 96

388 110

389 $\dfrac{59}{6}$

390 $\dfrac{67}{3}$

391 ②

392 (1) x^2+2 (2) $5x^3-3x^2$ (3) -1 (4) $4x$

393 (1) $f(x)=4x-5$ (2) $f(x)=-2x+3$ (3) $f(x)=9x^2-6$ (4) $f(x)=2x-2$

394 (1) 9 (2) -3

395 (1) $f(x)=-2x^2+3x+1$

(2) $f(x)=x^2-\dfrac{8}{7}x-\dfrac{8}{21}$

(3) $f(x)=3x^2+\dfrac{9}{4}x-1$

396 -7

397 $\dfrac{1}{6}$

398 -6

399 -16

400 $-\dfrac{125}{6}$

401 $\dfrac{2}{3}$

402 $\dfrac{7}{3}$

403 8

404 (1) 8 (2) 22

405 2

406 60

407 -2

408 $\dfrac{36}{5}$

409 5

410 $f(x)=8x^3+3x^2-9$

411 극댓값: 32, 극솟값: 0

412 10

413 2

414 $\dfrac{76}{7}$

415 ④

416 $\dfrac{4}{3}$

417 $\dfrac{3}{2}$

418 -18

419 10

420 -3

421 ⑤

● 본책 204~227쪽

3 정적분의 활용

III. 적분

422 0, 2, 0, 2, $\dfrac{4}{3}$

423 0, 3, 3, x^2-4x, 3, $-x^2+3x$, $\dfrac{9}{2}$

424 -1, 1, -1, $-2x^2+x+3$, -1, $-3x^2+3$, 4

425 (1) 36 (2) 8

426 -6

427 $\dfrac{19}{12}$

428 -1

429 (1) $\dfrac{8}{3}$ (2) 8

430 1

431 (1) $\dfrac{27}{4}$ (2) $\dfrac{71}{6}$

432 $\dfrac{5}{3}$

433 $\dfrac{8}{3}$

434 $\dfrac{27}{4}$

435 3

436 $\dfrac{31}{3}$

437 1

438 $\dfrac{3}{2}$

439 $-1+\sqrt{2}$

440 $-3+3\sqrt[3]{2}$

441 18

442 $\dfrac{2}{3}$

443 $\dfrac{1}{48}$

444 22

445 $\dfrac{37}{12}$

446 $\dfrac{19}{2}$

447 8

448 $\dfrac{2\sqrt{2}}{3}$

449 108

450 $\dfrac{20}{3}$

451 ①

452 ②

453 $\dfrac{27}{2}$

454 9

455 $\dfrac{32}{3}$

456 6

457 $\dfrac{9}{4}$

458 3

459 80

460 -1

461 $\dfrac{51}{4}$

462 (1) $\dfrac{22}{3}$ (2) $\dfrac{9}{2}$ (3) $\dfrac{61}{6}$

463 144 m

464 (1) 180 m (2) 200 m (3) -60 m/s

465 (1) $\dfrac{9}{2}$ (2) 5 (3) $\dfrac{11}{2}$

466 8

467 $2\sqrt{2}$초

468 6

469 275 m

470 3초

471 36

472 48

473 $\dfrac{85}{2}$ m

474 $\dfrac{11}{2}$

475 ②

476 6

함께 만드는 개념원리

개념원리는 **선생님이 가르치기** 쉽고 **학생이 배우기** 쉬운 **교육 콘텐츠를 만듭니다.**

전국 **360명** 선생님이 교재 개발 참여

총 **2,540명** 학생의 실사용 의견 청취

(2017년도~2023년도 교재 VOC 누적)

NEW
2022 개정 도서

5,500 만

누적 5천5백만의 인정을 받은 **신뢰성**

(2003년도~2022년도 매출 수량 누적)

1/2

학생 2명 중 1명이 선택하는 **대중성**

(고등학생 수 대비 개념원리 판매기준)

10

10차례 검토 과정을 마친 **정확성**

SINCE 1991

30년 이상 축적된 **전문성**

미적분 I
개념원리 수학연구소
정답 및 풀이

미적분 I
개념원리 수학연구소

개념원리 미적분 I

정답 및 풀이

 **친절한 풀이** 정확하고 이해하기 쉬운 친절한 풀이 제시

 **다른 풀이** 수학적 사고력을 키우는 다양한 해결 방법 제시

 **해설 Focus** 문제 해결 TIP과 중요/보충 개념을 제시

 **해결 전략** 연습문제 해결의 실마리 제공

교재 만족도 조사

이 교재는 학생 2,540명과 선생님 360명의
의견을 반영하여 만든 교재입니다.

개념원리는 개념원리, RPM을 공부하는
여러분의 목소리에 항상 귀 기울이겠습니다.

여러분의 소중한 의견을 전해 주세요.
단 5분이면 충분해요!
매월 초 10명을 추첨하여 문화상품권
1만 원권을 선물로 드립니다.

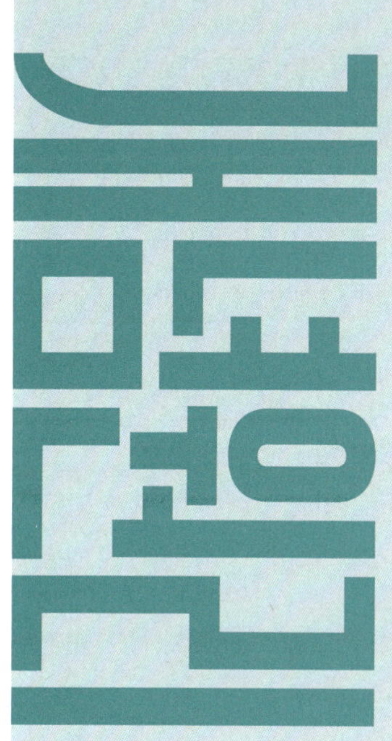

수학의 시작 개념원리

미적분 I

정답 및 풀이

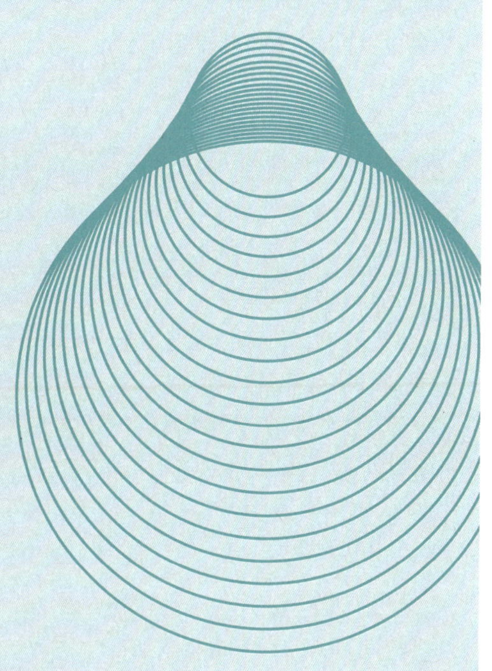

1 함수의 극한

01 함수의 극한
● 본책 10~16쪽

1

(1) $f(x)=x+1$이라 하면 함수 $y=f(x)$의 그래프는 오른쪽 그림과 같다.

그래프에서 x의 값이 -1에 한없이 가까워질 때, $f(x)$의 값은 0에 한없이 가까워지므로
$$\lim_{x \to -1}(x+1)=0$$

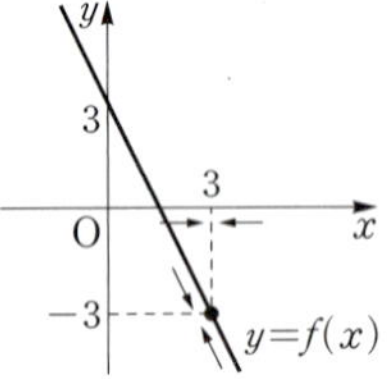

(2) $f(x)=-2x+3$이라 하면 함수 $y=f(x)$의 그래프는 오른쪽 그림과 같다.

그래프에서 x의 값이 3에 한없이 가까워질 때, $f(x)$의 값은 -3에 한없이 가까워지므로
$$\lim_{x \to 3}(-2x+3)=-3$$

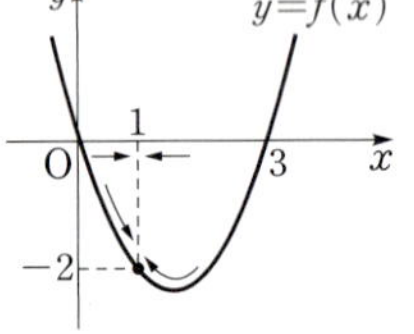

(3) $f(x)=x^2-3x$라 하면 함수 $y=f(x)$의 그래프는 오른쪽 그림과 같다.

그래프에서 x의 값이 1에 한없이 가까워질 때, $f(x)$의 값은 -2에 한없이 가까워지므로
$$\lim_{x \to 1}(x^2-3x)=-2$$

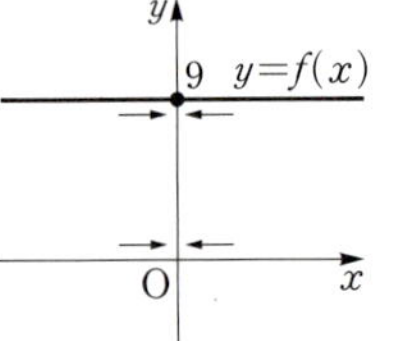

(4) $f(x)=9$라 하면 함수 $y=f(x)$의 그래프는 오른쪽 그림과 같다.

그래프에서 x의 값이 0에 한없이 가까워질 때, $f(x)$의 값은 항상 9이므로
$$\lim_{x \to 0}9=9$$

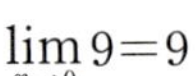 (1) **0**　　(2) **-3**
(3) **-2**　(4) **9**

2

(1) $f(x)=3$이라 하면 함수 $y=f(x)$의 그래프는 오른쪽 그림과 같다.

그래프에서 x의 값이 한없이 커질 때, $f(x)$의 값은 항상 3이므로
$$\lim_{x \to \infty}3=3$$

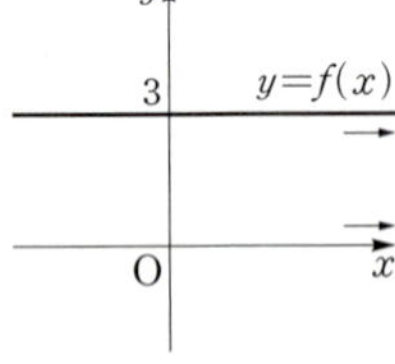

(2) $f(x)=\dfrac{1}{x^2}$이라 하면 함수 $y=f(x)$의 그래프는 오른쪽 그림과 같다.

그래프에서 x의 값이 음수이면서 그 절댓값이 한없이 커질 때, $f(x)$의 값은 0에 한없이 가까워지므로
$$\lim_{x \to -\infty}\frac{1}{x^2}=0$$

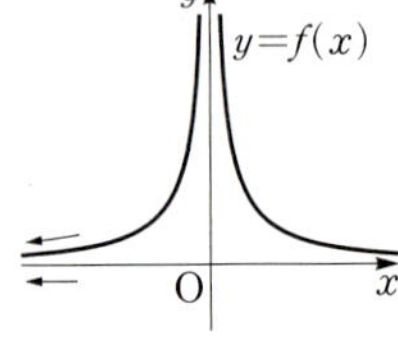

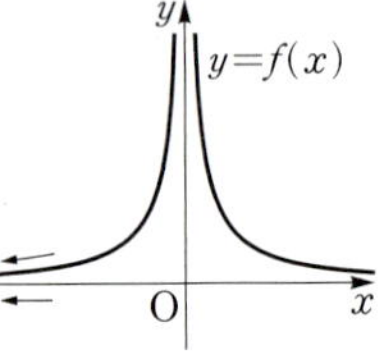 (1) **3**　(2) **0**

3

(1) $f(x)=\dfrac{1}{x^2}-7$이라 하면 함수 $y=f(x)$의 그래프는 오른쪽 그림과 같다.

그래프에서 x의 값이 0에 한없이 가까워질 때, $f(x)$의 값은 한없이 커지므로
$$\lim_{x \to 0}\left(\frac{1}{x^2}-7\right)=\infty$$

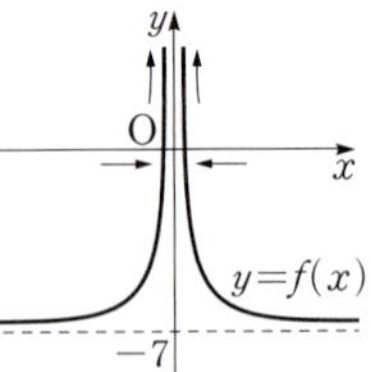

(2) $f(x)=-\dfrac{1}{x^2}+1$이라 하면 함수 $y=f(x)$의 그래프는 오른쪽 그림과 같다.

그래프에서 x의 값이 0에 한없이 가까워질 때, $f(x)$의 값은 음수이면서 그 절댓값이 한없이 커지므로
$$\lim_{x \to 0}\left(-\frac{1}{x^2}+1\right)=-\infty$$

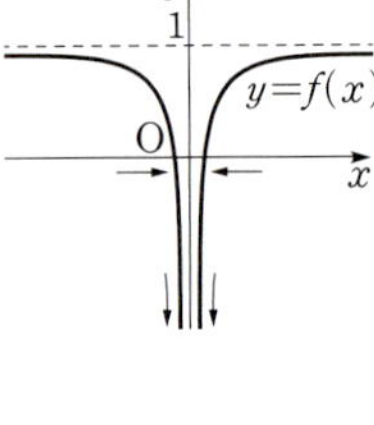

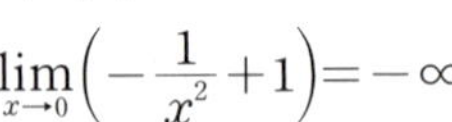 (1) **∞**　(2) **$-\infty$**

4

(1) $f(x)=3x-2$라 하면 함수 $y=f(x)$의 그래프는 오른쪽 그림과 같다.

그래프에서 x의 값이 한없이 커질 때, $f(x)$의 값도 한없이 커지므로

$$\lim_{x \to \infty}(3x-2)=\infty$$

(2) $f(x)=-5x+1$이라 하면 함수 $y=f(x)$의 그래프는 오른쪽 그림과 같다.

그래프에서 x의 값이 한없이 커질 때, $f(x)$의 값은 음수이면서 그 절댓값이 한없이 커지므로

$$\lim_{x \to \infty}(-5x+1)=-\infty$$

(3) $f(x)=-x^2+1$이라 하면 함수 $y=f(x)$의 그래프는 오른쪽 그림과 같다.

그래프에서 x의 값이 음수이면서 그 절댓값이 한없이 커질 때, $f(x)$의 값도 음수이면서 그 절댓값이 한없이 커지므로

$$\lim_{x \to -\infty}(-x^2+1)=-\infty$$

(4) $f(x)=\sqrt{-x+4}$라 하면 함수 $y=f(x)$의 그래프는 오른쪽 그림과 같다.

그래프에서 x의 값이 음수이면서 그 절댓값이 한없이 커질 때, $f(x)$의 값은 한없이 커지므로

$$\lim_{x \to -\infty}\sqrt{-x+4}=\infty$$

답 (1) ∞　　(2) $-\infty$
　　(3) $-\infty$　　(4) ∞

5

(1) $f(x)=\dfrac{x}{x-2}$

$\qquad =1+\dfrac{2}{x-2}$

라 하면 함수 $y=f(x)$의 그래프는 오른쪽 그림과 같다.

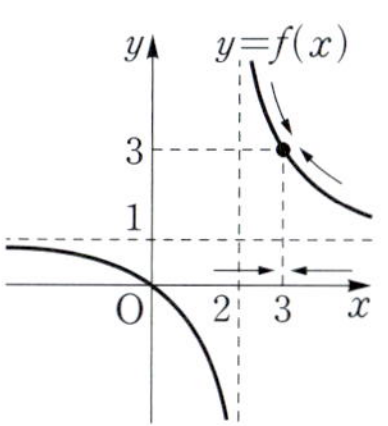

그래프에서 x의 값이 3에 한없이 가까워질 때, $f(x)$의 값은 3에 한없이 가까워지므로

$$\lim_{x \to 3}\frac{x}{x-2}=3$$

(2) $f(x)=\dfrac{x^2+2x}{3x}=\dfrac{x(x+2)}{3x}$라 하면 $x\neq0$일 때

$$f(x)=\frac{x+2}{3}$$

이므로 함수 $y=f(x)$의 그래프는 오른쪽 그림과 같다.

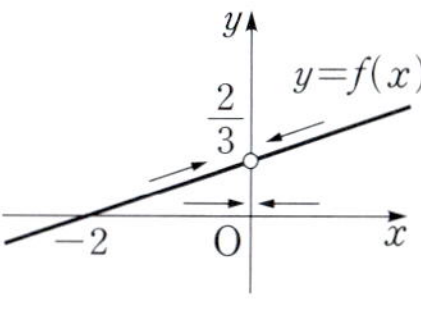

그래프에서 x의 값이 0에 한없이 가까워질 때, $f(x)$의 값은 $\dfrac{2}{3}$에 한없이 가까워지므로

$$\lim_{x \to 0}\frac{x^2+2x}{3x}=\frac{2}{3}$$

(3) $f(x)=\dfrac{x^2-9}{x-3}=\dfrac{(x-3)(x+3)}{x-3}$이라 하면 $x\neq3$일 때

$$f(x)=x+3$$

이므로 함수 $y=f(x)$의 그래프는 오른쪽 그림과 같다.

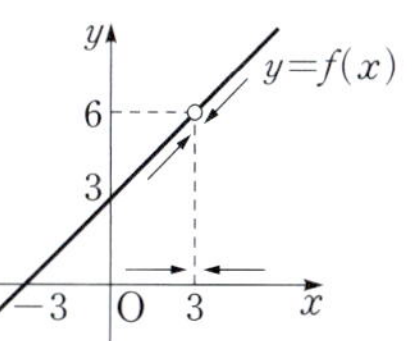

그래프에서 x의 값이 3에 한없이 가까워질 때, $f(x)$의 값은 6에 한없이 가까워지므로

$$\lim_{x \to 3}\frac{x^2-9}{x-3}=6$$

(4) $f(x)=\dfrac{x^3-1}{x-1}=\dfrac{(x-1)(x^2+x+1)}{x-1}$이라 하면 $x\neq1$일 때　　$f(x)=x^2+x+1$

즉 함수 $y=f(x)$의 그래프는 오른쪽 그림과 같다.

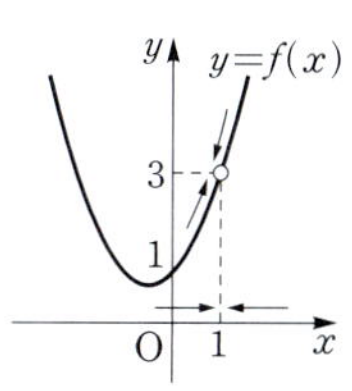

그래프에서 x의 값이 1에 한없이 가까워질 때, $f(x)$의 값은 3에 한없이 가까워지므로

$$\lim_{x \to 1}\frac{x^3-1}{x-1}=3$$

(5) $f(x)=\sqrt{3x+6}$이라 하
면 함수 $y=f(x)$의 그
래프는 오른쪽 그림과
같다.

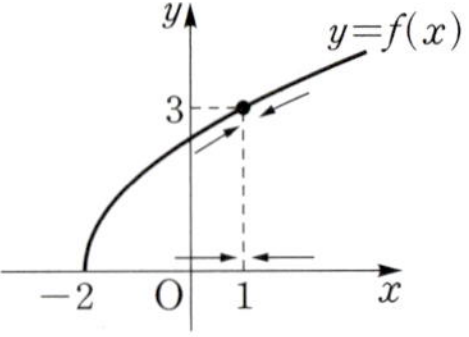

그래프에서 x의 값이 1
에 한없이 가까워질 때, $f(x)$의 값은 3에 한없이 가
까워지므로
$$\lim_{x \to 1} \sqrt{3x+6}=3$$

(6) $f(x)=\sqrt{-x+3}$이라 하
면 함수 $y=f(x)$의 그래
프는 오른쪽 그림과 같다.

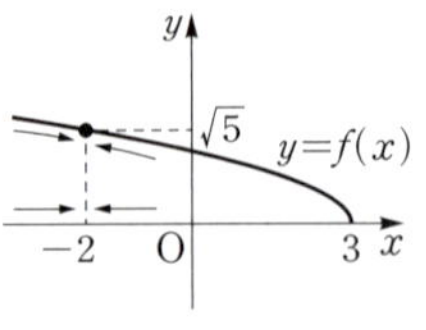

그래프에서 x의 값이 -2
에 한없이 가까워질 때, $f(x)$의 값은 $\sqrt{5}$에 한없이
가까워지므로
$$\lim_{x \to -2} \sqrt{-x+3}=\sqrt{5}$$

답 (1) **3**　(2) $\dfrac{2}{3}$　(3) **6**

(4) **3**　(5) **3**　(6) $\sqrt{5}$

6

(1) $f(x)=2-\dfrac{1}{x}$이라 하면 함
수 $y=f(x)$의 그래프는 오
른쪽 그림과 같다.

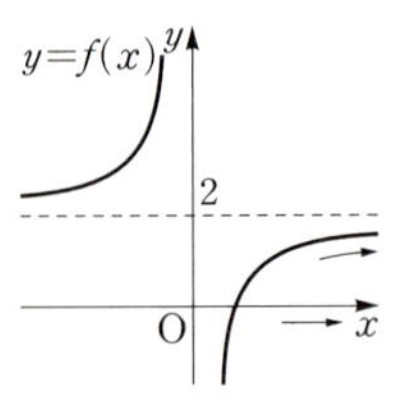

그래프에서 x의 값이 한없이
커질 때, $f(x)$의 값은 2에 한
없이 가까워지므로
$$\lim_{x \to \infty}\left(2-\dfrac{1}{x}\right)=2$$

(2) $f(x)=\dfrac{3x}{x+1}$

$\qquad =3-\dfrac{3}{x+1}$

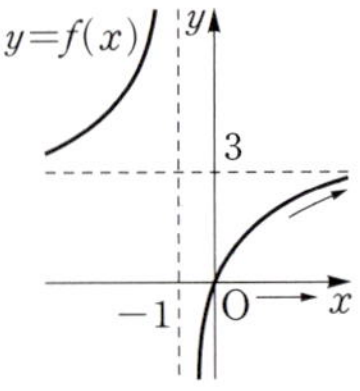

이라 하면 함수 $y=f(x)$의
그래프는 오른쪽 그림과 같다.
그래프에서 x의 값이 한없이
커질 때, $f(x)$의 값은 3에 한없이 가까워지므로
$$\lim_{x \to \infty} \dfrac{3x}{x+1}=3$$

(3) $f(x)=\dfrac{1}{|x-2|}+1$이라
하면 함수 $y=f(x)$의 그래
프는 오른쪽 그림과 같다.

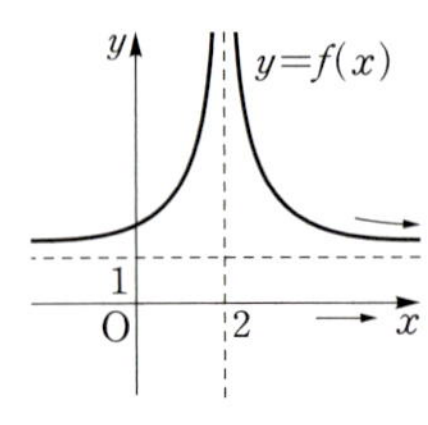

그래프에서 x의 값이 한없
이 커질 때, $f(x)$의 값은 1
에 한없이 가까워지므로
$$\lim_{x \to \infty}\left(\dfrac{1}{|x-2|}+1\right)=1$$

(4) $f(x)=\dfrac{1}{x-3}$이라 하면 함
수 $y=f(x)$의 그래프는 오
른쪽 그림과 같다.

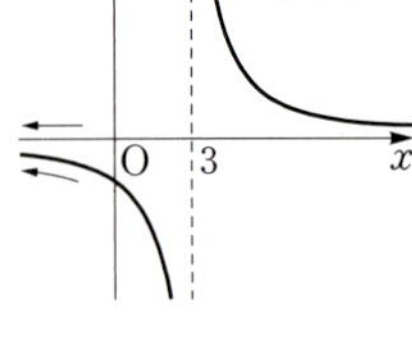

그래프에서 x의 값이 음수
이면서 그 절댓값이 한없이
커질 때, $f(x)$의 값은 0에
한없이 가까워지므로
$$\lim_{x \to -\infty} \dfrac{1}{x-3}=0$$

(5) $f(x)=1+\dfrac{1}{x^2}$이라 하면 함
수 $y=f(x)$의 그래프는 오
른쪽 그림과 같다.

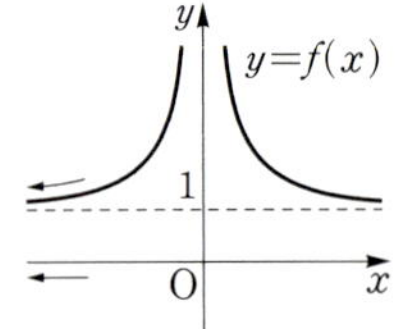

그래프에서 x의 값이 음수이
면서 그 절댓값이 한없이 커
질 때, $f(x)$의 값은 1에 한
없이 가까워지므로
$$\lim_{x \to -\infty}\left(1+\dfrac{1}{x^2}\right)=1$$

(6) $f(x)=\dfrac{1}{(x-3)^2}-2$라 하
면 함수 $y=f(x)$의 그래프
는 오른쪽 그림과 같다.

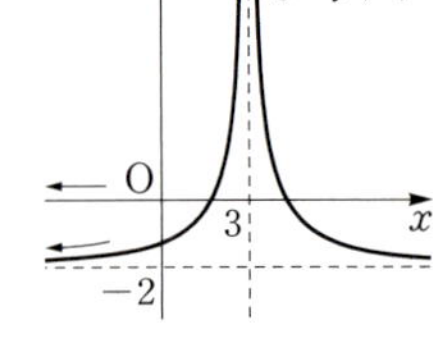

그래프에서 x의 값이 음수
이면서 그 절댓값이 한없이
커질 때, $f(x)$의 값은 -2
에 한없이 가까워지므로
$$\lim_{x \to -\infty}\left\{\dfrac{1}{(x-3)^2}-2\right\}=-2$$

답 (1) **2**　(2) **3**　(3) **1**

(4) **0**　(5) **1**　(6) $-\mathbf{2}$

7

(1) $f(x)=3-\dfrac{1}{(x-2)^2}$ 이라

하면 함수 $y=f(x)$의 그래 프는 오른쪽 그림과 같다.

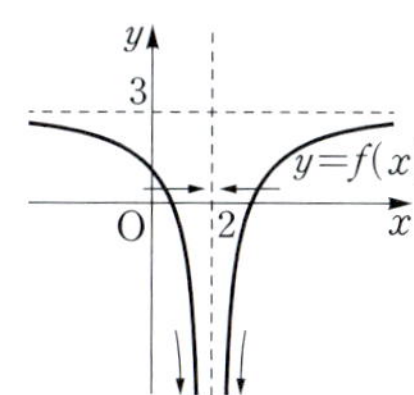

그래프에서 x의 값이 2에 한없이 가까워질 때, $f(x)$의 값은 음수이면서 그 절댓값이 한없이 커지므로

$$\lim_{x \to 2}\left\{3-\dfrac{1}{(x-2)^2}\right\}=-\infty$$

(2) $f(x)=\dfrac{1}{|x+3|}$ 이라 하면

함수 $y=f(x)$의 그래프는 오른쪽 그림과 같다.

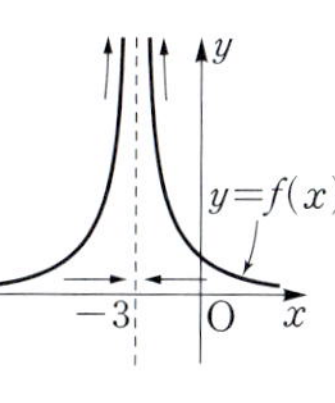

그래프에서 x의 값이 -3에 한없이 가까워질 때, $f(x)$의 값은 한없이 커지므로

$$\lim_{x \to -3}\dfrac{1}{|x+3|}=\infty$$

(3) $f(x)=5-x^2$ 이라 하면 함수 $y=f(x)$의 그래프는 오른쪽 그림과 같다.

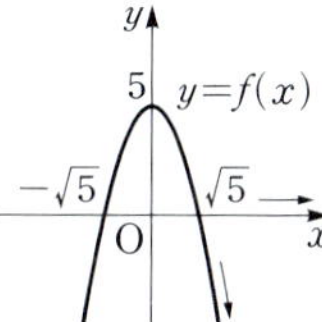

그래프에서 x의 값이 한없이 커질 때, $f(x)$의 값은 음수이 면서 그 절댓값이 한없이 커지 므로

$$\lim_{x \to \infty}(5-x^2)=-\infty$$

(4) $f(x)=-\sqrt{3-x}$ 라 하면 함 수 $y=f(x)$의 그래프는 오른 쪽 그림과 같다.

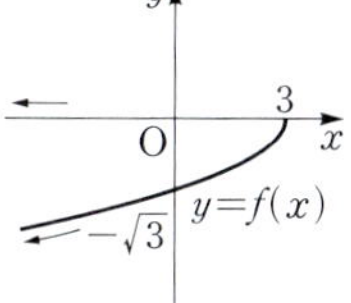

그래프에서 x의 값이 음수이 면서 그 절댓값이 한없이 커질 때, $f(x)$의 값도 음수이면서 그 절댓값이 한없이 커지므로

$$\lim_{x \to -\infty}(-\sqrt{3-x})=-\infty$$

답 (1) $-\infty$ (2) ∞

   (3) $-\infty$ (4) $-\infty$

02 우극한과 좌극한

8

(1) x의 값이 3보다 크면서 3에 한없이 가까워질 때, $f(x)$의 값은 0에 한없이 가까워지므로

$$\lim_{x \to 3+}f(x)=0$$

(2) x의 값이 4보다 작으면서 4에 한없이 가까워질 때, $f(x)$의 값은 3에 한없이 가까워지므로

$$\lim_{x \to 4-}f(x)=3$$

(3) x의 값이 1보다 크면서 1에 한없이 가까워질 때, $f(x)$의 값은 1에 한없이 가까워지므로

$$\lim_{x \to 1+}f(x)=1$$

x의 값이 1보다 작으면서 1에 한없이 가까워질 때, $f(x)$의 값은 1에 한없이 가까워지므로

$$\lim_{x \to 1-}f(x)=1$$

즉 $\lim\limits_{x \to 1+}f(x)=\lim\limits_{x \to 1-}f(x)=1$이므로

$$\lim_{x \to 1}f(x)=1$$

(4) x의 값이 2보다 크면서 2에 한없이 가까워질 때, $f(x)$의 값은 2에 한없이 가까워지므로

$$\lim_{x \to 2+}f(x)=2$$

x의 값이 2보다 작으면서 2에 한없이 가까워질 때, $f(x)$의 값은 2에 한없이 가까워지므로

$$\lim_{x \to 2-}f(x)=2$$

즉 $\lim\limits_{x \to 2+}f(x)=\lim\limits_{x \to 2-}f(x)=2$이므로

$$\lim_{x \to 2}f(x)=2$$

(5) x의 값이 -1보다 크면서 -1에 한없이 가까워질 때, $f(x)$의 값은 2에 한없이 가까워지므로

$$\lim_{x \to -1+}f(x)=2$$

x의 값이 -1보다 작으면서 -1에 한없이 가까워 질 때, $f(x)$의 값은 -1에 한없이 가까워지므로

$$\lim_{x \to -1-}f(x)=-1$$

즉 $\lim\limits_{x \to -1+}f(x) \neq \lim\limits_{x \to -1-}f(x)$이므로 $\lim\limits_{x \to -1}f(x)$의 값은 존재하지 않는다.

답 (1) **0** (2) **3**

   (3) **1** (4) **2**

   (5) **존재하지 않는다.**

9

(1) $y=\dfrac{x-2}{x+2}=1-\dfrac{4}{x+2}$ 의

그래프는 오른쪽 그림과 같
으로

$$\lim_{x\to-2+}\dfrac{x-2}{x+2}=-\infty,$$

$$\lim_{x\to-2-}\dfrac{x-2}{x+2}=\infty$$

따라서 $\lim\limits_{x\to-2}\dfrac{x-2}{x+2}$ 의 값은 존재하지 않는다.

(2) $x\to-1+$ 일 때, $x>-1$ 이므로

$$|x+1|=x+1$$

$$\therefore \lim_{x\to-1+}\dfrac{x^2+x}{|x+1|}=\lim_{x\to-1+}\dfrac{x(x+1)}{x+1}$$

$$=\lim_{x\to-1+}x$$

$$=-1$$

$x\to-1-$ 일 때, $x<-1$ 이므로

$$|x+1|=-(x+1)$$

$$\therefore \lim_{x\to-1-}\dfrac{x^2+x}{|x+1|}=\lim_{x\to-1-}\dfrac{x(x+1)}{-(x+1)}$$

$$=\lim_{x\to-1-}(-x)$$

$$=1$$

따라서 $\lim\limits_{x\to-1+}\dfrac{x^2+x}{|x+1|}\neq\lim\limits_{x\to-1-}\dfrac{x^2+x}{|x+1|}$ 이므로

$\lim\limits_{x\to-1}\dfrac{x^2+x}{|x+1|}$ 의 값은 존재하지 않는다.

(3) $-1<x<0$ 일 때, $0<x+1<1$ 이므로

$$[x+1]=0$$

$$\therefore \lim_{x\to-1+}\dfrac{[x+1]}{x+1}=0$$

> 답 (1) **존재하지 않는다.**
> (2) **존재하지 않는다.**
> (3) **0**

10

$$\lim_{x\to1+}f(x)=\lim_{x\to1+}(x-1)=0$$

$$\lim_{x\to1-}f(x)=\lim_{x\to1-}(-x+k)=-1+k$$

$\lim\limits_{x\to1}f(x)$ 의 값이 존재하려면

$\lim\limits_{x\to1+}f(x)=\lim\limits_{x\to1-}f(x)$ 이어야 하므로

$$0=-1+k \quad \therefore k=1$$

> 답 **1**

11

(1) $\lim\limits_{x\to1}\{f(x)+g(x)\}=\lim\limits_{x\to1}f(x)+\lim\limits_{x\to1}g(x)$

$$=3+(-1)=2$$

(2) $\lim\limits_{x\to1}\{f(x)-2g(x)\}=\lim\limits_{x\to1}f(x)-2\lim\limits_{x\to1}g(x)$

$$=3-2\times(-1)=5$$

(3) $\lim\limits_{x\to1}f(x)g(x)=\lim\limits_{x\to1}f(x)\times\lim\limits_{x\to1}g(x)$

$$=3\times(-1)=-3$$

(4) $\lim\limits_{x\to1}\{g(x)\}^2=\lim\limits_{x\to1}g(x)\times\lim\limits_{x\to1}g(x)$

$$=-1\times(-1)=1$$

(5) $\lim\limits_{x\to1}\dfrac{f(x)}{g(x)}=\dfrac{\lim\limits_{x\to1}f(x)}{\lim\limits_{x\to1}g(x)}$

$$=\dfrac{3}{-1}=-3$$

(6) $\lim\limits_{x\to1}\dfrac{2f(x)+3g(x)}{\{f(x)\}^2}$

$$=\dfrac{2\lim\limits_{x\to1}f(x)+3\lim\limits_{x\to1}g(x)}{\lim\limits_{x\to1}f(x)\times\lim\limits_{x\to1}f(x)}$$

$$=\dfrac{2\times3+3\times(-1)}{3\times3}$$

$$=\dfrac{1}{3}$$

> 답 (1) **2**   (2) **5**   (3) **−3**
> (4) **1**   (5) **−3**   (6) $\dfrac{1}{3}$

12

(1) $\lim\limits_{x\to-1}x^3=(-1)^3=-1$

(2) $\lim\limits_{x\to0}(x^2-1)=0-1=-1$

(3) $\lim\limits_{x\to2}(x^3+x^2-3)=2^3+2^2-3=9$

(4) $\lim\limits_{x\to-2}x(2x+3)=-2\times\{2\times(-2)+3\}=2$

(5) $\lim\limits_{x\to1}(x-2)(x^2+5)=(1-2)\times(1^2+5)=-6$

(6) $\lim\limits_{x\to3}\dfrac{x^2-2x+7}{5-x}=\dfrac{3^2-2\times3+7}{5-3}=5$

> 답 (1) **−1**   (2) **−1**   (3) **9**
> (4) **2**   (5) **−6**   (6) **5**

13

$\lim\limits_{x \to 2} \{f(x)+g(x)\}=2$에서

$$\lim\limits_{x \to 2} f(x)+\lim\limits_{x \to 2} g(x)=2$$

$$\alpha+\beta=2 \qquad \therefore \beta=2-\alpha \qquad \cdots\cdots \ \text{㉠}$$

$\lim\limits_{x \to 2} f(x)g(x)=-8$에서

$$\lim\limits_{x \to 2} f(x) \times \lim\limits_{x \to 2} g(x)=-8$$

$$\therefore \alpha\beta=-8 \qquad \cdots\cdots \ \text{㉡}$$

㉠을 ㉡에 대입하면

$$\alpha(2-\alpha)=-8, \qquad \alpha^2-2\alpha-8=0$$

$$(\alpha+2)(\alpha-4)=0$$

$$\therefore \alpha=-2 \ \text{또는} \ \alpha=4$$

$\alpha=-2$이면 $\beta=4$, $\alpha=4$이면 $\beta=-2$이므로

$$\alpha=4, \ \beta=-2 \ (\because \alpha>\beta)$$

$$\therefore \lim\limits_{x \to 2} \frac{2f(x)+4}{g(x)-4}=\frac{2\lim\limits_{x \to 2} f(x)+\lim\limits_{x \to 2} 4}{\lim\limits_{x \to 2} g(x)-\lim\limits_{x \to 2} 4}$$

$$=\frac{2\times 4+4}{-2-4}=-2$$

답 -2

14

주어진 등식의 좌변의 분모, 분자를 각각 x^2으로 나누면

$$\lim\limits_{x \to 0} \frac{x^2+3f(x)}{3x^2-2f(x)}=\lim\limits_{x \to 0} \frac{1+\dfrac{3f(x)}{x^2}}{3-\dfrac{2f(x)}{x^2}}$$

$$=\frac{\lim\limits_{x \to 0} 1+3\lim\limits_{x \to 0} \dfrac{f(x)}{x^2}}{\lim\limits_{x \to 0} 3-2\lim\limits_{x \to 0} \dfrac{f(x)}{x^2}}$$

$$=\frac{1+3a}{3-2a}$$

따라서 $\dfrac{1+3a}{3-2a}=-2$이므로

$$1+3a=-6+4a$$

$$\therefore a=7$$

답 7

15

$x-a=t$로 놓으면 $x \to a$일 때 $t \to 0$이므로

$$\lim\limits_{x \to a} \frac{f(x-a)}{x-a}=\lim\limits_{t \to 0} \frac{f(t)}{t}=1$$

$$\therefore \lim\limits_{x \to 0} \frac{f(x)}{x}=1$$

이때 주어진 식의 분모, 분자를 각각 x로 나누면

$$\lim\limits_{x \to 0} \frac{x+2f(x)}{2x^2+3f(x)}=\lim\limits_{x \to 0} \frac{1+\dfrac{2f(x)}{x}}{2x+\dfrac{3f(x)}{x}}$$

$$=\frac{\lim\limits_{x \to 0} 1+2\lim\limits_{x \to 0} \dfrac{f(x)}{x}}{2\lim\limits_{x \to 0} x+3\lim\limits_{x \to 0} \dfrac{f(x)}{x}}$$

$$=\frac{1+2\times 1}{0+3\times 1}=1$$

답 1

16

(1) $\lim\limits_{x \to 0} \dfrac{6x+5x^2}{2x-3x^2}=\lim\limits_{x \to 0} \dfrac{x(6+5x)}{x(2-3x)}$

$$=\lim\limits_{x \to 0} \frac{6+5x}{2-3x}=3$$

(2) $\lim\limits_{x \to 1} \dfrac{2x^2-3x+1}{x^2-1}=\lim\limits_{x \to 1} \dfrac{(2x-1)(x-1)}{(x+1)(x-1)}$

$$=\lim\limits_{x \to 1} \frac{2x-1}{x+1}=\frac{1}{2}$$

(3) $\lim\limits_{x \to -3} \dfrac{2x^2+5x-3}{x^3+3x^2-x-3}$

$$=\lim\limits_{x \to -3} \frac{(2x-1)(x+3)}{(x+3)(x+1)(x-1)}$$

$$=\lim\limits_{x \to -3} \frac{2x-1}{(x+1)(x-1)}$$

$$=-\frac{7}{8}$$

(4) $\lim\limits_{x \to 0} \dfrac{x}{\sqrt{x+1}-1}$

$$=\lim\limits_{x \to 0} \frac{x(\sqrt{x+1}+1)}{(\sqrt{x+1}-1)(\sqrt{x+1}+1)}$$

$$=\lim\limits_{x \to 0} \frac{x(\sqrt{x+1}+1)}{x}$$

$$=\lim\limits_{x \to 0} (\sqrt{x+1}+1)=2$$

(5) $\lim\limits_{x \to 1} \dfrac{x^2-1}{\sqrt{x}-1}$

$$=\lim\limits_{x \to 1} \frac{(x-1)(x+1)(\sqrt{x}+1)}{(\sqrt{x}-1)(\sqrt{x}+1)}$$

$$=\lim\limits_{x \to 1} \frac{(x-1)(x+1)(\sqrt{x}+1)}{x-1}$$

$$=\lim\limits_{x \to 1} (x+1)(\sqrt{x}+1)$$

$$=4$$

(6) $\lim\limits_{x\to 2} \dfrac{\sqrt{x+2}-2}{x-\sqrt{3x-2}}$

$=\lim\limits_{x\to 2} \dfrac{(\sqrt{x+2}-2)(\sqrt{x+2}+2)(x+\sqrt{3x-2})}{(x-\sqrt{3x-2})(x+\sqrt{3x-2})(\sqrt{x+2}+2)}$

$=\lim\limits_{x\to 2} \dfrac{(x-2)(x+\sqrt{3x-2})}{(x^2-3x+2)(\sqrt{x+2}+2)}$

$=\lim\limits_{x\to 2} \dfrac{(x-2)(x+\sqrt{3x-2})}{(x-2)(x-1)(\sqrt{x+2}+2)}$

$=\lim\limits_{x\to 2} \dfrac{x+\sqrt{3x-2}}{(x-1)(\sqrt{x+2}+2)}$

$=1$

답 (1) **3**　(2) $\dfrac{1}{2}$　(3) $-\dfrac{7}{8}$

(4) **2**　(5) **4**　(6) **1**

다른 풀이 (5) $\lim\limits_{x\to 1} \dfrac{x^2-1}{\sqrt{x}-1}$

$=\lim\limits_{x\to 1} \dfrac{(x+1)(\sqrt{x}+1)(\sqrt{x}-1)}{\sqrt{x}-1}$

$=\lim\limits_{x\to 1} (x+1)(\sqrt{x}+1)=4$

17

(1) $\lim\limits_{x\to\infty} \dfrac{x^2-2x+3}{3x^2+2}=\lim\limits_{x\to\infty} \dfrac{1-\dfrac{2}{x}+\dfrac{3}{x^2}}{3+\dfrac{2}{x^2}}=\dfrac{1}{3}$

(2) $\lim\limits_{x\to\infty} \dfrac{5x-7}{4x^2-3x+2}=\lim\limits_{x\to\infty} \dfrac{\dfrac{5}{x}-\dfrac{7}{x^2}}{4-\dfrac{3}{x}+\dfrac{2}{x^2}}=0$

(3) $\lim\limits_{x\to\infty} \dfrac{x^2}{2-x}=\lim\limits_{x\to\infty} \dfrac{x}{\dfrac{2}{x}-1}=-\infty$

(4) $\lim\limits_{x\to\infty} \dfrac{x-1}{\sqrt{x^2+5x+3}+x}=\lim\limits_{x\to\infty} \dfrac{1-\dfrac{1}{x}}{\sqrt{1+\dfrac{5}{x}+\dfrac{3}{x^2}}+1}$

$=\dfrac{1}{2}$

(5) $x=-t$로 놓으면 $x\to -\infty$일 때 $t\to\infty$이므로

$\lim\limits_{x\to -\infty} \dfrac{3x-1}{\sqrt{x^2-2x}}=\lim\limits_{t\to\infty} \dfrac{-3t-1}{\sqrt{t^2+2t}}$

$=\lim\limits_{t\to\infty} \dfrac{-3-\dfrac{1}{t}}{\sqrt{1+\dfrac{2}{t}}}$

$=-3$

(6) $x=-t$로 놓으면 $x\to -\infty$일 때 $t\to\infty$이므로

$\lim\limits_{x\to -\infty} \dfrac{1-2x}{\sqrt{4x^2+1}+\sqrt{x^2-1}}$

$=\lim\limits_{t\to\infty} \dfrac{1+2t}{\sqrt{4t^2+1}+\sqrt{t^2-1}}$

$=\lim\limits_{t\to\infty} \dfrac{\dfrac{1}{t}+2}{\sqrt{4+\dfrac{1}{t^2}}+\sqrt{1-\dfrac{1}{t^2}}}$

$=\dfrac{2}{3}$

답 (1) $\dfrac{1}{3}$　(2) **0**　(3) $-\infty$

(4) $\dfrac{1}{2}$　(5) $-\mathbf{3}$　(6) $\dfrac{2}{3}$

18

(1) $\lim\limits_{x\to -\infty} (-x^2-2x+4)$

$=\lim\limits_{x\to -\infty} x^2\left(-1-\dfrac{2}{x}+\dfrac{4}{x^2}\right)$

$=-\infty$

(2) $\lim\limits_{x\to\infty} (\sqrt{4x^2+3x-1}-2x)$

$=\lim\limits_{x\to\infty} \dfrac{(\sqrt{4x^2+3x-1}-2x)(\sqrt{4x^2+3x-1}+2x)}{\sqrt{4x^2+3x-1}+2x}$

$=\lim\limits_{x\to\infty} \dfrac{3x-1}{\sqrt{4x^2+3x-1}+2x}$

$=\lim\limits_{x\to\infty} \dfrac{3-\dfrac{1}{x}}{\sqrt{4+\dfrac{3}{x}-\dfrac{1}{x^2}}+2}$

$=\dfrac{3}{4}$

(3) $\lim\limits_{x\to\infty} \sqrt{x}\,(\sqrt{x-1}-\sqrt{x+1})$

$=\lim\limits_{x\to\infty} \dfrac{\sqrt{x}\,(\sqrt{x-1}-\sqrt{x+1})(\sqrt{x-1}+\sqrt{x+1})}{\sqrt{x-1}+\sqrt{x+1}}$

$=\lim\limits_{x\to\infty} \dfrac{-2\sqrt{x}}{\sqrt{x-1}+\sqrt{x+1}}$

$=\lim\limits_{x\to\infty} \dfrac{-2}{\sqrt{1-\dfrac{1}{x}}+\sqrt{1+\dfrac{1}{x}}}$

$=-1$

(4) $x=-t$로 놓으면 $x\to -\infty$일 때 $t\to\infty$이므로

$\lim\limits_{x\to -\infty} (\sqrt{x^2-7x+10}+x)$

$=\lim\limits_{t\to\infty} (\sqrt{t^2+7t+10}-t)$

$$=\lim_{t\to\infty}\frac{(\sqrt{t^2+7t+10}-t)(\sqrt{t^2+7t+10}+t)}{\sqrt{t^2+7t+10}+t}$$

$$=\lim_{t\to\infty}\frac{7t+10}{\sqrt{t^2+7t+10}+t}$$

$$=\lim_{t\to\infty}\frac{7+\dfrac{10}{t}}{\sqrt{1+\dfrac{7}{t}+\dfrac{10}{t^2}}+1}$$

$$=\frac{7}{2}$$

답 (1) $-\infty$ (2) $\dfrac{3}{4}$ (3) -1 (4) $\dfrac{7}{2}$

19

(1) $\displaystyle\lim_{x\to0}\frac{1}{x}\left\{1-\frac{1}{(x+1)^2}\right\}$

$$=\lim_{x\to0}\left\{\frac{1}{x}\times\frac{(x+1)^2-1}{(x+1)^2}\right\}$$

$$=\lim_{x\to0}\left\{\frac{1}{x}\times\frac{x^2+2x}{(x+1)^2}\right\}$$

$$=\lim_{x\to0}\frac{x+2}{(x+1)^2}=2$$

(2) $\displaystyle\lim_{x\to0}\frac{1}{x}\left(\frac{1}{\sqrt{3-x}}-\frac{1}{\sqrt{3}}\right)$

$$=\lim_{x\to0}\left\{\frac{1}{x}\times\frac{\sqrt{3}-(\sqrt{3-x})}{\sqrt{3}(\sqrt{3-x})}\right\}$$

$$=\lim_{x\to0}\left\{\frac{1}{x}\times\frac{x}{\sqrt{3}(\sqrt{3-x})}\right\}$$

$$=\lim_{x\to0}\frac{1}{3-\sqrt{3}x}$$

$$=\frac{1}{3}$$

(3) $\displaystyle\lim_{x\to\infty}x\left(\frac{1}{2}-\frac{\sqrt{x}}{\sqrt{4x+3}}\right)$

$$=\lim_{x\to\infty}\frac{x(\sqrt{4x+3}-2\sqrt{x})}{2\sqrt{4x+3}}$$

$$=\lim_{x\to\infty}\frac{x(\sqrt{4x+3}-2\sqrt{x})(\sqrt{4x+3}+2\sqrt{x})}{2\sqrt{4x+3}(\sqrt{4x+3}+2\sqrt{x})}$$

$$=\lim_{x\to\infty}\frac{3x}{8x+6+4\sqrt{4x^2+3x}}$$

$$=\lim_{x\to\infty}\frac{3}{8+\dfrac{6}{x}+4\sqrt{4+\dfrac{3}{x}}}$$

$$=\frac{3}{16}$$

(4) $x=-t$로 놓으면 $x\to-\infty$일 때 $t\to\infty$이므로

$$\lim_{x\to-\infty}x^2\left(\frac{1}{3}+\frac{x}{\sqrt{9x^2+3}}\right)$$

$$=\lim_{t\to\infty}t^2\left(\frac{1}{3}-\frac{t}{\sqrt{9t^2+3}}\right)$$

$$=\lim_{t\to\infty}\frac{t^2(\sqrt{9t^2+3}-3t)}{3\sqrt{9t^2+3}}$$

$$=\lim_{t\to\infty}\frac{t^2(\sqrt{9t^2+3}-3t)(\sqrt{9t^2+3}+3t)}{3\sqrt{9t^2+3}(\sqrt{9t^2+3}+3t)}$$

$$=\lim_{t\to\infty}\frac{3t^2}{3(9t^2+3+3t\sqrt{9t^2+3})}$$

$$=\lim_{t\to\infty}\frac{t^2}{9t^2+3+\sqrt{81t^4+27t^2}}$$

$$=\lim_{t\to\infty}\frac{1}{9+\dfrac{3}{t^2}+\sqrt{81+\dfrac{27}{t^2}}}$$

$$=\frac{1}{18}$$

답 (1) 2 (2) $\dfrac{1}{3}$ (3) $\dfrac{3}{16}$ (4) $\dfrac{1}{18}$

연습 문제 ● 본책 28~30쪽

20

전략 우극한과 좌극한이 모두 존재하고 그 값이 같은지 확인한다.

① $\displaystyle\lim_{x\to0+}\frac{1}{x}=\infty$, $\displaystyle\lim_{x\to0-}\frac{1}{x}=-\infty$이므로 $\displaystyle\lim_{x\to0}\frac{1}{x}$의 값은 존재하지 않는다.

② $\displaystyle\lim_{x\to1+}\frac{x-2}{x-1}=\lim_{x\to1+}\left(1-\frac{1}{x-1}\right)=-\infty$,

$\displaystyle\lim_{x\to1-}\frac{x-2}{x-1}=\lim_{x\to1-}\left(1-\frac{1}{x-1}\right)=\infty$이므로

$\displaystyle\lim_{x\to1}\frac{x-2}{x-1}$의 값은 존재하지 않는다.

③ $\displaystyle\lim_{x\to0+}\frac{x}{|x|}=\lim_{x\to0+}\frac{x}{x}=1$,

$\displaystyle\lim_{x\to0-}\frac{x}{|x|}=\lim_{x\to0-}\frac{x}{-x}=-1$이므로

$$\lim_{x\to0+}\frac{x}{|x|}\neq\lim_{x\to0-}\frac{x}{|x|}$$

따라서 $\displaystyle\lim_{x\to0}\frac{x}{|x|}$의 값은 존재하지 않는다.

④ $\lim\limits_{x\to\infty}\sqrt{x-1}=\infty$

⑤ $\lim\limits_{x\to-\infty}\dfrac{3}{x^2}=0$

따라서 극한값이 존재하는 것은 ⑤이다.

답 ⑤

21

전략 $x=1$에서의 우극한과 좌극한을 각각 구한다.

$a=\lim\limits_{x\to1+}f(x)=\lim\limits_{x\to1+}(x+1)=2$,

$b=\lim\limits_{x\to1-}f(x)=\lim\limits_{x\to1-}x^2=1$이므로

$\qquad a-b=1$

답 1

22

전략 $x=1$에서의 우극한과 좌극한이 서로 같음을 이용하여 k에 대한 식을 세운다.

$\lim\limits_{x\to1+}f(x)=\lim\limits_{x\to1+}\{-(x-2)^2+k\}=-1+k$

$\lim\limits_{x\to1-}f(x)=\lim\limits_{x\to1-}(3x+5)=8$

이때 $\lim\limits_{x\to1}f(x)$의 값이 존재하므로

$\qquad \lim\limits_{x\to1+}f(x)=\lim\limits_{x\to1-}f(x)$

$\qquad -1+k=8 \qquad \therefore k=9$

따라서 $f(x)=\begin{cases}-(x-2)^2+9 & (x>1)\\ 3x+5 & (x\le1)\end{cases}$이므로

$\qquad f(4)=-(4-2)^2+9=5$

답 5

23

전략 분모, 분자를 각각 x로 나누어 극한값을 a에 대한 식으로 나타낸다.

$$\lim_{x\to0}\frac{10x^2-9x+f(x)}{2x^2+3x-f(x)}=\lim_{x\to0}\frac{10x-9+\dfrac{f(x)}{x}}{2x+3-\dfrac{f(x)}{x}}$$

$$=\frac{-9+a}{3-a}$$

따라서 $\dfrac{-9+a}{3-a}=5$이므로

$\qquad -9+a=15-5a$

$\qquad 6a=24 \qquad \therefore a=4$

답 4

24

전략 분모를 인수분해한 다음 약분한다.

$$\lim_{x\to1}\frac{(x-1)f(x)}{x^2-1}=\lim_{x\to1}\frac{(x-1)f(x)}{(x-1)(x+1)}$$

$$=\lim_{x\to1}\frac{f(x)}{x+1}$$

$$=\frac{f(1)}{2}$$

따라서 $\dfrac{f(1)}{2}=5$이므로

$\qquad f(1)=10$

답 10

25

전략 $\dfrac{\infty}{\infty}$, $\dfrac{0}{0}$ 꼴의 극한값을 구한다.

$$\alpha=\lim_{x\to\infty}\frac{\sqrt{x^2+4x+7}-2}{x+3}$$

$$=\lim_{x\to\infty}\frac{\sqrt{1+\dfrac{4}{x}+\dfrac{7}{x^2}}-\dfrac{2}{x}}{1+\dfrac{3}{x}}$$

$$=1$$

$$\beta=\lim_{x\to-3}\frac{\sqrt{x^2+4x+7}-2}{x+3}$$

$$=\lim_{x\to-3}\frac{(\sqrt{x^2+4x+7}-2)(\sqrt{x^2+4x+7}+2)}{(x+3)(\sqrt{x^2+4x+7}+2)}$$

$$=\lim_{x\to-3}\frac{x^2+4x+3}{(x+3)(\sqrt{x^2+4x+7}+2)}$$

$$=\lim_{x\to-3}\frac{(x+3)(x+1)}{(x+3)(\sqrt{x^2+4x+7}+2)}$$

$$=\lim_{x\to-3}\frac{x+1}{\sqrt{x^2+4x+7}+2}$$

$$=-\frac{1}{2}$$

$\qquad \therefore \alpha+\beta=\dfrac{1}{2}$

답 $\dfrac{1}{2}$

26

전략 $\dfrac{\infty}{\infty}$, $\dfrac{0}{0}$, $\infty-\infty$ 꼴의 극한값을 구한다.

① $\lim\limits_{x\to\infty}\dfrac{3x+2}{x-5}=\lim\limits_{x\to\infty}\dfrac{3+\dfrac{2}{x}}{1-\dfrac{5}{x}}=3$

② $x=-t$로 놓으면 $x \to -\infty$일 때 $t \to \infty$이므로

$$\lim_{x \to -\infty} \frac{x+1}{\sqrt{x^2+x}-x} = \lim_{t \to \infty} \frac{-t+1}{\sqrt{t^2-t}+t}$$

$$= \lim_{t \to \infty} \frac{-1+\dfrac{1}{t}}{\sqrt{1-\dfrac{1}{t}}+1}$$

$$= -\frac{1}{2}$$

③ $\displaystyle\lim_{x \to 2} \frac{\sqrt{x+2}-2}{x-2}$

$$= \lim_{x \to 2} \frac{(\sqrt{x+2}-2)(\sqrt{x+2}+2)}{(x-2)(\sqrt{x+2}+2)}$$

$$= \lim_{x \to 2} \frac{x-2}{(x-2)(\sqrt{x+2}+2)}$$

$$= \lim_{x \to 2} \frac{1}{\sqrt{x+2}+2} = \frac{1}{4}$$

④ $\displaystyle\lim_{x \to \infty}(\sqrt{x}-\sqrt{x-1})$

$$= \lim_{x \to \infty} \frac{(\sqrt{x}-\sqrt{x-1})(\sqrt{x}+\sqrt{x-1})}{\sqrt{x}+\sqrt{x-1}}$$

$$= \lim_{x \to \infty} \frac{1}{\sqrt{x}+\sqrt{x-1}} = 0$$

⑤ $x<0$일 때, $|x|=-x$이므로

$$\lim_{x \to -\infty} \frac{x+3|x|+1}{2x-4|x|+1} = \lim_{x \to -\infty} \frac{x-3x+1}{2x+4x+1}$$

$$= \lim_{x \to -\infty} \frac{-2x+1}{6x+1}$$

이때 $x=-t$로 놓으면 $x \to -\infty$일 때 $t \to \infty$이므로

$$\lim_{x \to -\infty} \frac{-2x+1}{6x+1} = \lim_{t \to \infty} \frac{2t+1}{-6t+1}$$

$$= \lim_{t \to \infty} \frac{2+\dfrac{1}{t}}{-6+\dfrac{1}{t}}$$

$$= -\frac{1}{3}$$

답 ⑤

27

전략 가우스 기호의 정의를 이용하여 우극한 또는 좌극한을 각각 구한다.

① $-1<x<0$일 때, $[x]=-1$이므로

$$\lim_{x \to 0-} \frac{x}{[x]} = \lim_{x \to 0-} (-x) = 0$$

② $0<x<1$일 때, $[x]=0$이므로

$$\lim_{x \to 0+} \frac{[x]}{x} = 0$$

③ $-1<x<0$일 때, $-2<x-1<-1$이므로

$$[x-1]=-2$$

$$\therefore \lim_{x \to 0-} \frac{[x-1]}{x-1} = \lim_{x \to 0-} \frac{-2}{x-1} = 2$$

④ $0<x<1$일 때, $1<x+1<2$이므로

$$[x+1]=1$$

$$\therefore \lim_{x \to 0+} \frac{x+1}{[x+1]} = \lim_{x \to 0+} (x+1) = 1$$

⑤ $3<x<4$일 때, $0<x-3<1$이므로

$$[x-3]=0$$

$$\therefore \lim_{x \to 3+} \frac{[x-3]}{x-3} = 0$$

따라서 극한값이 가장 큰 것은 ③이다. 답 ③

28

전략 주어진 그래프에서 $x \to 2+$, $x \to 2-$일 때의 극한값을 각각 구한다.

$\displaystyle\lim_{x \to 2+} f(x)=3$, $\displaystyle\lim_{x \to 2+} g(x)=-3$이므로

$$\lim_{x \to 2+} f(x)g(x) = \lim_{x \to 2+} f(x) \times \lim_{x \to 2+} g(x)$$

$$= 3 \times (-3) = -9$$

$\displaystyle\lim_{x \to 2-} f(x)=-3$, $\displaystyle\lim_{x \to 2-} g(x)=3$이므로

$$\lim_{x \to 2-} f(x)g(x) = \lim_{x \to 2-} f(x) \times \lim_{x \to 2-} g(x)$$

$$= -3 \times 3 = -9$$

따라서 $\displaystyle\lim_{x \to 2+} f(x)g(x) = \lim_{x \to 2-} f(x)g(x) = -9$이므로

$$\lim_{x \to 2} f(x)g(x) = -9$$

답 -9

29

전략 함수의 극한의 성질을 이용하여 참, 거짓을 판별한다.

ㄱ. $\displaystyle\lim_{x \to a} f(x)=\alpha$, $\displaystyle\lim_{x \to a}\{f(x)+g(x)\}=\beta$

(α, β는 실수)라 하면

$$\lim_{x \to a} g(x) = \lim_{x \to a}\{f(x)+g(x)-f(x)\}$$

$$= \lim_{x \to a}\{f(x)+g(x)\} - \lim_{x \to a} f(x)$$

$$= \beta - \alpha \ (참)$$

ㄴ. [반례] $f(x)=x-a$, $g(x)=\dfrac{1}{x-a}$ 이라 하면

$$\lim_{x \to a} f(x)=\lim_{x \to a}(x-a)=0,$$

$$\lim_{x \to a} f(x)g(x)=\lim_{x \to a} 1=1$$

이지만 $\lim_{x \to a} g(x)=\lim_{x \to a}\dfrac{1}{x-a}$ 의 값은 존재하지

않는다. (거짓)

ㄷ. $\lim_{x \to a} f(x)=\alpha$, $\lim_{x \to a}\dfrac{g(x)}{f(x)}=\beta$ (α, β는 실수)라

하면

$$\lim_{x \to a} g(x)=\lim_{x \to a}\left\{ f(x)\times \frac{g(x)}{f(x)} \right\}$$

$$=\lim_{x \to a} f(x)\times \lim_{x \to a}\frac{g(x)}{f(x)}$$

$$=\alpha\beta \ (\text{참})$$

이상에서 옳은 것은 ㄱ, ㄷ이다. **답** ㄱ, ㄷ

30

전략 $x-2=t$로 치환하고 주어진 극한값을 이용한다.

$x-2=t$로 놓으면 $x \to 2$일 때 $t \to 0$이므로

$$\lim_{x \to 2}\frac{f(x-2)}{x^2-4}=\lim_{t \to 0}\frac{f(t)}{(t+2)^2-4}$$

$$=\lim_{t \to 0}\frac{f(t)}{t(t+4)}$$

$$=\lim_{t \to 0}\frac{f(t)}{t}\times \lim_{t \to 0}\frac{1}{t+4}$$

$$=3\times \frac{1}{4}=\frac{3}{4}$$

답 $\dfrac{3}{4}$

31

전략 합성함수를 구하여 주어진 식에 대입한다.

$(f \circ g)(x)=f(g(x))=f(2x-1)=(2x-1)^2$,

$(g \circ f)(x)=g(f(x))=g(x^2)=2x^2-1$이므로

(주어진 식)

$$=\lim_{x \to 1}\frac{(2x-1)^2-(2x^2-1)}{(x^2-1)(x^3-1)}$$

$$=\lim_{x \to 1}\frac{2(x-1)^2}{(x+1)(x-1)^2(x^2+x+1)}$$

$$=\lim_{x \to 1}\frac{2}{(x+1)(x^2+x+1)}$$

$$=\frac{1}{3}$$

답 $\dfrac{1}{3}$

32

전략 x^2-a의 부호를 이용하여 절댓값 기호를 없앤다.

$0<a<2$이고, $x \to 2$일 때 $x^2 \to 4$이므로

$$x^2-a>0$$

$$\therefore \lim_{x \to 2}\frac{|x^2-a|+a-4}{x-2}$$

$$=\lim_{x \to 2}\frac{(x^2-a)+a-4}{x-2}$$

$$=\lim_{x \to 2}\frac{x^2-4}{x-2}$$

$$=\lim_{x \to 2}\frac{(x-2)(x+2)}{x-2}$$

$$=\lim_{x \to 2}(x+2)$$

$$=4$$

답 4

33

전략 각 극한값을 a 또는 b에 대한 식으로 나타낸다.

$$\lim_{x \to a}\frac{x^3-a^3}{x^2-a^2}=\lim_{x \to a}\frac{(x-a)(x^2+ax+a^2)}{(x-a)(x+a)}$$

$$=\lim_{x \to a}\frac{x^2+ax+a^2}{x+a}$$

$$=\frac{3a^2}{2a}$$

즉 $\dfrac{3a^2}{2a}=6$이므로 $3a^2=12a$

$$\therefore a=4 \ (\because a\neq 0)$$

따라서

$$\lim_{x \to \infty}(\sqrt{x^2+4x}-\sqrt{x^2+bx})$$

$$=\lim_{x \to \infty}\frac{(\sqrt{x^2+4x}-\sqrt{x^2+bx})(\sqrt{x^2+4x}+\sqrt{x^2+bx})}{\sqrt{x^2+4x}+\sqrt{x^2+bx}}$$

$$=\lim_{x \to \infty}\frac{(4-b)x}{\sqrt{x^2+4x}+\sqrt{x^2+bx}}$$

$$=\lim_{x \to \infty}\frac{4-b}{\sqrt{1+\dfrac{4}{x}}+\sqrt{1+\dfrac{b}{x}}}$$

$$=\frac{4-b}{2}$$

이므로 $\dfrac{4-b}{2}=3$ $\therefore b=-2$

$$\therefore a+b=2$$

답 2

참고 $a=0$이면

$$\lim_{x \to a}\frac{x^3-a^3}{x^2-a^2}=\lim_{x \to 0}\frac{x^3}{x^2}=\lim_{x \to 0}x=0$$

따라서 조건을 만족시키지 않는다.

34

전략 $x-1=t$, $f(x)=s$로 치환한다.

$\lim\limits_{x\to 0+} f(x-1)$에서 $x-1=t$로 놓으면 $x\to 0+$일 때 $t\to -1+$이므로

$$\lim_{x\to 0+} f(x-1)=\lim_{t\to -1+} f(t)=-1$$

$\lim\limits_{x\to 1+} f(f(x))$에서 $f(x)=s$로 놓으면 $x\to 1+$일 때 $s\to -1-$이므로

$$\lim_{x\to 1+} f(f(x))=\lim_{s\to -1-} f(s)=2$$

$$\therefore \lim_{x\to 0+} f(x-1)+\lim_{x\to 1+} f(f(x))$$
$$=-1+2=1$$

답 ④

35

전략 $3f(x)-2g(x)=h(x)$로 놓고 주어진 식을 $f(x)$와 $h(x)$에 대한 식으로 나타낸다.

$3f(x)-2g(x)=h(x)$로 놓으면

$$2g(x)=3f(x)-h(x),\ \lim_{x\to\infty} h(x)=1$$

$$\therefore \lim_{x\to\infty} \frac{f(x)+4g(x)}{-2f(x)+6g(x)}$$

$$=\lim_{x\to\infty} \frac{f(x)+2\{3f(x)-h(x)\}}{-2f(x)+3\{3f(x)-h(x)\}}$$

$$=\lim_{x\to\infty} \frac{7f(x)-2h(x)}{7f(x)-3h(x)} \quad \leftarrow \frac{\infty}{\infty} \text{꼴}$$

$$=\lim_{x\to\infty} \frac{7-2\times\dfrac{h(x)}{f(x)}}{7-3\times\dfrac{h(x)}{f(x)}} \quad \leftarrow \lim_{x\to\infty}\frac{h(x)}{f(x)}=0$$

$$=1$$

답 1

04 함수의 극한의 응용

● 본책 31~35쪽

36

(1) $x\to 2$일 때 (분모) $\to 0$이고 극한값이 존재하므로 (분자) $\to 0$이다.

즉 $\lim\limits_{x\to 2}(x^2-a)=0$이므로

$$4-a=0 \qquad \therefore a=4$$

$$\therefore b=\lim_{x\to 2} \frac{x^2-4}{x-2}$$
$$=\lim_{x\to 2} \frac{(x-2)(x+2)}{x-2}$$
$$=\lim_{x\to 2}(x+2)=4$$

(2) $x\to -3$일 때 (분자) $\to 0$이고 0이 아닌 극한값이 존재하므로 (분모) $\to 0$이다.

즉 $\lim\limits_{x\to -3}(\sqrt{2x+a}-1)=0$이므로

$$\sqrt{-6+a}-1=0, \qquad \sqrt{-6+a}=1$$

$$\therefore a=7$$

$$\therefore b=\lim_{x\to -3} \frac{x+3}{\sqrt{2x+7}-1}$$

$$=\lim_{x\to -3} \frac{(x+3)(\sqrt{2x+7}+1)}{(\sqrt{2x+7}-1)(\sqrt{2x+7}+1)}$$

$$=\lim_{x\to -3} \frac{(x+3)(\sqrt{2x+7}+1)}{2(x+3)}$$

$$=\lim_{x\to -3} \frac{\sqrt{2x+7}+1}{2}=1$$

답 (1) $a=4$, $b=4$
(2) $a=7$, $b=1$

37

(1) $x\to -1$일 때 (분모) $\to 0$이고 극한값이 존재하므로 (분자) $\to 0$이다.

즉 $\lim\limits_{x\to -1}(x^2+ax+b)=0$이므로

$$1-a+b=0 \qquad \therefore b=a-1$$

이를 주어진 식의 좌변에 대입하면

$$\lim_{x\to -1} \frac{x^2+ax+a-1}{x+1}$$

$$=\lim_{x\to -1} \frac{(x+1)(x+a-1)}{x+1}$$

$$=\lim_{x\to -1}(x+a-1)$$

$$=a-2$$

따라서 $a-2=2$이므로

$$a=4,\ b=3$$

(2) $x\to 2$일 때 (분자) $\to 0$이고 0이 아닌 극한값이 존재하므로 (분모) $\to 0$이다.

즉 $\lim\limits_{x\to 2}(a\sqrt{x-1}+b)=0$이므로

$$a+b=0 \qquad \therefore b=-a$$

이를 주어진 식의 좌변에 대입하면

$$\lim_{x \to 2} \frac{x-2}{a\sqrt{x-1}-a}$$

$$=\lim_{x \to 2} \frac{x-2}{a(\sqrt{x-1}-1)}$$

$$=\lim_{x \to 2} \frac{(x-2)(\sqrt{x-1}+1)}{a(\sqrt{x-1}-1)(\sqrt{x-1}+1)}$$

$$=\lim_{x \to 2} \frac{(x-2)(\sqrt{x-1}+1)}{a(x-2)}$$

$$=\lim_{x \to 2} \frac{\sqrt{x-1}+1}{a}$$

$$=\frac{2}{a}$$

따라서 $\frac{2}{a}=1$이므로

$$a=2,\ b=-2$$

📘 (1) $a=4,\ b=3$
(2) $a=2,\ b=-2$

38

(i) $\lim\limits_{x \to \infty} \dfrac{f(x)}{x^2+1}=2$에서 $f(x)$는 이차항의 계수가 2인 이차함수이다.

(ii) $\lim\limits_{x \to 1} \dfrac{f(x)}{x^2-1}=\lim\limits_{x \to 1} \dfrac{f(x)}{(x-1)(x+1)}=-1$에서 $x \to 1$일 때 (분모) $\to 0$이고 극한값이 존재하므로 (분자) $\to 0$이다.

즉 $\lim\limits_{x \to 1} f(x)=0$이므로　$f(1)=0$

(i), (ii)에서 $f(x)=2(x-1)(x+a)$ (a는 상수)라 하면

$$\lim_{x \to 1} \frac{f(x)}{(x-1)(x+1)}=\lim_{x \to 1} \frac{2(x-1)(x+a)}{(x-1)(x+1)}$$

$$=\lim_{x \to 1} \frac{2(x+a)}{x+1}$$

$$=1+a$$

즉 $1+a=-1$이므로

$$a=-2$$

따라서 $f(x)=2(x-1)(x-2)$이므로

$$\lim_{x \to 2} \frac{f(x)}{x-2}=\lim_{x \to 2} \frac{2(x-1)(x-2)}{x-2}$$

$$=\lim_{x \to 2} 2(x-1)$$

$$=2$$

📘 2

39

(i) $\lim\limits_{x \to \infty} \dfrac{f(x)-2x^3}{x^2}=2$에서 $f(x)$는 삼차항의 계수가 2, 이차항의 계수가 2인 삼차함수이다.

(ii) $\lim\limits_{x \to 0} \dfrac{f(x)}{x}=-3$에서 $x \to 0$일 때 (분모) $\to 0$이고 극한값이 존재하므로 (분자) $\to 0$이다.

즉 $\lim\limits_{x \to 0} f(x)=0$이므로　$f(0)=0$

(i), (ii)에서 $f(x)=2x^3+2x^2+ax$ (a는 상수)라 하면

$$\lim_{x \to 0} \frac{f(x)}{x}=\lim_{x \to 0} \frac{2x^3+2x^2+ax}{x}$$

$$=\lim_{x \to 0} (2x^2+2x+a)=a$$

따라서 $a=-3$이므로

$$f(x)=2x^3+2x^2-3x$$

📘 $f(x)=2x^3+2x^2-3x$

40

$$\lim_{x \to 1} f(x)=\lim_{x \to 1} (2x+1)=3,$$

$$\lim_{x \to 1} g(x)=\lim_{x \to 1} (x^2+2)=3$$이므로 함수의 극한의 대소 관계에 의하여

$$\lim_{x \to 1} h(x)=3$$

📘 3

41

$$\lim_{x \to \infty} \frac{5x+3}{x+2}=5,\quad \lim_{x \to \infty} \frac{5x^2-2x+7}{x^2}=5$$이므로 함수의 극한의 대소 관계에 의하여

$$\lim_{x \to \infty} f(x)=5$$

📘 5

42

$2x+1<f(x)<2x+5$의 각 변을 세제곱하면

$$(2x+1)^3<\{f(x)\}^3<(2x+5)^3$$

$x>0$일 때, $x^3+1>0$이므로 각 변을 x^3+1로 나누면

$$\frac{(2x+1)^3}{x^3+1}<\frac{\{f(x)\}^3}{x^3+1}<\frac{(2x+5)^3}{x^3+1}$$

이때 $\lim\limits_{x \to \infty} \dfrac{(2x+1)^3}{x^3+1}=8,\ \lim\limits_{x \to \infty} \dfrac{(2x+5)^3}{x^3+1}=8$이므로 함수의 극한의 대소 관계에 의하여

$$\lim_{x \to \infty} \frac{\{f(x)\}^3}{x^3+1}=8$$

📘 8

43

$$d(t)=\sqrt{(3t-1)^2+(4t+1)^2}$$
$$=\sqrt{25t^2+2t+2}$$

이므로

$$\lim_{t\to\infty}\{d(t)-5t\}$$
$$=\lim_{t\to\infty}(\sqrt{25t^2+2t+2}-5t)$$
$$=\lim_{t\to\infty}\frac{(\sqrt{25t^2+2t+2}-5t)(\sqrt{25t^2+2t+2}+5t)}{\sqrt{25t^2+2t+2}+5t}$$
$$=\lim_{t\to\infty}\frac{2t+2}{\sqrt{25t^2+2t+2}+5t}$$
$$=\lim_{t\to\infty}\frac{2+\dfrac{2}{t}}{\sqrt{25+\dfrac{2}{t}+\dfrac{2}{t^2}}+5}$$
$$=\frac{1}{5}$$

답 $\dfrac{1}{5}$

44

직선 OP의 기울기가 $\dfrac{t^2}{t}=t$ 이므로 점 P를 지나고 직선 OP와 수직인 직선의 방정식은

$$y-t^2=-\frac{1}{t}(x-t)$$

위의 식에 $y=0$을 대입하면

$$-t^2=-\frac{1}{t}(x-t) \qquad \therefore x=t^3+t$$

따라서 $f(t)=t^3+t$ 이므로

$$\lim_{t\to 0}\frac{f(t)}{t}=\lim_{t\to 0}\frac{t^3+t}{t}=\lim_{t\to 0}(t^2+1)=1$$

답 1

연습 문제 ● 본책 36~38쪽

45

전략 주어진 극한값을 이용하여 $f(1)$의 값을 구한다.

$\lim\limits_{x\to 1}\dfrac{f(x)+1}{x-1}=9$ 에서 $x\to 1$일 때 (분모) $\to 0$이고 극한값이 존재하므로 (분자) $\to 0$이다.

즉 $\lim\limits_{x\to 1}\{f(x)+1\}=0$이므로 $f(1)+1=0$

$$\therefore f(1)=-1$$

$$\therefore \lim_{x\to 1}\frac{\{f(x)\}^2+f(x)}{x^3-1}$$
$$=\lim_{x\to 1}\frac{f(x)\{f(x)+1\}}{(x-1)(x^2+x+1)}$$
$$=\lim_{x\to 1}\frac{f(x)+1}{x-1}\times\lim_{x\to 1}\frac{f(x)}{x^2+x+1}$$
$$=9\times\frac{-1}{3}=-3$$

답 -3

46

전략 $x\to -3$일 때 (분모) $\to 0$임을 이용하여 a의 값을 먼저 구한다.

$x\to -3$일 때 (분모) $\to 0$이고 극한값이 존재하므로 (분자) $\to 0$이다.

즉 $\lim\limits_{x\to -3}(\sqrt{x^2-x-3}+ax)=0$이므로

$$\sqrt{9+3-3}-3a=0$$
$$3-3a=0 \qquad \therefore a=1$$
$$\therefore b=\lim_{x\to -3}\frac{\sqrt{x^2-x-3}+x}{x+3}$$
$$=\lim_{x\to -3}\frac{(\sqrt{x^2-x-3}+x)(\sqrt{x^2-x-3}-x)}{(x+3)(\sqrt{x^2-x-3}-x)}$$
$$=\lim_{x\to -3}\frac{-(x+3)}{(x+3)(\sqrt{x^2-x-3}-x)}$$
$$=\lim_{x\to -3}\frac{-1}{\sqrt{x^2-x-3}-x}=-\frac{1}{6}$$
$$\therefore a+b=\frac{5}{6}$$

답 $\dfrac{5}{6}$

47

전략 $x\to 0$일 때 (분모) $\to 0$임을 이용한다.

$\lim\limits_{x\to 0}\dfrac{f(x)}{x}=\lim\limits_{x\to 0}\dfrac{x^2+ax+b}{x}=4$에서 $x\to 0$일 때 (분모) $\to 0$이고 극한값이 존재하므로 (분자) $\to 0$이다.

즉 $\lim\limits_{x\to 0}(x^2+ax+b)=0$이므로 $b=0$

$$\therefore \lim_{x\to 0}\frac{f(x)}{x}=\lim_{x\to 0}\frac{x^2+ax}{x}$$
$$=\lim_{x\to 0}(x+a)=a$$

따라서 $a=4$이므로

$$f(x)=x^2+4x=(x+2)^2-4$$

즉 함수 $f(x)$는 $x=-2$에서 최솟값 -4를 갖는다.

답 -4

48

전략 주어진 조건을 이용하여 $f(x)$의 차수와 인수를 구한다.

(i) $\lim\limits_{x \to \infty} \dfrac{f(x)}{2x^2 - x + 3} = 1$에서 $f(x)$는 이차항의 계수가 2인 이차함수이다.

(ii) $\lim\limits_{x \to -2} \dfrac{f(x)}{x^2 + 3x + 2} = \lim\limits_{x \to -2} \dfrac{f(x)}{(x+1)(x+2)} = -1$

에서 $x \to -2$일 때 (분모) $\to 0$이고 극한값이 존재하므로 (분자) $\to 0$이다.

즉 $\lim\limits_{x \to -2} f(x) = 0$이므로 $\quad f(-2) = 0$

(i), (ii)에서 $f(x) = 2(x+2)(x+a)$ (a는 상수)라 하면

$$\lim_{x \to -2} \dfrac{f(x)}{(x+1)(x+2)} = \lim_{x \to -2} \dfrac{2(x+2)(x+a)}{(x+1)(x+2)}$$
$$= \lim_{x \to -2} \dfrac{2(x+a)}{x+1}$$
$$= 4 - 2a$$

즉 $4 - 2a = -1$이므로 $\quad a = \dfrac{5}{2}$

따라서 $f(x) = 2(x+2)\left(x + \dfrac{5}{2}\right)$이므로

$$f(1) = 21 \qquad\qquad\qquad \text{답 } \mathbf{21}$$

49

전략 주어진 조건을 이용하여 $f(x)$의 차수와 인수를 구한다.

(i) $\lim\limits_{x \to \infty} \dfrac{f(x) - 3x^2}{x} = a$에서 $f(x)$는 이차항의 계수가 3, 일차항의 계수가 a인 이차함수이다.

(ii) $\lim\limits_{x \to 0} \dfrac{f(x)}{x} = 2$에서 $x \to 0$일 때 (분모) $\to 0$이고 극한값이 존재하므로 (분자) $\to 0$이다.

즉 $\lim\limits_{x \to 0} f(x) = 0$이므로 $\quad f(0) = 0$

(i), (ii)에서 $f(x) = 3x^2 + ax$라 하면

$$\lim_{x \to 0} \dfrac{f(x)}{x} = \lim_{x \to 0} \dfrac{3x^2 + ax}{x}$$
$$= \lim_{x \to 0} (3x + a) = a$$

$$\therefore a = 2 \qquad\qquad\qquad \text{답 } \mathbf{2}$$

50

전략 함수의 극한의 대소 관계를 이용한다.

$\lim\limits_{x \to \infty} \dfrac{1 + 5x - 3x^2}{3x^2} = -1$, $\lim\limits_{x \to \infty} \dfrac{2 - x}{x} = -1$이므로 함수의 극한의 대소 관계에 의하여

$$\lim_{x \to \infty} f(x) = -1 \qquad\qquad \text{답 } \mathbf{-1}$$

51

전략 주어진 식을 정리한 후 $x \to 1$일 때 (분모) $\to 0$임을 이용한다.

$$\lim_{x \to 1} \dfrac{1}{x-1}\left(\dfrac{x^2}{x+1} + a\right) = \lim_{x \to 1} \dfrac{x^2 + ax + a}{(x-1)(x+1)} = b$$

에서 $x \to 1$일 때 (분모) $\to 0$이고 극한값이 존재하므로 (분자) $\to 0$이다.

즉 $\lim\limits_{x \to 1} (x^2 + ax + a) = 0$이므로

$$2a + 1 = 0 \qquad \therefore a = -\dfrac{1}{2}$$

$$\therefore b = \lim_{x \to 1} \dfrac{x^2 - \dfrac{1}{2}x - \dfrac{1}{2}}{(x-1)(x+1)}$$
$$= \lim_{x \to 1} \dfrac{(x-1)\left(x + \dfrac{1}{2}\right)}{(x-1)(x+1)}$$
$$= \lim_{x \to 1} \dfrac{x + \dfrac{1}{2}}{x+1} = \dfrac{3}{4}$$

$$\therefore b - a = \dfrac{5}{4} \qquad\qquad \text{답 } \dfrac{\mathbf{5}}{\mathbf{4}}$$

52

전략 주어진 조건을 이용하여 $f(x)$의 차수와 인수를 구한다.

(i) $\lim\limits_{x \to \infty} \dfrac{f(x)}{2x - \sqrt{x^2 + 3}} = 2$에서 $f(x)$는 일차함수이다.

(ii) $\lim\limits_{x \to 2} \dfrac{f(x)}{x^2 + x - 6} = \lim\limits_{x \to 2} \dfrac{f(x)}{(x-2)(x+3)} = p$에서 $x \to 2$일 때 (분모) $\to 0$이고 극한값이 존재하므로 (분자) $\to 0$이다.

즉 $\lim\limits_{x \to 2} f(x) = 0$이므로 $\quad f(2) = 0$

(i), (ii)에서 $f(x) = a(x-2)$ (a는 상수, $a \neq 0$)라 하면

$$\lim_{x \to \infty} \dfrac{f(x)}{2x - \sqrt{x^2 + 3}} = \lim_{x \to \infty} \dfrac{a(x-2)}{2x - \sqrt{x^2 + 3}}$$
$$= \lim_{x \to \infty} \dfrac{a - \dfrac{2a}{x}}{2 - \sqrt{1 + \dfrac{3}{x^2}}} = a$$

이므로 $\quad a = 2$

따라서 $f(x)=2(x-2)$이므로

$$p=\lim_{x\to 2}\frac{f(x)}{(x-2)(x+3)}$$
$$=\lim_{x\to 2}\frac{2(x-2)}{(x-2)(x+3)}$$
$$=\lim_{x\to 2}\frac{2}{x+3}=\frac{2}{5}$$
$$\therefore f(p)=f\left(\frac{2}{5}\right)=-\frac{16}{5}$$

$$\text{답}\ -\frac{16}{5}$$

53

전략 주어진 조건을 이용하여 $f(x)g(x)$의 차수와 인수를 구한다.

조건 ㈎에서 $f(x)g(x)$는 삼차항의 계수가 2인 삼차함수이다.

조건 ㈏에서 $x\to 0$일 때 (분모) $\to 0$이고 극한값이 존재하므로 (분자) $\to 0$이다.

즉 $\lim_{x\to 0}f(x)g(x)=0$이므로 $\qquad f(0)g(0)=0$

따라서 $f(x)g(x)=2x^3+ax^2+bx$ (a, b는 상수)라 하면

$$\lim_{x\to 0}\frac{f(x)g(x)}{x^2}$$
$$=\lim_{x\to 0}\frac{2x^3+ax^2+bx}{x^2}$$
$$=\lim_{x\to 0}\frac{2x^2+ax+b}{x}=-4 \qquad\cdots\cdots\ \text{㉠}$$

㉠에서 $x\to 0$일 때 (분모) $\to 0$이고 극한값이 존재하므로 (분자) $\to 0$이다.

즉 $\lim_{x\to 0}(2x^2+ax+b)=0$이므로 $\qquad b=0$

따라서

$$\lim_{x\to 0}\frac{2x^2+ax+b}{x}=\lim_{x\to 0}\frac{2x^2+ax}{x}$$
$$=\lim_{x\to 0}(2x+a)=a$$

이므로 $\qquad a=-4$

$$\therefore f(x)g(x)=2x^3-4x^2=2x^2(x-2)$$

즉 $f(x)$는 $2x^2(x-2)$의 인수이므로 $f(x)=2x^2$일 때, $f(2)$의 값이 최대이다.

따라서 구하는 최댓값은 $\qquad 2\times 2^2=8$

$$\text{답}\ ③$$

54

전략 주어진 부등식의 각 변을 $x-1$로 나눈 후 함수의 극한의 대소 관계를 이용한다.

(i) $x>1$일 때

$x-1>0$이므로 주어진 부등식의 각 변을 $x-1$로 나누면

$$\frac{2x^3-6x^2+4x}{x-1}\le\frac{f(x)}{x-1}\le\frac{x^4-2x^3+1}{x-1}$$

(ii) $x<1$일 때

$x-1<0$이므로 주어진 부등식의 각 변을 $x-1$로 나누면

$$\frac{x^4-2x^3+1}{x-1}\le\frac{f(x)}{x-1}\le\frac{2x^3-6x^2+4x}{x-1}$$

이때

$$\lim_{x\to 1}\frac{2x^3-6x^2+4x}{x-1}=\lim_{x\to 1}\frac{2x(x-1)(x-2)}{x-1}$$
$$=\lim_{x\to 1}2x(x-2)=-2,$$

$$\lim_{x\to 1}\frac{x^4-2x^3+1}{x-1}$$
$$=\lim_{x\to 1}\frac{(x-1)(x^3-x^2-x-1)}{x-1}$$
$$=\lim_{x\to 1}(x^3-x^2-x-1)=-2$$

이므로 함수의 극한의 대소 관계에 의하여

$$\lim_{x\to 1}\frac{f(x)}{x-1}=-2 \qquad\qquad \text{답}\ -2$$

55

전략 주어진 조건을 이용하여 r를 a에 대한 식으로 나타낸다.

$\overline{AH}=1$, $\overline{BH}=\overline{CH}=\dfrac{a}{2}$이므로 피타고라스 정리에 의하여

$$\overline{AB}=\overline{AC}=\sqrt{1^2+\left(\frac{a}{2}\right)^2}=\frac{\sqrt{a^2+4}}{2}$$

이때 삼각형 ABC의 넓이에서

$$\frac{1}{2}\times\overline{BC}\times\overline{AH}=\frac{1}{2}\times r\times(\overline{AB}+\overline{AC}+\overline{BC})$$
$$\frac{1}{2}\times a\times 1=\frac{1}{2}\times r\times\left(2\times\frac{\sqrt{a^2+4}}{2}+a\right)$$
$$\therefore r=\frac{a}{\sqrt{a^2+4}+a}$$

$$\therefore \lim_{a\to\infty}r=\lim_{a\to\infty}\frac{a}{\sqrt{a^2+4}+a}$$
$$=\lim_{a\to\infty}\frac{1}{\sqrt{1+\dfrac{4}{a^2}}+1}=\frac{1}{2} \qquad \text{답}\ \frac{1}{2}$$

56

 분모를 1로 생각하여 분자를 유리화한다.

$x=-t$로 놓으면 $x \to -\infty$일 때 $t \to \infty$이므로

$$\lim_{x \to -\infty} (\sqrt{x^2+3ax+2} - \sqrt{ax^2+ax+1})$$
$$=\lim_{t \to \infty} (\sqrt{t^2-3at+2} - \sqrt{at^2-at+1})$$
$$=\lim_{t \to \infty} \frac{t^2-3at+2-(at^2-at+1)}{\sqrt{t^2-3at+2} + \sqrt{at^2-at+1}}$$
$$=\lim_{t \to \infty} \frac{(1-a)t^2-2at+1}{\sqrt{t^2-3at+2} + \sqrt{at^2-at+1}}=b$$

이때 극한값이 존재하려면 $1-a=0$이어야 하므로

$$a=1$$

$$\therefore b=\lim_{t \to \infty} \frac{-2t+1}{\sqrt{t^2-3t+2} + \sqrt{t^2-t+1}}$$

$$=\lim_{t \to \infty} \frac{-2+\dfrac{1}{t}}{\sqrt{1-\dfrac{3}{t}+\dfrac{2}{t^2}} + \sqrt{1-\dfrac{1}{t}+\dfrac{1}{t^2}}}$$

$$=-1$$

$$\therefore a+b=0$$

답 0

57

 주어진 조건을 이용하여 $f(x)$의 인수를 구한다.

$\lim\limits_{x \to 1} \dfrac{f(x)}{x-1}=-6$에서 $x \to 1$일 때 (분모) $\to 0$이고

극한값이 존재하므로 (분자) $\to 0$이다.

즉 $\lim\limits_{x \to 1} f(x)=0$이므로

$$f(1)=0$$

$\lim\limits_{x \to -1} \dfrac{f(x)}{x+1}=2$에서 $x \to -1$일 때 (분모) $\to 0$이고

극한값이 존재하므로 (분자) $\to 0$이다.

즉 $\lim\limits_{x \to -1} f(x)=0$이므로

$$f(-1)=0$$

따라서 $f(x)=(x-1)(x+1)g(x)$

($g(x)$는 다항함수)라 하면

$$\lim_{x \to 1} \frac{f(x)}{x-1}=\lim_{x \to 1} \frac{(x-1)(x+1)g(x)}{x-1}$$
$$=\lim_{x \to 1}(x+1)g(x)$$
$$=2g(1)=-6,$$

$$\lim_{x \to -1} \frac{f(x)}{x+1}=\lim_{x \to -1} \frac{(x-1)(x+1)g(x)}{x+1}$$
$$=\lim_{x \to -1}(x-1)g(x)$$
$$=-2g(-1)=2$$

이므로 $\quad g(1)=-3, \ g(-1)=-1$

이를 만족시키는 차수가 가장 낮은 다항함수는 일차함

수이므로 $g(x)=ax+b$ (a, b는 상수, $a \neq 0$)라 하면

$$a+b=-3, \ -a+b=-1$$

두 식을 연립하여 풀면 $\quad a=-1, \ b=-2$

따라서 $g(x)=-x-2$이므로

$$f(x)=(x-1)(x+1)g(x)$$
$$=-(x-1)(x+1)(x+2)$$

답 $f(x)=-(x-1)(x+1)(x+2)$

58

 함수의 극한의 대소 관계를 이용하여 a의 값을 먼저 구한다.

$2x^2+1>0$, $x^4+2>0$이므로 조건 ㈎에서

$$\frac{(2x^2+1)(ax^2-2)}{x^4+2} \leq \frac{(2x^2+1)f(x)}{x^4+2}$$
$$\leq \frac{(2x^2+1)(ax^2+2)}{x^4+2}$$

이때

$$\lim_{x \to \infty} \frac{(2x^2+1)(ax^2-2)}{x^4+2}=2a,$$
$$\lim_{x \to \infty} \frac{(2x^2+1)(ax^2+2)}{x^4+2}=2a$$

이므로 함수의 극한의 대소 관계에 의하여

$$\lim_{x \to \infty} \frac{(2x^2+1)f(x)}{x^4+2}=2a$$

따라서 조건 ㈏에서 $2a=4$이므로

$$a=2$$

즉 $2x^2-2 \leq f(x) \leq 2x^2+2$이므로 $x \neq 0$일 때 각 변

을 x^2으로 나누면

$$2-\frac{2}{x^2} \leq \frac{f(x)}{x^2} \leq 2+\frac{2}{x^2}$$

이때 $\lim\limits_{x \to \infty}\left(2-\dfrac{2}{x^2}\right)=2$, $\lim\limits_{x \to \infty}\left(2+\dfrac{2}{x^2}\right)=2$이므로 함수

의 극한의 대소 관계에 의하여

$$\lim_{x \to \infty} \frac{f(x)}{x^2}=2$$

답 2

59

전략 직각삼각형의 닮음을 이용하여 $\dfrac{T(t)}{S(t)}$ 를 t에 대한 식으로 나타낸다.

오른쪽 그림과 같이 선분 AB 와 선분 OP의 교점을 M이라 하면

$$\overline{\mathrm{OP}} \perp \overline{\mathrm{AB}}$$

따라서

$$S(t) = \frac{1}{2} \times \overline{\mathrm{AB}} \times \overline{\mathrm{OM}},$$

$$T(t) = \frac{1}{2} \times \overline{\mathrm{AB}} \times \overline{\mathrm{PM}}$$

이므로

$$\frac{T(t)}{S(t)} = \frac{\overline{\mathrm{PM}}}{\overline{\mathrm{OM}}} = \frac{\overline{\mathrm{OP}} - \overline{\mathrm{OM}}}{\overline{\mathrm{OM}}} = \frac{\overline{\mathrm{OP}}}{\overline{\mathrm{OM}}} - 1$$

$$\cdots\cdots\ \text{㉠}$$

이때 직각삼각형 OBP에서 $\overline{\mathrm{OB}}^2 = \overline{\mathrm{OM}} \times \overline{\mathrm{OP}}$ 이므로

$$\overline{\mathrm{OM}} = \frac{\overline{\mathrm{OB}}^2}{\overline{\mathrm{OP}}} = \frac{4}{\overline{\mathrm{OP}}}$$

이를 ㉠에 대입하면

$$\frac{T(t)}{S(t)} = \overline{\mathrm{OP}} \times \frac{\overline{\mathrm{OP}}}{4} - 1$$

$$= \frac{\overline{\mathrm{OP}}^2}{4} - 1$$

$$= \frac{t^2 + (t^2 - 4)^2}{4} - 1$$

$$= \frac{t^4 - 7t^2 + 12}{4}$$

$$= \frac{(t^2 - 3)(t+2)(t-2)}{4}$$

$$\therefore \lim_{t \to 2+} \frac{T(t)}{(t-2)S(t)} + \lim_{t \to \infty} \frac{T(t)}{(t^4 - 2)S(t)}$$

$$= \lim_{t \to 2+} \frac{(t^2 - 3)(t+2)(t-2)}{4(t-2)}$$

$$\quad + \lim_{t \to \infty} \frac{(t^2 - 3)(t+2)(t-2)}{4(t^4 - 2)}$$

$$= \lim_{t \to 2+} \frac{(t^2 - 3)(t+2)}{4} + \frac{1}{4}$$

$$= 1 + \frac{1}{4} = \frac{5}{4}$$

답 ②

---

2 함수의 연속

01 함수의 연속

● 본책 40~47쪽

60

(1) $f(1)$의 값이 존재하지 않으므로 불연속이다.

(2) $\lim\limits_{x \to 1+} f(x) = 3$, $\lim\limits_{x \to 1-} f(x) = 2$이므로

$$\lim_{x \to 1+} f(x) \neq \lim_{x \to 1-} f(x)$$

따라서 $\lim\limits_{x \to 1} f(x)$의 값이 존재하지 않으므로 불연속이다.

(3) $f(1) = 1$이고 $\lim\limits_{x \to 1} f(x) = 2$이다.

따라서 $\lim\limits_{x \to 1} f(x) \neq f(1)$이므로 불연속이다.

답 풀이 참조

61

(1) $f(2) = 0$, $\lim\limits_{x \to 2} f(x) = 0$이므로

$$\lim_{x \to 2} f(x) = f(2)$$

따라서 함수 $f(x)$는 $x = 2$에서 연속이다.

(2) $f(2)$의 값이 존재하지 않으므로 함수 $f(x)$는 $x = 2$에서 불연속이다.

답 (1) 연속 (2) 불연속

62

답 (1) $[-2, 1]$ (2) $(-1, 2)$ (3) $[0, 2)$

 (4) $(1, 3]$ (5) $(-\infty, -2)$ (6) $[3, \infty)$

63

답 (1) $(-\infty, \infty)$ (2) $[1, \infty)$

64

(1) (ⅰ) $f(2) = 0$

 (ⅱ) $\lim\limits_{x \to 2+} f(x) = \lim\limits_{x \to 2+} (x-2) = 0$,

   $\lim\limits_{x \to 2-} f(x) = \lim\limits_{x \to 2-} (-x+2) = 0$이므로

   $$\lim_{x \to 2} f(x) = 0$$

 (ⅰ), (ⅱ)에서 $\lim\limits_{x \to 2} f(x) = f(2)$

따라서 함수 $f(x)$는 $x = 2$에서 연속이다.

(2) $f(2)$의 값이 존재하지 않으므로 함수 $f(x)$는
  $x=2$에서 불연속이다.

(3) (i) $f(2)=1$

  (ii) $\displaystyle\lim_{x\to2}f(x)=\lim_{x\to2}\frac{x^2-3x+2}{x-2}$
  $$=\lim_{x\to2}\frac{(x-2)(x-1)}{x-2}$$
  $$=\lim_{x\to2}(x-1)=1$$

  (i), (ii)에서 $\displaystyle\lim_{x\to2}f(x)=f(2)$

  따라서 함수 $f(x)$는 $x=2$에서 연속이다.

(4) $\displaystyle\lim_{x\to2+}f(x)=\lim_{x\to2+}\sqrt{x-2}=0$,

  $\displaystyle\lim_{x\to2-}f(x)=\lim_{x\to2-}(-1)=-1$이므로
  $$\lim_{x\to2+}f(x)\neq\lim_{x\to2-}f(x)$$

  따라서 $\displaystyle\lim_{x\to2}f(x)$의 값이 존재하지 않으므로 함수
  $f(x)$는 $x=2$에서 불연속이다.

탑 (1) **연속**　(2) **불연속**

(3) **연속**　(4) **불연속**

65

(i) $\displaystyle\lim_{x\to1+}f(x)=3$, $\displaystyle\lim_{x\to1-}f(x)=2$이므로
$$\lim_{x\to1+}f(x)\neq\lim_{x\to1-}f(x)$$

따라서 $\displaystyle\lim_{x\to1}f(x)$의 값이 존재하지 않으므로

$f(x)$는 $x=1$에서 불연속이다.

(ii) $f(2)=4$, $\displaystyle\lim_{x\to2}f(x)=3$이므로
$$\lim_{x\to2}f(x)\neq f(2)$$

따라서 $f(x)$는 $x=2$에서 불연속이다.

(i), (ii)에서 $x=1$에서 극한값이 존재하지 않고 $x=1$,
$x=2$에서 불연속이므로　　$a=1$, $b=2$

$\qquad\therefore ab=2$ **탑** **2**

66

ㄱ. (i) $f(0)+g(0)=\dfrac{1}{2}+\left(-\dfrac{1}{2}\right)=0$

  (ii) $\displaystyle\lim_{x\to0+}\{f(x)+g(x)\}=\lim_{x\to0+}f(x)+\lim_{x\to0+}g(x)$
  $$=1+(-1)=0,$$
  $\displaystyle\lim_{x\to0-}\{f(x)+g(x)\}=\lim_{x\to0-}f(x)+\lim_{x\to0-}g(x)$
  $$=-1+1=0$$

  이므로　$\displaystyle\lim_{x\to0}\{f(x)+g(x)\}=0$

(i), (ii)에서 $\displaystyle\lim_{x\to0}\{f(x)+g(x)\}=f(0)+g(0)$이
므로 함수 $f(x)+g(x)$는 $x=0$에서 연속이다.

ㄴ. (i) $f(0)g(0)=\dfrac{1}{2}\times\left(-\dfrac{1}{2}\right)=-\dfrac{1}{4}$

  (ii) $\displaystyle\lim_{x\to0+}f(x)g(x)=\lim_{x\to0+}f(x)\times\lim_{x\to0+}g(x)$
  $$=1\times(-1)=-1,$$
  $\displaystyle\lim_{x\to0-}f(x)g(x)=\lim_{x\to0-}f(x)\times\lim_{x\to0-}g(x)$
  $$=-1\times1=-1$$

  이므로　$\displaystyle\lim_{x\to0}f(x)g(x)=-1$

  (i), (ii)에서 $\displaystyle\lim_{x\to0}f(x)g(x)\neq f(0)g(0)$이므로 함
  수 $f(x)g(x)$는 $x=0$에서 불연속이다.

ㄷ. $f(x)=t$로 놓으면 $x\to0+$일 때 $t=1$이고,
  $x\to0-$일 때 $t=-1$이므로
  $$\lim_{x\to0+}g(f(x))=g(1)=-1,$$
  $$\lim_{x\to0-}g(f(x))=g(-1)=1$$
  $$\therefore \lim_{x\to0+}g(f(x))\neq\lim_{x\to0-}g(f(x))$$

  따라서 $\displaystyle\lim_{x\to0}g(f(x))$의 값이 존재하지 않으므로 함
  수 $g(f(x))$는 $x=0$에서 불연속이다.

ㄹ. $g(x)=s$로 놓으면 $x\to0+$일 때 $s=-1$이고,
  $x\to0-$일 때 $s=1$이므로
  $$\lim_{x\to0+}f(g(x))=f(-1)=-1,$$
  $$\lim_{x\to0-}f(g(x))=f(1)=1$$
  $$\therefore \lim_{x\to0+}f(g(x))\neq\lim_{x\to0-}f(g(x))$$

  따라서 $\displaystyle\lim_{x\to0}f(g(x))$의 값이 존재하지 않으므로
  함수 $f(g(x))$는 $x=0$에서 불연속이다.

이상에서 $x=0$에서 연속인 함수는 ㄱ뿐이다.　**탑** ㄱ

67

함수 $f(x)$가 $x=-1$에서 연속이려면
$\displaystyle\lim_{x\to-1}f(x)=f(-1)$이어야 하므로
$$\lim_{x\to-1}\frac{x^2+2ax+3}{x+1}=b \qquad\cdots\cdots\ \text{㉠}$$

$x\to-1$일 때 (분모) $\to0$이고 극한값이 존재하므로
(분자) $\to0$이다.

즉 $\displaystyle\lim_{x\to-1}(x^2+2ax+3)=0$이므로
$$1-2a+3=0 \qquad\therefore a=2$$

$a=2$를 ㉠에 대입하면

$$b=\lim_{x\to -1}\frac{x^2+4x+3}{x+1}$$
$$=\lim_{x\to -1}\frac{(x+1)(x+3)}{x+1}$$
$$=\lim_{x\to -1}(x+3)=2$$
$$\therefore a+b=4$$

답 **4**

68

함수 $f(x)$가 $x=1$에서 연속이면 모든 실수 x에서 연속이므로 $\lim_{x\to 1}f(x)=f(1)$에서

$$\lim_{x\to 1}\frac{a\sqrt{x^2+8}-b}{x-1}=\frac{a-1}{2} \qquad \cdots\cdots ㉠$$

$x\to 1$일 때 (분모) $\to 0$이고 극한값이 존재하므로 (분자) $\to 0$이다.

즉 $\lim_{x\to 1}(a\sqrt{x^2+8}-b)=0$이므로

$$3a-b=0 \qquad \therefore b=3a \qquad \cdots\cdots ㉡$$

㉡을 ㉠의 좌변에 대입하면

$$\lim_{x\to 1}\frac{a\sqrt{x^2+8}-3a}{x-1}$$
$$=\lim_{x\to 1}\frac{a(\sqrt{x^2+8}-3)}{x-1}$$
$$=\lim_{x\to 1}\frac{a(\sqrt{x^2+8}-3)(\sqrt{x^2+8}+3)}{(x-1)(\sqrt{x^2+8}+3)}$$
$$=\lim_{x\to 1}\frac{a(x-1)(x+1)}{(x-1)(\sqrt{x^2+8}+3)}$$
$$=\lim_{x\to 1}\frac{a(x+1)}{\sqrt{x^2+8}+3}$$
$$=\frac{a}{3}$$

따라서 $\dfrac{a}{3}=\dfrac{a-1}{2}$이므로

$$2a=3a-3 \qquad \therefore a=3$$

$a=3$을 ㉡에 대입하면

$$b=9$$
$$\therefore b-a=6$$

답 **6**

69

$x\ne 1$일 때

$$f(x)=\frac{\sqrt{x+15}-4}{x-1}$$

함수 $f(x)$가 $x\ge -15$인 모든 실수 x에서 연속이므로 $x=1$에서도 연속이다.

$$\therefore f(1)=\lim_{x\to 1}f(x)$$
$$=\lim_{x\to 1}\frac{\sqrt{x+15}-4}{x-1}$$
$$=\lim_{x\to 1}\frac{(\sqrt{x+15}-4)(\sqrt{x+15}+4)}{(x-1)(\sqrt{x+15}+4)}$$
$$=\lim_{x\to 1}\frac{x-1}{(x-1)(\sqrt{x+15}+4)}$$
$$=\lim_{x\to 1}\frac{1}{\sqrt{x+15}+4}$$
$$=\frac{1}{8}$$

답 $\dfrac{1}{8}$

70

$x\ne -1$, $x\ne 2$일 때

$$f(x)=\frac{x^4+ax+b}{x^2-x-2}$$
$$=\frac{x^4+ax+b}{(x+1)(x-2)}$$

함수 $f(x)$가 모든 실수 x에서 연속이므로 $x=-1$, $x=2$에서도 연속이다.

(i) 함수 $f(x)$가 $x=-1$에서 연속이므로

$$f(-1)=\lim_{x\to -1}f(x)$$
$$=\lim_{x\to -1}\frac{x^4+ax+b}{(x+1)(x-2)}$$

$x\to -1$일 때 (분모) $\to 0$이고 극한값이 존재하므로 (분자) $\to 0$이다.

즉 $\lim_{x\to -1}(x^4+ax+b)=0$이므로

$$1-a+b=0 \qquad \cdots\cdots ㉠$$

(ii) 함수 $f(x)$가 $x=2$에서 연속이므로

$$f(2)=\lim_{x\to 2}f(x)$$
$$=\lim_{x\to 2}\frac{x^4+ax+b}{(x+1)(x-2)}$$

$x\to 2$일 때 (분모) $\to 0$이고 극한값이 존재하므로 (분자) $\to 0$이다.

즉 $\lim_{x\to 2}(x^4+ax+b)=0$이므로

$$16+2a+b=0 \qquad \cdots\cdots ㉡$$

㉠, ㉡을 연립하여 풀면

$$a=-5,\ b=-6$$

$$\therefore f(2)=\lim_{x\to2}\frac{x^4-5x-6}{(x+1)(x-2)}$$
$$=\lim_{x\to2}\frac{(x+1)(x-2)(x^2+x+3)}{(x+1)(x-2)}$$
$$=\lim_{x\to2}(x^2+x+3)$$
$$=9$$

답 **9**

71

전략 $x=0$에서의 함숫값과 극한값을 각각 구하여 비교한다.

① (i) $f(0)=0$

(ii) $\lim_{x\to0}f(x)=\lim_{x\to0}x|x|=0$

(i), (ii)에서 $\lim_{x\to0}f(x)=f(0)$이므로 $x=0$에서 연속이다.

② (i) $f(0)=0$

(ii) $\lim_{x\to0+}f(x)=\lim_{x\to0+}x[x]$
$$=\lim_{x\to0+}x\times\lim_{x\to0+}[x]$$
$$=0\times0=0,$$
$$\lim_{x\to0-}f(x)=\lim_{x\to0-}x[x]$$
$$=\lim_{x\to0-}x\times\lim_{x\to0-}[x]$$
$$=0\times(-1)=0$$

이므로 $\lim_{x\to0}f(x)=0$

(i), (ii)에서 $\lim_{x\to0}f(x)=f(0)$이므로 $x=0$에서 연속이다.

③ $\lim_{x\to0+}f(x)=\lim_{x\to0+}\frac{|x|}{x}=\lim_{x\to0+}\frac{x}{x}=1,$

$\lim_{x\to0-}f(x)=\lim_{x\to0-}\frac{|x|}{x}=\lim_{x\to0-}\frac{-x}{x}=-1$

이므로 $\lim_{x\to0+}f(x)\neq\lim_{x\to0-}f(x)$

따라서 $\lim_{x\to0}f(x)$의 값이 존재하지 않으므로 $x=0$에서 불연속이다.

④ (i) $f(0)=1$

(ii) $\lim_{x\to0}f(x)=\lim_{x\to0}(x^2+1)=1$

(i), (ii)에서 $\lim_{x\to0}f(x)=f(0)$이므로 $x=0$에서 연속이다.

⑤ (i) $f(0)=3$

(ii) $\lim_{x\to0}f(x)=\lim_{x\to0}\frac{x^2-3x}{x^2-x}=\lim_{x\to0}\frac{x(x-3)}{x(x-1)}$
$$=\lim_{x\to0}\frac{x-3}{x-1}=3$$

(i), (ii)에서 $\lim_{x\to0}f(x)=f(0)$이므로 $x=0$에서 연속이다.

답 ③

72

전략 $\lim_{x\to1}f(x)=f(1)$임을 이용하여 극한값을 $f(1)$에 대한 식으로 나타낸다.

함수 $f(x)$가 실수 전체의 집합에서 연속이므로
$$f(1)=\lim_{x\to1}f(x)$$
$$\therefore \lim_{x\to1}\frac{(x^3-1)f(x)}{x-1}$$
$$=\lim_{x\to1}\frac{(x-1)(x^2+x+1)f(x)}{x-1}$$
$$=\lim_{x\to1}(x^2+x+1)f(x)$$
$$=\lim_{x\to1}(x^2+x+1)\times\lim_{x\to1}f(x)$$
$$=3f(1)$$

즉 $3f(1)=12$이므로 $f(1)=4$

답 **4**

73

전략 $x=-1$에서의 우극한, 좌극한, 함숫값이 모두 같음을 이용한다.

함수 $f(x)$가 $x=-1$에서 연속이면 모든 실수 x에서 연속이므로
$$\lim_{x\to-1+}f(x)=\lim_{x\to-1-}f(x)=f(-1)$$

이때
$$\lim_{x\to-1+}f(x)=\lim_{x\to-1+}(x^3+bx+2)=1-b,$$
$$\lim_{x\to-1-}f(x)=\lim_{x\to-1-}(-x^2+x+a)=a-2,$$
$$f(-1)=2$$

이므로 $1-b=a-2=2$

$\therefore a=4,\ b=-1$ $\quad \therefore ab=-4$

답 **-4**

74

전략 $\lim_{x\to0}f(x)=f(0)$임을 이용한다.

함수 $f(x)$가 $x=0$에서 연속이려면 $\lim\limits_{x\to 0}f(x)=f(0)$

이어야 하므로

$$a=\lim_{x\to 0}\frac{\sqrt{1+x}-\sqrt{1-x}}{x}$$
$$=\lim_{x\to 0}\frac{(\sqrt{1+x}-\sqrt{1-x})(\sqrt{1+x}+\sqrt{1-x})}{x(\sqrt{1+x}+\sqrt{1-x})}$$
$$=\lim_{x\to 0}\frac{2x}{x(\sqrt{1+x}+\sqrt{1-x})}$$
$$=\lim_{x\to 0}\frac{2}{\sqrt{1+x}+\sqrt{1-x}}=1$$

답 **1**

75

전략 $x=a$에서의 우극한, 좌극한, 함숫값을 a에 대한 식으로 나타낸다.

함수 $f(x)$가 $x=a$에서 연속이면 실수 전체의 집합에서 연속이므로

$$\lim_{x\to a+}f(x)=\lim_{x\to a-}f(x)=f(a)$$

이때

$$\lim_{x\to a+}f(x)=\lim_{x\to a+}(ax-6)=a^2-6,$$
$$\lim_{x\to a-}f(x)=\lim_{x\to a-}(-2x+a)=-a,$$
$$f(a)=-a$$

이므로 $a^2-6=-a,$ $a^2+a-6=0$

$$(a+3)(a-2)=0$$
$$\therefore a=-3 \text{ 또는 } a=2$$

따라서 구하는 합은 $-3+2=-1$

답 ①

76

전략 $x=-1$, $x=1$에서의 극한값을 이용한다.

$x\neq -1$, $x\neq 1$일 때

$$f(x)=\frac{x^4-2x^3-9x^2+2x+8}{x^2-1}$$
$$=\frac{(x+2)(x+1)(x-1)(x-4)}{(x+1)(x-1)}$$
$$=(x+2)(x-4)$$

함수 $f(x)$가 모든 실수 x에서 연속이므로 $x=-1$, $x=1$에서도 연속이다.

(i) $x=-1$에서 연속이므로

$$f(-1)=\lim_{x\to -1}f(x)$$
$$=\lim_{x\to -1}(x+2)(x-4)=-5$$

(ii) $x=1$에서 연속이므로

$$f(1)=\lim_{x\to 1}f(x)$$
$$=\lim_{x\to 1}(x+2)(x-4)=-9$$

(i), (ii)에서 $f(-1)f(1)=45$

답 **45**

77

전략 $x=-1$, $x=0$, $x=1$에서 함수 $|f(x)|$의 연속성을 조사한다.

(i) $\lim\limits_{x\to -1+}|f(x)|=|-2|=2$, $\lim\limits_{x\to -1-}|f(x)|=1$이므로

$$\lim_{x\to -1+}|f(x)|\neq \lim_{x\to -1-}|f(x)|$$

따라서 $\lim\limits_{x\to -1}|f(x)|$의 값이 존재하지 않으므로 $|f(x)|$는 $x=-1$에서 불연속이다.

(ii) $|f(0)|=0$이고

$$\lim_{x\to 0+}|f(x)|=0,\ \lim_{x\to 0-}|f(x)|=0$$이므로
$$\lim_{x\to 0}|f(x)|=0$$
$$\therefore \lim_{x\to 0}|f(x)|=|f(0)|$$

따라서 $|f(x)|$는 $x=0$에서 연속이다.

(iii) $|f(1)|=2$이고

$$\lim_{x\to 1+}|f(x)|=|-2|=2,\ \lim_{x\to 1-}|f(x)|=2$$이므로
$$\lim_{x\to 1}|f(x)|=2$$
$$\therefore \lim_{x\to 1}|f(x)|=|f(1)|$$

따라서 $|f(x)|$는 $x=1$에서 연속이다.

이상에서 함수 $|f(x)|$가 불연속인 x의 값은 -1이다.

답 -1

다른 풀이 열린구간 $(-2, 2)$에서 함수 $y=|f(x)|$의 그래프는 오른쪽 그림과 같으므로 $|f(x)|$는 $x=-1$에서 불연속이다.

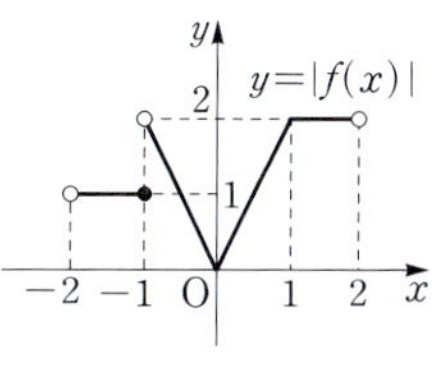

🎯 해설 **Focus**

함수 $y=|f(x)|$의 그래프는 $y=f(x)$의 그래프를 그리고 $y<0$인 부분을 x축에 대하여 대칭이동한다.

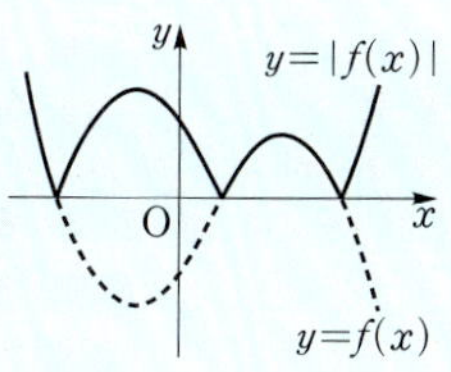

78

전략 함수 $f(x)g(x)$의 $x=1$에서의 함숫값, 우극한, 좌극한을 각각 구하여 비교한다.

ㄱ. $\displaystyle\lim_{x\to1+}f(x)g(x)=\lim_{x\to1+}f(x)\times\lim_{x\to1+}g(x)$
$$=-1\times1=-1,$$
$\displaystyle\lim_{x\to1-}f(x)g(x)=\lim_{x\to1-}f(x)\times\lim_{x\to1-}g(x)$
$$=1\times1=1$$

이므로 $\displaystyle\lim_{x\to1+}f(x)g(x)\neq\lim_{x\to1-}f(x)g(x)$

따라서 $\displaystyle\lim_{x\to1}f(x)g(x)$의 값이 존재하지 않으므로 함수 $f(x)g(x)$는 $x=1$에서 불연속이다.

ㄴ. (i) $f(1)g(1)=0\times0=0$

(ii) $\displaystyle\lim_{x\to1+}f(x)g(x)=\lim_{x\to1+}f(x)\times\lim_{x\to1+}g(x)$
$$=-1\times0=0,$$
$\displaystyle\lim_{x\to1-}f(x)g(x)=\lim_{x\to1-}f(x)\times\lim_{x\to1-}g(x)$
$$=1\times0=0$$

이므로 $\displaystyle\lim_{x\to1}f(x)g(x)=0$

(i), (ii)에서 $\displaystyle\lim_{x\to1}f(x)g(x)=f(1)g(1)$이므로 함수 $f(x)g(x)$는 $x=1$에서 연속이다.

ㄷ. (i) $f(1)g(1)=0\times0=0$

(ii) $\displaystyle\lim_{x\to1+}f(x)g(x)=\lim_{x\to1+}f(x)\times\lim_{x\to1+}g(x)$
$$=-1\times0=0,$$
$\displaystyle\lim_{x\to1-}f(x)g(x)=\lim_{x\to1-}f(x)\times\lim_{x\to1-}g(x)$
$$=1\times0=0$$

이므로 $\displaystyle\lim_{x\to1}f(x)g(x)=0$

(i), (ii)에서 $\displaystyle\lim_{x\to1}f(x)g(x)=f(1)g(1)$이므로 함수 $f(x)g(x)$는 $x=1$에서 연속이다.

이상에서 함수 $f(x)g(x)$가 $x=1$에서 연속이 되도록 하는 함수 $g(x)$는 ㄴ, ㄷ이다.　　**답** ㄴ, ㄷ

79

전략 $x\to1$일 때 (분모) $\to0$임을 이용하여 a, b에 대한 식을 세운다.

함수 $f(x)$가 $x=1$에서 연속이려면
$\displaystyle\lim_{x\to1}f(x)=f(1)$이어야 하므로
$$\lim_{x\to1}\frac{x^3+ax+b}{(x-1)^2}=c \qquad\cdots\cdots\text{㉠}$$

$x\to1$일 때 (분모) $\to0$이고 극한값이 존재하므로 (분자) $\to0$이다.

즉 $\displaystyle\lim_{x\to1}(x^3+ax+b)=0$이므로
$$1+a+b=0$$
$$\therefore b=-a-1 \qquad\cdots\cdots\text{㉡}$$

㉡을 ㉠에 대입하면
$$\lim_{x\to1}\frac{x^3+ax-a-1}{(x-1)^2}$$
$$=\lim_{x\to1}\frac{(x-1)(x^2+x+a+1)}{(x-1)^2}$$
$$=\lim_{x\to1}\frac{x^2+x+a+1}{x-1}$$
$$=c \qquad\cdots\cdots\text{㉢}$$

㉢에서 $x\to1$일 때 (분모) $\to0$이고 극한값이 존재하므로 (분자) $\to0$이다.

즉 $\displaystyle\lim_{x\to1}(x^2+x+a+1)=0$이므로
$$1+1+a+1=0 \qquad\therefore a=-3$$

$a=-3$을 ㉡에 대입하면 $b=2$

또 $a=-3$을 ㉢에 대입하면
$$c=\lim_{x\to1}\frac{x^2+x-2}{x-1}=\lim_{x\to1}\frac{(x-1)(x+2)}{x-1}$$
$$=\lim_{x\to1}(x+2)=3$$
$$\therefore abc=-18 \qquad\qquad\text{답}~-18$$

80

전략 $x=-1$, $x=2$에서의 함숫값, 우극한, 좌극한이 각각 같음을 이용한다.

함수 $f(x)$가 $x=-1$, $x=2$에서 연속이면 구간 $(-\infty,\infty)$에서 연속이다.

(i) $x=-1$에서 연속이려면
$$\lim_{x\to-1+}f(x)=\lim_{x\to-1-}f(x)=f(-1)$$
이어야 하므로
$$\lim_{x\to-1+}f(x)=\lim_{x\to-1+}(x^2-2x+b)=b+3,$$
$$\lim_{x\to-1-}f(x)=\lim_{x\to-1-}(ax+1)=-a+1,$$
$$f(-1)=-a+1$$
에서 $b+3=-a+1$
$$\therefore a+b=-2 \qquad\cdots\cdots\text{㉠}$$

(ii) $x=2$에서 연속이려면
$$\lim_{x\to2+}f(x)=\lim_{x\to2-}f(x)=f(2)$$

이어야 하므로

$$\lim_{x \to 2+} f(x) = \lim_{x \to 2+} (ax+1) = 2a+1,$$
$$\lim_{x \to 2-} f(x) = \lim_{x \to 2-} (x^2-2x+b) = b,$$
$$f(2) = 2a+1$$

에서 $2a+1 = b$

$$\therefore 2a-b = -1 \qquad \cdots\cdots ⓛ$$

㉠, ㉡을 연립하여 풀면

$$a = -1, \ b = -1$$
$$\therefore 2a+b = -3 \qquad \text{답} \ -3$$

다른 풀이 함수 $f(x)$가 구간 $(-\infty, \infty)$에서 연속이려면 이 구간에서 $y=f(x)$의 그래프가 이어져 있어야 한다.

이때 $p(x) = ax+1$,
$q(x) = x^2-2x+b$라 하
면 $x=-1$, $x=2$에서
$p(x)$와 $q(x)$의 함숫값이
각각 같아야 한다.

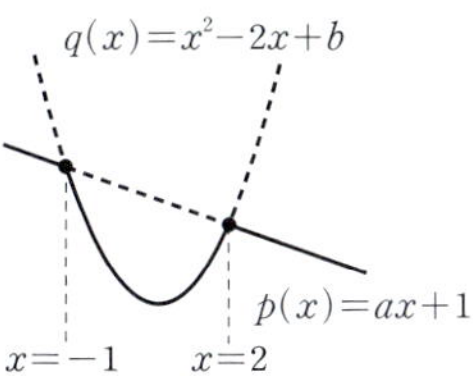

즉 $p(-1)=q(-1)$, $p(2)=q(2)$에서

$$-a+1 = 3+b, \ 2a+1 = b$$
$$\therefore a = -1, \ b = -1$$

81

전략 $x \neq -2$일 때, $f(x)$의 식을 이용하여 $\displaystyle\lim_{x \to -2} f(x)$의 값을 구한다.

$x \neq -2$일 때, $f(x) = \dfrac{ax^2-bx}{x+2}$

함수 $f(x)$가 모든 실수 x에서 연속이므로 $x=-2$에서도 연속이다.

즉 $f(-2) = \displaystyle\lim_{x \to -2} f(x)$이므로

$$\lim_{x \to -2} \frac{ax^2-bx}{x+2} = 2 \qquad \cdots\cdots ㉠$$

$x \to -2$일 때 (분모) $\to 0$이고 극한값이 존재하므로 (분자) $\to 0$이다.

즉 $\displaystyle\lim_{x \to -2} (ax^2-bx) = 0$이므로

$$4a+2b = 0 \qquad \therefore b = -2a \qquad \cdots\cdots ㉡$$

㉡을 ㉠의 좌변에 대입하면

$$\lim_{x \to -2} \frac{ax^2+2ax}{x+2} = \lim_{x \to -2} \frac{ax(x+2)}{x+2}$$
$$= \lim_{x \to -2} ax = -2a$$

따라서 $-2a = 2$이므로 $a = -1$

$a = -1$을 ㉡에 대입하면 $b = 2$

$$\therefore a+b = 1 \qquad \text{답} \ 1$$

82

전략 주어진 그래프를 이용하여 새로 정의된 함수의 우극한, 좌극한, 함숫값을 각각 구한다.

ㄱ. $g(x)=t$로 놓으면 $x \to 1-$일 때 $t \to 1-$이므로

$$\lim_{x \to 1-} f(g(x)) = \lim_{t \to 1-} f(t) = 1 \ (참)$$

ㄴ. $\displaystyle\lim_{x \to 1+} f(x)g(x) = \lim_{x \to 1+} f(x) \times \lim_{x \to 1+} g(x)$
$$= -1 \times 0 = 0,$$
$\displaystyle\lim_{x \to 1-} f(x)g(x) = \lim_{x \to 1-} f(x) \times \lim_{x \to 1-} g(x)$
$$= 1 \times 1 = 1$$

이므로 $\displaystyle\lim_{x \to 1+} f(x)g(x) \neq \lim_{x \to 1-} f(x)g(x)$

따라서 $\displaystyle\lim_{x \to 1} f(x)g(x)$의 값이 존재하지 않으므로 함수 $f(x)g(x)$는 $x=1$에서 불연속이다. (참)

ㄷ. $f(x)=s$로 놓으면 $x \to 0+$일 때 $s \to 0+$이고, $x \to 0-$일 때 $s \to 1$이므로

$$\lim_{x \to 0+} g(f(x)) = \lim_{s \to 0+} g(s) = 0,$$
$$\lim_{x \to 0-} g(f(x)) = g(1) = 1$$
$$\therefore \lim_{x \to 0+} g(f(x)) \neq \lim_{x \to 0-} g(f(x))$$

따라서 $\displaystyle\lim_{x \to 0} g(f(x))$의 값이 존재하지 않으므로 함수 $g(f(x))$는 $x=0$에서 불연속이다. (거짓)

이상에서 옳은 것은 ㄱ, ㄴ이다.   답 ㄱ, ㄴ

83

전략 함수 $f(x)$가 $x=2$에서 연속이고 $f(0)=f(4)$임을 이용한다.

함수 $f(x)$가 실수 전체의 집합에서 연속이면 $x=2$에서 연속이므로 $\displaystyle\lim_{x \to 2} f(x)$의 값이 존재한다.

즉 $\displaystyle\lim_{x \to 2+} f(x) = \lim_{x \to 2-} f(x)$이므로

$$\lim_{x \to 2+} (x^2+ax+b) = \lim_{x \to 2-} (2x-4)$$
$$4+2a+b = 0$$
$$\therefore 2a+b = -4 \qquad \cdots\cdots ㉠$$

또 모든 실수 x에 대하여 $f(x)=f(x+4)$이므로

$$f(0) = f(4), \qquad -4 = 16+4a+b$$
$$\therefore 4a+b = -20 \qquad \cdots\cdots ㉡$$

㉠, ㉡을 연립하여 풀면 $a=-8,\ b=12$

따라서 $f(x)=\begin{cases} 2x-4 & (0\le x<2) \\ x^2-8x+12 & (2\le x\le 4) \end{cases}$ 이므로

$$f(11)=f(7)=f(3)$$
$$=3^2-8\times 3+12=-3$$

답 -3

84

전략 함수 $h(x)$가 $x=1$, $x=a$, $x=2$에서 연속임을 이용한다.

$f(x)=\begin{cases} x^2-4x+3 & (x\le 2) \\ -x^2+ax & (x>2) \end{cases}$ 에서

$$\lim_{x\to 2-}f(x)=\lim_{x\to 2-}(x^2-4x+3)=-1,$$
$$\lim_{x\to 2+}f(x)=\lim_{x\to 2+}(-x^2+ax)=-4+2a$$

이때 $a>2$이므로

$$\lim_{x\to 2-}f(x)\ne\lim_{x\to 2+}f(x)$$

즉 함수 $f(x)$는 $x=2$에서 불연속이다.

또 조건 ⑺에서 $x\ne 1$, $x\ne a$일 때, $h(x)=\dfrac{g(x)}{f(x)}$이고

함수 $h(x)$가 실수 전체의 집합에서 연속이므로 $x=1$, $x=a$, $x=2$에서 연속이다.

$$\therefore\ h(1)=\lim_{x\to 1}h(x)=\lim_{x\to 1}\frac{g(x)}{f(x)},$$
$$h(a)=\lim_{x\to a}h(x)=\lim_{x\to a}\frac{g(x)}{f(x)},$$
$$h(2)=\lim_{x\to 2}h(x)=\lim_{x\to 2}\frac{g(x)}{f(x)}$$

(ⅰ) $\lim\limits_{x\to 1}f(x)=\lim\limits_{x\to 1}(x^2-4x+3)=0$

따라서 $\lim\limits_{x\to 1}\dfrac{g(x)}{f(x)}=h(1)$에서 $x\to 1$일 때

(분모) $\to 0$이고 극한값이 존재하므로

(분자) $\to 0$이다.

즉 $\lim\limits_{x\to 1}g(x)=0$이므로 $g(1)=0$

(ⅱ) $a>2$이므로

$$\lim_{x\to a}f(x)=\lim_{x\to a}(-x^2+ax)=0$$

따라서 $\lim\limits_{x\to a}\dfrac{g(x)}{f(x)}=h(a)$에서 $x\to a$일 때

(분모) $\to 0$이고 극한값이 존재하므로

(분자) $\to 0$이다.

즉 $\lim\limits_{x\to a}g(x)=0$이므로 $g(a)=0$

(ⅲ) $\lim\limits_{x\to 2}\dfrac{g(x)}{f(x)}$의 값이 존재하므로

$$\lim_{x\to 2+}\frac{g(x)}{f(x)}=\lim_{x\to 2-}\frac{g(x)}{f(x)}$$
$$\lim_{x\to 2+}\frac{g(x)}{-x^2+ax}=\lim_{x\to 2-}\frac{g(x)}{x^2-4x+3}$$
$$\frac{g(2)}{-4+2a}=\frac{g(2)}{-1}$$
$$-g(2)=g(2)\times(-4+2a)$$
$$g(2)\times(2a-3)=0$$
$$\therefore\ g(2)=0\ (\because 2a-3\ne 0)$$

이상에서 $g(1)=0$, $g(a)=0$, $g(2)=0$이고, $g(x)$는 최고차항의 계수가 1인 삼차함수이므로

$$g(x)=(x-1)(x-2)(x-a)$$
$$\therefore\ h(1)=\lim_{x\to 1}\frac{g(x)}{f(x)}$$
$$=\lim_{x\to 1}\frac{(x-1)(x-2)(x-a)}{x^2-4x+3}$$
$$=\lim_{x\to 1}\frac{(x-1)(x-2)(x-a)}{(x-1)(x-3)}$$
$$=\lim_{x\to 1}\frac{(x-2)(x-a)}{x-3}=\frac{1-a}{2},$$
$$h(a)=\lim_{x\to a}\frac{g(x)}{f(x)}$$
$$=\lim_{x\to a}\frac{(x-1)(x-2)(x-a)}{-x^2+ax}$$
$$=\lim_{x\to a}\frac{(x-1)(x-2)(x-a)}{-x(x-a)}$$
$$=\lim_{x\to a}\frac{(x-1)(x-2)}{-x}$$
$$=-\frac{(a-1)(a-2)}{a}$$

이때 조건 ⑷에서 $h(1)=h(a)$이므로

$$\frac{1-a}{2}=-\frac{(a-1)(a-2)}{a}$$
$$a(1-a)=-2(a-1)(a-2)$$

$a>2$에서 $a-1\ne 0$이므로

$$a=2a-4\quad\therefore\ a=4$$

따라서 $h(1)=\dfrac{1-4}{2}=-\dfrac{3}{2}$이고 $x>2$, $x\ne 4$일 때

$$h(x)=\frac{g(x)}{f(x)}=\frac{(x-1)(x-2)(x-4)}{-x^2+4x}$$
$$=\frac{(x-1)(x-2)(x-4)}{-x(x-4)}$$

$$= -\frac{(x-1)(x-2)}{x}$$

이므로 $h(3) = -\frac{2}{3}$

$$\therefore h(1) + h(3) = -\frac{3}{2} + \left(-\frac{2}{3}\right) = -\frac{13}{6}$$

답 ③

02 연속함수의 성질

85

ㄱ. 두 함수 $2f(x)$, $3g(x)$는 $x=a$에서 연속이므로 함수 $2f(x)+3g(x)$도 $x=a$에서 연속이다.

ㄴ. $f(a)=0$이면 $\dfrac{g(x)}{f(x)}$는 $x=a$에서 정의되지 않으므로 함수 $f(x)+\dfrac{g(x)}{f(x)}$는 $x=a$에서 불연속이다.

ㄷ. 함수 $f(x)$가 $x=a$에서 연속이고 $\{f(x)\}^2 = f(x) \times f(x)$이므로 함수 $\{f(x)\}^2$은 $x=a$에서 연속이다.

ㄹ. [반례] $f(x) = \dfrac{1}{x-1}$, $g(x) = \dfrac{1}{x+1}$이면 $f(x)$, $g(x)$는 모두 $x=0$에서 연속이지만

$$g(f(x)) = \frac{1}{\dfrac{1}{x-1}+1} = \frac{x-1}{x}$$

은 $x=0$에서 불연속이다.

이상에서 $x=a$에서 항상 연속인 함수는 ㄱ, ㄷ이다.

답 ㄱ, ㄷ

86

(1) 함수 $f(x) = |x|$는 닫힌구간 $[-1, 3]$에서 연속이므로 최댓값과 최솟값을 갖는다.

구간 $[-1, 3]$에서 함수 $y=f(x)$의 그래프는 오른쪽 그림과 같으므로 $f(x)$는

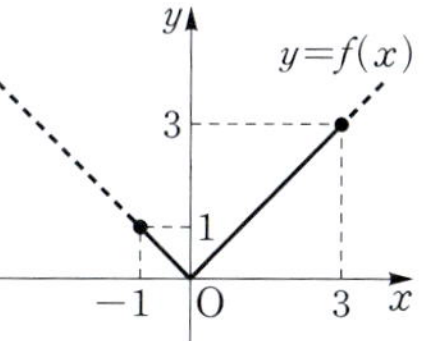

$x=3$에서 최댓값 3,

$x=0$에서 최솟값 0

을 갖는다.

(2) 함수 $f(x) = \sqrt{8-2x}$는 닫힌구간 $[-4, 2]$에서 연속이므로 최댓값과 최솟값을 갖는다.

구간 $[-4, 2]$에서 함수 $y=f(x)$의 그래프는 오른쪽 그림과 같으므로 $f(x)$는

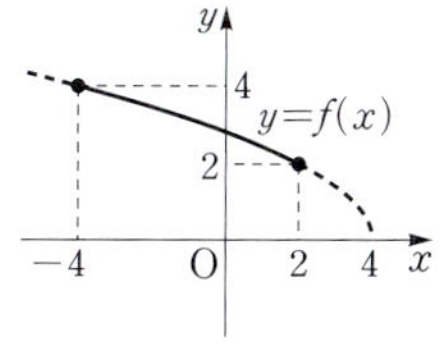

$x=-4$에서 최댓값 4,

$x=2$에서 최솟값 2

를 갖는다.

답 (1) **최댓값: 3, 최솟값: 0**
(2) **최댓값: 4, 최솟값: 2**

87

ㄱ. 구간 $[1, 2]$에서 함수 $f(x)$는 $x=1$일 때 최댓값 2를 갖는다. (참)

ㄴ. 구간 $[2, 3]$에서 함수 $f(x)$는 최댓값을 갖지 않는다. (거짓)

ㄷ. 구간 $[3, 5]$에서 함수 $f(x)$는 연속이므로 최솟값을 갖는다. (참)

이상에서 옳은 것은 ㄱ, ㄷ이다.

답 ㄱ, ㄷ

88

(1) $f(x) = 3x^3 - 2x^2 + 1$이라 하면 함수 $f(x)$는 닫힌구간 $[-3, 3]$에서 연속이고

$$f(-3) = -98 < 0, \; f(3) = 64 > 0$$

따라서 $f(-3)f(3) < 0$이므로 사잇값 정리에 의하여 방정식 $f(x)=0$은 열린구간 $(-3, 3)$에서 적어도 하나의 실근을 갖는다.

(2) $f(x) = x^4 + x^3 - 9x + 1$이라 하면 함수 $f(x)$는 닫힌구간 $[1, 3]$에서 연속이고

$$f(1) = -6 < 0, \; f(3) = 82 > 0$$

따라서 $f(1)f(3) < 0$이므로 사잇값 정리에 의하여 방정식 $f(x)=0$은 열린구간 $(1, 3)$에서 적어도 하나의 실근을 갖는다.

답 풀이 참조

89

함수 $f(x)$는 모든 실수 x에서 연속이므로 닫힌구간 $[-2, 3]$에서 연속이다.

이때

$$f(-2)f(-1)<0, \ f(0)f(1)<0$$

이므로 사잇값 정리에 의하여 방정식 $f(x)=0$은 열린구간 $(-2, -1)$, $(0, 1)$에서 각각 적어도 하나의 실근을 갖는다.

따라서 방정식 $f(x)=0$은 열린구간 $(-2, 3)$에서 적어도 2개의 실근을 갖는다. **답 2개**

● 본책 56쪽

연습문제

90

전략 함수 $h(x)$의 분모가 0일 때, 불연속임을 이용한다.

$$h(x)=\frac{f(x)}{f(x)-g(x)}=\frac{x^2}{x^2-2x-3}$$
$$=\frac{x^2}{(x+1)(x-3)}$$

따라서 함수 $h(x)$는 $(x+1)(x-3)\neq0$, 즉 $x\neq-1$, $x\neq3$인 모든 실수에서 연속이므로 구간 $(-\infty, -1)$, $(-1, 3)$, $(3, \infty)$에서 연속이다.

답 $(-\infty, -1)$, $(-1, 3)$, $(3, \infty)$

91

전략 주어진 구간에서 함수 $y=f(x)$의 그래프를 그려 본다.

$$f(x)=\frac{4x}{x+1}=-\frac{4}{x+1}+4$$

즉 함수 $f(x)$는 닫힌구간 $[1, 3]$에서 연속이므로 최댓값과 최솟값을 갖는다.

구간 $[1, 3]$에서 함수 $y=f(x)$의 그래프는 오른쪽 그림과 같으므로 $f(x)$는

$$x=3에서 최댓값 3,$$
$$x=1에서 최솟값 2$$

를 갖는다.

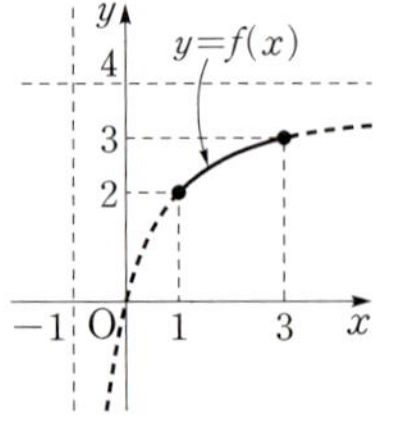

따라서 $M=3$, $m=2$이므로

$$M+m=5$$ **답 5**

92

전략 $f(x)=x^3+x-9$로 놓고 $f(x)$의 함숫값을 구한다.

$f(x)=x^3+x-9$라 하면 $f(x)$는 모든 실수 x에서 연속이고

$$f(0)=-9, \ f(1)=-7, \ f(2)=1,$$
$$f(3)=21, \ f(4)=59, \ f(5)=121$$

따라서 $f(1)f(2)<0$이므로 사잇값 정리에 의하여 방정식 $f(x)=0$은 열린구간 $(1, 2)$에서 실근 α를 갖는다.

답 ②

93

전략 분수함수가 모든 실수 x에서 연속이려면 모든 실수 x에 대하여 (분모)$\neq0$이어야 함을 이용한다.

함수 $\dfrac{f(x)}{g(x)}=\dfrac{x^2-2x+4}{2x^2+ax+3}$가 모든 실수 x에서 연속이려면 모든 실수 x에 대하여

$$2x^2+ax+3\neq0$$

이어야 한다.

따라서 이차방정식 $2x^2+ax+3=0$의 판별식을 D라 하면

$$D=a^2-4\times2\times3<0$$
$$a^2<24 \quad \therefore \ -2\sqrt{6}<a<2\sqrt{6}$$

즉 정수 a는 -4, -3, $\cdots$, 4의 9개이다. **답 9**

94

전략 $g(x)=f(x)-x$로 놓고 $g(x)$의 함숫값을 구한다.

$g(x)=f(x)-x$라 하면 함수 $g(x)$는 모든 실수 x에서 연속이므로 닫힌구간 $[-2, 2]$에서 연속이다.

이때

$$g(-2)=-1-(-2)=1,$$
$$g(-1)=-2-(-1)=-1,$$
$$g(0)=1-0=1,$$
$$g(1)=-2-1=-3,$$
$$g(2)=-\frac{1}{2}-2=-\frac{5}{2}$$

에서

$$g(-2)g(-1)<0, \ g(-1)g(0)<0,$$
$$g(0)g(1)<0$$

이므로 사잇값 정리에 의하여 방정식 $g(x)=0$,

즉 $f(x)=x$는 열린구간 $(-2,\,-1)$, $(-1,\,0)$, $(0,\,1)$

에서 각각 적어도 하나의 실근을 갖는다.

따라서 방정식 $f(x)=x$는 열린구간 $(-2,\,2)$에서 적어도 3개의 실근을 갖는다.

답 3개

95

전략 주어진 식을 이용하여 함수 $f(x)$의 인수를 구한다.

$\lim\limits_{x\to 1}\dfrac{f(x)}{x-1}=\dfrac{1}{2}$에서 $x\longrightarrow 1$일 때 (분모) $\longrightarrow 0$이고 극한값이 존재하므로 (분자) $\longrightarrow 0$이다.

즉 $\lim\limits_{x\to 1}f(x)=0$이므로　　$f(1)=0$　　…… ㉠

또 $\lim\limits_{x\to 2}\dfrac{f(x)}{x-2}=\dfrac{1}{2}$에서 $x\longrightarrow 2$일 때 (분모) $\longrightarrow 0$이고 극한값이 존재하므로 (분자) $\longrightarrow 0$이다.

즉 $\lim\limits_{x\to 2}f(x)=0$이므로　　$f(2)=0$　　…… ㉡

㉠, ㉡에서

$$f(x)=(x-1)(x-2)g(x)\ (g(x)\text{는 다항식})$$

라 하면

$$\lim_{x\to 1}\frac{f(x)}{x-1}=\lim_{x\to 1}\frac{(x-1)(x-2)g(x)}{x-1}$$
$$=\lim_{x\to 1}(x-2)g(x)$$
$$=-g(1)=\frac{1}{2},$$

$$\lim_{x\to 2}\frac{f(x)}{x-2}=\lim_{x\to 2}\frac{(x-1)(x-2)g(x)}{x-2}$$
$$=\lim_{x\to 2}(x-1)g(x)$$
$$=g(2)=\frac{1}{2}$$

이므로　　$g(1)=-\dfrac{1}{2},\ g(2)=\dfrac{1}{2}$

$$\therefore g(1)g(2)<0$$

이때 함수 $g(x)$는 닫힌구간 $[1,\,2]$에서 연속이므로 사잇값 정리에 의하여 방정식 $g(x)=0$은 열린구간 $(1,\,2)$에서 적어도 하나의 실근을 갖는다.

따라서 방정식 $f(x)=0$은 열린구간 $(1,\,2)$에서 적어도 하나의 실근을 갖고, ㉠, ㉡에 의하여 $x=1$, $x=2$도 방정식 $f(x)=0$의 근이므로 방정식 $f(x)=0$은 닫힌구간 $[1,\,2]$에서 적어도 3개의 실근을 갖는다.

답 풀이 참조

---

1 미분계수와 도함수

Ⅱ. 미분

01 미분계수

● 본책 58~65쪽

96

x의 값이 2에서 4까지 변할 때의 함수 $f(x)$의 평균변화율은

$$\frac{f(4)-f(2)}{4-2}$$
$$=\frac{(16-4\sqrt{a}+4)-(4-2\sqrt{a}+4)}{2}$$
$$=\frac{12-2\sqrt{a}}{2}$$
$$=6-\sqrt{a}$$

따라서 $6-\sqrt{a}=1$이므로　　$\sqrt{a}=5$

$$\therefore a=25$$

답 25

97

x의 값이 1에서 a까지 변할 때의 함수 $f(x)$의 평균변화율은

$$\frac{f(a)-f(1)}{a-1}=\frac{(a^2+a+1)-3}{a-1}$$
$$=\frac{(a+2)(a-1)}{a-1}$$
$$=a+2\ (\because a\neq 1)$$

함수 $f(x)$의 $x=2$에서의 미분계수는

$$f'(2)=\lim_{\varDelta x\to 0}\frac{f(2+\varDelta x)-f(2)}{\varDelta x}$$
$$=\lim_{\varDelta x\to 0}\frac{\{(2+\varDelta x)^2+(2+\varDelta x)+1\}-7}{\varDelta x}$$
$$=\lim_{\varDelta x\to 0}\frac{(\varDelta x)^2+5\varDelta x}{\varDelta x}$$
$$=\lim_{\varDelta x\to 0}(\varDelta x+5)=5$$

따라서 $a+2=5$이므로

$$a=3$$

답 3

98

(1) (주어진 식) $=\lim\limits_{h\to 0}\dfrac{f(a-4h)-f(a)}{-4h}\times(-4)$

$$=f'(a)\times(-4)$$
$$=2\times(-4)=-8$$

(2) (주어진 식) $= \displaystyle\lim_{h \to 0} \left\{ \dfrac{f(a+h^2)-f(a)}{h^2} \times h \right\}$

$\qquad\qquad = f'(a) \times 0 = 0$

(3) (주어진 식)

$= \displaystyle\lim_{h \to 0} \dfrac{f(a+h)-f(a)-f(a-h)+f(a)}{2h}$

$= \displaystyle\lim_{h \to 0} \dfrac{f(a+h)-f(a)}{2h} - \lim_{h \to 0} \dfrac{f(a-h)-f(a)}{2h}$

$= \displaystyle\lim_{h \to 0} \dfrac{f(a+h)-f(a)}{h} \times \dfrac{1}{2}$

$\quad - \displaystyle\lim_{h \to 0} \dfrac{f(a-h)-f(a)}{-h} \times \left(-\dfrac{1}{2} \right)$

$= f'(a) \times \dfrac{1}{2} - f'(a) \times \left(-\dfrac{1}{2} \right) = f'(a) = 2$

(4) (주어진 식)

$= \displaystyle\lim_{h \to 0} \dfrac{f(a+5h)-f(a)-f(a+h)+f(a)}{h}$

$= \displaystyle\lim_{h \to 0} \dfrac{f(a+5h)-f(a)}{h}$

$\quad - \displaystyle\lim_{h \to 0} \dfrac{f(a+h)-f(a)}{h}$

$= \displaystyle\lim_{h \to 0} \dfrac{f(a+5h)-f(a)}{5h} \times 5$

$\quad - \displaystyle\lim_{h \to 0} \dfrac{f(a+h)-f(a)}{h}$

$= f'(a) \times 5 - f'(a) = 4f'(a)$

$= 4 \times 2 = 8$

답 (1) -8　(2) $\mathbf{0}$　(3) $\mathbf{2}$　(4) $\mathbf{8}$

99

$\displaystyle\lim_{h \to 0} \dfrac{f(1-2h)-f(1+h)}{h}$

$= \displaystyle\lim_{h \to 0} \dfrac{f(1-2h)-f(1)-f(1+h)+f(1)}{h}$

$= \displaystyle\lim_{h \to 0} \dfrac{f(1-2h)-f(1)}{h} - \lim_{h \to 0} \dfrac{f(1+h)-f(1)}{h}$

$= \displaystyle\lim_{h \to 0} \dfrac{f(1-2h)-f(1)}{-2h} \times (-2)$

$\quad - \displaystyle\lim_{h \to 0} \dfrac{f(1+h)-f(1)}{h}$

$= f'(1) \times (-2) - f'(1) = -3f'(1)$

따라서 $-3f'(1)=9$이므로

$\quad f'(1) = -3$

답 -3

100

(1) (주어진 식) $= \displaystyle\lim_{x \to 2} \left\{ \dfrac{f(x)-f(2)}{x-2} \times \dfrac{1}{x+2} \right\}$

$\qquad\qquad = f'(2) \times \dfrac{1}{4} = \dfrac{1}{2} \times \dfrac{1}{4} = \dfrac{1}{8}$

(2) (주어진 식)

$= \displaystyle\lim_{x \to 2} \left\{ \dfrac{x-2}{f(x)-f(2)} \times (x^2+2x+4) \right\}$

$= \displaystyle\lim_{x \to 2} \left\{ \dfrac{1}{\dfrac{f(x)-f(2)}{x-2}} \times (x^2+2x+4) \right\}$

$= \dfrac{1}{f'(2)} \times 12$

$= 2 \times 12 = 24$

(3) (주어진 식)

$= \displaystyle\lim_{x \to 2} \dfrac{2f(x)-2f(2)-xf(2)+2f(2)}{x-2}$

$= \displaystyle\lim_{x \to 2} \dfrac{2\{f(x)-f(2)\}-(x-2)f(2)}{x-2}$

$= 2 \displaystyle\lim_{x \to 2} \dfrac{f(x)-f(2)}{x-2} - \lim_{x \to 2} \dfrac{(x-2)f(2)}{x-2}$

$= 2f'(2) - f(2)$

$= 2 \times \dfrac{1}{2} - 3 = -2$

답 (1) $\dfrac{1}{8}$　(2) $\mathbf{24}$　(3) $\mathbf{-2}$

101

$x=0,\ y=0$을 주어진 식에 대입하면

$\quad f(0) = f(0) + f(0) + 1$

$\quad \therefore f(0) = -1$

이때

$\quad f'(4) = \displaystyle\lim_{h \to 0} \dfrac{f(4+h)-f(4)}{h}$

$\qquad\quad = \displaystyle\lim_{h \to 0} \dfrac{f(4)+f(h)+1-f(4)}{h}$

$\qquad\quad = \displaystyle\lim_{h \to 0} \dfrac{f(h)+1}{h}$

$\qquad\quad = \displaystyle\lim_{h \to 0} \dfrac{f(h)-f(0)}{h}$

$\qquad\quad = f'(0)$

이므로　$f'(0) = 1$

답 1

102

$$f'(1)=\lim_{h\to 0}\frac{f(1+h)-f(1)}{h}$$
$$=\lim_{h\to 0}\frac{f(1)+f(h)+h-f(1)}{h}$$
$$=\lim_{h\to 0}\frac{f(h)}{h}+1$$
$$=3$$

이므로 $\quad\lim_{h\to 0}\frac{f(h)}{h}=2$

$$\therefore f'(3)=\lim_{h\to 0}\frac{f(3+h)-f(3)}{h}$$
$$=\lim_{h\to 0}\frac{f(3)+f(h)+3h-f(3)}{h}$$
$$=\lim_{h\to 0}\frac{f(h)}{h}+3$$
$$=2+3=5$$

답 5

103

곡선 $y=f(x)$ 위의 점 $(2,\ f(2))$에서의 접선의 기울기가 10이므로 $\quad f'(2)=10$

$$\therefore \lim_{h\to 0}\frac{f(2+h)-f(2)}{5h}$$
$$=\lim_{h\to 0}\frac{f(2+h)-f(2)}{h}\times\frac{1}{5}$$
$$=f'(2)\times\frac{1}{5}$$
$$=10\times\frac{1}{5}=2$$

답 2

104

①~⑤의 값은 다음 그래프에서 각 직선의 기울기와 같다.

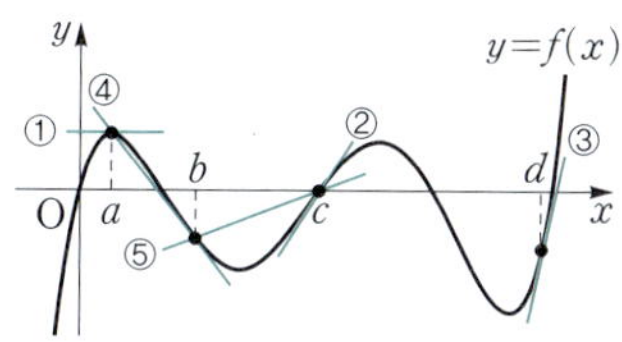

직선의 기울기가 큰 것부터 순서대로 나열하면

③, ②, ⑤, ①, ④

이므로 그 값이 가장 큰 것은 ③이다.

답 ③

02 미분가능성과 연속성

105

⑴ (i) $f(-1)=0$이고

$$\lim_{x\to -1}f(x)=\lim_{x\to -1}(x+1)|x+1|=0$$이므로

$$\lim_{x\to -1}f(x)=f(-1)$$

따라서 함수 $f(x)$는 $x=-1$에서 연속이다.

(ii) $$\lim_{x\to -1+}\frac{f(x)-f(-1)}{x+1}$$
$$=\lim_{x\to -1+}\frac{(x+1)|x+1|}{x+1}$$
$$=\lim_{x\to -1+}\frac{(x+1)^2}{x+1}$$
$$=\lim_{x\to -1+}(x+1)=0$$
$$\lim_{x\to -1-}\frac{f(x)-f(-1)}{x+1}$$
$$=\lim_{x\to -1-}\frac{(x+1)|x+1|}{x+1}$$
$$=\lim_{x\to -1-}\frac{-(x+1)^2}{x+1}$$
$$=\lim_{x\to -1-}(-x-1)=0$$

따라서 $f'(-1)=0$이므로 함수 $f(x)$는

$x=-1$에서 미분가능하다.

(i), (ii)에서 함수 $f(x)$는 $x=-1$에서 연속이고 미분가능하다.

⑵ (i) $f(-1)=0$이고

$$\lim_{x\to -1}f(x)=\lim_{x\to -1}|x^2-1|=0$$이므로

$$\lim_{x\to -1}f(x)=f(-1)$$

따라서 함수 $f(x)$는 $x=-1$에서 연속이다.

(ii) $$\lim_{x\to -1+}\frac{f(x)-f(-1)}{x+1}$$
$$=\lim_{x\to -1+}\frac{|x^2-1|}{x+1}=\lim_{x\to -1+}\frac{-(x^2-1)}{x+1}$$
$$=\lim_{x\to -1+}\frac{-(x+1)(x-1)}{x+1}$$
$$=\lim_{x\to -1+}(-x+1)=2$$
$$\lim_{x\to -1-}\frac{f(x)-f(-1)}{x+1}$$
$$=\lim_{x\to -1-}\frac{|x^2-1|}{x+1}=\lim_{x\to -1-}\frac{x^2-1}{x+1}$$

$$= \lim_{x \to -1-} \frac{(x+1)(x-1)}{x+1}$$

$$= \lim_{x \to -1-} (x-1) = -2$$

따라서 $f'(-1)$의 값이 존재하지 않으므로 함수 $f(x)$는 $x=-1$에서 미분가능하지 않다.

(i), (ii)에서 함수 $f(x)$는 $x=-1$에서 연속이지만 미분가능하지 않다.

(3)(i) $f(-1)=1$이고

$$\lim_{x \to -1+} f(x) = \lim_{x \to -1+} x^2 = 1,$$

$$\lim_{x \to -1-} f(x) = \lim_{x \to -1-} (-x) = 1$$

이므로 $\quad \lim_{x \to -1} f(x) = 1$

$$\therefore \lim_{x \to -1} f(x) = f(-1)$$

따라서 함수 $f(x)$는 $x=-1$에서 연속이다.

(ii) $\displaystyle\lim_{x \to -1+} \frac{f(x)-f(-1)}{x+1}$

$$= \lim_{x \to -1+} \frac{x^2-1}{x+1}$$

$$= \lim_{x \to -1+} \frac{(x+1)(x-1)}{x+1}$$

$$= \lim_{x \to -1+} (x-1) = -2$$

$$\lim_{x \to -1-} \frac{f(x)-f(-1)}{x+1} = \lim_{x \to -1-} \frac{-x-1}{x+1}$$

$$= -1$$

따라서 $f'(-1)$의 값이 존재하지 않으므로 함수 $f(x)$는 $x=-1$에서 미분가능하지 않다.

(i), (ii)에서 함수 $f(x)$는 $x=-1$에서 연속이지만 미분가능하지 않다.

> **탑** (1) **연속이고 미분가능하다.**
>
> (2) **연속이지만 미분가능하지 않다.**
>
> (3) **연속이지만 미분가능하지 않다.**

106

① 점 $(3, f(3))$에서의 접선의 기울기는 양수이므로 $f'(3)>0$이다.

② $\displaystyle\lim_{x \to 4+} f(x) = \lim_{x \to 4-} f(x)$이므로 $\displaystyle\lim_{x \to 4} f(x)$의 값이 존재한다.

③ $f'(x)=0$인 x의 값은 $0<x<2$에서 1개 존재한다.

④ 함수 $f(x)$는 $x=4$, $x=5$에서 불연속이므로 불연속인 x의 값은 2개이다.

⑤ 함수 $f(x)$는 $x=2$, $x=4$, $x=5$에서 미분가능하지 않으므로 미분가능하지 않은 x의 값은 3개이다.

> **탑** ⑤

● 본책 69~71쪽

107

> **전략** 함수 $f(x)$에서 x의 값이 p에서 q까지 변할 때의 평균변화율은 $\dfrac{f(q)-f(p)}{q-p}$임을 이용한다.

x의 값이 1에서 a까지 변할 때의 함수 $f(x)$의 평균변화율은

$$\frac{f(a)-f(1)}{a-1} = \frac{(a^3-2a+5)-4}{a-1}$$

$$= \frac{a^3-2a+1}{a-1}$$

$$= \frac{(a-1)(a^2+a-1)}{a-1}$$

$$= a^2+a-1$$

따라서 $a^2+a-1=19$이므로

$$a^2+a-20=0, \quad (a+5)(a-4)=0$$

$$\therefore a=4 \ (\because a>1)$$

> **탑 4**

108

> **전략** $\displaystyle\lim_{h \to 0} \frac{f(a+h)-f(a)}{h} = f'(a)$임을 이용할 수 있도록 주어진 식을 변형한다.

$$\lim_{h \to 0} \frac{f(h)-f(-2h)}{2h}$$

$$= \lim_{h \to 0} \frac{f(h)-f(0)-\{f(-2h)-f(0)\}}{2h}$$

$$= \lim_{h \to 0} \frac{f(h)-f(0)}{h} \times \frac{1}{2} + \lim_{h \to 0} \frac{f(-2h)-f(0)}{-2h}$$

$$= \frac{1}{2} f'(0) + f'(0)$$

$$= \frac{3}{2} f'(0)$$

따라서 $\dfrac{3}{2} f'(0) = 3$이므로

$$f'(0) = 2$$

> **탑 2**

109

전략 미분계수의 정의를 이용한다.

$\lim\limits_{x \to 2} \dfrac{f(x)-f(2)}{x-2}=3$에서 $f'(2)=3$

$\therefore \lim\limits_{h \to 0} \dfrac{f(2+h)-f(2-h)}{h}$

$=\lim\limits_{h \to 0} \dfrac{f(2+h)-f(2)-\{f(2-h)-f(2)\}}{h}$

$=\lim\limits_{h \to 0} \dfrac{f(2+h)-f(2)}{h}$

$\quad +\lim\limits_{h \to 0} \dfrac{f(2-h)-f(2)}{-h}$

$=f'(2)+f'(2)=2f'(2)=6$ **답** ④

110

전략 $\lim\limits_{x \to a} \dfrac{f(x)-f(a)}{x-a}=f'(a)$임을 이용할 수 있도록 주어진 식을 변형한다.

$\lim\limits_{x \to 1} \dfrac{\{f(x)\}^2-1}{x^2-1}=\lim\limits_{x \to 1}\left\{ \dfrac{f(x)-1}{x-1} \times \dfrac{f(x)+1}{x+1}\right\}$

$\qquad =f'(1) \times \dfrac{f(1)+1}{2}$

$\qquad =2 \times \dfrac{1+1}{2}=2$ **답** **2**

111

전략 $f(2)=0$임을 이용하여 주어진 식이 $\lim\limits_{x \to a} \dfrac{f(x)-f(a)}{x-a}$의 꼴을 포함하도록 변형한다.

$f(2)=0$이므로

$\lim\limits_{x \to 2} \dfrac{f(x)}{x^2+2x-8}=\lim\limits_{x \to 2} \dfrac{f(x)-f(2)}{(x+4)(x-2)}$

$\qquad =\lim\limits_{x \to 2}\left\{ \dfrac{1}{x+4} \times \dfrac{f(x)-f(2)}{x-2}\right\}$

$\qquad =\dfrac{1}{6}f'(2)=\dfrac{1}{6} \times 12=2$ **답** **2**

112

전략 $\lim\limits_{x \to 0} f(x)=f(0)$이고, $f'(0)$의 값은 존재하지 않는 함수를 찾는다.

① (i) $f(0)=2$이고 $\lim\limits_{x \to 0} f(x)=\lim\limits_{x \to 0} 2=2$이므로

$\qquad \lim\limits_{x \to 0} f(x)=f(0)$

따라서 함수 $f(x)$는 $x=0$에서 연속이다.

(ii) $\lim\limits_{x \to 0} \dfrac{f(x)-f(0)}{x-0}=\lim\limits_{x \to 0} \dfrac{2-2}{x}=0$

따라서 $f'(0)=0$이므로 함수 $f(x)$는 $x=0$에서 미분가능하다.

(i), (ii)에서 함수 $f(x)$는 $x=0$에서 연속이고 미분가능하다.

② (i) $f(0)=0$이고 $\lim\limits_{x \to 0} f(x)=\lim\limits_{x \to 0} |x|^2=0$이므로

$\qquad \lim\limits_{x \to 0} f(x)=f(0)$

따라서 함수 $f(x)$는 $x=0$에서 연속이다.

(ii) $f(x)=|x|^2=x^2$이므로

$\qquad \lim\limits_{x \to 0} \dfrac{f(x)-f(0)}{x-0}=\lim\limits_{x \to 0} \dfrac{x^2}{x}=\lim\limits_{x \to 0} x=0$

따라서 $f'(0)=0$이므로 함수 $f(x)$는 $x=0$에서 미분가능하다.

(i), (ii)에서 함수 $f(x)$는 $x=0$에서 연속이고 미분가능하다.

③ (i) $f(0)=-1$이고

$\qquad \lim\limits_{x \to 0} f(x)=\lim\limits_{x \to 0} (x^2-1)=-1$이므로

$\qquad \lim\limits_{x \to 0} f(x)=f(0)$

따라서 함수 $f(x)$는 $x=0$에서 연속이다.

(ii) $\lim\limits_{x \to 0} \dfrac{f(x)-f(0)}{x-0}=\lim\limits_{x \to 0} \dfrac{x^2-1-(-1)}{x}$

$\qquad\qquad =\lim\limits_{x \to 0} x=0$

따라서 $f'(0)=0$이므로 함수 $f(x)$는 $x=0$에서 미분가능하다.

(i), (ii)에서 함수 $f(x)$는 $x=0$에서 연속이고 미분가능하다.

④ (i) $f(0)=0$이고

$\qquad \lim\limits_{x \to 0} f(x)=\lim\limits_{x \to 0} (|x|-x)=0$이므로

$\qquad \lim\limits_{x \to 0} f(x)=f(0)$

따라서 함수 $f(x)$는 $x=0$에서 연속이다.

(ii) $\lim\limits_{x \to 0+} \dfrac{f(x)-f(0)}{x-0}=\lim\limits_{x \to 0+} \dfrac{|x|-x}{x}$

$\qquad\qquad =\lim\limits_{x \to 0+} \dfrac{x-x}{x}=0$

$\qquad \lim\limits_{x \to 0-} \dfrac{f(x)-f(0)}{x-0}=\lim\limits_{x \to 0-} \dfrac{|x|-x}{x}$

$\qquad\qquad =\lim\limits_{x \to 0-} \dfrac{-x-x}{x}=-2$

따라서 $f'(0)$의 값이 존재하지 않으므로 함수 $f(x)$는 $x=0$에서 미분가능하지 않다.

(ⅰ), (ⅱ)에서 함수 $f(x)$는 $x=0$에서 연속이지만 미분가능하지 않다.

⑤ $f(0)$이 정의되어 있지 않으므로 $f(x)$는 $x=0$에서 불연속이고 미분가능하지 않다.

답 ④

113

전략 함수 $y=f(x)$의 그래프가 $x=a$에서 끊어지거나 꺾이면 함수 $f(x)$는 $x=a$에서 미분가능하지 않다.

ㄱ. $1<x<2$에서 접선의 기울기는 양수이므로
$$f'(x)>0 \ (참)$$

ㄴ. $\lim_{x\to 3+} f(x)=\lim_{x\to 3-} f(x)$이므로 $\lim_{x\to 3} f(x)$의 값이 존재한다. (거짓)

ㄷ. 함수 $f(x)$는 $x=3$, $x=5$에서 불연속이므로 불연속인 x의 값은 2개이다. (거짓)

ㄹ. 함수 $f(x)$는 $x=1$, $x=3$, $x=5$에서 미분가능하지 않으므로 미분가능하지 않은 x의 값은 3개이다. (참)

이상에서 옳은 것은 ㄱ, ㄹ이다.

답 ㄱ, ㄹ

114

전략 평균변화율과 순간변화율의 정의를 이용한다.

x의 값이 a에서 b까지 변할 때의 함수 $f(x)$의 평균변화율은

$$\frac{f(b)-f(a)}{b-a}=\frac{(b^2-b+1)-(a^2-a+1)}{b-a}$$
$$=\frac{b^2-a^2-(b-a)}{b-a}$$
$$=\frac{(b-a)(b+a-1)}{b-a}$$
$$=b+a-1$$

함수 $f(x)$의 $x=3$에서의 순간변화율은

$$f'(3)=\lim_{h\to 0}\frac{f(3+h)-f(3)}{h}$$
$$=\lim_{h\to 0}\frac{\{(3+h)^2-(3+h)+1\}-7}{h}$$
$$=\lim_{h\to 0}\frac{h^2+5h}{h}=\lim_{h\to 0}(h+5)=5$$

따라서 $b+a-1=5$이므로
$$a+b=6$$

답 6

115

전략 미분계수의 정의를 이용한다.

$$f'(-2)=\lim_{x\to 0}\frac{f(-2+x)-f(-2)}{x}$$
$$=\lim_{x\to 0}\frac{x^3+15x^2+7x}{x}$$
$$=\lim_{x\to 0}(x^2+15x+7)=7$$

답 7

116

전략 $\lim_{x\to a}\dfrac{f(x)-f(a)}{x-a}=f'(a)$임을 이용할 수 있도록 주어진 식을 변형한다.

$$\lim_{x\to 1}\frac{x^3 f(1)-f(x^2)}{x-1}$$
$$=\lim_{x\to 1}\frac{x^3 f(1)-f(1)-\{f(x^2)-f(1)\}}{x-1}$$
$$=\lim_{x\to 1}\frac{(x^3-1)f(1)}{x-1}-\lim_{x\to 1}\frac{f(x^2)-f(1)}{x-1}$$
$$=\lim_{x\to 1}(x^2+x+1)f(1)$$
$$\quad -\lim_{x\to 1}\left\{\frac{f(x^2)-f(1)}{x^2-1}\times (x+1)\right\}$$
$$=3f(1)-2f'(1)$$
$$=3\times 1-2\times 3=-3$$

답 -3

117

전략 $f(1)=0$임을 이용하여 주어진 식이 $\lim_{x\to a}\dfrac{f(x)-f(a)}{x-a}$의 꼴을 포함하도록 변형한다.

$$\lim_{x\to 1}\frac{\{f(x)\}^2-2f(x)}{1-x}$$
$$=\lim_{x\to 1}\frac{f(x)\{f(x)-2\}}{1-x}$$
$$=\lim_{x\to 1}\frac{\{f(x)-f(1)\}\{f(x)-2\}}{1-x} \ (\because f(1)=0)$$
$$=\lim_{x\to 1}\left[\frac{f(x)-f(1)}{x-1}\times \{2-f(x)\}\right]$$
$$=f'(1)\times \{2-f(1)\}=2f'(1)$$

따라서 $2f'(1)=10$이므로
$$f'(1)=5$$

답 5

118

전략 $\lim\limits_{x \to a} \dfrac{q(x)}{p(x)} = \alpha$ (α는 실수)일 때, $\lim\limits_{x \to a} p(x) = 0$이면 $\lim\limits_{x \to a} q(x) = 0$임을 이용한다.

$\lim\limits_{x \to 2} \dfrac{f(x-1)-8}{x^2-4} = 3$에서 $x \longrightarrow 2$일 때 (분모) $\longrightarrow 0$

이고 극한값이 존재하므로 (분자) $\longrightarrow 0$이다.

즉 $\lim\limits_{x \to 2} \{ f(x-1)-8 \} = 0$이므로

$$f(1)-8=0 \qquad \therefore f(1)=8$$

$x-1=t$라 하면 $x \longrightarrow 2$일 때 $t \longrightarrow 1$이므로

$$\lim_{x \to 2} \frac{f(x-1)-8}{x^2-4}$$
$$= \lim_{t \to 1} \frac{f(t)-f(1)}{(t+1)^2-4} = \lim_{t \to 1} \frac{f(t)-f(1)}{t^2+2t-3}$$
$$= \lim_{t \to 1} \left\{ \frac{f(t)-f(1)}{t-1} \times \frac{1}{t+3} \right\}$$
$$= \frac{1}{4} f'(1)$$

따라서 $\dfrac{1}{4} f'(1) = 3$이므로 $\quad f'(1) = 12$

$$\therefore f(1)+f'(1)=8+12=20$$

답 **20**

119

전략 미분계수의 정의와 주어진 등식을 이용하여 $f'(100)$과 $f(100)$ 사이의 관계식을 구한다.

$x=0$, $y=0$을 주어진 식에 대입하면

$$f(0)=2\{f(0)\}^2$$
$$\therefore f(0)=\frac{1}{2} \ (\because f(0) \neq 0)$$

따라서

$$f'(100) = \lim_{h \to 0} \frac{f(100+h)-f(100)}{h}$$
$$= \lim_{h \to 0} \frac{2f(100)f(h)-f(100)}{h}$$
$$= \lim_{h \to 0} \frac{2f(100)\left\{ f(h)-\dfrac{1}{2} \right\}}{h}$$
$$= 2f(100) \lim_{h \to 0} \frac{f(h)-f(0)}{h}$$
$$= 2f(100)f'(0)$$
$$= 2f(100) \times 4 = 8f(100)$$

이므로 $\quad \dfrac{f'(100)}{f(100)} = 8$

답 **8**

120

전략 곡선 $y=f(x)$ 위의 $x=a$인 점에서의 접선의 기울기와 직선 $y=g(x)$의 기울기가 같음을 이용한다.

곡선 $y=f(x)$와 직선 $y=g(x)$가 $x=a$인 점에서 접하므로

$$f(a)=g(a), \ f'(a)=g'(a)$$
$$\therefore \lim_{x \to a} \frac{f(x)-g(x)}{x-a}$$
$$= \lim_{x \to a} \frac{f(x)-f(a)-\{g(x)-g(a)\}}{x-a}$$
$$= \lim_{x \to a} \frac{f(x)-f(a)}{x-a} - \lim_{x \to a} \frac{g(x)-g(a)}{x-a}$$
$$= f'(a)-g'(a)=0$$

답 **0**

121

전략 $x=0$에서의 미분계수가 존재하는 함수를 찾는다.

ㄱ. $f(x)$는 $x=0$에서 연속이고

$$\lim_{x \to 0+} \frac{f(x)-f(0)}{x-0} = \lim_{x \to 0+} \frac{2x}{x} = 2$$
$$\lim_{x \to 0-} \frac{f(x)-f(0)}{x-0} = \lim_{x \to 0-} \frac{-2x}{x} = -2$$

따라서 $f'(0)$의 값이 존재하지 않으므로 $f(x)$는 $x=0$에서 미분가능하지 않다.

ㄴ. $g(x)$는 $x=0$에서 연속이고

$$\lim_{x \to 0+} \frac{g(x)-g(0)}{x-0} = \lim_{x \to 0+} \frac{(x+1)^2-1}{x}$$
$$= \lim_{x \to 0+} \frac{x^2+2x}{x} = 2$$
$$\lim_{x \to 0-} \frac{g(x)-g(0)}{x-0} = \lim_{x \to 0-} \frac{2x+1-1}{x} = 2$$

따라서 $g'(0)=2$이므로 $g(x)$는 $x=0$에서 미분가능하다.

ㄷ. $\lim\limits_{x \to 0+} h(x) = \lim\limits_{x \to 0+} (x^2+x+1)=1$

$\lim\limits_{x \to 0-} h(x) = \lim\limits_{x \to 0-} (-x^2+x-1)=-1$

즉 $\lim\limits_{x \to 0} h(x)$의 값이 존재하지 않으므로 $h(x)$는 $x=0$에서 불연속이다.

따라서 $h(x)$는 $x=0$에서 미분가능하지 않다.

이상에서 $x=0$에서 미분가능한 함수는 ㄴ뿐이다.

답 **ㄴ**

122

전략 주어진 조건을 이용하여 $f'(1)$, $g'(1)$ 사이의 관계식을 구한다.

조건 ㈎에서 $x \longrightarrow 1$일 때 (분모) $\longrightarrow 0$이고 극한값이 존재하므로 (분자) $\longrightarrow 0$이다.

즉 $\lim\limits_{x \to 1} \{f(x)-g(x)\}=0$이므로

$$f(1)-g(1)=0$$
$$\therefore f(1)=g(1) \qquad \cdots\cdots \text{㉠}$$

따라서

$$\lim_{x \to 1} \frac{f(x)-g(x)}{x-1}$$
$$=\lim_{x \to 1} \frac{f(x)-f(1)-\{g(x)-g(1)\}}{x-1}$$
$$=\lim_{x \to 1} \frac{f(x)-f(1)}{x-1}-\lim_{x \to 1} \frac{g(x)-g(1)}{x-1}$$
$$=f'(1)-g'(1)$$

이므로 $\qquad f'(1)-g'(1)=5 \qquad \cdots\cdots \text{㉡}$

또 조건 ㈏에서

$$\lim_{x \to 1} \frac{f(x)+g(x)-2f(1)}{x-1}$$
$$=\lim_{x \to 1} \frac{f(x)-f(1)+g(x)-g(1)}{x-1} \quad (\because \text{㉠})$$
$$=\lim_{x \to 1} \frac{f(x)-f(1)}{x-1}+\lim_{x \to 1} \frac{g(x)-g(1)}{x-1}$$
$$=f'(1)+g'(1)$$

이므로 $\qquad f'(1)+g'(1)=7 \qquad \cdots\cdots \text{㉢}$

㉡, ㉢을 연립하여 풀면

$$f'(1)=6, \ g'(1)=1$$

한편 $\lim\limits_{x \to 1} \dfrac{f(x)-a}{x-1}=b \times g(1)$에서 $x \longrightarrow 1$일 때

(분모) $\longrightarrow 0$이고 극한값이 존재하므로 (분자) $\longrightarrow 0$이다.

즉 $\lim\limits_{x \to 1} \{f(x)-a\}=0$이므로

$$f(1)-a=0 \qquad \therefore a=f(1)=g(1)$$

따라서 $\lim\limits_{x \to 1} \dfrac{f(x)-a}{x-1}=b \times g(1)$에서

$$\lim_{x \to 1} \frac{f(x)-f(1)}{x-1}=b \times a$$
$$\therefore f'(1)=ab$$
$$\therefore ab=6 \qquad\qquad \text{답} ③$$

123

(1) $f'(x)=\lim\limits_{\Delta x \to 0} \dfrac{f(x+\Delta x)-f(x)}{\Delta x}$

$\qquad =\lim\limits_{\Delta x \to 0} \dfrac{3-3}{\Delta x}=0$

(2) $f'(x)=\lim\limits_{\Delta x \to 0} \dfrac{f(x+\Delta x)-f(x)}{\Delta x}$

$\qquad =\lim\limits_{\Delta x \to 0} \dfrac{\{(x+\Delta x)-4\}-(x-4)}{\Delta x}$

$\qquad =\lim\limits_{\Delta x \to 0} \dfrac{\Delta x}{\Delta x}=1$

(3) $f'(x)$

$\qquad =\lim\limits_{\Delta x \to 0} \dfrac{f(x+\Delta x)-f(x)}{\Delta x}$

$\qquad =\lim\limits_{\Delta x \to 0} \dfrac{\{2(x+\Delta x)^2+(x+\Delta x)\}-(2x^2+x)}{\Delta x}$

$\qquad =\lim\limits_{\Delta x \to 0} \dfrac{2(\Delta x)^2+4x\Delta x+\Delta x}{\Delta x}$

$\qquad =\lim\limits_{\Delta x \to 0} (2\Delta x+4x+1)$

$\qquad =4x+1$

$$\text{답} \ (1) \ f'(x)=0 \quad (2) \ f'(x)=1$$
$$(3) \ f'(x)=4x+1$$

124

답 (1) $y'=5x^4$

$\quad$ (2) $y'=0$

$\quad$ (3) $y'=24x^7$

$\quad$ (4) $y'=-6x^5$

$\quad$ (5) $y'=10x$

$\quad$ (6) $y'=12x^2-x$

125

(1) $y'=(x+5)'(2x-3)+(x+5)(2x-3)'$

$\qquad =1 \times (2x-3)+(x+5) \times 2$

$\qquad =4x+7$

(2) $y'=(x^3+2)'(x^2-1)+(x^3+2)(x^2-1)'$

$\qquad =3x^2(x^2-1)+(x^3+2) \times 2x$

$\qquad =5x^4-3x^2+4x$

(3) $y'=x'(x+2)(x-1)+x(x+2)'(x-1)$
$\quad+x(x+2)(x-1)'$
$=1\times(x+2)(x-1)+x\times1\times(x-1)$
$\quad+x(x+2)\times1$
$=3x^2+2x-2$

(4) $y'=(x-3)'(2x+1)(3x-2)$
$\quad+(x-3)(2x+1)'(3x-2)$
$\quad+(x-3)(2x+1)(3x-2)'$
$=1\times(2x+1)(3x-2)$
$\quad+(x-3)\times2\times(3x-2)$
$\quad+(x-3)(2x+1)\times3$
$=18x^2-38x+1$

(5) $y=(-3x^2+2)^2=(-3x^2+2)(-3x^2+2)$
이므로
$$y'=(-3x^2+2)'(-3x^2+2)$$
$$\quad+(-3x^2+2)(-3x^2+2)'$$
$$=-6x(-3x^2+2)+(-3x^2+2)\times(-6x)$$
$$=-12x(-3x^2+2)$$

(6) $y=(2x-1)^3=(2x-1)(2x-1)(2x-1)$
이므로
$$y'=(2x-1)'(2x-1)(2x-1)$$
$$\quad+(2x-1)(2x-1)'(2x-1)$$
$$\quad+(2x-1)(2x-1)(2x-1)'$$
$$=2(2x-1)^2+(2x-1)\times2\times(2x-1)$$
$$\quad+(2x-1)^2\times2$$
$$=6(2x-1)^2$$

답 풀이 참조

다른 풀이 (5) $y'=2\times(-3x^2+2)(-3x^2+2)'$
$\quad=2\times(-3x^2+2)\times(-6x)$
$\quad=-12x(-3x^2+2)$

(6) $y'=3\times(2x-1)^2(2x-1)'$
$\quad=3\times(2x-1)^2\times2$
$\quad=6(2x-1)^2$

126

$f(x)=(x^5-2x)^3=(x^5-2x)(x^5-2x)(x^5-2x)$
이므로

$f'(x)=(x^5-2x)'(x^5-2x)(x^5-2x)$
$\quad+(x^5-2x)(x^5-2x)'(x^5-2x)$
$\quad+(x^5-2x)(x^5-2x)(x^5-2x)'$
$=3(5x^4-2)(x^5-2x)^2$
$\therefore f'(-1)=3\times3\times1=9$

답 9

다른 풀이 $f'(x)=3\times(x^5-2x)^2(x^5-2x)'$
$\quad=3(x^5-2x)^2(5x^4-2)$

127

$f'(x)=(x^2+1)'g(x)+(x^2+1)g'(x)$
$\quad=2xg(x)+(x^2+1)g'(x)$
$\therefore f'(1)=2g(1)+2g'(1)$
$\quad=2\times(-1)+2\times2=2$

답 2

128

$f'(x)=(-x^2+2)'(x-3)(x+a)$
$\quad+(-x^2+2)(x-3)'(x+a)$
$\quad+(-x^2+2)(x-3)(x+a)'$
$=-2x(x-3)(x+a)$
$\quad+(-x^2+2)(x+a)$
$\quad+(-x^2+2)(x-3)$
$\therefore f'(2)=4(2+a)-2(2+a)+2$
$\quad=2a+6$
따라서 $2a+6=20$이므로
$\quad a=7$

답 7

129

$f'(x)=3x^2+2ax$이므로
$\quad f'(1)=3+2a$
$g'(x)=(4-x^2)'f(x)+(4-x^2)f'(x)$
$\quad=-2xf(x)+(4-x^2)f'(x)$
이므로
$\quad g'(1)=-2f(1)+3f'(1)$
$\quad\quad=-2(a-2)+3(3+2a)$
$\quad\quad=4a+13$
이때 $f'(1)=g'(1)$이므로
$\quad 3+2a=4a+13$
$\quad -2a=10 \quad \therefore a=-5$

답 -5

130

(주어진 식)

$$=\lim_{h\to 0}\frac{f(1+h)-f(1)-\{f(1-h)-f(1)\}}{h}$$

$$=\lim_{h\to 0}\frac{f(1+h)-f(1)}{h}+\lim_{h\to 0}\frac{f(1-h)-f(1)}{-h}$$

$$=f'(1)+f'(1)$$

$$=2f'(1)$$

이때 $f'(x)=4x^3-6x^2+1$이므로

$$f'(1)=-1$$

따라서 구하는 값은

$$2f'(1)=2\times(-1)=-2 \qquad \text{답} \ -2$$

131

$$(주어진\ 식)=\lim_{x\to 2}\left\{\frac{f(x)-f(2)}{x-2}\times\frac{1}{x^2+2x+4}\right\}$$

$$=\frac{1}{12}f'(2)$$

이때 $f'(x)=3x^2-6x+4$이므로

$$f'(2)=4$$

따라서 구하는 값은

$$\frac{1}{12}f'(2)=\frac{1}{12}\times 4=\frac{1}{3} \qquad \text{답} \ \frac{1}{3}$$

132

$\lim\limits_{x\to 1}\dfrac{f(x)}{x-1}=1$에서 $x\longrightarrow 1$일 때 (분모) $\longrightarrow 0$이고 극

한값이 존재하므로 (분자) $\longrightarrow 0$이다.

즉 $\lim\limits_{x\to 1}f(x)=0$이므로 $\quad f(1)=0$

$$\therefore \lim_{x\to 1}\frac{f(x)}{x-1}=\lim_{x\to 1}\frac{f(x)-f(1)}{x-1}$$

$$=f'(1)=1$$

$f(1)=0$에서 $\quad 1+a+b-b=0$

$$\therefore a=-1$$

이때 $f'(x)=3x^2-2x+b$이므로 $f'(1)=1$에서

$$3-2+b=1 \quad \therefore b=0$$

$$\therefore a-b=-1 \qquad \text{답} \ -1$$

133

$$\lim_{h\to 0}\frac{f(1+h)-f(1)}{h}=4$$에서 $\quad f'(1)=4$

$$\lim_{h\to 0}\frac{f(-2-h)-f(-2)}{h}$$

$$=\lim_{h\to 0}\frac{f(-2-h)-f(-2)}{-h}\times(-1)$$

$$=-f'(-2)=-1$$

에서 $\quad f'(-2)=1$

이때 $f'(x)=3x^2+2ax+b$이므로 $f'(1)=4$에서

$$3+2a+b=4 \quad \therefore 2a+b=1 \quad \cdots\cdots ㉠$$

$f'(-2)=1$에서 $\quad 12-4a+b=1$

$$\therefore 4a-b=11 \quad \cdots\cdots ㉡$$

㉠, ㉡을 연립하여 풀면 $\quad a=2,\ b=-3$

따라서 $f(x)=x^3+2x^2-3x+1$이므로

$$f(1)=1 \qquad \text{답} \ 1$$

134

$f(x)=x^{10}+x$라 하면 $\quad f(1)=2$

$$\therefore \lim_{x\to 1}\frac{x^{10}+x-2}{x-1}=\lim_{x\to 1}\frac{f(x)-f(1)}{x-1}$$

$$=f'(1)$$

이때 $f'(x)=10x^9+1$이므로 구하는 값은

$$f'(1)=11 \qquad \text{답} \ 11$$

> **해설 Focus**
>
> 주어진 식의 분자를 인수분해하여 구할 수도 있다.
>
> $$\lim_{x\to 1}\frac{x^{10}+x-2}{x-1}$$
>
> $$=\lim_{x\to 1}\frac{(x-1)(x^9+x^8+\cdots+x+2)}{x-1}$$
>
> $$=\lim_{x\to 1}(x^9+x^8+\cdots+x+2)$$
>
> $$=1\times 9+2=11$$
>
> 이때 주어진 식이 복잡할수록 인수분해하는 과정이 어려
> 우므로 치환하여 미분계수의 정의를 이용하는 것이 더
> 간단하다.

135

$$\lim_{x\to 2}\frac{x^n-x^3-x-6}{x-2}=k$$에서 $x\longrightarrow 2$일 때

(분모) $\longrightarrow 0$이고 극한값이 존재하므로 (분자) $\longrightarrow 0$이다.

즉 $\lim\limits_{x\to 2}(x^n-x^3-x-6)=0$이므로

$$2^n-8-2-6=0,\qquad 2^n=16$$

$$\therefore n=4$$

$f(x)=x^4-x^3-x$라 하면 $f(2)=6$이므로

$$\lim_{x \to 2} \frac{x^4-x^3-x-6}{x-2}=\lim_{x \to 2}\frac{f(x)-f(2)}{x-2}$$
$$=f'(2)$$

이때 $f'(x)=4x^3-3x^2-1$이므로

$$f'(2)=19 \qquad \therefore k=19$$
$$\therefore n+k=23$$

답 **23**

136

함수 $f(x)$가 $x=2$에서 미분가능하므로 $x=2$에서 연속이다.

즉 $\lim_{x \to 2} f(x)=f(2)$에서 $\qquad 16+b=4a-2$
$$\therefore b=4a-18 \qquad \cdots\cdots ㉠$$

또 $f'(2)$가 존재하므로

$$\lim_{x \to 2+} \frac{f(x)-f(2)}{x-2}$$
$$=\lim_{x \to 2+} \frac{(ax^2-2)-(4a-2)}{x-2}$$
$$=\lim_{x \to 2+} \frac{a(x+2)(x-2)}{x-2}$$
$$=\lim_{x \to 2+} a(x+2)=4a,$$
$$\lim_{x \to 2-} \frac{f(x)-f(2)}{x-2}$$
$$=\lim_{x \to 2-} \frac{(x^2+6x+b)-(4a-2)}{x-2}$$
$$=\lim_{x \to 2-} \frac{(x^2+6x+4a-18)-(4a-2)}{x-2} \ (\because ㉠)$$
$$=\lim_{x \to 2-} \frac{(x+8)(x-2)}{x-2}$$
$$=\lim_{x \to 2-} (x+8)=10$$

에서 $\qquad 4a=10 \qquad \therefore a=\dfrac{5}{2}$

$a=\dfrac{5}{2}$를 ㉠에 대입하면 $\qquad b=-8$

답 $a=\dfrac{5}{2},\ b=-8$

다른 풀이 $g(x)=ax^2-2,\ h(x)=x^2+6x+b$라 하면

$$g'(x)=2ax,\ h'(x)=2x+6$$

함수 $f(x)$가 $x=2$에서 연속이므로

$$g(2)=h(2)$$

즉 $4a-2=16+b$이므로

$$b=4a-18 \qquad \cdots\cdots ㉡$$

함수 $f(x)$가 $x=2$에서 미분가능하므로

$$g'(2)=h'(2)$$

즉 $4a=10$이므로 $\qquad a=\dfrac{5}{2}$

$a=\dfrac{5}{2}$를 ㉡에 대입하면 $\qquad b=-8$

137

함수 $f(x)$가 모든 실수 x에서 미분가능하면 $x=1$에서도 미분가능하므로 $x=1$에서 연속이다.

즉 $\lim_{x \to 1} f(x)=f(1)$에서 $\qquad 3=1+a+b$
$$\therefore a+b=2 \qquad \cdots\cdots ㉠$$

또 $f'(1)$이 존재하므로

$$\lim_{x \to 1+} \frac{f(x)-f(1)}{x-1}$$
$$=\lim_{x \to 1+} \frac{(x^3+ax^2+bx)-(1+a+b)}{x-1}$$
$$=\lim_{x \to 1+} \frac{(x-1)\{x^2+(a+1)x+a+b+1\}}{x-1}$$
$$=\lim_{x \to 1+} \{x^2+(a+1)x+a+b+1\}$$
$$=2a+b+3,$$
$$\lim_{x \to 1-} \frac{f(x)-f(1)}{x-1}$$
$$=\lim_{x \to 1-} \frac{(2x^2+1)-(1+a+b)}{x-1}$$
$$=\lim_{x \to 1-} \frac{2x^2-2}{x-1} \ (\because ㉠)$$
$$=\lim_{x \to 1-} \frac{2(x+1)(x-1)}{x-1}$$
$$=\lim_{x \to 1-} 2(x+1)=4$$

에서 $\qquad 2a+b+3=4$
$$\therefore 2a+b=1 \qquad \cdots\cdots ㉡$$

㉠, ㉡을 연립하여 풀면 $\qquad a=-1,\ b=3$
$$\therefore ab=-3$$

답 -3

다른 풀이 $g(x)=x^3+ax^2+bx,\ h(x)=2x^2+1$이라 하면 $\qquad g'(x)=3x^2+2ax+b,\ h'(x)=4x$

함수 $f(x)$가 $x=1$에서 연속이므로

$$g(1)=h(1)$$

즉 $1+a+b=3$이므로 $\quad a+b=2$ $\quad\cdots\cdots$ ㉢

함수 $f(x)$가 $x=1$에서 미분가능하므로

$\qquad g'(1)=h'(1)$

즉 $3+2a+b=4$이므로 $\quad 2a+b=1$ $\quad\cdots\cdots$ ㉣

㉢, ㉣을 연립하여 풀면 $\quad a=-1,\ b=3$

138

다항식 $x^{20}-ax+b$를 $(x-1)^2$으로 나누었을 때의 몫을 $Q(x)$라 하면

$$x^{20}-ax+b=(x-1)^2Q(x) \qquad\cdots\cdots ㉠$$

양변에 $x=1$을 대입하면

$$1-a+b=0 \qquad \therefore b=a-1 \qquad\cdots\cdots ㉡$$

㉠의 양변을 x에 대하여 미분하면

$$20x^{19}-a=2(x-1)Q(x)+(x-1)^2Q'(x)$$

양변에 $x=1$을 대입하면

$$20-a=0 \qquad \therefore a=20$$

$a=20$을 ㉡에 대입하면 $\quad b=19$

$$\therefore a+b=39$$

답 **39**

다른 풀이 $f(x)=x^{20}-ax+b$라 하면

$$f'(x)=20x^{19}-a$$

다항식 $f(x)$가 $(x-1)^2$으로 나누어떨어지므로

$$f(1)=0,\ f'(1)=0$$
$$1-a+b=0,\ 20-a=0$$
$$\therefore a=20,\ b=19$$

139

다항식 $x^{100}-2x^3+4$를 $(x+1)^2$으로 나누었을 때의 몫을 $Q(x)$, 나머지를 $ax+b$ $(a,\ b$는 상수)라 하면

$$x^{100}-2x^3+4$$
$$=(x+1)^2Q(x)+ax+b \qquad\cdots\cdots ㉠$$

㉠의 양변에 $x=-1$을 대입하면

$$-a+b=7 \qquad \therefore b=a+7 \qquad\cdots\cdots ㉡$$

㉠의 양변을 x에 대하여 미분하면

$$100x^{99}-6x^2$$
$$=2(x+1)Q(x)+(x+1)^2Q'(x)+a$$

양변에 $x=-1$을 대입하면 $\quad a=-106$

$a=-106$을 ㉡에 대입하면 $\quad b=-99$

따라서 구하는 나머지는

$$-106x-99$$

답 $-106x-99$

다른 풀이 $f(x)=x^{100}-2x^3+4$라 하면

$$f'(x)=100x^{99}-6x^2$$

다항식 $f(x)$를 $(x+1)^2$으로 나누었을 때의 나머지를

$$R(x)=ax+b\ (a,\ b는 상수)$$

라 하면 $R'(x)=a$이고

$$f(-1)=R(-1),\ f'(-1)=R'(-1)$$
$$7=-a+b,\ -106=a$$
$$\therefore a=-106,\ b=-99$$

140

전략 $\displaystyle\lim_{x\to2}\frac{f(x)-5}{x-2}=7$에서 $f(2)$, $f'(2)$의 값을 구한다.

$\displaystyle\lim_{x\to2}\frac{f(x)-5}{x-2}=7$에서 $x\longrightarrow 2$일 때 (분모) $\longrightarrow 0$이고 극한값이 존재하므로 (분자) $\longrightarrow 0$이다.

즉 $\displaystyle\lim_{x\to2}\{f(x)-5\}=0$이므로 $\quad f(2)-5=0$

$$\therefore f(2)=5$$
$$\therefore \lim_{x\to2}\frac{f(x)-5}{x-2}=\lim_{x\to2}\frac{f(x)-f(2)}{x-2}$$
$$=f'(2)=7$$

이때 $g(x)=xf(x)$에서

$$g'(x)=f(x)+xf'(x)$$
$$\therefore g'(2)=f(2)+2f'(2)=5+2\times7=19$$

답 **19**

141

전략 곡선 $y=f(x)$ 위의 점 $(a,\ b)$에서의 접선의 기울기가 m이면 $f(a)=b$, $f'(a)=m$임을 이용한다.

점 $(1,\ -1)$이 곡선 $y=x^3+ax^2+bx$ 위의 점이므로

$$-1=1+a+b$$
$$\therefore a+b=-2 \qquad\cdots\cdots ㉠$$

$y'=3x^2+2ax+b$이고 점 $(1,\ -1)$에서의 접선의 기울기가 2이므로

$$3+2a+b=2$$
$$\therefore 2a+b=-1 \qquad\cdots\cdots ㉡$$

㉠, ㉡을 연립하여 풀면 $\quad a=1,\ b=-3$

$$\therefore ab=-3$$

답 -3

142

전략 미분계수의 정의를 이용하여 주어진 식을 $f'(1)$, $g'(1)$에 대한 식으로 변형한다.

$f(1)=g(1)=5$이므로

$$\lim_{h\to 0}\frac{f(1+2h)-g(1-h)}{3h}$$

$$=\lim_{h\to 0}\frac{f(1+2h)-f(1)-\{g(1-h)-g(1)\}}{3h}$$

$$=\lim_{h\to 0}\frac{f(1+2h)-f(1)}{2h}\times\frac{2}{3}$$

$$+\lim_{h\to 0}\frac{g(1-h)-g(1)}{-h}\times\frac{1}{3}$$

$$=\frac{2}{3}f'(1)+\frac{1}{3}g'(1)$$

이때

$$f'(x)=1+2x+3x^2+4x^3+5x^4,$$
$$g'(x)=4x^3+5x^4+6x^5+7x^6+8x^7$$

이므로　　$f'(1)=15$, $g'(1)=30$

따라서 구하는 값은

$$\frac{2}{3}f'(1)+\frac{1}{3}g'(1)=\frac{2}{3}\times 15+\frac{1}{3}\times 30=20$$

답 20

143

전략 주어진 조건을 이용하여 $f'(3)$, $f'(1)$의 값을 구한다.

$\displaystyle\lim_{x\to 3}\frac{f(x)-f(3)}{x-3}=18$에서　　$f'(3)=18$

$$\lim_{x\to 1}\frac{x^3-1}{f(x)-f(1)}$$

$$=\lim_{x\to 1}\left\{\frac{x-1}{f(x)-f(1)}\times(x^2+x+1)\right\}$$

$$=\lim_{x\to 1}\left\{\frac{1}{\dfrac{f(x)-f(1)}{x-1}}\times(x^2+x+1)\right\}$$

$$=\frac{3}{f'(1)}=-\frac{3}{2}$$

에서　　$f'(1)=-2$

이때 $f'(x)=3x^2+2ax+b$이므로 $f'(3)=18$에서

$$27+6a+b=18$$

$$\therefore 6a+b=-9 \qquad\cdots\cdots\ \text{㉠}$$

$f'(1)=-2$에서　　$3+2a+b=-2$

$$\therefore 2a+b=-5 \qquad\cdots\cdots\ \text{㉡}$$

㉠, ㉡을 연립하여 풀면　　$a=-1$, $b=-3$

$$\therefore a+b=-4$$

답 -4

144

전략 주어진 식의 일부를 $f(x)$로 놓고 미분계수의 정의를 이용할 수 있도록 식을 변형한다.

$f(x)=x^{10}+x^9+x^8+x^7+x^6$이라 하면

$$f(-1)=1$$

$$\therefore \lim_{x\to -1}\frac{x^{10}+x^9+x^8+x^7+x^6-1}{x+1}$$

$$=\lim_{x\to -1}\frac{f(x)-f(-1)}{x-(-1)}$$

$$=f'(-1)$$

이때 $f'(x)=10x^9+9x^8+8x^7+7x^6+6x^5$이므로 구하는 값은

$$f'(-1)=-8$$

답 -8

145

전략 함수 $f(x)g(x)$가 실수 전체의 집합에서 미분가능하므로 $x=-3$에서의 미분계수가 존재함을 이용한다.

$h(x)=f(x)g(x)$라 하면

$$h(x)=|x+3|(2x+a)$$

$$=\begin{cases} (x+3)(2x+a) & (x\geq -3) \\ -(x+3)(2x+a) & (x<-3) \end{cases}$$

이때 함수 $h(x)$는 $x=-3$에서 미분가능하므로 $h'(-3)$이 존재하고

$$\lim_{x\to -3+}\frac{h(x)-h(-3)}{x+3}$$

$$=\lim_{x\to -3+}\frac{(x+3)(2x+a)}{x+3}$$

$$=\lim_{x\to -3+}(2x+a)=-6+a,$$

$$\lim_{x\to -3-}\frac{h(x)-h(-3)}{x+3}$$

$$=\lim_{x\to -3-}\frac{-(x+3)(2x+a)}{x+3}$$

$$=\lim_{x\to -3-}(-2x-a)=6-a$$

이므로　　$-6+a=6-a$

$$\therefore a=6$$

답 ③

다른 풀이 $p(x)=(x+3)(2x+a)$,

$q(x)=-(x+3)(2x+a)$라 하면

$$p'(x)=(x+3)'(2x+a)+(x+3)(2x+a)'$$
$$=(2x+a)+(x+3)\times 2$$
$$=4x+a+6,$$
$$q'(x)=-(x+3)'(2x+a)-(x+3)(2x+a)'$$
$$=-(2x+a)-(x+3)\times 2$$
$$=-4x-a-6$$

함수 $f(x)g(x)$가 $x=-3$에서 미분가능하므로
$$p'(-3)=q'(-3)$$
$$-12+a+6=12-a-6$$
$$2a=12 \qquad \therefore a=6$$

146

전략 곱의 미분법을 이용하여 $f'(x)$를 구한다.

$$f'(x)$$
$$=(x-1)'(x-2)(x-3)\times\cdots\times(x-7)$$
$$+(x-1)(x-2)'(x-3)\times\cdots\times(x-7)$$
$$+(x-1)(x-2)(x-3)'\times\cdots\times(x-7)+\cdots$$
$$+(x-1)(x-2)(x-3)\times\cdots\times(x-7)'$$
$$=(x-2)(x-3)\times\cdots\times(x-7)$$
$$+(x-1)(x-3)\times\cdots\times(x-7)$$
$$+(x-1)(x-2)\times\cdots\times(x-7)+\cdots$$
$$+(x-1)(x-2)\times\cdots\times(x-6)$$

따라서
$$f'(1)=(1-2)\times(1-3)\times(1-4)\times(1-5)$$
$$\times(1-6)\times(1-7)$$
$$=-1\times(-2)\times(-3)\times(-4)$$
$$\times(-5)\times(-6)$$
$$=720,$$
$$f'(5)=(5-1)\times(5-2)\times(5-3)\times(5-4)$$
$$\times(5-6)\times(5-7)$$
$$=4\times3\times2\times1\times(-1)\times(-2)=48$$

이므로 $\dfrac{f'(1)}{f'(5)}=15$ **답 15**

147

전략 주어진 조건을 이용하여 $g(x)$의 최고차항을 구한다.

$f'(x)=g(x)$이므로
$$\{f(x)+g(x)\}'=f'(x)+g'(x)$$
$$=g(x)+g'(x)$$

$$\therefore g(x)+g'(x)$$
$$=x^3+3x^2+4x+5 \qquad\cdots\cdots \unicode{x1F150}$$

이때 $g(x)$의 최고차항을 ax^n (a는 상수, $a\neq0$)이라 하면 $g(x)+g'(x)$의 최고차항도 ax^n이므로 ㉠에서
$$a=1,\ n=3$$

따라서 $g(x)=x^3+bx^2+cx+d$ (b, c, d는 상수)라 하면
$$g'(x)=3x^2+2bx+c$$

$g(x)$와 $g'(x)$를 ㉠에 대입하면
$$x^3+(b+3)x^2+(2b+c)x+c+d$$
$$=x^3+3x^2+4x+5$$

위의 등식이 모든 실수 x에 대하여 성립하므로
$$b+3=3,\ 2b+c=4,\ c+d=5$$
$$\therefore b=0,\ c=4,\ d=1$$

따라서 $g'(x)=3x^2+4$이므로
$$g'(-1)=7$$ **답 7**

148

전략 $\dfrac{1}{n}=h$로 놓고 미분계수의 정의를 이용한다.

$\dfrac{1}{n}=h$로 놓으면 $n\longrightarrow\infty$일 때 $h\longrightarrow0$이므로

$$\lim_{n\to\infty} n\left\{f\left(1+\frac{3}{n}\right)-f\left(1-\frac{2}{n}\right)\right\}$$
$$=\lim_{h\to0}\frac{f(1+3h)-f(1-2h)}{h}$$
$$=\lim_{h\to0}\frac{f(1+3h)-f(1)-\{f(1-2h)-f(1)\}}{h}$$
$$=\lim_{h\to0}\frac{f(1+3h)-f(1)}{3h}\times3$$
$$+\lim_{h\to0}\frac{f(1-2h)-f(1)}{-2h}\times2$$
$$=3f'(1)+2f'(1)=5f'(1)$$

이때 $f'(x)=8x^3-3$이므로 $f'(1)=5$

따라서 구하는 값은 $5f'(1)=25$ **답 25**

149

전략 주어진 조건을 이용하여 함수 $f(x)$의 함숫값과 미분계수를 구한다.

$\displaystyle\lim_{x\to0}\dfrac{f(x)}{x}=1$에서 $x\longrightarrow0$일 때 (분모) $\longrightarrow0$이고 극한값이 존재하므로 (분자) $\longrightarrow0$이다.

즉 $\lim_{x \to 0} f(x) = 0$이므로

$$f(0) = 0$$

$$\therefore \lim_{x \to 0} \frac{f(x)}{x} = \lim_{x \to 0} \frac{f(x) - f(0)}{x}$$

$$= f'(0) = 1$$

또 $\lim_{x \to 1} \dfrac{f(x)}{x-1} = 1$에서 $x \longrightarrow 1$일 때 (분모) $\longrightarrow 0$이고

극한값이 존재하므로 (분자) $\longrightarrow 0$이다.

즉 $\lim_{x \to 1} f(x) = 0$이므로

$$f(1) = 0$$

$$\therefore \lim_{x \to 1} \frac{f(x)}{x-1} = \lim_{x \to 1} \frac{f(x) - f(1)}{x-1}$$

$$= f'(1) = 1$$

이때 $f(0) = f(1) = 0$에서

$$f(x) = x(x-1)(ax+b) \ (a, b\text{는 상수}, a \neq 0)$$

라 하면

$$f'(x)$$

$$= x'(x-1)(ax+b) + x(x-1)'(ax+b)$$

$$\quad + x(x-1)(ax+b)'$$

$$= (x-1)(ax+b) + x(ax+b) + ax(x-1)$$

$f'(0) = 1$에서 $\quad -b = 1$

$$\therefore b = -1$$

$f'(1) = 1$에서 $\quad a+b = 1$

$$a - 1 = 1 \quad \therefore a = 2$$

따라서 $f(x) = x(x-1)(2x-1)$이므로

$$f(2) = 6 \hspace{2cm} \text{답} \ ②$$

🎯 해설 Focus

삼차함수 $f(x)$에 대하여

① $f(\alpha) = 0$
   $\Rightarrow f(x) = (x-\alpha)(ax^2+bx+c) \ (a \neq 0)$로 놓는다.

② $f(\alpha) = 0, f(\beta) = 0$
   $\Rightarrow f(x) = (x-\alpha)(x-\beta)(ax+b) \ (a \neq 0)$로 놓는다.

③ $f(\alpha) = 0, f(\beta) = 0, f(\gamma) = 0$
   $\Rightarrow f(x) = a(x-\alpha)(x-\beta)(x-\gamma) \ (a \neq 0)$로 놓는다.

150

전략 $\dfrac{\infty}{\infty}$ 꼴의 극한값이 $k \ (k \neq 0)$이면 분모, 분자의 차수가 같고, 최고차항의 계수의 비가 k이다.

조건 ㈎에서 $f(x)$는 삼차항의 계수가 1, 이차항의 계수가 2인 삼차함수이므로

$$f(x) = x^3 + 2x^2 + ax + b \ (a, b\text{는 상수})$$

라 하면 조건 ㈐에서 $\quad b = 0$

$$\therefore f(x) = x^3 + 2x^2 + ax$$

조건 ㈑에서

$$\lim_{x \to 1} \frac{f(x) - f(1)}{x^2 - 1}$$

$$= \lim_{x \to 1} \left\{ \frac{f(x) - f(1)}{x-1} \times \frac{1}{x+1} \right\}$$

$$= \frac{1}{2} f'(1) = 4$$

이므로 $\quad f'(1) = 8$

이때 $f'(x) = 3x^2 + 4x + a$이므로

$$3 + 4 + a = 8 \quad \therefore a = 1$$

따라서 $f(x) = x^3 + 2x^2 + x$이므로

$$f(1) = 4 \hspace{2cm} \text{답} \ 4$$

151

전략 함수 $f(x)$가 $x=1$에서 미분가능하므로 $\lim_{x \to 1} f(x) = f(1)$, $\lim_{x \to 1+} \dfrac{f(x) - f(1)}{x-1} = \lim_{x \to 1-} \dfrac{f(x) - f(1)}{x-1}$임을 이용한다.

함수 $f(x)$가 $x=1$에서 미분가능하므로 $x=1$에서 연속이다.

즉 $\lim_{x \to 1} f(x) = f(1)$에서

$$b + a + b = a + b^2 \hspace{2cm} \cdots\cdots \ \text{㉠}$$

$$b^2 - 2b = 0, \quad b(b-2) = 0$$

$$\therefore b = 0 \ \text{또는} \ b = 2 \hspace{1.5cm} \cdots\cdots \ \text{㉡}$$

또 $f'(1)$이 존재하므로

$$\lim_{x \to 1+} \frac{f(x) - f(1)}{x-1}$$

$$= \lim_{x \to 1+} \frac{(ax^3 + b^2) - (a + b^2)}{x-1}$$

$$= \lim_{x \to 1+} \frac{a(x-1)(x^2 + x + 1)}{x-1}$$

$$= \lim_{x \to 1+} a(x^2 + x + 1)$$

$$= 3a,$$

$$\lim_{x \to 1-} \frac{f(x) - f(1)}{x-1}$$

$$= \lim_{x \to 1-} \frac{(bx^2 + ax + b) - (a + b^2)}{x-1}$$

$$=\lim_{x\to1-}\frac{(bx^2+ax+b)-(b+a+b)}{x-1}\ (\because \text{㉠})$$

$$=\lim_{x\to1-}\frac{(x-1)(bx+a+b)}{x-1}$$

$$=\lim_{x\to1-}(bx+a+b)=a+2b$$

에서 $3a=a+2b$

$\therefore a=b$ $\qquad\qquad$ ...... ㉢

㉡, ㉢에서 $a=2,\ b=2\ (\because a\neq0)$

따라서 $f'(1)=3a=3\times2=6$이므로

$$\lim_{h\to0}\frac{f(1+2h)-f(1-h)}{h}$$

$$=\lim_{h\to0}\frac{f(1+2h)-f(1)-\{f(1-h)-f(1)\}}{h}$$

$$=\lim_{h\to0}\frac{f(1+2h)-f(1)}{2h}\times2$$

$$\quad+\lim_{h\to0}\frac{f(1-h)-f(1)}{-h}$$

$$=2f'(1)+f'(1)$$

$$=3f'(1)=3\times6=18 \qquad\qquad \text{답 } 18$$

[다른 풀이] $g(x)=ax^3+b^2,\ h(x)=bx^2+ax+b$라 하

면 $g'(x)=3ax^2,\ h'(x)=2bx+a$

함수 $f(x)$가 $x=1$에서 연속이므로

$$g(1)=h(1)$$

즉 $a+b^2=b+a+b$이므로 $b(b-2)=0$

$\therefore b=0$ 또는 $b=2$ $\qquad$ ...... ㉣

함수 $f(x)$가 $x=1$에서 미분가능하므로

$$g'(1)=h'(1)$$

즉 $3a=2b+a$이므로 $a=b$ $\qquad$ ...... ㉤

㉣, ㉤에서 $a=2,\ b=2\ (\because a\neq0)$

152

 다항식 $f(x)$를 다항식 $g(x)$로 나누었을 때의 몫을 $Q(x)$, 나머지를 $R(x)$라 하면 $f(x)=g(x)Q(x)+R(x)$이다.

다항식 $x^{10}-ax+b$를 $(x+1)^2$으로 나누었을 때의 몫을 $Q(x)$라 하면

$$x^{10}-ax+b$$

$$=(x+1)^2Q(x)+3x-2 \qquad ...... \text{㉠}$$

㉠의 양변에 $x=-1$을 대입하면

$$1+a+b=-5$$

$$\therefore b=-a-6 \qquad\qquad ...... \text{㉡}$$

㉠의 양변을 x에 대하여 미분하면

$$10x^9-a=2(x+1)Q(x)+(x+1)^2Q'(x)+3$$

양변에 $x=-1$을 대입하면

$$-10-a=3$$

$$\therefore a=-13$$

$a=-13$을 ㉡에 대입하면 $b=7$

$$\therefore ab=-91 \qquad\qquad \text{답 } -91$$

153

 주어진 조건을 이용하여 $f(0),\ g(0),\ f'(0),\ g'(0)$의 값을 구한다.

$$\lim_{x\to0}\frac{f(x)+g(x)}{x}=3$$에서 $x\longrightarrow0$일 때 (분모) $\longrightarrow0$

이고 극한값이 존재하므로 (분자) $\longrightarrow0$이다.

즉 $\lim_{x\to0}\{f(x)+g(x)\}=0$이므로

$$f(0)+g(0)=0 \qquad\qquad ...... \text{㉠}$$

$$\therefore \lim_{x\to0}\frac{f(x)+g(x)}{x}$$

$$=\lim_{x\to0}\frac{f(x)-f(0)+g(x)-g(0)}{x}$$

$$=\lim_{x\to0}\frac{f(x)-f(0)}{x}+\lim_{x\to0}\frac{g(x)-g(0)}{x}$$

$$=f'(0)+g'(0)$$

$$=3 \qquad\qquad ...... \text{㉡}$$

또 $\lim_{x\to0}\dfrac{f(x)+3}{xg(x)}=2$에서 $x\longrightarrow0$일 때 (분모) $\longrightarrow0$

이고 극한값이 존재하므로 (분자) $\longrightarrow0$이다.

즉 $\lim_{x\to0}\{f(x)+3\}=0$이므로 $f(0)+3=0$

$$\therefore f(0)=-3$$

이것을 ㉠에 대입하면 $-3+g(0)=0$

$$\therefore g(0)=3$$

$$\therefore \lim_{x\to0}\frac{f(x)+3}{xg(x)}$$

$$=\lim_{x\to0}\frac{f(x)-f(0)}{xg(x)}$$

$$=\lim_{x\to0}\left\{\frac{f(x)-f(0)}{x}\times\frac{1}{g(x)}\right\}$$

$$=f'(0)\times\frac{1}{g(0)}$$

$$=\frac{1}{3}f'(0)=2$$

따라서 $f'(0)=6$이므로 이것을 ⓒ에 대입하면
$$6+g'(0)=3$$
$$\therefore g'(0)=-3$$
이때 $h'(x)=f'(x)g(x)+f(x)g'(x)$이므로
$$h'(0)=f'(0)g(0)+f(0)g'(0)$$
$$=6\times3+(-3)\times(-3)$$
$$=27$$

답 ①

154

전략 먼저 주어진 항등식을 만족시키는 $f(x)$의 차수를 구한다.

$f(x)$가 상수함수이면 $f'(x)=0$이므로 주어진 등식에서 좌변은 0, 우변은 이차식이 되어 모순이다.

또 $f(x)$가 일차함수이면 $f'(x)$는 상수이므로 주어진 등식에서 좌변은 상수, 우변은 이차식이 되어 모순이다.

따라서 2 이상의 자연수 n에 대하여 $f(x)$를 n차 함수라 하면 $f'(x)$는 $(n-1)$차 함수이므로 주어진 등식에서 좌변의 차수는 $(n-1)+(n-1)$, 즉 $2n-2$이고 우변의 차수는 n이다.

즉 $2n-2=n$이므로 $n=2$

따라서 $f(x)$는 이차함수이므로
$$f(x)=ax^2+bx+c \ (a,\ b,\ c\text{는 상수},\ a\neq0)$$
라 하면 $f'(x)=2ax+b$

$f(x)$와 $f'(x)$를 주어진 등식에 대입하면
$$(2ax+b)(2ax+b+2)$$
$$=8(ax^2+bx+c)+12x^2-5$$
$$\therefore 4a^2x^2+4a(b+1)x+b(b+2)$$
$$=(8a+12)x^2+8bx+8c-5$$

위의 등식이 모든 실수 x에 대하여 성립하므로
$$4a^2=8a+12 \qquad \cdots\cdots \text{㉠}$$
$$4a(b+1)=8b \qquad \cdots\cdots \text{㉡}$$
$$b(b+2)=8c-5 \qquad \cdots\cdots \text{㉢}$$

㉠에서 $a^2-2a-3=0$, $(a+1)(a-3)=0$
$$\therefore a=-1 \text{ 또는 } a=3$$

$a=-1$이면 ㉡, ㉢에서 $b=-\dfrac{1}{3},\ c=\dfrac{5}{9}$

$a=3$이면 ㉡, ㉢에서 $b=-3,\ c=1$

그런데 $f(x)$의 상수항이 정수이므로
$$f(x)=3x^2-3x+1$$

답 $f(x)=3x^2-3x+1$

155

전략 주어진 조건을 이용하여 $g(1)$, $g'(1)$의 값을 구한다.

조건 ㈎에서 $x\longrightarrow1$일 때 (분모) $\longrightarrow0$이고 극한값이 존재하므로 (분자) $\longrightarrow0$이다.

즉 $\displaystyle\lim_{x\to1}\{f(x)g(x)+4\}=0$이므로
$$f(1)g(1)+4=0$$
$$\therefore f(1)g(1)=-4$$

이때 $f(1)=-2$이므로 $g(1)=2$

따라서 $g(x)=ax+b \ (a,\ b\text{는 상수},\ a\neq0)$라 하면
$$a+b=2 \qquad \cdots\cdots \text{㉠}$$

또 $g'(x)=a$이므로 조건 ㈏에서
$$b=a \qquad \cdots\cdots \text{㉡}$$

㉠, ㉡을 연립하여 풀면 $a=1,\ b=1$
$$\therefore g(x)=x+1,\ g'(x)=1$$

한편 $h(x)=f(x)g(x)$라 하면 $h(1)=-4$이므로
$$\lim_{x\to1}\frac{f(x)g(x)+4}{x-1}=\lim_{x\to1}\frac{h(x)-h(1)}{x-1}$$
$$=h'(1)=8$$

이때 $h'(x)=f'(x)g(x)+f(x)g'(x)$이므로
$$f'(1)g(1)+f(1)g'(1)=8$$

$f(1)=-2,\ g(1)=2,\ g'(1)=1$을 대입하면
$$f'(1)\times2+(-2)\times1=8$$
$$\therefore f'(1)=5$$

답 ①

156

전략 주어진 조건을 이용하여 x에 대한 항등식을 세우고 $g(x)$를 구한다.

다항식 $f(x)$를 $(x-1)^2(x-2)$로 나누었을 때의 몫을 $Q(x)$라 하면
$$f(x)=(x-1)^2(x-2)Q(x)+g(x) \qquad \cdots\cdots \text{㉠}$$

$f(x)$가 $(x-1)^2$으로 나누어떨어지므로 $g(x)$도 $(x-1)^2$으로 나누어떨어진다.

즉 $g(x)=a(x-1)^2 \ (a\text{는 상수})$이라 하면
$$f(x)=(x-1)^2(x-2)Q(x)+a(x-1)^2$$

이때 $f(x)$를 $x-2$로 나누었을 때의 나머지가 2이므로 $f(2)=a=2$
$$\therefore g(x)=2(x-1)^2,\ g'(x)=4(x-1)$$

$$\therefore \lim_{h \to 0} \frac{g(2+2h)-g(2-h)}{h}$$
$$=\lim_{h \to 0} \frac{g(2+2h)-g(2)-\{g(2-h)-g(2)\}}{h}$$
$$=\lim_{h \to 0} \frac{g(2+2h)-g(2)}{2h} \times 2$$
$$\quad +\lim_{h \to 0} \frac{g(2-h)-g(2)}{-h}$$
$$=2g'(2)+g'(2)$$
$$=3g'(2)=3 \times 4=12 \qquad \text{답 } \mathbf{12}$$

[다른 풀이] 다항식 $f(x)$가 $(x-1)^2$으로 나누어떨어지므로
$$f(1)=0, \ f'(1)=0$$
또 다항식 $f(x)$를 $x-2$로 나누었을 때의 나머지가 2이므로 $\quad f(2)=2$
따라서 $f(1)=0$, $f(2)=2$이므로 ㉠에서
$$g(1)=0, \ g(2)=2 \qquad \cdots\cdots \text{㉡}$$
㉠의 양변을 x에 대하여 미분하면
$$f'(x)=2(x-1)(x-2)Q(x)$$
$$\quad +(x-1)^2 Q(x)$$
$$\quad +(x-1)^2(x-2)Q'(x)+g'(x)$$
$f'(1)=0$에서 $\quad g'(1)=0 \qquad \cdots\cdots \text{㉢}$
$g(x)=ax^2+bx+c \ (a, \ b, \ c$는 상수)라 하면
$$g'(x)=2ax+b$$
㉡, ㉢에서
$$a+b+c=0, \ 4a+2b+c=2, \ 2a+b=0$$
$$\therefore a=2, \ b=-4, \ c=2$$
$$\therefore g(x)=2x^2-4x+2$$

개념 노트

나머지정리

다항식 $f(x)$를 일차식 $x-a$로 나누었을 때의 나머지를 R라 하면
$$R=f(a)$$

---

2 도함수의 활용

01 접선의 방정식
● 본책 86~95쪽

157

(1) $f(x)=2x^2+4x-3$이라 하면
$$f'(x)=4x+4$$
곡선 $y=f(x)$ 위의 점 $(1, \ 3)$에서의 접선의 기울기는
$$f'(1)=8$$
(2) $f(x)=x^3-2x+1$이라 하면
$$f'(x)=3x^2-2$$
곡선 $y=f(x)$ 위의 점 $(2, \ 5)$에서의 접선의 기울기는
$$f'(2)=10$$

답 (1) **8** (2) **10**

158

답 $\mathbf{2x-4, \ 4, \ 4, \ -1, \ 4, \ 4, \ 4x-17}$

159

답 $\mathbf{6x+2, \ 6t+2, \ 6, \ 6, \ 8, \ 1, \ 8x-2}$

160

$f(x)=x^3+ax^2+bx$라 하면
$$f'(x)=3x^2+2ax+b$$
곡선 $y=f(x)$가 점 $(1, \ 5)$를 지나므로
$$f(1)=5$$
즉 $1+a+b=5$에서
$$a+b=4 \qquad \cdots\cdots \text{㉠}$$
x좌표가 -1인 점에서의 접선의 기울기가 1이므로
$$f'(-1)=1$$
즉 $3-2a+b=1$에서
$$2a-b=2 \qquad \cdots\cdots \text{㉡}$$
㉠, ㉡을 연립하여 풀면
$$a=2, \ b=2$$

답 $a=2, \ b=2$

161

$f(x)=2x^3+ax^2+bx+c$라 하면
$$f'(x)=6x^2+2ax+b$$
두 점 $(-1,\ -11)$, $(2,\ 1)$이 곡선 $y=f(x)$ 위의 점
이므로
$$f(-1)=-11,\ f(2)=1$$
즉 $-2+a-b+c=-11$에서
$$a-b+c=-9 \qquad \cdots\cdots ㉠$$
$16+4a+2b+c=1$에서
$$4a+2b+c=-15 \qquad \cdots\cdots ㉡$$
또 두 점 $(-1,\ -11)$, $(2,\ 1)$에서의 접선이 평행하
므로
$$f'(-1)=f'(2)$$
즉 $6-2a+b=24+4a+b$에서
$$6a=-18 \qquad \therefore a=-3$$
$a=-3$을 ㉠, ㉡에 각각 대입하면
$$-3-b+c=-9,\ -12+2b+c=-15$$
$$\therefore b-c=6,\ 2b+c=-3$$
두 식을 연립하여 풀면
$$b=1,\ c=-5$$
$$\therefore abc=15$$
답 15

162

$f(x)=-3x^3-x^2+2x+1$이라 하면
$$f'(x)=-9x^2-2x+2$$
곡선 $y=f(x)$ 위의 점 $(-1,\ 1)$에서의 접선의 기울
기는 $\quad f'(-1)=-5$
따라서 구하는 접선의 방정식은
$$y-1=-5\{x-(-1)\}$$
$$\therefore y=-5x-4$$
답 $y=-5x-4$

163

$f(x)=x^3+ax^2+bx$라 하면
$$f'(x)=3x^2+2ax+b$$
점 $(2,\ 4)$가 곡선 $y=f(x)$ 위의 점이므로
$$f(2)=4$$
즉 $8+4a+2b=4$에서
$$2a+b=-2 \qquad \cdots\cdots ㉠$$

곡선 $y=f(x)$ 위의 점 $(2,\ 4)$에서의 접선의 기울기가
6이므로
$$f'(2)=6$$
즉 $12+4a+b=6$에서
$$4a+b=-6 \qquad \cdots\cdots ㉡$$
㉠, ㉡을 연립하여 풀면
$$a=-2,\ b=2$$
답 $a=-2,\ b=2$

164

$f(x)=-x^3+ax-5$라 하면
$$f'(x)=-3x^2+a$$
점 $(1,\ -4)$가 곡선 $y=f(x)$ 위의 점이므로
$$f(1)=-4$$
즉 $-1+a-5=-4$에서 $\quad a=2$
따라서 $f'(x)=-3x^2+2$이므로 곡선 $y=f(x)$ 위의
점 $(1,\ -4)$에서의 접선의 기울기는
$$f'(1)=-1$$
즉 점 $(1,\ -4)$에서의 접선에 수직인 직선의 기울기는
1이므로 점 $(1,\ -4)$에서의 접선에 수직인 직선의 방
정식은
$$y-(-4)=x-1$$
$$\therefore y=x-5$$
따라서 $b=1,\ c=-5$이므로
$$abc=-10$$
답 -10

165

$f(x)=x^2$이라 하면 $\quad f'(x)=2x$
곡선 $y=f(x)$의 접선이 x축의 양의 방향과 이루는 각
의 크기가 $45°$이므로 접선의 기울기는 $\tan 45°=1$이
다.
이때 접점의 좌표를 $(t,\ t^2)$이라 하면
$$f'(t)=2t=1 \qquad \therefore t=\frac{1}{2}$$
따라서 접점의 좌표는 $\left(\dfrac{1}{2},\ \dfrac{1}{4}\right)$이므로 구하는 접선의
방정식은
$$y-\frac{1}{4}=x-\frac{1}{2} \qquad \therefore y=x-\frac{1}{4}$$
답 $y=x-\dfrac{1}{4}$

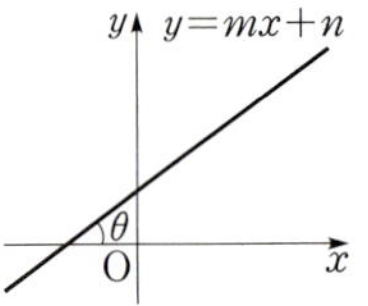

직선 $y=mx+n$ $(m>0)$이 x축의 양의 방향과 이루는 각의 크기가 θ $(0°<\theta<90°)$이면
$$m=\tan\theta$$

166

$f(x)=-2x^2-4x+3$이라 하면
$$f'(x)=-4x-4$$
곡선 $y=f(x)$의 접선이 두 점 $(-1, 5)$, $(-3, -3)$을 지나는 직선과 평행하므로 접선의 기울기는
$$\frac{-3-5}{-3-(-1)}=4$$
이때 접점의 좌표를 $(t, -2t^2-4t+3)$이라 하면
$$f'(t)=-4t-4=4$$
$$-4t=8 \qquad \therefore t=-2$$
따라서 접점의 좌표는 $(-2, 3)$이므로 구하는 접선의 방정식은
$$y-3=4\{x-(-2)\}$$
$$\therefore y=4x+11$$

답 $y=4x+11$

167

$f(x)=x^3-11x+2$라 하면
$$f'(x)=3x^2-11$$
직선 $x-8y+3=0$, 즉 $y=\dfrac{1}{8}x+\dfrac{3}{8}$에 수직인 직선의 기울기는 -8이므로 접점의 좌표를 $(t, t^3-11t+2)$라 하면
$$f'(t)=3t^2-11=-8$$
$$3t^2=3, \qquad t^2=1$$
$$\therefore t=-1 \text{ 또는 } t=1$$
따라서 접점의 좌표는 $(-1, 12)$, $(1, -8)$이므로 구하는 접선의 방정식은
$$y-12=-8\{x-(-1)\},$$
$$y-(-8)=-8(x-1)$$
$$\therefore y=-8x+4, y=-8x$$

답 $y=-8x+4,\ y=-8x$

168

(1) $f(x)=-x^2+2x+3$이라 하면
$$f'(x)=-2x+2$$
접점의 좌표를 $(t, -t^2+2t+3)$이라 하면 이 점에서의 접선의 기울기는
$$f'(t)=-2t+2$$
따라서 점 $(t, -t^2+2t+3)$에서의 접선의 방정식은
$$y-(-t^2+2t+3)=(-2t+2)(x-t)$$
$$\therefore y=(-2t+2)x+t^2+3 \qquad \cdots\cdots \text{㉠}$$
이 직선이 점 $(2, 4)$를 지나므로
$$4=(-2t+2)\times 2+t^2+3$$
$$t^2-4t+3=0, \qquad (t-1)(t-3)=0$$
$$\therefore t=1 \text{ 또는 } t=3$$
이것을 ㉠에 각각 대입하면 구하는 접선의 방정식은
$$y=4, \ y=-4x+12$$

(2) $f(x)=x^3-2x$라 하면 $\qquad f'(x)=3x^2-2$
접점의 좌표를 (t, t^3-2t)라 하면 이 점에서의 접선의 기울기는
$$f'(t)=3t^2-2$$
따라서 점 (t, t^3-2t)에서의 접선의 방정식은
$$y-(t^3-2t)=(3t^2-2)(x-t)$$
$$\therefore y=(3t^2-2)x-2t^3 \qquad \cdots\cdots \text{㉠}$$
이 직선이 점 $(0, 2)$를 지나므로
$$2=-2t^3, \qquad t^3=-1$$
$$\therefore t=-1$$
$t=-1$을 ㉠에 대입하면 구하는 접선의 방정식은
$$y=x+2$$

답 (1) $y=4, \ y=-4x+12$
(2) $y=x+2$

다른 풀이 (1) 점 $(2, 4)$를 지나는 직선의 방정식을
$$y-4=m(x-2),$$
$$\text{즉 } y=mx-2m+4 \qquad \cdots\cdots \text{㉡}$$
라 하면 이 직선이 곡선 $y=-x^2+2x+3$에 접하므로 방정식
$$-x^2+2x+3=mx-2m+4,$$
$$\text{즉 } x^2+(m-2)x-2m+1=0$$
은 중근을 갖는다.

이 이차방정식의 판별식을 D라 하면
$$D=(m-2)^2-4\times1\times(-2m+1)=0$$
$$m^2+4m=0, \qquad m(m+4)=0$$
$$\therefore m=0 \text{ 또는 } m=-4$$
이를 ㉡에 각각 대입하면 구하는 접선의 방정식은
$$y=4, \quad y=-4x+12$$

169

$f(x)=x^3-2$라 하면 $\quad f'(x)=3x^2$
접점의 좌표를 $(t,\ t^3-2)$라 하면 이 점에서의 접선의
기울기는 $\quad f'(t)=3t^2$
따라서 점 $(t,\ t^3-2)$에서의 접선의 방정식은
$$y-(t^3-2)=3t^2(x-t)$$
$$\therefore y=3t^2x-2t^3-2 \qquad \cdots\cdots ㉠$$
이 직선이 점 $(1,\ -6)$을 지나므로
$$-6=3t^2-2t^3-2, \qquad 2t^3-3t^2-4=0$$
$$(t-2)(2t^2+t+2)=0$$
$$\therefore t=2 \ (\because 2t^2+t+2>0)$$
$t=2$를 ㉠에 대입하면
$$y=12x-18$$
이 직선이 점 $(k,\ 30)$을 지나므로
$$30=12k-18, \qquad 12k=48$$
$$\therefore k=4$$
답 **4**

170

$f(x)=\dfrac{1}{4}x^4+3$이라 하면 $\quad f'(x)=x^3$
점 P의 좌표를 $\left(t,\ \dfrac{1}{4}t^4+3\right)$이라 하면 점 P에서의 접
선의 기울기는 $\quad f'(t)=t^3$
따라서 점 P에서의 접선의 방정식은
$$y-\left(\frac{1}{4}t^4+3\right)=t^3(x-t)$$
$$\therefore y=t^3x-\frac{3}{4}t^4+3$$
이 직선이 원점을 지나므로
$$0=-\frac{3}{4}t^4+3, \qquad t^4-4=0$$
$$(t^2+2)(t+\sqrt{2})(t-\sqrt{2})=0$$
$$\therefore t=-\sqrt{2} \text{ 또는 } t=\sqrt{2} \ (\because t^2+2>0)$$

따라서 점 P의 좌표는 $(-\sqrt{2},\ 4)$ 또는 $(\sqrt{2},\ 4)$이므
로
$$\overline{\mathrm{OP}}=\sqrt{(\sqrt{2})^2+4^2}=3\sqrt{2}$$
답 $3\sqrt{2}$

171

$f(x)=x^3$이라 하면 $\quad f'(x)=3x^2$
접점의 좌표를 $(t,\ t^3)$이라 하면 이 점에서의 접선의
기울기는 $f'(t)=3t^2$이므로 접선의 방정식은
$$y-t^3=3t^2(x-t)$$
$$\therefore y=3t^2x-2t^3$$
이 직선이 직선 $y=ax+2$와 일치해야 하므로
$$3t^2=a \qquad \cdots\cdots ㉠$$
$$-2t^3=2 \qquad \cdots\cdots ㉡$$
㉡에서 $\quad t^3=-1 \quad \therefore t=-1$
$t=-1$을 ㉠에 대입하면
$$a=3$$
답 **3**

다른 풀이 곡선과 직선의 접점의 x좌표를 t라 하면
$$t^3=at+2 \qquad \cdots\cdots ㉢$$
또 접선의 기울기가 a이므로
$$a=3t^2 \qquad \cdots\cdots ㉣$$
㉣을 ㉢에 대입하면 $\quad t^3=3t^2\times t+2$
$$t^3=-1 \quad \therefore t=-1$$
$t=-1$을 ㉣에 대입하면 $\quad a=3$

172

$f(x)=x^3-ax+2$라 하면 $\quad f'(x)=3x^2-a$
접점의 좌표는 $(t,\ t^3-at+2)$이고 이 점에서의 접선
의 기울기는 $f'(t)=3t^2-a$이므로 접선의 방정식은
$$y-(t^3-at+2)=(3t^2-a)(x-t)$$
$$\therefore y=(3t^2-a)x-2t^3+2$$
이 직선이 직선 $y=5x$와 일치해야 하므로
$$3t^2-a=5 \qquad \cdots\cdots ㉠$$
$$-2t^3+2=0 \qquad \cdots\cdots ㉡$$
㉡에서 $\quad t^3=1 \quad \therefore t=1$
$t=1$을 ㉠에 대입하면
$$3-a=5 \quad \therefore a=-2$$
$$\therefore a+t=-1$$
답 -1

다른 풀이 곡선과 직선의 접점의 x좌표가 t이므로
$$t^3-at+2=5t \qquad \cdots\cdots ㉢$$
또 접선의 기울기가 5이므로
$$3t^2-a=5 \qquad \therefore a=3t^2-5 \qquad \cdots\cdots ㉣$$
㉣을 ㉢에 대입하면
$$t^3-(3t^2-5)t+2=5t$$
$$t^3=1 \qquad \therefore t=1$$
$t=1$을 ㉣에 대입하면 $\quad a=-2$

173

$f(x)=x^3+ax$, $g(x)=bx^2+c$라 하면
$$f'(x)=3x^2+a, g'(x)=2bx$$
두 곡선 $y=f(x)$, $y=g(x)$가 모두 점 $(-1, 0)$을 지나므로
$f(-1)=0$에서 $\quad -1-a=0$
$$\therefore a=-1 \qquad \cdots\cdots ㉠$$
$g(-1)=0$에서 $\quad b+c=0$
$$\therefore c=-b \qquad \cdots\cdots ㉡$$
두 곡선의 접점 $(-1, 0)$에서의 접선의 기울기가 같으므로 $\quad f'(-1)=g'(-1)$
즉 $3+a=-2b$에서 $\quad 2=-2b \; (\because ㉠)$
$$\therefore b=-1$$
$b=-1$을 ㉡에 대입하면 $\quad c=1$
$$\therefore abc=1 \qquad \qquad \text{답 } \boldsymbol{1}$$

174

$f(x)=x^3-7x-4$, $g(x)=2x^2$이라 하면
$$f'(x)=3x^2-7, g'(x)=4x$$
두 곡선 $y=f(x)$, $y=g(x)$가 공통인 접선을 갖는 점의 x좌표를 t라 하면 $f(t)=g(t)$에서
$$t^3-7t-4=2t^2$$
$$t^3-2t^2-7t-4=0, \qquad (t+1)^2(t-4)=0$$
$$\therefore t=-1 \text{ 또는 } t=4 \qquad \cdots\cdots ㉠$$
또 $f'(t)=g'(t)$에서 $\quad 3t^2-7=4t$
$$3t^2-4t-7=0, \qquad (t+1)(3t-7)=0$$
$$\therefore t=-1 \text{ 또는 } t=\frac{7}{3} \qquad \cdots\cdots ㉡$$

㉠, ㉡에서 $\quad t=-1$
따라서 점 $(-1, 2)$에서 공통인 접선을 갖고, 접선의 기울기는
$$f'(-1)=g'(-1)=-4$$
이므로 공통인 접선의 방정식은
$$y-2=-4(x+1) \qquad \therefore y=-4x-2$$
$$\text{답 } \boldsymbol{y=-4x-2}$$

175

$f(x)=x^3+ax+3$, $g(x)=x^2+2$라 하면
$$f'(x)=3x^2+a, g'(x)=2x$$
두 곡선 $y=f(x)$, $y=g(x)$의 접점의 x좌표를 t라 하면 $f(t)=g(t)$에서
$$t^3+at+3=t^2+2 \qquad \cdots\cdots ㉠$$
또 $f'(t)=g'(t)$에서
$$3t^2+a=2t \qquad \therefore a=-3t^2+2t \quad \cdots\cdots ㉡$$
㉡을 ㉠에 대입하면
$$t^3+(-3t^2+2t)t+3=t^2+2$$
$$2t^3-t^2-1=0, \qquad (t-1)(2t^2+t+1)=0$$
$$\therefore t=1 \; (\because 2t^2+t+1>0)$$
$t=1$을 ㉡에 대입하면
$$a=-1 \qquad \qquad \text{답 } \boldsymbol{-1}$$

176

$f(x)=-x^3+1$, $g(x)=-x^2+ax+b$라 하면
$$f'(x)=-3x^2, g'(x)=-2x+a$$
곡선 $y=g(x)$가 점 $(-1, 2)$를 지나므로
$$g(-1)=2$$
즉 $-1-a+b=2$에서
$$b=a+3 \qquad \cdots\cdots ㉠$$
두 곡선 위의 점 $(-1, 2)$에서의 접선이 서로 수직이므로 $f'(-1)g'(-1)=-1$에서
$$-3\times(2+a)=-1$$
$$a+2=\frac{1}{3} \qquad \therefore a=-\frac{5}{3}$$
$a=-\dfrac{5}{3}$를 ㉠에 대입하면 $\quad b=\dfrac{4}{3}$
$$\therefore 9ab=-20 \qquad \qquad \text{답 } \boldsymbol{-20}$$

177

$f(x)=x^2-1$, $g(x)=ax^2$ $(a\neq0)$이라 하면
$$f'(x)=2x,\ g'(x)=2ax$$
두 곡선 $y=f(x)$, $y=g(x)$의 교점의 x좌표를 t라 하면 $f(t)=g(t)$에서
$$t^2-1=at^2 \qquad\qquad \cdots\cdots\ \text{㉠}$$
두 곡선의 교점에서의 접선이 서로 수직이므로
$f'(t)g'(t)=-1$에서
$$2t\times2at=-1, \qquad 4at^2=-1$$
$$\therefore at^2=-\frac{1}{4} \qquad\qquad \cdots\cdots\ \text{㉡}$$
㉡을 ㉠에 대입하면
$$t^2-1=-\frac{1}{4} \qquad \therefore t^2=\frac{3}{4}$$
이것을 ㉡에 대입하면 $\quad\dfrac{3}{4}a=-\dfrac{1}{4}$
$$\therefore a=-\frac{1}{3} \qquad\qquad \boxed{\text{답}}\ -\frac{1}{3}$$

02 평균값 정리

178

(1) 함수 $f(x)=x^2-6x$는 닫힌구간 $[1,5]$에서 연속이고 열린구간 $(1,5)$에서 미분가능하며 $f(1)=f(5)=-5$이므로 롤의 정리에 의하여 $f'(c)=0$인 c가 열린구간 $(1,5)$에 적어도 하나 존재한다.

이때 $f'(x)=2x-6$이므로 $f'(c)=0$에서
$$2c-6=0 \qquad \therefore c=3$$

(2) 함수 $f(x)=-x^2+2x+4$는 닫힌구간 $[0,2]$에서 연속이고 열린구간 $(0,2)$에서 미분가능하며 $f(0)=f(2)=4$이므로 롤의 정리에 의하여 $f'(c)=0$인 c가 열린구간 $(0,2)$에 적어도 하나 존재한다.

이때 $f'(x)=-2x+2$이므로 $f'(c)=0$에서
$$-2c+2=0 \qquad \therefore c=1$$

(3) 함수 $f(x)=x^3-x^2-5x-3$은 닫힌구간 $[-1,3]$에서 연속이고 열린구간 $(-1,3)$에서 미분가능하며 $f(-1)=f(3)=0$이므로 롤의 정리에 의하여 $f'(c)=0$인 c가 열린구간 $(-1,3)$에 적어도 하나 존재한다.

이때 $f'(x)=3x^2-2x-5$이므로 $f'(c)=0$에서
$$3c^2-2c-5=0, \qquad (c+1)(3c-5)=0$$
$$\therefore c=\frac{5}{3}\ (\because -1<c<3)$$

$$\boxed{\text{답}}\ (1)\ 3 \quad (2)\ 1 \quad (3)\ \frac{5}{3}$$

179

함수 $f(x)=\dfrac{1}{3}x^3+x^2-3x+2$는 닫힌구간 $[-a,a]$에서 연속이고 열린구간 $(-a,a)$에서 미분가능하다.

이때 롤의 정리를 만족시키려면 $f(-a)=f(a)$이어야 하므로
$$-\frac{1}{3}a^3+a^2+3a+2=\frac{1}{3}a^3+a^2-3a+2$$
$$a^3-9a=0, \qquad a(a+3)(a-3)=0$$
$$\therefore a=3\ (\because a\text{는 자연수})$$
따라서 롤의 정리에 의하여 $f'(c)=0$인 c가 열린구간 $(-3,3)$에 적어도 하나 존재한다.

이때 $f'(x)=x^2+2x-3$이므로 $f'(c)=0$에서
$$c^2+2c-3=0, \qquad (c+3)(c-1)=0$$
$$\therefore c=1\ (\because -3<c<3)$$
$$\therefore a+c=4 \qquad\qquad \boxed{\text{답}}\ 4$$

180

(1) 함수 $f(x)=x^2-4x+3$은 닫힌구간 $[2,4]$에서 연속이고 열린구간 $(2,4)$에서 미분가능하므로 평균값 정리에 의하여
$$\frac{f(4)-f(2)}{4-2}=f'(c)$$
인 c가 열린구간 $(2,4)$에 적어도 하나 존재한다.

이때 $f'(x)=2x-4$이므로
$$\frac{3-(-1)}{2}=2c-4, \qquad 2c=6$$
$$\therefore c=3$$

(2) 함수 $f(x)=-x^3+x$는 닫힌구간 $[0, 2]$에서 연속이고 열린구간 $(0, 2)$에서 미분가능하므로 평균값 정리에 의하여
$$\frac{f(2)-f(0)}{2-0}=f'(c)$$
인 c가 열린구간 $(0, 2)$에 적어도 하나 존재한다.
이때 $f'(x)=-3x^2+1$이므로
$$\frac{-6-0}{2}=-3c^2+1, \qquad 3c^2=4$$
$$c^2=\frac{4}{3} \qquad \therefore c=\frac{2\sqrt{3}}{3} \ (\because 0<c<2)$$

답 (1) **3** (2) $\dfrac{2\sqrt{3}}{3}$

181

함수 $f(x)=\dfrac{1}{3}x^3-x^2+1$은 닫힌구간 $[0, 3]$에서 연속이고 열린구간 $(0, 3)$에서 미분가능하므로 평균값 정리에 의하여
$$\frac{f(3)-f(0)}{3-0}=f'(c)$$
인 c가 열린구간 $(0, 3)$에 적어도 하나 존재한다.
이때 $f'(x)=x^2-2x$이므로
$$\frac{1-1}{3}=c^2-2c, \qquad c(c-2)=0$$
$$\therefore c=2 \ (\because 0<c<3)$$
따라서 실수 c는 2의 1개이다.

답 **1**

182

함수 $f(x)=2x^2-4x+3$은 닫힌구간 $[-2, a]$에서 연속이고 열린구간 $(-2, a)$에서 미분가능하며 평균값 정리를 만족시키는 실수 c의 값이 $-\dfrac{1}{2}$이므로
$$\frac{f(a)-f(-2)}{a-(-2)}=f'\left(-\frac{1}{2}\right)$$
이때 $f'(x)=4x-4$이므로
$$\frac{(2a^2-4a+3)-19}{a+2}=-6$$
$$2a^2-4a-16=-6a-12$$
$$a^2+a-2=0, \qquad (a+2)(a-1)=0$$
$$\therefore a=1 \left(\because a>-\frac{1}{2}\right)$$

답 **1**

183

전략 곡선 $y=f(x)$ 위의 점 (a, b)에서의 접선의 기울기는 $f'(a)$임을 이용한다.

함수 $f(x)$에서 x의 값이 1에서 4까지 변할 때의 평균변화율은
$$\frac{f(4)-f(1)}{4-1}=\frac{52-(-2)}{3}=18$$
또 $f'(x)=3x^2-3$이므로 곡선 $y=f(x)$ 위의 점 $(k, f(k))$에서의 접선의 기울기는
$$f'(k)=3k^2-3$$
따라서 $3k^2-3=18$이므로
$$3k^2=21, \qquad k^2=7$$
$$\therefore k=\sqrt{7} \ (\because k>0)$$

답 ⑤

184

전략 곡선 $y=f(x)$의 접선의 기울기의 최솟값은 $f'(x)$의 최솟값임을 이용한다.

$f(x)=x^3+3x^2+ax-1$이라 하면
$$f'(x)=3x^2+6x+a=3(x+1)^2+a-3$$
따라서 $f'(x)$는 $x=-1$에서 최솟값 $a-3$을 가지므로
$$a-3=5 \qquad \therefore a=8$$

답 8

185

전략 항등식의 성질을 이용하여 점 P의 좌표를 구한다.

$y=x^3+kx^2-(2k-1)x+k+3$을 k에 대하여 정리하면
$$(x-1)^2k+x^3+x+3-y=0$$
이 식이 k의 값에 관계없이 항상 성립하려면
$$(x-1)^2=0, \ x^3+x+3-y=0$$
$$\therefore x=1, y=5$$
따라서 점 P의 좌표는 $(1, 5)$이다.
이때 $f(x)=x^3+kx^2-(2k-1)x+k+3$이라 하면
$$f'(x)=3x^2+2kx-2k+1$$
따라서 점 $P(1, 5)$에서의 접선의 기울기는
$$f'(1)=3+2k-2k+1=4$$

이므로 구하는 접선의 방정식은
$$y-5=4(x-1)$$
$$\therefore y=4x+1$$
답 $y=4x+1$

186

전략 먼저 곡선 위의 점 $(1, 0)$에서의 접선의 방정식을 구한다.

$f(x)=x^3+ax^2-a-1$이라 하면
$$f'(x)=3x^2+2ax$$
곡선 $y=f(x)$ 위의 점 $(1, 0)$에서의 접선의 기울기는
$$f'(1)=3+2a$$
따라서 점 $(1, 0)$에서의 접선의 방정식은
$$y=(3+2a)(x-1)$$
이 직선이 곡선 $y=f(x)$와 점 $(2, k)$에서 다시 만나므로
$$k=f(2)=3+2a$$
이때 $f(2)=8+4a-a-1=3a+7$이므로
$$3a+7=3+2a \qquad \therefore a=-4$$
$$\therefore k=3+2\times(-4)=-5$$
답 -5

187

전략 두 직선이 수직이면 두 직선의 기울기의 곱은 -1임을 이용한다.

$f(x)=2x^3-ax+b$라 하면
$$f'(x)=6x^2-a$$
점 $(1, 6)$이 곡선 $y=f(x)$ 위의 점이므로
$$f(1)=6$$
즉 $2-a+b=6$에서
$$b=a+4 \qquad\qquad \cdots\cdots\ \ㄱ$$
곡선 $y=f(x)$ 위의 점 $(1, 6)$에서의 접선의 기울기는
$$f'(1)=6-a$$
이때 점 $(1, 6)$에서의 접선과 수직인 직선의 기울기가
$-\dfrac{1}{3}$이므로
$$(6-a)\times\left(-\dfrac{1}{3}\right)=-1$$
$$6-a=3 \qquad \therefore a=3$$
$a=3$을 ㄱ에 대입하면 $\qquad b=7$
$$\therefore ab=21$$
답 21

188

전략 평행한 두 직선의 기울기는 서로 같음을 이용한다.

$f(x)=-x^2+1$이라 하면
$$f'(x)=-2x$$
직선 $2x-y+3=0$, 즉 $y=2x+3$에 평행한 직선의 기울기는 2이므로 접점의 좌표를 $(t, -t^2+1)$이라 하면
$$f'(t)=-2t=2 \qquad \therefore t=-1$$
따라서 접점의 좌표는 $(-1, 0)$이므로 구하는 접선의 방정식은
$$y=2\{x-(-1)\}$$
$$\therefore y=2x+2$$
답 $y=2x+2$

189

전략 접점의 좌표를 (t, t^3+at)로 놓고 접선의 기울기가 5임을 이용한다.

$f(x)=x^3+ax$에서
$$f'(x)=3x^2+a$$
접점의 좌표를 (t, t^3+at)라 하면 이 점에서의 접선의 기울기는
$$f'(t)=3t^2+a$$
이므로 접선의 방정식은
$$y-(t^3+at)=(3t^2+a)(x-t)$$
$$\therefore y=(3t^2+a)x-2t^3 \qquad \cdots\cdots\ ㄱ$$
이 직선이 점 $(0, 2)$를 지나므로
$$2=-2t^3, \qquad t^3=-1$$
$$\therefore t=-1$$
$t=-1$을 ㄱ에 대입하면
$$y=(3+a)x+2$$
이 직선의 기울기가 5이므로
$$3+a=5 \qquad \therefore a=2$$
즉 $f(x)=x^3+2x$이므로
$$f(a)=f(2)=12$$
답 12

190

전략 두 곡선 $y=f(x)$, $y=g(x)$가 $x=a$인 점에서 접하면 $f(a)=g(a)$, $f'(a)=g'(a)$임을 이용한다.

$f(x)=x^3+ax^2$, $g(x)=-x^2+4$라 하면
$$f'(x)=3x^2+2ax, \ g'(x)=-2x$$

$f(t)=g(t)$에서
$$t^3+at^2=-t^2+4 \qquad \cdots\cdots \text{㉠}$$
또 $f'(t)=g'(t)$에서
$$3t^2+2at=-2t$$
$$\therefore at=-\frac{3}{2}t^2-t \qquad \cdots\cdots \text{㉡}$$
㉡을 ㉠에 대입하면
$$t^3+\left(-\frac{3}{2}t^2-t\right)t=-t^2+4$$
$$-\frac{1}{2}t^3=4, \qquad t^3=-8$$
$$\therefore t=-2$$
$t=-2$를 ㉡에 대입하면
$$-2a=-4 \qquad \therefore a=2$$
$$\therefore a+t=0$$
답 0

191

전략 먼저 롤의 정리를 만족시키는 k의 값을 구한다.

함수 $f(x)=-x^2+kx$는 모든 실수에서 연속이고 미분가능하다.

이때 닫힌구간 $[1, 3]$에서 롤의 정리를 만족시키므로
$$f(1)=f(3)$$
즉 $-1+k=-9+3k$이므로
$$k=4$$
따라서 $f(x)=-x^2+4x$이므로
$$f'(x)=-2x+4$$
$f'(c_1)=0$에서
$$-2c_1+4=0 \qquad \therefore c_1=2$$
또 닫힌구간 $[1, 5]$에서 평균값 정리를 만족시키는 실수가 c_2이므로
$$\frac{f(5)-f(1)}{5-1}=f'(c_2)$$
즉 $\dfrac{-5-3}{4}=-2c_2+4$이므로
$$2c_2=6 \qquad \therefore c_2=3$$
$$\therefore c_1 c_2=6$$
답 6

192

전략 곡선 $y=x^4$ 위의 점 $(a,\ a^4)$에서의 접선의 방정식을 이용하여 $h(a)$를 구한다.

$f(x)=x^4$이라 하면
$$f'(x)=4x^3$$
곡선 $y=f(x)$ 위의 점 $(a,\ a^4)$에서의 접선의 기울기는
$$f'(a)=4a^3$$
따라서 점 $(a,\ a^4)$에서의 접선의 방정식은
$$y-a^4=4a^3(x-a)$$
$$\therefore y=4a^3x-3a^4$$
이 직선과 y축의 교점의 좌표는 $(0,\ -3a^4)$이므로
$$h(a)=-3a^4$$
$$\therefore \lim_{a\to\infty}\frac{h(\sqrt{a^2+a})-h(a)}{a^3}$$
$$=\lim_{a\to\infty}\frac{-3(\sqrt{a^2+a})^4-(-3a^4)}{a^3}$$
$$=\lim_{a\to\infty}\frac{-3(a^2+a)^2+3a^4}{a^3}$$
$$=\lim_{a\to\infty}\frac{-6a^3-3a^2}{a^3}$$
$$=-6$$
답 −6

193

전략 주어진 조건을 이용하여 $f(8)$, $f'(8)$의 값을 구한다.

$\displaystyle\lim_{x\to 2}\dfrac{f(x^3)}{x-2}=24$에서 $x\to 2$일 때 (분모) $\to 0$이고 극한값이 존재하므로 (분자) $\to 0$이다.

즉 $\displaystyle\lim_{x\to 2}f(x^3)=0$이므로
$$f(8)=0$$
$$\therefore \lim_{x\to 2}\frac{f(x^3)}{x-2}$$
$$=\lim_{x\to 2}\frac{f(x^3)-f(8)}{x-2}$$
$$=\lim_{x\to 2}\left\{\frac{f(x^3)-f(8)}{x^3-8}\times(x^2+2x+4)\right\}$$
$$=12f'(8)$$
$$=24$$
따라서 $f'(8)=2$이므로 곡선 $y=f(x)$ 위의 점 $(8,\ f(8))$, 즉 $(8,\ 0)$에서의 접선의 방정식은
$$y=2(x-8)$$
$$\therefore y=2x-16$$
답 $y=2x-16$

194

전략 기울기가 -1인 접선의 접점의 좌표를 구한다.

$f(x)=-x^3+3x^2-x+1$이라 하면
$$f'(x)=-3x^2+6x-1$$
접점의 좌표를 $(t,\ -t^3+3t^2-t+1)$이라 하면 접선의 기울기가 -1이므로
$$f'(t)=-3t^2+6t-1=-1$$
$$t^2-2t=0,\qquad t(t-2)=0$$
$$\therefore\ t=0\ \text{또는}\ t=2$$
따라서 접점의 좌표는 $(0,1)$, $(2,3)$이므로 접선의 방정식은
$$y-1=-x,\ y-3=-(x-2)$$
$$\therefore\ y=-x+1,\ y=-x+5$$
이 두 직선 사이의 거리는 직선 $y=-x+1$ 위의 점 $(0,1)$과 직선 $y=-x+5$, 즉 $x+y-5=0$ 사이의 거리와 같으므로
$$\frac{|0+1-5|}{\sqrt{1^2+1^2}}=\frac{4}{\sqrt2}=2\sqrt2$$
답 $2\sqrt2$

195

전략 접점의 좌표를 $(t,\ t^4-2t^2+8)$로 놓고 접선이 원점을 지남을 이용한다.

$f(x)=x^4-2x^2+8$이라 하면
$$f'(x)=4x^3-4x$$
접점의 좌표를 $(t,\ t^4-2t^2+8)$이라 하면 이 점에서의 접선의 기울기는
$$f'(t)=4t^3-4t$$
이므로 접선의 방정식은
$$y-(t^4-2t^2+8)=(4t^3-4t)(x-t)$$
$$\therefore\ y=(4t^3-4t)x-3t^4+2t^2+8$$
이 직선이 원점 $(0,0)$을 지나므로
$$0=-3t^4+2t^2+8$$
$$(t^2-2)(3t^2+4)=0$$
$$\therefore\ t=-\sqrt2\ \text{또는}\ t=\sqrt2\ (\because\ 3t^2+4>0)$$
따라서 $\mathrm{P'}(-\sqrt2,\ 8)$, $\mathrm{P}(\sqrt2,\ 8)$이므로 삼각형 $\mathrm{OPP'}$의 넓이는
$$\frac{1}{2}\times2\sqrt2\times8=8\sqrt2$$
답 $8\sqrt2$

196

전략 곡선 $y=f(x)$ 위의 점 $(0,0)$에서의 접선의 방정식과 곡선 $y=xf(x)$ 위의 점 $(1,2)$에서의 접선의 방정식을 각각 구한다.

점 $(0,0)$이 곡선 $y=f(x)$ 위의 점이므로
$$f(0)=0$$
곡선 $y=f(x)$ 위의 점 $(0,0)$에서의 접선의 기울기는 $f'(0)$이므로 접선의 방정식은
$$y=f'(0)x \qquad\qquad \cdots\cdots\ \text{㉠}$$
한편 $g(x)=xf(x)$라 하면
$$g'(x)=f(x)+xf'(x)$$
점 $(1,2)$가 곡선 $y=g(x)$ 위의 점이므로
$$g(1)=2 \qquad \therefore\ f(1)=2$$
곡선 $y=g(x)$ 위의 점 $(1,2)$에서의 접선의 기울기는
$$g'(1)=f(1)+f'(1)=2+f'(1)$$
이므로 접선의 방정식은
$$y-2=\{2+f'(1)\}(x-1)$$
$$\therefore\ y=\{2+f'(1)\}x-f'(1)$$
이 직선이 직선 ㉠과 일치해야 하므로
$$f'(0)=2+f'(1),\ 0=-f'(1)$$
$$\therefore\ f'(0)=2,\ f'(1)=0$$
이때 $f(x)$가 삼차함수이고 $f(0)=0$이므로
$f(x)=ax^3+bx^2+cx$ ($a,\ b,\ c$는 상수, $a\neq0$)라 하면 $f'(x)=3ax^2+2bx+c$
$f'(0)=2$에서 $c=2$
$f'(1)=0$에서 $3a+2b+2=0$
$$\therefore\ 3a+2b=-2 \qquad\qquad \cdots\cdots\ \text{㉡}$$
$f(1)=2$에서 $a+b+2=2$
$$\therefore\ a+b=0 \qquad\qquad \cdots\cdots\ \text{㉢}$$
㉡, ㉢을 연립하여 풀면 $a=-2,\ b=2$
따라서 $f'(x)=-6x^2+4x+2$이므로
$$f'(2)=-14$$
답 ⑤

197

전략 점 P에서의 접선의 기울기가 a이면 접선과 수직인 직선의 기울기는 $-\dfrac{1}{a}$임을 이용한다.

$f(x)=x^3-3x^2-8x-4$, $g(x)=3x^2+7x+4$라 하면
$$f'(x)=3x^2-6x-8,\ g'(x)=6x+7$$

점 P의 x좌표를 t라 하면 $f(t)=g(t)$에서
$$t^3-3t^2-8t-4=3t^2+7t+4$$
$$t^3-6t^2-15t-8=0, \qquad (t+1)^2(t-8)=0$$
$$\therefore t=-1 \ \text{또는} \ t=8 \qquad \cdots\cdots \ \text{㉠}$$
또 $f'(t)=g'(t)$에서
$$3t^2-6t-8=6t+7, \qquad t^2-4t-5=0$$
$$(t+1)(t-5)=0$$
$$\therefore t=-1 \ \text{또는} \ t=5 \qquad \cdots\cdots \ \text{㉡}$$
㉠, ㉡에서 $\quad t=-1$
즉 점 P의 좌표는 $(-1,\ 0)$이고 점 P에서의 접선의 기울기는
$$f'(-1)=g'(-1)=1$$
이므로 접선과 수직인 직선의 기울기는 -1이다.
따라서 기울기가 -1이고 점 $(-1,\ 0)$을 지나는 직선의 방정식은
$$y=-\{x-(-1)\}$$
$$\therefore y=-x-1$$

답 $y=-x-1$

198

전략 점 P에서의 접선이 주어진 직선과 평행할 때, 점 P와 직선 사이의 거리가 최소임을 이용한다.

$f(x)=\dfrac{1}{3}x^3-6x \ (x>0)$라 하면
$$f'(x)=x^2-6$$
곡선 $y=f(x)$ 위의 점 P와 직선 $3x-y-20=0$ 사이의 거리가 최소가 되려면 점 P에서의 접선이 직선 $3x-y-20=0$, 즉 $y=3x-20$과 평행해야 한다.
따라서 점 P의 x좌표를 t라 하면 점 P에서의 접선의 기울기가 3이어야 하므로
$$f'(t)=t^2-6=3, \qquad t^2=9$$
$$\therefore t=3 \ (\because t>0)$$
즉 점 P의 좌표는 $(3,\ -9)$이므로 점 P에서의 접선의 방정식은
$$y-(-9)=3(x-3)$$
$$\therefore y=3x-18$$
따라서 접선의 x절편과 y절편은 각각 6, -18이므로 구하는 넓이는
$$\frac{1}{2}\times6\times18=54$$

답 54

199

전략 먼저 주어진 곡선의 접선 중에서 기울기가 -1인 접선의 방정식을 구한다.

$f(x)=x^3-3x^2+2x$라 하면
$$f'(x)=3x^2-6x+2$$
곡선 $y=f(x)$의 접선 중에서 직선 $y=-x+2$에 평행한 접선의 접점의 좌표를 $(t,\ t^3-3t^2+2t)$라 하면
$$f'(t)=3t^2-6t+2=-1$$
$$t^2-2t+1=0, \qquad (t-1)^2=0$$
$$\therefore t=1$$
따라서 접점의 좌표는 $(1,\ 0)$이므로 접선의 방정식은
$$y=-(x-1)$$
$$\therefore y=-x+1 \qquad \cdots\cdots \ \text{㉠}$$
이때 직선 ㉠을 x축의 방향으로 a만큼, y축의 방향으로 b만큼 평행이동한 직선의 방정식은
$$y-b=-(x-a)+1$$
$$\therefore y=-x+a+1+b$$
이 직선이 직선 $y=-x+2$와 일치해야 하므로
$$a+1+b=2$$
$$\therefore a+b=1$$

답 1

200

전략 평균값 정리를 이용할 수 있도록 주어진 식을 변형한다.

함수 $f(x)$가 닫힌구간 $[x-1,\ x+3]$에서 연속이고 열린구간 $(x-1,\ x+3)$에서 미분가능하므로 평균값 정리에 의하여
$$\frac{f(x+3)-f(x-1)}{(x+3)-(x-1)}=f'(c)$$
인 c가 열린구간 $(x-1,\ x+3)$에 적어도 하나 존재한다.
이때 $x\to\infty$이면 $c\to\infty$이므로
$$\lim_{x\to\infty}\{f(x+3)-f(x-1)\}$$
$$=4\lim_{x\to\infty}\frac{f(x+3)-f(x-1)}{(x+3)-(x-1)}$$
$$=4\lim_{x\to\infty}f'(c)$$
$$=4\lim_{c\to\infty}f'(c)$$
$$=4\times2$$
$$=8$$

답 8

03 함수의 증가와 감소   ● 본책 103~106쪽

201

(1) $f(x)=2x^3-3x^2-36x+1$에서
$$f'(x)=6x^2-6x-36=6(x+2)(x-3)$$
$f'(x)=0$에서
$$x=-2 \text{ 또는 } x=3$$
함수 $f(x)$의 증가와 감소를 표로 나타내면 다음과 같다.

x	$\cdots$	-2	$\cdots$	3	$\cdots$
$f'(x)$	$+$	0	$-$	0	$+$
$f(x)$	$\nearrow$	45	$\searrow$	-80	$\nearrow$

따라서 함수 $f(x)$는 **구간 $(-\infty,\ -2]$, $[3,\ \infty)$에서 증가**하고, **구간 $[-2,\ 3]$에서 감소**한다.

(2) $f(x)=-x^4+2x^2+2$에서
$$f'(x)=-4x^3+4x=-4x(x+1)(x-1)$$
$f'(x)=0$에서
$$x=-1 \text{ 또는 } x=0 \text{ 또는 } x=1$$
함수 $f(x)$의 증가와 감소를 표로 나타내면 다음과 같다.

x	$\cdots$	-1	$\cdots$	0	$\cdots$	1	$\cdots$
$f'(x)$	$+$	0	$-$	0	$+$	0	$-$
$f(x)$	$\nearrow$	3	$\searrow$	2	$\nearrow$	3	$\searrow$

따라서 함수 $f(x)$는 **구간 $(-\infty,\ -1]$, $[0,\ 1]$에서 증가**하고, **구간 $[-1,\ 0]$, $[1,\ \infty)$에서 감소**한다.

답 풀이 참조

참고 도함수 $y=f'(x)$의 그래프는 각각 다음과 같다.

(1) 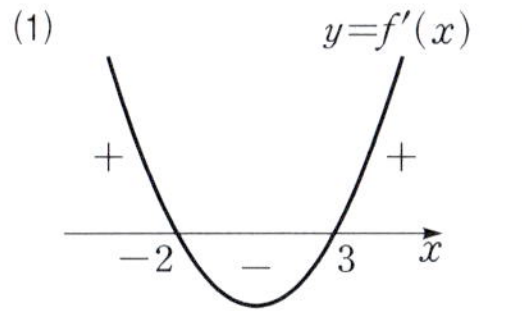

(2) 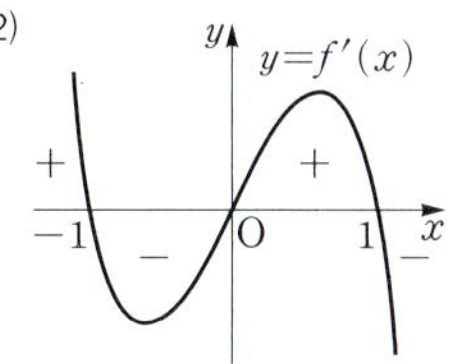

202

$f(x)=-x^3-3x^2+9x+5$에서
$$f'(x)=-3x^2-6x+9=-3(x+3)(x-1)$$
$f'(x)=0$에서 $x=-3 \text{ 또는 } x=1$

함수 $f(x)$의 증가와 감소를 표로 나타내면 다음과 같다.

x	$\cdots$	-3	$\cdots$	1	$\cdots$
$f'(x)$	$-$	0	$+$	0	$-$
$f(x)$	$\searrow$	-22	$\nearrow$	10	$\searrow$

따라서 함수 $f(x)$는 구간 $[-3,\ 1]$에서 증가하므로
$$\alpha=-3,\ \beta=1$$
$$\therefore \ \beta-\alpha=4$$

답 4

다른 풀이 함수 $f(x)$는 $f'(x)\geq0$인 구간에서 증가한다.
이때 $f'(x)\geq0$에서 $-3(x+3)(x-1)\geq0$
$$(x+3)(x-1)\leq0 \quad \therefore \ -3\leq x\leq1$$
$$\therefore \ \alpha=-3,\ \beta=1$$

203

$f(x)=4x^3+ax^2-bx+1$에서
$$f'(x)=12x^2+2ax-b$$
함수 $f(x)$는 $x=-1$, $x=2$의 좌우에서 증가와 감소가 바뀌므로 $x=-1$, $x=2$의 좌우에서 $f'(x)$의 부호가 바뀐다.

따라서 이차방정식 $f'(x)=0$, 즉 $12x^2+2ax-b=0$의 두 근이 -1, 2이므로 이차방정식의 근과 계수의 관계에 의하여
$$-1+2=-\frac{2a}{12},\ -1\times2=\frac{-b}{12}$$
$$\therefore \ a=-6,\ b=24$$
$$\therefore \ a+b=18$$

답 18

204

(1) $f(x)=\dfrac{1}{3}x^3+ax^2+(5a-4)x+2$에서
$$f'(x)=x^2+2ax+5a-4$$
함수 $f(x)$가 구간 $(-\infty,\ \infty)$에서 증가하려면 모든 실수 x에 대하여 $f'(x)\geq0$이어야 한다.
따라서 이차방정식 $f'(x)=0$의 판별식을 D라 하면
$$\frac{D}{4}=a^2-(5a-4)\leq0$$
$$a^2-5a+4\leq0, \quad (a-1)(a-4)\leq0$$
$$\therefore \ 1\leq a\leq4$$

(2) $f(x)=-x^3+ax^2-12x-1$에서
$$f'(x)=-3x^2+2ax-12$$
함수 $f(x)$가 실수 전체의 집합에서 감소하려면 모든 실수 x에 대하여 $f'(x)\leq0$이어야 한다.

따라서 이차방정식 $f'(x)=0$의 판별식을 D라 하면
$$\frac{D}{4}=a^2-(-3)\times(-12)\leq0$$
$$a^2-36\leq0,\quad (a+6)(a-6)\leq0$$
$$\therefore -6\leq a\leq6$$

답 (1) $1\leq a\leq4$ (2) $-6\leq a\leq6$

개념 노트

이차부등식이 항상 성립할 조건

이차방정식 $ax^2+bx+c=0$의 판별식을 D라 할 때, 모든 실수 x에 대하여

① 이차부등식 $ax^2+bx+c\geq0$이 성립하려면
$$a>0,\ D\leq0$$

② 이차부등식 $ax^2+bx+c\leq0$이 성립하려면
$$a<0,\ D\leq0$$

205

$f(x)=\dfrac{1}{3}x^3+2x^2+ax$에서
$$f'(x)=x^2+4x+a=(x+2)^2+a-4$$

함수 $f(x)$가 구간 $[-1,\ 1]$에서 증가하려면 $-1\leq x\leq1$에서 $f'(x)\geq0$이어야 하므로 오른쪽 그림에서

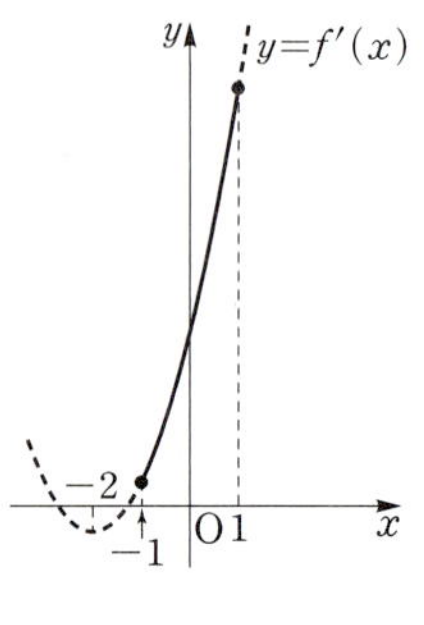

$$f'(-1)=a-3\geq0$$
$$\therefore a\geq3$$

따라서 실수 a의 최솟값은 3이다.

답 3

연습 문제

● 본책 107쪽

206

전략 부등식 $f'(x)\leq0$의 해가 $1\leq x\leq5$임을 이용한다.

$f(x)=2x^3+ax^2+bx-1$에서
$$f'(x)=6x^2+2ax+b$$

이때 함수 $f(x)$가 감소하는 구간이 $[1,\ 5]$이므로 이차부등식 $f'(x)\leq0$의 해가 $1\leq x\leq5$이다.

따라서
$$f'(x)=6(x-1)(x-5)$$
$$=6x^2-36x+30$$
이므로 $2a=-36$, $b=30$
$$\therefore a=-18,\ b=30$$
$$\therefore a+b=12$$

답 12

207

전략 함수 $f(x)$가 실수 전체의 집합에서 증가하면 모든 실수 x에 대하여 $f'(x)\geq0$임을 이용한다.

$f(x)=x^3+ax^2-(a^2-8a)x+3$에서
$$f'(x)=3x^2+2ax-a^2+8a$$

함수 $f(x)$가 실수 전체의 집합에서 증가하려면 모든 실수 x에 대하여 $f'(x)\geq0$이어야 한다.

따라서 이차방정식 $f'(x)=0$의 판별식을 D라 하면
$$\frac{D}{4}=a^2-3(-a^2+8a)\leq0$$
$$a^2-6a\leq0,\quad a(a-6)\leq0$$
$$\therefore 0\leq a\leq6$$

따라서 실수 a의 최댓값은 6이다.

답 6

208

전략 함수 $f(x)$가 주어진 구간에서 감소함을 이용한다.

$f(x)=x^3+6x^2+ax-2$에서
$$f'(x)=3x^2+12x+a$$

주어진 조건을 만족시키려면 함수 $f(x)$가 구간 $[-3,\ 1]$에서 감소해야 하므로 $-3\leq x\leq1$에서 $f'(x)\leq0$이어야 한다.

따라서 오른쪽 그림에서
$f'(-3)\leq0$이므로
$$a-9\leq0$$
$$\therefore a\leq9 \quad\cdots\cdots ㉠$$
$f'(1)\leq0$이므로
$$a+15\leq0$$
$$\therefore a\leq-15 \quad\cdots\cdots ㉡$$
㉠, ㉡에서 $a\leq-15$

답 $a\leq-15$

209

전략 주어진 범위에서 $f'(x)$의 부호를 이용하여 함수 $f(x)$의 증가와 감소를 조사한다.

ㄱ. 구간 $(-5, -4)$에서 $f'(x)>0$이므로 이 구간에서 함수 $f(x)$는 증가한다. (거짓)

ㄴ. 구간 $(-2, -1)$에서 $f'(x)<0$이므로 이 구간에서 함수 $f(x)$는 감소한다. (참)

ㄷ. 구간 $(0, 1)$에서 $f'(x)>0$이므로 이 구간에서 함수 $f(x)$는 증가한다. (참)

이상에서 옳은 것은 ㄴ, ㄷ이다. **답** ㄴ, ㄷ

210

전략 함수 $f(x)$의 역함수가 존재하려면 실수 전체의 집합에서 $f(x)$가 증가하거나 감소해야 한다.

함수 $f(x)$의 역함수가 존재하려면 $f(x)$가 일대일대응이어야 하므로 $f(x)$는 실수 전체의 집합에서 증가하거나 감소해야 한다.

이때 $f(x)$의 최고차항의 계수가 음수이므로 $f(x)$는 실수 전체의 집합에서 감소해야 한다.

$f(x)=-x^3+kx^2-3kx-2$에서

$$f'(x)=-3x^2+2kx-3k$$

모든 실수 x에 대하여 $f'(x)\leq0$이어야 하므로 이차방정식 $f'(x)=0$의 판별식을 D라 하면

$$\frac{D}{4}=k^2-(-3)\times(-3k)\leq0$$

$$k^2-9k\leq0, \qquad k(k-9)\leq0$$

$$\therefore 0\leq k\leq9$$

따라서 정수 k는 $0, 1, 2, \cdots, 9$의 10개이다. **답** 10

211

전략 먼저 곡선 $y=f(x)$ 위의 점 $(t, f(t))$에서의 접선의 방정식을 구한다.

$f(x)=-x^3+(a-2)x^2-ax$에서

$$f'(x)=-3x^2+2(a-2)x-a$$

따라서 점 $(t, f(t))$에서의 접선의 기울기는

$$f'(t)=-3t^2+2(a-2)t-a$$

이므로 접선의 방정식은

$$y-\{-t^3+(a-2)t^2-at\}$$
$$=\{-3t^2+2(a-2)t-a\}(x-t)$$

$$\therefore y=\{-3t^2+2(a-2)t-a\}x$$
$$+2t^3-(a-2)t^2$$

즉 $g(t)=2t^3-(a-2)t^2$이므로

$$g'(t)=6t^2-2(a-2)t$$

함수 $g(t)$가 구간 $[-3, 0]$에서 감소하려면 $-3\leq t\leq0$에서 $g'(t)\leq0$이어야 하므로 오른쪽 그림에서

$$g'(-3)=54+6(a-2)\leq0$$

$$6a+42\leq0$$

$$\therefore a\leq-7$$

따라서 실수 a의 최댓값은 -7이다. **답** -7

참고 $y=g'(t)$의 그래프의 축의 방정식은

$$t=\frac{a-2}{6}$$

이때 $a\geq2$이면 $t<0$에서 $g'(t)>0$이므로 조건을 만족시키지 않는다.

$$\therefore a<2$$

04 함수의 극대와 극소 • 본책 108~114쪽

212

$f(x)=2x^3-6x^2+3$에서

$$f'(x)=\boxed{6}x^2-12x=6x(x-2)$$

$f'(x)=0$에서

$$x=0 \text{ 또는 } x=\boxed{2}$$

함수 $f(x)$의 증가와 감소를 표로 나타내면 다음과 같다.

x	$\cdots$	0	$\cdots$	$\boxed{2}$	$\cdots$
$f'(x)$	$+$	0	$-$	0	$+$
$f(x)$	$\nearrow$	3	$\searrow$	$\boxed{-5}$	$\nearrow$

따라서 함수 $f(x)$는

$$x=0\text{에서 극댓값 }3, x=\boxed{2}\text{에서 극솟값 }\boxed{-5}$$

를 갖는다.

답 $6, 2, 2, -5, 2, -5$

213

$f(x)=-x^4+2x^2-3$에서
$$f'(x)=\boxed{-4}x^3+\boxed{4}x=-4x(x+1)(x-1)$$
$f'(x)=0$에서
$$x=-1 \text{ 또는 } x=\boxed{0} \text{ 또는 } x=1$$
함수 $f(x)$의 증가와 감소를 표로 나타내면 다음과 같다.

x	$\cdots$	-1	$\cdots$	$\boxed{0}$	$\cdots$	1	$\cdots$
$f'(x)$	$+$	0	$\boxed{-}$	0	$+$	0	$-$
$f(x)$	$\nearrow$	-2	$\searrow$	$\boxed{-3}$	$\nearrow$	-2	$\searrow$

따라서 함수 $f(x)$는
$$x=-1,\ x=1\text{에서 극댓값 } -2,$$
$$x=\boxed{0}\text{에서 극솟값 }\boxed{-3}$$
을 갖는다.

답 -4, 4, 0, 0, $-$, -3, 0, -3

214

(1) $f(x)=x^2(3-x)=-x^3+3x^2$에서
$$f'(x)=-3x^2+6x=-3x(x-2)$$
$f'(x)=0$에서 $\quad x=0$ 또는 $x=2$
함수 $f(x)$의 증가와 감소를 표로 나타내면 다음과 같다.

x	$\cdots$	0	$\cdots$	2	$\cdots$
$f'(x)$	$-$	0	$+$	0	$-$
$f(x)$	$\searrow$	0	$\nearrow$	4	$\searrow$

따라서 함수 $f(x)$는
$$x=0\text{에서 극솟값 }0,\ x=2\text{에서 극댓값 }4$$
를 갖는다.

(2) $f(x)=2x^3+3x^2-12x-4$에서
$$f'(x)=6x^2+6x-12=6(x+2)(x-1)$$
$f'(x)=0$에서 $\quad x=-2$ 또는 $x=1$
함수 $f(x)$의 증가와 감소를 표로 나타내면 다음과 같다.

x	$\cdots$	-2	$\cdots$	1	$\cdots$
$f'(x)$	$+$	0	$-$	0	$+$
$f(x)$	$\nearrow$	16	$\searrow$	-11	$\nearrow$

따라서 함수 $f(x)$는
$$x=-2\text{에서 극댓값 }16,$$
$$x=1\text{에서 극솟값 }-11$$
을 갖는다.

답 (1) 극댓값: **4**, 극솟값: **0**
(2) 극댓값: **16**, 극솟값: **−11**

215

$f(x)=-2x^3+15x^2-24x-2$에서
$$f'(x)=-6x^2+30x-24$$
$$=-6(x-1)(x-4)$$
$f'(x)=0$에서 $\quad x=1$ 또는 $x=4$
함수 $f(x)$의 증가와 감소를 표로 나타내면 다음과 같다.

x	$\cdots$	1	$\cdots$	4	$\cdots$
$f'(x)$	$-$	0	$+$	0	$-$
$f(x)$	$\searrow$	-13	$\nearrow$	14	$\searrow$

따라서 함수 $f(x)$는
$$x=1\text{에서 극솟값 }-13,\ x=4\text{에서 극댓값 }14$$
를 가지므로 극댓값과 극솟값의 차는
$$14-(-13)=27$$

답 **27**

216

(1) $f(x)=3x^4+16x^3+18x^2+5$에서
$$f'(x)=12x^3+48x^2+36x$$
$$=12x(x+3)(x+1)$$
$f'(x)=0$에서
$$x=-3 \text{ 또는 } x=-1 \text{ 또는 } x=0$$
함수 $f(x)$의 증가와 감소를 표로 나타내면 다음과 같다.

x	$\cdots$	-3	$\cdots$	-1	$\cdots$	0	$\cdots$
$f'(x)$	$-$	0	$+$	0	$-$	0	$+$
$f(x)$	$\searrow$	-22	$\nearrow$	10	$\searrow$	5	$\nearrow$

따라서 함수 $f(x)$는
$$x=-3\text{에서 극솟값 }-22,$$
$$x=-1\text{에서 극댓값 }10,$$
$$x=0\text{에서 극솟값 }5$$
를 갖는다.

(2) $f(x)=-x^4+4x^3-13$에서
$$f'(x)=-4x^3+12x^2=-4x^2(x-3)$$
$f'(x)=0$에서
$$x=0 \text{ 또는 } x=3$$
함수 $f(x)$의 증가와 감소를 표로 나타내면 다음과 같다.

x	$\cdots$	0	$\cdots$	3	$\cdots$
$f'(x)$	$+$	0	$+$	0	$-$
$f(x)$	$\nearrow$	-13	$\nearrow$	14	$\searrow$

따라서 함수 $f(x)$는
$$x=3\text{에서 극댓값 }14$$
를 갖는다.

🔷 (1) 극댓값: 10, 극솟값: −22, 5
(2) 극댓값: 14

217

$f(x)=-3x^4+8x^3+6x^2-24x$에서
$$\begin{aligned}f'(x)&=-12x^3+24x^2+12x-24\\&=-12(x+1)(x-1)(x-2)\end{aligned}$$
$f'(x)=0$에서
$$x=-1 \text{ 또는 } x=1 \text{ 또는 } x=2$$
함수 $f(x)$의 증가와 감소를 표로 나타내면 다음과 같다.

x	$\cdots$	-1	$\cdots$	1	$\cdots$	2	$\cdots$
$f'(x)$	$+$	0	$-$	0	$+$	0	$-$
$f(x)$	$\nearrow$	19	$\searrow$	-13	$\nearrow$	-8	$\searrow$

따라서 함수 $f(x)$는 $x=1$에서 극솟값 -13을 가지므로
$$a=1,\ b=-13$$
$$\therefore a+b=-12$$

🔷 −12

218

$f(x)=ax^3+bx^2+3bx+2$에서
$$f'(x)=3ax^2+2bx+3b$$
함수 $f(x)$가 $x=-1$에서 극댓값, $x=3$에서 극솟값을 가지므로

$$f'(-1)=0,\ f'(3)=0$$
$$3a-2b+3b=0,\ 27a+6b+3b=0$$
$$\therefore b=-3a \qquad \cdots\cdots \ ㉠$$
또 극댓값과 극솟값의 차가 32이므로
$$f(-1)-f(3)=32$$
$$(-a+b-3b+2)-(27a+9b+9b+2)=32$$
$$\therefore 7a+5b=-8 \qquad \cdots\cdots \ ㉡$$
㉠을 ㉡에 대입하면
$$7a-15a=-8$$
$$\therefore a=1$$
$a=1$을 ㉠에 대입하면
$$b=-3$$
$$\therefore ab=-3$$

🔷 −3

219

$f(x)=x^3+ax^2-24x+b$에서
$$f'(x)=3x^2+2ax-24$$
함수 $f(x)$가 $x=-4$에서 극댓값을 가지므로
$$f'(-4)=0$$
$$48-8a-24=0 \qquad \therefore a=3$$
$$\therefore f(x)=x^3+3x^2-24x+b,$$
$$f'(x)=3x^2+6x-24=3(x+4)(x-2)$$
$f'(x)=0$에서
$$x=-4 \text{ 또는 } x=2$$
함수 $f(x)$의 증가와 감소를 표로 나타내면 다음과 같다.

x	$\cdots$	-4	$\cdots$	2	$\cdots$
$f'(x)$	$+$	0	$-$	0	$+$
$f(x)$	$\nearrow$	$b+80$	$\searrow$	$b-28$	$\nearrow$

따라서 함수 $f(x)$는
$$x=-4\text{에서 극댓값 }b+80,$$
$$x=2\text{에서 극솟값 }b-28$$
을 가지므로
$$b+80=d,\ c=2,\ b-28=2$$
$$\therefore b=30,\ c=2,\ d=110$$
$$\therefore a+b+c+d=145$$

🔷 145

220

다음 그림과 같이 구간 (a, b)에서 함수 $y=f'(x)$의 그래프가 x축과 만나는 점의 x좌표를 작은 것부터 순서대로 $c, d, 0, e, f$라 하자.

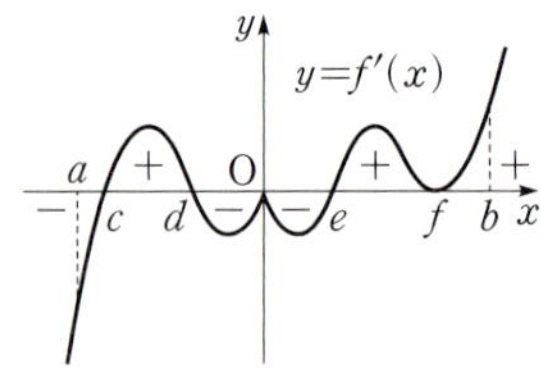

(ⅰ) $x=d$의 좌우에서 $f'(x)$의 부호가 양에서 음으로 바뀌므로 함수 $f(x)$는 $x=d$에서 극댓값을 갖는다.

$$\therefore m=1$$

(ⅱ) $x=c$, $x=e$의 좌우에서 $f'(x)$의 부호가 음에서 양으로 바뀌므로 함수 $f(x)$는 $x=c$, $x=e$에서 극솟값을 갖는다.

$$\therefore n=2$$

(ⅰ), (ⅱ)에서　　$m-n=-1$　　　　답 -1

참고　$x=0$, $x=f$의 좌우에서 $f'(x)$의 부호가 바뀌지 않으므로 $f(x)$는 $x=0$, $x=f$에서 극값을 갖지 않는다.

221

$f(x)=2x^3+ax^2+bx+c$에서
$$f'(x)=6x^2+2ax+b$$
함수 $y=f'(x)$의 그래프에서
$$f'(-2)=0, \ f'(1)=0$$
$f'(-2)=0$에서　　$24-4a+b=0$
$$\therefore 4a-b=24 \qquad \cdots\cdots \ \text{㉠}$$
$f'(1)=0$에서　　$6+2a+b=0$
$$\therefore 2a+b=-6 \qquad \cdots\cdots \ \text{㉡}$$
㉠, ㉡을 연립하여 풀면
$$a=3, \ b=-12$$
$$\therefore f(x)=2x^3+3x^2-12x+c$$
이때 $x=1$의 좌우에서 $f'(x)$의 부호가 음에서 양으로 바뀌므로 함수 $f(x)$는 $x=1$에서 극솟값 -12를 갖는다.

즉 $-7+c=-12$이므로　　$c=-5$
따라서 $f(x)=2x^3+3x^2-12x-5$이므로
$$f(-1)=8 \qquad\qquad \text{답 } 8$$

222

전략 $f'(x)=0$을 만족시키는 x의 값의 좌우에서 $f'(x)$의 부호를 조사한다.

$f(x)=-2x^3-6x^2+9$에서
$$f'(x)=-6x^2-12x=-6x(x+2)$$
$f'(x)=0$에서　　$x=-2$ 또는 $x=0$
함수 $f(x)$의 증가와 감소를 표로 나타내면 다음과 같다.

x	$\cdots$	-2	$\cdots$	0	$\cdots$
$f'(x)$	$-$	0	$+$	0	$-$
$f(x)$	$\searrow$	1	$\nearrow$	9	$\searrow$

따라서 함수 $f(x)$는 $x=-2$에서 극솟값 1을 가지므로　　$a=-2$, $b=1$
$$\therefore a+b=-1 \qquad\qquad \text{답 } -1$$

223

전략 $f'(x)=0$을 만족시키는 x의 값의 좌우에서 $f'(x)$의 부호를 조사한다.

$f(x)=-x^4+4x^3+2x^2-12x+3$에서
$$f'(x)=-4x^3+12x^2+4x-12$$
$$=-4(x+1)(x-1)(x-3)$$
$f'(x)=0$에서　　$x=-1$ 또는 $x=1$ 또는 $x=3$
함수 $f(x)$의 증가와 감소를 표로 나타내면 다음과 같다.

x	$\cdots$	-1	$\cdots$	1	$\cdots$	3	$\cdots$
$f'(x)$	$+$	0	$-$	0	$+$	0	$-$
$f(x)$	$\nearrow$	12	$\searrow$	-4	$\nearrow$	12	$\searrow$

따라서 함수 $f(x)$는
$$x=-1, \ x=3\text{에서 극댓값 } 12,$$
$$x=1\text{에서 극솟값 } -4$$
를 가지므로　　$M=12$, $m=-4$
$$\therefore M-m=16 \qquad\qquad \text{답 } 16$$

224

전략 함수 $f(x)$가 $x=k$에서 극값을 가지면 $f'(k)=0$임을 이용한다.

$f(x)=x^4+ax^2+b$에서　　$f'(x)=4x^3+2ax$

함수 $f(x)$가 $x=1$에서 극소이므로 $f'(1)=0$

$$4+2a=0 \quad \therefore a=-2$$
$$\therefore f(x)=x^4-2x^2+b,$$
$$f'(x)=4x^3-4x=4x(x+1)(x-1)$$

$f'(x)=0$에서 $x=-1$ 또는 $x=0$ 또는 $x=1$

함수 $f(x)$의 증가와 감소를 표로 나타내면 다음과 같다.

x	$\cdots$	-1	$\cdots$	0	$\cdots$	1	$\cdots$
$f'(x)$	$-$	0	$+$	0	$-$	0	$+$
$f(x)$	$\searrow$	$b-1$	$\nearrow$	b	$\searrow$	$b-1$	$\nearrow$

따라서 함수 $f(x)$는 $x=0$에서 극댓값 b를 가지므로

$$b=4 \quad \therefore a+b=2$$

탑 **2**

225

전략 함수 $f(x)$가 $x=k$에서 극값을 가지면 $f'(k)=0$임을 이용한다.

$f(x)=x^3+ax^2+bx+100$에서
$$f'(x)=3x^2+2ax+b$$

함수 $f(x)$가 $x=-6$에서 극값을 가지므로
$$f'(-6)=0, \qquad 108-12a+b=0$$
$$\therefore 12a-b=108 \qquad \cdots\cdots \text{㉠}$$

곡선 $y=f(x)$ 위의 점 $(-3, f(-3))$에서의 접선의 기울기가 9이므로
$$f'(-3)=9, \qquad 27-6a+b=9$$
$$\therefore 6a-b=18 \qquad \cdots\cdots \text{㉡}$$

㉠, ㉡을 연립하여 풀면 $a=15$, $b=72$

$$\therefore a+b=87$$

탑 **87**

226

전략 함수 $f(x)$의 극값을 a에 대한 식으로 나타낸다.

$f(x)=x^3+3x^2-9x+a$에서
$$f'(x)=3x^2+6x-9=3(x+3)(x-1)$$

$f'(x)=0$에서 $x=-3$ 또는 $x=1$

함수 $f(x)$의 증가와 감소를 표로 나타내면 다음과 같다.

x	$\cdots$	-3	$\cdots$	1	$\cdots$
$f'(x)$	$+$	0	$-$	0	$+$
$f(x)$	$\nearrow$	$27+a$	$\searrow$	$-5+a$	$\nearrow$

따라서 함수 $f(x)$는 $x=-3$에서 극댓값 $27+a$, $x=1$에서 극솟값 $-5+a$를 갖는다.

이때 극댓값과 극솟값의 절댓값이 같으므로
$$(27+a)+(-5+a)=0$$
$$22+2a=0$$
$$\therefore a=-11$$

탑 **-11**

227

전략 함수 $f(x)$의 극값을 a에 대한 식으로 나타낸다.

$f(x)=x^3-\dfrac{3}{2}ax^2-6a^2x$에서
$$f'(x)=3x^2-3ax-6a^2$$
$$=3(x+a)(x-2a)$$

$f'(x)=0$에서
$$x=-a \text{ 또는 } x=2a$$

$a>0$이므로 함수 $f(x)$의 증가와 감소를 표로 나타내면 다음과 같다.

x	$\cdots$	$-a$	$\cdots$	$2a$	$\cdots$
$f'(x)$	$+$	0	$-$	0	$+$
$f(x)$	$\nearrow$	$\dfrac{7}{2}a^3$	$\searrow$	$-10a^3$	$\nearrow$

따라서 함수 $f(x)$는

$$x=-a\text{에서 극댓값 } \frac{7}{2}a^3,$$
$$x=2a\text{에서 극솟값 } -10a^3$$

을 갖는다.

이때 극댓값과 극솟값의 차가 $\dfrac{1}{2}$이므로

$$\frac{7}{2}a^3-(-10a^3)=\frac{1}{2}$$
$$\frac{27}{2}a^3=\frac{1}{2}, \qquad a^3=\frac{1}{27}$$
$$\therefore a=\frac{1}{3}$$

탑 **$\dfrac{1}{3}$**

228

전략 먼저 주어진 그래프에서 $f'(x)=0$을 만족시키는 x의 값을 찾는다.

구간 $(-5, 5)$에서 함수 $y=f'(x)$의 그래프가 x축과 만나는 점의 x좌표는

$$-4, -2, -1, 1, 2, 3, 4$$

(ⅰ) $x=-2$, $x=1$, $x=3$의 좌우에서 $f'(x)$의 부호가 양에서 음으로 바뀌므로 함수 $f(x)$는 $x=-2$, $x=1$, $x=3$에서 극댓값을 갖는다.

$$\therefore a=-2+1+3=2$$

(ⅱ) $x=-1$, $x=2$의 좌우에서 $f'(x)$의 부호가 음에서 양으로 바뀌므로 함수 $f(x)$는 $x=-1$, $x=2$에서 극솟값을 갖는다.

$$\therefore \beta=-1+2=1$$

(ⅰ), (ⅱ)에서 $a-\beta=1$ 답 **1**

229

전략 $y=f'(x)$의 그래프에서 함수 $f(x)$가 극댓값, 극솟값을 갖는 x의 값을 찾는다.

$f(x)=x^3+ax^2+bx+c$에서

$$f'(x)=3x^2+2ax+b$$

함수 $y=f'(x)$의 그래프에서

$$f'(0)=0, \ f'(2)=0$$

$f'(0)=0$에서 $b=0$

$f'(2)=0$에서 $12+4a=0$ $\therefore a=-3$

$$\therefore f(x)=x^3-3x^2+c$$

이때 $x=0$의 좌우에서 $f'(x)$의 부호가 양에서 음으로 바뀌므로 함수 $f(x)$는 $x=0$에서 극댓값 5를 갖는다.

$$\therefore c=5 \quad \therefore f(x)=x^3-3x^2+5$$

또 $x=2$의 좌우에서 $f'(x)$의 부호가 음에서 양으로 바뀌므로 $f(x)$의 극솟값은

$$f(2)=1$$

답 **1**

230

전략 먼저 함수 $f(x)$의 극값을 구한다.

$f(x)=\dfrac{3}{4}x^4-6x^2$에서

$$f'(x)=3x^3-12x=3x(x+2)(x-2)$$

$f'(x)=0$에서 $x=-2$ 또는 $x=0$ 또는 $x=2$

함수 $f(x)$의 증가와 감소를 표로 나타내면 다음과 같다.

x	$\cdots$	-2	$\cdots$	0	$\cdots$	2	$\cdots$
$f'(x)$	$-$	0	$+$	0	$-$	0	$+$
$f(x)$	$\searrow$	-12	$\nearrow$	0	$\searrow$	-12	$\nearrow$

따라서 함수 $f(x)$는

$$x=-2, \ x=2에서 극솟값 -12,$$
$$x=0에서 극댓값 \ 0$$

을 가지므로 오른쪽 그림에서 구하는 삼각형의 넓이는

$$\frac{1}{2}\times\{2-(-2)\}\times12=24$$

답 **24**

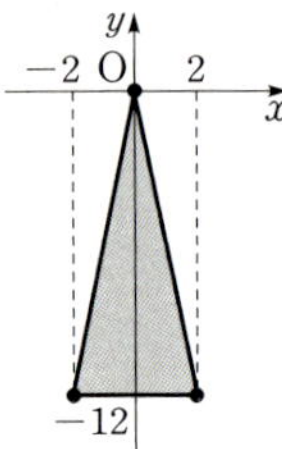

231

전략 함수 $f(x)$가 극댓값을 갖는 x의 값을 구한다.

$f(x)=x^3-3ax^2+3(a^2-1)x$에서

$$f'(x)=3x^2-6ax+3(a^2-1)$$
$$=3(x-a+1)(x-a-1)$$

$f'(x)=0$에서 $x=a-1$ 또는 $x=a+1$

함수 $f(x)$의 증가와 감소를 표로 나타내면 다음과 같다.

x	$\cdots$	$a-1$	$\cdots$	$a+1$	$\cdots$
$f'(x)$	$+$	0	$-$	0	$+$
$f(x)$	$\nearrow$	극대	$\searrow$	극소	$\nearrow$

따라서 함수 $f(x)$는 $x=a-1$에서 극댓값을 가지므로

$$f(a-1)=4$$
$$(a-1)^3-3a(a-1)^2+3(a^2-1)(a-1)=4$$
$$a^3-3a-2=0, \quad (a+1)^2(a-2)=0$$
$$\therefore a=-1 \ 또는 \ a=2$$

(ⅰ) $a=-1$일 때

$f(x)=x^3+3x^2$이므로 $f(-2)=4>0$

(ⅱ) $a=2$일 때

$f(x)=x^3-6x^2+9x$이므로

$$f(-2)=-50<0$$

따라서 주어진 조건을 만족시키지 않는다.

(ⅰ), (ⅱ)에서 $f(x)=x^3+3x^2$이므로

$$f(-1)=2$$

답 **②**

232

전략 접선의 방정식을 이용하여 $f(1)$, $f'(1)$의 값을 구한다.

$f(x)=x^3+ax^2+bx+c$에서
$$f'(x)=3x^2+2ax+b$$
곡선 $y=f(x)$ 위의 점 $(1, f(1))$에서의 접선의 기울기가 6이므로
$$f'(1)=6, \qquad 3+2a+b=6$$
$$\therefore 2a+b=3 \qquad \cdots\cdots \ \text{㉠}$$
또 접선 $y=6x-1$이 점 $(1, 5)$를 지나므로
$$f(1)=5, \qquad 1+a+b+c=5$$
$$\therefore a+b+c=4 \qquad \cdots\cdots \ \text{㉡}$$
한편 함수 $f(x)$가 $x=-1$에서 극댓값을 가지므로
$$f'(-1)=0, \qquad 3-2a+b=0$$
$$\therefore 2a-b=3 \qquad \cdots\cdots \ \text{㉢}$$
㉠, ㉢을 연립하여 풀면 $\quad a=\dfrac{3}{2},\ b=0$

이것을 ㉡에 대입하면 $\quad \dfrac{3}{2}+c=4$
$$\therefore c=\dfrac{5}{2}$$
따라서 $f(x)=x^3+\dfrac{3}{2}x^2+\dfrac{5}{2}$이므로
$$f(3)=43$$
답 **43**

233

전략 $\displaystyle\lim_{x\to a}\dfrac{h(x)}{g(x)}=\alpha$ (α는 실수)이고 $\displaystyle\lim_{x\to a}g(x)=0$이면 $\displaystyle\lim_{x\to a}h(x)=0$이다.

$\displaystyle\lim_{x\to 0}\dfrac{f(x)}{x}=-2$에서 $x\to 0$일 때 (분모) $\to 0$이고 극한값이 존재하므로 (분자) $\to 0$이다.

즉 $\displaystyle\lim_{x\to 0}f(x)=0$이므로 $\quad f(0)=0$
$$\therefore \lim_{x\to 0}\dfrac{f(x)}{x}=\lim_{x\to 0}\dfrac{f(x)-f(0)}{x-0}$$
$$=f'(0)=-2$$
따라서 함수 $f(x)$를
$$f(x)=ax^3+bx^2+cx \ (a, b, c\text{는 상수}, a\neq 0)$$
라 하면
$$f'(x)=3ax^2+2bx+c$$
이고 $f'(0)=-2$에서
$$c=-2$$
$$\therefore f(x)=ax^3+bx^2-2x,$$
$$f'(x)=3ax^2+2bx-2$$

한편 함수 $f(x)$가 $x=1$에서 극솟값 -3을 가지므로
$$f'(1)=0,\ f(1)=-3$$
$$3a+2b-2=0,\ a+b-2=-3$$
$$\therefore 3a+2b=2,\ a+b=-1$$
두 식을 연립하여 풀면
$$a=4,\ b=-5$$
따라서 $f(x)=4x^3-5x^2-2x$이므로
$$f(-1)=-7$$
답 **-7**

234

전략 함수 $y=f'(x)$의 그래프를 이용하여 함수 $f(x)$의 증가와 감소를 조사한다.

ㄱ. 구간 $(-1, 2)$에서 $f'(x)>0$이므로 함수 $f(x)$는 증가한다. (거짓)

ㄴ. 구간 $(2, 4)$에서 $f'(x)<0$이므로 함수 $f(x)$는 감소한다. (거짓)

ㄷ. $f'(1)\neq 0$이므로 함수 $f(x)$는 $x=1$에서 극값을 갖지 않는다. (거짓)

ㄹ. $f'(2)=0$이고 $x=2$의 좌우에서 $f'(x)$의 부호가 양에서 음으로 바뀌므로 함수 $f(x)$는 $x=2$에서 극댓값을 갖는다.

또 $f'(-1)=f'(4)=0$이고 $x=-1$, $x=4$의 좌우에서 $f'(x)$의 부호가 음에서 양으로 바뀌므로 함수 $f(x)$는 $x=-1$, $x=4$에서 극솟값을 갖는다.

따라서 구간 $(-2, 5)$에서 함수 $f(x)$가 극값을 갖는 x의 개수는 3이다. (참)

이상에서 옳은 것은 ㄹ뿐이다. 답 **ㄹ**

235

전략 함수 $f(x)$가 $x=a$에서 극값을 가지면 $f'(a)=0$임을 이용한다.

삼차함수 $f(x)$의 최고차항의 계수가 1이고, 조건 ㈏에서 $f(0)=0$이므로
$$f(x)=x^3+ax^2+bx \ (a, b\text{는 상수})$$
라 하면 $\quad f'(x)=3x^2+2ax+b$
이때 조건 ㈎에서 $f'(1)=0$이므로
$$3+2a+b=0$$
$$\therefore 2a+b=-3 \qquad \cdots\cdots \ \text{㉠}$$

조건 ㈐에서 $f'(-1-x)=f'(-1+x)$의 양변에 $x=-2$를 대입하면
$$f'(1)=f'(-3)$$
즉 $f'(-3)=0$이므로
$$27-6a+b=0$$
$$\therefore 6a-b=27 \qquad \cdots\cdots ㉡$$
㉠, ㉡을 연립하여 풀면
$$a=3,\ b=-9$$
$$\therefore f(x)=x^3+3x^2-9x,$$
$$f'(x)=3x^2+6x-9=3(x+3)(x-1)$$
$f'(x)=0$에서 $\quad x=-3$ 또는 $x=1$
함수 $f(x)$의 증가와 감소를 표로 나타내면 다음과 같다.

x	$\cdots$	-3	$\cdots$	1	$\cdots$
$f'(x)$	$+$	0	$-$	0	$+$
$f(x)$	$\nearrow$	27	$\searrow$	-5	$\nearrow$

따라서 함수 $f(x)$는 $x=-3$에서 극댓값 27을 갖는다.

답 27

236

전략 함수 $g(x)$가 $x=3$에서 연속이고 미분가능함을 이용하여 a, b의 값을 구한다.

함수 $g(x)$가 실수 전체의 집합에서 미분가능하므로 함수 $g(x)$는 $x=3$에서 연속이고 미분가능하다.
즉 $\lim\limits_{x\to3+} g(x)=\lim\limits_{x\to3-} g(x)=g(3)$이고
$$\lim_{x\to3+} g(x)=\lim_{x\to3+} f(x)=f(3),$$
$$\lim_{x\to3-} g(x)=\lim_{x\to3-} \{b-f(x)\}=b-f(3),$$
$$g(3)=f(3)$$
이므로 $\quad f(3)=b-f(3) \qquad \cdots\cdots ㉠$
$$3a-17=b-3a+17$$
$$\therefore b=6a-34 \qquad \cdots\cdots ㉡$$
또 $\lim\limits_{x\to3+} \dfrac{g(x)-g(3)}{x-3}=\lim\limits_{x\to3-} \dfrac{g(x)-g(3)}{x-3}$이고
$$\lim_{x\to3+} \frac{g(x)-g(3)}{x-3}$$
$$=\lim_{x\to3+} \frac{f(x)-f(3)}{x-3}$$
$$=f'(3),$$

$$\lim_{x\to3-} \frac{g(x)-g(3)}{x-3}$$
$$=\lim_{x\to3-} \frac{\{b-f(x)\}-f(3)}{x-3}$$
$$=\lim_{x\to3-} \frac{-f(x)+\{b-f(3)\}}{x-3}$$
$$=\lim_{x\to3-} \frac{-f(x)+f(3)}{x-3} \ (\because ㉠)$$
$$=-\lim_{x\to3-} \frac{f(x)-f(3)}{x-3}=-f'(3)$$
이므로 $\quad f'(3)=-f'(3)$
$$\therefore f'(3)=0$$
이때 $f'(x)=3x^2-12x+a$이므로
$$-9+a=0 \qquad \therefore a=9$$
$a=9$를 ㉡에 대입하면 $\qquad b=20$
$$\therefore g(x)=\begin{cases} -x^3+6x^2-9x+10 & (x<3) \\ x^3-6x^2+9x+10 & (x\geq3) \end{cases}$$
(i) $x<3$일 때
$$g'(x)=-3x^2+12x-9=-3(x-1)(x-3)$$
이므로 $g'(x)=0$에서
$$x=1 \ (\because x<3)$$
(ii) $x\geq3$일 때
$$g'(x)=3x^2-12x+9=3(x-1)(x-3)$$
이므로 $g'(x)=0$에서
$$x=3 \ (\because x\geq3)$$
(i), (ii)에서 함수 $g(x)$의 증가와 감소를 표로 나타내면 다음과 같다.

x	$\cdots$	1	$\cdots$	3	$\cdots$
$g'(x)$	$-$	0	$+$	0	$+$
$g(x)$	$\searrow$	6	$\nearrow$	10	$\nearrow$

따라서 함수 $g(x)$는 $x=1$에서 극솟값 6을 갖는다.

답 6

05 함수의 그래프
● 본책 118~123쪽

237

(1) $f(x)=-x^3+6x^2-12x+4$에서
$$f'(x)=-3x^2+12x-12=-3(x-2)^2$$
$f'(x)=0$에서 $\quad x=2$

함수 $f(x)$의 증가
와 감소를 표로 나
타내면 오른쪽과
같다.

x	$\cdots$	2	$\cdots$
$f'(x)$	$-$	0	$-$
$f(x)$	$\searrow$	-4	$\searrow$

이때 $f(0)=4$이므로 함수
$y=f(x)$의 그래프는 오른쪽
그림과 같다.

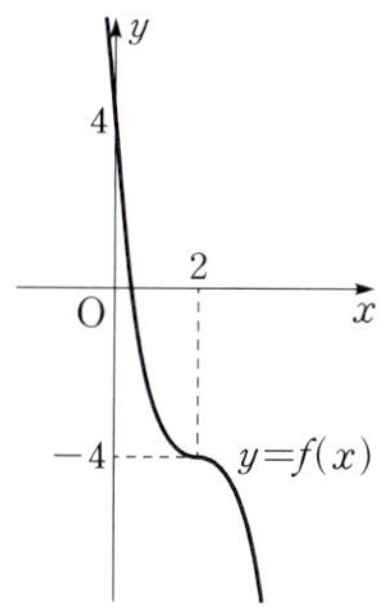

(2) $f(x)=2x^3-3x^2+2$에서
$$f'(x)=6x^2-6x=6x(x-1)$$
$f'(x)=0$에서
$$x=0 \text{ 또는 } x=1$$
함수 $f(x)$의 증가와 감소를 표로 나타내면 다음과
같다.

x	$\cdots$	0	$\cdots$	1	$\cdots$
$f'(x)$	$+$	0	$-$	0	$+$
$f(x)$	$\nearrow$	2	$\searrow$	1	$\nearrow$

따라서 함수 $y=f(x)$의 그
래프는 오른쪽 그림과 같다.

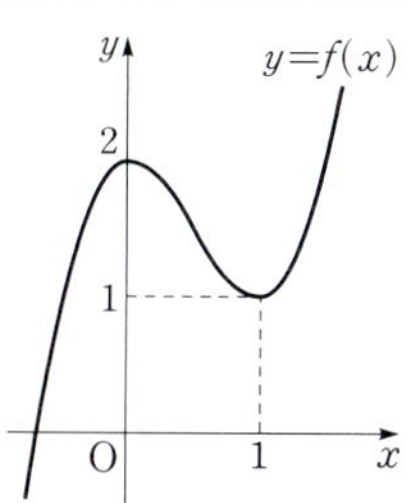

(3) $f(x)=x^4-4x^3+4x^2+1$에서
$$\begin{aligned} f'(x)&=4x^3-12x^2+8x \\ &=4x(x-1)(x-2) \end{aligned}$$
$f'(x)=0$에서
$$x=0 \text{ 또는 } x=1 \text{ 또는 } x=2$$
함수 $f(x)$의 증가와 감소를 표로 나타내면 다음과
같다.

x	$\cdots$	0	$\cdots$	1	$\cdots$	2	$\cdots$
$f'(x)$	$-$	0	$+$	0	$-$	0	$+$
$f(x)$	$\searrow$	1	$\nearrow$	2	$\searrow$	1	$\nearrow$

따라서 함수 $y=f(x)$의 그래
프는 오른쪽 그림과 같다.

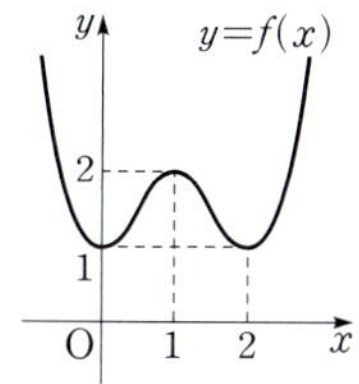

(4) $f(x)=-3x^4-8x^3-6x^2+2$에서
$$\begin{aligned} f'(x)&=-12x^3-24x^2-12x \\ &=-12x(x+1)^2 \end{aligned}$$
$f'(x)=0$에서
$$x=-1 \text{ 또는 } x=0$$
함수 $f(x)$의 증가와 감소를 표로 나타내면 다음과
같다.

x	$\cdots$	-1	$\cdots$	0	$\cdots$
$f'(x)$	$+$	0	$+$	0	$-$
$f(x)$	$\nearrow$	1	$\nearrow$	2	$\searrow$

따라서 함수 $y=f(x)$의
그래프는 오른쪽 그림과
같다.

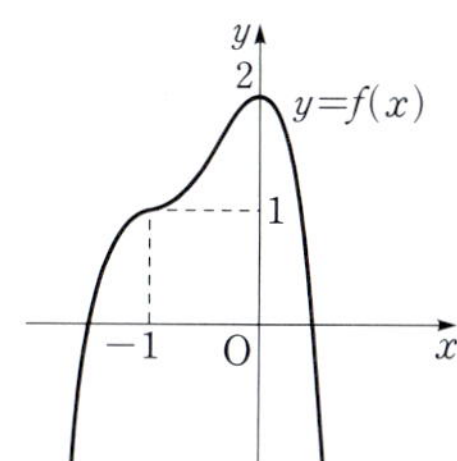

답 풀이 참조

238

$f(x)=x^3+kx^2+3x+2$에서
$$f'(x)=3x^2+2kx+3$$
함수 $f(x)$가 극값을 가지려면 이차방정식 $f'(x)=0$
이 서로 다른 두 실근을 가져야 하므로 판별식을 D라
하면
$$\frac{D}{4}=k^2-3\times3>0$$
$$(k+3)(k-3)>0$$
$$\therefore k<-3 \text{ 또는 } k>3$$

답 $k<-3$ 또는 $k>3$

239

$f(x)=x^3-\dfrac{3}{2}(a-1)x^2-3ax+2$에서
$$f'(x)=3x^2-3(a-1)x-3a$$

함수 $f(x)$가 극값을 갖지 않으려면 이차방정식
$f'(x)=0$이 중근을 갖거나 허근을 가져야 하므로 판
별식을 D라 하면
$$D=\{-3(a-1)\}^2-4\times3\times(-3a)\leq0$$
$$a^2+2a+1\leq0, \qquad (a+1)^2\leq0$$
$$\therefore a=-1 \qquad\qquad \text{답} \ -1$$

240

$f(x)=x^3+2ax^2-4a^2x$에서
$$f'(x)=3x^2+4ax-4a^2$$
함수 $f(x)$가 $-1<x<1$에서
극댓값을 갖고, $x>1$에서 극
솟값을 가지려면 이차방정식
$f'(x)=0$이 $-1<x<1$,
$x>1$에서 각각 하나의 실근을
가져야 하므로 $y=f'(x)$의
그래프가 위의 그림과 같아야 한다.

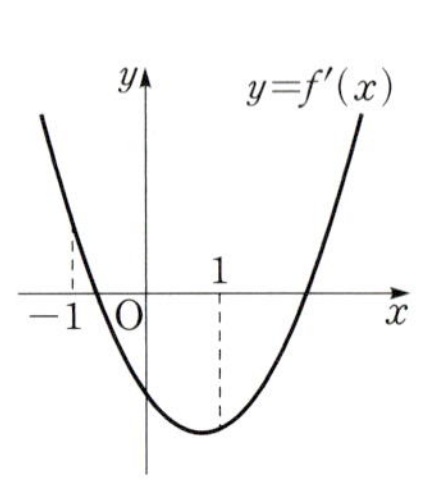

(i) $f'(-1)=3-4a-4a^2>0$에서
$$4a^2+4a-3<0, \qquad (2a+3)(2a-1)<0$$
$$\therefore -\frac{3}{2}<a<\frac{1}{2}$$
(ii) $f'(1)=3+4a-4a^2<0$에서
$$4a^2-4a-3>0, \qquad (2a+1)(2a-3)>0$$
$$\therefore a<-\frac{1}{2} \ \text{또는} \ a>\frac{3}{2}$$
(i), (ii)에서
$$-\frac{3}{2}<a<-\frac{1}{2} \qquad \text{답} \ -\frac{3}{2}<a<-\frac{1}{2}$$

241

$f(x)=x^3+ax^2+(a-1)x$에서
$$f'(x)=3x^2+2ax+a-1$$
함수 $f(x)$가 $-2<x<2$에서 극
댓값과 극솟값을 모두 가지려면
이차방정식 $f'(x)=0$이
$-2<x<2$에서 서로 다른 두
실근을 가져야 하므로 $y=f'(x)$
의 그래프가 위의 그림과 같아야 한다.

(i) 이차방정식 $f'(x)=0$의 판별식을 D라 하면
$$\frac{D}{4}=a^2-3(a-1)>0$$
$$\therefore a^2-3a+3=\left(a-\frac{3}{2}\right)^2+\frac{3}{4}>0$$
따라서 모든 실수 a에 대하여 항상 성립한다.
(ii) 이차함수 $y=f'(x)$의 그래프의 축의 방정식이
$x=-\dfrac{a}{3}$이므로
$$-2<-\frac{a}{3}<2 \qquad \therefore -6<a<6$$
(iii) $f'(-2)=12-4a+a-1>0$에서 $\quad a<\dfrac{11}{3}$
(iv) $f'(2)=12+4a+a-1>0$에서 $\quad a>-\dfrac{11}{5}$
이상에서 $\quad -\dfrac{11}{5}<a<\dfrac{11}{3}$
따라서 정수 a는 $-2, -1, 0, 1, 2, 3$의 6개이다.
$$\text{답} \ 6$$

242

$f(x)=-x^4+8x^3+2ax^2$에서
$$f'(x)=-4x^3+24x^2+4ax$$
$$=-4x(x^2-6x-a)$$
최고차항의 계수가 음수인 사차함수 $f(x)$가 극솟값을
가지려면 삼차방정식 $f'(x)=0$이 서로 다른 세 실근
을 가져야 하므로 이차방정식 $x^2-6x-a=0$이 0이
아닌 서로 다른 두 실근을 가져야 한다.
$x=0$이 $x^2-6x-a=0$의 근이 아니므로
$$-a\neq0 \qquad \therefore a\neq0 \qquad\qquad \cdots\cdots\ \bigcirc$$
이차방정식 $x^2-6x-a=0$의 판별식을 D라 하면
$$\frac{D}{4}=(-3)^2-(-a)>0$$
$$\therefore a>-9 \qquad\qquad \cdots\cdots\ \bigcirc$$
$\bigcirc$, $\bigcirc$에서 $\quad -9<a<0 \ \text{또는} \ a>0$
$$\text{답} \ -9<a<0 \ \text{또는} \ a>0$$

243

$f(x)=x^4+2(a-1)x^2+4ax$에서
$$f'(x)=4x^3+4(a-1)x+4a$$
$$=4(x+1)(x^2-x+a)$$

함수 $f(x)$가 극댓값을 갖지 않으려면 삼차방정식
$f'(x)=0$이 한 실근과 두 허근을 갖거나 중근과 다른
한 실근을 갖거나 삼중근을 가져야 한다.

(ⅰ) $f'(x)=0$이 한 실근과 두 허근을 갖는 경우
이차방정식 $x^2-x+a=0$이 허근을 가져야 하므
로 판별식을 D라 하면
$$D=(-1)^2-4a<0 \qquad \therefore a>\frac{1}{4}$$

(ⅱ) $f'(x)=0$이 중근과 다른 한 실근을 갖는 경우
이차방정식 $x^2-x+a=0$이 $x=-1$을 근으로 갖
거나 -1이 아닌 실수를 중근으로 가져야 한다.
   ⓐ 이차방정식 $x^2-x+a=0$이 $x=-1$을 근으로
   가질 때
   $$2+a=0 \qquad \therefore a=-2$$
   ⓑ 이차방정식 $x^2-x+a=0$이 -1이 아닌 실수
   를 중근으로 가질 때, 판별식을 D라 하면
   $$D=(-1)^2-4a=0 \qquad \therefore a=\frac{1}{4}$$

(ⅰ), (ⅱ)에서 $\quad a=-2$ 또는 $a\geq\frac{1}{4}$

답 $a=-2$ 또는 $a\geq\dfrac{1}{4}$

06 함수의 최댓값과 최솟값
● 본책 124~129쪽

244

(1) $f(x)=x^3-3x^2-9x+1$에서
$$f'(x)=3x^2-6x-9=3(x+1)(x-3)$$
$f'(x)=0$에서 $\quad x=-1$ 또는 $x=3$
구간 $[-2, 2]$에서 함수 $f(x)$의 증가와 감소를 표
로 나타내면 다음과 같다.

x	-2	$\cdots$	-1	$\cdots$	2
$f'(x)$		$+$	0	$-$	
$f(x)$	-1	↗	6	↘	-21

따라서 $f(x)$는 $x=-1$에서 최댓값 6, $x=2$에서
최솟값 -21을 갖는다.

(2) $f(x)=-2x^3+6x^2-5$에서
$$f'(x)=-6x^2+12x=-6x(x-2)$$

$f'(x)=0$에서 $\quad x=0$ 또는 $x=2$
구간 $[-1, 3]$에서 함수 $f(x)$의 증가와 감소를 표
로 나타내면 다음과 같다.

x	-1	$\cdots$	0	$\cdots$	2	$\cdots$	3
$f'(x)$		$-$	0	$+$	0	$-$	
$f(x)$	3	↘	-5	↗	3	↘	-5

따라서 $f(x)$는 $x=-1$, $x=2$에서 최댓값 3,
$x=0$, $x=3$에서 최솟값 -5를 갖는다.

(3) $f(x)=x^4+4x^3-16x$에서
$$f'(x)=4x^3+12x^2-16=4(x+2)^2(x-1)$$
$f'(x)=0$에서 $\quad x=-2$ 또는 $x=1$
구간 $[-3, 2]$에서 함수 $f(x)$의 증가와 감소를 표
로 나타내면 다음과 같다.

x	-3	$\cdots$	-2	$\cdots$	1	$\cdots$	2
$f'(x)$		$-$	0	$-$	0	$+$	
$f(x)$	21	↘	16	↘	-11	↗	16

따라서 $f(x)$는 $x=-3$에서 최댓값 21, $x=1$에서
최솟값 -11을 갖는다.

(4) $f(x)=-x^4+2x^2$에서
$$f'(x)=-4x^3+4x=-4x(x+1)(x-1)$$
$f'(x)=0$에서 $\quad x=-1$ 또는 $x=0$ 또는 $x=1$
구간 $[-2, 1]$에서 함수 $f(x)$의 증가와 감소를 표
로 나타내면 다음과 같다.

x	-2	$\cdots$	-1	$\cdots$	0	$\cdots$	1
$f'(x)$		$+$	0	$-$	0	$+$	
$f(x)$	-8	↗	1	↘	0	↗	1

따라서 $f(x)$는 $x=-1$, $x=1$에서 최댓값 1,
$x=-2$에서 최솟값 -8을 갖는다.

답 (1) 최댓값: 6, 최솟값: -21

(2) 최댓값: 3, 최솟값: -5

(3) 최댓값: 21, 최솟값: -11

(4) 최댓값: 1, 최솟값: -8

245

$f(x)=-2x^3+3x^2+a$에서
$$f'(x)=-6x^2+6x=-6x(x-1)$$

$f'(x)=0$에서　　$x=0$ 또는 $x=1$

구간 $[0, 2]$에서 함수 $f(x)$의 증가와 감소를 표로 나타내면 다음과 같다.

x	0	$\cdots$	1	$\cdots$	2
$f'(x)$		$+$	0	$-$	
$f(x)$	a	$\nearrow$	$1+a$	$\searrow$	$-4+a$

따라서 $f(x)$는 $x=2$에서 최솟값 $-4+a$를 가지므로
$$-4+a=-5 \quad \therefore a=-1$$
또 $x=1$에서 최댓값 $1+a$를 가지므로 구하는 최댓값은
$$1+(-1)=0$$
🈳 **0**

246

$f(x)=x^3-3x^2+a$에서
$$f'(x)=3x^2-6x=3x(x-2)$$
$f'(x)=0$에서　　$x=0$ 또는 $x=2$

구간 $[-2, 1]$에서 함수 $f(x)$의 증가와 감소를 표로 나타내면 다음과 같다.

x	-2	$\cdots$	0	$\cdots$	1
$f'(x)$		$+$	0	$-$	
$f(x)$	$a-20$	$\nearrow$	a	$\searrow$	$a-2$

따라서 $f(x)$는 $x=0$에서 최댓값 a, $x=-2$에서 최솟값 $a-20$을 가지므로
$$a+(a-20)=-10$$
$$2a=10 \quad \therefore a=5$$
🈳 **5**

247

$f(x)=ax^4-4ax^3+b$에서
$$f'(x)=4ax^3-12ax^2=4ax^2(x-3)$$
$f'(x)=0$에서　　$x=0$ 또는 $x=3$

이때 $a<0$이므로 구간 $[1, 4]$에서 함수 $f(x)$의 증가와 감소를 표로 나타내면 다음과 같다.

x	1	$\cdots$	3	$\cdots$	4
$f'(x)$		$+$	0	$-$	
$f(x)$	$-3a+b$	$\nearrow$	$-27a+b$	$\searrow$	b

따라서 $f(x)$는 $x=3$에서 최댓값 $-27a+b$, $x=4$에서 최솟값 b를 가지므로
$$-27a+b=3, b=-6$$
$$\therefore a=-\frac{1}{3}, b=-6$$
$$\therefore ab=2$$
🈳 **2**

248

$f(t)=-\dfrac{1}{4}t^4-\dfrac{1}{3}t^3+2t^2+4t$에서
$$f'(t)=-t^3-t^2+4t+4$$
$$=-(t+2)(t+1)(t-2)$$
$f'(t)=0$에서　　$t=2 \ (\because 0<t<3)$

$0<t<3$에서 함수 $f(t)$의 증가와 감소를 표로 나타내면 다음과 같다.

t	0	$\cdots$	2	$\cdots$	3
$f'(t)$		$+$	0	$-$	
$f(t)$		$\nearrow$	극대	$\searrow$	

따라서 $f(t)$는 $t=2$에서 극대이면서 최대이므로 순이익이 최대가 되려면 2년 후에 주식을 팔아야 한다.
🈳 **2년**

249

점 C의 x좌표를 $t \ (0<t<3)$라 하면　　$C(t, 9-t^2)$

$\overline{CD}=2t$, $\overline{AB}=6$이고 사다리꼴 ABCD의 높이가 $9-t^2$이므로 넓이를 $f(t)$라 하면
$$f(t)=\frac{1}{2}(2t+6)(9-t^2)$$
$$=-t^3-3t^2+9t+27$$
$$\therefore f'(t)=-3t^2-6t+9=-3(t+3)(t-1)$$
$f'(t)=0$에서　　$t=1 \ (\because 0<t<3)$

$0<t<3$에서 함수 $f(t)$의 증가와 감소를 표로 나타내면 다음과 같다.

t	0	$\cdots$	1	$\cdots$	3
$f'(t)$		$+$	0	$-$	
$f(t)$		$\nearrow$	32	$\searrow$	

따라서 $f(t)$는 $t=1$에서 극대이면서 최대이므로 사다리꼴 ABCD의 넓이의 최댓값은 32이다.
🈳 **32**

250

점 A의 x좌표를 t라 하면 두 점 $A(t, t^2)$, $B(3, 0)$에 대하여

$$\overline{AB}=\sqrt{(t-3)^2+(t^2-0)^2}$$
$$=\sqrt{t^4+t^2-6t+9}$$

$f(t)=\overline{AB}^2=t^4+t^2-6t+9$라 하면

$$f'(t)=4t^3+2t-6=2(t-1)(2t^2+2t+3)$$

$f'(t)=0$에서 $\quad t=1$ $(\because 2t^2+2t+3>0)$

함수 $f(t)$의 증가와 감소를 표로 나타내면 오른쪽과 같다.

t	$\cdots$	1	$\cdots$
$f'(t)$	$-$	0	$+$
$f(t)$	$\searrow$	5	$\nearrow$

따라서 $f(t)$는 $t=1$에서 극소이면서 최소이므로 선분 AB의 길이의 최솟값은 $\sqrt{5}$이다.

답 $\sqrt{5}$

251

오른쪽 그림과 같이 원기둥의 밑면의 반지름의 길이를 x $(0<x<1)$, 높이를 h라 하면

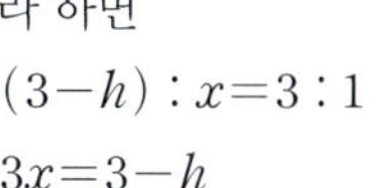

$$(3-h):x=3:1$$
$$3x=3-h$$
$$\therefore h=3-3x$$

원기둥의 부피를 $V(x)$라 하면

$$V(x)=\pi x^2 h=\pi x^2(3-3x)$$
$$=-3\pi(x^3-x^2)$$
$$\therefore V'(x)=-3\pi(3x^2-2x)=-3\pi x(3x-2)$$

$V'(x)=0$에서 $\quad x=\dfrac{2}{3}$ $(\because 0<x<1)$

$0<x<1$에서 함수 $V(x)$의 증가와 감소를 표로 나타내면 다음과 같다.

x	0	$\cdots$	$\dfrac{2}{3}$	$\cdots$	1
$V'(x)$		$+$	0	$-$	
$V(x)$		$\nearrow$	$\dfrac{4}{9}\pi$	$\searrow$	

따라서 $V(x)$는 $x=\dfrac{2}{3}$에서 극대이면서 최대이므로 원기둥의 부피의 최댓값은 $\dfrac{4}{9}\pi$이다.

답 $\dfrac{4}{9}\pi$

연습 **문제**

252

전략 함수 $f(x)$의 증가와 감소를 표로 나타내고 이를 이용하여 $y=f(x)$의 그래프의 개형을 찾아 본다.

함수 $y=f'(x)$의 그래프와 x축의 교점의 x좌표는 -1, 1이므로 함수 $f(x)$의 증가와 감소를 표로 나타내면 다음과 같다.

x	$\cdots$	-1	$\cdots$	1	$\cdots$
$f'(x)$	$+$	0	$-$	0	$-$
$f(x)$	$\nearrow$	극대	$\searrow$		$\searrow$

따라서 함수 $f(x)$는 $x=-1$에서 극대이므로 $y=f(x)$의 그래프의 개형이 될 수 있는 것은 ④이다.

답 ④

253

전략 $f(x)$가 극값을 갖기 위한 $f'(x)$의 조건과 $g(x)$가 극값을 갖지 않기 위한 $g'(x)$의 조건을 이용한다.

$f(x)=x^3+ax^2+3x+1$에서

$$f'(x)=3x^2+2ax+3$$

함수 $f(x)$가 극값을 가지려면 이차방정식 $f'(x)=0$이 서로 다른 두 실근을 가져야 하므로 판별식을 D_1이라 하면

$$\frac{D_1}{4}=a^2-3\times3>0$$
$$(a+3)(a-3)>0$$
$$\therefore a<-3 \text{ 또는 } a>3 \qquad \cdots\cdots ㉠$$

$g(x)=x^3+ax^2-3ax+2$에서

$$g'(x)=3x^2+2ax-3a$$

함수 $g(x)$가 극값을 갖지 않으려면 이차방정식 $g'(x)=0$이 중근을 갖거나 허근을 가져야 하므로 판별식을 D_2라 하면

$$\frac{D_2}{4}=a^2-3\times(-3a)\leq0$$
$$a^2+9a\leq0, \qquad a(a+9)\leq0$$
$$\therefore -9\leq a\leq0 \qquad \cdots\cdots ㉡$$

㉠, ㉡에서 $\quad -9\leq a<-3$

따라서 정수 a는 -9, -8, -7, $\cdots$, -4의 6개이다.

답 6

254

 함수 $f(x)$가 주어진 구간에서 극값을 가지려면 이차방정식 $f'(x)=0$이 그 구간에서 실근을 가져야 함을 이용한다.

$f(x)=x^3+(k-3)x^2+(2-k)x-3$에서
$$f'(x)=3x^2+2(k-3)x+2-k$$

함수 $f(x)$가 $0<x<1$에서 극댓값을 갖고, $1<x<2$에서 극솟값을 가지려면 이차방정식 $f'(x)=0$이 $0<x<1$, $1<x<2$에서 각각 하나의 실근을 가져야 하므로 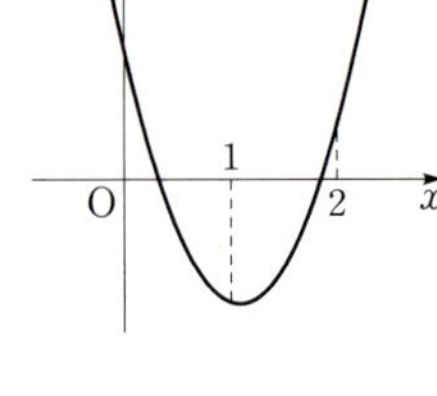

$y=f'(x)$의 그래프가 위의 그림과 같아야 한다.

(i) $f'(0)=2-k>0$에서
$$k<2$$

(ii) $f'(1)=3+2(k-3)+2-k<0$에서
$$k<1$$

(iii) $f'(2)=12+4(k-3)+2-k>0$에서
$$3k+2>0 \qquad \therefore k>-\frac{2}{3}$$

이상에서 $\quad -\dfrac{2}{3}<k<1$ $-\dfrac{2}{3}<k<1$

255

 구간 $[0,\ 4]$에서 $f(x)$의 극값과 $f(0)$, $f(4)$의 값을 구한다.

$f(x)=x^3-3x^2-3$에서
$$f'(x)=3x^2-6x=3x(x-2)$$

$f'(x)=0$에서
$$x=0 \text{ 또는 } x=2$$

구간 $[0,\ 4]$에서 함수 $f(x)$의 증가와 감소를 표로 나타내면 다음과 같다.

x	0	$\cdots$	2	$\cdots$	4
$f'(x)$		$-$	0	$+$	
$f(x)$	-3	$\searrow$	-7	$\nearrow$	13

따라서 $f(x)$는 $x=4$에서 최댓값 13, $x=2$에서 최솟값 -7을 가지므로
$$M=13,\ m=-7$$
$$\therefore M-m=20$$

 20

256

 구간 $[-1,\ 3]$에서 $f(x)$의 극값과 $f(-1)$, $f(3)$의 값을 a, b에 대한 식으로 나타낸다.

$f(x)=ax^3-3ax+2b$에서
$$f'(x)=3ax^2-3a=3a(x+1)(x-1)$$

$f'(x)=0$에서
$$x=-1 \text{ 또는 } x=1$$

이때 $a>0$이므로 구간 $[-1,\ 3]$에서 함수 $f(x)$의 증가와 감소를 표로 나타내면 다음과 같다.

x	-1	$\cdots$	1	$\cdots$	3
$f'(x)$		$-$	0	$+$	
$f(x)$	$2a+2b$	$\searrow$	$-2a+2b$	$\nearrow$	$18a+2b$

따라서 $f(x)$는 $x=3$에서 최댓값 $18a+2b$, $x=1$에서 최솟값 $-2a+2b$를 가지므로
$$18a+2b=22,\ -2a+2b=2$$

두 식을 연립하여 풀면
$$a=1,\ b=2$$
$$\therefore ab=2$$

 2

257

 함수 $f(x)$의 최솟값을 a에 대한 식으로 나타낸다.

$f(x)=x^4-4a^3x+1$에서
$$f'(x)=4x^3-4a^3$$
$$=4(x-a)(x^2+ax+a^2)$$

이때 $x^2+ax+a^2=\left(x+\dfrac{a}{2}\right)^2+\dfrac{3}{4}a^2>0$이므로

$f'(x)=0$에서 $\quad x=a$

함수 $f(x)$의 증가와 감소를 표로 나타내면 다음과 같다.

x	$\cdots$	a	$\cdots$
$f'(x)$	$-$	0	$+$
$f(x)$	$\searrow$	$-3a^4+1$	$\nearrow$

따라서 $f(x)$는 $x=a$에서 최솟값 $-3a^4+1$을 가지므로
$$-3a^4+1=-47, \qquad a^4-16=0$$
$$(a^2+4)(a+2)(a-2)=0$$
$$\therefore a=2 \ (\because a>0)$$

 2

258

전략 점 P의 x좌표를 t로 놓고 $\overline{\mathrm{AP}}^2 + \overline{\mathrm{BP}}^2$을 t에 대한 식으로 나타낸다.

점 P의 x좌표를 t라 하면 세 점 $\mathrm{A}(5,\ -1)$, $\mathrm{B}(9,\ 1)$, $\mathrm{P}(t,\ t^2+2)$에 대하여

$$\overline{\mathrm{AP}}^2 + \overline{\mathrm{BP}}^2$$
$$= (t-5)^2 + (t^2+3)^2 + (t-9)^2 + (t^2+1)^2$$
$$= 2t^4 + 10t^2 - 28t + 116$$

$f(t) = 2t^4 + 10t^2 - 28t + 116$이라 하면

$$f'(t) = 8t^3 + 20t - 28$$
$$= 4(t-1)(2t^2+2t+7)$$

$f'(t) = 0$에서

$$t = 1\ (\because\ 2t^2+2t+7 > 0)$$

함수 $f(t)$의 증가와 감소를 표로 나타내면 다음과 같다.

t	$\cdots$	1	$\cdots$
$f'(t)$	$-$	0	$+$
$f(t)$	$\searrow$	100	$\nearrow$

따라서 $f(t)$는 $t=1$일 때 극소이면서 최소이므로 구하는 최솟값은 100이다. **답** 100

259

전략 삼차함수 $y=f(x)$의 그래프가 $x=\alpha$에서 x축과 접하면 $f(x)$는 $x=\alpha$에서 극값 0을 가짐을 이용한다.

$f(0)=0$이므로 함수 $y=f(x)$의 그래프는 원점을 지나면서 원점 이외의 점에서 x축과 접하고, $f(x)$의 극

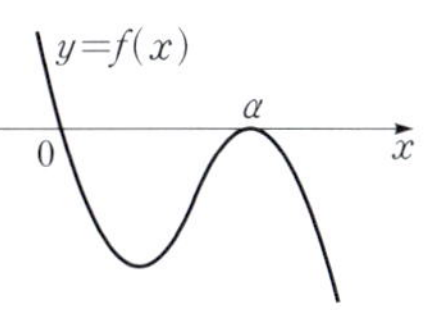

솟값이 -4이므로 $y=f(x)$의 그래프는 위의 그림과 같아야 한다.

함수 $y=f(x)$의 그래프가 x축과 접하는 점의 좌표를 $(\alpha,\ 0)\ (\alpha>0)$이라 하면

$$f(x) = -x(x-\alpha)^2$$
$$= -x^3 + 2\alpha x^2 - \alpha^2 x$$
$$\therefore\ f'(x) = -3x^2 + 4\alpha x - \alpha^2$$
$$= -(3x-\alpha)(x-\alpha)$$

$f'(x) = 0$에서

$$x = \frac{\alpha}{3}\ \text{또는}\ x = \alpha$$

이때 $\alpha>0$이므로 $f(x)$의 증가와 감소를 표로 나타내면 다음과 같다.

x	$\cdots$	$\dfrac{\alpha}{3}$	$\cdots$	α	$\cdots$
$f'(x)$	$-$	0	$+$	0	$-$
$f(x)$	$\searrow$	극소	$\nearrow$	0	$\searrow$

따라서 함수 $f(x)$는 $x=\dfrac{\alpha}{3}$에서 극솟값 -4를 가지므로

$$f\left(\frac{\alpha}{3}\right) = -4, \qquad -\frac{4}{27}\alpha^3 = -4$$
$$\alpha^3 = 27 \qquad \therefore\ \alpha = 3$$
$$\therefore\ f(x) = -x^3 + 6x^2 - 9x$$

즉 $m=6$, $n=-9$이므로

$$mn = -54$$ **답** -54

🔎 해설 Focus

삼차함수 $y=f(x)$의 그래프가 $x=\alpha\ (\alpha \neq 0)$에서 x축과 접하면 점 $(\alpha,\ 0)$을 지나므로

$$f(x) = -x(x-\alpha)(x-\beta)\ (\beta \neq 0)$$

로 놓을 수 있다. 그런데 $\alpha \neq \beta$이면 $y=f(x)$의 그래프는 x축과 서로 다른 세 점에서 만나므로 x축과 접하지 않는다.

따라서 $\alpha = \beta$이어야 하므로 $f(x) = -x(x-\alpha)^2$이다.

260

전략 최고차항의 계수가 음수인 사차함수 $f(x)$가 극솟값을 갖지 않기 위한 $f'(x)$의 조건을 이용한다.

$f(x) = -3x^4 + 4ax^3 - 6(a+3)x^2 - 1$에서

$$f'(x) = -12x^3 + 12ax^2 - 12(a+3)x$$
$$= -12x(x^2 - ax + a + 3)$$

함수 $f(x)$가 극솟값을 갖지 않으려면 삼차방정식 $f'(x)=0$이 한 실근과 두 허근을 갖거나 중근과 다른 한 실근을 갖거나 삼중근을 가져야 한다.

(i) $f'(x)=0$이 한 실근과 두 허근을 갖는 경우

이차방정식 $x^2 - ax + a + 3 = 0$이 허근을 가져야 하므로 판별식을 D라 하면

$$D = (-a)^2 - 4(a+3) < 0$$
$$a^2 - 4a - 12 < 0, \qquad (a+2)(a-6) < 0$$
$$\therefore\ -2 < a < 6$$

(ii) $f'(x)=0$이 중근과 다른 한 실근을 갖는 경우

이차방정식 $x^2-ax+a+3=0$이 $x=0$을 근으로 갖거나 0이 아닌 실수를 중근으로 가져야 한다.

ⓐ 이차방정식 $x^2-ax+a+3=0$이 $x=0$을 근으로 가질 때

$$a+3=0 \qquad \therefore a=-3$$

ⓑ 이차방정식 $x^2-ax+a+3=0$이 0이 아닌 실수를 중근으로 가질 때, 판별식을 D라 하면

$$D=(-a)^2-4(a+3)=0$$
$$a^2-4a-12=0$$
$$(a+2)(a-6)=0$$
$$\therefore a=-2 \text{ 또는 } a=6$$

(i), (ii)에서

$$a=-3 \text{ 또는 } -2 \leq a \leq 6$$

따라서 정수 a는 $-3,\ -2,\ -1,\ \cdots,\ 6$이므로 구하는 합은

$$-3+(-2)+(-1)+\cdots+6=15$$

目 15

261

전략 함수 $f(x)$의 증가와 감소를 표로 나타내어 참, 거짓을 판별한다.

$f(x)=x^3-3x$에서

$$f'(x)=3x^2-3$$
$$=3(x+1)(x-1)$$

$f'(x)=0$에서

$$x=-1 \text{ 또는 } x=1$$

함수 $f(x)$의 증가와 감소를 표로 나타내면 다음과 같다.

x	$\cdots$	-1	$\cdots$	1	$\cdots$
$f'(x)$	$+$	0	$-$	0	$+$
$f(x)$	$\nearrow$	2	$\searrow$	-2	$\nearrow$

ㄱ. $f(x)$는 $x=-1$에서 극댓값 2, $x=1$에서 극솟값 -2를 갖는다. (참)

ㄴ. $f(2)=2$이고, $f(x)$는 구간 $[2,\ \infty)$에서 증가하므로 $x \geq 2$이면

$$f(x) \geq f(2)=2 \text{ (참)}$$

ㄷ. 구간 $[-2,\ 2]$에서 $f(x)$의 증가와 감소를 표로 나타내면 다음과 같다.

x	-2	$\cdots$	-1	$\cdots$	1	$\cdots$	2
$f'(x)$		$+$	0	$-$	0	$+$	
$f(x)$	-2	$\nearrow$	2	$\searrow$	-2	$\nearrow$	2

따라서 $-2 \leq x \leq 2$일 때, $f(x)$의 최댓값은 2, 최솟값은 -2이므로 $|x| \leq 2$이면 $|f(x)| \leq 2$이다.

(참)

이상에서 ㄱ, ㄴ, ㄷ 모두 옳다. 目 ㄱ, ㄴ, ㄷ

262

전략 하루에 A 제품 x개를 판매하여 얻은 이익은 $1200x-f(x)$ (원)임을 이용한다.

하루에 A 제품 $x\ (x>0)$개를 판매하여 얻은 이익을 $P(x)$원이라 하면

$$P(x)=1200x-f(x)$$
$$=1200x-(x^3-60x^2+1200x+5000)$$
$$=-x^3+60x^2-5000$$
$$\therefore P'(x)=-3x^2+120x=-3x(x-40)$$

$P'(x)=0$에서 $x=40\ (\because x>0)$

$x>0$에서 함수 $P(x)$의 증가와 감소를 표로 나타내면 다음과 같다.

x	0	$\cdots$	40	$\cdots$
$P'(x)$		$+$	0	$-$
$P(x)$		$\nearrow$	극대	$\searrow$

따라서 $P(x)$는 $x=40$에서 극대이면서 최대이므로 이익을 최대로 하기 위해 하루에 생산해야 할 A 제품의 개수는 40이다.

目 40

263

전략 상자의 부피를 x에 대한 식으로 나타낸다.

상자의 밑면의 한 변의 길이는

$$15-2x$$

이고 높이는

$$x \times \tan 30° = \frac{x}{\sqrt{3}}$$

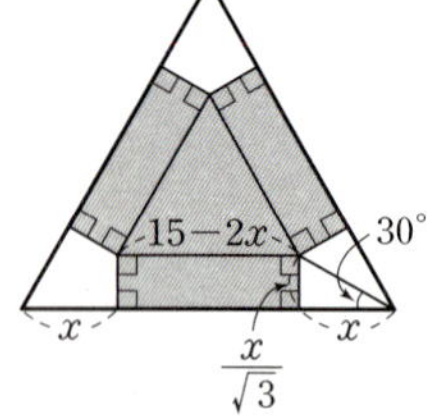

이때 $15-2x>0$, $\dfrac{x}{\sqrt{3}}>0$이므로

$$0<x<\frac{15}{2}$$

상자의 부피를 $V(x)$라 하면

$$V(x)=\frac{\sqrt{3}}{4}(15-2x)^2\times\frac{x}{\sqrt{3}}$$

$$=\frac{1}{4}(4x^3-60x^2+225x)$$

$$\therefore V'(x)=\frac{1}{4}(12x^2-120x+225)$$

$$=\frac{3}{4}(2x-5)(2x-15)$$

$V'(x)=0$에서

$$x=\frac{5}{2}\left(\because 0<x<\frac{15}{2}\right)$$

$0<x<\dfrac{15}{2}$에서 함수 $V(x)$의 증가와 감소를 표로 나타내면 다음과 같다.

x	0	$\cdots$	$\dfrac{5}{2}$	$\cdots$	$\dfrac{15}{2}$
$V'(x)$		$+$	0	$-$	
$V(x)$		$\nearrow$	극대	$\searrow$	

따라서 $V(x)$는 $x=\dfrac{5}{2}$에서 극대이면서 최대이므로

상자의 부피가 최대가 되도록 하는 x의 값은 $\dfrac{5}{2}$이다.

답 $\dfrac{5}{2}$

264

전략 주어진 조건을 이용하여 x^2+xy^2을 x에 대한 식으로 나타낸다.

$x^2+3y^2=9$에서

$$y^2=\frac{1}{3}(9-x^2)\ (-3\leq x\leq 3)$$

$$\therefore x^2+xy^2=x^2+x\times\frac{1}{3}(9-x^2)$$

$$=-\frac{1}{3}x^3+x^2+3x$$

$f(x)=-\dfrac{1}{3}x^3+x^2+3x$라 하면

$$f'(x)=-x^2+2x+3$$

$$=-(x+1)(x-3)$$

$f'(x)=0$에서 $x=-1$ 또는 $x=3$

$-3\leq x\leq 3$에서 함수 $f(x)$의 증가와 감소를 표로 나타내면 다음과 같다.

x	-3	$\cdots$	-1	$\cdots$	3
$f'(x)$		$-$	0	$+$	
$f(x)$	9	$\searrow$	$-\dfrac{5}{3}$	$\nearrow$	9

따라서 $f(x)$는 $x=-1$에서 극소이면서 최소이므로 x^2+xy^2의 최솟값은 $-\dfrac{5}{3}$이다.

답 $-\dfrac{5}{3}$

참고 $y^2\geq 0$이므로 $\dfrac{1}{3}(9-x^2)\geq 0$에서

$$x^2-9\leq 0,\quad (x+3)(x-3)\leq 0$$

$$\therefore -3\leq x\leq 3$$

265

전략 함수 $g(x)$의 그래프를 이용하여 주어진 조건을 만족시키는 k의 값의 범위를 구한다.

$g(x)=2x^3-9x^2+12x-2$에서

$$g'(x)=6x^2-18x+12=6(x-1)(x-2)$$

$g'(x)=0$에서 $x=1$ 또는 $x=2$

함수 $g(x)$의 증가와 감소를 표로 나타내면 다음과 같다.

x	$\cdots$	1	$\cdots$	2	$\cdots$
$g'(x)$	$+$	0	$-$	0	$+$
$g(x)$	$\nearrow$	3	$\searrow$	2	$\nearrow$

따라서 함수 $g(x)$는 $x=1$에서 극댓값 3을 갖고, $x=2$에서 극솟값 2를 갖는다.

한편 $f(x)=x^2+2x+k=(x+1)^2+k-1$이므로 모든 실수 x에 대하여

$$f(x)\geq k-1$$

따라서 $f(x)=t$라 하면 $t\geq k-1$이고

$$(g\circ f)(x)=g(f(x))=g(t)$$

이때 함수 $g(t)$의 최솟값이 2이므로 $g(t)=2$에서

$$2t^3-9t^2+12t-2=2$$

$$2t^3-9t^2+12t-4=0,\quad (2t-1)(t-2)^2=0$$

$$\therefore t=\frac{1}{2} \ \text{또는}\ t=2$$

즉 함수 $(g \circ f)(x)$의 최솟값
이 2가 되려면 함수 $y=g(t)$
의 그래프가 오른쪽 그림과
같아야 하므로

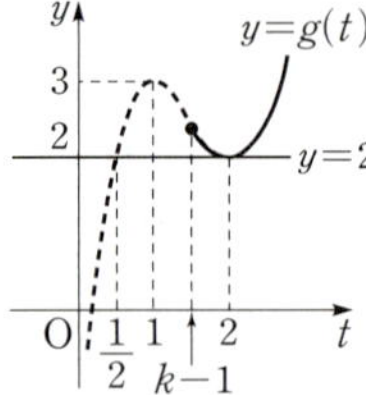

$$\frac{1}{2} \le k-1 \le 2$$

$$\therefore \frac{3}{2} \le k \le 3$$

따라서 실수 k의 최솟값은 $\frac{3}{2}$이다.　　　답 ⑤

266

전략 곡선 $y=f(x)$ 위의 점 $(t,\ f(t))$에서의 접선의 방정식은
$y-f(t)=f'(t)(x-t)$이다.

$f(x)=x(x-a)(x-6)$이라 하면
$$f'(x)=(x-a)(x-6)+x(x-6)+x(x-a)$$

이때 $f(0)=0$이므로 원점은 곡선 $y=f(x)$ 위의 점이
고 원점에서의 접선의 기울기는
$$f'(0)=6a$$

또 원점이 아닌 접점의 좌표를 $(t,\ f(t))$라 하면 점
$(t,\ f(t))$에서의 접선의 기울기는 $f'(t)$이므로 접선
의 방정식은
$$y-f(t)=f'(t)(x-t)$$

이 직선이 원점을 지나므로
$$0-f(t)=f'(t)(0-t)$$
$$-t(t-a)(t-6)$$
$$=-t\{(t-a)(t-6)+t(t-6)+t(t-a)\}$$
$$t^2(2t-6-a)=0 \quad \therefore t=\frac{6+a}{2} \ (\because t \ne 0)$$
$$\therefore f'(t)=f'\left(\frac{6+a}{2}\right)$$
$$=-\frac{1}{4}(a^2-12a+36)$$

따라서 원점에서 곡선 $y=f(x)$에 그은 두 접선의 기
울기의 곱을 $g(a)$라 하면
$$g(a)=6a \times \left\{-\frac{1}{4}(a^2-12a+36)\right\}$$
$$=-\frac{3}{2}(a^3-12a^2+36a)$$
$$\therefore g'(a)=-\frac{3}{2}(3a^2-24a+36)$$
$$=-\frac{9}{2}(a-2)(a-6)$$

$g'(a)=0$에서　　$a=2 \ (\because 0<a<6)$

$0<a<6$에서 함수 $g(a)$의 증가와 감소를 표로 나타
내면 다음과 같다.

a	0	$\cdots$	2	$\cdots$	6
$g'(a)$		$-$	0	$+$	
$g(a)$		$\searrow$	-48	$\nearrow$	

따라서 $g(a)$는 $a=2$일 때 극소이면서 최소이므로 구
하는 최솟값은 -48이다.

답 ③

267

전략 원뿔의 높이를 x로 놓고 원뿔의 부피를 x에 대한 식으로 나
타낸다.

오른쪽 그림과 같이 구에 내접
하는 원뿔의 밑면의 반지름의
길이를 r, 높이를 $x\ (0<x<6)$
라 하면

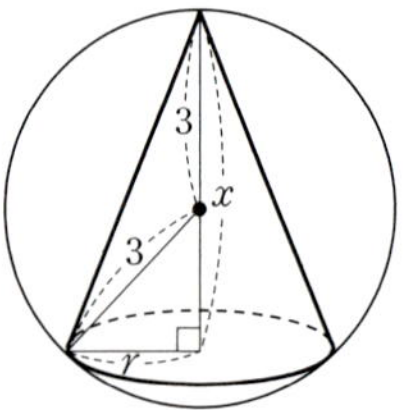

$$r^2+(x-3)^2=3^2$$
$$\therefore r^2=6x-x^2$$

원뿔의 부피를 $V(x)$라 하면
$$V(x)=\frac{1}{3}\pi r^2 x=\frac{\pi}{3}(6x-x^2)x$$
$$=\frac{\pi}{3}(6x^2-x^3)$$
$$\therefore V'(x)=\frac{\pi}{3}(12x-3x^2)$$
$$=-\pi x(x-4)$$

$V'(x)=0$에서　　$x=4 \ (\because 0<x<6)$

$0<x<6$에서 함수 $V(x)$의 증가와 감소를 표로 나타
내면 다음과 같다.

x	0	$\cdots$	4	$\cdots$	6
$V'(x)$		$+$	0	$-$	
$V(x)$		$\nearrow$	$\frac{32}{3}\pi$	$\searrow$	

따라서 $V(x)$는 $x=4$에서 극대이면서 최대이므로 원
뿔의 부피의 최댓값은 $\frac{32}{3}\pi$이다.

답 $\dfrac{32}{3}\pi$

268

(1) $f(x)=x^3-6x^2+9x-5$라 하면
$$f'(x)=3x^2-12x+9=3(x-1)(x-3)$$
$f'(x)=0$에서 $x=1$ 또는 $x=3$

함수 $f(x)$의 증가와 감소를 표로 나타내면 다음과 같다.

x	$\cdots$	1	$\cdots$	3	$\cdots$
$f'(x)$	$+$	0	$-$	0	$+$
$f(x)$	$\nearrow$	-1	$\searrow$	-5	$\nearrow$

따라서 함수 $y=f(x)$의 그래프는 오른쪽 그림과 같이 x축과 한 점에서 만나므로 방정식 $f(x)=0$, 즉 $x^3-6x^2+9x-5=0$의 서로 다른 실근의 개수는 1이다.

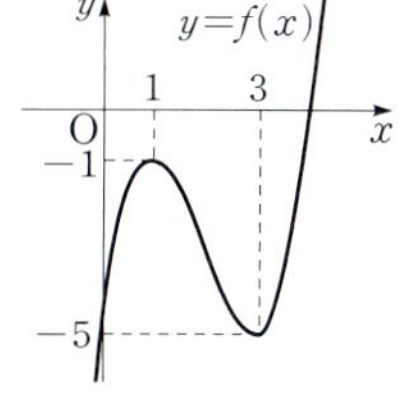

(2) $f(x)=2x^4-4x^2+1$이라 하면
$$f'(x)=8x^3-8x=8x(x+1)(x-1)$$
$f'(x)=0$에서 $x=-1$ 또는 $x=0$ 또는 $x=1$

함수 $f(x)$의 증가와 감소를 표로 나타내면 다음과 같다.

x	$\cdots$	-1	$\cdots$	0	$\cdots$	1	$\cdots$
$f'(x)$	$-$	0	$+$	0	$-$	0	$+$
$f(x)$	$\searrow$	-1	$\nearrow$	1	$\searrow$	-1	$\nearrow$

따라서 함수 $y=f(x)$의 그래프는 오른쪽 그림과 같이 x축과 네 점에서 만나므로 방정식 $f(x)=0$, 즉 $2x^4-4x^2+1=0$의 서로 다른 실근의 개수는 4이다.

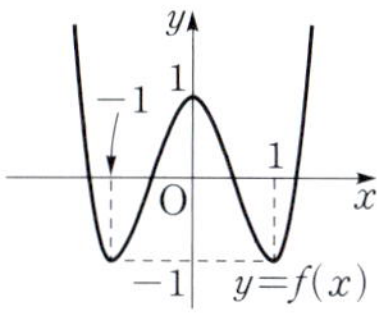

(3) $2x^3-x^2-4x=2x^2+8x-15$에서
$$2x^3-3x^2-12x+15=0$$
$f(x)=2x^3-3x^2-12x+15$라 하면
$$f'(x)=6x^2-6x-12=6(x+1)(x-2)$$
$f'(x)=0$에서 $x=-1$ 또는 $x=2$

함수 $f(x)$의 증가와 감소를 표로 나타내면 다음과 같다.

x	$\cdots$	-1	$\cdots$	2	$\cdots$
$f'(x)$	$+$	0	$-$	0	$+$
$f(x)$	$\nearrow$	22	$\searrow$	-5	$\nearrow$

따라서 함수 $y=f(x)$의 그래프는 오른쪽 그림과 같이 x축과 세 점에서 만나므로 방정식 $f(x)=0$, 즉 $2x^3-3x^2-12x+15=0$의 서로 다른 실근의 개수는 3이다.

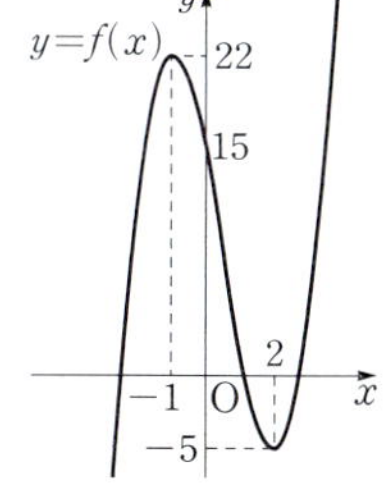

(4) $2x^4+3x^3=x^4-x^3-5$에서
$$x^4+4x^3+5=0$$
$f(x)=x^4+4x^3+5$라 하면
$$f'(x)=4x^3+12x^2=4x^2(x+3)$$
$f'(x)=0$에서
$x=-3$ 또는 $x=0$

함수 $f(x)$의 증가와 감소를 표로 나타내면 다음과 같다.

x	$\cdots$	-3	$\cdots$	0	$\cdots$
$f'(x)$	$-$	0	$+$	0	$+$
$f(x)$	$\searrow$	-22	$\nearrow$	5	$\nearrow$

따라서 함수 $y=f(x)$의 그래프는 오른쪽 그림과 같이 x축과 두 점에서 만나므로 방정식 $f(x)=0$, 즉 $x^4+4x^3+5=0$의 서로 다른 실근의 개수는 2이다.

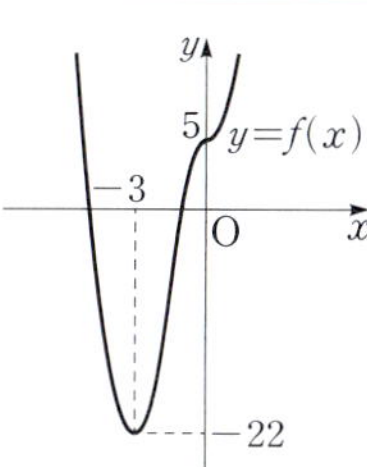

답 (1) **1** (2) **4** (3) **3** (4) **2**

다른 풀이 (1) $f(1)f(3)=-1\times(-5)=5>0$
따라서 방정식 $f(x)=0$의 서로 다른 실근의 개수는 1이다.

(3) $f(-1)f(2)=22\times(-5)=-110<0$
따라서 방정식 $f(x)=0$의 서로 다른 실근의 개수는 3이다.

269

주어진 방정식의 서로 다른 실근의 개수는 $y=x^3-3x$ 의 그래프와 직선 $y=k$의 교점의 개수와 같다.

$f(x)=x^3-3x$라 하면
$$f'(x)=3x^2-3=3(x+1)(x-1)$$
$f'(x)=0$에서 $\quad x=-1$ 또는 $x=1$

함수 $f(x)$의 증가와 감소를 표로 나타내면 다음과 같다.

x	$\cdots$	-1	$\cdots$	1	$\cdots$
$f'(x)$	$+$	0	$-$	0	$+$
$f(x)$	$\nearrow$	2	$\searrow$	-2	$\nearrow$

따라서 함수 $y=f(x)$의 그래프는 오른쪽 그림과 같다.

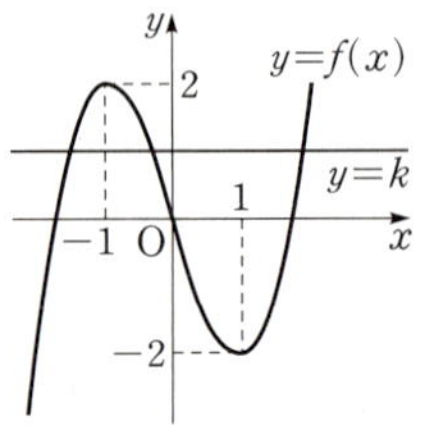

(1) 직선 $y=k$와 세 점에서 만나도록 하는 k의 값의 범위는
$$-2<k<2$$

(2) 직선 $y=k$와 두 점에서 만나도록 하는 k의 값은
$$k=-2 \text{ 또는 } k=2$$

(3) 직선 $y=k$와 한 점에서 만나도록 하는 k의 값의 범위는
$$k<-2 \text{ 또는 } k>2$$

답 (1) $-2<k<2$
(2) $k=-2$ 또는 $k=2$
(3) $k<-2$ 또는 $k>2$

참고 (2)에서 함수 $y=f(x)$의 그래프와 직선 $y=k$는 접한다.

270

$3x^4-4x^3-12x^2+15-k=0$에서
$$3x^4-4x^3-12x^2+15=k$$
따라서 주어진 방정식의 서로 다른 실근의 개수는 $y=3x^4-4x^3-12x^2+15$의 그래프와 직선 $y=k$의 교점의 개수와 같다.

$f(x)=3x^4-4x^3-12x^2+15$라 하면
$$f'(x)=12x^3-12x^2-24x$$
$$=12x(x+1)(x-2)$$
$f'(x)=0$에서 $\quad x=-1$ 또는 $x=0$ 또는 $x=2$

함수 $f(x)$의 증가와 감소를 표로 나타내면 다음과 같다.

x	$\cdots$	-1	$\cdots$	0	$\cdots$	2	$\cdots$
$f'(x)$	$-$	0	$+$	0	$-$	0	$+$
$f(x)$	$\searrow$	10	$\nearrow$	15	$\searrow$	-17	$\nearrow$

따라서 함수 $y=f(x)$의 그래프는 오른쪽 그림과 같다.

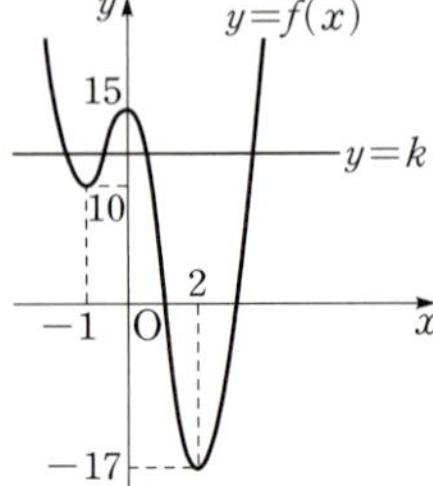

(1) 직선 $y=k$와 네 점에서 만나도록 하는 k의 값의 범위는
$$10<k<15$$

(2) 직선 $y=k$와 세 점에서 만나도록 하는 k의 값은
$$k=10 \text{ 또는 } k=15$$

(3) 직선 $y=k$와 두 점에서 만나도록 하는 k의 값의 범위는
$$-17<k<10 \text{ 또는 } k>15$$

(4) 직선 $y=k$와 한 점에서 만나도록 하는 k의 값은
$$k=-17$$

답 (1) $10<k<15$
(2) $k=10$ 또는 $k=15$
(3) $-17<k<10$ 또는 $k>15$
(4) $k=-17$

271

곡선 $y=x^3-10x-4$와 직선 $y=2x+a$의 교점의 개수는 방정식 $x^3-10x-4=2x+a$, 즉
$x^3-12x-4=a$의 서로 다른 실근의 개수와 같다.

$f(x)=x^3-12x-4$라 하면
$$f'(x)=3x^2-12=3(x+2)(x-2)$$
$f'(x)=0$에서 $\quad x=-2$ 또는 $x=2$

함수 $f(x)$의 증가와 감소를 표로 나타내면 다음과 같다.

x	$\cdots$	-2	$\cdots$	2	$\cdots$
$f'(x)$	$+$	0	$-$	0	$+$
$f(x)$	$\nearrow$	12	$\searrow$	-20	$\nearrow$

따라서 함수 $y=f(x)$의 그래프는 오른쪽 그림과 같다.

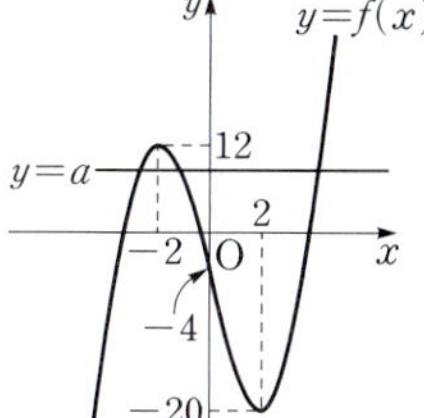

(1) 직선 $y=a$와 세 점에서 만나도록 하는 a의 값의 범위는
$$-20<a<12$$

(2) 직선 $y=a$와 두 점에서 만나도록 하는 a의 값은
$$a=-20 \text{ 또는 } a=12$$

目 (1) $-20<a<12$　(2) $a=-20$ 또는 $a=12$

참고　곡선 $y=x^3-10x-4$와 직선 $y=2x+a$가 접한다.

⟺ 방정식 $x^3-10x-4=2x+a$, 즉 $x^3-12x-4=a$가 서로 다른 두 실근을 갖는다.

⟺ 곡선 $y=x^3-12x-4$와 직선 $y=a$가 두 점에서 만난다.

272

$f(x)=2x^3-3x^2+a$라 하면
$$f'(x)=6x^2-6x=6x(x-1)$$

$f'(x)=0$에서　$x=0$ 또는 $x=1$

따라서 함수 $f(x)$는 $x=0$, $x=1$에서 극값을 갖는다.

(1) 방정식 $f(x)=0$이 서로 다른 세 실근을 가지려면
$$f(0)f(1)<0$$
$$a(-1+a)<0 \qquad \therefore 0<a<1$$

(2) 방정식 $f(x)=0$이 한 실근과 두 허근을 가지려면
$$f(0)f(1)>0$$
$$a(-1+a)>0 \qquad \therefore a<0 \text{ 또는 } a>1$$

目 (1) $0<a<1$　(2) $a<0$ 또는 $a>1$

다른 풀이 $2x^3-3x^2+a=0$에서　$-2x^3+3x^2=a$

$g(x)=-2x^3+3x^2$이라 하면 주어진 방정식의 서로 다른 실근의 개수는 함수 $y=g(x)$의 그래프와 직선 $y=a$의 교점의 개수와 같다.

$g'(x)=-6x^2+6x=-6x(x-1)$이므로

$g'(x)=0$에서　$x=0$ 또는 $x=1$

함수 $g(x)$의 증가와 감소를 표로 나타내면 다음과 같다.

x	⋯	0	⋯	1	⋯
$g'(x)$	$-$	0	$+$	0	$-$
$g(x)$	↘	0	↗	1	↘

따라서 함수 $y=g(x)$의 그래프는 오른쪽 그림과 같다.

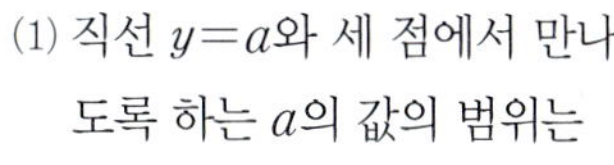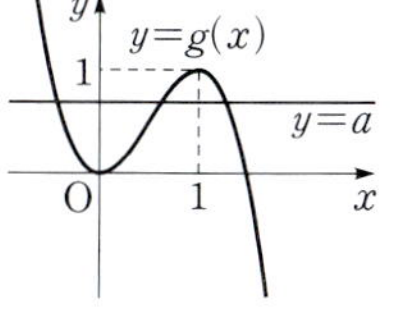

(1) 직선 $y=a$와 세 점에서 만나도록 하는 a의 값의 범위는
$$0<a<1$$

(2) 직선 $y=a$와 한 점에서 만나도록 하는 a의 값의 범위는　$a<0$ 또는 $a>1$

273

$f(x)=16x^3-12x^2-24x-k$라 하면
$$f'(x)=48x^2-24x-24$$
$$=24(2x+1)(x-1)$$

$f'(x)=0$에서　$x=-\dfrac{1}{2}$ 또는 $x=1$

따라서 함수 $f(x)$는 $x=-\dfrac{1}{2}$, $x=1$에서 극값을 갖는다.

이때 방정식 $f(x)=0$이 중근과 다른 한 실근을 가지려면
$$f\left(-\dfrac{1}{2}\right)f(1)=0$$
$$(7-k)(-20-k)=0$$
$$\therefore k=7 \text{ 또는 } k=-20$$

따라서 모든 실수 k의 값의 합은
$$7+(-20)=-13$$

目 -13

다른 풀이 $16x^3-12x^2-24x-k=0$에서
$$16x^3-12x^2-24x=k$$

$g(x)=16x^3-12x^2-24x$라 하면 주어진 방정식의 서로 다른 실근의 개수는 함수 $y=g(x)$의 그래프와 직선 $y=k$의 교점의 개수와 같다.

$g'(x)=48x^2-24x-24=24(2x+1)(x-1)$이므로 $g'(x)=0$에서
$$x=-\dfrac{1}{2} \text{ 또는 } x=1$$

함수 $g(x)$의 증가와 감소를 표로 나타내면 다음과 같다.

x	⋯	$-\dfrac{1}{2}$	⋯	1	⋯
$g'(x)$	$+$	0	$-$	0	$+$
$g(x)$	↗	7	↘	-20	↗

따라서 함수 $y=g(x)$의 그래프는 오른쪽 그림과 같으므로 직선 $y=k$와 두 점에서 만나도록 하는 k의 값은
$$k=7 \text{ 또는 } k=-20$$

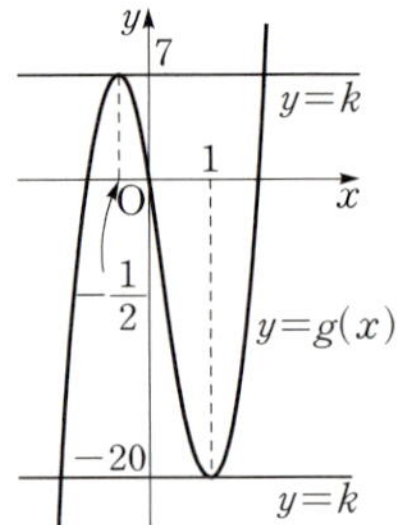

274

$x^3-3x^2-9x+k=0$에서
$$-x^3+3x^2+9x=k$$
$f(x)=-x^3+3x^2+9x$라 하면
$$f'(x)=-3x^2+6x+9$$
$$=-3(x+1)(x-3)$$
$f'(x)=0$에서　$x=-1$ 또는 $x=3$
함수 $f(x)$의 증가와 감소를 표로 나타내면 다음과 같다.

x	$\cdots$	-1	$\cdots$	3	$\cdots$
$f'(x)$	$-$	0	$+$	0	$-$
$f(x)$	$\searrow$	-5	$\nearrow$	27	$\searrow$

따라서 함수 $y=f(x)$의 그래프는 오른쪽 그림과 같다.

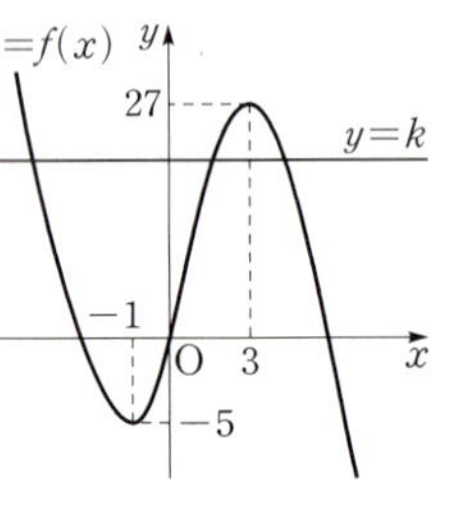

(1) 직선 $y=k$와 접하고, 접점이 아닌 다른 교점의 x좌표가 음수이어야 하므로
$$k=27$$
(2) 직선 $y=k$와 교점의 x좌표가 두 개는 양수, 한 개는 음수이어야 하므로
$$0<k<27$$
(3) 직선 $y=k$와 교점의 x좌표가 두 개는 음수, 한 개는 양수이어야 하므로
$$-5<k<0$$
(4) 직선 $y=k$와 교점이 1개이고 그 교점의 x좌표가 양수이어야 하므로
$$k<-5$$

답 (1) $k=27$　　(2) $0<k<27$

(3) $-5<k<0$　(4) $k<-5$

275

$f(x)=g(x)$에서
$$2x^3-5x^2-3x=x^3-3x^2+x-a$$
$$\therefore -x^3+2x^2+4x=a$$
$h(x)=-x^3+2x^2+4x$라 하면
$$h'(x)=-3x^2+4x+4$$
$$=-(3x+2)(x-2)$$
$h'(x)=0$에서　$x=-\dfrac{2}{3}$ 또는 $x=2$

함수 $h(x)$의 증가와 감소를 표로 나타내면 다음과 같다.

x	$\cdots$	$-\dfrac{2}{3}$	$\cdots$	2	$\cdots$
$h'(x)$	$-$	0	$+$	0	$-$
$h(x)$	$\searrow$	$-\dfrac{40}{27}$	$\nearrow$	8	$\searrow$

따라서 함수 $y=h(x)$의 그래프는 오른쪽 그림과 같다.

이때 직선 $y=a$와 교점의 x좌표가 두 개는 양수, 한 개는 음수이어야 하므로
$$0<a<8$$

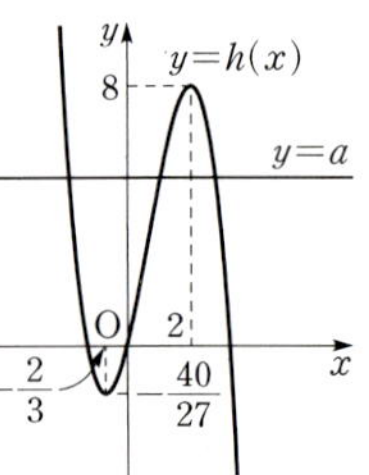

따라서 정수 a는 1, 2, $\cdots$, 7의 7개이다.　답 7

276

$f(x)=x^4-2x^2+a$라 하면
$$f'(x)=4x^3-4x=4x(x+1)(x-1)$$
$f'(x)=0$에서
$$x=-1 \text{ 또는 } x=0 \text{ 또는 } x=1$$
함수 $f(x)$의 증가와 감소를 표로 나타내면 다음과 같다.

x	$\cdots$	-1	$\cdots$	0	$\cdots$	1	$\cdots$
$f'(x)$	$-$	0	$+$	0	$-$	0	$+$
$f(x)$	$\searrow$	$a-1$	$\nearrow$	a	$\searrow$	$a-1$	$\nearrow$

따라서 함수 $f(x)$는 $x=-1$, $x=1$에서 최솟값 $a-1$을 가지므로 모든 실수 x에 대하여 $f(x)\geq0$이 성립하려면
$$a-1\geq0 \quad \therefore a\geq1$$

답 $a\geq1$

277

$y=f(x)$의 그래프가 $y=g(x)$의 그래프보다 항상 위쪽에 있으려면 모든 실수 x에 대하여 부등식
$f(x)>g(x)$, 즉 $f(x)-g(x)>0$이 성립해야 한다.
$h(x)=f(x)-g(x)$라 하면
$$h(x)=x^4-\frac{16}{3}x^3+6x^2+k$$
$$\therefore\ h'(x)=4x^3-16x^2+12x$$
$$=4x(x-1)(x-3)$$
$h'(x)=0$에서
$$x=0\ 또는\ x=1\ 또는\ x=3$$
함수 $h(x)$의 증가와 감소를 표로 나타내면 다음과 같다.

x	$\cdots$	0	$\cdots$	1	$\cdots$	3	$\cdots$
$h'(x)$	$-$	0	$+$	0	$-$	0	$+$
$h(x)$	$\searrow$	k	$\nearrow$	$k+\dfrac{5}{3}$	$\searrow$	$k-9$	$\nearrow$

따라서 함수 $h(x)$는 $x=3$에서 최솟값 $k-9$를 가지므로 모든 실수 x에 대하여 $h(x)>0$이 성립하려면
$$k-9>0\qquad\therefore\ k>9$$
답 **$k>9$**

278

$x^3+9x+a>6x^2+6$에서
$$x^3-6x^2+9x+a-6>0$$
$f(x)=x^3-6x^2+9x+a-6$이라 하면
$$f'(x)=3x^2-12x+9$$
$$=3(x-1)(x-3)$$
$f'(x)=0$에서
$$x=1\ 또는\ x=3$$
$x>1$일 때, 함수 $f(x)$의 증가와 감소를 표로 나타내면 다음과 같다.

x	1	$\cdots$	3	$\cdots$
$f'(x)$		$-$	0	$+$
$f(x)$		$\searrow$	$a-6$	$\nearrow$

따라서 $x>1$일 때, 함수 $f(x)$는 $x=3$에서 최솟값 $a-6$을 가지므로 부등식 $f(x)>0$이 성립하려면
$$a-6>0\qquad\therefore\ a>6$$
답 **$a>6$**

279

$f(x)\geq g(x)$에서 $\quad f(x)-g(x)\geq0$
$h(x)=f(x)-g(x)$라 하면
$$h(x)=5x^3-15x^2+k-2$$
$$\therefore\ h'(x)=15x^2-30x=15x(x-2)$$
$h'(x)=0$에서
$$x=0\ 또는\ x=2$$
$0<x<3$일 때, 함수 $h(x)$의 증가와 감소를 표로 나타내면 다음과 같다.

x	0	$\cdots$	2	$\cdots$	3
$h'(x)$		$-$	0	$+$	
$h(x)$		$\searrow$	$k-22$	$\nearrow$	

따라서 $0<x<3$일 때, 함수 $h(x)$는 $x=2$에서 최솟값 $k-22$를 가지므로 부등식 $h(x)\geq0$이 성립하려면
$$k-22\geq0\qquad\therefore\ k\geq22$$
즉 실수 k의 최솟값은 22이다. 답 **22**

280

$f(x)=x^3-12x+a$라 하면
$$f'(x)=3x^2-12=3(x+2)(x-2)$$
$-2<x<2$일 때 $f'(x)<0$이므로 함수 $f(x)$는 구간 $(-2,\ 2)$에서 감소한다.
따라서 $-2<x<2$에서 부등식 $f(x)>0$이 성립하려면 $f(2)\geq0$이어야 하므로
$$-16+a\geq0\qquad\therefore\ a\geq16$$
즉 실수 a의 최솟값은 16이다. 답 **16**

연습 문제 ● 본책 142~143쪽

281

전략 $y=f(x)-2g(x)$의 그래프와 x축의 교점의 개수를 구한다.
$f(x)=2g(x)$에서
$$x^4+4x^3-4x^2+3=2(-x^4+4x^2-2)$$
$$\therefore\ 3x^4+4x^3-12x^2+7=0$$

$h(x)=3x^4+4x^3-12x^2+7$이라 하면
$$h'(x)=12x^3+12x^2-24x$$
$$=12x(x+2)(x-1)$$
$h'(x)=0$에서 $x=-2$ 또는 $x=0$ 또는 $x=1$
함수 $h(x)$의 증가와 감소를 표로 나타내면 다음과 같다.

x	$\cdots$	-2	$\cdots$	0	$\cdots$	1	$\cdots$
$h'(x)$	$-$	0	$+$	0	$-$	0	$+$
$h(x)$	$\searrow$	-25	$\nearrow$	7	$\searrow$	2	$\nearrow$

따라서 함수 $y=h(x)$의 그래프는 오른쪽 그림과 같이 x축과 두 점에서 만나므로 방정식 $h(x)=0$, 즉 $f(x)=2g(x)$의 서로 다른 실근의 개수는 2이다.

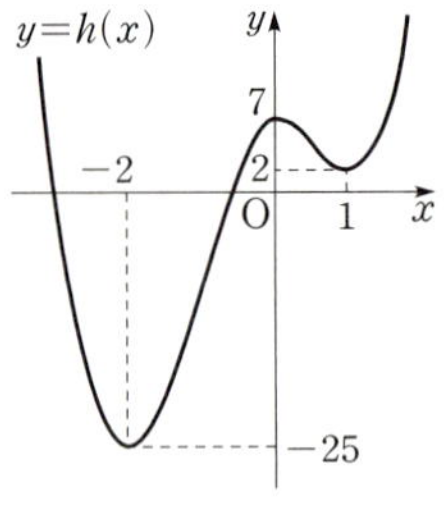

답 **2**

282

전략 두 곡선 $y=f(x)$, $y=g(x)$가 서로 다른 세 점에서 만나려면 방정식 $f(x)=g(x)$가 서로 다른 세 실근을 가져야 함을 이용한다.

$x^3-2x^2-6x+2=x^2+3x+a$에서
$$x^3-3x^2-9x+2=a$$
$f(x)=x^3-3x^2-9x+2$라 하면
$$f'(x)=3x^2-6x-9=3(x+1)(x-3)$$
$f'(x)=0$에서 $x=-1$ 또는 $x=3$
함수 $f(x)$의 증가와 감소를 표로 나타내면 다음과 같다.

x	$\cdots$	-1	$\cdots$	3	$\cdots$
$f'(x)$	$+$	0	$-$	0	$+$
$f(x)$	$\nearrow$	7	$\searrow$	-25	$\nearrow$

즉 함수 $y=f(x)$의 그래프는 오른쪽 그림과 같으므로 직선 $y=a$와 세 점에서 만나도록 하는 a의 값의 범위는
$$-25<a<7$$
따라서 정수 a의 최댓값은 6이다.

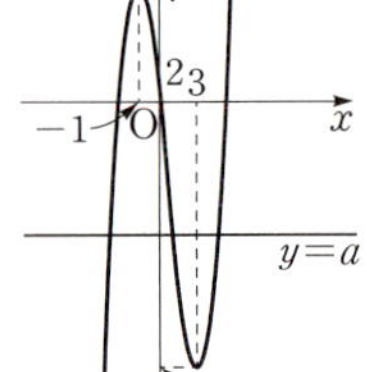

답 **6**

다른 풀이 $x^3-2x^2-6x+2=x^2+3x+a$에서
$$x^3-3x^2-9x+2-a=0$$
$g(x)=x^3-3x^2-9x+2-a$라 하면
$$g'(x)=3x^2-6x-9=3(x+1)(x-3)$$
$g'(x)=0$에서 $x=-1$ 또는 $x=3$
따라서 함수 $g(x)$는 $x=-1$, $x=3$에서 극값을 가지므로 방정식 $g(x)=0$이 서로 다른 세 실근을 가지려면
$$g(-1)g(3)<0$$
$$(7-a)(-25-a)<0 \therefore -25<a<7$$

283

전략 주어진 방정식의 실근은 곡선 $y=x^3-27x$와 직선 $y=a$의 교점의 x좌표와 같음을 이용한다.

$x^3-27x-a=0$에서
$$x^3-27x=a$$
$f(x)=x^3-27x$라 하면
$$f'(x)=3x^2-27=3(x+3)(x-3)$$
$f'(x)=0$에서
$$x=-3 \text{ 또는 } x=3$$
함수 $f(x)$의 증가와 감소를 표로 나타내면 다음과 같다.

x	$\cdots$	-3	$\cdots$	3	$\cdots$
$f'(x)$	$+$	0	$-$	0	$+$
$f(x)$	$\nearrow$	54	$\searrow$	-54	$\nearrow$

즉 함수 $y=f(x)$의 그래프는 오른쪽 그림과 같으므로 직선 $y=a$와 교점의 x좌표가 한 개는 음수, 두 개는 양수이려면
$$-54<a<0$$

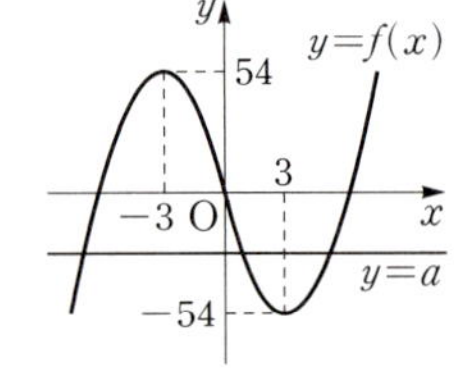

따라서 정수 a는 -53, -52, -51, $\cdots$, -1의 53개이다.

답 **53**

284

전략 주어진 부등식을 $f(x)\geq0$의 꼴로 변형한 후 $f(x)$의 최솟값을 구한다.

$x^4+3x^3+k\geq-x^3+16x$에서
$$x^4+4x^3-16x+k\geq0$$

$f(x) = x^4 + 4x^3 - 16x + k$라 하면

$$f'(x) = 4x^3 + 12x^2 - 16$$
$$= 4(x+2)^2(x-1)$$

$f'(x) = 0$에서

$$x = -2 \text{ 또는 } x = 1$$

함수 $f(x)$의 증가와 감소를 표로 나타내면 다음과 같다.

x	$\cdots$	-2	$\cdots$	1	$\cdots$
$f'(x)$	$-$	0	$-$	0	$+$
$f(x)$	$\searrow$	$k+16$	$\searrow$	$k-11$	$\nearrow$

따라서 함수 $f(x)$는 $x=1$에서 최솟값 $k-11$을 가지므로 모든 실수 x에 대하여 $f(x) \geq 0$이 성립하려면

$$k - 11 \geq 0 \qquad \therefore k \geq 11$$

즉 실수 k의 최솟값은 11이다. **답 11**

285

전략 $x \geq 0$에서 $(f(x) - g(x)$의 최솟값$) \geq 0$임을 이용한다.

$f(x) \geq g(x)$에서

$$f(x) - g(x) \geq 0$$

$h(x) = f(x) - g(x)$라 하면

$$h(x) = x^3 - x^2 - x + 6 - a$$
$$\therefore h'(x) = 3x^2 - 2x - 1$$
$$= (3x+1)(x-1)$$

$h'(x) = 0$에서

$$x = -\frac{1}{3} \text{ 또는 } x = 1$$

$x \geq 0$에서 함수 $h(x)$의 증가와 감소를 표로 나타내면 다음과 같다.

x	0	$\cdots$	1	$\cdots$
$h'(x)$		$-$	0	$+$
$h(x)$	$6-a$	$\searrow$	$5-a$	$\nearrow$

따라서 $x \geq 0$일 때, 함수 $h(x)$는 $x=1$에서 최솟값 $5-a$를 가지므로 부등식 $h(x) \geq 0$이 성립하려면

$$5 - a \geq 0 \qquad \therefore a \leq 5$$

즉 실수 a의 최댓값은 5이다.

답 ⑤

286

전략 어떤 구간에서 감소하는 함수 $f(x)$에 대하여 그 구간에서 $f(x) > 0$을 만족시키기 위한 조건을 파악한다.

$4x^3 - 2x^2 - 4x + 3 > x^2 + 2x + a$에서

$$4x^3 - 3x^2 - 6x + 3 - a > 0$$

$f(x) = 4x^3 - 3x^2 - 6x + 3 - a$라 하면

$$f'(x) = 12x^2 - 6x - 6 = 6(2x+1)(x-1)$$

$0 < x < 1$일 때 $f'(x) < 0$이므로 함수 $f(x)$는 구간 $(0, 1)$에서 감소한다.

따라서 $0 < x < 1$일 때 부등식 $f(x) > 0$이 성립하려면 $f(1) \geq 0$이어야 하므로

$$-2 - a \geq 0$$
$$\therefore a \leq -2 \qquad\qquad \text{답 } a \leq -2$$

287

전략 $y = f'(x)$의 그래프와 주어진 함숫값을 이용하여 $y = f(x)$의 그래프를 그린다.

$y = f'(x)$의 그래프를 이용하여 함수 $f(x)$의 증가와 감소를 표로 나타내면 다음과 같다.

x	$\cdots$	a	$\cdots$	b	$\cdots$	c	$\cdots$
$f'(x)$	$-$	0	$+$	0	$-$	0	$+$
$f(x)$	$\searrow$	-2	$\nearrow$	2	$\searrow$	1	$\nearrow$

따라서 함수 $y = f(x)$의 그래프는 오른쪽 그림과 같다.

이때 방정식 $2f(x) - 3 = 0$, 즉 $f(x) = \dfrac{3}{2}$의 서로 다른 실근의 개수는 함수 $y = f(x)$의 그래프와 직선 $y = \dfrac{3}{2}$의 교점의 개수와 같으므로 4이다.

답 4

288

전략 $y = f(x) - g(x)$의 그래프를 이용한다.

$f(x) = g(x)$에서

$$3x^3 - x^2 - 3x = x^3 - 4x^2 + 9x + a$$
$$\therefore 2x^3 + 3x^2 - 12x = a$$

$h(x)=2x^3+3x^2-12x$라 하면
$$h'(x)=6x^2+6x-12$$
$$=6(x+2)(x-1)$$
$h'(x)=0$에서
$$x=-2 \ \text{또는} \ x=1$$
함수 $h(x)$의 증가와 감소를 표로 나타내면 다음과 같다.

x	$\cdots$	-2	$\cdots$	1	$\cdots$
$h'(x)$	$+$	0	$-$	0	$+$
$h(x)$	$\nearrow$	20	$\searrow$	-7	$\nearrow$

따라서 함수 $y=h(x)$의 그래프는 오른쪽 그림과 같다.
이때 $N(a)=2$이려면
$y=h(x)$의 그래프와 직선
$y=a$의 교점의 x좌표 중 양수
가 2개이어야 하므로
$$-7<a<0$$

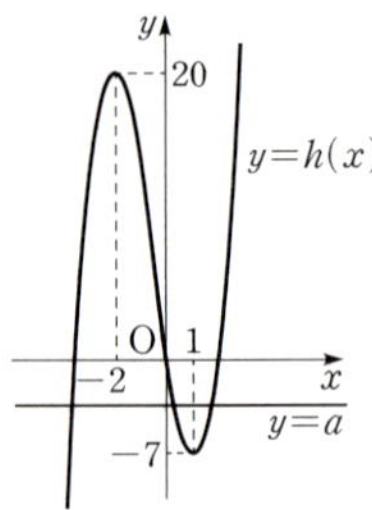

즉 정수 a는 -6, -5, $\cdots$, -1의 6개이다. 　**답 6**

289

전략 $f(x)\leq 12x+k$, $12x+k\leq g(x)$를 만족시키는 k의 값의 범위를 각각 구한다.

$f(x)\leq 12x+k$에서 　 $-x^4-2x^3-x^2\leq 12x+k$
$$\therefore \ x^4+2x^3+x^2+12x+k\geq 0$$
$h(x)=x^4+2x^3+x^2+12x+k$라 하면
$$h'(x)=4x^3+6x^2+2x+12$$
$$=2(x+2)(2x^2-x+3)$$
$h'(x)=0$에서
$$x=-2 \ (\because \ 2x^2-x+3>0)$$
함수 $h(x)$의 증가와 감소를 표로 나타내면 다음과 같다.

x	$\cdots$	-2	$\cdots$
$h'(x)$	$-$	0	$+$
$h(x)$	$\searrow$	$k-20$	$\nearrow$

따라서 함수 $h(x)$는 $x=-2$에서 최솟값 $k-20$을 가지므로 모든 실수 x에 대하여 $h(x)\geq 0$이 성립하려면
$$k-20\geq 0$$
$$\therefore \ k\geq 20 \qquad\qquad \cdots\cdots \ \bigcirc$$

또 $12x+k\leq g(x)$에서
$$12x+k\leq 3x^2+a$$
$$\therefore \ 3x^2-12x+a-k\geq 0$$
이차방정식 $3x^2-12x+a-k=0$의 판별식을 D라 하면
$$\frac{D}{4}=(-6)^2-3(a-k)\leq 0$$
$$12-a+k\leq 0$$
$$\therefore \ k\leq a-12 \qquad\qquad \cdots\cdots \ \bigcirc\!\bigcirc$$
$\bigcirc$, $\bigcirc\!\bigcirc$에서
$$20\leq k\leq a-12$$
이를 만족시키는 자연수 k의 개수가 3이고 a는 자연수이므로
$$a-12=22 \qquad \therefore \ a=34 \qquad \text{답 34}$$

290

전략 주어진 조건을 만족시키는 $y=|f(x)|$의 그래프를 유추한다.

조건 (개)에서 함수 $y=f(x)$의 그래프는 원점에 대하여 대칭이다.

이때 조건 (내)에서 함수
$y=|f(x)|$의 그래프와
직선 $y=6$의 교점의 개
수가 4이므로 함수
$y=|f(x)|$의 그래프는
오른쪽 그림과 같아야 한다.

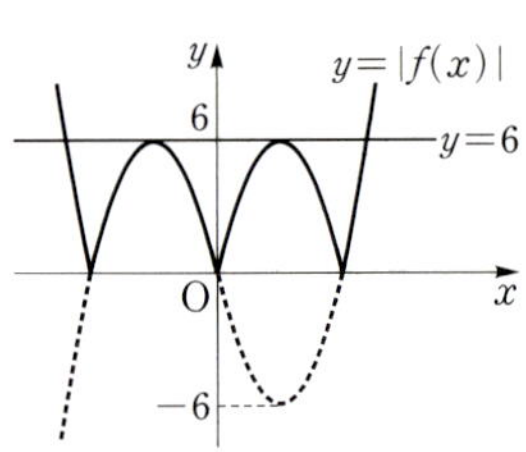

즉 함수 $f(x)$는 극댓값 6, 극솟값 -6을 갖는다.
삼차함수 $f(x)$의 최고차항의 계수가 3이므로
$f(x)=3x^3-ax \ (a>0)$라 하면
$$f'(x)=9x^2-a$$
$f'(x)=0$에서 　 $9x^2-a=0$
$$x^2=\frac{a}{9} \qquad \therefore \ x=\pm\frac{\sqrt{a}}{3}$$

함수 $f(x)$의 증가와 감소를 표로 나타내면 다음과 같다.

x	$\cdots$	$-\dfrac{\sqrt{a}}{3}$	$\cdots$	$\dfrac{\sqrt{a}}{3}$	$\cdots$
$f'(x)$	$+$	0	$-$	0	$+$
$f(x)$	$\nearrow$	극대	$\searrow$	극소	$\nearrow$

따라서 함수 $f(x)$는 $x=\dfrac{\sqrt{a}}{3}$에서 극솟값 -6을 가지므로

$$f\left(\dfrac{\sqrt{a}}{3}\right)=-6$$

$$-\dfrac{2a\sqrt{a}}{9}=-6, \qquad a\sqrt{a}=27$$

$$\therefore a=9$$

즉 $f(x)=3x^3-9x$이므로

$$f(-3)=-54$$

답 -54

해설 Focus

모든 실수 x에 대하여 $f(-x)=-f(x)$를 만족시키는 다항함수 $f(x)$는 기함수이므로 홀수 차수의 항의 합으로만 이루어져 있다.

따라서 최고차항의 계수가 3인 삼차함수 $f(x)$가 $f(-x)=-f(x)$를 만족시키면

$$f(x)=3x^3-ax \ (a\text{는 상수})$$

로 놓을 수 있다.

291

전략 방정식 $f(x)=0$이 오직 한 개의 실근을 가지려면 (극댓값)$\times$(극솟값)>0이어야 함을 이용한다.

$f(x)=2x^3-6ax-3a$에서

$$f'(x)=6x^2-6a=6(x^2-a)$$

함수 $f(x)$가 극값을 가지려면 이차방정식 $f'(x)=0$이 서로 다른 두 실근을 가져야 하므로

$$a>0$$

즉 $f'(x)=0$에서 $x^2=a$

$$\therefore x=-\sqrt{a} \ \text{또는} \ x=\sqrt{a}$$

따라서 함수 $f(x)$는 $x=-\sqrt{a}$, $x=\sqrt{a}$에서 극값을 가지므로 방정식 $f(x)=0$이 오직 한 개의 실근을 가지려면

$$f(-\sqrt{a})f(\sqrt{a})>0$$

$$(4a\sqrt{a}-3a)(-4a\sqrt{a}-3a)>0$$

$$\therefore a^2(4\sqrt{a}-3)(4\sqrt{a}+3)<0$$

이때 $a>0$에서 $4\sqrt{a}+3>0$이므로

$$4\sqrt{a}-3<0, \qquad \sqrt{a}<\dfrac{3}{4}$$

$$\therefore 0<a<\dfrac{9}{16}$$

답 $0<a<\dfrac{9}{16}$

08 속도와 가속도

292

시각 t에서의 점 P의 속도를 v, 가속도를 a라 하면

$$v=\dfrac{dx}{dt}=6t^2-18t+12,$$

$$a=\dfrac{dv}{dt}=12t-18$$

점 P의 속도가 72이므로 $v=72$에서

$$6t^2-18t+12=72, \qquad t^2-3t-10=0$$

$$(t+2)(t-5)=0 \qquad \therefore t=5 \ (\because t>0)$$

따라서 $t=5$에서의 점 P의 가속도는

$$60-18=42$$

답 42

293

시각 t에서의 점 P의 속도를 v, 가속도를 a라 하면

$$v=\dfrac{dx}{dt}=t^2-7t+6,$$

$$a=\dfrac{dv}{dt}=2t-7$$

점 P가 운동 방향을 바꿀 때의 속도는 0이므로 $v=0$에서

$$t^2-7t+6=0, \qquad (t-1)(t-6)=0$$

$$\therefore t=1 \ \text{또는} \ t=6$$

따라서 점 P는 $t=6$에서 두 번째로 운동 방향을 바꾸므로 이때의 점 P의

위치는 $\quad 72-126+36=-18$

가속도는 $\quad 12-7=5$

답 위치: -18, 가속도: 5

294

물로켓이 지면에 떨어지는 순간의 높이는 0이므로 $x=0$에서

$$20t-5t^2=0, \qquad t(t-4)=0$$

$$\therefore t=4 \ (\because t>0)$$

t초 후의 물로켓의 속도를 v라 하면

$$v=\dfrac{dx}{dt}=20-10t \,(\text{m/s})$$

따라서 4초 후의 물로켓의 속도는

$$20-40=-20\,(\text{m/s})$$

답 -20 m/s

295

t초 후의 공의 속도를 v라 하면
$$v=\frac{dx}{dt}=50-2at\,(\text{m/s})$$
공이 최고 높이에 도달하는 순간의 속도는 0이고 도달하는 데 걸린 시간은 5초이므로 $v=0$, $t=5$를 대입하면
$$50-10a=0 \qquad \therefore a=5$$
$$\therefore x=40+50t-5t^2$$
따라서 공이 도달하는 최고 높이는   ← $t=5$에서의 높이
$$40+250-125=165\,(\text{m})$$
$$\boxed{\text{답}}\ \textbf{165 m}$$

296

속도 $v(t)$의 부호가 바뀌는 시각 t에서 점 P의 운동 방향이 바뀐다.

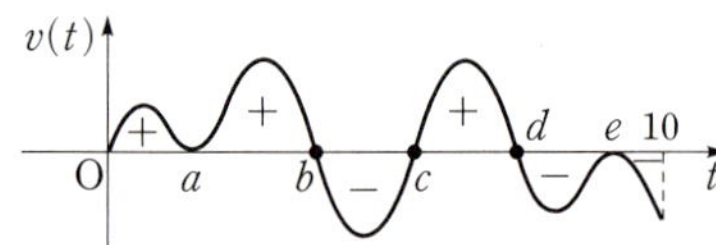

위의 그림과 같이 $0\le t\le 10$에서 속도 $v(t)$의 그래프가 x축과 만나는 점의 x좌표를 작은 것부터 순서대로 0, a, b, c, d, e라 하면 속도 $v(t)$의 부호는
$$t=b,\ t=c,\ t=d$$
의 좌우에서 바뀌므로 점 P의 운동 방향은 3번 바뀐다.

$$\boxed{\text{답}}\ \textbf{3번}$$

297

ㄱ. 위치 $x(t)$의 그래프 위의 점 $(3,\,0)$에서의 접선의 기울기가 음수이므로 $t=3$에서의 점 P의 속도는 음수이다.
    따라서 $t=3$에서 점 P는 운동 방향을 바꾸지 않는다. (거짓)

ㄴ. 위치 $x(t)$의 그래프 위의 점 $(5,\,0)$에서의 접선의 기울기가 양수이므로 $t=5$에서의 점 P의 속도는 양수이다. (거짓)

ㄷ. $0<t<5$일 때 위치 $x(t)$의 그래프에서 접선의 기울기가 0인 점이 3개이므로 점 P는 세 번 멈춘다.
$$\text{(참)}$$

이상에서 옳은 것은 ㄷ뿐이다. $\boxed{\text{답}}$ ㄷ

298

t초 후의 정삼각형의 한 변의 길이는 $(10+6t)\,\text{cm}$이므로 높이를 h cm라 하면
$$h=\frac{\sqrt{3}}{2}\times(10+6t)=3\sqrt{3}\,t+5\sqrt{3}$$
따라서 정삼각형의 높이의 변화율은
$$\frac{dh}{dt}=3\sqrt{3}\,(\text{cm/s}) \qquad \boxed{\text{답}}\ \textbf{3}\sqrt{\textbf{3}}\ \textbf{cm/s}$$

299

(1) 민지가 t초 동안 움직인 거리는 t초 후의 가로등 바로 밑에서부터 민지의 그림자의 머리끝까지의 거리를 x m라 하면 오른쪽 그림에서 $\triangle\text{POC}\backsim\triangle\text{ABC}$ (AA 닮음)이므로

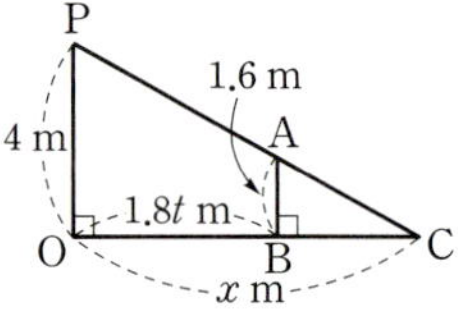

$$4:1.6=x:(x-1.8t)$$
$$1.6x=4(x-1.8t)$$
$$2.4x=7.2t \qquad \therefore x=3t$$
따라서 그림자의 머리끝이 움직이는 속도는
$$\frac{dx}{dt}=3\,(\text{m/s})$$

(2) t초 후의 그림자의 길이를 l m라 하면
$$l=\overline{\text{BC}}=\overline{\text{OC}}-\overline{\text{OB}}$$
$$=x-1.8t=3t-1.8t=1.2t$$
따라서 그림자의 길이의 변화율은
$$\frac{dl}{dt}=1.2\,(\text{m/s})$$

$$\boxed{\text{답}}\ (1)\ \textbf{3 m/s} \quad (2)\ \textbf{1.2 m/s}$$

300

t초 후의 직사각형의 가로의 길이, 세로의 길이는 각각
$$(9+0.2t)\,\text{cm},\ (4+0.3t)\,\text{cm}$$
t초 후의 직사각형의 넓이를 S cm^{2}라 하면
$$S=(9+0.2t)(4+0.3t)=0.06t^2+3.5t+36$$
$$\therefore \frac{dS}{dt}=0.12t+3.5\,(\text{cm}^2/\text{s})$$
직사각형이 정사각형이 되는 순간의 시각은
$9+0.2t=4+0.3t$에서
$$t=50$$

따라서 50초 후의 직사각형의 넓이의 변화율은
$$6+3.5=9.5\,(\mathrm{cm^2/s})$$

답 **9.5 cm²/s**

301

t초 후의 원기둥의 밑면의 반지름의 길이를 r cm, 높이를 h cm라 하면
$$r=20-0.2t,\ h=5+0.5t$$
t초 후의 원기둥의 부피를 V cm³라 하면
$$\begin{aligned}V&=\pi r^2 h\\&=\pi(20-0.2t)^2(5+0.5t)\\&=\frac{\pi}{50}(100-t)^2(10+t)\\&=\frac{\pi}{50}(t^3-190t^2+8000t+100000)\end{aligned}$$
$$\therefore\ \frac{dV}{dt}=\frac{\pi}{50}(3t^2-380t+8000)\,(\mathrm{cm^3/s})$$
따라서 10초 후의 원기둥의 부피의 변화율은
$$\frac{\pi}{50}\times(300-3800+8000)=90\pi\,(\mathrm{cm^3/s})$$

답 **90π cm³/s**

연습 문제
● 본책 151~152쪽

302

전략 시각 t에서의 위치가 x일 때 속도는 $\dfrac{dx}{dt}$ 이다.

시각 t에서의 점 P의 속도를 v라 하면
$$v=\frac{dx}{dt}=3t^2-14t+12$$
$x=0$에서
$$t^3-7t^2+12t=0$$
$$t(t-3)(t-4)=0$$
$$\therefore\ t=3\ \text{또는}\ t=4\ (\because\ t>0)$$
따라서 점 P는 $t=4$에서 마지막으로 원점을 지나므로 이때의 점 P의 속도는
$$48-56+12=4$$

답 **4**

303

전략 $x(t)$를 미분하여 점 P의 속도, 가속도를 각각 t에 대한 함수로 나타낸다.

시각 t에서의 점 P의 속도를 $v(t)$, 가속도를 $a(t)$라 하면
$$v(t)=x'(t)=6t^3-24t^2+30t-12,$$
$$a(t)=v'(t)=18t^2-48t+30$$
$v(t)=0$에서
$$6t^3-24t^2+30t-12=0$$
$$t^3-4t^2+5t-2=0$$
$$(t-1)^2(t-2)=0$$
$$\therefore\ t=1\ \text{또는}\ t=2$$
이때 $t=2$의 좌우에서 $v(t)$의 부호가 바뀌므로 $t=2$에서 점 P의 운동 방향이 바뀐다.

따라서 점 P의 운동 방향이 바뀌는 순간 점 P의 가속도는
$$a(2)=6$$

답 **6**

304

전략 최고 높이에 도달했을 때의 속도는 0임을 이용한다.

t초 후의 장난감 로켓의 속도를 v라 하면
$$v=\frac{dx}{dt}=10-10t\,(\mathrm{m/s})$$
장난감 로켓이 최고 높이에 도달하는 순간의 속도는 0이므로 $v=0$에서
$$10-10t=0\qquad \therefore\ t=1$$
따라서 장난감 로켓의 최고 높이는
$$20+10-5=25\,(\mathrm{m})$$
즉 $\alpha=1$, $\beta=25$이므로
$$\alpha+\beta=26$$

답 **26**

다른 풀이 $x=20+10t-5t^2=-5(t-1)^2+25$
이므로 x는 $t=1$에서 최댓값 25를 갖는다.
따라서 장난감 로켓은 쏘아 올린 지 1초 후에 최고 높이 25 m에 도달한다.

305

전략 $t=a$에서의 가속도는 주어진 그래프 위의 $t=a$인 점에서의 접선의 기울기와 같음을 이용한다.

ㄱ. $2<t<3$에서 $v(t)>0$이므로 점 P는 양의 방향으로 움직인다. (참)

ㄴ. $v(1)<0$, $v(3)>0$이므로 $t=1$일 때와 $t=3$일 때의 점 P의 운동 방향이 서로 반대이다. (참)

ㄷ. 속도 $v(t)$의 그래프 위의 점 $(4, v(4))$에서의 접선의 기울기가 0이므로 $t=4$에서의 점 P의 가속도는 0이다. (참)

이상에서 ㄱ, ㄴ, ㄷ 모두 옳다.　　　답 ㄱ, ㄴ, ㄷ

306

전략　점 P의 속도가 v이면 속력은 $|v|$이다.

시각 t에서의 점 P의 속도를 v라 하면
$$v=\frac{dx}{dt}=t^2-8t+10=(t-4)^2-6$$
$0\le t\le 5$일 때, v는
　　$t=4$에서 최솟값 -6,
　　$t=0$에서 최댓값 10
을 가지므로
$$-6\le v\le 10　　\therefore 0\le |v|\le 10$$
따라서 $0\le t\le 5$에서 점 P의 속력 $|v|$의 최댓값은 10이다.

답 10

참고　$0\le t\le 5$에서
　　$|v|=|(t-4)^2-6|$
의 그래프는 오른쪽 그림과 같다.

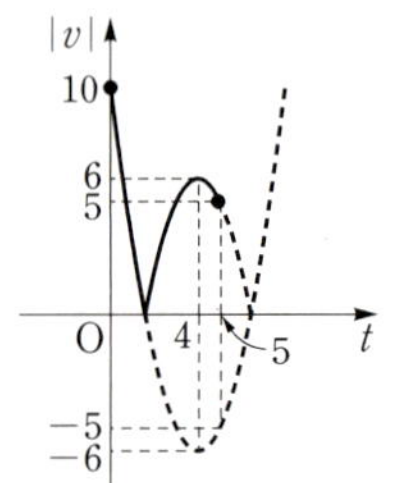

307

전략　먼저 두 점의 속도가 같아지는 순간의 시각을 구한다.

시각 t에서의 두 점 P, Q의 속도를 각각 v_1, v_2라 하면
$$v_1=\frac{dx_1}{dt}=3t^2-4t+3,\quad v_2=\frac{dx_2}{dt}=2t+12$$
두 점의 속도가 같아지는 순간의 시각은 $v_1=v_2$에서
　　$3t^2-4t+3=2t+12$,　　$t^2-2t-3=0$
　　$(t+1)(t-3)=0$　　$\therefore t=3 \ (\because t>0)$
$t=3$에서의 두 점 P, Q의 위치는 각각
　　$27-18+9=18$, $9+36=45$
따라서 구하는 두 점 P, Q 사이의 거리는
　　$45-18=27$　　　　　　　　　　답 27

308

전략　자동차가 멈출 때의 속도는 0임을 이용한다.

브레이크를 밟고 t초 후의 자동차의 속도를 v라 하면
$$v=\frac{dx}{dt}=36-2at \ (\text{m/s})$$
자동차가 멈출 때의 속도는 0이므로 $v=0$에서
　　$36-2at=0$　　　$\therefore t=\frac{18}{a}$
즉 자동차가 멈출 때까지 걸린 시간은 $\frac{18}{a}$초이고 그때까지 달린 거리는 90 m 이내이어야 하므로
$$36\times \frac{18}{a}-a\times \left(\frac{18}{a}\right)^2\le 90,\quad \frac{324}{a}\le 90$$
$$\therefore a\ge \frac{18}{5} \ (\because a>0)$$
따라서 구하는 양수 a의 최솟값은 $\frac{18}{5}$이다.　　답 $\dfrac{18}{5}$

309

전략　점 P의 운동 방향이 바뀌지 않으려면 $t\ge 0$에서 점 P의 속도 v가 항상 $v\ge 0$이거나 $v\le 0$이어야 한다.

시각 t에서의 점 P의 속도를 v라 하면
$$v=\frac{dx}{dt}=3t^2-16t+a　　　　\cdots\cdots ㉠$$
점 P의 운동 방향이 바뀌지 않으려면 $t\ge 0$에서 $v\ge 0$이어야 한다.
이때 ㉠에서
$$v=3\left(t-\frac{8}{3}\right)^2+a-\frac{64}{3}$$
이므로 v는 $t=\frac{8}{3}$일 때 최솟값 $a-\frac{64}{3}$를 갖는다.
따라서 $a-\frac{64}{3}\ge 0$이어야 하므로
$$a\ge \frac{64}{3}$$
즉 자연수 a의 최솟값은 22이다.　　　답 22

310

전략　시각 t에서의 넓이가 S일 때, 넓이의 변화율은 $\dfrac{dS}{dt}$임을 이용한다.

수면의 높이가 매분 1씩 올라가므로 t분 후의 수면의 높이는　　t

따라서 오른쪽 그림에서

$$\overline{\text{OA}}=5-t$$

이때 t분 후의 수면의 반지름의 길이를 r라 하면 직각삼각형 OAB에서

$$(5-t)^2+r^2=5^2$$
$$\therefore r^2=10t-t^2$$

t분 후의 수면의 넓이를 S라 하면

$$S=\pi r^2=\pi(10t-t^2)$$
$$\therefore \frac{dS}{dt}=\pi(10-2t)$$

따라서 물을 넣기 시작한 지 2분 후의 수면의 넓이의 변화율은

$$\pi\times(10-4)=6\pi$$

답 6π

311

전략 시각 t에서의 부피가 V일 때, 부피의 변화율은 $\dfrac{dV}{dt}$임을 이용한다.

수면의 높이가 매초 2 cm씩 올라가므로 t초 후의 수면의 높이는

$$2t \text{ cm}$$

이때 오른쪽 그림과 같이 t초 후의 수면의 반지름의 길이를 r cm라 하면

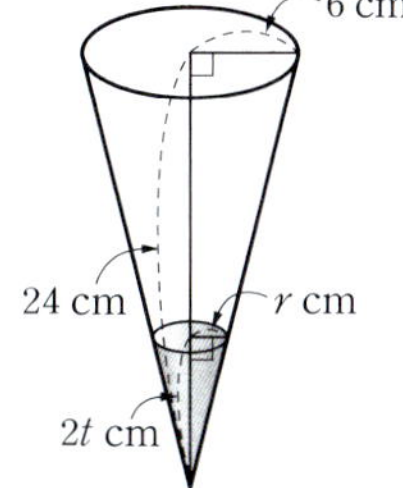

$$6:24=r:2t$$
$$\therefore r=\frac{t}{2}$$

t초 후의 물의 부피를 V cm^{3}라 하면

$$V=\frac{1}{3}\pi r^2\times 2t$$
$$=\frac{1}{3}\pi\times\left(\frac{t}{2}\right)^2\times 2t=\frac{\pi}{6}t^3$$
$$\therefore \frac{dV}{dt}=\frac{\pi}{2}t^2 \ (\text{cm}^3/\text{s})$$

한편 수면의 높이가 8 cm가 되는 순간의 시각은 $2t=8$에서 $t=4$

따라서 4초 후의 물의 부피의 변화율은

$$\frac{\pi}{2}\times 16=8\pi \ (\text{cm}^3/\text{s})$$
$$\therefore k=8$$

답 8

1 부정적분

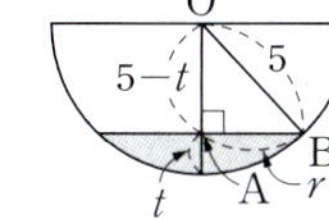

Ⅲ. 적분

01 부정적분

● 본책 154~159쪽

312

ㄱ. $(x^5)'=5x^4$

ㄴ. $(-x^5)'=-5x^4$

ㄷ. $(x^5+100)'=5x^4$

ㄹ. $(x^5+x)'=5x^4+1$

이상에서 함수 $5x^4$의 부정적분인 것은 ㄱ, ㄷ이다.

답 ㄱ, ㄷ

313

(1) $(7x)'=7$이므로
$$\int 7\,dx=7x+C$$
(2) $(3x^2)'=6x$이므로
$$\int 6x\,dx=3x^2+C$$
(3) $(x^3)'=3x^2$이므로
$$\int 3x^2\,dx=x^3+C$$
(4) $(-x^4)'=-4x^3$이므로
$$\int(-4x^3)\,dx=-x^4+C$$

답 (1) $7x+C$ (2) $3x^2+C$
(3) x^3+C (4) $-x^4+C$

314

(1) $f(x)=(2x+C)'=2$
(2) $f(x)=(3x^2+x+C)'=6x+1$
(3) $f(x)=(4x^3-5x^2+11x+C)'$
$$=12x^2-10x+11$$

답 (1) $f(x)=2$
(2) $f(x)=6x+1$
(3) $f(x)=12x^2-10x+11$

315

답 (1) $5x^2+x$ (2) $5x^2+x+C$

316

$$8x^3+ax^2-2x+1=(bx^4+2x^3+cx^2+x)'$$
$$=4bx^3+6x^2+2cx+1$$

즉 $8=4b$, $a=6$, $-2=2c$이므로
$$a=6,\ b=2,\ c=-1$$
$$\therefore abc=-12$$

답 -12

317

$$\left(\frac{1}{2}x-1\right)f(x)=\left(\frac{1}{3}x^3-\frac{1}{4}x^2-3x+C\right)'$$
$$=x^2-\frac{1}{2}x-3$$
$$=\frac{1}{2}(x-2)(2x+3)$$
$$=\left(\frac{1}{2}x-1\right)(2x+3)$$

따라서 $f(x)=2x+3$이므로
$$f(2)=7$$

답 7

318

$$h(x)=\{f(x)g(x)\}'$$
$$=f'(x)g(x)+f(x)g'(x)$$
$$=2x(x^3-2)+(x^2+1)\times 3x^2$$
$$=5x^4+3x^2-4x$$

답 $h(x)=5x^4+3x^2-4x$

319

$$\frac{d}{dx}\int(x^2+ax-1)dx=bx^2+2x+c$$에서
$$x^2+ax-1=bx^2+2x+c$$

따라서 $a=2$, $b=1$, $c=-1$이므로
$$a+b+c=2$$

답 2

320

$$f(x)=\int\left\{\frac{d}{dx}(x^2+6x)\right\}dx$$
$$=x^2+6x+C$$
$$=(x+3)^2+C-9$$

이때 함수 $f(x)$의 최솟값이 -4이므로
$$C-9=-4\qquad\therefore C=5$$

따라서 $f(x)=x^2+6x+5$이므로
$$f(2)=21$$

답 21

321

$$f(x)+g(x)=x^2-x-1 \qquad\cdots\cdots\ \text{㉠}$$

의 양변에 $x=1$을 대입하면
$$f(1)+g(1)=-1$$

이때 $f(1)=0$이므로
$$g(1)=-1$$

$\dfrac{d}{dx}\{f(x)-g(x)\}=-5$에서
$$\int\left[\frac{d}{dx}\{f(x)-g(x)\}\right]dx=\int(-5)dx$$
$$\therefore f(x)-g(x)=-5x+C$$

양변에 $x=1$을 대입하면
$$f(1)-g(1)=-5+C$$
$$0-(-1)=-5+C\qquad\therefore C=6$$
$$\therefore f(x)-g(x)=-5x+6 \qquad\cdots\cdots\ \text{㉡}$$

㉠$+$㉡을 하면 $\quad 2f(x)=x^2-6x+5$
$$\therefore f(x)=\frac{1}{2}x^2-3x+\frac{5}{2}$$

㉠$-$㉡을 하면 $\quad 2g(x)=x^2+4x-7$
$$\therefore g(x)=\frac{1}{2}x^2+2x-\frac{7}{2}$$
$$\therefore f(3)+g(-1)=-2+(-5)=-7$$

답 -7

322

$\dfrac{d}{dx}\{f(x)+g(x)\}=2$에서
$$\int\left[\frac{d}{dx}\{f(x)+g(x)\}\right]dx=\int 2\,dx$$
$$\therefore f(x)+g(x)=2x+C_1$$

양변에 $x=0$을 대입하면
$$C_1=f(0)+g(0)=0$$
$$\therefore f(x)+g(x)=2x \qquad\cdots\cdots\ \text{㉠}$$

$\dfrac{d}{dx}\{f(x)g(x)\}=2x$에서
$$\int\left[\frac{d}{dx}\{f(x)g(x)\}\right]dx=\int 2x\,dx$$
$$\therefore f(x)g(x)=x^2+C_2$$

양변에 $x=0$을 대입하면

$$C_2=f(0)g(0)=-9$$
$$\therefore f(x)g(x)=x^2-9$$
$$=(x+3)(x-3) \quad\cdots\cdots ⓛ$$

이때 $f(x)$, $g(x)$는 일차함수이고 $f(0)=3$, $g(0)=-3$이므로 ㉠, ㉡에서

$$f(x)=x+3, \ g(x)=x-3$$
$$\therefore f(4)-g(3)=7-0=7 \qquad\text{답 } 7$$

다른 풀이 $f(x)$, $g(x)$가 일차함수이고 $f(0)=3$, $g(0)=-3$이므로 $f(x)=ax+3$, $g(x)=bx-3$ (a, b는 상수, $a\neq 0$, $b\neq 0$)으로 놓으면

$$f'(x)=a, \ g'(x)=b$$

$\dfrac{d}{dx}\{f(x)+g(x)\}=2$에서 $f'(x)+g'(x)=2$이므로

$$a+b=2 \quad\cdots\cdots ㉢$$

$\dfrac{d}{dx}\{f(x)g(x)\}=2x$에서

$$f'(x)g(x)+f(x)g'(x)=2x$$이므로
$$a(bx-3)+(ax+3)\times b=2x$$
$$\therefore 2abx-3a+3b=2x$$

위의 등식이 모든 실수 x에 대하여 성립하므로

$$2ab=2, \ -3a+3b=0$$
$$\therefore ab=1, \ a=b \quad\cdots\cdots ㉣$$

㉢, ㉣을 연립하여 풀면 $a=1$, $b=1$

$$\therefore f(x)=x+3, \ g(x)=x-3$$

02 부정적분의 계산

• 본책 160~169쪽

323

답 (1) $\dfrac{1}{6}x^6+C$ (2) $\dfrac{1}{13}x^{13}+C$

324

(1) $\displaystyle\int(-x+4)\,dx=-\int x\,dx+\int 4\,dx$

$$=-\left(\frac{1}{2}x^2+C_1\right)+(4x+C_2)$$
$$=-\frac{1}{2}x^2+4x+C$$

(2) $\displaystyle\int(3x^2+7)\,dx=3\int x^2\,dx+\int 7\,dx$

$$=3\left(\frac{1}{3}x^3+C_1\right)+(7x+C_2)$$
$$=x^3+7x+C$$

(3) $\displaystyle\int(-x^3+x+2)\,dx$

$$=-\int x^3\,dx+\int x\,dx+\int 2\,dx$$
$$=-\left(\frac{1}{4}x^4+C_1\right)+\left(\frac{1}{2}x^2+C_2\right)+(2x+C_3)$$
$$=-\frac{1}{4}x^4+\frac{1}{2}x^2+2x+C$$

(4) $\displaystyle\int(x^7+4x^2-1)\,dx$

$$=\int x^7\,dx+4\int x^2\,dx-\int 1\,dx$$
$$=\left(\frac{1}{8}x^8+C_1\right)+4\left(\frac{1}{3}x^3+C_2\right)-(x+C_3)$$
$$=\frac{1}{8}x^8+\frac{4}{3}x^3-x+C$$

답 (1) $-\dfrac{1}{2}x^2+4x+C$

  (2) x^3+7x+C

  (3) $-\dfrac{1}{4}x^4+\dfrac{1}{2}x^2+2x+C$

  (4) $\dfrac{1}{8}x^8+\dfrac{4}{3}x^3-x+C$

325

(1) $\displaystyle\int(x+2)(2-x)\,dx$

$$=\int(-x^2+4)\,dx=-\int x^2\,dx+\int 4\,dx$$
$$=-\left(\frac{1}{3}x^3+C_1\right)+(4x+C_2)$$
$$=-\frac{1}{3}x^3+4x+C$$

(2) $\displaystyle\int(x+1)^2\,dx$

$$=\int(x^2+2x+1)\,dx$$
$$=\int x^2\,dx+2\int x\,dx+\int 1\,dx$$
$$=\left(\frac{1}{3}x^3+C_1\right)+2\left(\frac{1}{2}x^2+C_2\right)+(x+C_3)$$
$$=\frac{1}{3}x^3+x^2+x+C$$

(3) $\displaystyle\int (3t-1)(2t+3)\,dt$

$\displaystyle =\int (6t^2+7t-3)\,dt$

$\displaystyle =6\int t^2\,dt+7\int t\,dt-\int 3\,dt$

$\displaystyle =6\left(\frac{1}{3}t^3+C_1\right)+7\left(\frac{1}{2}t^2+C_2\right)-(3t+C_3)$

$\displaystyle =2t^3+\frac{7}{2}t^2-3t+C$

답 (1) $-\dfrac{1}{3}x^3+4x+C$

(2) $\dfrac{1}{3}x^3+x^2+x+C$

(3) $2t^3+\dfrac{7}{2}t^2-3t+C$

[다른 풀이] (2) $\displaystyle\int (x+1)^2\,dx=\frac{1}{3}(x+1)^3\times\frac{1}{1}+C$

$\displaystyle =\frac{1}{3}(x+1)^3+C$

$\displaystyle \quad \underline{\frac{1}{3}x^3+x^2+x+\frac{1}{3}}$

326

(1) $\displaystyle\int (x^2-4x+1)\,dx+\int (x^2+4x-1)\,dx$

$\displaystyle =\int (x^2-4x+1+x^2+4x-1)\,dx$

$\displaystyle =\int 2x^2\,dx=2\int x^2\,dx$

$\displaystyle =2\left(\frac{1}{3}x^3+C_1\right)$

$\displaystyle =\frac{2}{3}x^3+C$

(2) $\displaystyle\int (2x^3+3x^2-5x)\,dx-\int (2x^3-x^2+3x)\,dx$

$\displaystyle =\int \{2x^3+3x^2-5x-(2x^3-x^2+3x)\}\,dx$

$\displaystyle =\int (4x^2-8x)\,dx$

$\displaystyle =4\int x^2\,dx-8\int x\,dx$

$\displaystyle =4\left(\frac{1}{3}x^3+C_1\right)-8\left(\frac{1}{2}x^2+C_2\right)$

$\displaystyle =\frac{4}{3}x^3-4x^2+C$

답 (1) $\dfrac{2}{3}x^3+C$ (2) $\dfrac{4}{3}x^3-4x^2+C$

327

(1) $\displaystyle\int \frac{x^4+x^2+1}{x^2+x+1}\,dx$

$\displaystyle =\int \frac{(x^2+x+1)(x^2-x+1)}{x^2+x+1}\,dx$

$\displaystyle =\int (x^2-x+1)\,dx$

$\displaystyle =\frac{1}{3}x^3-\frac{1}{2}x^2+x+C$

(2) $\displaystyle\int (x-y)^2\,dx=\int (x^2-2xy+y^2)\,dx$

$\displaystyle =\int x^2\,dx-2y\int x\,dx+y^2\int dx$

$\displaystyle =\frac{1}{3}x^3-x^2y+xy^2+C$

(3) $\displaystyle\int \left(\frac{x}{2}+2\right)^2\,dx-\int \left(\frac{x}{2}-2\right)^2\,dx$

$\displaystyle =\int \left\{\left(\frac{x}{2}+2\right)^2-\left(\frac{x}{2}-2\right)^2\right\}\,dx$

$\displaystyle =\int 4x\,dx=2x^2+C$

(4) $\displaystyle\int \frac{x^3-3x}{x+2}\,dx+\int \frac{3x+8}{x+2}\,dx$

$\displaystyle =\int \frac{x^3+8}{x+2}\,dx=\int \frac{(x+2)(x^2-2x+4)}{x+2}\,dx$

$\displaystyle =\int (x^2-2x+4)\,dx$

$\displaystyle =\frac{1}{3}x^3-x^2+4x+C$

답 (1) $\dfrac{1}{3}x^3-\dfrac{1}{2}x^2+x+C$

(2) $\dfrac{1}{3}x^3-x^2y+xy^2+C$

(3) $2x^2+C$

(4) $\dfrac{1}{3}x^3-x^2+4x+C$

328

$\displaystyle f(x)=\int (10x^9+9x^8+8x^7+\cdots+2x+1)\,dx$

$\displaystyle =x^{10}+x^9+x^8+\cdots+x^2+x+C$

이때 $f(0)=1$이므로 $\quad C=1$

따라서 $f(x)=x^{10}+x^9+x^8+\cdots+x^2+x+1$이므로

$f(1)=\underbrace{1+1+1+\cdots+1+1}_{11\text{개}}=11$

답 **11**

329

$$f(x)=\int \frac{x^4}{x^2+2}\,dx-\int \frac{4}{x^2+2}\,dx$$
$$=\int \frac{x^4-4}{x^2+2}\,dx$$
$$=\int \frac{(x^2+2)(x^2-2)}{x^2+2}\,dx$$
$$=\int (x^2-2)\,dx$$
$$=\frac{1}{3}x^3-2x+C$$

이때 $f(1)=2$이므로

$$\frac{1}{3}-2+C=2 \qquad \therefore C=\frac{11}{3}$$

따라서 $f(x)=\frac{1}{3}x^3-2x+\frac{11}{3}$이므로 $f(k)=5$에서

$$\frac{1}{3}k^3-2k+\frac{11}{3}=5$$
$$k^3-6k-4=0, \qquad (k+2)(k^2-2k-2)=0$$
$$\therefore k=-2 \ (\because k\text{는 정수})$$

답 -2

330

$$f(x)=\int f'(x)\,dx=\int (-6x^2+12x-1)\,dx$$
$$=-2x^3+6x^2-x+C$$

이때 $f(-1)=6$이므로

$$2+6+1+C=6 \qquad \therefore C=-3$$
$$\therefore f(x)=-2x^3+6x^2-x-3$$

따라서 방정식 $f(x)=0$, 즉 $-2x^3+6x^2-x-3=0$의 모든 근의 곱은 삼차방정식의 근과 계수의 관계에 의하여

$$-\frac{-3}{-2}=-\frac{3}{2}$$

답 $-\dfrac{3}{2}$

📝 **개념 노트**

삼차방정식의 근과 계수의 관계

삼차방정식 $ax^3+bx^2+cx+d=0$의 세 근을 α, β, γ라 하면

$$\alpha+\beta+\gamma=-\frac{b}{a},$$
$$\alpha\beta+\beta\gamma+\gamma\alpha=\frac{c}{a},$$
$$\alpha\beta\gamma=-\frac{d}{a}$$

331

$f'(x)=9x^2-2x+1$이므로

$$f(x)=\int f'(x)\,dx=\int (9x^2-2x+1)\,dx$$
$$=3x^3-x^2+x+C_1$$

이때 $f(0)=2$이므로 $\qquad C_1=2$

따라서 $f(x)=3x^3-x^2+x+2$이므로

$$\int f(x)\,dx=\int (3x^3-x^2+x+2)\,dx$$
$$=\frac{3}{4}x^4-\frac{1}{3}x^3+\frac{1}{2}x^2+2x+C$$

답 $\dfrac{3}{4}x^4-\dfrac{1}{3}x^3+\dfrac{1}{2}x^2+2x+C$

332

$f'(x)=6x-6$이므로

$$f(x)=\int f'(x)\,dx=\int (6x-6)\,dx$$
$$=3x^2-6x+C$$
$$=3(x-1)^2+C-3$$

이때 함수 $f(x)$의 최솟값이 1이므로

$$C-3=1 \qquad \therefore C=4$$

따라서 $f(x)=3x^2-6x+4$이므로

$$f(-1)=13$$

답 13

333

$\int f(x)\,dx=f(x)+xf(x)-2x^4+4x^2$의 양변을 x에 대하여 미분하면

$$f(x)=f'(x)+f(x)+xf'(x)-8x^3+8x$$
$$(x+1)f'(x)=8x^3-8x=8x(x+1)(x-1)$$
$$\therefore f'(x)=8x^2-8x$$
$$\therefore f(x)=\int f'(x)\,dx=\int (8x^2-8x)\,dx$$
$$=\frac{8}{3}x^3-4x^2+C$$

이때 $f(1)=-\frac{1}{3}$이므로

$$\frac{8}{3}-4+C=-\frac{1}{3} \qquad \therefore C=1$$
$$\therefore f(x)=\frac{8}{3}x^3-4x^2+1$$

답 $f(x)=\dfrac{8}{3}x^3-4x^2+1$

334

$$f'(x)=\begin{cases} 3x^2-1 \ (x>-1) \\ 2x+1 \ (x<-1) \end{cases} \text{이므로}$$

$$f(x)=\begin{cases} x^3-x+C_1 \ (x>-1) \\ x^2+x+C_2 \ (x<-1) \end{cases}$$

이때 $f(0)=2$이므로

$$C_1=2$$

한편 함수 $f(x)$가 모든 실수 x에서 연속이므로 $x=-1$에서도 연속이다.

즉 $\lim\limits_{x\to-1+}f(x)=\lim\limits_{x\to-1-}f(x)=f(-1)$에서

$$-1+1+2=1-1+C_2$$
$$\therefore C_2=2$$

따라서 $f(x)=\begin{cases} x^3-x+2 \ (x\geq-1) \\ x^2+x+2 \ (x\leq-1) \end{cases}$이므로

$$f(-3)+f(1)=8+2=10 \qquad \text{답 } 10$$

335

$f(x)=\int(5x^2+2x-1)dx$의 양변을 x에 대하여 미분하면

$$f'(x)=5x^2+2x-1$$

$$\therefore \lim_{x\to1}\frac{f(x)-f(1)}{x^2-1}$$

$$=\lim_{x\to1}\left\{\frac{f(x)-f(1)}{x-1}\times\frac{1}{x+1}\right\}$$

$$=\frac{1}{2}f'(1)$$

$$=\frac{1}{2}\times6=3 \qquad \text{답 } 3$$

336

$f(x)=\int(6x^2-4x+k)dx$의 양변을 x에 대하여 미분하면

$$f'(x)=6x^2-4x+k$$

$\lim\limits_{h\to0}\dfrac{f(1+h)-f(1)}{h}=4$에서 $f'(1)=4$이므로

$$6-4+k=4$$
$$\therefore k=2$$

$$\therefore f(x)=\int(6x^2-4x+2)dx$$
$$=2x^3-2x^2+2x+C$$

이때 $f(0)=1$이므로

$$C=1$$

따라서 $f(x)=2x^3-2x^2+2x+1$이므로

$$f(1)=3 \qquad \text{답 } 3$$

337

함수 $f(x)$가 $x=4$에서 극솟값 -72를 가지므로

$$f'(4)=0, \ f(4)=-72$$

$f(x)=\int(3x^2+ax-24)dx$의 양변을 x에 대하여 미분하면

$$f'(x)=3x^2+ax-24$$

$f'(4)=0$에서

$$48+4a-24=0 \qquad \therefore a=-6$$

$$\therefore f(x)=\int(3x^2-6x-24)dx$$
$$=x^3-3x^2-24x+C$$

$f(4)=-72$에서

$$64-48-96+C=-72 \qquad \therefore C=8$$

$$\therefore f(x)=x^3-3x^2-24x+8$$

한편 $f'(x)=3x^2-6x-24=3(x+2)(x-4)$이므로 $f'(x)=0$에서

$$x=-2 \ \text{또는} \ x=4$$

x	$\cdots$	-2	$\cdots$	4	$\cdots$
$f'(x)$	$+$	0	$-$	0	$+$
$f(x)$	↗	극대	↘	극소	↗

따라서 $f(x)$는 $x=-2$에서 극대이므로 구하는 극댓값은

$$f(-2)=36 \qquad \text{답 } 36$$

338

$f'(x)=k(x^2-4)=k(x+2)(x-2)$이므로 $f'(x)=0$에서

$$x=-2 \ \text{또는} \ x=2$$

x	$\cdots$	-2	$\cdots$	2	$\cdots$
$f'(x)$	$-$	0	$+$	0	$-$
$f(x)$	$\searrow$	극소	$\nearrow$	극대	$\searrow$

따라서 $f(x)$는 $x=2$에서 극댓값을 갖고, $x=-2$에서 극솟값을 가지므로

$$f(2)=20,\ f(-2)=-12$$

이때

$$f(x)=\int f'(x)dx=\int k(x^2-4)dx$$
$$=\frac{k}{3}x^3-4kx+C$$

이므로 $f(2)=20$에서 $\quad \dfrac{8}{3}k-8k+C=20$

$$\therefore -\frac{16}{3}k+C=20 \qquad \cdots\cdots \text{㉠}$$

$f(-2)=-12$에서 $\quad -\dfrac{8}{3}k+8k+C=-12$

$$\therefore \frac{16}{3}k+C=-12 \qquad \cdots\cdots \text{㉡}$$

㉠$-$㉡을 하면

$$-\frac{32}{3}k=32 \qquad \therefore k=-3 \qquad \text{답} \ -3$$

339

$f(x+y)=f(x)+f(y)+xy(x+y)$의 양변에 $x=0,\ y=0$을 대입하면

$$f(0)=f(0)+f(0) \qquad \therefore f(0)=0$$

$f'(0)=6$이므로

$$f'(0)=\lim_{h\to 0}\frac{f(0+h)-f(0)}{h}$$
$$=\lim_{h\to 0}\frac{f(0)+f(h)-f(0)}{h}$$
$$=\lim_{h\to 0}\frac{f(h)}{h}=6$$

도함수의 정의에 의하여

$$f'(x)=\lim_{h\to 0}\frac{f(x+h)-f(x)}{h}$$
$$=\lim_{h\to 0}\frac{f(x)+f(h)+xh(x+h)-f(x)}{h}$$
$$=\lim_{h\to 0}\left\{x(x+h)+\frac{f(h)}{h}\right\}$$
$$=x^2+6$$

$$\therefore f(x)=\int f'(x)dx=\int (x^2+6)dx$$
$$=\frac{1}{3}x^3+6x+C$$

이때 $f(0)=0$이므로 $\quad C=0$

$$\therefore f(x)=\frac{1}{3}x^3+6x \qquad \text{답} \ f(x)=\frac{1}{3}x^3+6x$$

340

$f(x+y)=f(x)+f(y)+2xy$의 양변에 $x=0,\ y=0$을 대입하면

$$f(0)=f(0)+f(0) \qquad \therefore f(0)=0$$

$f'(1)=3$이므로

$$f'(1)=\lim_{h\to 0}\frac{f(1+h)-f(1)}{h}$$
$$=\lim_{h\to 0}\frac{f(1)+f(h)+2h-f(1)}{h}$$
$$=\lim_{h\to 0}\frac{f(h)}{h}+2=3$$

즉 $\lim_{h\to 0}\dfrac{f(h)}{h}=1$이므로

$$f'(x)=\lim_{h\to 0}\frac{f(x+h)-f(x)}{h}$$
$$=\lim_{h\to 0}\frac{f(x)+f(h)+2xh-f(x)}{h}$$
$$=2x+\lim_{h\to 0}\frac{f(h)}{h}=2x+1$$

$$\therefore f(x)=\int f'(x)dx=\int (2x+1)dx$$
$$=x^2+x+C$$

이때 $f(0)=0$이므로 $\quad C=0$

따라서 $f(x)=x^2+x$이므로

$$f(-2)=2 \qquad \text{답} \ 2$$

연습 문제 　　　　　　　　● 본책 170~172쪽

341

전략 함수 $F(x)$가 함수 $f(x)$의 부정적분이면 $f(x)=F'(x)$임을 이용한다.

$$f(x)=F'(x)=(2x^3+ax^2+bx)'$$
$$=6x^2+2ax+b$$

이때 $f(0)=-3$에서 $\quad b=-3$

$f'(x)=12x+2a$이므로 $f'(1)=0$에서

$$12+2a=0 \qquad \therefore a=-6$$
$$\therefore ab=18$$

답 **18**

342

 부정적분과 미분의 관계를 이용하여 $g(x)$, $h(x)$를 구한다.

$$g(x)=\int\left\{\frac{d}{dx}f(x)\right\}dx=f(x)+C$$
$$=2x^2-x+C$$

이때 $g(1)=2$이므로

$$2-1+C=2 \qquad \therefore C=1$$
$$\therefore g(x)=2x^2-x+1$$

또 $h(x)=\dfrac{d}{dx}\left\{\int f(x)dx\right\}=f(x)=2x^2-x$이므로

$$g(2)-h(-1)=7-3=4$$

답 **4**

343

 $\int g(x)dx+\int h(x)dx=\int\{g(x)+h(x)\}dx$임을 이용하여 피적분함수를 간단히 한다.

$$f(x)=\int(\sqrt{x}+3)^2dx+\int(\sqrt{x}-3)^2dx$$
$$=\int\{(\sqrt{x}+3)^2+(\sqrt{x}-3)^2\}dx$$
$$=\int(2x+18)dx$$
$$=x^2+18x+C$$

이때 $f(0)=-10$이므로 $\quad C=-10$

따라서 $f(x)=x^2+18x-10$이므로

$$f(2)=30$$

답 **30**

344

 $f(x)=\int f'(x)dx$임을 이용한다.

$$f(x)=\int f'(x)dx=\int(6x^2+5)dx$$
$$=2x^3+5x+C$$

이때 $y=f(x)$의 그래프가 점 $(-2,\,0)$을 지나므로

$$f(-2)=0$$
$$-16-10+C=0 \qquad \therefore C=26$$

따라서 $f(x)=2x^3+5x+26$이므로

$$f(1)=33$$

답 **33**

345

 먼저 주어진 등식의 양변을 미분하여 $f'(x)$를 구한다.

$\int(2x-1)f'(x)dx=2x^3+\dfrac{1}{2}x^2-2x+3$의 양변을 x에 대하여 미분하면

$$(2x-1)f'(x)=6x^2+x-2$$
$$=(2x-1)(3x+2)$$
$$\therefore f'(x)=3x+2$$
$$\therefore f(x)=\int f'(x)dx$$
$$=\int(3x+2)dx$$
$$=\frac{3}{2}x^2+2x+C$$

이때 $f(-1)=\dfrac{1}{2}$이므로

$$\frac{3}{2}-2+C=\frac{1}{2} \qquad \therefore C=1$$

따라서 $f(x)=\dfrac{3}{2}x^2+2x+1$이므로

$$f(2)=11$$

답 **11**

346

 $f(x)=\int f'(x)dx$임을 이용하여 $f(x)$를 구한 후 인수정리를 이용한다.

$$f(x)=\int f'(x)dx$$
$$=\int(12x^2-4x+a)dx$$
$$=4x^3-2x^2+ax+C$$

이때 다항식 $f(x)$가 $x^2-3x+2=(x-1)(x-2)$로 나누어떨어지므로

$$f(1)=0,\ f(2)=0$$

$f(1)=0$에서

$$4-2+a+C=0$$
$$\therefore a+C=-2 \qquad\qquad \cdots\cdots ㉠$$

$f(2)=0$에서

$$32-8+2a+C=0$$
$$\therefore 2a+C=-24 \qquad\qquad \cdots\cdots ㉡$$

㉡$-$㉠을 하면

$$a=-22$$

답 **-22**

347

전략 $\displaystyle\lim_{x\to1}\frac{F(x^2)-F(1)}{x-1}$ 을 $F'(1)$에 대한 식으로 나타낸 후 $F'(x)=f(x)$임을 이용한다.

$$\lim_{x\to1}\frac{F(x^2)-F(1)}{x-1}$$
$$=\lim_{x\to1}\left\{\frac{F(x^2)-F(1)}{x^2-1}\times(x+1)\right\}$$
$$=2F'(1)$$

이때 $F'(x)=f(x)$이므로
$$F'(1)=f(1)=-1$$

따라서 구하는 값은
$$2F'(1)=2\times(-1)=-2$$

답 -2

348

전략 도함수의 정의를 이용하여 $f'(x)$를 구한다.

$$\lim_{h\to0}\frac{f(x+2h)-f(x-h)}{h}$$
$$=\lim_{h\to0}\frac{f(x+2h)-f(x)-\{f(x-h)-f(x)\}}{h}$$
$$=\lim_{h\to0}\frac{f(x+2h)-f(x)}{2h}\times2$$
$$\quad+\lim_{h\to0}\frac{f(x-h)-f(x)}{-h}$$
$$=2f'(x)+f'(x)$$
$$=3f'(x)$$

따라서 $3f'(x)=12x-3$이므로
$$f'(x)=4x-1$$
$$\therefore f(x)=\int f'(x)dx=\int(4x-1)dx$$
$$=2x^2-x+C$$

이때 $f(1)=2$이므로
$$2-1+C=2\qquad\therefore C=1$$
$$\therefore f(x)=2x^2-x+1$$

답 $f(x)=2x^2-x+1$

349

전략 $\displaystyle\lim_{x\to2}\frac{f(x)}{x-2}=1$에서 $f(2)$, $f'(2)$의 값을 구한다.

$\displaystyle\lim_{x\to2}\frac{f(x)}{x-2}=1$에서 $x\longrightarrow2$일 때 (분모) $\longrightarrow0$이고 극한값이 존재하므로 (분자) $\longrightarrow0$이다.

즉 $\displaystyle\lim_{x\to2}f(x)=0$이므로
$$f(2)=0\qquad\qquad\cdots\cdots\ \boxdot$$
$$\therefore\lim_{x\to2}\frac{f(x)}{x-2}=\lim_{x\to2}\frac{f(x)-f(2)}{x-2}$$
$$=f'(2)=1$$

따라서 $16+k=1$이므로
$$k=-15$$
$$\therefore f(x)=\int f'(x)dx$$
$$=\int(8x-15)dx$$
$$=4x^2-15x+C$$

이때 $\boxdot$에서
$$16-30+C=0\qquad\therefore C=14$$

따라서 $f(x)=4x^2-15x+14$이므로
$$f(1)=3$$

답 **3**

350

전략 주어진 그래프에서 극값을 갖는 x의 값을 찾는다.

함수 $y=f'(x)$의 그래프에서
$$f'(-1)=0,\ f'(0)=0$$

이때 $x=0$의 좌우에서 $f'(x)$의 부호가 양에서 음으로 바뀌므로 $f(x)$는 $x=0$에서 극댓값을 갖고, $x=-1$의 좌우에서 $f'(x)$의 부호가 음에서 양으로 바뀌므로 $f(x)$는 $x=-1$에서 극솟값을 갖는다.

$$\therefore f(0)=1,\ f(-1)=-1$$

$f'(x)=ax(x+1)=ax^2+ax\ (a<0)$로 놓으면
$$f(x)=\int f'(x)dx$$
$$=\int(ax^2+ax)dx$$
$$=\frac{a}{3}x^3+\frac{a}{2}x^2+C$$

$f(0)=1$에서 $C=1$

$f(-1)=-1$에서
$$-\frac{a}{3}+\frac{a}{2}+1=-1$$
$$\frac{a}{6}=-2\qquad\therefore a=-12$$
$$\therefore f(x)=-4x^3-6x^2+1$$

답 $f(x)=-4x^3-6x^2+1$

351

전략 $\int\left\{\dfrac{d}{dx}f(x)\right\}dx=f(x)+C$임을 이용하여 $F(x)$를 구한다.

$$F(x)=\int\left[\dfrac{d}{dx}\int\left\{\dfrac{d}{dx}f(x)\right\}dx\right]dx$$
$$=\int\left[\dfrac{d}{dx}\{f(x)+C_1\}\right]dx$$
$$=f(x)+C_2$$
$$=x^{100}+x^{99}+x^{98}+\cdots+x+C_2$$

이때 $F(0)=10$이므로
$$C_2=10$$
따라서 $F(x)=x^{100}+x^{99}+x^{98}+\cdots+x+10$이므로
$$F(1)=\underbrace{1+1+1+\cdots+1}_{100개}+10=110$$

답 110

352

전략 주어진 등식의 양변을 적분하여 $f(x)+g(x)$, $f(x)g(x)$를 구한다.

$\dfrac{d}{dx}\{f(x)+g(x)\}=2x+1$에서
$$\int\left[\dfrac{d}{dx}\{f(x)+g(x)\}\right]dx=\int(2x+1)dx$$
$$\therefore f(x)+g(x)=x^2+x+C_1$$
양변에 $x=0$을 대입하면
$$C_1=f(0)+g(0)=1$$
$$\therefore f(x)+g(x)=x^2+x+1 \qquad \cdots\cdots ㉠$$
$\dfrac{d}{dx}\{f(x)g(x)\}=3x^2-2x+2$에서
$$\int\left[\dfrac{d}{dx}\{f(x)g(x)\}\right]dx$$
$$=\int(3x^2-2x+2)dx$$
$$\therefore f(x)g(x)=x^3-x^2+2x+C_2$$
양변에 $x=0$을 대입하면
$$C_2=f(0)g(0)=-2$$
$$\therefore f(x)g(x)=x^3-x^2+2x-2$$
$$=(x-1)(x^2+2) \qquad \cdots\cdots ㉡$$
이때 $f(0)=2$, $g(0)=-1$이므로 ㉠, ㉡에서
$$f(x)=x^2+2, \ g(x)=x-1$$
$$\therefore f(2)+g(3)=6+2=8$$

답 8

353

전략 $f(x)=\int f'(x)dx$임을 이용하여 $f(x)$를 구한 후 $f(1)$의 값을 부분분수로 변형하여 간단히 한다.

$$f(x)=\int f'(x)dx$$
$$=\int\left(x+\dfrac{1}{2}x^2+\dfrac{1}{3}x^3+\cdots+\dfrac{1}{n}x^n\right)dx$$
$$=\dfrac{1}{2}x^2+\dfrac{1}{2\times3}x^3+\dfrac{1}{3\times4}x^4+\cdots$$
$$+\dfrac{1}{n(n+1)}x^{n+1}+C$$

이때 $f(0)=0$이므로
$$C=0$$
또 $f(1)=\dfrac{9}{10}$이므로
$$\dfrac{1}{2}+\dfrac{1}{2\times3}+\dfrac{1}{3\times4}+\cdots+\dfrac{1}{n(n+1)}$$
$$=\dfrac{9}{10}$$
$$\left(\dfrac{1}{1}-\dfrac{1}{2}\right)+\left(\dfrac{1}{2}-\dfrac{1}{3}\right)+\left(\dfrac{1}{3}-\dfrac{1}{4}\right)+\cdots$$
$$+\left(\dfrac{1}{n}-\dfrac{1}{n+1}\right)$$
$$=\dfrac{9}{10}$$
$$1-\dfrac{1}{n+1}=\dfrac{9}{10}, \qquad \dfrac{1}{n+1}=\dfrac{1}{10}$$
$$\therefore n=9$$

답 9

354

전략 먼저 주어진 등식의 양변을 미분하여 $f'(x)$를 구한다.

$$F(x)=(x+2)f(x)-x^3+12x \qquad \cdots\cdots ㉠$$
의 양변을 x에 대하여 미분하면
$$F'(x)=f(x)+(x+2)f'(x)-3x^2+12$$
이때 $F'(x)=f(x)$이므로
$$f(x)=f(x)+(x+2)f'(x)-3x^2+12$$
$$(x+2)f'(x)=3x^2-12=3(x+2)(x-2)$$
$$\therefore f'(x)=3x-6$$
$$\therefore f(x)=\int f'(x)dx$$
$$=\int(3x-6)dx$$
$$=\dfrac{3}{2}x^2-6x+C \qquad \cdots\cdots ㉡$$

한편 ㉠의 양변에 $x=0$을 대입하면
$$F(0)=2f(0), \qquad 30=2f(0)$$
$$\therefore f(0)=15$$
따라서 ㉡에서 $\qquad C=15$
즉 $f(x)=\dfrac{3}{2}x^2-6x+15$이므로
$$f(2)=9$$
답 **9**

355

전략 함수 $F(x)$가 실수 전체의 집합에서 연속임을 이용한다.

$$f(x)=\begin{cases} -2x & (x<0) \\ k(2x-x^2) & (x\ge 0) \end{cases} \text{이므로}$$

$$F(x)=\begin{cases} -x^2+C_1 & (x<0) \\ -\dfrac{k}{3}x^3+kx^2+C_2 & (x\ge 0) \end{cases}$$

한편 함수 $F(x)$가 실수 전체의 집합에서 미분가능하므로 실수 전체의 집합에서 연속이다.

따라서 $F(x)$가 $x=0$에서도 연속이므로
$$\lim_{x\to 0+}F(x)=\lim_{x\to 0-}F(x)=F(0)\text{에서}$$
$$C_1=C_2$$
이때 $F(2)-F(-3)=21$이므로
$$-\frac{8}{3}k+4k+C_2-(-9+C_1)=21$$
$$\frac{4}{3}k=12 \qquad \therefore k=9$$
답 **9**

356

전략 주어진 조건에서 $f'(x)=ax^2-3x-6$이고 $f'(-1)=0$, $f(-1)=\dfrac{11}{2}$임을 이용한다.

함수 $y=f(x)$의 그래프 위의 임의의 점 $(x, f(x))$에서의 접선의 기울기가 ax^2-3x-6이므로
$$f'(x)=ax^2-3x-6$$

$f(x)$가 $x=-1$에서 극댓값 $\dfrac{11}{2}$을 가지므로
$$f'(-1)=0, \ f(-1)=\frac{11}{2}$$

$f'(-1)=0$에서 $\qquad a+3-6=0 \qquad \therefore a=3$

따라서 $f'(x)=3x^2-3x-6$이므로
$$f(x)=\int f'(x)dx=\int (3x^2-3x-6)dx$$
$$=x^3-\frac{3}{2}x^2-6x+C$$

$f(-1)=\dfrac{11}{2}$에서
$$-1-\frac{3}{2}+6+C=\frac{11}{2} \qquad \therefore C=2$$
$$\therefore f(x)=x^3-\frac{3}{2}x^2-6x+2$$

한편 $f'(x)=3x^2-3x-6=3(x+1)(x-2)$이므로 $f'(x)=0$에서
$$x=-1 \text{ 또는 } x=2$$

x	$\cdots$	-1	$\cdots$	2	$\cdots$
$f'(x)$	$+$	0	$-$	0	$+$
$f(x)$	↗	극대	↘	극소	↗

따라서 $f(x)$는 $x=2$에서 극소이므로 구하는 극솟값은
$$f(2)=-8$$
답 **-8**

357

전략 도함수의 정의를 이용하여 $f'(x)$를 구한다.

$f(x+y)=f(x)+f(y)-3xy+1$의 양변에 $x=0$, $y=0$을 대입하면
$$f(0)=f(0)+f(0)+1$$
$$\therefore f(0)=-1$$
$f'(2)=-4$이므로
$$f'(2)=\lim_{h\to 0}\frac{f(2+h)-f(2)}{h}$$
$$=\lim_{h\to 0}\frac{f(2)+f(h)-6h+1-f(2)}{h}$$
$$=\lim_{h\to 0}\frac{f(h)+1}{h}-6=-4$$

즉 $\displaystyle\lim_{h\to 0}\frac{f(h)+1}{h}=2$이므로
$$f'(x)=\lim_{h\to 0}\frac{f(x+h)-f(x)}{h}$$
$$=\lim_{h\to 0}\frac{f(x)+f(h)-3xh+1-f(x)}{h}$$
$$=-3x+\lim_{h\to 0}\frac{f(h)+1}{h}$$
$$=-3x+2$$

$$\therefore f(x)=\int f'(x)dx=\int (-3x+2)dx$$
$$=-\frac{3}{2}x^2+2x+C$$

이때 $f(0)=-1$이므로 $\quad C=-1$

$$\therefore f(x)=-\frac{3}{2}x^2+2x-1$$
$$=-\frac{3}{2}\left(x-\frac{2}{3}\right)^2-\frac{1}{3}$$

따라서 함수 $f(x)$의 최댓값은 $-\dfrac{1}{3}$이다.

$$\text{답} \ -\frac{1}{3}$$

358

전략 부정적분과 미분의 관계를 이용하여 주어진 조건에서 $g(x)$와 $g'(x)$ 사이의 관계식을 구한다.

$f(x)=\displaystyle\int xg(x)dx$의 양변을 x에 대하여 미분하면

$$f'(x)=xg(x) \qquad\qquad \cdots\cdots \text{㉠}$$

$\dfrac{d}{dx}\{f(x)-g(x)\}=2x^3+5x$에서

$$f'(x)-g'(x)=2x^3+5x$$

㉠을 대입하면

$$xg(x)-g'(x)=2x^3+5x \qquad \cdots\cdots \text{㉡}$$

이때 $g(x)$의 최고차항을 ax^n (a는 상수, $a\neq0$)이라 하면 $xg(x)-g'(x)$의 최고차항은 ax^{n+1}이므로 ㉡에서 $\quad a=2, \ n+1=3$

$$\therefore a=2, \ n=2$$

따라서 $g(x)=2x^2+px+q$ (p, q는 상수)로 놓으면

$$g'(x)=4x+p$$

$g(x)$와 $g'(x)$를 ㉡에 대입하면

$$x(2x^2+px+q)-(4x+p)=2x^3+5x$$
$$\therefore 2x^3+px^2+(q-4)x-p=2x^3+5x$$

위의 등식이 모든 실수 x에 대하여 성립하므로

$$p=0, \ q-4=5$$
$$\therefore p=0, \ q=9$$

따라서 $g(x)=2x^2+9$이므로

$$g(1)=11$$

$$\text{답} \ 11$$

359

전략 주어진 조건을 이용하여 $f(x)$를 k에 대한 식으로 나타낸다.

최고차항의 계수가 1인 삼차함수 $f(x)$에 대하여

$f(0)=0, \ f(k)=0, \ f'(k)=0$이므로

$$f(x)=x(x-k)^2$$

이때 조건 (㉮)에서

$g'(x)=f(x)+xf'(x)=\{xf(x)\}'$이므로

$$\int g'(x)dx=\int \{xf(x)\}'dx$$
$$\therefore g(x)=xf(x)+C=x^2(x-k)^2+C$$
$$\therefore g'(x)=2x(x-k)^2+x^2\times2(x-k)$$
$$=2x(2x-k)(x-k)$$

$g'(x)=0$에서

$$x=0 \ \text{또는} \ x=\frac{k}{2} \ \text{또는} \ x=k$$

x	$\cdots$	0	$\cdots$	$\dfrac{k}{2}$	$\cdots$	k	$\cdots$
$g'(x)$	$-$	0	$+$	0	$-$	0	$+$
$g(x)$	$\searrow$	극소	$\nearrow$	극대	$\searrow$	극소	$\nearrow$

따라서 함수 $g(x)$는 $x=\dfrac{k}{2}$에서 극댓값을 갖고, $x=0$, $x=k$에서 극솟값을 가지므로 조건 (㉯)에서

$$g\left(\frac{k}{2}\right)=16, \ g(0)=g(k)=0$$

$g\left(\dfrac{k}{2}\right)=16$에서 $\quad \left(\dfrac{k}{2}\right)^4+C=16 \quad \cdots\cdots \text{㉠}$

$g(0)=g(k)=0$에서 $\quad C=0$

이것을 ㉠에 대입하면

$$\left(\frac{k}{2}\right)^4=16, \qquad \frac{k}{2}=2 \ (\because k>0)$$
$$\therefore k=4$$

따라서 $g(x)=x^2(x-4)^2$이므로

$$g\left(\frac{k}{4}\right)=g(1)=9 \qquad \text{답} \ 9$$

해설 Focus

다항함수 $f(x)$에 대하여 $f(a)=0$, $f'(a)=0$이면 다항식 $g(x)$에 대하여

$$f(x)=(x-a)g(x)$$

로 놓을 수 있다.

이때 $f'(x)=g(x)+(x-a)g'(x)$이므로 $f'(a)=0$에서

$$g(a)=0$$

따라서 다항식 $h(x)$에 대하여

$$f(x)=(x-a)^2h(x)$$

로 놓을 수 있다.

2 정적분

Ⅲ. 적분

01 정적분

● 본책 174~183쪽

360

(1) $\displaystyle\int_2^2 (x^3-6x)\,dx=0$

(2) $\displaystyle\int_0^1 4x\,dx=\Big[2x^2\Big]_0^1=2\times1^2-0=2$

(3) $\displaystyle\int_{-1}^2 (2x+3)\,dx$

$=\Big[x^2+3x\Big]_{-1}^2$

$=(2^2+3\times2)-\{(-1)^2+3\times(-1)\}$

$=12$

(4) $\displaystyle\int_2^4 (-3x^2+1)\,dx$

$=\Big[-x^3+x\Big]_2^4$

$=(-4^3+4)-(-2^3+2)=-54$

(5) $\displaystyle\int_{-2}^0 (t^2+2t-1)\,dt$

$=\Big[\dfrac{1}{3}t^3+t^2-t\Big]_{-2}^0$

$=0-\Big\{\dfrac{1}{3}\times(-2)^3+(-2)^2-(-2)\Big\}$

$=-\dfrac{10}{3}$

(6) $\displaystyle\int_0^{-1} (-2x^2+4x)\,dx$

$=\Big[-\dfrac{2}{3}x^3+2x^2\Big]_0^{-1}$

$=\Big\{-\dfrac{2}{3}\times(-1)^3+2\times(-1)^2\Big\}-0$

$=\dfrac{8}{3}$

(7) $\displaystyle\int_3^1 (3y^2-y+1)\,dy$

$=\Big[y^3-\dfrac{1}{2}y^2+y\Big]_3^1$

$=\Big(1^3-\dfrac{1}{2}\times1^2+1\Big)-\Big(3^3-\dfrac{1}{2}\times3^2+3\Big)$

$=-24$

답 (1) **0** (2) **2** (3) **12** (4) **−54**

(5) $-\dfrac{10}{3}$ (6) $\dfrac{8}{3}$ (7) **−24**

361

(1) $\displaystyle\int_1^2 5(4x^3-2x)\,dx$

$=5\int_1^2 (4x^3-2x)\,dx$

$=5\Big[x^4-x^2\Big]_1^2$

$=5\times\{(2^4-2^2)-(1^4-1^2)\}$

$=5\times12=60$

(2) $\displaystyle\int_0^1 (x^2+2)\,dx+\int_0^1 (-x^2+2)\,dx$

$=\int_0^1 (x^2+2-x^2+2)\,dx$

$=\int_0^1 4\,dx=\Big[4x\Big]_0^1$

$=4\times1-0=4$

(3) $\displaystyle\int_{-2}^1 (x^3-2x+5)\,dx-\int_{-2}^1 (x^3+2x+4)\,dx$

$=\int_{-2}^1 \{x^3-2x+5-(x^3+2x+4)\}\,dx$

$=\int_{-2}^1 (-4x+1)\,dx$

$=\Big[-2x^2+x\Big]_{-2}^1$

$=(-2\times1^2+1)-\{-2\times(-2)^2+(-2)\}$

$=9$

(4) $\displaystyle\int_1^2 (2x-1)\,dx+\int_2^3 (2x-1)\,dx$

$=\int_1^3 (2x-1)\,dx$

$=\Big[x^2-x\Big]_1^3$

$=(3^2-3)-(1^2-1)$

$=6$

(5) $\displaystyle\int_0^1 (3x^2-2x+4)\,dx-\int_2^1 (3x^2-2x+4)\,dx$

$=\int_0^1 (3x^2-2x+4)\,dx+\int_1^2 (3x^2-2x+4)\,dx$

$=\int_0^2 (3x^2-2x+4)\,dx$

$=\Big[x^3-x^2+4x\Big]_0^2$

$=(2^3-2^2+4\times2)-0$

$=12$

답 (1) **60** (2) **4** (3) **9** (4) **6** (5) **12**

362

(1) $\displaystyle\int_{-1}^{1}(x+1)^2dx$

$\displaystyle=\int_{-1}^{1}(x^2+2x+1)dx$

$\displaystyle=\left[\frac{1}{3}x^3+x^2+x\right]_{-1}^{1}$

$\displaystyle=\left(\frac{1}{3}+1+1\right)-\left(-\frac{1}{3}+1-1\right)$

$\displaystyle=\frac{8}{3}$

(2) $\displaystyle\int_{-1}^{-3}(3y+1)(3y-1)dy$

$\displaystyle=\int_{-1}^{-3}(9y^2-1)dy$

$\displaystyle=\left[3y^3-y\right]_{-1}^{-3}$

$\displaystyle=(-81+3)-(-3+1)$

$\displaystyle=-76$

(3) $\displaystyle\int_{1}^{0}\frac{x^3+1}{x+1}dx$

$\displaystyle=\int_{1}^{0}\frac{(x+1)(x^2-x+1)}{x+1}dx$

$\displaystyle=\int_{1}^{0}(x^2-x+1)dx$

$\displaystyle=\left[\frac{1}{3}x^3-\frac{1}{2}x^2+x\right]_{1}^{0}$

$\displaystyle=-\left(\frac{1}{3}-\frac{1}{2}+1\right)$

$\displaystyle=-\frac{5}{6}$

(4) $\displaystyle\int_{0}^{2}(x-1)(x+1)(x^2+1)dx$

$\displaystyle=\int_{0}^{2}(x^2-1)(x^2+1)dx$

$\displaystyle=\int_{0}^{2}(x^4-1)dx$

$\displaystyle=\left[\frac{1}{5}x^5-x\right]_{0}^{2}$

$\displaystyle=\frac{32}{5}-2=\frac{22}{5}$

답 (1) $\dfrac{8}{3}$　(2) -76　(3) $-\dfrac{5}{6}$　(4) $\dfrac{22}{5}$

다른 풀이 (1) $\displaystyle\int_{-1}^{1}(x+1)^2dx=\left[\frac{1}{3}(x+1)^3\right]_{-1}^{1}$

$\displaystyle=\frac{8}{3}-0=\frac{8}{3}$

363

$\displaystyle\int_{0}^{1}x^2f(x)dx=\int_{0}^{1}x^2(x^2+4x)dx$

$\displaystyle=\int_{0}^{1}(x^4+4x^3)dx$

$\displaystyle=\left[\frac{1}{5}x^5+x^4\right]_{0}^{1}$

$\displaystyle=\frac{1}{5}+1=\frac{6}{5}$

답 $\dfrac{6}{5}$

364

$\displaystyle\int_{-1}^{k}(6x+k)dx=\left[3x^2+kx\right]_{-1}^{k}$

$=(3k^2+k^2)-(3-k)$

$=4k^2+k-3$

따라서 $4k^2+k-3=15$이므로

$4k^2+k-18=0,\qquad(4k+9)(k-2)=0$

$\therefore k=2\ (\because k>0)$

답 2

365

$f'(x)=-2x+5$이므로

$f(x)=\displaystyle\int f'(x)dx$

$\displaystyle=\int(-2x+5)dx$

$=-x^2+5x+C$

$\therefore \displaystyle\int_{-2}^{2}f(x)dx$

$\displaystyle=\int_{-2}^{2}(-x^2+5x+C)dx$

$\displaystyle=\left[-\frac{1}{3}x^3+\frac{5}{2}x^2+Cx\right]_{-2}^{2}$

$\displaystyle=\left(-\frac{8}{3}+10+2C\right)-\left(\frac{8}{3}+10-2C\right)$

$\displaystyle=-\frac{16}{3}+4C$

즉 $-\dfrac{16}{3}+4C=0$이므로

$C=\dfrac{4}{3}$

$\therefore f(x)=-x^2+5x+\dfrac{4}{3}$

답 $f(x)=-x^2+5x+\dfrac{4}{3}$

366

$$\int_1^k (-4x+2)dx = \Big[-2x^2+2x\Big]_1^k$$
$$= (-2k^2+2k)-(-2+2)$$
$$= -2k^2+2k$$
$$= -2\Big(k-\frac{1}{2}\Big)^2+\frac{1}{2}$$

이므로 $\int_1^k (-4x+2)dx$는 $k=\frac{1}{2}$일 때, 최댓값 $\frac{1}{2}$ 을 갖는다.

따라서 $a=\frac{1}{2}$, $b=\frac{1}{2}$이므로
$$a+b=1$$

답 **1**

367

(1) (주어진 식)
$$= \int_{-2}^1 (x^3+1)dx - \int_1^{-2} (x^3-1)dx$$
$$= \int_{-2}^1 (x^3+1)dx + \int_{-2}^1 (x^3-1)dx$$
$$= \int_{-2}^1 (x^3+1+x^3-1)dx$$
$$= \int_{-2}^1 2x^3\,dx$$
$$= \Big[\frac{1}{2}x^4\Big]_{-2}^1$$
$$= \frac{1}{2}-8 = -\frac{15}{2}$$

(2) (주어진 식) $= \int_0^1 \frac{8}{t-2}dt - \int_0^1 \frac{y^3}{y-2}dy$
$$= \int_0^1 \frac{8}{t-2}dt - \int_0^1 \frac{t^3}{t-2}dt$$
$$= \int_0^1 \frac{8-t^3}{t-2}dt$$
$$= -\int_0^1 \frac{(t-2)(t^2+2t+4)}{t-2}dt$$
$$= -\int_0^1 (t^2+2t+4)dt$$
$$= -\Big[\frac{1}{3}t^3+t^2+4t\Big]_0^1$$
$$= -\Big(\frac{1}{3}+1+4\Big)$$
$$= -\frac{16}{3}$$

(3) (주어진 식)
$$= \int_2^4 (x^2-4x)dx + \int_4^3 (x^2-4x)dx$$
$$\quad + \int_1^2 (x^2-4x)dx$$
$$= \int_2^3 (x^2-4x)dx + \int_1^2 (x^2-4x)dx$$
$$= \int_1^2 (x^2-4x)dx + \int_2^3 (x^2-4x)dx$$
$$= \int_1^3 (x^2-4x)dx$$
$$= \Big[\frac{1}{3}x^3-2x^2\Big]_1^3$$
$$= (9-18)-\Big(\frac{1}{3}-2\Big) = -\frac{22}{3}$$

답 (1) $-\dfrac{15}{2}$ (2) $-\dfrac{16}{3}$ (3) $-\dfrac{22}{3}$

368

$$xf(x) = \begin{cases} x^3 & (x \le 1) \\ -2x^2+3x & (x \ge 1) \end{cases}$$ 이므로

$$\int_0^2 xf(x)dx$$
$$= \int_0^1 x^3\,dx + \int_1^2 (-2x^2+3x)dx$$
$$= \Big[\frac{1}{4}x^4\Big]_0^1 + \Big[-\frac{2}{3}x^3+\frac{3}{2}x^2\Big]_1^2$$
$$= \frac{1}{4}+\Big(-\frac{1}{6}\Big) = \frac{1}{12}$$

답 $\dfrac{1}{12}$

369

$a>0$이므로

$$\int_{-1}^a f(x)dx$$
$$= \int_{-1}^0 (x+1)dx + \int_0^a (x^2-2x+1)dx$$
$$= \Big[\frac{1}{2}x^2+x\Big]_{-1}^0 + \Big[\frac{1}{3}x^3-x^2+x\Big]_0^a$$
$$= \frac{1}{2} + \Big(\frac{1}{3}a^3-a^2+a\Big)$$
$$= \frac{1}{3}a^3-a^2+a+\frac{1}{2}$$

따라서 $\frac{1}{3}a^3-a^2+a+\frac{1}{2}=\frac{7}{2}$이므로
$$a^3-3a^2+3a-9=0$$
$$(a-3)(a^2+3)=0$$
$$\therefore a=3 \ (\because a^2+3>0)$$

답 **3**

370

(1) $|2x+3|=\begin{cases} -2x-3 & \left(x\le -\dfrac{3}{2}\right) \\ 2x+3 & \left(x\ge -\dfrac{3}{2}\right) \end{cases}$

$\therefore \displaystyle\int_{-2}^{0}|2x+3|dx$

$=\displaystyle\int_{-2}^{-\frac{3}{2}}(-2x-3)dx+\int_{-\frac{3}{2}}^{0}(2x+3)dx$

$=\left[-x^2-3x\right]_{-2}^{-\frac{3}{2}}+\left[x^2+3x\right]_{-\frac{3}{2}}^{0}$

$=\dfrac{1}{4}+\dfrac{9}{4}=\dfrac{5}{2}$

(2) $|x^2+x-2|$

$=\begin{cases} x^2+x-2 & (x\le -2 \text{ 또는 } x\ge 1) \\ -x^2-x+2 & (-2\le x\le 1) \end{cases}$

$\therefore \displaystyle\int_{0}^{2}|x^2+x-2|dx$

$=\displaystyle\int_{0}^{1}(-x^2-x+2)dx$

$\qquad +\displaystyle\int_{1}^{2}(x^2+x-2)dx$

$=\left[-\dfrac{1}{3}x^3-\dfrac{1}{2}x^2+2x\right]_{0}^{1}$

$\qquad +\left[\dfrac{1}{3}x^3+\dfrac{1}{2}x^2-2x\right]_{1}^{2}$

$=\dfrac{7}{6}+\dfrac{11}{6}=3$

(3) $(|x|+x+1)^2=\begin{cases} 1 & (x\le 0) \\ 4x^2+4x+1 & (x\ge 0) \end{cases}$

$\therefore \displaystyle\int_{-2}^{1}(|x|+x+1)^2dx$

$=\displaystyle\int_{-2}^{0}1\,dx+\int_{0}^{1}(4x^2+4x+1)dx$

$=\left[x\right]_{-2}^{0}+\left[\dfrac{4}{3}x^3+2x^2+x\right]_{0}^{1}$

$=2+\dfrac{13}{3}=\dfrac{19}{3}$

(4) $|x-2|+|x-3|$

$=\begin{cases} -(x-2)-(x-3) & (x\le 2) \\ (x-2)-(x-3) & (2\le x\le 3) \\ (x-2)+(x-3) & (x\ge 3) \end{cases}$

$=\begin{cases} -2x+5 & (x\le 2) \\ 1 & (2\le x\le 3) \\ 2x-5 & (x\ge 3) \end{cases}$

$\therefore \displaystyle\int_{0}^{4}(|x-2|+|x-3|)dx$

$=\displaystyle\int_{0}^{2}(-2x+5)dx+\int_{2}^{3}1\,dx$

$\qquad +\displaystyle\int_{3}^{4}(2x-5)dx$

$=\left[-x^2+5x\right]_{0}^{2}+\left[x\right]_{2}^{3}+\left[x^2-5x\right]_{3}^{4}$

$=6+1+2=9$

답 (1) $\dfrac{5}{2}$　(2) 3　(3) $\dfrac{19}{3}$　(4) 9

371

$|x^2-1|=\begin{cases} x^2-1 & (x\le -1 \text{ 또는 } x\ge 1) \\ -x^2+1 & (-1\le x\le 1) \end{cases}$

이때 $a>1$이므로

$\displaystyle\int_{0}^{a}|x^2-1|dx$

$=\displaystyle\int_{0}^{1}(-x^2+1)dx+\int_{1}^{a}(x^2-1)dx$

$=\left[-\dfrac{1}{3}x^3+x\right]_{0}^{1}+\left[\dfrac{1}{3}x^3-x\right]_{1}^{a}$

$=\dfrac{2}{3}+\left(\dfrac{1}{3}a^3-a+\dfrac{2}{3}\right)$

$=\dfrac{1}{3}a^3-a+\dfrac{4}{3}$

따라서 $\dfrac{1}{3}a^3-a+\dfrac{4}{3}=\dfrac{56}{3}$이므로

$a^3-3a-52=0$

$(a-4)(a^2+4a+13)=0$

$\therefore a=4 \ (\because a^2+4a+13>0)$　　답 4

02 여러 가지 정적분　　● 본책 184~187쪽

372

(주어진 식)

$=\displaystyle\int_{-2}^{2}(5x^4+6x^2-1)dx+\int_{-2}^{2}(-2x^3-3x)dx$

$=2\displaystyle\int_{0}^{2}(5x^4+6x^2-1)dx$

$=2\left[x^5+2x^3-x\right]_{0}^{2}$

$=2\times 46=92$　　답 92

373

$f(-x)=f(x)$에서 $f(x)$는 우함수이므로

$$\int_{-3}^{3} f(x)dx=2\int_{0}^{3} f(x)dx=8$$

$$\therefore \int_{0}^{3} f(x)dx=4$$

또 $xf(x)$는 기함수이므로

$$\int_{-3}^{3} xf(x)dx=0$$

$$\therefore \int_{0}^{3} f(x)dx+\int_{-3}^{3} xf(x)dx=4+0=4$$

답 **4**

374

모든 실수 x에 대하여 $f(x+3)=f(x)$이므로

$$\int_{1}^{4} f(x)dx=\int_{4}^{7} f(x)dx=\int_{7}^{10} f(x)dx=5$$

$$\therefore \int_{1}^{10} f(x)dx$$

$$=\int_{1}^{4} f(x)dx+\int_{4}^{7} f(x)dx+\int_{7}^{10} f(x)dx$$

$$=5+5+5=15$$

답 **15**

375

모든 실수 x에 대하여 $f(x+4)=f(x)$이므로

$$\int_{0}^{4} f(x)dx=\int_{4}^{8} f(x)dx=\int_{8}^{12} f(x)dx$$

$$=\int_{12}^{16} f(x)dx$$

$$\therefore \int_{0}^{16} f(x)dx$$

$$=\int_{0}^{4} f(x)dx+\int_{4}^{8} f(x)dx+\int_{8}^{12} f(x)dx$$

$$+\int_{12}^{16} f(x)dx$$

$$=4\int_{0}^{4} f(x)dx$$

$$=4\left\{\int_{0}^{2} x^2 dx+\int_{2}^{4} (-2x+8)dx\right\}$$

$$=4\left\{\left[\frac{1}{3}x^3\right]_{0}^{2}+\left[-x^2+8x\right]_{2}^{4}\right\}$$

$$=4\times\left(\frac{8}{3}+4\right)=\frac{80}{3}$$

답 $\dfrac{80}{3}$

376

전략 $\lim\limits_{x\to 1}\dfrac{f(x)}{x-1}=1$에서 $f(1)$, $f'(1)$의 값을 구한다.

$\lim\limits_{x\to 1}\dfrac{f(x)}{x-1}=1$에서 $x\longrightarrow 1$일 때 (분모)$\longrightarrow 0$이고 극

한값이 존재하므로 (분자)$\longrightarrow 0$이다.

즉 $\lim\limits_{x\to 1} f(x)=0$이므로 $f(1)=0$

$$\therefore \lim_{x\to 1}\frac{f(x)}{x-1}=\lim_{x\to 1}\frac{f(x)-f(1)}{x-1}=f'(1)=1$$

$f(1)=0$에서 $a+b+3=0$

$$\therefore a+b=-3 \qquad \cdots\cdots \text{㉠}$$

$f'(x)=3ax^2+b$이므로 $f'(1)=1$에서

$$3a+b=1 \qquad \cdots\cdots \text{㉡}$$

㉠, ㉡을 연립하여 풀면

$$a=2,\ b=-5$$

따라서 $f(x)=2x^3-5x+3$이므로

$$\int_{0}^{1} f(x)dx=\int_{0}^{1} (2x^3-5x+3)dx$$

$$=\left[\frac{1}{2}x^4-\frac{5}{2}x^2+3x\right]_{0}^{1}=1$$

답 **1**

377

전략 주어진 식을 정리하여 $f(x)$를 구하고, 우함수와 기함수의 정적분을 이용한다.

$xf(x)-f(x)=3x^4-3x$에서

$$(x-1)f(x)=3x(x-1)(x^2+x+1)$$

$$\therefore f(x)=3x^3+3x^2+3x$$

$$\therefore \int_{-2}^{2} f(x)dx=\int_{-2}^{2} (3x^3+3x^2+3x)dx$$

$$=2\int_{0}^{2} 3x^2 dx$$

$$=2\left[x^3\right]_{0}^{2}$$

$$=2\times 8=16$$

답 ②

378

전략 정적분과 함숫값을 a에 대한 식으로 나타낸다.

$$\int_{0}^{1} f(x)dx=\int_{0}^{1} (6x^2+2ax)dx$$

$$=\left[2x^3+ax^2\right]_{0}^{1}=2+a$$

이때 $f(1)=6+2a$이므로
$$2+a=6+2a \qquad \therefore a=-4 \qquad \text{답} \ -4$$

379

전략 정적분의 성질을 이용하여 주어진 식을 간단히 한다.

(주어진 식)
$$=\int_{-1}^{0}\frac{x^3}{x-1}dx-\int_{-1}^{0}\frac{1}{x-1}dx$$
$$\quad-\int_{1}^{0}(x^2+x+1)dx$$
$$=\int_{-1}^{0}\frac{x^3-1}{x-1}dx-\int_{1}^{0}(x^2+x+1)dx$$
$$=\int_{-1}^{0}\frac{(x-1)(x^2+x+1)}{x-1}dx-\int_{1}^{0}(x^2+x+1)dx$$
$$=\int_{-1}^{0}(x^2+x+1)dx+\int_{0}^{1}(x^2+x+1)dx$$
$$=\int_{-1}^{1}(x^2+x+1)dx$$
$$=2\int_{0}^{1}(x^2+1)dx$$
$$=2\left[\frac{1}{3}x^3+x\right]_{0}^{1}$$
$$=2\times\frac{4}{3}=\frac{8}{3} \qquad \text{답} \ \frac{8}{3}$$

380

전략 함수 $f(x)$가 $x=1$에서 연속임을 이용하여 a의 값을 구한다.

함수 $f(x)$가 모든 실수 x에서 연속이면 $x=1$에서도 연속이므로
$$\lim_{x\to1+}f(x)=\lim_{x\to1-}f(x)=f(1)$$
$$5=-1+a \qquad \therefore a=6$$

따라서 $f(x)=\begin{cases}3x^2-4x+6 & (x\le1)\\ 2x+3 & (x\ge1)\end{cases}$ 이므로

$$\int_{-1}^{3}f(x)dx$$
$$=\int_{-1}^{1}(3x^2-4x+6)dx+\int_{1}^{3}(2x+3)dx$$
$$=2\int_{0}^{1}(3x^2+6)dx+\int_{1}^{3}(2x+3)dx$$
$$=2\left[x^3+6x\right]_{0}^{1}+\left[x^2+3x\right]_{1}^{3}$$
$$=2\times7+14$$
$$=28 \qquad \text{답} \ 28$$

381

전략 절댓값 기호 안의 식의 값이 0이 되게 하는 x의 값을 기준으로 구간을 나누어 피적분함수를 절댓값 기호 없이 나타낸다.

$2x^3+6|x|=\begin{cases}2x^3+6x & (x\ge0)\\ 2x^3-6x & (x\le0)\end{cases}$ 이므로

$$\int_{-3}^{2}(2x^3+6|x|)dx-\int_{-3}^{-2}(2x^3-6x)dx$$
$$=\int_{-3}^{0}(2x^3-6x)dx+\int_{0}^{2}(2x^3+6x)dx$$
$$\quad-\int_{-3}^{-2}(2x^3-6x)dx$$
$$=\int_{-2}^{-3}(2x^3-6x)dx+\int_{-3}^{0}(2x^3-6x)dx$$
$$\quad+\int_{0}^{2}(2x^3+6x)dx$$
$$=\int_{-2}^{0}(2x^3-6x)dx+\int_{0}^{2}(2x^3+6x)dx$$
$$=\left[\frac{1}{2}x^4-3x^2\right]_{-2}^{0}+\left[\frac{1}{2}x^4+3x^2\right]_{0}^{2}$$
$$=4+20=24 \qquad \text{답} \ 24$$

다른 풀이 $\displaystyle\int_{-3}^{2}(2x^3+6|x|)dx-\int_{-3}^{-2}(2x^3-6x)dx$
$$=\int_{-3}^{-2}(2x^3+6|x|)dx+\int_{-2}^{2}(2x^3+6|x|)dx$$
$$\quad-\int_{-3}^{-2}(2x^3-6x)dx$$
$$=\int_{-3}^{-2}(2x^3-6x)dx+\int_{-2}^{2}(2x^3+6|x|)dx$$
$$\quad-\int_{-3}^{-2}(2x^3-6x)dx$$
$$=\int_{-2}^{2}(2x^3+6|x|)dx$$
$$=2\int_{0}^{2}6|x|dx=2\int_{0}^{2}6x\,dx$$
$$=2\left[3x^2\right]_{0}^{2}$$
$$=2\times12=24$$

382

전략 $g(x)$가 우함수이면 $\displaystyle\int_{-a}^{a}g(x)dx=2\int_{0}^{a}g(x)dx$, $g(x)$가 기함수이면 $\displaystyle\int_{-a}^{a}g(x)dx=0$임을 이용한다.

$f(-x)=f(x)$에서 $f(x)$는 우함수이므로 $x^3f(x)$, $xf(x)$는 기함수이다.

$$\therefore \int_{-2}^{2}(3x^3-2x+6)f(x)dx$$

$$=3\int_{-2}^{2}x^3f(x)dx-2\int_{-2}^{2}xf(x)dx$$

$$+6\int_{-2}^{2}f(x)dx$$

$$=6\times2\int_{0}^{2}f(x)dx$$

$$=12\times\frac{1}{4}=3$$

답 3

383

전략 주어진 조건에서 $f(1)$, $f(2)$, $f(3)$ 사이의 관계식을 구한다.

$\int_{1}^{2}f'(x)dx=\int_{1}^{3}f'(x)dx=0$에서

$$\Big[f(x)\Big]_{1}^{2}=\Big[f(x)\Big]_{1}^{3}=0$$

$$f(2)-f(1)=f(3)-f(1)=0$$

$$\therefore f(1)=f(2)=f(3)$$

이때 $f(1)=f(2)=f(3)=k$ (k는 상수)라 하면
$f(x)$는 최고차항의 계수가 1인 삼차함수이므로

$$f(x)=(x-1)(x-2)(x-3)+k$$

$$\therefore f'(x)$$

$$=(x-2)(x-3)+(x-1)(x-3)$$

$$+(x-1)(x-2)$$

$$\therefore f'(2)=-1$$

답 −1

📓 개념 노트

최고차항의 계수가 a인 삼차함수 $f(x)$에 대하여
$f(\alpha)=f(\beta)=f(\gamma)=k$이면
$$f(x)=a(x-\alpha)(x-\beta)(x-\gamma)+k$$

384

전략 $f(x)=ax^2+bx+1$ (a, b는 상수, $a\neq0$)로 놓고 주어진 조건을 만족시키는 a, b의 값을 구한다.

$\int_{-1}^{1}f(x)dx=\int_{0}^{1}f(x)dx=\int_{-1}^{0}f(x)dx$에서

$$\int_{-1}^{0}f(x)dx+\int_{0}^{1}f(x)dx$$

$$=\int_{0}^{1}f(x)dx=\int_{-1}^{0}f(x)dx$$

$$\therefore \int_{-1}^{0}f(x)dx=\int_{0}^{1}f(x)dx=0$$

이때 $f(0)=1$이므로

$$f(x)=ax^2+bx+1 \ (a,\ b는\ 상수,\ a\neq0)$$

로 놓으면

$$\int_{-1}^{0}f(x)dx=\int_{-1}^{0}(ax^2+bx+1)dx$$

$$=\Big[\frac{a}{3}x^3+\frac{b}{2}x^2+x\Big]_{-1}^{0}$$

$$=\frac{a}{3}-\frac{b}{2}+1$$

에서 $\dfrac{a}{3}-\dfrac{b}{2}+1=0$

$$\therefore 2a-3b=-6 \qquad \cdots\cdots ㉠$$

$$\int_{0}^{1}f(x)dx=\int_{0}^{1}(ax^2+bx+1)dx$$

$$=\Big[\frac{a}{3}x^3+\frac{b}{2}x^2+x\Big]_{0}^{1}$$

$$=\frac{a}{3}+\frac{b}{2}+1$$

에서 $\dfrac{a}{3}+\dfrac{b}{2}+1=0$

$$\therefore 2a+3b=-6 \qquad \cdots\cdots ㉡$$

㉠, ㉡을 연립하여 풀면

$$a=-3,\ b=0$$

따라서 $f(x)=-3x^2+1$이므로

$$f(3)=-26$$

답 −26

385

전략 $f(x)=ax+b$ (a, b는 상수, $a\neq0$)로 놓고 주어진 조건을 만족시키는 a, b의 값을 구한다.

$f(x)=ax+b$ (a, b는 상수, $a\neq0$)로 놓으면

$$\int_{-1}^{1}xf(x)dx=\int_{-1}^{1}x(ax+b)dx$$

$$=\int_{-1}^{1}(ax^2+bx)dx$$

$$=2\int_{0}^{1}ax^2dx$$

$$=2\Big[\frac{1}{3}ax^3\Big]_{0}^{1}$$

$$=2\times\frac{1}{3}a=\frac{2}{3}a$$

에서 $\dfrac{2}{3}a=2$

$$\therefore a=3$$

107

$$\int_{-1}^{1} x^2 f(x)dx = \int_{-1}^{1} x^2(ax+b)dx$$
$$= \int_{-1}^{1} (ax^3+bx^2)dx$$
$$= 2\int_{0}^{1} bx^2 dx = 2\left[\frac{1}{3}bx^3\right]_0^1$$
$$= 2 \times \frac{1}{3}b = \frac{2}{3}b$$

에서 $\dfrac{2}{3}b=-2$ $\therefore b=-3$

따라서 $f(x)=3x-3$이므로
$$f(-2)=-9$$

답 −9

386

전략 절댓값 기호 안의 식의 값이 0이 되게 하는 x의 값을 기준으로 구간을 나누어 피적분함수를 절댓값 기호 없이 나타낸다.

$$x|x-a|=\begin{cases} x(x-a) & (x \geq a) \\ -x(x-a) & (x \leq a) \end{cases}$$
$$=\begin{cases} x^2-ax & (x \geq a) \\ -x^2+ax & (x \leq a) \end{cases}$$

이때 $0 \leq a \leq 1$이므로

$$\int_{0}^{1} x|x-a|dx$$
$$=\int_{0}^{a} (-x^2+ax)dx + \int_{a}^{1} (x^2-ax)dx$$
$$=\left[-\frac{1}{3}x^3+\frac{a}{2}x^2\right]_0^a + \left[\frac{1}{3}x^3-\frac{a}{2}x^2\right]_a^1$$
$$=\frac{a^3}{6}+\left(\frac{a^3}{6}-\frac{a}{2}+\frac{1}{3}\right)=\frac{a^3}{3}-\frac{a}{2}+\frac{1}{3}$$

$f(a)=\dfrac{a^3}{3}-\dfrac{a}{2}+\dfrac{1}{3}$로 놓으면

$$f'(a)=a^2-\frac{1}{2}$$

$f'(a)=0$에서 $a=\dfrac{\sqrt{2}}{2}$ $(\because 0 \leq a \leq 1)$

a	0	$\cdots$	$\dfrac{\sqrt{2}}{2}$	$\cdots$	1
$f'(a)$		$-$	0	$+$	
$f(a)$		$\searrow$	극소	$\nearrow$	

따라서 $0 \leq a \leq 1$일 때 함수 $f(a)$는 $a=\dfrac{\sqrt{2}}{2}$에서 극소이면서 최소이므로 정적분 $\int_{0}^{1} x|x-a|dx$의 값은 $a=\dfrac{\sqrt{2}}{2}$일 때 최소가 된다.

답 $\dfrac{\sqrt{2}}{2}$

387

전략 주어진 조건을 이용하여 $\int_{-4}^{0} f(x)dx$의 값을 구한다.

$f(-x)=f(x)$에서 $f(x)$는 우함수이므로
$$\int_{-2}^{0} f(x)dx = \int_{0}^{2} f(x)dx = 16$$

이때 모든 실수 x에 대하여 $f(x)=f(x+4)$이므로
$$\int_{-4}^{-2} f(x)dx = \int_{0}^{2} f(x)dx = 16$$
$$\therefore \int_{-4}^{0} f(x)dx = \int_{-4}^{-2} f(x)dx + \int_{-2}^{0} f(x)dx$$
$$=16+16=32$$

따라서
$$\int_{-4}^{0} f(x)dx = \int_{0}^{4} f(x)dx = \int_{4}^{8} f(x)dx = 32$$

이므로
$$\int_{-4}^{8} f(x)dx$$
$$=\int_{-4}^{0} f(x)dx + \int_{0}^{4} f(x)dx + \int_{4}^{8} f(x)dx$$
$$=32+32+32=96$$

답 96

388

전략 주어진 조건을 이용하여 $1 \leq x \leq 2$에서 함수 $f(x)$의 식을 구한다.

조건 ㈏에 의하여 $x \geq 0$에서
$$f(x+1)=xf(x)+ax+b$$

조건 ㈎에 의하여 $0 \leq x \leq 1$에서 $f(x)=x$이므로
$$f(x+1)=x \times x + ax+b$$
$$=x^2+ax+b$$

이때 $x+1=t$로 놓으면 $0 \leq x \leq 1$에서 $1 \leq t \leq 2$이고 $x=t-1$이므로
$$f(t)=(t-1)^2+a(t-1)+b$$
$$=t^2+(a-2)t+1-a+b$$

따라서 $1 \leq x \leq 2$에서
$$f(x)=x^2+(a-2)x+1-a+b$$

한편 함수 $f(x)$가 실수 전체의 집합에서 미분가능하므로 $x=1$에서 연속이고 미분가능하다.

이때 $g(x)=x$, $h(x)=x^2+(a-2)x+1-a+b$로 놓으면
$$g'(x)=1, \ h'(x)=2x+a-2$$

108

함수 $f(x)$가 $x=1$에서 연속이므로

$$g(1)=h(1)$$
$$1=1+a-2+1-a+b \qquad \therefore b=1$$

함수 $f(x)$가 $x=1$에서 미분가능하므로

$$g'(1)=h'(1)$$
$$\therefore a=1$$

따라서 $1\leq x\leq 2$에서 $f(x)=x^2-x+1$이므로

$$60\times\int_1^2 f(x)dx=60\times\int_1^2 (x^2-x+1)dx$$
$$=60\times\left[\frac{1}{3}x^3-\frac{1}{2}x^2+x\right]_1^2$$
$$=60\times\frac{11}{6}=110 \qquad \text{답 } \mathbf{110}$$

389

전략 삼차함수 $f(x)$가 극값을 갖지 않을 조건을 이용하여 a의 값을 구한다.

삼차함수 $f(x)$가 극값을 갖지 않으므로 이차방정식 $f'(x)=0$이 중근 또는 허근을 가져야 한다.

$f'(x)=3x^2+2ax+2a-3$이므로 $f'(x)=0$의 판별식을 D라 하면

$$\frac{D}{4}=a^2-3(2a-3)\leq 0$$
$$a^2-6a+9\leq 0, \qquad (a-3)^2\leq 0$$
$$\therefore a=3$$

따라서 $f(x)=x^3+3x^2+3x+1$이므로

$$\int_1^2 \frac{f(x)}{x}dx+\int_2^1 \frac{1}{x}dx$$
$$=\int_1^2 \frac{f(x)}{x}dx-\int_1^2 \frac{1}{x}dx$$
$$=\int_1^2 \frac{f(x)-1}{x}dx=\int_1^2 \frac{x^3+3x^2+3x}{x}dx$$
$$=\int_1^2 (x^2+3x+3)dx$$
$$=\left[\frac{1}{3}x^3+\frac{3}{2}x^2+3x\right]_1^2=\frac{59}{6} \qquad \text{답 } \mathbf{\frac{59}{6}}$$

개념 노트

① 삼차함수 $f(x)$가 극값을 갖는다.

⇨ 이차방정식 $f'(x)=0$이 서로 다른 두 실근을 갖는다.

② 삼차함수 $f(x)$가 극값을 갖지 않는다.

⇨ 이차방정식 $f'(x)=0$이 중근 또는 허근을 갖는다.

390

전략 두 함수 $y=x^2-2$, $y=2x+1$의 그래프의 위치 관계를 이용하여 주어진 조건을 만족시키는 함수 $f(x)$를 구한다.

$(x^2-2)+(2x+1)=x^2+2x-1$이므로 주어진 조건에서

$x^2-2\geq 2x+1$이면

$$f(x)=x^2-2, \ g(x)=2x+1$$

$x^2-2\leq 2x+1$이면

$$f(x)=2x+1, \ g(x)=x^2-2$$

이때 $x^2-2=2x+1$에서

$$x^2-2x-3=0$$
$$(x+1)(x-3)=0$$
$$\therefore x=-1 \text{ 또는 } x=3$$

따라서 두 함수 $y=x^2-2$, $y=2x+1$의 그래프는 오른쪽 그림과 같으므로

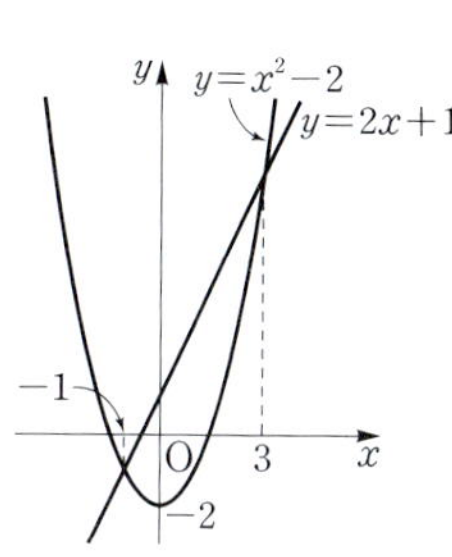

$$f(x)=\begin{cases} x^2-2 & (x\leq -1 \text{ 또는 } x\geq 3) \\ 2x+1 & (-1\leq x\leq 3) \end{cases}$$

$$g(x)=\begin{cases} 2x+1 & (x\leq -1 \text{ 또는 } x\geq 3) \\ x^2-2 & (-1\leq x\leq 3) \end{cases}$$

$$\therefore \int_0^4 f(x)dx$$
$$=\int_0^3 (2x+1)dx+\int_3^4 (x^2-2)dx$$
$$=\left[x^2+x\right]_0^3+\left[\frac{1}{3}x^3-2x\right]_3^4$$
$$=12+\frac{31}{3}=\frac{67}{3} \qquad \text{답 } \mathbf{\frac{67}{3}}$$

391

전략 주어진 조건을 이용하여 $y=g(x)$의 그래프를 그려 본다.

함수 $y=-f(x+1)+1$의 그래프는 함수 $y=f(x)$의 그래프를 x축에 대하여 대칭이동한 후 x축의 방향으로 -1만큼, y축의 방향으로 1만큼 평행이동한 것이다.

따라서 $0\leq x\leq 1$에서 함수 $y=f(x)$의 그래프가 오른쪽 그림과 같다고 하면 조건 ㈎, ㈏에 의하여 $-1\leq x\leq 1$에서 함수 $y=g(x)$의 그래프는 다음 그림과 같다.

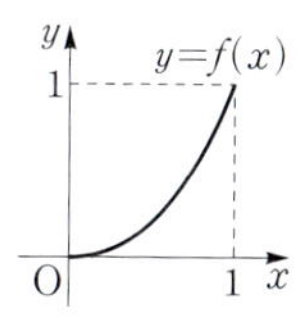

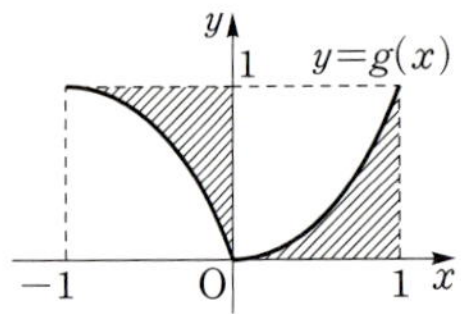

이때 위의 그림에서 빗금 친 두 부분의 넓이가 같으므로

$$\int_{-1}^{0} g(x)\,dx = 1 \times 1 - \int_{0}^{1} g(x)\,dx$$

$$= 1 - \int_{0}^{1} f(x)\,dx$$

$$= 1 - \frac{1}{6}$$

$$= \frac{5}{6}$$

따라서 조건 (나)에 의하여

$$\int_{-3}^{2} g(x)\,dx$$

$$= \int_{-3}^{-1} g(x)\,dx + \int_{-1}^{1} g(x)\,dx + \int_{1}^{2} g(x)\,dx$$

$$= 2\int_{-1}^{1} g(x)\,dx + \int_{1}^{2} g(x)\,dx$$

$$= 2\left\{ \int_{-1}^{0} g(x)\,dx + \int_{0}^{1} f(x)\,dx \right\} + \int_{-1}^{0} g(x)\,dx$$

$$= 2 \times \left(\frac{5}{6} + \frac{1}{6} \right) + \frac{5}{6}$$

$$= \frac{17}{6}$$

답 ②

03 정적분으로 정의된 함수

● 본책 191~198쪽

392

(3) $\dfrac{d}{dx} \displaystyle\int_{x}^{x+1} (-t+5)\,dt$

$$= \{-(x+1)+5\} - (-x+5)$$

$$= -1$$

(4) $\dfrac{d}{dx} \displaystyle\int_{x}^{x+2} (t^2 - 2t + 1)\,dt$

$$= \{(x+2)^2 - 2(x+2) + 1\} - (x^2 - 2x + 1)$$

$$= 4x$$

답 (1) $x^2 + 2$ (2) $5x^3 - 3x^2$
(3) -1 (4) $4x$

393

(1) 주어진 등식의 양변을 x에 대하여 미분하면
$$f(x) = 4x - 5$$

(2) 주어진 등식의 양변을 x에 대하여 미분하면
$$f(x) = -2x + 3$$

(3) 주어진 등식의 양변을 x에 대하여 미분하면
$$f(x) = 9x^2 - 6$$

(4) 주어진 등식의 양변을 x에 대하여 미분하면
$$f(x) = 1 \times (x-3) + (x+1) \times 1$$
$$= 2x - 2$$

답 (1) $f(x) = 4x - 5$ (2) $f(x) = -2x + 3$
(3) $f(x) = 9x^2 - 6$ (4) $f(x) = 2x - 2$

394

(1) $f(t) = 3t + 6$으로 놓고 $f(t)$의 한 부정적분을 $F(t)$라 하면

$$\lim_{x \to 1} \frac{1}{x-1} \int_{1}^{x} (3t+6)\,dt$$

$$= \lim_{x \to 1} \frac{1}{x-1} \int_{1}^{x} f(t)\,dt$$

$$= \lim_{x \to 1} \frac{\left[F(t) \right]_{1}^{x}}{x-1}$$

$$= \lim_{x \to 1} \frac{F(x) - F(1)}{x-1} = F'(1)$$

이때 $F'(t) = f(t)$이므로 구하는 값은
$$F'(1) = f(1) = 9$$

(2) $f(x) = 2x^2 - 3$으로 놓고 $f(x)$의 한 부정적분을 $F(x)$라 하면

$$\lim_{h \to 0} \frac{1}{h} \int_{0}^{h} (2x^2 - 3)\,dx$$

$$= \lim_{h \to 0} \frac{1}{h} \int_{0}^{h} f(x)\,dx$$

$$= \lim_{h \to 0} \frac{\left[F(x) \right]_{0}^{h}}{h}$$

$$= \lim_{h \to 0} \frac{F(h) - F(0)}{h} = F'(0)$$

이때 $F'(x) = f(x)$이므로 구하는 값은
$$F'(0) = f(0) = -3$$

답 (1) 9 (2) -3

395

(1) $\displaystyle\int_0^1 tf(t)dt=k$ (k는 상수)로 놓으면
$$f(x)=-2x^2+3x+k$$
따라서
$$k=\int_0^1 tf(t)dt=\int_0^1 (-2t^3+3t^2+kt)dt$$
$$=\left[-\frac{1}{2}t^4+t^3+\frac{k}{2}t^2\right]_0^1=\frac{1}{2}+\frac{k}{2}$$
이므로 $\quad \dfrac{k}{2}=\dfrac{1}{2} \qquad \therefore k=1$
$$\therefore f(x)=-2x^2+3x+1$$

(2) $\displaystyle f(x)=x^2+\int_0^2 (3x+1)f(t)dt$
$$=x^2+(3x+1)\int_0^2 f(t)dt$$
이때 $\displaystyle\int_0^2 f(t)dt=k$ (k는 상수)로 놓으면
$$f(x)=x^2+k(3x+1)=x^2+3kx+k$$
따라서
$$k=\int_0^2 f(t)dt=\int_0^2 (t^2+3kt+k)dt$$
$$=\left[\frac{1}{3}t^3+\frac{3}{2}kt^2+kt\right]_0^2$$
$$=\frac{8}{3}+8k$$
이므로 $\quad 7k=-\dfrac{8}{3} \qquad \therefore k=-\dfrac{8}{21}$
$$\therefore f(x)=x^2-\frac{8}{7}x-\frac{8}{21}$$

(3) $\displaystyle f(x)=3x^2+\int_0^1 (2x-t)f(t)dt$
$$=3x^2+2x\int_0^1 f(t)dt-\int_0^1 tf(t)dt$$
이때 $\displaystyle\int_0^1 f(t)dt=a,\ \int_0^1 tf(t)dt=b$ (a, b는 상수)
로 놓으면
$$f(x)=3x^2+2ax-b$$
따라서
$$a=\int_0^1 f(t)dt=\int_0^1 (3t^2+2at-b)dt$$
$$=\left[t^3+at^2-bt\right]_0^1$$
$$=1+a-b$$
이므로 $\quad b=1$

또
$$b=\int_0^1 tf(t)dt$$
$$=\int_0^1 (3t^3+2at^2-bt)dt$$
$$=\left[\frac{3}{4}t^4+\frac{2}{3}at^3-\frac{b}{2}t^2\right]_0^1$$
$$=\frac{3}{4}+\frac{2}{3}a-\frac{b}{2}$$
이므로 $\quad 1=\dfrac{3}{4}+\dfrac{2}{3}a-\dfrac{1}{2}$
$$\frac{2}{3}a=\frac{3}{4} \qquad \therefore a=\frac{9}{8}$$
$$\therefore f(x)=3x^2+\frac{9}{4}x-1$$

답 (1) $f(x)=-2x^2+3x+1$

(2) $f(x)=x^2-\dfrac{8}{7}x-\dfrac{8}{21}$

(3) $f(x)=3x^2+\dfrac{9}{4}x-1$

396

주어진 등식의 양변을 x에 대하여 미분하면
$$f(x)=2x-3$$
주어진 등식의 양변에 $x=a$를 대입하면
$$0=a^2-3a-10, \qquad (a+2)(a-5)=0$$
$$\therefore a=-2 \ (\because a<0)$$
$$\therefore f(a)=f(-2)=-7 \qquad\qquad 답\ -7$$

397

주어진 등식의 양변을 x에 대하여 미분하면
$$2xf(x)+x^2f'(x)=4x^5-2x^3+2xf(x)$$
$$x^2f'(x)=4x^5-2x^3$$
$$\therefore f'(x)=4x^3-2x$$
$$\therefore f(x)=\int f'(x)dx$$
$$=\int (4x^3-2x)dx$$
$$=x^4-x^2+C \qquad \cdots\cdots\ \text{㉠}$$
주어진 등식의 양변에 $x=1$을 대입하면
$$f(1)=\frac{1}{6}$$

이때 ㉠에 $x=1$을 대입하면
$$f(1)=1-1+C \qquad \therefore C=\frac{1}{6}$$
따라서 $f(x)=x^4-x^2+\frac{1}{6}$이므로
$$f(-1)=\frac{1}{6}$$
답 $\dfrac{1}{6}$

398

주어진 등식에서
$$x\int_1^x f(t)dt-\int_1^x tf(t)dt=x^4-3x^2+2x$$
양변을 x에 대하여 미분하면
$$\int_1^x f(t)dt+xf(x)-xf(x)=4x^3-6x+2$$
$$\therefore \int_1^x f(t)dt=4x^3-6x+2$$
양변을 다시 x에 대하여 미분하면
$$f(x)=12x^2-6$$
$$\therefore f(0)=-6$$
답 -6

399

주어진 등식에서
$$x\int_1^x f(t)dt-\int_1^x tf(t)dt=x^3+ax^2+bx$$
양변을 x에 대하여 미분하면
$$\int_1^x f(t)dt+xf(x)-xf(x)=3x^2+2ax+b$$
$$\therefore \int_1^x f(t)dt=3x^2+2ax+b \quad\cdots\cdots ㉠$$
양변을 다시 x에 대하여 미분하면
$$f(x)=6x+2a$$
한편 주어진 등식의 양변에 $x=1$을 대입하면
$$0=1+a+b$$
$$\therefore a+b=-1 \quad\cdots\cdots ㉡$$
㉠의 양변에 $x=1$을 대입하면
$$0=3+2a+b$$
$$\therefore 2a+b=-3 \quad\cdots\cdots ㉢$$
㉡, ㉢을 연립하여 풀면
$$a=-2,\ b=1$$
따라서 $f(x)=6x-4$이므로
$$f(ab)=f(-2)=-16$$
답 -16

400

$f(x)=\displaystyle\int_{-3}^x (t^2+t+k)dt$의 양변을 x에 대하여 미분
하면
$$f'(x)=x^2+x+k$$
함수 $f(x)$가 $x=-3$에서 극댓값을 가지므로
$$f'(-3)=0$$
$$9-3+k=0 \qquad \therefore k=-6$$
$$\therefore f'(x)=x^2+x-6=(x+3)(x-2)$$
$f'(x)=0$에서 $\qquad x=-3$ 또는 $x=2$

x	$\cdots$	-3	$\cdots$	2	$\cdots$
$f'(x)$	$+$	0	$-$	0	$+$
$f(x)$	$\nearrow$	극대	$\searrow$	극소	$\nearrow$

따라서 함수 $f(x)$는 $x=2$에서 극소이므로 $f(x)$의
극솟값은
$$f(2)=\int_{-3}^2 (t^2+t-6)dt$$
$$=\left[\frac{1}{3}t^3+\frac{1}{2}t^2-6t\right]_{-3}^2$$
$$=-\frac{125}{6}$$
답 $-\dfrac{125}{6}$

401

주어진 그래프에서
$$f(x)=ax(x-2) \ (a<0)$$
로 놓으면 함수 $y=f(x)$의 그래프의 축의 방정식이
$x=1$이고 $f(x)$의 최댓값이 1이므로 $f(1)=1$에서
$$-a=1 \qquad \therefore a=-1$$
$$\therefore f(x)=-x(x-2)=-x^2+2x$$
한편 $F(x)=\displaystyle\int_1^x f(t)dt$의 양변을 x에 대하여 미분
하면
$$F'(x)=f(x)$$
이때 $x=2$의 좌우에서 $f(x)$의 부호가 양에서 음으로
바뀌므로 $F(x)$는 $x=2$에서 극대이다.
따라서 $F(x)$의 극댓값은
$$F(2)=\int_1^2 (-t^2+2t)dt$$
$$=\left[-\frac{1}{3}t^3+t^2\right]_1^2=\frac{2}{3}$$
답 $\dfrac{2}{3}$

402

$f(x)=\displaystyle\int_0^x (t-1)(t-5)dt$의 양변을 x에 대하여 미

분하면 $\quad f'(x)=(x-1)(x-5)$

$f'(x)=0$에서 $\quad x=1\ (\because\ 0\le x\le 3)$

x	0	$\cdots$	1	$\cdots$	3
$f'(x)$		$+$	0	$-$	
$f(x)$		$\nearrow$	극대	$\searrow$	

따라서 $0\le x\le 3$에서 함수 $f(x)$는 $x=1$일 때 극대이

면서 최대이므로 구하는 최댓값은

$$f(1)=\int_0^1 (t-1)(t-5)dt$$
$$=\int_0^1 (t^2-6t+5)dt$$
$$=\left[\frac{1}{3}t^3-3t^2+5t\right]_0^1=\frac{7}{3}$$

답 $\dfrac{7}{3}$

403

$f(x)=\displaystyle\int_x^{x+1}(2t^2+2t)dt$의 양변을 x에 대하여 미분

하면

$$f'(x)=\{2(x+1)^2+2(x+1)\}-(2x^2+2x)$$
$$=4x+4$$

$f'(x)=0$에서 $\quad x=-1$

x	-2	$\cdots$	-1	$\cdots$	1
$f'(x)$		$-$	0	$+$	
$f(x)$		$\searrow$	극소	$\nearrow$	

이때

$$f(-2)=\int_{-2}^{-1}(2t^2+2t)dt$$
$$=\left[\frac{2}{3}t^3+t^2\right]_{-2}^{-1}=\frac{5}{3},$$
$$f(-1)=\int_{-1}^0 (2t^2+2t)dt$$
$$=\left[\frac{2}{3}t^3+t^2\right]_{-1}^0=-\frac{1}{3},$$
$$f(1)=\int_1^2 (2t^2+2t)dt=\left[\frac{2}{3}t^3+t^2\right]_1^2=\frac{23}{3}$$

이므로 $-2\le x\le 1$에서 함수 $f(x)$의 최댓값은 $\dfrac{23}{3}$,

최솟값은 $-\dfrac{1}{3}$이다.

따라서 $M=\dfrac{23}{3}$, $m=-\dfrac{1}{3}$이므로

$$M-m=8$$

답 8

다른 풀이 $f(x)=\displaystyle\int f'(x)dx=\int (4x+4)dx$

$$=2x^2+4x+C$$
$$=2(x+1)^2+C-2$$

따라서 $-2\le x\le 1$에서 $f(x)$의 최댓값은

$f(1)=C+6$, 최솟값은 $f(-1)=C-2$이므로

$$M=C+6,\ m=C-2$$
$$\therefore\ M-m=8$$

404

(1) $f(t)=2t^2+3t-1$로 놓고 $f(t)$의 한 부정적분을

$F(t)$라 하면

$$\lim_{x\to 1}\frac{1}{x-1}\int_1^{x^2}(2t^2+3t-1)dt$$
$$=\lim_{x\to 1}\frac{1}{x-1}\int_1^{x^2}f(t)dt$$
$$=\lim_{x\to 1}\frac{\left[F(t)\right]_1^{x^2}}{x-1}=\lim_{x\to 1}\frac{F(x^2)-F(1)}{x-1}$$
$$=\lim_{x\to 1}\left\{\frac{F(x^2)-F(1)}{x^2-1}\times(x+1)\right\}$$
$$=2F'(1)$$
$$=2f(1)=2\times 4=8$$

(2) $f(x)=3x^2-x+1$로 놓고 $f(x)$의 한 부정적분을

$F(x)$라 하면

$$\lim_{h\to 0}\frac{1}{h}\int_{2-h}^{2+h}(3x^2-x+1)dx$$
$$=\lim_{h\to 0}\frac{1}{h}\int_{2-h}^{2+h}f(x)dx$$
$$=\lim_{h\to 0}\frac{\left[F(x)\right]_{2-h}^{2+h}}{h}$$
$$=\lim_{h\to 0}\frac{F(2+h)-F(2-h)}{h}$$
$$=\lim_{h\to 0}\frac{F(2+h)-F(2)-\{F(2-h)-F(2)\}}{h}$$
$$=\lim_{h\to 0}\frac{F(2+h)-F(2)}{h}$$
$$\quad+\lim_{h\to 0}\frac{F(2-h)-F(2)}{-h}$$

$$=F'(2)+F'(2)=2F'(2)$$
$$=2f(2)=2\times11=22$$

탭 (1) **8** (2) **22**

405

$f(x)=ax-x^2$으로 놓고 $f(x)$의 한 부정적분을
$F(x)$라 하면

$$\lim_{h\to0}\frac{1}{h}\int_{-1}^{-1+h}(ax-x^2)dx$$
$$=\lim_{h\to0}\frac{1}{h}\int_{-1}^{-1+h}f(x)dx$$
$$=\lim_{h\to0}\frac{\Big[F(x)\Big]_{-1}^{-1+h}}{h}$$
$$=\lim_{h\to0}\frac{F(-1+h)-F(-1)}{h}$$
$$=F'(-1)$$
$$=f(-1)=-a-1$$

따라서 $-a-1=-3$이므로
$$a=2$$

탭 **2**

● 본책 199~201쪽

연습 문제

406

전략 $\displaystyle\int_1^2 f(t)dt=k$ (k는 상수)로 놓고 k의 값을 구한다.

$\displaystyle\int_1^2 f(t)dt=k$ (k는 상수)로 놓으면
$$f(x)=\frac{12}{7}x^2-2kx+k^2$$

따라서
$$k=\int_1^2 f(t)dt$$
$$=\int_1^2\left(\frac{12}{7}t^2-2kt+k^2\right)dt$$
$$=\left[\frac{4}{7}t^3-kt^2+k^2t\right]_1^2$$
$$=4-3k+k^2$$

이므로　$k^2-4k+4=0$
$$(k-2)^2=0 \qquad \therefore k=2$$

즉 $f(x)=\dfrac{12}{7}x^2-4x+4$이므로
$$f(7)=60$$

탭 **60**

407

전략 주어진 등식의 양변을 미분하여 $f(x)$를 구하고
$\displaystyle\int_2^2 f(t)dt=0$임을 이용한다.

주어진 등식의 양변을 x에 대하여 미분하면
$$f(x)=3x^2-6ax+5a$$
$$=3(x-a)^2-3a^2+5a$$

따라서 함수 $f(x)$는 $x=a$일 때 최솟값 $-3a^2+5a$를
갖는다.

이때 주어진 등식의 양변에 $x=2$를 대입하면
$$0=8-12a+10a-a^2$$
$$a^2+2a-8=0, \qquad (a+4)(a-2)=0$$
$$\therefore a=2 \ (\because a>0)$$

따라서 $f(x)$의 최솟값은
$$-3a^2+5a=-3\times2^2+5\times2=-2$$

탭 **-2**

408

전략 주어진 등식의 양변을 미분한 후 $\displaystyle\int_0^1 f(t)dt=k$ (k는 상수)
로 놓고 k의 값을 구한다.

주어진 등식의 양변을 x에 대하여 미분하면
$$f(x)=6x^2-2x-4\int_0^1 f(t)dt$$

$\displaystyle\int_0^1 f(t)dt=k$ (k는 상수)로 놓으면
$$f(x)=6x^2-2x-4k$$

따라서
$$k=\int_0^1 f(t)dt$$
$$=\int_0^1(6t^2-2t-4k)dt$$
$$=\Big[2t^3-t^2-4kt\Big]_0^1$$
$$=1-4k$$

이므로　$5k=1$　$\therefore k=\dfrac{1}{5}$

즉 $f(x)=6x^2-2x-\dfrac{4}{5}$이므로
$$f(-1)=\frac{36}{5}$$

탭 $\dfrac{36}{5}$

다른 풀이 주어진 등식의 양변에 $x=1$을 대입하면

$$\int_0^1 f(t)dt = 2-1-4\int_0^1 f(t)dt$$

$$5\int_0^1 f(t)dt = 1$$

$$\therefore \int_0^1 f(t)dt = \frac{1}{5}$$

이것을 주어진 등식에 대입하면

$$\int_0^x f(t)dt = 2x^3 - x^2 - \frac{4}{5}x$$

양변을 x에 대하여 미분하면

$$f(x) = 6x^2 - 2x - \frac{4}{5}$$

409

전략 함수 $g(x)$가 닫힌구간 $[0, 1]$에서 증가하려면 이 구간에서 $g'(x) \geq 0$이어야 함을 이용한다.

$g(x) = \int_0^x f(t)dt$의 양변을 x에 대하여 미분하면

$$g'(x) = f(x) = -x^2 - 4x + a$$
$$= -(x+2)^2 + 4 + a$$

이때 닫힌구간 $[0, 1]$에서 $g'(x) \geq 0$이어야 하므로 오른쪽 그림에서

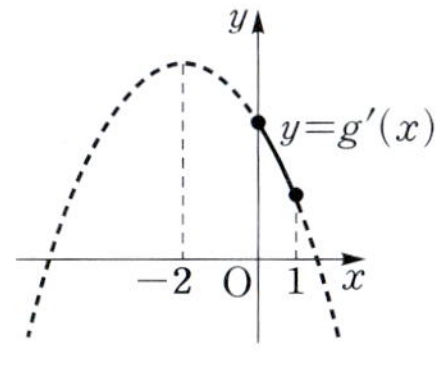

$$g'(1) \geq 0$$

$$a - 5 \geq 0$$

$$\therefore a \geq 5$$

따라서 a의 최솟값은 5이다.　　**답 5**

410

전략 피적분함수에 x가 포함되지 않도록 주어진 등식의 좌변을 변형한 후 양변을 x에 대하여 미분한다.

주어진 등식에서

$$x\int_1^x f'(t)dt - \int_1^x tf'(t)dt$$
$$= 2x^4 + x^3 - 11x + 8$$

양변을 x에 대하여 미분하면

$$\int_1^x f'(t)dt + xf'(x) - xf'(x)$$
$$= 8x^3 + 3x^2 - 11$$

$$\therefore \int_1^x f'(t)dt = 8x^3 + 3x^2 - 11$$

$$\int_1^x f'(t)dt = \Big[f(t)\Big]_1^x = f(x) - f(1)$$이므로

$$f(x) - f(1) = 8x^3 + 3x^2 - 11$$

이때 $f(1)=2$이므로

$$f(x) = 8x^3 + 3x^2 - 9$$

답 $\boldsymbol{f(x) = 8x^3 + 3x^2 - 9}$

411

전략 주어진 등식의 양변을 x에 대하여 미분한 후 $f'(x)=0$을 만족시키는 x의 값을 구한다.

$f(x) = \int_{-3}^x (3t^2 - 6t - 9)dt$의 양변을 x에 대하여 미분하면

$$f'(x) = 3x^2 - 6x - 9 = 3(x+1)(x-3)$$

$f'(x) = 0$에서

$$x = -1 \ \text{또는} \ x = 3$$

x	$\cdots$	-1	$\cdots$	3	$\cdots$
$f'(x)$	$+$	0	$-$	0	$+$
$f(x)$	↗	극대	↘	극소	↗

따라서 함수 $f(x)$는 $x=-1$에서 극대이므로 $f(x)$의 극댓값은

$$f(-1) = \int_{-3}^{-1} (3t^2 - 6t - 9)dt$$
$$= \Big[t^3 - 3t^2 - 9t\Big]_{-3}^{-1}$$
$$= 32$$

또 $x=3$에서 극소이므로 $f(x)$의 극솟값은

$$f(3) = \int_{-3}^{3} (3t^2 - 6t - 9)dt$$
$$= 2\int_0^3 (3t^2 - 9)dt$$
$$= 2\Big[t^3 - 9t\Big]_0^3$$
$$= 2 \times 0 = 0$$

답 극댓값: 32, 극솟값: 0

412

전략 미분계수의 정의를 이용할 수 있도록 주어진 식을 변형한다.

$f(t) = |t^2 - 9|$로 놓고 $f(t)$의 한 부정적분을 $F(t)$라 하면

$$\lim_{x \to 0} \frac{1}{x} \int_{-2-x}^{-2+x} |t^2-9|\,dt$$

$$= \lim_{x \to 0} \frac{1}{x} \int_{-2-x}^{-2+x} f(t)\,dt$$

$$= \lim_{x \to 0} \frac{\Big[F(t)\Big]_{-2-x}^{-2+x}}{x}$$

$$= \lim_{x \to 0} \frac{F(-2+x)-F(-2-x)}{x}$$

$$= \lim_{x \to 0} \frac{F(-2+x)-F(-2)-\{F(-2-x)-F(-2)\}}{x}$$

$$= \lim_{x \to 0} \frac{F(-2+x)-F(-2)}{x}$$

$$\quad + \lim_{x \to 0} \frac{F(-2-x)-F(-2)}{-x}$$

$$= F'(-2)+F'(-2) = 2F'(-2)$$

$$= 2f(-2) = 2 \times 5 = 10$$

답 10

413

전략 조건 (개)를 만족시키는 $f(x)$를 구한다.

조건 (개)에서 $\displaystyle\int_0^2 f(t)\,dt=k$ (k는 상수)로 놓으면

$$f(x)=2x+k$$

즉

$$k=\int_0^2 f(t)\,dt=\int_0^2 (2t+k)\,dt$$

$$=\Big[t^2+kt\Big]_0^2=4+2k$$

이므로 $\quad k=-4$

$$\therefore f(x)=2x-4$$

이때 $f(x)$의 한 부정적분이 $g(x)$이므로

$$g(x)=\int f(x)\,dx=\int (2x-4)\,dx$$

$$=x^2-4x+C$$

따라서 조건 (내)에서

$$C-\int_0^2 (t^2-4t+C)\,dt=\frac{1}{3}$$

$$C-\Big[\frac{1}{3}t^3-2t^2+Ct\Big]_0^2=\frac{1}{3}$$

$$C-\Big(-\frac{16}{3}+2C\Big)=\frac{1}{3}$$

$$\therefore C=5$$

즉 $g(x)=x^2-4x+5$이므로

$$g(1)=2$$

답 2

414

전략 주어진 등식의 양변을 x에 대하여 미분한 후
$\displaystyle\int_0^2 tf(t)\,dt=a$ (a는 상수)로 놓고 a의 값을 구한다.

주어진 등식의 양변을 x에 대하여 미분하면

$$f(x)=8x^2-6x+4\int_0^2 tf(t)\,dt$$

$\displaystyle\int_0^2 tf(t)\,dt=a$ (a는 상수)로 놓으면

$$f(x)=8x^2-6x+4a$$

따라서

$$a=\int_0^2 tf(t)\,dt=\int_0^2 (8t^3-6t^2+4at)\,dt$$

$$=\Big[2t^4-2t^3+2at^2\Big]_0^2$$

$$=16+8a$$

이므로 $\quad 7a=-16 \quad \therefore a=-\frac{16}{7}$

즉 $f(x)=8x^2-6x-\dfrac{64}{7}$이므로

$$f(2)=\frac{76}{7}$$

답 $\dfrac{76}{7}$

415

전략 주어진 등식의 양변에 $x=1$, $x=0$을 각각 대입하여 $f(1)$,
$\displaystyle\int_0^1 f(t)\,dt$의 값을 a에 대한 식으로 나타낸다.

주어진 등식의 양변에 $x=1$을 대입하면

$$f(1)=2+4a \qquad \cdots\cdots\ \text{㉠}$$

주어진 등식의 양변에 $x=0$을 대입하면

$$0=3a+\int_1^0 f(t)\,dt$$

$$\therefore \int_0^1 f(t)\,dt=3a$$

이때 $f(1)=\displaystyle\int_0^1 f(t)\,dt$이므로

$$2+4a=3a \qquad \therefore a=-2$$

따라서 주어진 등식은

$$xf(x)=2x^3-2x^2-6+\int_1^x f(t)\,dt$$

양변을 x에 대하여 미분하면

$$f(x)+xf'(x)=6x^2-4x+f(x)$$

$$xf'(x)=6x^2-4x$$

$$\therefore f'(x)=6x-4$$

$$\therefore\ f(x)=\int f'(x)\,dx$$
$$=\int(6x-4)\,dx$$
$$=3x^2-4x+C$$

이때 ㉠에서 $f(1)=-6$이므로
$$3-4+C=-6 \qquad \therefore\ C=-5$$

즉 $f(x)=3x^2-4x-5$이므로 $\qquad f(3)=10$
$$\therefore\ a+f(3)=8 \qquad\qquad \text{답 ④}$$

416

전략 함수 $f(x)$가 $x=3$에서 극솟값 0을 가지므로 $f(3)=0$, $f'(3)=0$임을 이용한다.

$f(x)=\displaystyle\int_0^x (t^2+at+b)\,dt$의 양변을 x에 대하여 미분하면
$$f'(x)=x^2+ax+b$$

이때 함수 $f(x)$가 $x=3$에서 극솟값 0을 가지므로
$$f(3)=0,\ f'(3)=0$$

$f(3)=0$에서 $\qquad \displaystyle\int_0^3 (t^2+at+b)\,dt=0$
$$\left[\frac{1}{3}t^3+\frac{a}{2}t^2+bt\right]_0^3=0, \qquad 9+\frac{9}{2}a+3b=0$$
$$\therefore\ 3a+2b=-6 \qquad\qquad \cdots\cdots ㉠$$

$f'(3)=0$에서 $\qquad 9+3a+b=0$
$$\therefore\ 3a+b=-9 \qquad\qquad \cdots\cdots ㉡$$

㉠, ㉡을 연립하여 풀면
$$a=-4,\ b=3$$
$$\therefore\ f'(x)=x^2-4x+3=(x-1)(x-3)$$

$f'(x)=0$에서 $\qquad x=1$ 또는 $x=3$

x	$\cdots$	1	$\cdots$	3	$\cdots$
$f'(x)$	$+$	0	$-$	0	$+$
$f(x)$	↗	극대	↘	극소	↗

따라서 함수 $f(x)$는 $x=1$에서 극대이므로 $f(x)$의 극댓값은
$$f(1)=\int_0^1 (t^2-4t+3)\,dt$$
$$=\left[\frac{1}{3}t^3-2t^2+3t\right]_0^1$$
$$=\frac{4}{3} \qquad\qquad \text{답}\ \frac{4}{3}$$

417

전략 주어진 그래프를 이용하여 $f(x)$의 식을 세우고 $g'(x)=f(x)-f(x-1)$임을 이용한다.

주어진 그래프에서
$$f(x)=a(x+1)(x-3)\ (a>0)$$
으로 놓을 수 있다.

이때 $g(x)=\displaystyle\int_{x-1}^x f(t)\,dt$의 양변을 x에 대하여 미분하면
$$g'(x)=f(x)-f(x-1)$$
$$=a(x+1)(x-3)-ax(x-4)$$
$$=a(2x-3)$$

$g'(x)=0$에서 $\qquad x=\dfrac{3}{2}$

x	$\cdots$	$\dfrac{3}{2}$	$\cdots$
$g'(x)$	$-$	0	$+$
$g(x)$	↘	극소	↗

따라서 함수 $g(x)$는 $x=\dfrac{3}{2}$일 때 극소이면서 최소이므로 $\qquad a=\dfrac{3}{2} \qquad\qquad \text{답}\ \dfrac{3}{2}$

418

전략 미분계수의 정의를 이용할 수 있도록 극한을 포함한 식을 변형한다.

$\displaystyle\int_0^x f(t)\,dt=\frac{1}{3}x^3+kx$의 양변을 x에 대하여 미분하면
$$f(x)=x^2+k$$

이때 $f(1)=4$이므로
$$1+k=4 \qquad \therefore\ k=3$$
$$\therefore\ f(x)=x^2+3$$

$t^2 f(t)$의 한 부정적분을 $F(t)$라 하면
$$\lim_{x\to-3}\frac{1}{x^2-9}\int_{-3}^x t^2 f(t)\,dt$$
$$=\lim_{x\to-3}\frac{\left[F(t)\right]_{-3}^x}{x^2-9}=\lim_{x\to-3}\frac{F(x)-F(-3)}{(x+3)(x-3)}$$
$$=\lim_{x\to-3}\left\{\frac{F(x)-F(-3)}{x+3}\times\frac{1}{x-3}\right\}$$
$$=-\frac{1}{6}F'(-3)$$

이때 $F'(t)=t^2 f(t)$이므로 구하는 값은

$$-\frac{1}{6}F'(-3)=-\frac{1}{6}\times 9f(-3)$$
$$=-\frac{1}{6}\times 9\times 12=-18$$

답 -18

419

전략 먼저 조건 ㈎의 양변을 x에 대하여 미분하고 $\int_1^1 f(t)dt=0$임을 이용하여 $f(x)$를 구한다.

조건 ㈎의 양변을 x에 대하여 미분하면

$$f(x)=f(x)+xf'(x)-4x$$
$$xf'(x)=4x \qquad \therefore f'(x)=4$$
$$\therefore f(x)=\int f'(x)dx=\int 4dx$$
$$=4x+C_1 \qquad \cdots\cdots\ \text{㉠}$$

조건 ㈎의 양변에 $x=1$을 대입하면

$$0=f(1)-2-1 \qquad \therefore f(1)=3$$

이때 ㉠에 $x=1$을 대입하면 $\quad f(1)=4+C_1$

$$3=4+C_1 \qquad \therefore C_1=-1$$

따라서 $f(x)=4x-1$이므로

$$F(x)=\int(4x-1)dx$$
$$=2x^2-x+C_2 \qquad \cdots\cdots\ \text{㉡}$$

한편 $f(x)G(x)+F(x)g(x)=\{F(x)G(x)\}'$이므로 조건 ㈏의 양변을 적분하면

$$F(x)G(x)=\int(8x^3+3x^2+1)dx$$
$$=2x^4+x^3+x+C_3$$

이때 ㉡에서 $F(x)$가 최고차항의 계수가 2인 이차함수이므로

$$G(x)=x^2+ax+b \ (a,\ b\text{는 상수})$$

로 놓으면

$$(2x^2-x+C_2)(x^2+ax+b)$$
$$=2x^4+x^3+x+C_3$$
$$\therefore 2x^4+(2a-1)x^3+(-a+2b+C_2)x^2$$
$$+(aC_2-b)x+bC_2$$
$$=2x^4+x^3+x+C_3$$

위의 등식이 모든 실수 x에 대하여 성립하므로

$$2a-1=1 \qquad \therefore a=1$$

따라서 $G(x)=x^2+x+b$이므로

$$\int_1^3 g(x)dx=\Big[G(x)\Big]_1^3=G(3)-G(1)$$
$$=(12+b)-(2+b)$$
$$=10$$

답 10

420

전략 최고차항의 계수가 음수인 사차함수 $G(x)$가 극솟값을 가지려면 삼차방정식 $G'(x)=0$이 서로 다른 세 실근을 가져야 함을 이용한다.

$G(x)=\int_1^x f(t)dt$의 양변을 x에 대하여 미분하면

$$G'(x)=f(x)=-x^3+\frac{3}{2}x^2+6x-k$$

$G'(x)$가 최고차항의 계수가 음수인 삼차함수이므로 $G(x)$는 최고차항의 계수가 음수인 사차함수이다.

따라서 함수 $G(x)$가 극솟값을 가지려면 삼차방정식 $G'(x)=0$, 즉 $f(x)=0$이 서로 다른 세 실근을 가져야 한다.

이때

$$f'(x)=-3x^2+3x+6=-3(x+1)(x-2)$$

이므로 $f'(x)=0$에서

$$x=-1 \text{ 또는 } x=2$$

따라서 함수 $f(x)$는 $x=-1$, $x=2$에서 극값을 가지므로 $\quad f(-1)f(2)<0$

$$\left(-\frac{7}{2}-k\right)(10-k)<0$$
$$\left(k+\frac{7}{2}\right)(k-10)<0 \qquad \therefore -\frac{7}{2}<k<10$$

따라서 정수 k의 최댓값은 9, 최솟값은 -3이므로

$$M=9,\ m=-3$$
$$\therefore \frac{M}{m}=-3$$

답 -3

개념 노트

삼차함수 $f(x)$가 극값을 가질 때, 삼차방정식 $f(x)=0$의 근은 다음과 같다.

① (극댓값)×(극솟값)<0
  $\iff$ 서로 다른 세 실근
② (극댓값)×(극솟값)=0
  $\iff$ 한 실근과 중근 (서로 다른 두 실근)
③ (극댓값)×(극솟값)>0
  $\iff$ 한 실근과 두 허근

421

전략 $\displaystyle\lim_{x\to a}\frac{p(x)}{q(x)}=\alpha$ (a는 실수)일 때, $\displaystyle\lim_{x\to a}q(x)=0$이면 $\displaystyle\lim_{x\to a}p(x)=0$임을 이용한다.

$G(x)=\displaystyle\int_1^x(x-t)f(t)dt$로 놓으면

$\displaystyle\lim_{x\to 2}\frac{1}{x-2}\int_1^x(x-t)f(t)dt=3$에서

$$\lim_{x\to 2}\frac{G(x)}{x-2}=3$$

$x\longrightarrow 2$일 때 (분모) $\longrightarrow 0$이고 극한값이 존재하므로 (분자) $\longrightarrow 0$이다.

즉 $\displaystyle\lim_{x\to 2}G(x)=0$이고 함수 $G(x)$는 실수 전체의 집합에서 연속이므로

$$G(2)=0$$

$$\therefore\ \lim_{x\to 2}\frac{G(x)}{x-2}=\lim_{x\to 2}\frac{G(x)-G(2)}{x-2}$$
$$=G'(2)=3$$

한편 $G(x)=\displaystyle\int_1^x(x-t)f(t)dt$에서

$$G(x)=x\int_1^x f(t)dt-\int_1^x tf(t)dt\quad\cdots\ \bigcirc$$

$G(2)=0$이므로

$$2\int_1^2 f(t)dt-\int_1^2 tf(t)dt=0\qquad\cdots\cdots\ \bigcirc$$

$\bigcirc$의 양변을 x에 대하여 미분하면

$$G'(x)=\int_1^x f(t)dt+xf(x)-xf(x)$$

$$\therefore\ G'(x)=\int_1^x f(t)dt$$

$G'(2)=3$이므로 $\displaystyle\int_1^2 f(t)dt=3$

이것을 $\bigcirc$에 대입하면

$$2\times 3-\int_1^2 tf(t)dt=0$$

$$\therefore\ \int_1^2 tf(t)dt=6$$

$$\therefore\ \int_1^2(4x+1)f(x)dx$$

$$=4\int_1^2 xf(x)dx+\int_1^2 f(x)dx$$
$$=4\times 6+3$$
$$=27$$

답 ⑤

---

3 정적분의 활용

01 정적분과 넓이

422

곡선 $y=-x^2+2x$와 x축의 교점의 x좌표는 $\boxed{0}$, $\boxed{2}$ 이므로 구하는 넓이는

$$\int_{\boxed{0}}^{\boxed{2}}(-x^2+2x)dx$$
$$=\left[-\frac{1}{3}x^3+x^2\right]_0^2=\boxed{\frac{4}{3}}$$

답 풀이 참조

423

곡선 $y=x^2-4x$와 직선 $y=-x$의 교점의 x좌표는 $\boxed{0}$, $\boxed{3}$이므로 구하는 넓이는

$$\int_0^{\boxed{3}}\{-x-(\boxed{x^2-4x})\}dx$$
$$=\int_0^{\boxed{3}}(\boxed{-x^2+3x})dx$$
$$=\left[-\frac{1}{3}x^3+\frac{3}{2}x^2\right]_0^3=\boxed{\frac{9}{2}}$$

답 풀이 참조

424

두 곡선 $y=x^2+x$, $y=-2x^2+x+3$의 교점의 x좌표는 $\boxed{-1}$, $\boxed{1}$이므로 구하는 넓이는

$$\int_{\boxed{-1}}^1\{(\boxed{-2x^2+x+3})-(x^2+x)\}dx$$
$$=\int_{\boxed{-1}}^1(\boxed{-3x^2+3})dx$$
$$=2\int_0^1(-3x^2+3)dx$$
$$=2\left[-x^3+3x\right]_0^1$$
$$=2\times 2=\boxed{4}$$

답 풀이 참조

425

(1) 곡선 $y=x^2+2x-8$과 x축의 교점의 x좌표는

$x^2+2x-8=0$에서

$$(x+4)(x-2)=0$$
$$\therefore\ x=-4\ \text{또는}\ x=2$$

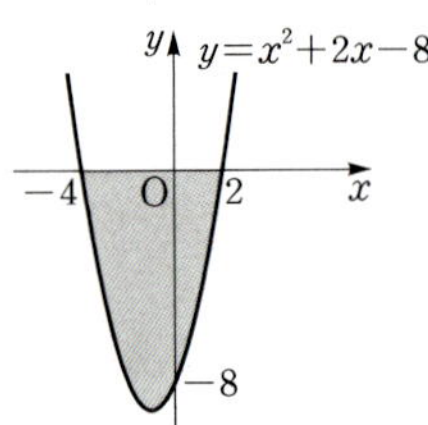

이때 $-4 \le x \le 2$에서 $y \le 0$이므로 구하는 넓이는

$$-\int_{-4}^{2} (x^2+2x-8)\,dx$$
$$=-\left[\frac{1}{3}x^3+x^2-8x\right]_{-4}^{2}$$
$$=36$$

(2) 곡선 $y=-x^3-3x^2+x+3$과 x축의 교점의 x좌표는 $-x^3-3x^2+x+3=0$에서

$$(x+3)(x+1)(x-1)=0$$
$$\therefore x=-3 \text{ 또는 } x=-1 \text{ 또는 } x=1$$

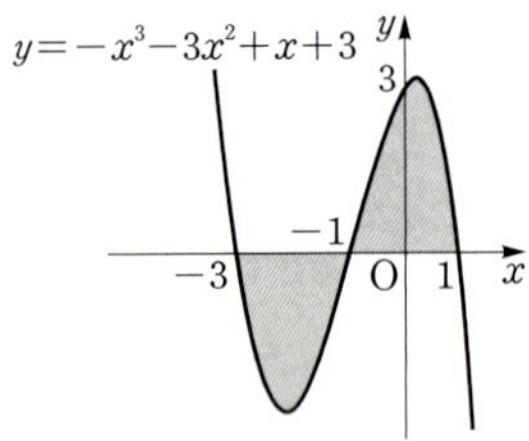

이때 $-3 \le x \le -1$에서 $y \le 0$, $-1 \le x \le 1$에서 $y \ge 0$이므로 구하는 넓이는

$$-\int_{-3}^{-1}(-x^3-3x^2+x+3)\,dx$$
$$+\int_{-1}^{1}(-x^3-3x^2+x+3)\,dx$$
$$=-\int_{-3}^{-1}(-x^3-3x^2+x+3)\,dx$$
$$+2\int_{0}^{1}(-3x^2+3)\,dx$$
$$=-\left[-\frac{1}{4}x^4-x^3+\frac{1}{2}x^2+3x\right]_{-3}^{-1}$$
$$+2\left[-x^3+3x\right]_{0}^{1}$$
$$=-(-4)+2\times 2=8$$

답 (1) **36** (2) **8**

426

곡선 $y=-x^2+kx$와 x축의 교점의 x좌표는 $-x^2+kx=0$에서

$$x(x-k)=0 \qquad \therefore x=0 \text{ 또는 } x=k$$

이때 $k<0$이므로 $k \le x \le 0$에서 $y \ge 0$

따라서 곡선 $y=-x^2+kx$와 x축으로 둘러싸인 도형의 넓이는

$$\int_{k}^{0}(-x^2+kx)\,dx$$
$$=\left[-\frac{1}{3}x^3+\frac{1}{2}kx^2\right]_{k}^{0}=-\frac{1}{6}k^3$$

즉 $-\frac{1}{6}k^3=36$이므로

$$k^3=-216 \qquad \therefore k=-6$$

답 **-6**

427

곡선 $y=-2x^2+x+1$과 x축의 교점의 x좌표는 $-2x^2+x+1=0$에서

$$(2x+1)(x-1)=0$$
$$\therefore x=-\frac{1}{2} \text{ 또는 } x=1$$

이때 $-1 \le x \le -\frac{1}{2}$에서 $y \le 0$, $-\frac{1}{2} \le x \le 1$에서 $y \ge 0$이므로 구하는 넓이는

$$-\int_{-1}^{-\frac{1}{2}}(-2x^2+x+1)\,dx$$
$$+\int_{-\frac{1}{2}}^{1}(-2x^2+x+1)\,dx$$
$$=-\left[-\frac{2}{3}x^3+\frac{1}{2}x^2+x\right]_{-1}^{-\frac{1}{2}}$$
$$+\left[-\frac{2}{3}x^3+\frac{1}{2}x^2+x\right]_{-\frac{1}{2}}^{1}$$
$$=-\left(-\frac{11}{24}\right)+\frac{9}{8}=\frac{19}{12}$$

답 **$\dfrac{19}{12}$**

428

곡선 $y=x^2-3x$와 x축의 교점의 x좌표는 $x^2-3x=0$에서

$$x(x-3)=0 \qquad \therefore x=0 \text{ 또는 } x=3$$

이때 $a<0$이므로

$a \le x \le 0$에서 $y \ge 0$

$0 \le x \le 2$에서 $y \le 0$

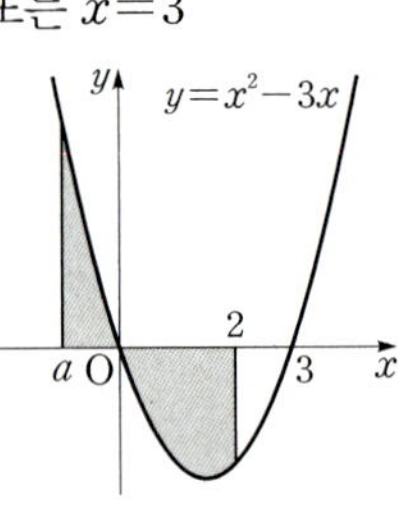

따라서 곡선 $y=x^2-3x$와 x축 및 두 직선 $x=a$, $x=2$로 둘러싸인 도형의 넓이는

$$\int_a^0 (x^2-3x)dx - \int_0^2 (x^2-3x)dx$$

$$=\left[\frac{1}{3}x^3-\frac{3}{2}x^2\right]_a^0 - \left[\frac{1}{3}x^3-\frac{3}{2}x^2\right]_0^2$$

$$=\left(-\frac{1}{3}a^3+\frac{3}{2}a^2\right)-\left(-\frac{10}{3}\right)$$

$$=-\frac{1}{3}a^3+\frac{3}{2}a^2+\frac{10}{3}$$

따라서 $-\frac{1}{3}a^3+\frac{3}{2}a^2+\frac{10}{3}=\frac{31}{6}$ 이므로

$$2a^3-9a^2+11=0$$

$$(a+1)(2a^2-11a+11)=0$$

$$\therefore a=-1 \ (\because a<0)$$

답 -1

429

(1) 곡선 $y=-2x^2+x+4$와 직선 $y=x+2$의 교점의 x좌표는 $-2x^2+x+4=x+2$에서

$$x^2=1 \qquad \therefore x=-1 \ \text{또는} \ x=1$$

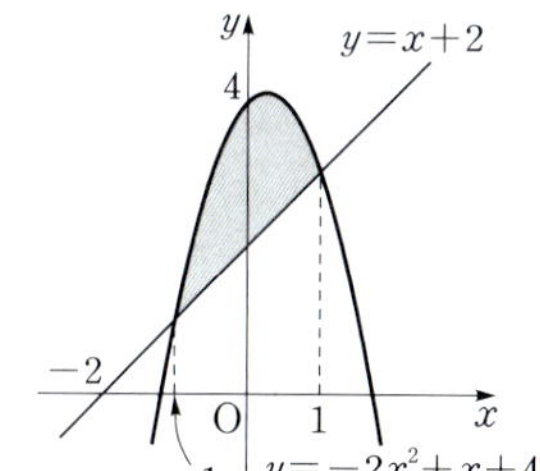

이때 $-1\leq x\leq 1$에서 $-2x^2+x+4\geq x+2$이므로 구하는 넓이는

$$\int_{-1}^1 \{-2x^2+x+4-(x+2)\}dx$$

$$=\int_{-1}^1 (-2x^2+2)dx=2\int_0^1 (-2x^2+2)dx$$

$$=2\left[-\frac{2}{3}x^3+2x\right]_0^1=2\times\frac{4}{3}=\frac{8}{3}$$

(2) 곡선 $y=x^3-5x$와 직선 $y=-x$의 교점의 x좌표는 $x^3-5x=-x$에서

$$x^3-4x=0, \qquad x(x+2)(x-2)=0$$

$$\therefore x=-2 \ \text{또는} \ x=0 \ \text{또는} \ x=2$$

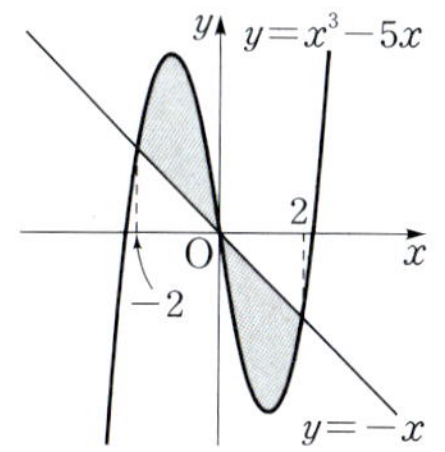

이때 $-2\leq x\leq 0$에서 $x^3-5x\geq -x$, $0\leq x\leq 2$에서 $x^3-5x\leq -x$이므로 구하는 넓이는

$$\int_{-2}^0 \{x^3-5x-(-x)\}dx$$

$$+\int_0^2 \{-x-(x^3-5x)\}dx$$

$$=\int_{-2}^0 (x^3-4x)dx+\int_0^2 (-x^3+4x)dx$$

$$=\left[\frac{1}{4}x^4-2x^2\right]_{-2}^0+\left[-\frac{1}{4}x^4+2x^2\right]_0^2$$

$$=4+4=8$$

답 (1) $\dfrac{8}{3}$ (2) 8

430

곡선 $y=x^2-2x$와 직선 $y=ax$의 교점의 x좌표는 $x^2-2x=ax$에서

$$x^2-(a+2)x=0, \qquad x\{x-(a+2)\}=0$$

$$\therefore x=0 \ \text{또는} \ x=a+2$$

이때 $a>0$이므로 $0\leq x\leq a+2$에서

$$x^2-2x\leq ax$$

따라서 곡선 $y=x^2-2x$와 직선 $y=ax$로 둘러싸인 도형의 넓이는

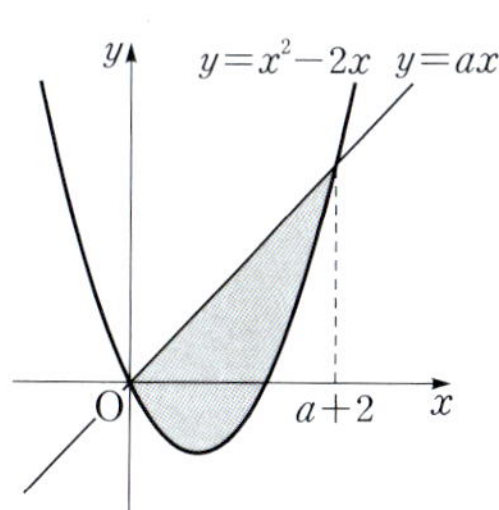

$$\int_0^{a+2} \{ax-(x^2-2x)\}dx$$

$$=\int_0^{a+2} \{-x^2+(a+2)x\}dx$$

$$=\left[-\frac{1}{3}x^3+\frac{1}{2}(a+2)x^2\right]_0^{a+2}$$

$$=\frac{1}{6}(a+2)^3$$

즉 $\frac{1}{6}(a+2)^3=\frac{9}{2}$이므로

$$(a+2)^3=27, \qquad a+2=3$$

$$\therefore a=1$$

답 1

431

(1) 두 곡선 $y=x^3$, $y=3x^2-4$의 교점의 x좌표는 $x^3=3x^2-4$에서

$$x^3-3x^2+4=0, \qquad (x+1)(x-2)^2=0$$

$$\therefore x=-1 \ \text{또는} \ x=2$$

이때 $-1\leq x\leq2$에서 $x^3\geq3x^2-4$이므로 구하는 넓이는

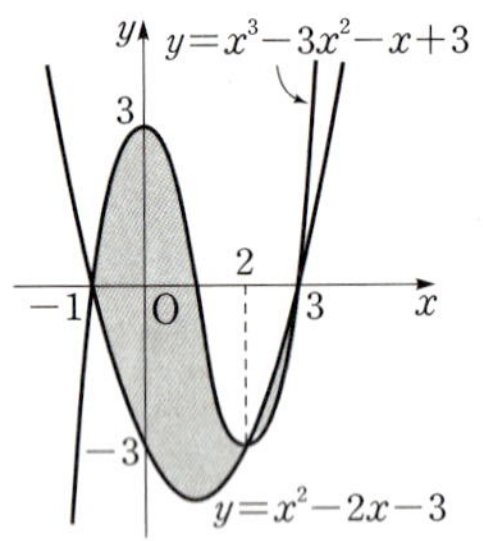

$$\int_{-1}^{2}\{x^3-(3x^2-4)\}dx$$
$$=\int_{-1}^{2}(x^3-3x^2+4)dx$$
$$=\left[\frac{1}{4}x^4-x^3+4x\right]_{-1}^{2}$$
$$=\frac{27}{4}$$

(2) 두 곡선 $y=x^3-3x^2-x+3$, $y=x^2-2x-3$의 교점의 x좌표는 $x^3-3x^2-x+3=x^2-2x-3$에서
$$x^3-4x^2+x+6=0$$
$$(x+1)(x-2)(x-3)=0$$
$$\therefore\ x=-1\ \text{또는}\ x=2\ \text{또는}\ x=3$$

이때
$-1\leq x\leq2$에서 $x^3-3x^2-x+3\geq x^2-2x-3$,
$2\leq x\leq3$에서 $x^3-3x^2-x+3\leq x^2-2x-3$
이므로 구하는 넓이는
$$\int_{-1}^{2}\{x^3-3x^2-x+3-(x^2-2x-3)\}dx$$
$$+\int_{2}^{3}\{x^2-2x-3-(x^3-3x^2-x+3)\}dx$$
$$=\int_{-1}^{2}(x^3-4x^2+x+6)dx$$
$$+\int_{2}^{3}(-x^3+4x^2-x-6)dx$$
$$=\left[\frac{1}{4}x^4-\frac{4}{3}x^3+\frac{1}{2}x^2+6x\right]_{-1}^{2}$$
$$+\left[-\frac{1}{4}x^4+\frac{4}{3}x^3-\frac{1}{2}x^2-6x\right]_{2}^{3}$$
$$=\frac{45}{4}+\frac{7}{12}=\frac{71}{6}$$

답 (1) $\dfrac{27}{4}$　(2) $\dfrac{71}{6}$

432

두 함수 $y=f(x)$, $y=g(x)$의 그래프의 교점의 x좌표는

(i) $x\leq1$일 때
$$-x^2+2x=x^2-x\text{에서}$$
$$2x^2-3x=0,\qquad x(2x-3)=0$$
$$\therefore\ x=0\ (\because\ x\leq1)$$

(ii) $x\geq1$일 때
$$-x^2+2x=x^2-3x+2\text{에서}$$
$$2x^2-5x+2=0,\qquad(2x-1)(x-2)=0$$
$$\therefore\ x=2\ (\because\ x\geq1)$$

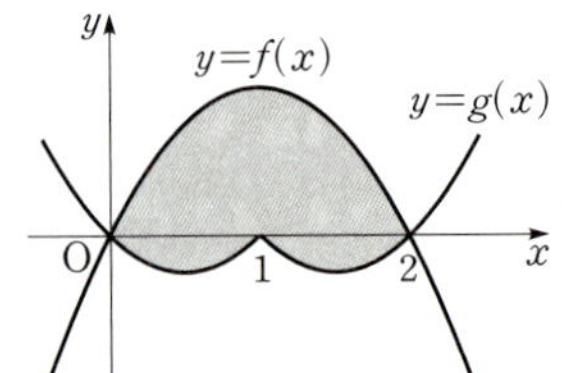

이때 $0\leq x\leq2$에서 $f(x)\geq g(x)$이므로 구하는 넓이는
$$\int_{0}^{2}\{f(x)-g(x)\}dx$$
$$=\int_{0}^{1}\{-x^2+2x-(x^2-x)\}dx$$
$$+\int_{1}^{2}\{-x^2+2x-(x^2-3x+2)\}dx$$
$$=\int_{0}^{1}(-2x^2+3x)dx$$
$$+\int_{1}^{2}(-2x^2+5x-2)dx$$
$$=\left[-\frac{2}{3}x^3+\frac{3}{2}x^2\right]_{0}^{1}+\left[-\frac{2}{3}x^3+\frac{5}{2}x^2-2x\right]_{1}^{2}$$
$$=\frac{5}{6}+\frac{5}{6}$$
$$=\frac{5}{3}$$

답 $\dfrac{5}{3}$

433

$f(x)=x^2-1$로 놓으면　　$f'(x)=2x$
$$\therefore\ f'(2)=4$$
따라서 점 $(2,\ 3)$에서의 접선의 방정식은
$$y-3=4(x-2)$$
$$\therefore\ y=4x-5$$

즉 오른쪽 그림에서 구하는 넓이
는

$$\int_0^2 \{x^2-1-(4x-5)\}dx$$
$$=\int_0^2 (x^2-4x+4)dx$$
$$=\left[\frac{1}{3}x^3-2x^2+4x\right]_0^2$$
$$=\frac{8}{3}$$

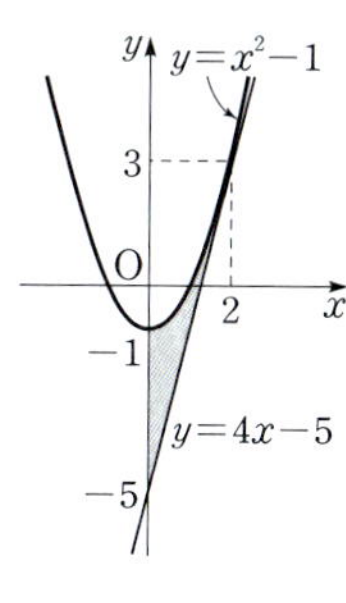

답 $\dfrac{8}{3}$

434

$f(x)=x^3-3x^2+x+4$로 놓으면
$$f'(x)=3x^2-6x+1$$
$$\therefore f'(0)=1$$
따라서 점 $(0,\,4)$에서의 접선의 방정식은
$$y=x+4$$
곡선 $y=x^3-3x^2+x+4$와 직선 $y=x+4$의 교점의
x좌표는 $x^3-3x^2+x+4=x+4$에서
$$x^3-3x^2=0, \qquad x^2(x-3)=0$$
$$\therefore x=0 \text{ 또는 } x=3$$

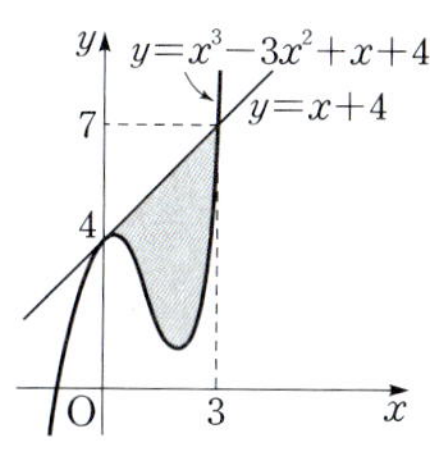

따라서 위의 그림에서 구하는 넓이는
$$\int_0^3 \{x+4-(x^3-3x^2+x+4)\}dx$$
$$=\int_0^3 (-x^3+3x^2)dx$$
$$=\left[-\frac{1}{4}x^4+x^3\right]_0^3=\frac{27}{4}$$

답 $\dfrac{27}{4}$

435

$y=|3x^2+3x|$
$$=\begin{cases} 3x^2+3x & (x\leq-1 \text{ 또는 } x\geq0) \\ -3x^2-3x & (-1\leq x\leq0) \end{cases}$$

따라서 구하는 넓이는
$$\int_{-2}^{-1}(3x^2+3x)dx+\int_{-1}^0(-3x^2-3x)dx$$
$$=\left[x^3+\frac{3}{2}x^2\right]_{-2}^{-1}+\left[-x^3-\frac{3}{2}x^2\right]_{-1}^0$$
$$=\frac{5}{2}+\frac{1}{2}$$
$$=3$$

답 3

436

$y=|x^2-x|$
$$=\begin{cases} x^2-x & (x\leq0 \text{ 또는 } x\geq1) \\ -x^2+x & (0\leq x\leq1) \end{cases}$$
곡선 $y=|x^2-x|$와 직선
$y=x+3$의 교점의 x좌표는
$x^2-x=x+3$에서
$$x^2-2x-3=0$$
$$(x+1)(x-3)=0$$
$$\therefore x=-1 \text{ 또는 } x=3$$
따라서 구하는 넓이는
$$\int_{-1}^0 \{x+3-(x^2-x)\}dx$$
$$+\int_0^1 \{x+3-(-x^2+x)\}dx$$
$$+\int_1^3 \{x+3-(x^2-x)\}dx$$
$$=\int_{-1}^0 (-x^2+2x+3)dx+\int_0^1 (x^2+3)dx$$
$$+\int_1^3 (-x^2+2x+3)dx$$
$$=\left[-\frac{1}{3}x^3+x^2+3x\right]_{-1}^0+\left[\frac{1}{3}x^3+3x\right]_0^1$$
$$+\left[-\frac{1}{3}x^3+x^2+3x\right]_1^3$$
$$=\frac{5}{3}+\frac{10}{3}+\frac{16}{3}$$
$$=\frac{31}{3}$$

답 $\dfrac{31}{3}$

다른 풀이 구하는 넓이는 곡선 $y=x^2-x$와 직선
$y=x+3$으로 둘러싸인 도형의 넓이에서 곡선
$y=-x^2+x$와 x축으로 둘러싸인 도형의 넓이의 2배
를 뺀 것과 같으므로

$$\int_{-1}^{3}\{x+3-(x^2-x)\}dx-2\int_{0}^{1}(-x^2+x)dx$$

$$=\int_{-1}^{3}(-x^2+2x+3)dx-2\int_{0}^{1}(-x^2+x)dx$$

$$=\left[-\frac{1}{3}x^3+x^2+3x\right]_{-1}^{3}-2\left[-\frac{1}{3}x^3+\frac{1}{2}x^2\right]_{0}^{1}$$

$$=\frac{32}{3}-2\times\frac{1}{6}=\frac{31}{3}$$

02 정적분과 넓이의 활용

● 본책 214~218쪽

437

색칠한 두 도형의 넓이가 같으므로

$$\int_{-2}^{k}\left(\frac{1}{2}x^2+x\right)dx=0$$

$$\left[\frac{1}{6}x^3+\frac{1}{2}x^2\right]_{-2}^{k}=0$$

$$\frac{1}{6}k^3+\frac{1}{2}k^2-\frac{2}{3}=0,\qquad k^3+3k^2-4=0$$

$$(k+2)^2(k-1)=0$$

$$\therefore k=1\ (\because k>0)$$

답 1

438

색칠한 두 도형의 넓이가 같으므로

$$\int_{0}^{3}\{x^2(x-3)-ax(x-3)\}dx=0$$

$$\int_{0}^{3}\{x^3-(a+3)x^2+3ax\}dx=0$$

$$\left[\frac{1}{4}x^4-\frac{a+3}{3}x^3+\frac{3}{2}ax^2\right]_{0}^{3}=0$$

$$\frac{9}{2}a-\frac{27}{4}=0\qquad\therefore a=\frac{3}{2}$$

답 $\dfrac{3}{2}$

439

곡선 $y=-x^2+2x$와 x축으로 둘러싸인 도형의 넓이를 S라 하면

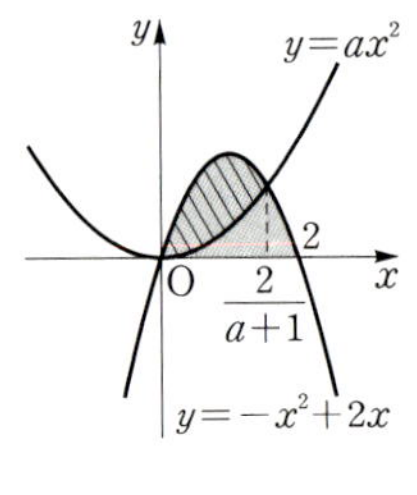

$$S=\int_{0}^{2}(-x^2+2x)dx$$

$$=\left[-\frac{1}{3}x^3+x^2\right]_{0}^{2}$$

$$=\frac{4}{3}$$

두 곡선 $y=-x^2+2x$, $y=ax^2$의 교점의 x좌표는 $-x^2+2x=ax^2$에서

$$(a+1)x^2-2x=0,\qquad x\{(a+1)x-2\}=0$$

$$\therefore x=0\ \text{또는}\ x=\frac{2}{a+1}$$

따라서 두 곡선 $y=-x^2+2x$, $y=ax^2$으로 둘러싸인 도형의 넓이를 S_1이라 하면

$$S_1=\int_{0}^{\frac{2}{a+1}}(-x^2+2x-ax^2)dx$$

$$=\int_{0}^{\frac{2}{a+1}}\{-(a+1)x^2+2x\}dx$$

$$=\left[-\frac{a+1}{3}x^3+x^2\right]_{0}^{\frac{2}{a+1}}$$

$$=\frac{4}{3(a+1)^2}$$

이때 $S=2S_1$이므로

$$\frac{4}{3}=2\times\frac{4}{3(a+1)^2}$$

$$(a+1)^2=2,\qquad a+1=\sqrt{2}\ (\because a>0)$$

$$\therefore a=-1+\sqrt{2}$$

답 $-1+\sqrt{2}$

440

곡선 $y=x^2-3x$와 직선 $y=ax$의 교점의 x좌표는 $x^2-3x=ax$에서

$$x^2-(a+3)x=0$$

$$x(x-a-3)=0$$

$$\therefore x=0\ \text{또는}\ x=a+3$$

곡선 $y=x^2-3x$와 직선 $y=ax$로 둘러싸인 도형의 넓이를 S라 하면

$$S=\int_{0}^{a+3}\{ax-(x^2-3x)\}dx$$

$$=\int_{0}^{a+3}\{-x^2+(a+3)x\}dx$$

$$=\left[-\frac{1}{3}x^3+\frac{a+3}{2}x^2\right]_{0}^{a+3}=\frac{1}{6}(a+3)^3$$

곡선 $y=x^2-3x$와 x축으로 둘러싸인 도형의 넓이를 S_1이라 하면

$$S_1=-\int_{0}^{3}(x^2-3x)dx$$

$$=-\left[\frac{1}{3}x^3-\frac{3}{2}x^2\right]_{0}^{3}=\frac{9}{2}$$

이때 $S=2S_1$이므로

$$\frac{1}{6}(a+3)^3=2\times\frac{9}{2}$$

$$(a+3)^3=54, \qquad a+3=3\sqrt[3]{2}$$

$$\therefore a=-3+3\sqrt[3]{2}$$

답 $-3+3\sqrt[3]{2}$

441

두 곡선 $y=2kx^2$, $y=-\dfrac{1}{2k}x^2$

과 직선 $x=3$으로 둘러싸인 도
형의 넓이는

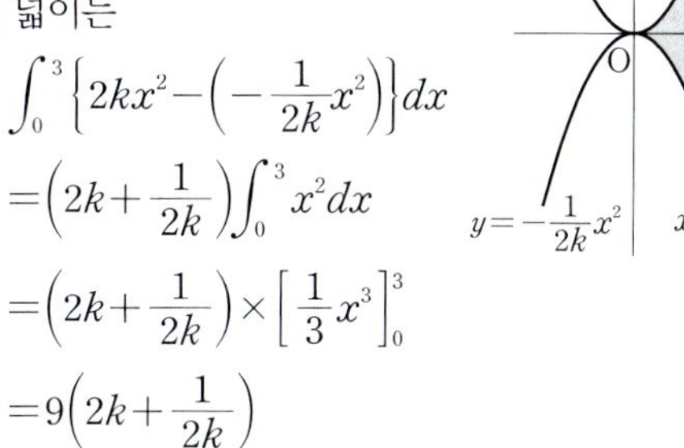

$$\int_0^3\left\{2kx^2-\left(-\frac{1}{2k}x^2\right)\right\}dx$$

$$=\left(2k+\frac{1}{2k}\right)\int_0^3 x^2\,dx$$

$$=\left(2k+\frac{1}{2k}\right)\times\left[\frac{1}{3}x^3\right]_0^3$$

$$=9\left(2k+\frac{1}{2k}\right)$$

이때 $2k>0$, $\dfrac{1}{2k}>0$이므로 산술평균과 기하평균의

관계에 의하여

$$9\left(2k+\frac{1}{2k}\right)\geq 9\times 2\sqrt{2k\times\frac{1}{2k}}=18$$

$$\left(\text{단, 등호는 } 2k=\frac{1}{2k}\text{일 때 성립}\right)$$

따라서 구하는 최솟값은 18이다.

답 18

📝 개념 노트

산술평균과 기하평균의 관계

$a>0$, $b>0$일 때

$$\frac{a+b}{2}\geq\sqrt{ab}\ (\text{단, 등호는 } a=b\text{일 때 성립})$$

442

$f(x)=x^2+2$로 놓으면 $\qquad f'(x)=2x$

$$\therefore f'(a)=2a$$

따라서 점 $(a,\,a^2+2)$에서의 접선의 방정식은

$$y-(a^2+2)=2a(x-a)$$

$$\therefore y=2ax-a^2+2$$

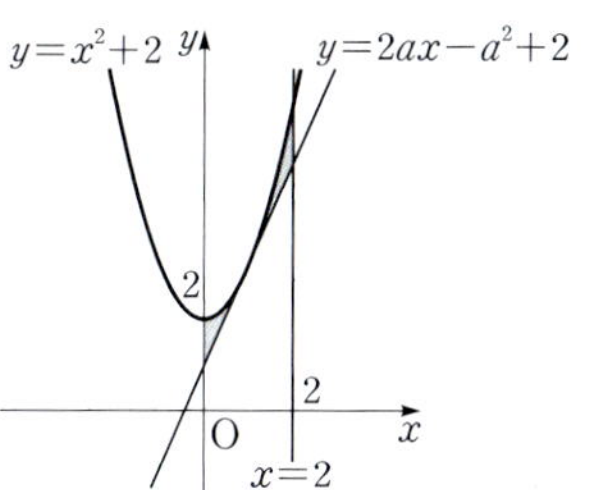

이때 곡선 $y=x^2+2$와 직선 $y=2ax-a^2+2$ 및 두

직선 $x=0$, $x=2$로 둘러싸인 도형의 넓이는

$$\int_0^2\{x^2+2-(2ax-a^2+2)\}dx$$

$$=\int_0^2(x^2-2ax+a^2)dx$$

$$=\left[\frac{1}{3}x^3-ax^2+a^2x\right]_0^2$$

$$=\frac{8}{3}-4a+2a^2$$

$$=2(a-1)^2+\frac{2}{3}$$

따라서 구하는 최솟값은 $\dfrac{2}{3}$이다. 답 $\dfrac{2}{3}$

443

$f(x)=2x^3+x^2+x$에서

$$f'(x)=6x^2+2x+1$$

$$=6\left(x+\frac{1}{6}\right)^2+\frac{5}{6}>0$$

따라서 함수 $f(x)$는 실수 전체의 집합에서 증가한다.

이때 두 곡선 $y=f(x)$와 $y=g(x)$는 직선 $y=x$에 대

하여 대칭이므로 두 곡선으로 둘러싸인 도형의 넓이는

곡선 $y=f(x)$와 직선 $y=x$로 둘러싸인 도형의 넓이

의 2배와 같다.

곡선 $y=f(x)$와 직선 $y=x$의 교점의 x좌표는

$2x^3+x^2+x=x$에서

$$2x^3+x^2=0, \qquad x^2(2x+1)=0$$

$$\therefore x=-\frac{1}{2}\ \text{또는}\ x=0$$

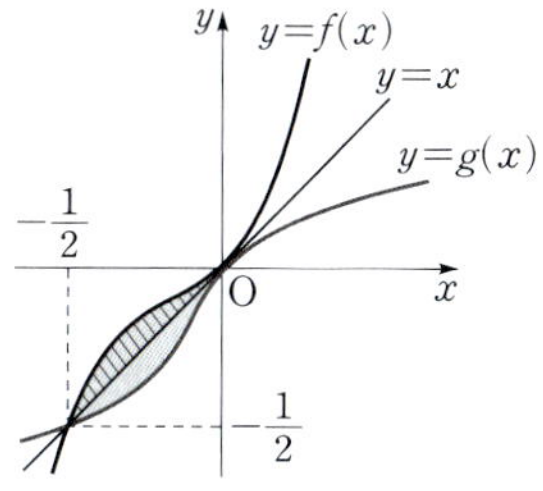

따라서 구하는 넓이는

$$2\int_{-\frac{1}{2}}^{0}\{(2x^3+x^2+x)-x\}dx$$

$$=2\int_{-\frac{1}{2}}^{0}(2x^3+x^2)dx$$

$$=2\left[\frac{1}{2}x^4+\frac{1}{3}x^3\right]_{-\frac{1}{2}}^{0}$$

$$=2\times\frac{1}{96}=\frac{1}{48}$$

답 $\dfrac{1}{48}$

444

$f(0)=3$, $f(2)=11$이므로 곡선 $y=f(x)$는 두 점 $(0, 3)$, $(2, 11)$을 지나고 두 곡선 $y=f(x)$와 $y=g(x)$는 직선 $y=x$에 대하여 대칭이다.

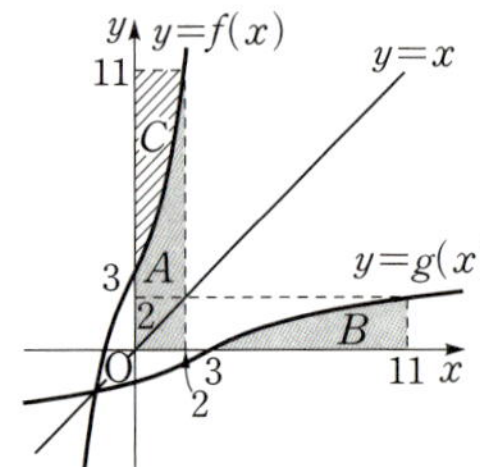

따라서 위의 그림에서

$$(B의 넓이)=(C의 넓이)$$

$$\therefore \int_0^2 f(x)dx+\int_{f(0)}^{f(2)} g(x)dx$$

$$=\int_0^2 f(x)dx+\int_3^{11} g(x)dx$$

$$=(A의 넓이)+(B의 넓이)$$

$$=(A의 넓이)+(C의 넓이)$$

$$=2\times11=22$$

답 22

● 본책 219~221쪽

445

전략 곡선과 x축의 교점의 x좌표를 구한 다음 $y\geq0$인 구간과 $y\leq0$인 구간으로 나누어 정적분의 값을 구한다.

곡선 $y=x^3+x^2-2x$와 x축의 교점의 x좌표는 $x^3+x^2-2x=0$에서

$$x(x+2)(x-1)=0$$

$$\therefore x=-2 \text{ 또는 } x=0 \text{ 또는 } x=1$$

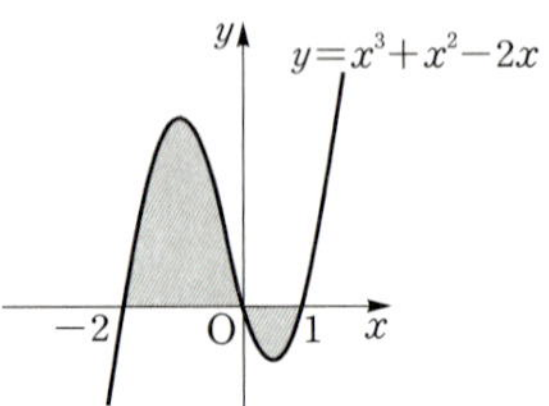

따라서 위의 그림에서 구하는 넓이는

$$\int_{-2}^{0}(x^3+x^2-2x)dx-\int_0^1(x^3+x^2-2x)dx$$

$$=\left[\frac{1}{4}x^4+\frac{1}{3}x^3-x^2\right]_{-2}^{0}-\left[\frac{1}{4}x^4+\frac{1}{3}x^3-x^2\right]_0^1$$

$$=\frac{8}{3}-\left(-\frac{5}{12}\right)$$

$$=\frac{37}{12}$$

답 $\dfrac{37}{12}$

446

전략 곡선과 x축의 교점의 x좌표를 구한 다음 $y\geq0$인 구간과 $y\leq0$인 구간으로 나누어 정적분의 값을 구한다.

곡선 $y=x^3-1$과 x축의 교점의 x좌표는 $x^3-1=0$에서 $(x-1)(x^2+x+1)=0$

$$\therefore x=1 \ (\because x^2+x+1>0)$$

따라서 오른쪽 그림에서 구하는 넓이는

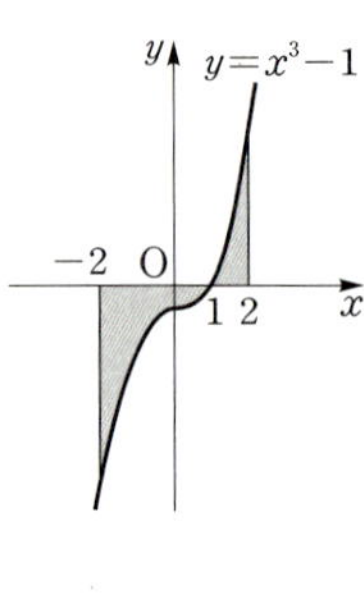

$$-\int_{-2}^{1}(x^3-1)dx$$

$$+\int_1^2(x^3-1)dx$$

$$=-\left[\frac{1}{4}x^4-x\right]_{-2}^{1}$$

$$+\left[\frac{1}{4}x^4-x\right]_1^2$$

$$=-\left(-\frac{27}{4}\right)+\frac{11}{4}=\frac{19}{2}$$

답 $\dfrac{19}{2}$

447

전략 곡선과 직선의 교점의 x좌표를 구한 다음 곡선과 직선의 위치 관계를 파악한다.

곡선 $y=x(x-3)^2$과 직선 $y=x$의 교점의 x좌표는 $x(x-3)^2=x$에서

$$x(x-2)(x-4)=0$$

$$\therefore x=0 \text{ 또는 } x=2 \text{ 또는 } x=4$$

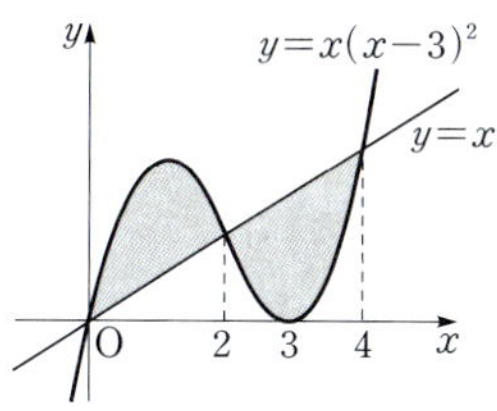

따라서 위의 그림에서 구하는 넓이는

$$\int_0^2 \{x(x-3)^2-x\}dx+\int_2^4 \{x-x(x-3)^2\}dx$$

$$=\int_0^2 (x^3-6x^2+8x)dx$$

$$+\int_2^4 (-x^3+6x^2-8x)dx$$

$$=\left[\frac{1}{4}x^4-2x^3+4x^2\right]_0^2+\left[-\frac{1}{4}x^4+2x^3-4x^2\right]_2^4$$

$$=4+4=8$$

답 **8**

448

전략 두 곡선의 교점의 x좌표를 구한 다음 두 곡선의 위치 관계를 파악한다.

두 곡선 $y=x^2$, $y=-x^2+1$의 교점의 x좌표는

$x^2=-x^2+1$에서　　$x^2=\dfrac{1}{2}$

$$\therefore x=-\frac{1}{\sqrt{2}} \text{ 또는 } x=\frac{1}{\sqrt{2}}$$

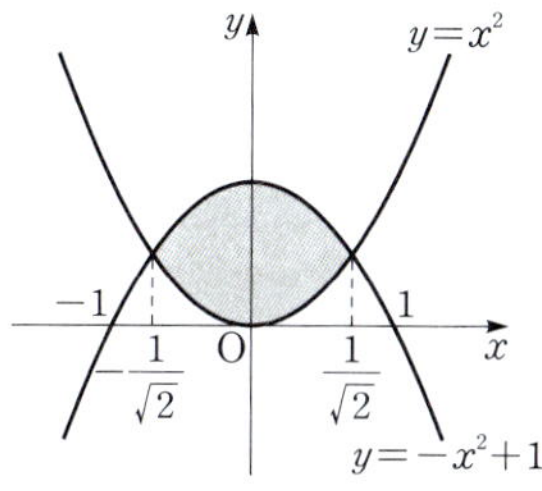

따라서 위의 그림에서 구하는 넓이는

$$\int_{-\frac{1}{\sqrt{2}}}^{\frac{1}{\sqrt{2}}} (-x^2+1-x^2)dx$$

$$=\int_{-\frac{1}{\sqrt{2}}}^{\frac{1}{\sqrt{2}}} (-2x^2+1)dx$$

$$=2\int_0^{\frac{1}{\sqrt{2}}} (-2x^2+1)dx$$

$$=2\left[-\frac{2}{3}x^3+x\right]_0^{\frac{1}{\sqrt{2}}}$$

$$=2\times \frac{\sqrt{2}}{3}=\frac{2\sqrt{2}}{3}$$

답 $\dfrac{2\sqrt{2}}{3}$

449

전략 접선의 방정식을 구한 다음 곡선과 접선의 교점의 x좌표를 구한다.

$f(x)=x^3+3x^2-x-3$으로 놓으면

$$f'(x)=3x^2+6x-1$$

$$\therefore f'(-3)=8$$

따라서 점 $(-3, 0)$에서의 접선의 방정식은

$$y=8(x+3)　　\therefore y=8x+24$$

곡선 $y=x^3+3x^2-x-3$과 직선 $y=8x+24$의 교점의 x좌표는 $x^3+3x^2-x-3=8x+24$에서

$$x^3+3x^2-9x-27=0$$

$$(x+3)^2(x-3)=0$$

$$\therefore x=-3 \text{ 또는 } x=3$$

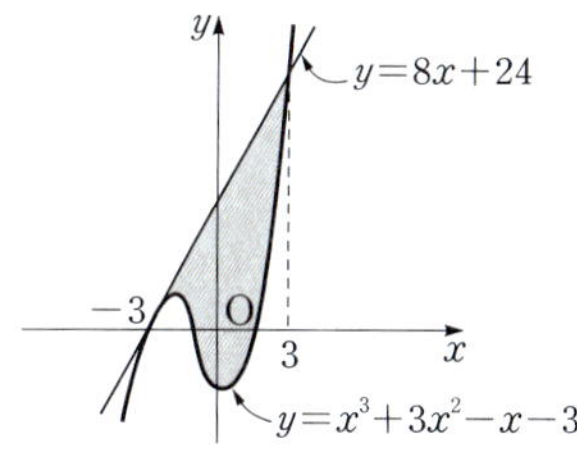

따라서 위의 그림에서 구하는 넓이는

$$\int_{-3}^3 \{8x+24-(x^3+3x^2-x-3)\}dx$$

$$=\int_{-3}^3 (-x^3-3x^2+9x+27)dx$$

$$=2\int_0^3 (-3x^2+27)dx$$

$$=2\left[-x^3+27x\right]_0^3$$

$$=2\times 54=108$$

답 **108**

450

전략 $x\leq0$인 구간과 $x\geq0$인 구간으로 나누어 정적분의 값을 구한다.

$$y=x^2-|x|-2=\begin{cases} x^2+x-2 & (x\leq0) \\ x^2-x-2 & (x\geq0) \end{cases}$$

함수 $y=x^2-|x|-2$의 그래프와 x축의 교점의 x좌표는

(i) $x\leq0$일 때

$x^2+x-2=0$에서　　$(x+2)(x-1)=0$

$$\therefore x=-2 \ (\because x\leq0)$$

(ii) $x \geq 0$일 때

$x^2 - x - 2 = 0$에서　　$(x+1)(x-2) = 0$

$\therefore x = 2 \ (\because x \geq 0)$

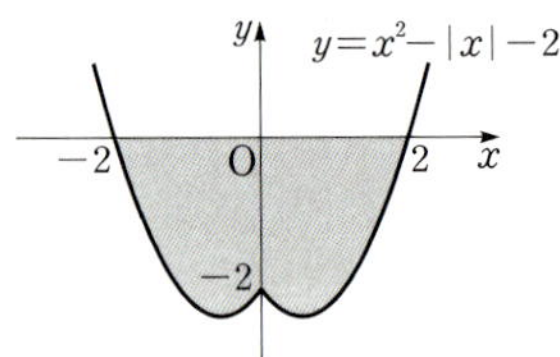

따라서 위의 그림에서 구하는 넓이는

$$-\int_{-2}^{0} (x^2 + x - 2)dx - \int_{0}^{2} (x^2 - x - 2)dx$$

$$= -\left[\frac{1}{3}x^3 + \frac{1}{2}x^2 - 2x\right]_{-2}^{0}$$

$$\quad -\left[\frac{1}{3}x^3 - \frac{1}{2}x^2 - 2x\right]_{0}^{2}$$

$$= -\left(-\frac{10}{3}\right) - \left(-\frac{10}{3}\right)$$

$$= \frac{20}{3}$$

답 $\dfrac{20}{3}$

다른 풀이 함수 $y = x^2 - |x| - 2$의 그래프는 y축에 대하여 대칭이므로 구하는 넓이는

$$2\left\{-\int_{0}^{2} (x^2 - x - 2)dx\right\}$$

$$= -2\left[\frac{1}{3}x^3 - \frac{1}{2}x^2 - 2x\right]_{0}^{2}$$

$$= -2 \times \left(-\frac{10}{3}\right)$$

$$= \frac{20}{3}$$

451

전략 곡선 $y = x^2 - 5x$와 직선 $y = x$로 둘러싸인 부분의 넓이는 곡선 $y = x^2 - 5x$와 두 직선 $y = x$, $x = k$로 둘러싸인 부분의 넓이의 2배와 같음을 이용한다.

곡선 $y = x^2 - 5x$와 직선 $y = x$
의 교점의 x좌표는 $x^2 - 5x = x$
에서

$$x^2 - 6x = 0$$

$$x(x-6) = 0$$

$$\therefore x = 0 \ \text{또는} \ x = 6$$

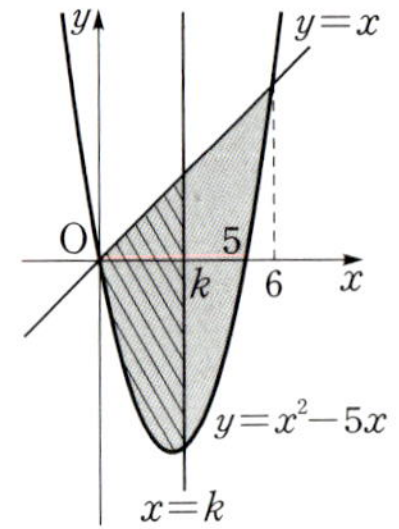

따라서 곡선 $y = x^2 - 5x$와 직선 $y = x$로 둘러싸인 부분의 넓이를 S라 하면

$$S = \int_{0}^{6} \{x - (x^2 - 5x)\}dx$$

$$= \int_{0}^{6} (-x^2 + 6x)dx$$

$$= \left[-\frac{1}{3}x^3 + 3x^2\right]_{0}^{6} = 36$$

곡선 $y = x^2 - 5x$와 두 직선 $y = x$, $x = k$로 둘러싸인 부분의 넓이를 S_1이라 하면

$$S_1 = \int_{0}^{k} \{x - (x^2 - 5x)\}dx$$

$$= \int_{0}^{k} (-x^2 + 6x)dx$$

$$= \left[-\frac{1}{3}x^3 + 3x^2\right]_{0}^{k} = -\frac{1}{3}k^3 + 3k^2$$

이때 $S = 2S_1$이므로

$$36 = 2\left(-\frac{1}{3}k^3 + 3k^2\right)$$

$$k^3 - 9k^2 + 54 = 0$$

$$(k-3)(k^2 - 6k - 18) = 0$$

$$\therefore k = 3 \ (\because 0 < k < 6)$$

답 ①

452

전략 두 점 P, Q의 x좌표를 각각 a, b라 하면
$(A$의 넓이$) = \int_{0}^{a} f(x)dx$, $(B$의 넓이$) = -\int_{a}^{b} f(x)dx$임을 이용한다.

곡선 $y = f(x)$와 x축의 교점의 x좌표는
$kx(x-2)(x-3) = 0$에서

$$x = 0 \ \text{또는} \ x = 2 \ \text{또는} \ x = 3$$

따라서 두 점 P, Q의 x좌표는 각각 2, 3이므로
$(A$의 넓이$) - (B$의 넓이$) = 3$에서

$$\int_{0}^{2} f(x)dx - \left\{-\int_{2}^{3} f(x)dx\right\} = 3$$

$$\int_{0}^{2} f(x)dx + \int_{2}^{3} f(x)dx = 3$$

$$\int_{0}^{3} f(x)dx = 3$$

$$\int_{0}^{3} kx(x-2)(x-3)dx = 3$$

$$k\int_{0}^{3} (x^3 - 5x^2 + 6x)dx = 3$$

$$k\left[\frac{1}{4}x^4 - \frac{5}{3}x^3 + 3x^2\right]_{0}^{3} = 3$$

$$\frac{9}{4}k = 3 \qquad \therefore k = \frac{4}{3}$$

답 ②

453

전략 $f(x)=kx(x-4)^2\ (k<0)$으로 놓고 $\displaystyle\int_0^4 |f(x)|\,dx=4$ 에서 k의 값을 구한다.

$f(x)=kx(x-4)^2\ (k<0)$으로 놓으면 곡선 $y=f(x)$와 x축으로 둘러싸인 도형의 넓이는

$$-\int_0^4 kx(x-4)^2\,dx$$
$$=-k\int_0^4 (x^3-8x^2+16x)\,dx$$
$$=-k\left[\frac{1}{4}x^4-\frac{8}{3}x^3+8x^2\right]_0^4$$
$$=-\frac{64}{3}k$$

즉 $-\dfrac{64}{3}k=4$이므로

$$k=-\frac{3}{16}$$

따라서 $f(x)=-\dfrac{3}{16}x(x-4)^2$이므로

$$f(-2)=\frac{27}{2}$$

답 $\dfrac{27}{2}$

454

전략 $f(x)$의 식을 구한 다음 두 곡선 $y=x^2$, $y=f(x)$의 교점의 x좌표를 구한다.

곡선 $y=x^2$을 x축에 대하여 대칭이동한 곡선의 방정식은

$$y=-x^2$$

이 곡선을 x축의 방향으로 -1만큼, y축의 방향으로 5만큼 평행이동한 곡선의 방정식은

$$y-5=-(x+1)^2$$
$$\therefore\ y=-(x+1)^2+5$$
$$\therefore\ f(x)=-(x+1)^2+5$$

두 곡선 $y=x^2$과 $y=f(x)$의 교점의 x좌표는 $x^2=-(x+1)^2+5$에서

$$x^2+x-2=0,\qquad (x+2)(x-1)=0$$
$$\therefore\ x=-2\ \text{또는}\ x=1$$

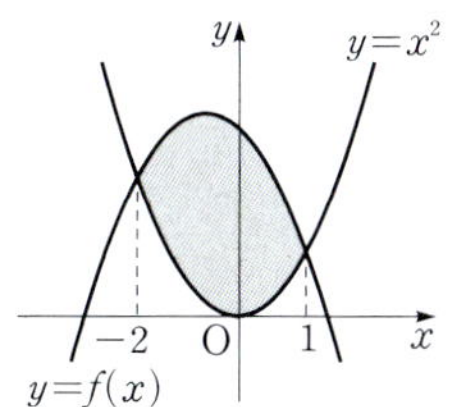

따라서 앞의 그림에서 구하는 넓이는

$$\int_{-2}^{1}\{-(x+1)^2+5-x^2\}\,dx$$
$$=\int_{-2}^{1}(-2x^2-2x+4)\,dx$$
$$=\left[-\frac{2}{3}x^3-x^2+4x\right]_{-2}^{1}=9$$

답 9

455

전략 접선의 방정식을 구한 다음 구간을 나누어 곡선과 접선으로 둘러싸인 도형의 넓이를 구한다.

$f(x)=2x^2+3$으로 놓으면 $f'(x)=4x$

접점의 좌표를 $(a,\ 2a^2+3)$이라 하면 $f'(a)=4a$이므로 접선의 방정식은

$$y-(2a^2+3)=4a(x-a)$$
$$\therefore\ y=4ax-2a^2+3 \qquad \cdots\cdots\ \text{㉠}$$

직선 ㉠이 점 $(1,\ -3)$을 지나므로

$$-3=4a-2a^2+3,\qquad a^2-2a-3=0$$
$$(a+1)(a-3)=0\qquad \therefore\ a=-1\ \text{또는}\ a=3$$

$a=-1$일 때, ㉠에서 $\quad y=-4x+1$

$a=3$일 때, ㉠에서 $\quad y=12x-15$

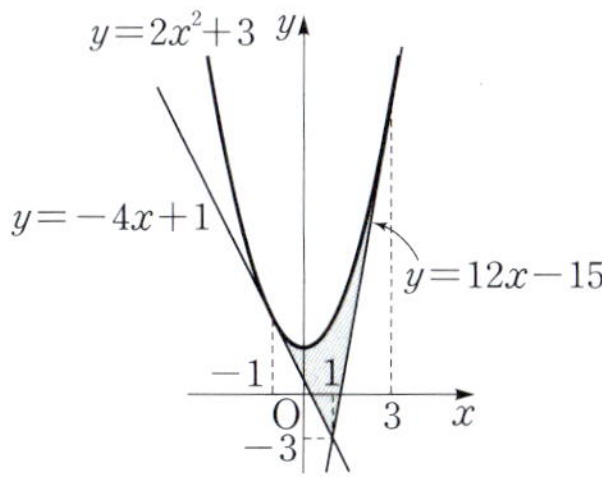

따라서 위의 그림에서 구하는 넓이는

$$\int_{-1}^{1}\{2x^2+3-(-4x+1)\}\,dx$$
$$+\int_{1}^{3}\{2x^2+3-(12x-15)\}\,dx$$
$$=\int_{-1}^{1}(2x^2+4x+2)\,dx$$
$$+\int_{1}^{3}(2x^2-12x+18)\,dx$$
$$=2\int_{0}^{1}(2x^2+2)\,dx+\int_{1}^{3}(2x^2-12x+18)\,dx$$
$$=2\left[\frac{2}{3}x^3+2x\right]_0^1+\left[\frac{2}{3}x^3-6x^2+18x\right]_1^3$$
$$=2\times\frac{8}{3}+\frac{16}{3}=\frac{32}{3}$$

답 $\dfrac{32}{3}$

곡선 밖의 한 점에서 곡선에 그은 접선의 방정식

곡선 $y=f(x)$ 밖의 한 점 (x_1, y_1)에서 이 곡선에 그은 접선의 방정식은 다음과 같은 순서로 구한다.

(ⅰ) 접점의 좌표를 $(t, f(t))$로 놓고 접선의 기울기 $f'(t)$를 구한다.

(ⅱ) 접선 $y-f(t)=f'(t)(x-t)$가 점 (x_1, y_1)을 지남을 이용하여 t의 값을 구한다.

(ⅲ) (ⅱ)에서 구한 t의 값을 $y-f(t)=f'(t)(x-t)$에 대입한다.

456

전략 곡선 $y=x^2-6x+a$가 직선 $x=3$에 대하여 대칭임을 이용한다.

$A:B=1:2$에서
$$B=2A$$

이때 곡선
$$y=x^2-6x+a$$
$$=(x-3)^2+a-9$$

가 직선 $x=3$에 대하여 대칭이므로 위의 그림에서 빗금 친 부분의 넓이는 $\dfrac{1}{2}B=A$이다.

즉 곡선 $y=x^2-6x+a$와 x축, y축 및 직선 $x=3$으로 둘러싸인 두 도형의 넓이가 같으므로

$$\int_0^3 (x^2-6x+a)dx=0$$
$$\left[\frac{1}{3}x^3-3x^2+ax\right]_0^3=0$$
$$-18+3a=0$$
$$\therefore a=6$$

답 **6**

457

전략 곡선 $y=\dfrac{1}{4}x^2$과 직선 $y=1$로 둘러싸인 도형의 넓이는 곡선 $y=kx^2$과 직선 $y=1$로 둘러싸인 도형의 넓이의 3배와 같음을 이용한다.

곡선 $y=\dfrac{1}{4}x^2$과 직선 $y=1$의 교점의 x좌표는

$\dfrac{1}{4}x^2=1$에서

$$x^2=4 \qquad \therefore x=-2 \text{ 또는 } x=2$$

따라서 곡선 $y=\dfrac{1}{4}x^2$과 직선 $y=1$로 둘러싸인 도형의 넓이를 S라 하면

$$S=\int_{-2}^{2}\left(1-\frac{1}{4}x^2\right)dx=2\int_0^2\left(1-\frac{1}{4}x^2\right)dx$$
$$=2\left[x-\frac{1}{12}x^3\right]_0^2=2\times\frac{4}{3}$$
$$=\frac{8}{3}$$

한편 곡선 $y=kx^2$과 직선 $y=1$의 교점의 x좌표는 $kx^2=1$에서

$$x^2=\frac{1}{k} \qquad \therefore x=-\frac{1}{\sqrt{k}} \text{ 또는 } x=\frac{1}{\sqrt{k}}$$

따라서 곡선 $y=kx^2$과 직선 $y=1$로 둘러싸인 도형의 넓이를 S_1이라 하면

$$S_1=\int_{-\frac{1}{\sqrt{k}}}^{\frac{1}{\sqrt{k}}}(1-kx^2)dx=2\int_0^{\frac{1}{\sqrt{k}}}(1-kx^2)dx$$
$$=2\left[x-\frac{k}{3}x^3\right]_0^{\frac{1}{\sqrt{k}}}=2\times\frac{2}{3\sqrt{k}}$$
$$=\frac{4}{3\sqrt{k}}$$

이때 $S=3S_1$이므로

$$\frac{8}{3}=3\times\frac{4}{3\sqrt{k}}, \qquad \sqrt{k}=\frac{3}{2}$$
$$\therefore k=\frac{9}{4}$$

답 $\dfrac{9}{4}$

458

전략 구하는 넓이는 곡선 $y=f(x)$와 직선 $y=x$로 둘러싸인 도형의 넓이의 2배와 같음을 이용한다.

함수 $y=f(x)$의 그래프와 그 역함수 $y=g(x)$의 그래프는 직선 $y=x$에 대하여 대칭이다.

따라서 구하는 넓이는 곡선 $y=f(x)$와 직선 $y=x$로 둘러싸인 도형의 넓이의 2배와 같으므로

$$2\int_1^3\{f(x)-x\}dx=2\int_1^3 f(x)dx-2\int_1^3 x\,dx$$
$$=2\times\frac{11}{2}-2\left[\frac{1}{2}x^2\right]_1^3$$
$$=11-2\times4$$
$$=3$$

답 **3**

459

$\boxed{\text{전략}}$ 두 함수 $y=f(x)$, $y=g(x)$의 그래프가 만나는 점의 개수가 2가 되도록 함수 $y=g(x)$의 그래프를 그려 본다.

$f(x)=x^3+x^2-x$에서
$$f'(x)=3x^2+2x-1=(x+1)(3x-1)$$

$f'(x)=0$에서 $\quad x=-1$ 또는 $x=\dfrac{1}{3}$

x	$\cdots$	-1	$\cdots$	$\dfrac{1}{3}$	$\cdots$
$f'(x)$	$+$	0	$-$	0	$+$
$f(x)$	$\nearrow$	1	$\searrow$	$-\dfrac{5}{27}$	$\nearrow$

따라서 함수 $f(x)$는 $x=-1$에서 극댓값 1, $x=\dfrac{1}{3}$에서 극솟값 $-\dfrac{5}{27}$를 갖는다.

한편
$$g(x)=4|x|+k=\begin{cases} 4x+k & (x\geq 0) \\ -4x+k & (x\leq 0) \end{cases}$$

이므로 두 함수 $y=f(x)$, $y=g(x)$의 그래프가 만나는 점의 개수가 2가 되려면 오른쪽 그림과 같이 함수 $y=f(x)$의 그래프와 직선 $y=4x+k$가 접해야 한다.

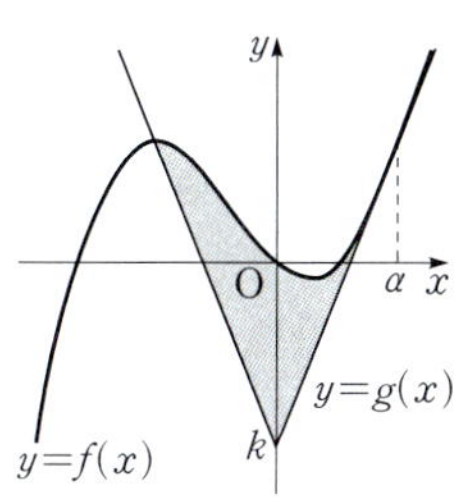

이때 접점의 x좌표를 α $(\alpha>0)$라 하면 $f'(\alpha)=4$이므로
$$3\alpha^2+2\alpha-1=4$$
$$3\alpha^2+2\alpha-5=0$$
$$(3\alpha+5)(\alpha-1)=0$$
$$\therefore \alpha=1 \ (\because \alpha>0)$$

즉 접점의 좌표가 $(1, 1)$이므로
$$1=4+k \quad \therefore k=-3$$
$$\therefore g(x)=\begin{cases} 4x-3 & (x\geq 0) \\ -4x-3 & (x\leq 0) \end{cases}$$

$x\leq 0$에서 두 함수 $y=f(x)$, $y=g(x)$의 그래프의 교점의 x좌표는 $x^3+x^2-x=-4x-3$에서
$$x^3+x^2+3x+3=0$$
$$(x+1)(x^2+3)=0$$
$$\therefore x=-1 \ (\because x^2+3>0)$$

$$\therefore S=\int_{-1}^{1}\{f(x)-g(x)\}dx$$
$$=\int_{-1}^{0}\{x^3+x^2-x-(-4x-3)\}dx$$
$$+\int_{0}^{1}\{x^3+x^2-x-(4x-3)\}dx$$
$$=\int_{-1}^{0}(x^3+x^2+3x+3)dx$$
$$+\int_{0}^{1}(x^3+x^2-5x+3)dx$$
$$=\left[\frac{1}{4}x^4+\frac{1}{3}x^3+\frac{3}{2}x^2+3x\right]_{-1}^{0}$$
$$+\left[\frac{1}{4}x^4+\frac{1}{3}x^3-\frac{5}{2}x^2+3x\right]_{0}^{1}$$
$$=\frac{19}{12}+\frac{13}{12}=\frac{8}{3}$$
$$\therefore 30\times S=30\times\frac{8}{3}=80$$

$\boxed{\text{답}}$ **80**

$\boxed{\text{다른 풀이}}$ S는 함수 $y=g(x)$의 그래프와 직선 $y=1$로 둘러싸인 도형의 넓이에서 함수 $y=f(x)$의 그래프와 직선 $y=1$로 둘러싸인 도형의 넓이를 뺀 것과 같으므로
$$S=\frac{1}{2}\times 2\times 4-\int_{-1}^{1}\{1-(x^3+x^2-x)\}dx$$
$$=4-\int_{-1}^{1}(-x^3-x^2+x+1)dx$$
$$=4-2\int_{0}^{1}(-x^2+1)dx$$
$$=4-2\left[-\frac{1}{3}x^3+x\right]_{0}^{1}$$
$$=4-2\times\frac{2}{3}=\frac{8}{3}$$

460

$\boxed{\text{전략}}$ 곡선 $y=x^2-x-2$와 직선 $y=ax$의 두 교점의 x좌표를 α, β $(\alpha<\beta)$로 놓고 이차방정식 $x^2-x-2=ax$에서 근과 계수의 관계를 이용한다.

곡선 $y=x^2-x-2$와 직선 $y=ax$의 두 교점의 x좌표를 α, β $(\alpha<\beta)$라 하면 α, β는 방정식 $x^2-x-2=ax$, 즉 $x^2-(a+1)x-2=0$의 두 근이다.

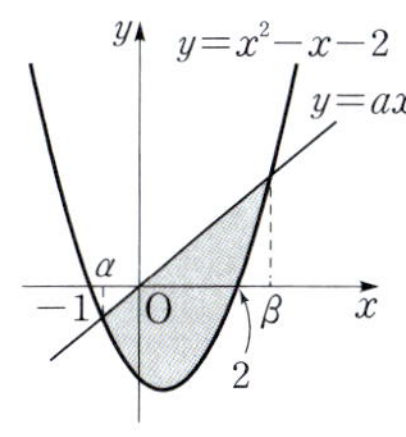

따라서 이차방정식의 근과 계수의 관계에 의하여
$$\alpha+\beta=a+1, \ \alpha\beta=-2 \qquad \cdots\cdots \ \bigcirc$$
이때 곡선 $y=x^2-x-2$와 직선 $y=ax$로 둘러싸인
도형의 넓이를 $S(a)$라 하면

$$\begin{aligned}
S(a)&=\int_{\alpha}^{\beta}\{ax-(x^2-x-2)\}dx\\
&=\int_{\alpha}^{\beta}\{-x^2+(a+1)x+2\}dx\\
&=\left[-\frac{1}{3}x^3+\frac{a+1}{2}x^2+2x\right]_{\alpha}^{\beta}\\
&=-\frac{1}{3}(\beta^3-\alpha^3)+\frac{a+1}{2}(\beta^2-\alpha^2)\\
&\quad+2(\beta-\alpha)\\
&=-\frac{1}{3}(\beta-\alpha)(\beta^2+\alpha\beta+\alpha^2)\\
&\quad+\frac{a+1}{2}(\beta-\alpha)(\beta+\alpha)+2(\beta-\alpha)\\
&=-\frac{1}{6}(\beta-\alpha)\\
&\quad\times\{2(\alpha^2+\alpha\beta+\beta^2)\\
&\qquad\quad-3(a+1)(\alpha+\beta)-12\}\\
&=-\frac{1}{6}\sqrt{(\alpha+\beta)^2-4\alpha\beta}\\
&\quad\times[2\{(\alpha+\beta)^2-\alpha\beta\}\\
&\qquad\quad-3(a+1)(\alpha+\beta)-12] \ (\because \ \alpha<\beta)\\
&=-\frac{1}{6}\sqrt{(a+1)^2+8}\\
&\quad\times[2\{(a+1)^2+2\}-3(a+1)^2-12]\\
&\qquad\qquad\qquad\qquad\qquad\qquad (\because \ \bigcirc)\\
&=-\frac{1}{6}\sqrt{(a+1)^2+8}\times\{-(a+1)^2-8\}\\
&=\frac{1}{6}\{(a+1)^2+8\}^{\frac{3}{2}}
\end{aligned}$$

따라서 $S(a)$는 $(a+1)^2+8$의 값이 최소일 때, 즉
$a=-1$일 때 최소이다.

답 -1

461

전략 두 곡선 $y=f(x)$와 $y=g(x)$는 직선 $y=x$에 대하여 대칭임을 이용한다.

$f(1)=1$, $f(2)=9$이므로 곡선 $y=f(x)$는 두 점
$(1,\ 1)$, $(2,\ 9)$를 지나고 두 곡선 $y=f(x)$와 $y=g(x)$
는 직선 $y=x$에 대하여 대칭이다.

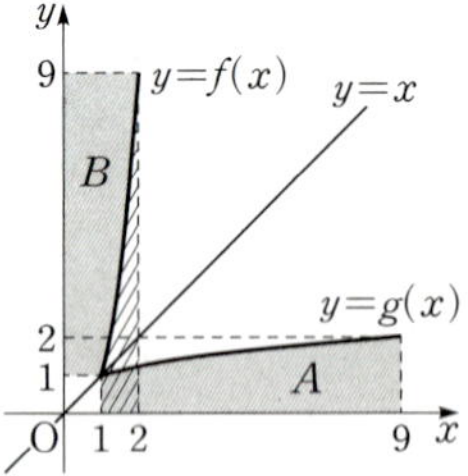

따라서 위의 그림에서
$$(A의 \ 넓이)=(B의 \ 넓이)$$
이므로

$$\begin{aligned}
\int_{1}^{9}g(x)dx&=(A의\ 넓이)=(B의\ 넓이)\\
&=2\times9-1\times1-\int_{1}^{2}f(x)dx\\
&=17-\int_{1}^{2}(x^3+x-1)dx\\
&=17-\left[\frac{1}{4}x^4+\frac{1}{2}x^2-x\right]_{1}^{2}\\
&=17-\frac{17}{4}\\
&=\frac{51}{4}
\end{aligned}$$

답 $\dfrac{51}{4}$

03 속도와 거리

● 본책 222~225쪽

462

(1) 점 P의 운동 방향이 바뀌는 순간의 속도는 0이므로
$$v(t)=-t^2-t+6=0에서$$
$$t^2+t-6=0, \qquad (t+3)(t-2)=0$$
$$\therefore \ t=2 \ (\because \ t>0)$$
따라서 운동 방향이 바뀔 때의 점 P의 위치는

$$\begin{aligned}
&0+\int_{0}^{2}(-t^2-t+6)dt\\
&=\left[-\frac{1}{3}t^3-\frac{1}{2}t^2+6t\right]_{0}^{2}\\
&=\frac{22}{3}
\end{aligned}$$

(2) 시각 $t=0$에서 $t=3$까지 점 P의 위치의 변화량은

$$\int_0^3(-t^2-t+6)dt=\left[-\frac{1}{3}t^3-\frac{1}{2}t^2+6t\right]_0^3$$
$$=\frac{9}{2}$$

(3) 시각 $t=0$에서 $t=3$까지 점 P가 움직인 거리는

$$\int_0^3|-t^2-t+6|dt$$
$$=\int_0^2(-t^2-t+6)dt+\int_2^3(t^2+t-6)dt$$
$$=\left[-\frac{1}{3}t^3-\frac{1}{2}t^2+6t\right]_0^2$$
$$+\left[\frac{1}{3}t^3+\frac{1}{2}t^2-6t\right]_2^3$$
$$=\frac{22}{3}+\frac{17}{6}$$
$$=\frac{61}{6}$$

답 (1) $\dfrac{22}{3}$　(2) $\dfrac{9}{2}$　(3) $\dfrac{61}{6}$

463

열차가 정지할 때의 속도는 0이므로

$v(t)=24-2t=0$에서

$\quad t=12$

따라서 열차는 제동을 건 지 12초 후에 정지하므로 열차가 정지할 때까지 달린 거리는

$$\int_0^{12}|24-2t|dt=\int_0^{12}(24-2t)dt$$
$$=\left[24t-t^2\right]_0^{12}$$
$$=144\,(\text{m})$$

답 **144 m**

464

(1) 공이 최고 높이에 도달했을 때의 속도는 0이므로

$\quad v(t)=-10t+60=0$에서

$\qquad t=6$

따라서 $t=6$일 때 최고 높이에 도달하므로 구하는 높이는

$$0+\int_0^6(-10t+60)dt=\left[-5t^2+60t\right]_0^6$$
$$=180\,(\text{m})$$

(2) 공을 던진 후 8초 동안 공이 움직인 거리는

$$\int_0^8|-10t+60|dt$$
$$=\int_0^6(-10t+60)dt+\int_6^8(10t-60)dt$$
$$=\left[-5t^2+60t\right]_0^6+\left[5t^2-60t\right]_6^8$$
$$=180+20=200\,(\text{m})$$

(3) 공을 던진 지 t초 후의 공의 높이는

$$0+\int_0^t(-10t+60)dt$$
$$=\left[-5t^2+60t\right]_0^t=-5t^2+60t\,(\text{m})$$

공이 땅에 떨어질 때의 높이는 0이므로

$-5t^2+60t=0$에서

$\quad t(t-12)=0 \qquad \therefore t=12\ (\because t>0)$

따라서 $t=12$일 때 공이 땅에 떨어지므로 구하는 속도는

$$v(12)=-60\,(\text{m/s})$$

답 (1) **180 m**　(2) **200 m**　(3) **−60 m/s**

465

(1) 시각 $t=5$에서의 점 P의 위치는

$$0+\int_0^5 v(t)dt$$
$$=\int_0^4 v(t)dt+\int_4^5 v(t)dt$$
$$=\frac{1}{2}\times(1+4)\times2-\frac{1}{2}\times1\times1=\frac{9}{2}$$

(2) 운동 방향이 바뀌는 순간의 속도는 0이므로

$\quad v(t)=0$에서 $\quad t=4$

따라서 점 P는 시각 $t=4$에서 운동 방향을 바꾸므로 구하는 거리는

$$\int_0^4|v(t)|dt=\frac{1}{2}\times(1+4)\times2=5$$

(3) 시각 $t=0$에서 $t=5$까지 점 P가 움직인 거리는

$$\int_0^5|v(t)|dt$$
$$=\int_0^4 v(t)dt-\int_4^5 v(t)dt$$
$$=5+\frac{1}{2}\times1\times1=\frac{11}{2}$$

답 (1) $\dfrac{9}{2}$　(2) **5**　(3) $\dfrac{11}{2}$

466

전략 시각 $t=k$에서의 점 P의 위치는 $0+\int_0^k v(t)dt$, 시각 $t=t_1$에서 $t=t_2$까지 점 P가 움직인 거리는 $\int_{t_1}^{t_2}|v(t)|dt$임을 이용한다.

시각 $t=3$에서의 점 P의 위치는

$$a=0+\int_0^3 (6t-3t^2)dt=\Big[3t^2-t^3\Big]_0^3=0$$

시각 $t=0$에서 $t=3$까지 점 P가 움직인 거리는

$$b=\int_0^3 |6t-3t^2|\,dt$$
$$=\int_0^2 (6t-3t^2)dt+\int_2^3 (-6t+3t^2)dt$$
$$=\Big[3t^2-t^3\Big]_0^2+\Big[-3t^2+t^3\Big]_2^3$$
$$=4+4=8$$
$$\therefore a+b=8$$

답 8

467

전략 먼저 두 점 P, Q의 t초 후의 위치를 각각 구한다.

두 점 P, Q의 t초 후의 위치를 각각 x_1, x_2라 하면

$$x_1=0+\int_0^t (3t^2-8t+4)dt$$
$$=\Big[t^3-4t^2+4t\Big]_0^t$$
$$=t^3-4t^2+4t,$$
$$x_2=0+\int_0^t (12-8t)dt$$
$$=\Big[12t-4t^2\Big]_0^t$$
$$=12t-4t^2$$

$x_1=x_2$일 때 두 점 P, Q가 만나므로

$$t^3-4t^2+4t=12t-4t^2$$
$$t^3-8t=0, \qquad t(t^2-8)=0$$
$$\therefore t=2\sqrt{2} \ (\because t>0)$$

답 $2\sqrt{2}$초

468

전략 시각 $t=1$에서 점 P의 위치는 $0+\int_0^1 v(t)dt$임을 이용하여 k의 값을 구한다.

시각 $t=0$에서 점 P의 위치가 0이므로 시각 $t=1$에서 점 P의 위치는

$$0+\int_0^1 (3t^2-4t+k)dt=\Big[t^3-2t^2+kt\Big]_0^1$$
$$=k-1$$

따라서 $k-1=-3$이므로

$$k=-2$$

즉 $v(t)=3t^2-4t-2$이므로 시각 $t=1$에서 $t=3$까지 점 P의 위치의 변화량은

$$\int_1^3 (3t^2-4t-2)dt=\Big[t^3-2t^2-2t\Big]_1^3=6$$

답 6

469

전략 $0\le t\le 20$인 구간과 $20\le t\le 35$인 구간으로 나누어 정적분의 값을 구한다.

출발한 지 35분 후 열기구의 지면으로부터의 높이는

$$0+\int_0^{20} t\,dt+\int_{20}^{35} (60-2t)dt$$
$$=\Big[\frac{1}{2}t^2\Big]_0^{20}+\Big[60t-t^2\Big]_{20}^{35}$$
$$=200+75=275\,(\text{m})$$

답 275 m

470

전략 원점에서 출발하여 다시 원점에 돌아올 때까지 점 P의 위치의 변화량은 0이다.

시각 $t=a$에서 점 P가 처음으로 다시 원점에 돌아온다고 하면 시각 $t=0$에서 $t=a$까지 점 P의 위치의 변화량이 0이므로

$$\int_0^a v(t)dt=0$$

이때

$$\int_0^2 v(t)dt=\frac{1}{2}\times 2\times 1=1,$$
$$\int_2^3 v(t)dt=-\frac{1}{2}\times 1\times 2=-1$$

이므로

$$\int_0^3 v(t)dt=\int_0^2 v(t)dt+\int_2^3 v(t)dt$$
$$=1+(-1)=0$$

따라서 다시 원점에 돌아올 때까지 걸리는 시간은 3초이다.

답 3초

471

전략 시각 $t=a$에서의 점 P의 위치가 원점이면 시각 $t=0$에서 $t=a$까지 점 P의 위치의 변화량이 0임을 이용한다.

시각 $t=a$에서 점 P가 원점으로 다시 돌아온다고 하면

$$\int_0^a (-9t+18)dt=0$$
$$\left[-\frac{9}{2}t^2+18t\right]_0^a=0, \qquad -\frac{9}{2}a^2+18a=0$$
$$a(a-4)=0 \qquad \therefore a=4 \ (\because a>0)$$

따라서 구하는 거리는

$$\int_0^4 |-9t+18|\,dt$$
$$=\int_0^2 (-9t+18)dt+\int_2^4 (9t-18)dt$$
$$=\left[-\frac{9}{2}t^2+18t\right]_0^2+\left[\frac{9}{2}t^2-18t\right]_2^4$$
$$=18+18$$
$$=36$$

답 36

472

전략 시각 $t=0$에서 $t=a$까지 점 P가 움직인 거리는 $\int_0^a |v(t)|\,dt$임을 이용한다.

점 P가 시각 $t=0$에서 $t=2$까지 움직인 거리는

$$\int_0^2 |6t^2-12t|\,dt=\int_0^2 (-6t^2+12t)dt$$
$$=\left[-2t^3+6t^2\right]_0^2=8$$

따라서 $a>2$이므로 점 P가 시각 $t=0$에서 $t=a$까지 움직인 거리는

$$\int_0^a |6t^2-12t|\,dt$$
$$=\int_0^2 (-6t^2+12t)dt+\int_2^a (6t^2-12t)dt$$
$$=8+\left[2t^3-6t^2\right]_2^a=8+(2a^3-6a^2+8)$$
$$=2a^3-6a^2+16$$

즉 $2a^3-6a^2+16=48$에서

$$a^3-3a^2-16=0$$
$$(a-4)(a^2+a+4)=0$$
$$\therefore a=4 \ (\because a^2+a+4>0)$$
$$\therefore v(a)=v(4)=48$$

답 48

473

전략 물체가 지면에 도달할 때 물체의 높이는 0임을 이용한다.

물체를 쏘아 올린 지 t초 후의 물체의 높이는

$$20+\int_0^t (15-10t)dt=20+\left[15t-5t^2\right]_0^t$$
$$=-5t^2+15t+20$$

물체가 지면에 도달할 때의 높이는 0이므로
$-5t^2+15t+20=0$에서

$$t^2-3t-4=0, \qquad (t+1)(t-4)=0$$
$$\therefore t=4 \ (\because t>0)$$

따라서 물체가 지면에 도달할 때까지 움직인 거리는

$$\int_0^4 |15-10t|\,dt$$
$$=\int_0^{\frac{3}{2}} (15-10t)dt+\int_{\frac{3}{2}}^4 (-15+10t)dt$$
$$=\left[15t-5t^2\right]_0^{\frac{3}{2}}+\left[-15t+5t^2\right]_{\frac{3}{2}}^4$$
$$=\frac{45}{4}+\frac{125}{4}$$
$$=\frac{85}{2} \ (\text{m})$$

답 $\dfrac{85}{2}$ m

다른 풀이 물체가 최고 높이에 도달했을 때의 속도는 0이므로 $v(t)=15-10t=0$에서

$$t=\frac{3}{2}$$

따라서 물체가 최고 높이에 도달할 때까지 움직인 거리는

$$\int_0^{\frac{3}{2}} |15-10t|\,dt=\int_0^{\frac{3}{2}} (15-10t)dt$$
$$=\left[15t-5t^2\right]_0^{\frac{3}{2}}$$
$$=\frac{45}{4} \ (\text{m})$$

이때 물체를 지상 20 m의 높이에서 쏘아 올렸으므로 물체가 지면에 도달할 때까지 움직인 거리는

$$\frac{45}{4}+\left(\frac{45}{4}+20\right)=\frac{85}{2} \ (\text{m})$$

474

전략 시각 $t=3$에서의 점 P의 위치는 $0+\int_0^3 v(t)dt$임을 이용하여 a의 값을 구한다.

시각 $t=3$에서의 점 P의 위치는

$$0+\int_0^3 v(t)dt$$
$$=\int_0^1 v(t)dt+\int_1^3 v(t)dt$$
$$=\frac{1}{2}\times 1\times a+\frac{1}{2}\times(a+2a)\times 2$$
$$=\frac{7}{2}a$$

즉 $\frac{7}{2}a=\frac{7}{2}$이므로 $\quad a=1$

따라서 시각 $t=0$에서 $t=6$까지 점 P가 움직인 거리는

$$\int_0^6 |v(t)|dt$$
$$=\int_0^1 v(t)dt+\int_1^3 v(t)dt+\int_3^4 v(t)dt$$
$$\quad -\int_4^6 v(t)dt$$
$$=\frac{1}{2}\times 1\times 1+\frac{1}{2}\times(1+2)\times 2+\frac{1}{2}\times 1\times 2$$
$$\quad +\frac{1}{2}\times 2\times 1$$
$$=\frac{11}{2}$$

답 $\dfrac{11}{2}$

475

전략 점 P의 운동 방향을 조사하여 점 P의 위치가 0이 되는 시각을 구한다.

점 P는 $0<t<2$ 또는 $t>a$에서 양의 방향으로 움직이고, $2<t<a$에서 음의 방향으로 움직이므로 $t>0$에서 점 P의 위치가 0이 되는 순간이 한 번뿐이려면 점 P의 시각 $t=a$에서의 위치가 0이어야 한다. 이때 점 P의 시각 $t=0$에서의 위치가 0이므로 시각 $t=a$에서의 위치는

$$0+\int_0^a 3(t-2)(t-a)dt$$
$$=3\int_0^a \{t^2-(a+2)t+2a\}dt$$
$$=3\left[\frac{1}{3}t^3-\frac{a+2}{2}t^2+2at\right]_0^a$$
$$=3\left(\frac{1}{3}a^3-\frac{a+2}{2}\times a^2+2a^2\right)$$
$$=-\frac{1}{2}a^3+3a^2$$

따라서 $-\frac{1}{2}a^3+3a^2=0$이므로

$$a^2(a-6)=0 \qquad \therefore\ a=6\ (\because\ a>2)$$

즉 $v(t)=3(t-2)(t-6)$이므로

$$v(8)=36$$

답 ②

476

전략 점 P의 시각 $t=k$에서의 위치는 $0+\displaystyle\int_0^k v(t)dt$임을 이용하여 주어진 조건에서 정적분의 값을 구한다.

점 P는 $t=a$에서 처음으로 운동 방향을 바꾸므로

$$0+\int_0^a v(t)dt=-10$$
$$\therefore\ \int_0^a v(t)dt=-10$$

또 시각 $t=c$에서의 점 P의 위치가 -8이므로

$$0+\int_0^c v(t)dt=-8$$
$$\int_0^a v(t)dt+\int_a^b v(t)dt+\int_b^c v(t)dt=-8$$
$$-10+\int_a^b v(t)dt+\int_b^c v(t)dt=-8$$
$$\therefore\ \int_a^b v(t)dt+\int_b^c v(t)dt=2 \qquad \cdots\cdots\ \text{㉠}$$

또 $\displaystyle\int_0^b v(t)dt=\int_b^c v(t)dt$에서

$$\int_0^a v(t)dt+\int_a^b v(t)dt=\int_b^c v(t)dt$$
$$-10+\int_a^b v(t)dt=\int_b^c v(t)dt$$
$$\therefore\ \int_a^b v(t)dt-\int_b^c v(t)dt=10 \qquad \cdots\cdots\ \text{㉡}$$

㉠+㉡을 하면

$$2\int_a^b v(t)dt=12 \qquad \therefore\ \int_a^b v(t)dt=6$$

따라서 구하는 거리는

$$\int_a^b |v(t)|dt=\int_a^b v(t)dt=6$$

답 **6**

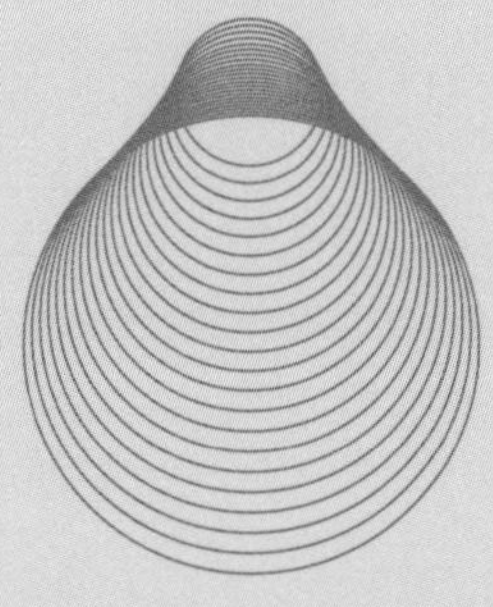

개념원리 미적분 Ⅰ